Friedrich Schleiermacher's
sämmtliche Werke.

Zweite Abtheilung.

Predigten.

Siebenter Band.

Berlin,
gedruckt und verlegt bei G. Reimer.
1836.

Friedrich Schleiermacher's

iterarischer Nachlaß.

Predigten.

Dritter Band.

Berlin,
gedruckt und verlegt bei G. Reimer.
1836.

Predigten

in den Jahren 1789 bis 1810 gehalten

von

Friedrich Schleiermacher.

Aus Schleiermacher's handschriftlichem Nachlasse und aus Nachschriften der Hörer

herausgegeben

von

Ad. Sydow,
Prediger am Cadetteninstitut zu Berlin.

Berlin,
gedruckt und verlegt bei G. Reimer.
1836.

Vorwort.

Zu dem Antheil, der mir zu meiner innigen Freude an der Bearbeitung des literarischen Nachlasses von Schleiermacher vergönnt ist, gehört auch die Herausgabe der bisher ungedruckten Predigten und Amtsreden, von denen hiemit der erste Band an das Licht tritt.

Es ist bekannt, daß der Verewigte schon bald nach dem Beginn seiner geistlichen Amtsführung durch seine ganze Eigenthümlichkeit sich gedrungen sah, das Niederschreiben und Memoriren seiner Vorträge aufzugeben; zuerst hielt er sie noch nach ausführlicheren Entwürfen; später vertraute er nur ihre organisirenden Grundgedanken und deren Reihenfolge, wie sich beides als Ergebniß einer tiefgesammelten Meditation feststellte, in gedrängtester Kürze und kleiner Schrift einem Zettelchen, nicht um etwa damit auf der Kanzel seinem Gedächtnisse einen Halt zu verleihen, denn dessen bedurfte er nicht, sondern um schließlich dadurch, wenn die innere Arbeit vollendet war, sich nun das Ganze zu objektiviren und den Hauptmomenten desselben eine bestimmte und wohlerwogene Fassung zu geben. Die Ausführung ins Einzelne durfte er der lebendigen Bewegung des Gedankens und seiner ausgezeichneten Kraft sich darzustellen ruhig überlassen. Abgesehen von der Erbaulichkeit, mit welcher er die Ueberzeugungen und Erfahrungen eines von dem Erlöser ganz ergriffenen Gemüths ausdeutete und für das Leben fruchtbar zu machen verstand, gewährte er auch als Redner dem empfänglichen Sinne noch einen andern, heutiges Tages so seltenen, geistigen Genuß, nämlich die Anschauung einer hoch begabten, durch und durch gebildeten Individualität in den Momenten ihrer edelsten Lebensäußerung. Seine Rede war lebendige That, in dieser That der ganze Mann, und in dem Manne Alles zu Bewußtsein und Sprache gekommen, was irgend ein würdiger Gegenstand menschlicher Pflege, Liebe und Begeisterung sein kann. Seine Predigten waren nicht isolirte Kunstwerke der Rede: aus der unmittelbaren Einheit mit der Gemeine im großartigsten Sinne des Wortes quollen sie hervor, sie waren vernehmliche, kräftigere Pulsschläge ihres eigenen innersten Lebens. Dieser hohe Standpunkt ist von Vielen seither mit rechtem Eifer bekrittelt und verworfen; es darf uns nicht wunder nehmen; inzwischen wird das Große und Wahre in demselben immerhin seinen Fortgang haben, und Schleiermacher auch als geistlicher Redner eine neue Evolution der Theologie beginnen.

Eine ebenso begreifliche als bemerkenswerthe Erscheinung war es nun, daß sich schon seit langen Jahren immer einzelne Verehrer des theuren Mannes getrieben fühlten, durch Nachschreiben seiner Vorträge sich den Gewinn der köstlichen Stunden, in denen er das Amt der Verkündigung übte, dauernd zu befestigen. Daß diese Nachschriften freilich, auch wo für wörtliche Treue eingestanden werden könnte, etwas Anderes liefern, als was Schleiermacher selbst aus denselben Predigten, wenn er sie für den Druck überarbeitet hätte, gemacht haben würde, ist schon aus seinen eigenen mehrfältigen Aeußerungen über diesen Gegenstand zu entnehmen. Gleichwohl sind sie auch in dieser Gestalt werthvoll genug, um durch ihre erneuerte Mittheilung der Sache des Evangeliums zur Förderung, Allen, die noch heute um den Vielbeweinten trauern, zur Erquikkung und Freude, und Vielen, die selbst zum Dienst am Worte berufen sind, zur belebenden Anregung und Belehrung zu gereichen. Nachschriften solcher Art beginnen, soweit sie uns vorliegen, mit dem Jahre 1810, und sind ohne bedeutende Unterbrechung bis zu jener Morgenstunde fortgeführt worden, welche das lezte öffentliche Wort des Heimgegangenen an heiliger Stätte vernommen hat.

Namentlich nun von Predigten (weniger von kleinern Amtsreden) sind solcher Nachschriften eine ziemliche Anzahl in der Nachlassenschaft Schleiermacher's vorgefunden, die ihm von dankbaren Zuhörern oft in größeren zusammenhangenden Ganzen verehrt oder einzeln mit der Bitte überreicht wurden, sie für den Drukk zuzubereiten, oder auch durch ihn selbst käuflich von Solchen erworben wurden, die (vornehmlich etwa seit

1817) aus der Anfertigung derselben eine nicht uneinträgliche Nebenbeschäftigung machten. Zu diesen vorgefundenen Nachschriften sind nach dem Tode Schleiermacher's noch manche andere von mehreren Seiten her eingeschickt oder gegen Geldvergütigung angeboten worden. Wenn nicht mit gewünschter Hastigkeit auf Anerbietungen der letztern Art eingegangen worden ist, und daraus Präsumtionen entstanden sind, die Unerfreuliches veranlaßt haben, so hatte dies den ganz einfachen Grund, nicht unnützerweise mehrere Exemplare derselben Nachschrift ankaufen, sondern erst übersehen zu wollen, was vorhanden sei und was in den versprochenen Zusendungen eingehen werde.

Solche Nachschriften, mehr oder weniger wortgetreu und vollkommen, zuweilen auch schon von Schleiermacher überarbeitet, werden, mit Ausnahme der frühsten Zeit und einzelner späterer Manuscripte von dem Verstorbenen selbst, die Quellen sein, aus denen wir zu schöpfen haben. Es wird mir Gewissenssache sein, von dem Ursprunge und der Beschaffenheit dieser Quellen, wie von meinem etwaigen Verfahren mit denselben immer eine aufrichtige und unverholene Rechenschaft abzulegen.

Was die Ordnung betrifft, in welcher diese neu herauszugebenden Vorträge abgedruckt werden sollen, so ist die chronologische als die zweckmäßigste erachtet worden. Die früheren Sammlungen, welche Schleiermacher selbst noch veranstaltet hat, sind meistentheils durch ein materielles Princip verbunden (der christliche Hausstand, die Feste, die Augsburgische Confession; auch die erste Sammlung sollte nach des Verfassers ursprünglicher Absicht durch eine polemische Tendenz zusammengehalten werden, und nur die zweite und dritte sind ohne ausdrückliche Beziehung auf einen gemeinsamen Zweck oder Inhalt zusammengestellt). Inzwischen schien die chronologische Ordnung geeigneter, auch von dieser Seite für eine künftige Geschichte und Charakteristik des verehrten Mannes mitzuwirken, zu welcher seine öffentlichen Vorträge, weil sie eben immer die frische Gegenwart athmeten, eine sehr reichhaltige Quelle bleiben werden. Man kann wohl voraussetzen, daß Allen, die nach Schleiermacher's Predigten greifen, außer dem der Erbauung noch die Befriedigung dieses andern Interesse nicht unwichtig ist, nämlich die Entwickelung eines Mannes zu verfolgen, der, wenn er auch dem Schicksal jedes Sterblichen nicht entgehen konnte, unter den bedingenden Einflüssen der Zeit zu stehen, in welche seine Tage fielen, doch von Anfang an jene Freiheit und Urkräftigkeit des eigenthümlichen Geistes an den Tag gelegt hat, vermöge deren er seine Mitwelt kräftiger bestimmte und bildete, als sie ihn.

Die beiden ersten in vorliegendem Bande enthaltenen Sammlungen sind Abdrücke von eigenhändig geschriebenen Ausarbeitungen des Verfassers. Sie sind durchaus unverändert und treu wiedergegeben, und ich habe mir nicht erlaubt, obgleich es unbeschadet des Sinnes leicht angegangen wäre, auch nur einzelne Ausdrükke, die streng genommen nicht in das Gebiet der Kanzelsprache gehören, zu ändern, um auch in diesem scheinbar Unwesentlichen nichts etwa Charakteristisches zu verwischen. Von vielen dieser Predigten fehlt der Schluß, dessen Inhalt jedoch meist auf der Hand liegt und in einem einzigen Satze ausgesprochen werden könnte. Dies mag der Grund gewesen sein, warum der Verfasser sich nicht erst noch die Mühe nahm, ihn zu concipiren. Sie sind auch mit diesem Mangel als vollständig zu betrachten.

Den Standpunkt und Werth dieser Vorträge zu charakterisiren kann wenigstens an diesem Orte nicht meines Amtes sein; so viel fällt in die Augen, daß in ihnen die logische Gliederung und die strenge Reflexion im Fortschritt der Gedanken schärfer hervortritt, als in der spätern Weise Schleiermacher's. Ist diese spätere Weise nach meinem Dafürhalten gleich die vollkommnere rhetorische Form, jener abstrakt gesetzmäßigen und mechanisch symmetrischen gegenüber die organisch lebendige, so sind doch jene erwähnten formellen Eigenschaften, richtig gestellt, immer etwas so Nothwendiges und Schätzbares und unter unsern heutigen sonst begabtesten Kanzelrednern doch oft so unbegreiflich Schwaches, daß ich es für nützlich gehalten habe, für Solche, die dies Nebeninteresse beim Lesen dieser Schleiermacherschen Vorträge nicht unbefriedigt lassen mögen, eine Mühe nicht zu scheuen: Ich habe nämlich die Worte, welche das eigentlich Fortschreitende in der Gedankenentwickelung repräsentiren, gesperrt drucken lassen, so daß man dies gesperrt Gedruckte nur zusammenrücken darf, um die Architektonik des Ganzen klar und behaltlich anzuschauen. Ich kann nicht dafür einstehen, daß ich überall ganz richtig geurtheilt habe; das Manuscript war oft so schwierig zu lesen und verwehrte so sehr eine Totalansicht, daß mir einige Punkte nachher selbst wohl als nicht ganz angemessen aufgefallen sind. Bei der dritten Sammlung ging dies schon überhaupt nicht mehr so an, theils wegen der Unvollständigkeit des Vorliegenden, theils aber und hauptsächlich, weil Schleiermacher im Jahr 1810 schon fast entschieden den verständig reflektirenden Standpunkt hinter sich hat und das Gebiet der höheren Anschauung betreten. Jede der beiden ersten Sammlungen war sorgfältig zusammengeheftet, und beide in einen Bogen eingeschlagen, auf den er „alte Predigten" geschrieben hatte.

Die erste Sammlung führte von Schleiermacher's eigener Hand die Bezeichnung „Predigten 1789 bis 1794." Die 15 Vorträge, welche sie enthält, rühren also aus der Kandidatenzeit des Verfassers her, und man muß gestehen (vergl. z. B. No. II.), daß er ein reifer Kandidat gewesen ist. Es kann nicht von jedem dieser Vorträge mit Sicherheit das Datum entschieden werden. Für Solche, die es mit dergleichen aber sehr genau nehmen, bemerke ich Folgendes: No. I. bestimmt sich durch seinen Inhalt als Adventspredigt und durch die Ueberschrift des ganzen Convoluts als dem Jahr 1789 angehörig. Nun befand sich zwischen No. XII. und XIII. eine angefangene Predigt mit der Ueberschrift: „d. 29. März 1793. Charfreitag. Schlodien."

Dies Fragment hing mit den rückwärts liegenden Predigten bis No. X. genau zusammen. Dasselbe feinere, grauere Papier, dieselbe Tinte, derselbe Typus der Handschrift machen es mehr als wahrscheinlich, daß No. X., XI. und XII. eine zusammengehörige Gruppe sind. Daraus folgt, daß No. X. eine Weihnachtspredigt aus 1792 ist, und No. XI. die Neujahrspredigt 1793. Ueber No. XII. stand Sexagesima, und ist also mit Sicherheit hinzuzusezen 1793. Zwischen No. I. und X. liegt die Weihnachtspredigt No. V., die nun 1790 oder 91 gehalten sein kann, und je nachdem man das eine oder das andere annimmt, fallen die vorhergehenden und nachfolgenden Nummern ein Jahr früher oder später. No. XIII. und XIV. gehören sicher in das Jahr 1793, und XV. ist in der Passionszeit 1794 von Schleiermacher bei seiner Ordination gesprochen worden.

Die zweite Sammlung beginnt mit der Predigt, mit welcher am Charfreitage 1794 der Verfasser sein Hülfspredigtamt zu Landsberg a. d. W. antrat, und schließt mit derjenigen, die seine Wirksamkeit am hiesigen Charitéhause im Herbst 1796 eröffnete. Die 13 dazwischen liegenden Vorträge stammen also aus Landsberg. Schleiermacher unterstützte damals in jener Stadt einen von ihm hochgeschätzten Mann, den Prediger Stubenrauch, der wegen Kränklichkeit sein Amt nicht vollständig verwalten konnte, und dessen Verhältniß zu Schleiermacher wir einigermaßen aus der Zueignung kennen lernen, mit welcher ihm letzterer den ersten

Band seiner Predigten widmete *). Die Reihenfolge der Predigten ist so gelassen, wie sie zusammengeheftet waren, und hier, wie bei der ersten Sammlung, von der Voraussetzung ausgegangen, daß diese Reihenfolge keine zufällige ist, und wenn dies, dann eben unzweifelhaft die chronologische; denn auch in solchen geringfügigen Dingen selbst war Schleiermacher eigen, auch in dem kleinsten Thun oder Zulassen stieß sein durchaus ethisches Wesen den Zufall von sich. No. XII. war nicht mit eingeheftet, sondern lag lose an der Stelle, wo sie auch hier eingefügt ist. Sie giebt Veranlassung zu der Notiz auf S. 328, u. No. XIII. und XIV. waren unter einander noch besonders zusammengeheftet und auf feinerem Papier mit unverkennbarer Beziehung auf dereinstigen Abdruck sauber geschrieben. Aller Wahrscheinlichkeit nach ist No. II. aus 1794, und gewiß ist No. XIII. aus 1795. Das letzte Jahr in Landsberg scheint Schleiermacher schon die freie Rede geübt zu haben.

Wir befinden uns nun hier schon in einer Periode seines Lebens, aus der wir auch sonst bereits Produkte seiner geistigen Thätigkeit besitzen; denn einige der Predigtem, die er der ersten Sammlung einverleibte, welche er Stubenrauch widmete, sind, wie er selbst bemerkt, Früchte seines interimistischen Dienstes in Landsberg. Welche dies aber seien, möchte kaum zu ermitteln sein. Nur von einer, nämlich von der letzten derselben „über

*) Werke. Predigten. Bd. 1. S. 3 — 14.

den Werth des öffentlichen Gottesdienstes*)," fand sich die ursprüngliche Redaktion in unserm Hefte vor. Die Vergleichung derselben mit jener gedruckten ist von großem Interesse und liefert den besten Commentar zu den Aeußerungen, welche Schleiermacher gegen Stubenrauch über das Verhältniß einer gesprochenen Predigt zu einer gedrukkten gemacht hat.

Die dritte Sammlung, bestehend in 21 Vorträgen aus dem Jahre 1810, welche in der Dreifaltigkeitskirche zu Berlin gehalten sind, an der Schleiermacher nun seit 1809 das Predigtamt bekleidete, beruht durchgängig auf Nachschriften, und zwar verdanken wir dieselben alle dem Herrn Professor Matthisson in Brieg, der uns aus der Zeit von 1810 bis 1812, wo er den Verewigten fleißig hörte, im Ganzen nahe an 60 schätzbare Beiträge dieser Art mitgetheilt hat. Wie werth ihm dieselben auch sind als Erinnerungszeichen einer ihm wichtigen Lebensperiode, so gesteht er doch, daß er sie alle gern hingeben würde für einige wenige der begeisterten Reden, die Schleiermacher in den nächstfolgenden großen Jahren unseres Vaterlandes gesprochen hat, und die so mächtig gewesen, daß, wie oft er auch von Neuem zum Nachschreiben angesetzt, doch immer unwillkührlich seiner Hand der Griffel entsunken sei. Mein verehrter Lehrer, der Herr Prof. Matthisson, dem ich hiemit öffentlich unsern herzlichen Dank ausspreche für die Güte, die er in der Darrei-

*) Werke. Predigten. Bd. 1. S. 170 fgd.

chung seiner Manuscripte an den Tag gelegt hat, möge mir verzeihen, wenn ich diese briefliche Aeußerung von ihm ohne vorhergegangene Anfrage veröffentliche — sie schien als Urtheil eines competenten Ohrenzeugen aus jener Zeit für die Geschichte der Schleiermacherschen Predigt der Aufbewahrung werth.

Schon der äußere Umfang der mitgetheilten Redestükke giebt zu erkennen, daß sie keineswegs den Anspruch machen, auf wortgetreue Nachschriften zurükkzugehn, wie wir deren aus spätern Jahren allerdings viele aufweisen können. Nach seinem Privatzwekk war es dem Nachschreibenden weniger um den vollständigen Körper, als um die Seele der Rede zu thun; diese aber ist nach meiner Meinung in dem Mitgetheilten erhalten. Weil ich nun glaubte darauf rechnen zu können, daß jeder Kundige aus inneren Gründen diese Meinung mit mir theilen werde, so schien mir der Abdruck dieser Vorträge zulässig, ja wünschenswerth; denn sie bezeichnen einen Zeitraum in Schleiermacher's Predigt, der einerseits auf einen nicht gar weit rückwärtsliegenden bedeutenden Entwickelungspunkt seiner ganzen theologischen Ansicht zurückweist, und andererseits einen ebenso belehrenden als anziehenden Einblick darein verstattet, wie unter großen inneren und äußeren Bewegungen die Grundzüge der geistigen Gestalt bestimmt heraustreten, die wir in den lezten 18 bis 20 Jahren unverändert in Schleiermacher anschauten. Es nähert sich aber diese Gestalt, wie nur von wenigen Männern der Kirche gerühmt werden kann, jenem hohen Bilde, das der Verewigte selbst so schön gezeichnet hat *).

An den Nachschriften des Herrn Prof. Matthisson habe ich nichts Wesentliches, aber doch hie und da einiges Wenige verändert, was nöthig schien, um den gegebenen Inhalt in dieser allerdings immer unvollkommnen Fassung doch mit möglichster Uebersichtlichkeit, Deutlichkeit und Bestimmtheit hervortreten zu lassen. Es fällt in die Augen, daß diese Nachschriften im Ganzen von ungleichem Werth und in einzelnen Partieen von ungleicher Ausführlichkeit sind. Eine vollkommene Gleichmäßigkeit derselben durch Streichen und Zusetzen erzielen zu wollen, konnte nicht mein Zweck sein. Es hätte diese neue Modification den ursprünglichen Bestand eines jeden Vortrags nur mehr verdunkeln müssen. Die hier mitgetheilten Predigten, denke ich, werden doch am Ende für den, der mit Schleiermacher's Anschauungs- und Darstellungsweise vertraut ist, das innere Kriterium haben, daß sie im Ganzen den ursprünglichen Eindruck unverfälscht wiedergeben.

Im Anhang zu dieser Sammlung stehen die gedrängten Auszüge zweier Vorträge, die im Original zu rhapsodisch waren und einer zu stark eingreifenden Bearbeitung bedurft hätten, um ganz mitgetheilt zu werden, deren gleichwohl erkennbarer Gedankeninhalt aber doch der Erhaltung nicht unwerth schien. Die abgebrochenen Säße, welche diesen Inhalt wiedergeben, be-

*) S. kurze Darst. der theol. Stud. Einl. §. 9.

stehen fast nur aus Worten des Originals. Es mögen diese Excerpte zugleich ein Beispiel der Art sein, wie ich später mit manchen unvollkommneren Nachschriften von ähnlichem Gehalt zu verfahren gedenke; ich will darüber ein Urtheil erwarten.

Die Lücke, welche zwischen der zweiten und dritten von Schleiermacher selbst noch besorgten Sammlung seiner Predigten liegt, fängt hiemit an, auf eine erfreuliche Weise ausgefüllt zu werden; denn außer den im 4ten Bande der Predigten in der neusten Gesammtausgabe enthaltenen vortrefflichen Vorträgen No. II. und No. III. haben wir, so weit bis jezt zu ermitteln ist, aus dem Jahre 1810 nur noch No. XXIX., eine Betrachtung der Versuchung Christi in Anwendung auf unsern Zustand, S. 378 über Matth. 4, 1—11., welche am 4ten Febr. 1810 gesprochen ist. Die Vergleichung derselben mit der eingegangenen Matthissonschen Nachschrift kann, wie ich versichern darf, für die Quellen unserer dritten Sammlung ein sehr gutes Vertrauen erwecken.

Es ist abzusehen, daß uns Schleiermacher an der Hand seiner Vorträge stetig bis an sein Ende mit sich führen werde. Die nächsten Bände, welche, so Gott will, nicht allzu lange ausbleiben werden, sollen die Auslegung des Johanneischen Evangeliums enthalten, welche Schleiermacher in den Frühpredigten vom Sonntage Misericordias domini 1823 an durch fast 5 Jahre gegeben hat, und welche wir aus wortgetreuen Nachschriften schöpfen können.

Schließlich bemerke ich noch, daß es für angemessen erachtet worden ist, die Schreibung und Zeichensetzung auch in diesem Bande durch den Herrn Corrector, der damit Bescheid weiß, den Schleiermacherschen Ansichten über diese Punkte möglichst zu conformiren.

Nicht ohne oft von der tiefsten Wehmuth ergriffen zu werden, habe ich die Arbeit verrichtet, welche an diesen Zeugnissen des Schleiermacherschen Wirkens mir oblag. Wie klein der Dienst sei, den ich dem Unvergeßlichen dadurch erzeigen kann, ich lege mein ganzes Herz mit seiner nie erlöschenden Verehrung und Dankbarkeit gegen ihn hinein.

Ist Schleiermacher's Rede verhallt, doch lebt Er, und der gläubige, helle, lautre und muthige Geist, dessen Erscheinung Er war, wird ein unvergänglicher Segen in unsrer Kirche fortwirken!

Geschrieben im Juni 1836.

D. H.

Inhaltsverzeichniß.

Erste Sammlung.

(1789 — 1794.)

Zweite Sammlung.

(1794 — 1796.)

Dritte Sammlung.

(1810.)

Erste Sammlung.

Aus Schleiermachers Candidatenjahren
1789 bis 1794.

I.

Daß Christus allein unser Seligmacher ist und wir keines andern zu warten haben.

Ueber Matth. 11, 3.

Adventszeit 1789.

Je näher wir der Zeit kommen, m. a. Fr., wo das fröhliche Fest der Geburt Christi unter uns gefeiert wird, desto mehr ist es unsre Pflicht, wenn wir es würdig begehn wollen, uns lebhaft an alle die Wohlthaten zu erinnern, die wir ihm zu danken haben, unsern ganzen Zustand zu untersuchen und es tief zu empfinden, wie groß der Schaz sei, den uns Gott in ihm gegeben hat. Es ist wahr, wir sind alle Christen, und da läßt sich voraussezen, daß wir auch alle von der Wahrheit seiner Lehre und der Wichtigkeit seiner Sendung hinlänglich überzeugt sind, aber dennoch wird eine solche Zusammenstellung auch für uns vielleicht nicht ohne Nuzen sein. Denn in unserm gewöhnlichen Zustand fühlen wir den Einfluß der Religion nur einzeln, nur unmerklich; sie hilft uns oft zum guten, sie leitet uns oft, ohne daß wir uns ihrer unmittelbar bewußt sind, wir werden nicht immer gewahr, was von ihr herrührt, und schreiben wol so manches gute uns selbst oder unsern Umständen zu, was sie allein im stillen gezeugt und genährt hat. Wenn wir uns also nicht bisweilen aus dieser zu ruhigen Lage auf eine höhere Stufe hinaufschwingen wollten, wo wir inniger von ihr durchdrungen sind, so geriethen wir bei alle dem in Gefahr, nach und nach, ohne es zu merken, in einen Mangel an Dankbarkeit für diese Wohlthat zu fallen, und dadurch in den Zustand einer kalten Gleichgültigkeit zu versinken, worin wir so manche Menschen ihr Leben verträumen sehen. Und sind wir erst da, so sind wir für nichts mehr sicher. Es giebt in unsern Tagen so viele Menschen, die uns den Werth Christi und seiner Lehre abstreiten, seinen hohen Beruf und seine göttliche Absicht verkennen, und weder durch seine Lehre noch durch seine Wohlthaten zur Verehrung zu bewegen sind, ja die nicht wissen, was sie mit der Religion überhaupt anfangen sollen und sich Mühe geben, ihre Wichtigkeit wegzuklügeln, um den Menschen, wie sie meinen, größer und selbständiger zu machen; und wären wir auch ihren Verleitungen weniger ausgesezt als viele unsrer Brüder, so müssen wir dennoch auch schon um deswillen uns desto fester an die Religion anschmiegen, sie desto öfter ganz fühlen und uns ihr ganz widmen, damit nicht irgend einmal in jenem Zustand der Gleichgültigkeit, wo die Seele dem Irrthum so gut als der Wahrheit offen steht, ihre Reden eine verstimmte Saite unsres Herzens treffen, welche ihre unreinen Töne nachhallt und so Mißklang und Verwirrung anrichte. Darum wollen wir auch diese Stunde dazu benuzen, uns aufs neue für die Wahrheit zu erwärmen, daß Christus allein unser Seligmacher ist, daß durch ihn alle unsre Hoffnungen erfüllt, alle Bedürfnisse unsres Geistes befriedigt sind.

Text. Matth. 11, 3.

Bist du es, der da kommen soll, oder sollen wir eines andern warten?

Johannes, dessen Bestimmung es war das Volk auf die Lehre Jesu vorzubereiten, und der so gern jede Gelegenheit hervorsuchte, wo er seine Schüler und andere auf ihn aufmerksam machen und zu ihm hinweisen konnte, hatte auch jezt noch in seinen lezten Tagen zwei seiner Freunde abgeschikkt, um zu ihrer eignen Beruhigung Christo eine Frage zu thun, auf die er für sich keiner Antwort mehr bedurfte. Ob er es sei, fragten sie ihn, von dem die Welt ihr Glükk erwarte, der die verirrte Menschheit aus ihrer Ungewißheit und ihrem Elend herausreißen würde? Ob in ihm das Heil zu finden sei, oder ob sie noch auf etwas andres warten müßten? Und diese Frage wollen auch wir uns zu unsrer Befestigung in der Wahrheit und unserm Trost zu beantworten suchen. Aber wir wollen davon ganz menschlich reden, uns nicht auf die Weissagungen der Vorwelt, nicht auf das Zusammentreffen so vieler merkwürdigen Umstände, nicht auf so manche wundervolle That berufen, die Christus ausführte; sondern wir wollen bei solchen Gründen stehn bleiben, die sich näher auf uns selbst beziehn, und die Christus selbst hier den Jüngern Johannis vorhält, um sie aus ihrem Zweifel zu reißen. Und was waren denn diese? Geht hin, sagte er zu ihnen, und sagt, was ihr seht: die blinden sehn, die tauben hören, die lahmen gehn, die todten stehen auf, und den armen wird das Evangelium gepredigt. Das waren also Gründe, die erstlich aus seinem Leben, zweitens aus seiner Lehre hergenommen sind.

I.

Wenn uns ein Gesandter Gottes verheißen wird, um uns über unsre ganze Bestimmung aufzuklären, was erwarten wir wol von ihm? Zuerst gewiß eine feste Anleitung zur Tugend; gut zu sein ist der erste Wunsch eines jeden noch unverdorbenen Herzens, aber um es zu werden brauchen wir ein durchgängig sicheres Vorbild im guten; das ist das erste Bedürfniß, welches sich in unsrer Seele regen muß, sobald wir uns der Liebe zur Tugend und des Wunsches nach ihr deutlich bewußt zu werden anfangen, weil wir sie ohne dasselbe niemals erlangen könnten. Wir haben freilich ein leises Gefühl in uns von dem was recht ist; aber wie unsicher ist es, wie leicht schieben uns bald unsre Begierden, bald unsre Einbildungskraft, bald unsre Empfindungen ein falsches Bild des guten unter! Wir können aus unsrer Vernunft Vorschriften für unsre Handlungen ziehn, die vielleicht nicht so trüglich sind; aber dagegen so kalt, so kraftlos! sie überzeugen uns, aber ohne uns zu rühren, sie weisen uns den Weg den wir gehn sollen, aber ohne uns darauf fortzuführen, und so würden wir immer schwanken zwischen einem betrügerischen Gefühl, das wir lieben, und einer richtigen Vernunft, die wir nur hochschäzen und fürchten. Aber ein vollkommnes Beispiel reißt uns aus aller Verlegenheit; es berichtigt unser Gefühl durch seine Schönheit und Größe; es belebt die Vorschriften der Vernunft, indem es sie alle in einem liebenswürdigen Bilde vereinigt. Und es ist Christus, der uns dieses erhabene Beispiel giebt. Sein ganzer Wandel war nichts andres als eine ununterbrochene Reihe von Handlungen zum besten der Menschheit, so weit der Wirkungskreis reichte, in den ihn seine Lage gesezt hatte; er brachte die schönsten Jahre seines Lebens hin, um unter gesunkenen und größtentheils undankbaren Menschen herumzugehn, ihnen die Wahrheit zu predigen, und die Tugend unter ihnen auszuüben; niemals abgeschrekkt durch Spott, durch Verachtung, durch Verfolgung, durch Mißdeutung seiner reinsten Absichten blieb seine Tugend sich immer gleich; er suchte überall das Elend auf, um es mit sanfter heilender Hand zu lindern, wo er nur immer konnte. Ach wie gern verweilen wir nicht bei den rührenden Auftritten, wenn er abermals einen unglükklichen gefunden und seinem Uebel abgeholfen hat, wenn er einer trauernden Familie ihr Mitglied wieder gegeben, betrübte Eltern wieder beglükkt, niedergeschlagene Geschwister zur Freude zurükkgerufen hat, und er sich dann mit stiller Zufriedenheit unter der Menge verliert, um sich den Dankergießungen ihres Herzens und der wilden Bewunderung des Volks zu entziehn, oder seine Wohlthat mit einem vertraulichen Wort der Ermahnung an diejenigen beschließt, die selbst Schuld an ihrem Unglükk waren, oder sich zu ihnen herabläßt und sie öffentlich als seine Freunde erkennt, wenn sie verkannt und verachtet wurden. Wenn wir diese Denkmale seines Lebens lesen und immer bedauern, daß es nur so wenige sind: brennt da nicht unser Herz in uns? Fühlen wir uns da nicht gewaltig hingezogen zu dem, der alle unsre Vorstellungen von Güte und Größe der Seele so reichlich erfüllt? Können wir da noch einen Augenblikk zweifeln, daß er es sei, den uns Gott gesandt hat?

Aber wenn wir uns dabei allein beruhigen, nur unserer Empfindung folgen wollten, so könnte leicht diese Gewißheit verschwinden, wenn einer von uns einmal in die Lage kommt, wo alle Empfindungen vor den kalten Untersuchungen des argwöhnischen Verstandes zurükktreten; wenn einem eine traurige, gefährliche Stunde der Anfechtung und des Zweifels bevorsteht. Darum wollen wir nicht unser Herz allein sprechen lassen, sondern auch unsern Verstand fragen, und ich fürchte nicht, daß er uns anders antworten möchte, als wir wünschen. Freilich wird er uns warnen, unserm Gefühl nicht zu viel zu traun, uns nicht zu bereitwillig durch den Schein des guten fortreißen zu lassen; er wird uns eine Menge von Beispielen zeigen, wo die Menschen durch eine gefärbte Tugend bestochen ihr Heil einem unwürdigen anvertrauten und von ihm in Labyrinthe des Irrthums und der Abweichung gestürzt wurden, — aber gewiß wird er sich selbst weigern dies auf Christum anzuwenden. Nein es ist nicht möglich, daß wir hier irren sollten. Wenn ein Mensch aus unreinen Absichten nur den Schein der Tugend annimmt, so muß man doch irgend eine Spur von dem Plan entdekken, um dessentwillen er das alles thut, wovon diese schön glänzenden Handlungen nur fremde eingeschobene Theile sind; aber bei Jesu findet sich nichts als nur der einzige Zwekk, der aus jeder Rede, aus jeder That hervorleuchtet, den Menschen zu helfen und sie zu bessern. Wenn jemand nur darum tugendhaft scheint, weil die Handlungen, die bei ihm aus andern Bewegungsgründen geschehen, zufälliger Weise mit den Gesezen der Rechtschaffenheit übereinkommen, so müssen doch wol hie und da beide Wege von einander abweichen, so muß doch irgendwo eine Lükke zu finden sein, durch die man in seinen wahren Charakter hineinsehn kann. Aber bei Christo finden wir auch in den schwersten Lagen, wo sich der beste sonst hinreißen läßt, in den schleunigsten Abwechselungen, die man erfahren kann, in allen Theilen seines Lebens, den öffentlichen und den geheimen, im Volk und unter seinen Freunden, überall die nämliche immer große Denkungsart. Wenn jemand nur von Natur eine glükkliche Mischung der Geisteskräfte besizt, die dem guten günstig ist, wenn das was wahre Tugend zu sein scheint nur natürliche Wirkung seiner Anlagen und seines Temperamentes ist: so werden wir ihn wenigstens da fehlerhaft finden, wo eine andere Seelenstimmung der Tugend vortheilhafter wäre, wo die seinige entweder nicht stark oder nicht sanft, entweder nicht fest oder nicht biegsam genug ist; aber auch hier ist Christus ohne Tadel. Wie stark gegen die Feinde der bessern Religion, deren Stolz seinen ganzen Ernst foderte um gedemüthigt zu werden, wie sanft gegen die schwächern irrenden und gegen die gefallnen Freunde! wie fest vor seinen Anklägern und Richtern; wie biegsam um sich zwischen denen hindurchzuwinden, die ihm heimliche Fallen legten! Dies ist eine Tugend nicht aus Heuchelei, nicht aus Temperament, sondern aus unerschütterlich festen Grundsäzen, und eine solche brauchten wir. Was wollen wir eines andern warten? Christus ist uns dazu gesandt, daß wir nachfolgen sollen seinen Fußstapfen; ihm gehört ein Herz, welches er allein ausfüllen kann!

II.

Aber dadurch sind noch nicht alle unsre Erwartungen erfüllt. Auch der beste Mensch wäre noch unglükklich, wenn er nichts hätte als dieses erhabene Beispiel. Wir werden oft von schmerzlichen und traurigen Empfindungen getroffen, die uns schwächen, sind oft niedergeschlagen und nach Stärkung und Trost verlangend, die wir in uns selbst umsonst suchen würden. Unsre Seele sieht, daß sie sich jenem Vorbild nicht nachbilden kann, daß sie nicht einmal ihre eigenen Forderungen an sich selbst zu erfüllen vermag; der Gedanke schlägt sie nieder, daß der Mensch so ganz sich selbst und allen den Irrthümern und Fehlern überlassen sei, die aus seiner natürlichen Schwachheit folgen. Sie fühlt oft, daß sie abgewichen ist von der Regel des guten; sie erschrikkt vor ihrer Zukunft, wenn sie die Unordnung sieht, die ihre unrechten Handlungen in ihr selbst und um sie her angerichtet haben; noch mehr zittert sie vor der Ewigkeit, wenn sie auf die richterliche Gerechtigkeit des Höchsten hinblikkt. Der Verstand dürstet nach Wahrheit, und sieht sich immer in Finsterniß, Zweifel und Ungewißheit verstrikkt; bald wird er von außen zurükkgehalten, bald zerstört er selbst wieder seine eignen Bemühungen; er sieht sich um nach Ordnung in der geistigen Welt, die er betrachtet, und vermag sie nirgends zu finden, da ist kein Verhältniß zwischen Tugend und Glükkseligkeit, Laster und Elend; das Gelingen unsrer Unternehmungen richtet sich nicht nach der Güte der Absichten, die Größe der Seele ist nicht das Maaß ihrer richtigen Denkungsart, die gefundene Wahrheit nicht gleich der Stärke des Verstandes; alles scheint verwirrt, und die weise Hand die es lenkt verbirgt alle Spuren ihrer Bewegungen. Die Sinnlichkeit des Menschen dürstet nach Ruhe, nach Zufriedenheit, nach Glükk und Freude: und wenn sie es nun immer umsonst thut? wenn wir vergeblich uns auf unser gutes Gewissen berufen bei diesem Bestreben? — Der Mensch strebt nach Erhaltung; so verwirrt, so voll Kummer auch das Leben ist, so lieben wir es doch. Und wenn wir uns nun dem Ende desselben nahe fühlen? wenn nun der Zerstörer herannaht? Welch ein Zustand, wenn wir nur das kennen, was wir verlassen müssen, aber nicht das, was auf uns wartet! Da beschäftigt die Seele ihre lezten Kräfte mit wechselnden Muthmaßungen, sie läßt ihre Einbildungskraft die lezten Farben mischen, um schwankende Bilder der Ewigkeit zu entwerfen, und ermattet sinkt sie dann in den lezten Augenblikken des Lebens doppelt so tief in Ungewißheit zurükk. Das wäre das traurige Schikksal aller Menschen, wäre auch unser Schikksal, wenn uns bei jenem göttlichen Beispiel doch noch die Erkenntniß der Wahrheiten fehlte, welche uns allein über unser Verhältniß gegen Gott und über die Ordnung der Welt beruhigen können! Das ist das zweite große Bedürfniß des Geistes, dessen Befriedigung der Mensch von einem Gesandten Gottes erwartet, und Christus kommt auch dieses zu heben. Er bietet uns Trost und Ruhe an, er ladet zu sich ein alle, die unter der Last des Kummers ermatten; er hat Lehren, welche schon seinen ersten Freunden Worte des Lebens waren. Sollten wir ihm nicht auch ohne Untersuchung unsern Verstand unterwerfen, und mit vollem Glauben an seinen Reden und Verheißungen hangen? O ja, meine Freunde! was könnte uns hindern die Grundsäze dessen anzunehmen, dessen ruhige Gleichmüthigkeit bei allem Unglükk wir nachahmen möchten? Aber seine Lehre spricht auch für sich selbst. Das war der lezte, stärkste Beweis, den er den Jüngern Johannis gab, Seht, den armen wird eine tröstliche Lehre verkündigt. Wenn wir bei unserer Schwachheit den Trost kennen, daß Gott in den schwachen mächtig ist, daß er uns auf mannigfache Weise beisteht und das Heil unserer Seele befördert: so ist es die Religion Jesu, die ihn uns giebt; wenn wir bei unserer Reue doch wissen, daß Gott alles zum besten wenden kann, wenn wir wissen, daß seine Gerechtigkeit mit seiner Liebe verbunden ist, daß die Folgsamkeit gegen den Willen des Vaters und der Glaube an den, den er gesandt hat, Verzeihung für unsere Fehler bewirkt: so ist er es, der es uns verkündigt. Wenn wir unsern Verstand mit dem Gedanken beruhigen können, daß eine Zeit bevorsteht, wo die Ungleichheiten dieser Welt sollen ausgeglichen werden, wo jeder empfahen wird nach seinen Werken, wo auch das in Anschlag kommt, was in dem Herzen eines jeden verschlossen gewesen: so ist es Christus, dem wir die ersten würdigen Vorstellungen von den Ordnungen und Gerichten Gottes verdanken. Wenn wir bei allen Leiden und Mühseligkeiten des Lebens noch Stunden der Beruhigung genießen, noch Glükkseligkeit fühlen und mit einer hoffnungsvollen Zufriedenheit auf die schönen Werke Gottes hinsehen können: so kommt das nur aus der Ueberzeugung her, daß alles bis auf das kleinste an sich selbst ein Gegenstand seiner immer liebevollen Vorsehung ist, daß das Maaß unsrer irdischen Glükkseligkeit nicht nur dem Wohl des ganzen, welches uns fremd ist, sondern unserm eignen wahren und ewigen besten untergeordnet ist, und diese Ueberzeugung sind wir Christo schuldig. Wenn wir endlich dem Ende unsres Lebens ruhig entgegensehn können, so verdanken wir das dem Trost, den er uns gegeben hat, daß wir da sein werden, wohin er vorangegangen ist, daß sein Vater noch ein großes Reich hat, worin er alle die seinigen aufnehmen wird. Welcher Arme kann bei dieser Lehre wol ungetröstet, welcher zweifelnde unberuhigt bleiben? Hier haben wir Beispiel und Erkenntniß und Trost und Hoffnung und Ruhe für unsere Seele. Hier sind alle Bedürfnisse unseres Herzens gestillt, alle unsere Wünsche befriedigt!

Und da wir das alles Christo und ihm allein verdanken, da er es ist, in dessen Namen den Menschen Heil und Seligkeit verheißen ist: mit was für einem dankbaren und freudigen Gemüth werden wir nicht der frohen Feier seiner Geburt entgegensehn! wie fest wird nicht der Vorsaz bei uns sein, die Früchte derselben auch so viel als möglich zu genießen, und ihm allein troz der gewöhnlichen Denkungsart unserer Tage die Ehre davon zu geben? Viele Menschen schämen sich jezt des Christenthums; manche eigenthümliche Lehren desselben sind aus der helldenkenden Welt verbannt, und es gilt fast für das Zeichen eines schwachen Verstandes, Trost und Beruhigung in der Gewißheit derselben zu finden — ach, laßt uns doch fest stehn mitten in diesem Strom, laßt uns nichts wegwerfen von dem, was in den Worten und Lehren Jesu gegründet ist! — Viele verlachen das unbegreifliche, das von seiner Religion unzertrennlich zu sein scheint — ach, laßt uns diesen Leichtsinn fliehen, laßt uns doch so viel dankbares Zutraun zu Jesu haben, daß wir das nicht verachten, was wir nicht verstehn, daß wir nicht glauben, dasjenige ohne ihn besser zu verstehn, was er selbst uns weislich verborgen gelassen hat! Viele unserer Mitbrüder haben sich außer dem Gebiet unserer Religion ein kleineres Gebäude von wenigeren Wahrheiten errichtet, unter dem sie Schuz und Ruhe genug finden; wohl ihnen, wenn sie glükklich sein können; aber laßt uns doch nicht von dem stolzen Wahn derselben hingerissen werden, als wenn sie nun gar keine Verbindlichkeiten gegen Christum mehr hätten: — auch das schwächere Licht, das ihnen leuchtet, haben sie von ihm geborgt; nur durch das Christenthum sind die Wahrheiten allgemein geworden, die sie dem eignen Nachdenken der Vernunft zuschreiben. Vielen ist die Religion Jesu zu eng; ihr Herz will sich dadurch nicht sättigen lassen, sie dursten noch nach mehrerem; aber indem sie auf neue Erkenntnisse oder neue Offenbarungen harren: so warten sie ja noch auf etwas anderes als auf Jesum, so rauben sie ihm ja den Ruhm, daß seine Lehre hinlänglich sei das Herz zu beglükken, und dennoch kann ihre Seele keine wahren Bedürfnisse aufweisen, die er nicht gestillt hätte. Ach, laßt uns doch alle diese Abwege fliehen! alle thun unserm Glauben und unsrer Denkungsart Schaden. Laßt uns ihm allein anhangen, seinen Fußstapfen allein folgen, seiner Lehre allein beitreten und ihn allein preisen für alles Heil und alle Seligkeit, die wir genießen und hoffen! Amen.

II.

Was für Pflichten uns obliegen gegen ängstliche Christen.

Ueber 1 Korinth. 8, 9—12.

M. a. Fr. Wenn das, was offenbar Recht, und das, was ungezweifelt Unrecht ist, ganz nahe an einander grenzten, und diese Grenzen recht scharf und deutlich gezogen wären, so würden die Menschen vielleicht eben so oft Unrecht thun, als wir leider sehn, daß es geschieht; aber es würde ihnen nicht möglich sein, sich in ihrem Urtheil von dem was Recht und Unrecht ist so häufig und so gröblich zu betrügen. Allein die Sache verhält sich nicht so; zwischen beiden liegt das erlaubte in der Mitte; es schließt sich vermittelst unzähliger Handlungen, die in gewissen Fällen recht, in andern aber unrecht sind, durch einen sanften Uebergang sowol an das eine als an das andere an und macht die weniger scharfsichtigen oder weniger aufmerksamen Menschen über die Grenzen seines Gebiets unaufhörlich ungewiß. Aus diesem Grunde hat es von je her Menschen gegeben, die, da sie nicht nur ihren Neigungen uneingeschränkt folgen, sondern auch ihr sie strafendes Gewissen befriedigen wollten, sich darauf legten es durch falsche Schlüsse zu blenden, ihm das unrechte für erlaubt ja am Ende wol gar für recht, für pflichtmäßig zu geben, und andre zu dem nämlichen Irrthum zu verleiten. Nicht geringer war die Anzahl derer, die es auf der andern Seite übertrieben, alles was nicht unstreitig geboten ist für pflichtwidrig und verboten hielten, und alle die nicht mit ihnen übereinstimmten für leichtsinnige, für Verächter der Tugend und Religion ansahen. Selbst das Christenthum, welches doch einen festen untrüglichen Gesichtspunkt zur Beurtheilung der Rechtmäßigkeit aller unsrer Handlungen an die Hand giebt, ist nicht im Stande gewesen diese doppelte Täuschung zu verhindern, und es giebt noch immerfort unter denen, die es bekennen, betrogene von beiden Arten, leichtsinnige Gewissen, welche eine Menge von Handlungen zu rechtfertigen wissen, um derentwillen sie von allen uneingenommenen und richtig sehenden gewiß getadelt werden, welche immer weiter vom Weg der Tugend abkommen und nach und nach lasterhafter werden, da sie Anfangs nur die Absicht hatten sich kein Vergnügen zu versagen, welches sie sich mit gutem Gewissen erlauben könnten; und ängstliche Gewissen, die sich mit zitternder Furchtsamkeit viele unschuldige Freuden versagen und dadurch sich selbst nicht nur Schaden thun, indem sie sich die Tugend erschweren, sondern auch manche Verschuldung auf sich laden, indem sie viele gute Handlungen unterlassen, bloß weil sie ihnen unter der ihnen so fürchterlichen Gestalt des Vergnügens erscheinen. Für denjenigen nun, der glükklich genug gewesen ist hierin die schwere aber einem von den Grundsäzen der Religion geleiteten Nachdenken dennoch nicht unzugängliche Mittelstraße zu finden, für diesen, sag' ich, ist es eine äußerst schwere Sache mit beiden auf die rechte Weise umzugehn. Bei den ersten muß er unaufhörlich auf seinen Weg sehn, um sie nicht zu weit auf dem ihrigen zu begleiten, er muß Stärke genug behalten ihren Versuchungen zu widerstehn, aber hier hat er doch nur für sich selbst zu sorgen; bei den andern hingegen hat er auch noch Pflichten gegen das schwächere Gewissen zu beobachten, und daraus daß diese nicht gehörig erfüllt werden entstehn so viele Uebel in der Welt, die wir täglich vor uns sehn können; der stärkere klagt über Störung in seinen unschuldigsten Vergnügungen, über harte, schiefe Urtheile, denen er ausgesezt ist, und der schwächere über Anstoß und Aergerniß; beide werden auf diese Weise immer weiter von einander entfernt, die gegenseitige Liebe wird geschwächt, und der Saame zu Zwietracht und Feindschaft wird reichlich ausgestreut. Je größer der Schaden ist, welcher beiden Theilen aus solchen Mißhelligkeiten erwächst, und je häufiger wir solche ängstliche Christen an allen Orten und unter allen Ständen antreffen, desto wichtiger muß es uns sein unser Betragen gegen dieselben richtig bestimmen zu lernen, und dies ist es wozu wir diese Stunde anlegen wollen.

Text. 1 Korinth. 8, 9—12.

Sehet aber zu, daß diese eure Freiheit nicht gerathe zu einem Anstoß der schwachen; denn so dich, der du das Erkenntniß hast, jemand sähe zu Tische sizen im Gözenhaus, wird nicht sein Gewissen, dieweil er schwach ist, verursachet, das Gözenopfer zu essen? Und wird also über deinem Erkenntniß der schwache Bruder umkommen, um welches willen doch Christus gestorben ist. Wenn ihr aber also sündiget an den Brüdern und schlaget ihr schwaches Gewissen, so sündiget ihr an Christo.

Paulus giebt in diesem und dem vorhergehenden Capitel seiner Gemeine Unterricht über den mäßigen Gebrauch der christlichen Freiheit und über das schuldige Betragen gegen schwächere Brüder; er thut dies bei Gelegenheit eines streitigen Falles, der damals sehr gewöhnlich war. Die Christen lebten unter Heiden und Gözendienern, sie konnten sich nicht alles Umgangs mit ihnen entschlagen, sie wurden auch zu ihren Vergnügungen, zu ihren Lustbarkeiten und zu ihren Gastmälern eingeladen, allein die Speisen und besonders das Fleisch, welches daselbst genossen wurde, war von Thieren, die den Gözen geheiligt und geopfert worden waren. Einige Christen nun machten sich dennoch kein Bedenken davon zu essen: — warum soll ich mir dieses gesellige Vergnügen versagen? der Göze ist nichts, so ist auch das Opfer nichts; andere machten sich ein Gewissen daraus und trieben ihre Bedenklichkeiten dabei aufs äußerste. Aber wir wollen uns nicht länger bei diesem einzelnen Fall aufhalten, sondern nach Anleitung unsers Textes überhaupt sehn, was für Pflichten uns gegen solche ängstliche Christen obliegen, und zwar erstlich, wie wir sie beurtheilen, zweitens, wie wir uns gegen sie verhalten müssen.

I.

Auch ohne Rükksicht darauf zu nehmen, daß unser Urtheil über andere allezeit auf unser Betragen gegen sie einfließt, ist es eine theure Pflicht des rechtschaffenen Christen sich, keinem nachtheiligen, verdammenden Urtheil von seinem nächsten zu überlassen, wenn er es auch auf das vollkommenste rechtfertigen kann; und hier sind wir in besonderer Versuchung, diese Pflicht aus den Augen zu sezen. Wer sich durch etwas besonderes auszeichnet, von dem glauben wir gemeiniglich, daß er bloß dieses auszeichnende sucht, und schon dies wirft kein vortheilhaftes Licht auf den Charakter eines Menschen. Aber es kommt noch mehr hinzu: wer etwas gutes dadurch zu thun glaubt, daß er sich unsern Vergnügungen entzieht, der scheint unserm Argwohn immer Vorwürfe über die unsrigen zu machen; wir glauben, daß er besser scheinen will als wir, und haben desto mehr Abneigung gegen ihn, da wir uns bewußt sind, daß er keinen wahren Vorzug vor uns hat. Je leichter uns also hier unser Herz zu falschen Urtheilen verleitet, desto mehr müssen wir auf unsrer Hut sein, desto nüzlicher wird es sein, daß wir die gewöhnlichen nachtheiligen Meinungen, die man von solchen ängstlichen Gewissen zu hegen pflegt, in ihrem Ungrund darstellen. Das erste und leider das fast allgemeinste ist, daß man sie für Heuchler hält. Heuchler, welche den äußern Schein der Tugend annehmen, um die Früchte derselben zu genießen und die Menschen desto weniger vermuthen zu lassen, wie weit ihr Herz von derselben entfernt sei, diese begnügen sich freilich oftmals nicht mit dem Schein einer gewöhnlichen Tugend, welche nicht in die Augen zu fallen sucht, sie brauchen etwas blendendes, welches ihre schwarze Seele um so besser verberge, und ahmen daher jene Strenge gegen sich selbst nach, welche andern von Herzen geht und aus Grundsäzen herrührt, welche tief in ihre ganze Denkungsart verwebt sind. Auf diese Weise werden beide oft mit einander verwechselt, aber so leicht es ist in diesen Irrthum geführt zu werden, so wenig Mühe kostet es sich davon loszureißen. Der Heuchler kann die Larve womit er andre täuschen will nicht lange um sich leiden, er kann sich das Vergnügen, das Laster welchem er fröhnt zu üben, nicht lange versagen, sobald als möglich erscheint er in seiner natürlichen Gestalt. Der Heuchler will nur gesehn werden, er sucht sich überall hervorzudrängen, überall mit seiner falschen Tugend und Frömmigkeit zu glänzen. Wenn wir also im Begriff sind, von denen, die eine größere Strenge zeigen, als die Grundsäze der Religion es uns zu erfordern scheinen, ein so übereiltes Urtheil zu fällen, so laßt uns auf diese beiden Stükke sehn, und wenn wir hier keine Merkmale der Heuchelei finden, wenn sie ihren Grundsäzen zwar immer treu bleiben, aber ohne sie auf eine prahlerische Weise zur Schau auszustellen, wenn sie sich in ihrem Betragen immer gleich bleiben, wenn wir darin gar nichts widersprechendes finden, gar keine hinlängliche Ursach sie zu beschuldigen, daß sie im verborgenen wol anders zu Werke gingen als im Angesicht der Menschen; wenn dies, sage ich, das Resultat unserer Beobachtungen ist: so ist es unsere Pflicht diesen häßlichen Verdacht fahren zu lassen, und andere Gründe ihres Betragens aufzusuchen.

Kann man das Herz solcher strengen ängstlichen Christen keiner Tükke beschuldigen, so schlägt man einen andern nicht viel besseren Weg ein, und sucht eine gewisse Schwäche in ihrem Verstand zu finden. Diese Leute sind nicht böse, sagt man, sie meinen es herzlich gut, — aber wie schwach muß es in ihrem Kopf aussehn! wie verwirrt müssen nicht alle ihre Begriffe, wie ganz ungeübt müssen sie in der Unterscheidung des wahren und falschen sein, da sie sich so finstere, so traurige Vorstellungen von der Tugend machen können. Dies kann in einzelnen Fällen wahr sein, aber im ganzen ist es gewiß unrichtig. Wenige von denen, welchen es an der gewöhnlichen Stärke des Verstandes fehlt, werden Festigkeit genug haben, Begriffe, die sie nur von andern überkommen haben können, in so ausdauernde beharrliche Grundsäze zu verwandeln, sie werden sich vielmehr vom Beispiel der Menge fortreißen lassen und denken, was so viele thun, könne ja wol so unrecht nicht sein.

Wenn man also auch hiemit nicht auslangt, so schiebt man die Schuld auf ihre Gemüthsverfassung, auf ihr Temperament. Es ist keine Kunst, denkt man, daß sie sich der Vergnügungen des Lebens entschlagen, sie haben keine Neigung dazu; ein langsames kaltes Blut schleicht durch ihre Adern; es sind traurige düstre Gemüther, die der Freude abgestorben sind. Wer weiß, was für ein Wurm an ihrem innern nagt, oder welcher Sturm die Sprößlinge der Freude noch in ihrer zarten Jugend zerknikkt hat, — vielleicht haben sie sich wol gar durch unmäßigen Genuß Ueberdruß und Ekel zugezogen. Dies sind die gemeinsten Urtheile der Menschen über die, welche sich einen rauheren Weg gewählt haben als sie selbst. Aber warum will man doch denen, von welchen man ohnehin überzeugt ist, daß sie irren, warum will man ihnen zugleich alles übrige Lob rauben? warum will man nicht glauben, daß sie aus redlichem Herzen, aus fester Ueberzeugung handeln? daß es ihnen einige Mühe kostet, der harten Regel so genau zu folgen, welche sie sich einmal gemacht haben. Richtet nicht, so werdet ihr nicht gerichtet, verachtet nicht den, der nicht mit euch übereinstimmt, das ist die goldne Regel der Christen, die uns Paulus Röm. 14, wo er von eben dieser Materie handelt, aufs dringendste einschärft; suchet auch das, was ihr nicht billigen könnt, nicht aus der schmuzigsten unreinsten Quelle herzuleiten, sondern deutet so lange ihr könnt alles zum besten. Und dies ist doppelt nothwendig bei dieser wirklich verehrungswerthen Classe von Menschen, die aus warmer Liebe zur Tugend die allgemeinste angeborne Neigung des Menschen zum Vergnügen, zur Freude, zum frohen Genuß des Lebens und zu Annehmlichkeiten in sich erstikken. Oft sind sie grade das Gegentheil von dem, was wir vermuthen. Anstatt Heuchelei oder wenigstens Neigung zum sonderbaren zu zeigen sind es oft die redlichsten Gemüther, die mit unermüdetem Eifer sich allem unterziehn, was zu ihrer Förderung in der Gottseligkeit gereichen kann; es ist ihnen oft äußerst schmerzhaft, daß sie sich vor andern auszeichnen müssen, die zwar auch das gute lieben, aber ihnen doch zu unbesorgt zu leichtsinnig zu wandeln scheinen; sie vermeiden mit bescheidener Schüchternheit alle Gelegenheit, wo ihr Betragen gar zu auffallend sein könnte, sie reden nur dann, wenn man sie gleichsam herausfordert. Oft finden wir bei ihnen statt eines schwachen Verstandes vielmehr eine feine durchdringende Beurtheilungskraft, ja bisweilen ist diese wol gar die Ursach ihrer strengen Enthaltsamkeit von so manchem Genuß des Lebens. Sie bemerken genauer als viele andere, wie allmählig Vergnügen und Freude, wenn wir uns ihnen überlassen, uns jenen ernsten gefaßten Zustand der Seele rauben, den die Tugend erfordert; ihnen entgehn die anfänglich kleinern aber in ihren Folgen wichtigen Veränderungen nicht, die dadurch in uns hervorgebracht werden; sie sehen, wie die Kraft des Geistes dadurch erschlafft, wie man lässig im guten, immer nach mehrerem durstig wird, wie man nur an dem einen Gefallen findet, was sich durch eine muntere lachende Miene empfiehlt, wie leicht man sich nach und nach von dem stillen ernsten Ansehn der Religion und Tugend entwöhnt. Oft sind sie grade diejenigen, die am meisten für die Geselligkeit und alles gute und angenehme, was sie uns gewähren kann, gestimmt sind, aber sie sezen zu viel Mißtrauen in sich selbst, jene Betrachtungen sind stark genug sie zurükkzuhalten, die übertriebene Furcht der Gefahr überwindet die Lokkung der Versuchung, und sie leben immerfort in dem schweren unnöthigen Kampf zwischen heftiger natürlicher Neigung und überspannten Begriffen von Pflicht. Unser innigstes Mitleid gebührt also freilich ihrem bedauernswürdigen Zustand, denn wie viel gutes was sie genießen könnten versagen sie sich nicht, was für unnöthige Unannehmlichkeiten übernehmen sie nicht, wie quälen sie nicht sich selbst. Aber wer weiß, was für Fehler in der ersten Erziehung, was für ein Zusammenfluß von Umständen, was für eine Menge warnender Beispiele ihrer Seele eine so traurige Falte eingedrükkt haben. Und wenn dies die wahre Beschaffenheit der Sache ist, wenn dies die Gründe ihrer Strenge gegen sich selbst sind, — o so verdienen diese unsere Brüder es ja nicht, daß wir sie als Störer unserer Freude hassen oder als Schwächlinge auf eine verächtliche Weise bedauern. Sie verdienen vielmehr unsre Achtung; sie verdienen, daß wir auch um die ihrige uns bewerben, daß es uns nicht gleichgültig sei, wie sie von uns urtheilen, daß wir auf unser Verhalten gegen sie die äußerste Achtsamkeit wenden, und wie dieses beschaffen sein muß, davon wollen wir im zweiten Theil unserer Betrachtung handeln.

II.

Die meisten Menschen glauben, daß sie bei ihren Handlungen auf diese Classe von Christen gar nicht Rükksicht zu nehmen brauchen. Wollen sie ihr Leben nicht genießen, so sprechen sie, wolan, so mögen sie es halten wie sie wollen; aber sie mögen uns auch eben das erlauben, es wäre zu viel verlangt, wenn wir uns um sie bekümmern, oder uns um ihretwillen den geringsten Zwang anthun sollten. Das würde uns schaden ohne ihnen etwas zu helfen. Wir wollen sie weder verdammen noch hassen noch verfolgen, wir wollen sie ihren Weg ruhig gehn lassen; aber sie müssen auch nicht überlästig sein, sie müssen uns auch auf dem unsrigen nicht stören, — wohl dem von uns, der den besten gewählt hat. Nehmen sie aber auch bei diesem Verhalten Aergerniß an uns, so haben sie es auf ihrem eignen Gewissen, wir haben es ihnen nicht gegeben. So wenig nach dem strengen Recht an dieser Verfahrungsart auszusezen zu sein scheint, so bedenklich ist sie doch, so wenig entspricht sie den Grundsäzen des Christenthums. Welche untheilnehmende lieblose Sorglosigkeit leuchtet nicht daraus hervor! Diese unsere schwächeren Brüder lieben uns, ob sie uns gleich tadeln, sie warnen uns, weil sie uns auf unrechtem Wege glauben, sie kümmern sich um uns, sie seufzen über uns, und wir wollten auch nicht einmal ein Stündchen daran wenden, ihnen auf eine oder die andere Art aus dem Traum zu helfen? O wessen Herz schon so fest an dem irdischen Vergnügen hängt, daß der kleinste Theil desselben ihm zu theuer ist, als daß er ihn dem besten seines Bruders aufopfern sollte, — o der hängt schon zu fest daran! Und indem er nur glaubt sich nicht um sie zu bekümmern, sie sich selbst zu überlassen, indem schadet er ihnen wirklich; er ist nicht so unschuldig an dem Aergerniß, welches sie nehmen. Denn werden sie wol Unrecht haben, wenn sie seine fühllose Gleichgültigkeit für eine Verhärtung des Herzens halten? wenn sie glauben, daß seine freieren Grundsäze daran schuld seien? Aber es kommt noch mehr dazu. Je ausgebehnter wir diese Freiheit üben, je näher wir den Grenzen kommen, die wir uns selbst gestekkt haben, desto größer wird die Versuchung auch diese zu überschreiten, und desto leichter geschieht es, und dann bestärken wir ja diese irrenden, die genau genug darauf Achtung geben, durch unser Beispiel in ihrem Irrthum, als ob der Genuß des Vergnügens mit der Anhänglichkeit an die Religion nicht bestehn könne, wir geben ihnen Gelegenheit Mißtrauen in unsere Tugend zu sezen und schlechte Begriffe zu fassen von der Macht, welche die Forderungen der Lehre Jesu über uns haben, und heißt das wol etwas anderes als Aergerniß geben?

Was sollen wir also thun? Darüber geräth man in desto größere Verlegenheit, je besser man von diesen ängstlichen Christen denkt, je mehr man sich ihre gute Meinung zu erhalten sucht. Soll man sich, so oft man von ihnen bemerkt wird, nach ihren düstern Gedanken bequemen? Das hieße, ihrer Freundschaft eben die schweren Opfer bringen, die sie ihren Grundsäzen zu bringen gewohnt sind. Dies wäre vielleicht ein leichtes und sicheres aber gewiß kein untadelhaftes Mittel. Wir müssen unsere Denkungsart nicht verstellen, sondern sie von ihrer Richtigkeit zu überführen, und sie nach und nach mit derselben auszusöhnen suchen. Aber hier liegt eben die Schwierigkeit. Man wendet dazu gemeiniglich eher jedes andere Mittel an als das, welches allein einem Christen anständig ist, und welches allein gelingen kann; man geht oft in guter Meinung eben so verkehrt zu Werke, als man nur thun könnte, wenn man die böse Absicht hätte den schwächern noch mehr zu verwirren, ihm noch mehr Anstoß und Aergerniß zu geben. Hier giebt es besonders zweierlei, wodurch unzähliges Uebel angerichtet und das Herz derer aufs tiefste verwundet wird, welche wir auf alle Weise zu schonen verpflichtet sind. Da nämlich diese ängstlichen Gewissen gemeiniglich mit der äußersten Hartnäkkigkeit auf ihrer Meinung beharren, da sie sich gegen alle Demonstrationen auf ihr Gefühl und, was noch mehr ist, auf die Erfahrung berufen, die immer weit mehr auf ihrer Seite als auf der Seite ihrer Gegner ist, so glauben viele, daß sie nicht besser von ihrem Uebel geheilt werden können, als wenn man sie lächerlich mache und durch immerwährenden Spott gleichsam zur Besserung nöthige. Die Freunde des Vergnügens machen einen stillschweigenden Bund gegen die Feinde desselben; sie wissen sie in allerhand peinliche Verlegenheiten zu führen; sie verstehn es, sie die

Folgen ihrer Zurükkhaltung recht empfindlich fühlen zu lassen; sie wissen über das wenige Vertrauen, welches sie auf ihre Kräfte sezen, über die geringe Stärke, die sie ihrer Tugend zutraun, auf eine bittere Weise zu scherzen. Wenn man dies sehr gemeine Verfahren ein wenig mit kaltem Blut überlegt, wenn man sich an die Stelle dieser armen gemißhandelten sezt: so fühlt man wol, wie ungerecht, wie abscheulich diejenigen handeln, die sich so etwas zu Schulden kommen lassen; wie wenig man nachgedacht haben müsse, wenn man hofft etwas gutes dadurch zu schaffen. Durch solchen Spott kann niemand gebessert werden, und je weniger das Herz rein und die Absicht lauter sein kann, die auf solche Mittel verfällt, desto mehr Widerstand findet es auch — man wird bei dem niemals seinen Zwekk erreichen, dem man so Gewalt anthut.

Andere, welche dies wol einsehn, sind auf ein nicht so heftiges aber desto unredlicheres Mittel verfallen, je feiner und listiger es ist. Statt jener Gewalt brauchen sie Verführung, statt diejenigen, denen sie andere Gesinnungen beibringen wollen, durch das lebhafteste Gefühl aller der Unannehmlichkeiten zu peinigen, denen ihre eingeschränktere unfreiere Aufführung sie aussezt, suchen sie sie vielmehr durch beständige Vorstellung alles des Vergnügens, aller der Glükkseligkeit zu reizen, welche aus freieren gelinderen Grundsäzen erwächst; sie hoffen, daß diejenigen, die durch Darlegung ihrer selbstgeschaffenen Qual nur in ihren Gesinnungen gestärkt wurden, vielleicht dem neuen Anblikk nie genossener Freuden erliegen werden. Sie führen ihre schwächeren Brüder in beständige Versuchung, sie zeigen ihnen das Vergnügen, welches auch sie genießen könnten, in der schönsten Gestalt, und wenn ihnen denn nun ihr Vorhaben gelingt, wenn das schwache Gewissen versucht wird: o so haben sie etwas sehr schlechtes gethan, da sie etwas gutes thun wollten. Was ist die Frucht davon? Paulus sagt, Auf daß nicht über deinem Erkentniß der schwache Bruder umkomme. Ja wol wird er umkommen, wenn wir also mit ihm umgehn; er ist nur berauscht, nicht überzeugt, sein Gewissen ist nicht gebessert, sondern beflekkt, — er wird wieder zu sich kommen, er wird sich selbst die härtesten Vorwürfe machen, und was Wunder, wenn er den, welchen er als die Ursach seines Falls ansieht, als seinen ärgsten Feind flieht, oder wol gar haßt. Ich habe dies Verführung genannt, und vielleicht werden viele diesen Ausdrukk zu hart finden. Verführung, wird man sagen, ist Verleitung zur Sünde, und hier will man es nur dahin bringen, daß ein jeder den Theil der Freuden des Lebens genieße, der ihm beschieden ist. Aber eben diese Entschuldigung hat auch der Bösewicht, der leichtsinnige, der andere zu Lastern verleitet, die er freilich mit seinem frechen Gewissen wol zu rechtfertigen weiß. Und was ist denn Sünde? Nicht nur das, was offenbar gegen die Gebote Gottes ist, sondern, wie Paulus sagt Röm. 14, 23, Wer über etwas zweifelt und thut es doch, der ist verdammt, denn es geschieht nicht nach seiner Ueberzeugung, und was nicht aus Ueberzeugung kommt, das ist Sünde. So verführen wir also andre zur Sünde, wenn wir sie in Versuchung sezen etwas zu thun, was sie für unrecht halten. Wer aber also sündigt an seinen Brüdern und schlägt ihr schwaches Gewissen, der sündigt an Christo. Wer es erfahren hat, welche Pein für ein redliches Herz in dem Bewußtsein liegt gegen sein Gewissen gehandelt und die deutlichen Winke desselben in den Wind geschlagen zu haben, dem wird gewiß nichts heiliger sein als die Ueberzeugung anderer.

Wenn wir also etwas gutes schaffen wollen unter unsern schwächeren Brüdern, so laßt uns nicht danach trachten, daß sie gegen ihr Gewissen handeln, sondern vielmehr, daß dasselbe verbessert, daß ihre Urtheile über die Rechtmäßigkeit erlaubter Vergnügungen berichtigt werden. Wir müssen sie liebreich zurechtweisen, müssen uns Mühe geben ihnen begreiflich zu machen, daß wir nicht auf so üblen Wegen sind, daß die Fröhlichkeit nichts fürchterliches, nicht mit dem Laster verwandt sei, daß sie uns gegeben sei uns nach der Arbeit zu erholen, und zu allem guten und nüzlichen wieder fähig und stark zu machen, daß sie dazu gebraucht werden könne ohne gemißbraucht zu werden. Aber mit bloßen Reden werden wir nichts ausrichten, das erste was uns obliegt, das einzige wodurch wir sie gewinnen können ist unser Beispiel. Vergebens werden wir ihnen unsere Ueberzeugung mit der größten Wärme anpreisen, vergebens werden wir ihnen die Möglichkeit beweisen, mitten im Genuß des Vergnügens reines Herzens und zu allem guten bereit zu sein, sie werden um sich sehn, wo wol diese Möglichkeit wirklich geworden sei, sie werden dies von uns selbst fordern, die wir sie belehren wollen. Wir müssen sie dadurch, daß wir Geduld mit ihrer Schwäche haben, daß wir ihnen zu Liebe manche kleine Aufopferung machen, überzeugen, daß das Vergnügen nicht selbstsüchtig, nicht hart, nicht untheilnehmend gegen andere mache. Wir müssen ihnen in unserm eignen Betragen zeigen, daß man es genießen kann, ohne davon berauscht, ohne zu seinen Pflichten und Geschäften untüchtig gemacht zu werden, daß man sich den Freuden des Lebens von Zeit zu Zeit überlassen kann, ohne sie leidenschaftlich zu verfolgen, daß man mitten im Genuß immer Herr über sich selbst bleiben kann ohne unaufhaltsam fortgerissen zu werden. Nur durch solche thätige Beweise können wir etwas über sie erlangen, nur dadurch können wir nach und nach ihre ängstliche Furchtsamkeit vertreiben und Heiterkeit und Freude wieder in ihr Leben bringen.

Dies ist die Weisheit, die wir überall im Reich der Gnaden, in allem was das sittliche Wohl der Menschen betrifft, antreffen; indem wir für uns selbst sorgen, indem wir unser eignes Wohl im Auge haben, erfüllen wir auch unsere Pflichten gegen den nächsten, indem wir diesen thätig lieben und sein bestes befördern, thun wir zugleich das, was wir uns selbst schuldig sind. Wenn also einem von uns der äußerst gemäßigte Genuß des Vergnügens schwer fällt, der doch zu unserm eigenen besten nothwendig ist;

wenn wir denken, daß unsere Tugend keinen grossen Schaden leiden wird, wenn wir auch einmal einen Schritt zu weit thun sollten: so laßt uns unsere Augen weiter als auf uns selbst richten, laßt uns den Schaden erwägen, den die Seele unseres schwächeren Bruders durch unsere Uebertretung leidet, laßt uns das gute lebhaft denken, welches wir durch ein tadelloses Beispiel über dieselbe verbreiteten. Wir vermindern finstere Vorurtheile, wir gewinnen der heitern Tugend einige schäzbare Verehrer; wir vermehren die Summe der Glükkseligkeit um uns her; wir beglükken andere nicht nur in dieser Welt, sondern die Früchte unserer Bemühung erstrekken sich auch bis in die Ewigkeit. Amen.

III.

Vom rechten Gebet des Christen im Namen Jesu.

Ueber Joh. 16, 23.

Man klagt zu unsern Zeiten ungemein darüber, m. a. Fr., daß es so viele Menschen giebt, welche glauben, daß sie der Religion Jesu entübrigt sein können, welche die Wohlthaten derselben verschmähen und es nicht der Mühe werth achten sich ihres Genusses fähig zu machen; aber eine hauptsächliche Ursach dieser Gleichgültigkeit ist unstreitig die, daß sie sehen, wie selbst diejenigen, welche sich zum Christenthum bekennen, die Vorzüge desselben entweder unerkannt lassen, oder sie mißbrauchen und durch ihre Aufführung herabwürdigen. Unter die größten Vortheile, die wir als Christen genießen, gehört unstreitig auch der, daß es uns nicht nur erlaubt, sondern auch als Gott wohlgefällig und uns selbst äußerst zuträglich und nothwendig geboten ist, daß wir zu Gott unserm Schöpfer beten, ihm unsere innersten geheimsten Wünsche vertrauungsvoll darlegen, und uns durch solche Ergießungen unseres Herzens recht oft und lebhaft des trostreichen Verhältnisses erinnern sollen, in welchem wir gegen ihn als

Kinder gegen einen liebreichen und gütigen Vater stehn. Woher kommt es also, daß sich dennoch so viele, die übrigens richtige Begriffe vom höchsten Wesen zu haben scheinen, dieses Vorzugs, wobei sich die menschliche Würde in ihrer ganzen Größe zeigt, muthwillig berauben? Sie meinen, obgleich die menschlichen Angelegenheiten von der göttlichen Vorsehung nicht ausgeschlossen wären — denn ihm sei auch der kleinste Theil seines unendlichen ganzen nicht zu klein, — so habe er sie doch wenigstens schon von Ewigkeit her unwiderruflich nach nothwendigen Gesezen der Natur geordnet, und unsere Bitten könnten ihm deswegen unmöglich gefällig sein, weil sie völlig unwirksam sein müßten, weil sie in seinen Rathschlüssen keine Aenderung hervorbringen könnten. Gott wisse eher und besser als wir, was uns gut sei; es sei nicht möglich, daß er es unterlasse, wenn wir ihn auch nicht darum bitten; und wenn man sich dieses überlege, so sähe man wol, daß derjenige, der da bete und das höchste Wesen um etwas anrufe, sich in diesem Augenblikk unmöglich an die Weisheit, Allwissenheit und die übrigen unendlichen Eigenschaften desselben deutlich erinnern könne. Woher alle diese verkehrten Urtheile, woher kommt es, daß die Menschen sich dessen nur weigern, worüber sie als über ihrem größten Vorzug halten sollten? Falsche Begriffe von der Absicht des Gebets und eine traurige Erfahrung von seinem wenigen Nuzen sind die Ursachen davon. Gegen einen, der durch rechten Gebrauch die Früchte des Gebets einerntet, findet man immer zehn oder wol hundert, die dabei auf die verkehrteste Art zu Werke gehn. Viele denken, daß dies ein Theil des Dienstes sei, den Gott gleichsam für sich von uns fordere, ihr Gebet besteht also bloß in Worten, ihr Herz hat keinen Theil daran. Es kriecht vielleicht bei den niedrigsten Gegenständen der Erde umher, während daß ihre Augen und ihre Lippen andächtig gen Himmel gerichtet sind. Oder sie sind dabei völlig gedankenlos; gewisse Stunden, gewisse Gelegenheiten sind das Zeichen, welches sie aufruft ihre Gedanken zu

Gott zu erheben; sie sind von Kindheit an dazu abgerichtet worden, wie man zu andern Handlungen abgerichtet wird, die man nur mechanisch ohne Bewußtsein zu verrichten braucht; sie beten aus Gewohnheit und also mit einer Kälte der Seele, die alle Früchte dieses großen und heiligen Geschäfts verhindert. Andere beten zwar inbrünstig und mit Gefühl des Herzens, aber ein Mißverstand verführt sie zu falschen Hoffnungen, sie täuschen sich selbst und ernten dann statt guter Folgen nur Unzufriedenheit und Schaden ein, statt daß durch ihr Beispiel andere zu gleichem Eifer ermuntert werden sollten, werden sie vielmehr durch diesen Erfolg abgeschrekkt. Alles dies würde nicht geschehn, wenn man allezeit die Vorschriften im Auge hätte, die uns Christus selbst in Absicht auf das Gebet gegeben hat, und diese wollen wir in der gegenwärtigen Stunde mit einander beherzigen.

Text. Joh. 16, 23.

Wahrlich, wahrlich, ich sage euch, So ihr den Vater etwas bitten werdet in meinem Namen, so wird er es euch geben.

Wir wollen nach Anleitung dieser Worte von dem rechten Gebet eines Christen im Namen Jesu reden, so daß wir erstlich zeigen, worin es bestehe, und zweitens die Vortheile mit wenigem berühren, die uns dasselbe gewährt.

I.

So angelegen es sich unser Erlöser in seinen lezten Tagen sein ließ, seinen Jüngern das Gebet überhaupt zu empfehlen und ihnen ein festes Vertrauen zu dem einzuflößen, welcher es erhören konnte, eben so dringend wiederholt er ihnen verschiedene Mal die besondere Vorschrift, die den Inhalt unseres Textes ausmacht. Was mag er wol unter dem Ausdrukk verstanden haben, daß sie in seinem Namen beten sollen? Wir finden diese Worte auch in andern Fällen gebraucht; so sagt Christus, Ich sende euch in meinem Namen, d. h. ihr sollt nun meine Stelle vertreten, das fortsezen, was ich angefangen habe. An einem andern Ort, Gehet hin und lehret in meinem Namen, d. h. an meiner Stelle, unter der Autorität, daß ich eben so gelehrt habe und noch lehren würde, wenn ich noch zugegen wäre. So sagen wir noch jezt, daß wir etwas im Namen eines andern thun, wenn wir wissen, daß er eben so handeln würde, daß es seinen Absichten gemäß sei. So sagt nun Jesus auch hier, daß wir in seinem Namen beten sollen; wir sollen auf eben die Art beten, wie er immer sein Herz vor seinem Vater ausgeschüttet hatte; wir sollen um das bitten, wovon wir wissen, daß es seinen Absichten gemäß sei, daß wir es erlangen.

Aber wenn wir das Betragen der Apostel, welches aus dieser Vorschrift erfolgt zu sein scheint, betrachten, so könnten wir denken, daß dies Gebot nur seine damaligen Jünger betroffen habe, für uns aber gar nicht gegeben sei. Wenn die Apostel im Namen Jesu beteten, so gehorchten ihnen die Stürme und die Wogen des Meers, die Wuth der Menschen legte sich, das Gift der Thiere verstokkte und wurde unschädlich, die Ketten zerbrachen, und die Thüren der Gefängnisse sprangen auf, Krankheit und Tod zitterten vor ihrer mächtigen Stimme. Wenn dies die Früchte des Gebets im Namen Jesu sind, so wären wir ja Thoren, wenn wir darauf Anspruch machen wollten, wenn wir um solche Gaben bitten und uns dabei doch unausbleiblicher Gewährung getrösten wollten. Allein m. th. nichts destoweniger ist dies Gebot uns allen gegeben, nur daß andere Zeiten eine andere Anwendung desselben erheischen. Damals waren solche Begebenheiten den Absichten Jesu gemäß und nothwendig. Er selbst hatte bei seinem Leben seinen Vater um so manche wundervolle Aeußerung seiner Allmacht gebeten, und sie war erfolgt. Seinen ersten Jüngern war dies eben so nothwendig; in ihnen lag als in dem ersten Keim die ganze künftige Kirche Christi, und so mußte freilich auf diesen Keim, wenn ich mich so ausdrükken darf, mehr Sorgfalt gewendet werden als jezt, da sie zu einem großen Baum herangewachsen ist, auf manche größere Knospe, auf manchen ganzen Zweig desselben. Die ganze Kirche Christi erlag, wenn nicht bisweilen ihr Muth durch außerordentliche Hülfe gestärkt wurde, wenn sie nicht wunderbarer Weise aus so manchen ihrem Leben drohenden Gefahren errettet worden wären, sie mußten durch so manche außerordentliche Handlung die Aufmerksamkeit derer erregen, welche sie gewinnen sollten. Wenn dies alles heut zu Tage nicht mehr so ist, nicht mehr so sein kann, so folgt daraus doch nichts mehr, als daß wir in einer von der Lage der Apostel ganz verschiedenen Lage sind, und daß wir dies Gebot Jesu auf unsere Umstände anwenden müssen.

Wenn wir im Namen Jesu beten wollen, so müssen wir fürs erste in dem Geist, auf die Art beten, wie er es zu thun gewohnt war, unser Gebet muß dem seinigen ähnlich sein.

Es ist unnöthig zu erinnern, daß das unmöglich heißen kann im Geist und im Namen Jesu beten, wenn bloß die Worte die wir aussprechen ein Gebet heißen, aber nicht von den Gedanken und Empfindungen begleitet sind, welche sie ausdrükken sollen. Das Gebet eines Christen muß aus dem Herzen kommen, aus der stärksten Empfindung von der Nothwendigkeit sich mit Gott zu unterhalten, es muß aus dem Bedürfniß entspringen, sein innerstes sich selbst vor den Augen des Allsehenden zu entwikkeln. Wir müssen erstaunen, wenn wir bedenken, wie nothwendig diese Stimmung der Seele zu einem wahren Gebet ist, und wie oft wir dennoch beten, ohne durch dieselbe dazu angetrieben zu werden, denn unsere Seele hat von Natur keinen Hang zu so starken Empfindungen dieser Art, und nur selten wird sie durch die Umstände darein versezt; allein eben weil diese Empfindungen so fruchtbar sind, so müssen wir suchen sie hervorzubringen, und das ist die einzige Entschuldigung für jene Gebete, die wir zu gewissen Stunden, bei gewissen Gelegenheiten auszusprechen gewohnt sind. Diese werden freilich selten unmittelbare Ausbrüche unsers Herzens sein, wir werden selten, wenn wir sie beginnen, jene hohen Gesinnungen des betenden Christus bei uns fühlen, aber sie können durch dieselben veranlaßt und herbeigeführt werden. Die Worte erregen nach und nach die dazu gehörigen Vorstellungen; je mehr wir alle übrigen sinnlichen Gedanken entfernen, desto leichter wird unser Herz dadurch zur Betrachtung Gottes und göttlicher Gegenstände erwekkt, und so eines wahren innigen Gebets fähig gemacht.

Wenn unser Erlöser betete, so suchte er die Einsamkeit, und auch hierin müssen wir ihm nachahmen. Nicht gerade, daß es nothwendig wäre sich von aller Gesellschaft zu entfernen, es ist vielmehr löblich, daß wir unser Gebet mit dem Gebet anderer vereinigen; aber in dem Augenblikk, da wir unser Herz zu unserm Schöpfer erheben, muß diese Gesellschaft für uns nicht da sein, sie muß von uns nicht bemerkt werden, unser Gebet beschäftige uns ganz allein, wir müssen nicht das geringste thun die Augen anderer auf uns zu ziehn. Keine sichtbare Geberde der Andacht, keine Bewegung, die ein auffallendes Zeichen von dem sein könnte, was in unsern Herzen vorgeht, entschlüpfe uns in der Absicht. Wer zu der Zeit, da er sich mit dem höchsten Wesen unterhält, nicht ganz einsam ist, sondern neben diesen Gedanken noch andere irdische, neben dieser Absicht noch andere haben kann, der betet nicht, wenigstens nicht so wie Christus zu thun befohlen hat.

Aber wenn wir nach den Vorschriften Jesu beten wollen, so müssen auch die Gegenstände des Gebets richtig gewählt sein, wir müssen uns ihren Zusammenhang mit seinen Absichten, ihre Nothwendigkeit zur Erreichung derselben mit voller Gewißheit denken können. Unsere eigenen äußeren Angelegenheiten sind jezt nicht mehr von der Wichtigkeit wie die Umstände der Apostel. Daß wir aus mancher Ungelegenheit errettet werden, ist für die Sache des Christenthums gar nicht nothwendig, wir können also auch nicht behaupten, daß es die Absicht Jesu sei. Auch das gute, was wir andern zu erweisen, in andern hervorzubringen Willens sind, ist gar nicht mit den wundervollen Wohlthaten zu vergleichen, welche die Apostel so oft den bedrängten ihrer Zeit erwiesen; wir müssen das unsrige dabei thun, weil es unsere Pflicht ist, aber den Ausgang müssen wir Gott überlassen; vielleicht soll dieses gute nicht durch uns, vielleicht soll es jezt noch gar nicht geschehn, wir können also das Gelingen unserer Unternehmungen nicht als etwas für die gute Sache der Tugend unausbleiblich nothwendiges von Gott erheischen. Was bleibt uns also als der erste ungezweifelte Gegenstand unsers christlichen Gebets übrig? Wir selbst, unser eigentliches Ich, unser wahres ewiges Wohl. Daß wir immer besser, immer mehr von unsern Fehlern befreit werden, dem Ideal des wahren Christen immer näher kommen, die Gebote Jesu immer pünktlicher, in immer größerm Maaß befolgen, dies ist gewiß die Absicht Jesu, darum können wir Gott unbedingt, mit der größten Zuversicht in Christi Namen anrufen. Er selbst, da seine Jünger Unterricht im Gebet verlangten, lehrte uns nur um solche geistliche Gaben zu bitten; die Verherrlichung des Namens Gottes, die Ausbreitung seines Gnadenreichs, die immer mehrere Vollbringung seines Willens auf dem ganzen Erdboden, das Zutrauen auf seine Vorsehung, wenn wir auch nicht weiter als nur für den heutigen Tag voraussehn, die Liebe und Versöhnlichkeit des sündigen Menschen gegen seinen eben so sündigen Mitbruder, die Stärkung in der Versuchung, dies waren die Gaben, um welche seine Jünger bitten sollten.

Sind aber dies die einzigen Gegenstände, auf welche sich unser Gebet einschränken soll? Da wären wir unglüklich genug! Unsere übrigen Angelegenheiten, unsere Verhältnisse in der Welt, in der bürgerlichen Gesellschaft, das was wir als Menschen, die dem Wechsel der Zeit und des Glükks unterworfen sind, zu hoffen oder zu fürchten haben, liegt uns oft eben so sehr am Herzen, verursacht uns oft noch tieferen Kummer, ängstlichere Besorgnisse; es ist so natürlich, daß wir auch hierüber unser Herz vor Gott ausschütten; es ist oft unser einziger Trost. Sollte dies unrecht sein? Mit nichten! Aber wir müssen zwischen jener Art des Gebets und zwischen dieser einen großen Unterschied machen. Das sittlich gute können wir verlangen, es ist uns nothwendig, und unser Gebet darum ist ein Ausbruch des Eifers, womit wir es suchen, womit wir ihm nachjagen. Kommt es uns aber auf etwas anderes an; wünschen wir entweder ein irdisches Gut zu erlangen oder ein zeitliches Uebel von uns abzuwenden: so haben wir freilich ein desto größeres Recht Gott diese Wünsche vorzutragen, je größer das gewünschte Gut, je schrekklicher das gefürchtete Uebel ist; aber was für eine Gemüthsart würden wir verrathen, wenn wir so zuversichtlich, so unbedingt dabei zu Werke gehn wollten? wir würden als solche erscheinen, deren Sehnsucht nur auf das irdische gerichtet ist, die nur dadurch beruhigt und zufrieden gestellt werden können; wir würden uns selbst und unser Gebet verunehren. Dies Gebet muß nicht eine Forderung sein, es muß die Frucht von der inneren Bewegung sein, in welcher sich unser Gemüth befindet; wir legen Gott unsere Wünsche, unsere Verlegenheit dar, aber wir bescheiden uns gern, daß Gott besser wisse, was uns zuträglich sei, wir unterwerfen unsern Willen dem seinigen und unser Verlangen seiner Leitung, die alles zu unserm wahren Wohl zu regieren weiß. Auch Jesus, da er das lezte Leiden, welches ihn befallen sollte, so nahe voraussah, betete mit angstvollem Herzen um Rettung, er wünschte, er bat, daß der bittre Kelch vor ihm vorüber gehn sollte; aber er sezte hinzu, Herr, nicht mein sondern dein Wille geschehe. Wenn wir so beten, so beten wir auch hier in Jesu Namen, wir können uns aller der guten Folgen getrösten, die ein solches Gebet haben muß, und worin dieselben stehen, davon wollen wir noch im zweiten Theil unserer Betrachtung kürzlich handeln.

II.

Ein Gebet, welches nicht nach diesen Vorschriften der Schrift eingerichtet ist, hat entweder gar keine oder nur schädliche Folgen. Wenn man glaubt, daß es mit gewissen Worten gethan sei, daß Gott das Gebet nicht um unsert- sondern um seinetwillen verordnet habe: so sieht man es entweder gleichgültig an, oder man macht sich ein Verdienst daraus, man glaubt nun dafür der bei weitem schwereren Befolgung seiner Gebote überhoben zu sein. Wenn man nur um irdische Güter bittet und sie gleichsam von Gott fordert; wenn man sich für berechtigt hält, die Gewährung jedes nicht offenbar unrechten Wunsches zu erwarten: so erreicht man die wahre Absicht des Gebets nicht, statt Ergebung in den Willen Gottes hervorzubringen murrt man vielmehr, daß sich Gott nicht in eines Menschen Willen ergeben habe. Das Gebet im Namen Jesu hingegen bringt die schönsten Früchte hervor. So ihr den Vater etwas bitten werdet in meinem Namen, heißt es in unserm Text, so wird er es euch geben. Die Erhörung unsers Gebets ist also die erste Verheißung, die wir für dasselbe haben; wer im Namen Jesu betet, der kann keine Fehlbitte thun. Allein hier ist ein kleiner Mißverstand, welchen man erst hinwegräumen muß. Wenn wir das einernten wollen, was Christus seinen Jüngern für ihr Gebet versprach: so müssen wir nicht nur auf das sehen, was er ihnen ausdrükklich gebot, sondern auch auf das, was er bei ihnen voraussezte. Er wußte, daß seine Absichten zu erreichen, seine Befehle auszurichten, daß dies nicht nur der Gegenstand ihrer Wünsche sei: es war das einzige Ziel, welches sie unverrükkt bei allen ihren Handlungen im Auge behielten, zu welchem alle ihre Schritte hinleiteten. Und dies muß auch bei uns der Fall sein, wenn wir der Erhörung unsres Gebets uns versichert halten wollen. Es giebt Menschen, die oft die feurigsten wärmsten Wünsche für ihre Besserung thun, oft die andächtigsten Gebete deswegen vor den Thron des Höchsten schikken, und dennoch werden sie nicht erhört. Das kommt daher, weil sie sich bloß mit Empfindungen begnügen, ohne daß ihre Handlungen denselben entsprechen. Sie fühlen in gewissen Augenblikken die Schönheit der Tugend und Frömmigkeit und ihre Entfernung von derselben gleich lebhaft; aber dies Gefühl ist nicht stark genug sie bis zu den Augenblikken zu begleiten, wo ihre Leidenschaften gereizt werden, wo es seine Wirksamkeit zeigen sollte. Ein Gebet, welches auf Erhörung Anspruch machen will, muß nicht nur aus überhingehenden Gefühlen entsprungen sein, es muß die Aeußerung eines von seinem Zustand ganz durchdrungenen Herzens sein, welches nicht nur in diesem Augenblikk, sondern in jedem andern keinen anderen Wunsch, keine andere Begierde kennt, als das zu erlangen, worum es gebeten hat.

Allein, sagt man, auf diese Art ist ja die Erhörung unsers Gebetes so gut als gar nichts. Wenn unsere Bitten zu Gott um unsere Besserung nur in dem Fall wirksam sind, daß alle unsere Handlungen damit übereinstimmen: nun so ist diese Besserung die Wirkung unserer eigenen Bemühungen, und das Gebet hat gar keinen Theil daran. Eben so, wenn ich die Gewährung der Wünsche meines Herzens mir nur in so fern erbitten darf, als sie mit den übrigen Einrichtungen Gottes bestehn können, und ein solches Gebet wird erhört: so ist daran nichts außerordentliches, es geschieht nichts in der Welt, als was zum besten eines jeden gereicht, und mein Gebet bringt also nichts zuwege, als was ohnehin auch erfolgt wäre.

Diese Einwürfe, welche die Verheißung Christi zu nichte machen wollen, gründen sich auf Begriffe vom Gebet, welche es nicht zu einem Mittel machen uns im guten zu stärken, sondern uns aller Bemühung um dasselbe zu überheben. Aber laßt uns diese Einwürfe noch näher betrachten, so werden wir am besten sehn, was es eigentlich mit der Erhörung unsers Gebets für eine Bewandniß habe.

Sollte das Gebet allein uns tugendhafter und besser machen, so würde das die größte Unordnung in der sittlichen Welt anrichten. Der Bösewicht, der nur bisweilen wünscht das Glükk der Tugend zu schmekken (und keiner ist wol so verhärtet, daß dies nicht der Fall sein sollte), der nur einmal in der Angst seines Herzens einen aufrichtigen Seufzer für sein Heil zum Himmel schikkte, dieser müßte dann den Beistand der göttlichen Gnade eben so genießen als der fromme, der sein ganzes Leben den aufrichtigsten Bemühungen für seine Besserung widmet. Wenn also das Gebet keine so übernatürliche Wirkung hervorbringen kann: ist es deswegen ohne Kraft? Muß es nicht schon an und für sich von den besten Folgen sein? Es muß seiner Natur nach unsere Kenntniß dessen was uns noch fehlt und unsern Eifer im guten vermehren. So lange unsere Gesinnungen, unsere Wünsche für unser sittliches Wohl bloße Vorsäze bleiben, so haben sie eine gewisse Kälte, eine gewisse Gemächlichkeit, die nicht selten ihrem guten Erfolg schädlich ist. Wir gehn sehr bedächtig zu Werke, wir wollen nicht zu viel auf einmal übernehmen, wir begnügen uns bei dem, was wir am leichtesten ausführen zu können glauben; stimmen wir aber diese Gesinnungen zum Gebet um, so wagen wir es im Vertraun auf die höhere Kraft, deren Beistand wir uns erflehen, unser ganzes Herz aufzudekken, wir zittern bei dem Gedanken, daß wir uns ihm dem Allheiligen darstellen wollen, und daß es noch in irgend einem Winkel unserer Seele eine Neigung, eine Leidenschaft gebe, die wir kennen, aber seinen Geboten nicht aufzuopfern bereit wären.

Indem wir uns ferner im Gebet über uns selbst erheben, weit über die gewöhnliche menschliche Sphäre hinaus sehn, so bekommen wir nothwendig den stärksten Eindrukk von unserm Verhältniß gegen Gott. Auf einmal stellt sich uns dar die allumfassende Güte seiner Vorsehung, die Weisheit aller Veranstaltungen, die er zu unserm Wohl in der Welt getroffen hat, die unendliche Langmuth, die er bei allen unsern Fehlern und Schwachheiten beweist. Welche Ermunterung alle Kräfte anzuwenden, um diese Güte mehr zu verdienen, um sie mit weniger schlagendem Gewissen anschaun zu können! So hat ein wahres aufrichtiges Gebet um Besserung nicht erst nöthig, daß ihm eine fremde Kraft von außen beigelegt werde; eben so wenig ist es unnüz; man braucht nur die Probe davon gemacht zu haben, um zu wissen, wie es seine eigene Belohnung bei sich führt in der Wirkung, welche es unmittelbar in dem Herzen des betenden hervorbringt.

Wie wird es aber mit jenem Gebete beschaffen sein, welches äußere Angelegenheiten, die unsre irdische Glükkseligkeit und Ruhe betreffen, zum Gegenstand hat? Man wendet ein, daß, wenn es den Bedingungen gemäß sein soll, die wir von einem Gebet in Jesu Namen gefordert haben, selbst bei der gewissesten Erhörung nichts dadurch bewerkstelligt werde, was nicht ohnehin geschehn sein würde, daß überhaupt das Gebet keine Aenderung in den Rathschlüssen des Höchsten machen könne. Aber was ist das auch für eine Forderung! Können wir denn etwas andres wollen, als was uns der Allweise, der Allgütige von Ewigkeit zugedacht hat? Kann es uns ein Ernst sein, daß unsere kurzsichtigen thörichten Wünsche gleichsam die Oberhand über den Willen des Allmächtigen haben sollen? Müssen wir nicht bei dem bloßen Gedanken erzittern, daß unsere Wünsche auch nur den geringsten Zufall herbeilokken könnten, der den Absichten Gottes zuwider wäre? Eine solche Erhörung wäre ja das größte Unglükk, und wenn sie uns in der Schrift verheißen wäre, so müßte jeder nachdenkende aus Furcht in sein Verderben zu rennen selbst den Schatten des Gebets fliehen. Aber wenn die Erhörung nicht diese schön aussehende giftige Frucht ist: ist sie deswegen gar nichts? Ein Gebet um Befriedigung unsers Herzens und dessen was es begehrt ist freilich keine Schuzwehr für unsre oft so eitlen, oft so verderblichen Wünsche; es kann dieselben nicht erfüllen, wohl aber läutern und reinigen, es ist das beste Mittel sie von der glühenden Hize der Begierde zu jener mäßigen Wärme zurükkzubringen, bei welcher wir biegsam genug sind uns der Fügung einer höhern Weisheit zu überlassen. Wenn wir etwas heftig begehren oder uns vor einem schweren Unglükk fürchten, so nehmen gar zu leicht diese Gedanken allein unsere ganze Seele ein, sie lassen keine andern zu und üben eine gewisse Alleinherrschaft über dieselbe aus. Wer sich zu sehr seiner Neigung überläßt, den wird dieselbe bis zum Gebet begleiten; er wird dabei nur in so fern an Gott denken, als es in der Macht desselben steht, ihm seine Bitte zu gewähren, er wird dies mit hartnäkkigem Ungestüm fordern, und wir haben schon oben gesehen, was die Folgen eines solchen Gebets sind. Wer aber mit etwas mehr Gelassenheit zu Werke geht, wer seine Gedanken im Gebet mit dem Gedanken an Gott verbinden will: dem wird es auch gelingen sie dadurch zu läutern, zu heiligen und seiner Thätigkeit die rechte Richtung anzuweisen. Der Gegenstand unserer Begierde wird bald aufhören unsere Augen so ausschließend auf sich zu ziehn. Die lebhafte Vorstellung Gottes wird bald auch das Gefühl unserer Abhängigkeit und Schwachheit von der Unzulänglichkeit unserer Einsichten herbeiführen; wir werden anfangen ein Mißtrauen in die Nothwendigkeit und Nüzlichkeit dessen zu sezen, was wir begehren. Allmählich kommen wir zu uns selbst; unsere wahre höhere überirdische Bestimmung stellt sich uns dar; das Bild derselben erhebt sich über die übrigen, und bald wird sie der einzige Gegenstand, worauf wir alle übrigen beziehn. Nun beten wir im Namen Jesu und mit der Ergebung, die er uns gelehrt hat; alles, selbst die Wünsche, die unser Gebet veranlaßt, scheinen uns zu groß, wenn sie sich unserm ersten einzigen Zwekk in den Weg stellen wollten; wir werden nach und nach in die Verfassung gesezt ruhig abzuwarten, in wie fern sie sich damit vertragen werden, überzeugt, daß sie uns in diesem Maaß nicht werden versagt werden.

Dies ist der natürliche Gang, den unsere Seele bei einem

aufrichtigen Gebet nimmt, den auch die Seele Christi bei seinem angstvollen Gebet in Gethsemane nahm; wenn wir auch damit anfangen, daß wir Gott unsere eigenen Absichten unabhängig von den seinigen vortragen, vielleicht gar mit dem Gedanken unsern Willen zu dem seinigen zu machen, so enden wir doch immer damit, daß der Wille Gottes unbedingt der unsrige wird. Und was gewinnen wir nicht dabei! Die unordentliche Obermacht unserer Begierden wird gedämpft, alles unserm großen Zwekk, nämlich der wahren sittlichen Vollkommenheit untergeordnet. Und welch höhern Grad der Selbstzufriedenheit kann wol ein eingeschränktes Wesen erreichen, als wenn wir uns bewußt sind, daß unser Wille mit dem Willen Gottes übereinstimmt, daß wir für uns selbst keine anderen Absichten haben, kein anderes Verlangen als das auszuführen, zu thun und zu leiden, was der Zwekk Gottes mit uns, und der Ort, den seine Weisheit uns in der Welt angewiesen, mit sich bringt? Und zu dieser Stufe erhebt uns das Gebet, welches dem Gebet Jesu ähnlich ist. Auf diese Weise werden wir die schönste Erhörung unseres Gebets empfinden. Unsere Bitte um Glükk und Ruhe wird uns glükklich und zufrieden machen, auch wenn uns das nicht zu Theil wird, was der eigentliche bestimmte Gegenstand derselben war. Unsere Glükkseligkeit beruht, Gott sei Dank, nicht auf den Gegenständen, die uns umgeben, nicht auf den Umständen, worin wir uns befinden, sondern auf dem Eindrukk, den diese Gegenstände auf unsere Seele machen, auf der Gemüthsverfassung, die wir unserer äußern Lage entgegensezen können; und wenn dies in dem Zustand von Ergebung und Gelassenheit ist, worein es durch ein öfteres christliches Gebet versezt wird: so werden wir nicht nur den wichtigen obgleich traurigen Vortheil haben, daß wir manchen Unfall ohne Verzweiflung, ohne Murren, mit einem ruhigen sanfteren Schmerz ertragen können, sondern wir werden auch des äußern Glükks würdiger, da wir seinen wahren gemäßigten Werth fühlen und fähig werden es recht anzuwenden.

Wenn also das Gebet im Namen Jesu so große Verheißungen hat; wenn es so viel beiträgt uns zum guten zu ermuntern und in allen Zuständen des Lebens ruhig und gelassen zu machen: o so laßt uns mitleidig auf die niedrigen Spöttereien derjenigen sehen, die uns dieses Mittel zu unserer Besserung rauben wollen. Laßt uns darauf als auf unsern größten Vorzug stolz sein, daß wir Gott anrufen können; laßt es uns für unsere süßeste Pflicht halten, daß wir alle unsere Angelegenheiten vor seinen Thron bringen, daß wir ihn täglich um seinen Beistand zur Tugend, zur Förderung im guten anflehn; laßt uns froh und dankbar im Namen Jesu also zu ihm beten, Unser Vater u. s. w. Amen.

IV.

Wie derjenige beschaffen sein müsse, bei dem wahre Sinnesänderung und Besserung möglich sein soll.

Ueber Luk. 5, 29—32.

Und. Fr. Es giebt wol für den aufmerksamen Beobachter der Menschen keine traurigere Bemerkung, als wenn er sieht, wie weit es ein großer Theil von ihnen in der verderblichen Kunst gebracht hat, sich selbst sogar in den wichtigsten Angelegenheiten eines vernünftigen Geschöpfs, in ihrem Urtheil über ihren eigenen Werth und über ihr Verhältniß gegen Gott zu täuschen und zu betrügen. Ich will nicht von jenen seltneren unglükklichen reden, die alle Kräfte des Verstandes und Wizes dazu anwenden, mit thörichter Spizfindigkeit sich selbst zu überreden, daß jeder Begriff von Tugend und Religion nur ein nichtiges Vorurtheil, jedes Gefühl für das sittlich gute und schöne nur eine Wirkung der Einbildungskraft, der Gewohnheit und der Erziehung sei. Ich will nicht an jene vermeinten glükklichen erinnern, die jeden ernsthaften Gedanken an höhere Bestimmung als einen Störer der Freude zu verscheuchen und in einem ewigen Strudel berauschender Vergnügungen zu ertränken bemüht sind; sondern auf die weit größere Anzahl derer will ich aufmerksam machen, welche, ob sie gleich die Nothwendigkeit der Tugend einsehen, dennoch nicht wagen, einen aufrichtigen tiefen Blikk in den moralischen Zustand ihres Herzens zu thun, sondern immer emsig darauf denken, den Anblikk ihrer Fehler vor sich selbst zu verbergen und sich selbst für besser halten, als sie wirklich sind.

Ohne Zweifel entsteht dies verkehrte und doch so allgemeine Verfahren aus einer sehr gewöhnlichen Weichlichkeit der Seele, die jede auch die heilsamste unangenehme Empfindung scheut und nicht selten geneigt ist einem kurzen Augenblikk scheinbarer Ruhe das wahre Wohlsein einer ganzen Zukunft aufzuopfern. Denn dies Geständniß unserer Unvollkommenheit, unserer geringen Fortschritte in der Tugend ist freilich für eine feinere gebildetere Seele das allerschmerzlichste und peinlichste Gefühl. Es zeigt uns das größte Uebel, welches uns treffen kann, dasjenige nämlich, welches im innern unserer Seele seinen Siz hat; es treibt uns an beständig danach zu streben, daß wir diesem gefühlten Mangel abhelfen mögen; und ach, indem es unsre Selbstkenntniß befördert, so läßt es uns nicht die geringste Hoffnung dieses Ziel jemals vollkommen zu erreichen. Dahingegen bringt jene leichtsinnige Selbstzufriedenheit ein angenehmes behagliches Gefühl des Wohlgefallens und Beifalls hervor, welches dem trägen Menschen noch um desto willkommner ist, weil es nichts von ihm fordert, sondern sich immer an den geringen Vollkommenheiten zu ergözen weiß, welche er schon zu besizen glaubt. Aber dies Uebergewicht des Vergnügens auf dieser Seite ist nur scheinbar, und es wäre thöricht sich dadurch verführen zu lassen. Diese erkünstelte Beruhigung wird nicht die Stimme der Vernunft auf immer übertäuben; diese eitle Freude flieht in der Stunde ernsthafter Betrachtung, welche doch immer einmal einbricht, und wir sehn dann unsere Fehler, unsere Untugenden nur desto stärker, desto schrekklicher. Aber noch mehr; diese kurzsichtigen betrügen sich zugleich um die wahrsten und edelsten Freuden, um jene seligen Augenblikke, wo wir uns selbst das Zeugniß geben können, besser, tugendhafter geworden zu sein. Sie legen ihrer eignen Besserung das größte Hinderniß in den Weg; denn es ist unläugbar, daß dies unangenehme Gefühl unserer Unvollkommenheit der erste Schritt zur christlichen Vollkommenheit, die erste nothwendige Bedingung für alle diejenigen ist, welche den wohlthätigen Einfluß der Lehre Jesu auf ihren Charakter erfahren wollen. Dies ist es, wovon wir in gegenwärtiger Stunde uns noch näher überzeugen wollen.

Text. Luk. 5, 29—32.

Und der Levit richtete ihm ein großes Mahl zu in seinem Hause, und viele Zöllner und andere saßen mit ihm zu Tisch. Und die Schriftgelehrten und Pharisäer murrten wider seine Jünger und sprachen, Warum esset und trinket ihr mit den Zöllnern und Sündern? Und Jesus antwortete und sprach zu ihnen, Die gesunden bedürfen des Arztes nicht, sondern die kranken; ich bin gekommen zu rufen die Sünder zur Buße, und nicht die gerechten.

Obgleich Christus niemanden von seinem Unterricht ausschloß, so beobachtete er doch einen großen Unterschied in seinem Betragen gegen zwei verschiedene Classen von Menschen. Er begegnete nämlich denen aus seiner Nation, die sich ausschließend weise und gut zu sein dünkten, mit einer ausgezeichneten Strenge und achtete sie fast gar nicht seines engeren vertrauteren Umgangs werth, da er im Gegentheil die niedrige, besonders in Rükksicht auf Sittlichkeit und Religiosität gering geschätzte Volksclasse sehr herablassend gütig und gelind behandelte und sie gleichsam zu seiner näheren Bekanntschaft einlud. Oft machte ihm der beleidigte Stolz der Pharisäer hierüber Vorwürfe, und gegen diese vertheidigt er sich in den lezten verlesenen Worten, indem er zu ihnen sagt, daß nicht sie, sondern gerade jene verachteten Menschen in der Verfassung des Gemüths wären, wo seine Lehre und sein Unterricht ihnen wahrhaft nüzlich sein könne. Ich bin gekommen zu rufen die Sünder zur Buße, und nicht die gerechten. Es versteht sich wol von selbst, daß, wenn Christus diese Menschen nicht zur Buße rufen konnte, die Schuld davon nicht an seinem guten Willen sondern an ihnen selbst lag, und da die Lehre Jesu noch jezt auf keine andere Weise wirksam ist, als damals sein mündlicher Unterricht war, so liegt in diesen Worten ein noch immer gültiges Kennzeichen, wie derjenige beschaffen sein müsse, bei dem die hauptsächliche Wirkung des Christenthums, nämlich wahre Sinnesänderung und Besserung möglich sein soll. Dies soll der Gegenstand unserer weitern Betrachtung sein, und zwar so, daß wir erstlich sehen, worin diese Beschaffenheit eigentlich bestehe, zweitens aber den Grund in Erwägung ziehn, warum sie so unumgänglich nothwendig sei.

I.

Es könnte sonderbar scheinen, daß Christus diejenigen, welche er doch selbst Sünder nennt, denen vorzieht, die er mit dem Namen der gerechten bezeichnet; aber laßt uns einmal sehen, wer diese gerechten waren, und in welcher Rükksicht sie ihren Namen verdienen. Es waren ja eben die Schriftgelehrten und Pharisäer, die Christus so oft der größten Unreinigkeit des Herzens und der Gesinnungen beschuldigt, die er mit geschmükkten Gräbern vergleicht, deren äußeres zwar reizend, ihr inneres aber voller Verwesung und Unrath sei. Christus aber redet mit diesen Leuten hier ihre eigene Sprache, er nennt sie gerecht, weil sie sich selbst dafür ausgaben. Ihr Herz freilich war voller Flekken, aber sie hatten einen dichten Schleier von selbsterdachten guten Werken darüber hinweggezogen. Sie rühmten sich einer richtigen

Kenntniß und genauen Erfüllung des Gesezes, und stolz auf diesen armseligen Vorzug glaubten sie Gott dadurch so wohlgefällig zu werden, daß sie keiner Besserung weiter bedürften. Diese grundlose Zufriedenheit mit sich selbst war es, welche alle Wirksamkeit des Unterrichts Jesu bei ihnen verhinderte, und in diesem wesentlichen Fehler sind ihnen noch immer viele Menschen auf mancherlei Weise ähnlich, es ist nur gar zu leicht in dieselbe Krankheit zu verfallen. Wenn in dem Herzen des Menschen ein gewisser Widerwille verborgen ist das Werk seiner Besserung mit vollem Ernst zu beginnen, so scheut er sich seinen Blikk bis zu der höchsten steilsten Höhe der Tugend zu erheben und das ganze derselben zu umfassen, er bleibt nur bei einzelnen niedrigern Theilen derselben stehn, sieht nur manche leichte Vorschriften der Religion, und wenn er denn glaubt dasjenige wirklich erreicht zu haben, was er so eigenmächtig zum einzigen Ziel aller seiner Bemühungen sezte, so ruft er sich selbst einen eitlen Glükkwunsch über seine eingebildete Vollkommenheit zu. So giebt es eine Menge von Christen, die eben wie jene Zeitgenossen Jesu weit entfernt auf wahre Tugend bedacht zu sein nur den äußern Schein derselben, nur eine gewisse Enthaltung von groben Ausbrüchen ihrer Leidenschaften suchen, welche, weit entfernt wahre Religion zu üben und sich von ihren Empfindungen zu allen Handlungen der Gottseligkeit und Menschenliebe beseelen zu lassen, zufrieden sind, wenn sie die äußern Pflichten derselben mit einer Pünktlichkeit erfüllen, die dem strengsten Tadel die Spize bietet. Wie manche sehen wir nicht, die sich gerecht preisen und glauben, daß ihre Tugend und Religiosität außer Streit sei, bloß weil sie die Fähigkeit besizen leicht und in einem hohen Grade gerührt zu werden, wenn man ihnen die Wahrheiten der Religion darlegt, die Schönheit der Tugend abmalt, oder sie mit Erzählung edler Handlungen unterhält, ohne daß dennoch diese Empfindungen auf ihr eigenes Betragen einen bleibenden Einfluß hätten. Andere sehn von der Tugend nur das, was eine Sache des Verstandes ist, sie beruhigen sich vollkommen, wenn sie ihre Vernunft angebaut und dadurch gewisse Ansprüche auf Weisheit, auf Kenntniß der Religion, der Sittenlehre und des menschlichen Herzens erworben haben, aber sie überlegen nicht, wie nothwendig es sei mit diesen Schäzen zu unserm eignen und anderer besten Wucher zu treiben. Wie manche sind in Rükksicht auf ihre Besserung ganz ruhig, weil sie sich dann und wann bei einer Vergleichung mit andern überreden können irgend eine einzelne gute Eigenschaft in einem hohen Grade zu besizen, ob sie gleich vielleicht ohne ihr Zuthun bei ihnen entstanden ist, oder weil sie bisweilen irgend eine einzelne Handlung verrichteten, die zwar den Anschein der Tugend hat, aber oft aus verborgenen weniger edlen Beweggründen entsprang. Alle diese Menschen nun, und wie viele giebt es ihrer nicht, sind solche gerechte, welche Christus für ungeschikkt erklärt von ihm zur Buße gerufen und gebessert zu werden.

Aber wer waren denn die, denen Christus einen so sichtbaren Vorzug vor jenen beilegt? Es waren im ganzen wol eben so sittlich verdorbene Menschen als jene, ja es gab sogar unter ihnen manche Leute von schlechtem Ruf, die einen großen Theil ihres Lebens in auffallenden Lastern, Ausschweifungen und Ungerechtigkeiten verbracht hatten. Dies kann nun freilich nicht die Ursach ihres Vorzugs sein, die Sünde an und für sich kann uns unmöglich geschikkter zum Reich Gottes machen, wohl aber das lebhafte Bewußtsein, das traurige Gefühl derselben, und das konnte damals fast nur auf solche in die Augen fallenden Ausbrüche der innern Untugenden erfolgen. Der große Haufe des jüdischen Volks hatte nämlich keine andern deutlichen Begriffe von Tugend als die, welche aus dem mosaischen Gesez geschöpft waren, und da sich dieses größtentheils nur auf die äußern Handlungen bezog, so übersah man leicht diejenigen Stellen, wo es Reinigkeit der Gesinnungen so dringend empfiehlt. Wenn also die Verehrer desselben dieses äußere treu beobachteten, so konnte sie alles das wenig beunruhigen, was nur im innern ihres Herzens vorging. Diejenigen aber, denen das Joch des Gesezes zu drükkend war, bei denen niedrige Eigenschaften des Eigennuzes oder der Wollust zu stark waren, als daß sie diesen Zaum nicht hätten zerreißen sollen, die die Vorschriften des Gesezes übertreten hatten und aus einer schändlichen verbotenen Handlung in die andere verfallen waren, bei diesen erwachte dafür auch desto leichter, wenn sie noch nicht ganz unter die Menschheit hinabgesunken waren, die leisere Stimme des innern Gefühls, sie konnten leichter den genauen Zusammenhang zwischen Verdorbenheit der Gesinnungen und äußern Schandthaten finden, leichter das ganze Maaß ihres Unglükks und die Nothwendigkeit einer solchen gänzlichen Aenderung der Denkungsart und der Grundsäze einsehn, welche Jesus forderte. Diese richtigere Erkenntniß ihres eigentlichen Zustandes, welche leichter in ihnen erzeugt werden konnte, diese war es, um derentwillen sie Christus aufsuchte und vorzog, diese ist es, welche er noch jezt von einem jeden fordert, der sich durch seine Lehre zur Seligkeit will führen lassen. Hierin müssen wir ihnen also ähnlich werden, und wir haben den unstreitigen Vorzug vor ihnen, daß wir nicht erst so tief gesunken zu sein brauchen, um diese Selbstkenntniß zu erlangen. Wir haben das ganze Beispiel Jesu, den hohen Geist, den alle seine Vorschriften athmen, vor Augen, und in diesen und den Geboten unserer eignen aufs neue belebten und erwekkten Vernunft erblikken wir deutlich das Ziel, dem wir uns bis in Ewigkeit nähern sollen, das erhabene Bild aller Vollkommenheiten, deren ein menschliches Wesen empfänglich ist. Wenn wir von diesem fleißig herab auf uns selbst schauen, wenn wir hiemit oft unsern eignen Zustand vergleichen, so werden wir niemals in jene verderbliche Selbstzufriedenheit gerathen, sondern immer ein lebhaftes Bewußtsein unserer Fehler behalten. Laßt uns nun noch im zweiten Theil unserer Betrachtung mit wenigem erwägen, welches die Früchte desselben sind, und warum es also so nothwendig sei.

II.

Christus selbst beantwortet uns diese Frage in unserm Text auf die verständlichste Weise. Die gesunden, sagt er, bedürfen des Arztes nicht, sondern die kranken. Es giebt gewisse Krankheiten, welche ohne gerade empfindliche Schmerzen zu verursachen den Menschen durch ein allmähliges Verderbniß aller wesentlichen Theile seines Körpers oder durch die Abnahme aller Kräfte an den Rand des Grabes bringen. Wenn sich nun jemand einen falschen Maaßstab der Gesundheit gemacht hat; wenn er glaubt sich im besten Wohlsein zu befinden, so lange ihn nicht peinliche Schmerzen das Gegentheil fühlen lassen; wenn er auf die Trägheit zu allen Bewegungen, auf die Mattigkeit, die sich immer mehr über einen solchen Körper verbreitet, nicht merkt oder sie nicht achtet: ja, ein solcher kranker kann nicht geheilt werden, wenn auch der beste Arzt mit dem besten Willen und den besten Mitteln versehen zu ihm gesandt würde; er wird alle Vorschriften desselben desto weniger befolgen, je mehr sie ihn von seiner gewöhnlichen Lebensweise abführen würden; kühn geht er seinen unbesorgten Gang weiter fort und bringt sich eben dadurch, daß er seinen Körper als einen gesunden behandelt, mit jedem Schritt einem schleunigen Tode näher. Gerade so geht es denen, die in blinder träger Zufriedenheit kein Bedürfniß nach einem Arzt, wie Jesus für ihre kranke Seele ist, fühlen. Je größer die Aenderung in ihren Grundsäzen, in ihrer ganzen Denk- und Handlungsweise ist, die er von ihnen fordert, desto mehr verschmähen sie seine Hülfe. Je kühner sie sich in gutem Vertrauen auf sich selbst allen Gefahren der Verführung, allen Reizungen der Sinnlichkeit bloß stellen; je weniger sie auf die Folgen eines jeden unrechten Schritts sehn, welchen sie wagen: desto schleuniger nähern sie sich dem Tode des Geistes, dem gänzlichen moralischen Verderben, welches das schrekkliche Ziel ihres betrügerischen Weges ist. Ein fürchterlicher Zustand, bei dessen Vorstellung ein jeder zurükkbeben muß!

Lasset uns aber auch unsere Augen auf das entgegengesezte Bild desjenigen werfen, welcher besser bekannt mit seiner gefahrvollen Lage keine größere Sorge kennt als die, daß er den sicheren Weg der Rettung nicht verfehlen möge, welcher tief das Bedürfniß eines helfenden Arztes empfindet. Wenn diesem ein solcher erscheint, dessen Charakter Wohlwollen und Liebe selbst ist, dessen Urtheile über ihn ganz mit seinen eigenen Empfindungen übereinstimmen, dessen Vorschriften so ganz der Natur der Krankheit gemäß scheinen: o, wie voll Vertrauen wird er sich da an ihn anschmiegen, wie werden ihm alle seine Geseze, alle seine Worte gleich den Winken der Gottheit selbst heilig sein! Kein verführerisches Gefühl zunehmender Kräfte wird ihn zu Uebertretung derselben verleiten, und so wird er nach und nach eben durch die Empfindung seiner Schwachheit und Hülfsbedürftigkeit der Genesung näher kommen.

Aber der leiblich kranke **wird doch einmal gesund**, er gewinnt endlich so viel, daß er sich der Leitung des Arztes entziehn und dann freilich mit Behutsamkeit aber doch selbständig, voll des frohen Gefühls der Gesundheit seinen eigenen Weg gehen kann. Sollte es mit uns wol auch so sein? Sollte es jemals in diesem Leben einen Zeitpunkt geben, wo wir uns mit Recht für gesund halten, wo wir dieses Gefühl unserer Schwäche und Krankheit entbehren könnten? Leicht könnte man durch einen Mißverstand der Worte Jesu in diesen Irrthum geführt werden. Er sagt nämlich, daß er nur solche Sünder **zur Buße** rufen könne, und da man gemeiniglich unter der Buße nur die ersten Schritte des rükkkehrenden Sünders versteht: so könnte man glauben, daß sich auch diese Beschaffenheit nur auf die vorübergehende Zeit einer solchen Buße bezöge. Allein dies ist ein viel zu eingeschränkter Sinn dieses Wortes. Christus versteht darunter die ganze Aenderung unserer Grundsäze und Gesinnungen, die Ablegung alles dessen, was darin den richtigen Begriffen von Tugend und Religion nicht gemäß ist; und diese Aenderung wird ja hier niemals vollkommen; immer bleibt ja nicht nur in unsern einzelnen Handlungen, sondern auch in den Gesezen, welche wir dabei befolgen, unrichtiges und unvollkommenes genug übrig; ja selbst der, welcher sich zu den erhabensten heldenmüthigsten Thaten emporschwingt, die dem Menschen möglich sind, wird, wenn er den Augenblikk darauf den ganzen Zustand seiner Seele unparteiisch untersucht, noch Spuren von Schwachheit, von Mangelhaftigkeit darin finden. Der Kranz der Genesung wird uns also erst jenseit des Grabes zu Theil; hier aber vollenden wir diese Buße niemals, und so lange wir noch auf irgend eine Art Fortschritte darin machen wollen, ist uns auch das lebhafte Bewußtsein unserer noch übrigen Fehler unentbehrlich.

Wenn aber dies Gefühl ein so wesentliches Stükk ist, welches zu unserer wahren sittlichen Besserung überhaupt gehört: so ist es noch in besonderer Rükksicht nothwendig für den, welcher einsieht, daß diese Besserung bei ihm allein durch Hülfe der Religion und vermittelst der Empfindungen, welche sie einflößt, bewerkstelligt werden kann. Denn diese Empfindungen entspringen aus der Erkenntniß unserer Verhältnisse gegen Gott und den Stifter der Religion, und beide stehn in Absicht auf ihre Stärke und Richtigkeit im genausten Verhältniß mit der Lebhaftigkeit jenes Gefühls. Die äußern Wohlthaten Gottes nämlich, welche sich auf Erhaltung unseres Lebens und Regierung unserer Schikksale beziehn, sind meistentheils zu alltäglich, fließen uns durch zu viel kleine Kanäle zu, als daß die Dankbarkeit dafür so wiederholte, so lebhafte Empfindungen erzeugen sollte, welche einen wichtigen Einfluß auf unsere Handlungen hätten. Diese entstehn nur aus richtiger Schäzung der unendlichen Wohlthaten, welche Gott unsrer unsterblichen Seele erzeigt, der väterlichen Güte, womit er für ihre Erziehung gesorgt hat. Wer also diese nicht erkennt, oder nicht nöthig zu haben glaubt, wer sich einbildet, daß er ohne dies vollkommen genug sei, oder wenigstens, daß er den Grad der moralischen Güte, welchen er erreicht hat, ganz sich selbst, allein seinen Bemühungen zu danken habe, wer es nicht überlegt, wie viel noch an ihm zu bessern sei, und wie viel Hülfe ihm die Vorsehung dazu darbieten muß, wie oft das Gelingen der besten festesten Vorsäze nur von einem einzigen in der Hand Gottes ruhenden Umstand abhängt: o, der versinkt in jene Kälte gegen das höchste Wesen, die wir leider an so vielen Menschen bemerken. Sein Gebet — wenn er anders betet — gleicht dem fühllosen Gebet jenes Pharisäers, dessen stolzes Herz seine kleinen eingebildeten Vorzüge vor Gott zur Schau stellte, ohne von der geringsten Empfindung wahrer Dankbarkeit ergriffen zu sein. Derjenige aber, der sich zu schwach fühlt, um ohne einen höhern Beistand eine merkliche Stufe der Tugend zu ersteigen, diesem ist das öftere Andenken an ein helfendes Wesen Bedürfniß des Herzens, dessen Gebet um neue Stärke zur Vollendung guter Werke dringt zum Herrn, dessen kürzester Seufzer faßt alle die fruchtbarsten Empfindungen der Religion in sich, und seine Handlungen werden denselben gemäß sein. Er wird mit inniger Liebe dem Stifter der Religion anhangen, bei deren Vorschriften und Verheißungen er sich so wohl befindet. Er ist es, von dem Christus sagt, Wem viel vergeben ist, d. h. wer es erkennt, wie groß seine Fehler sind, und wie groß das nachsichtige Mitleiden Gottes mit ihnen sein muß: der liebt auch viel, dessen Seele steht allen wirklich frommen Empfindungen offen und genießt die Früchte derselben.

Von diesen guten Folgen überzeugt, laßt uns also die richtigere Einsicht in unsern Zustand nicht scheun, laßt uns vielmehr jene schädliche Unbekanntschaft mit uns selbst fliehn, hinter welcher allein sich der menschliche Stolz verbergen kann. Aber laßt uns auch auf der andern Seite eine gefährliche Klippe vermeiden, an welcher schon so mancher gutmeinende Christ gescheitert ist. Je mehr Ueberwindung es kostet unser eignes Herz zu erforschen und zu einer genauen Selbstkenntniß zu gelangen, und je mehr hernach die religiösen Empfindungen dadurch befördert werden: desto leichter wird man geneigt auf dieser Stufe stehn zu bleiben; man fühlt, daß man auf dem Wege ist besser zu werden, aber man geht auf diesem Wege nicht weiter fort; man weiß die Erkenntniß der eignen Schwäche zu einem angenehmen Gefühl zu machen, und indem man es übertreibt, indem man glaubt zu jeder guten Handlung unmittelbar einer höhern Hülfe zu bedürfen, so versinkt man in eine schlaffe Unthätigkeit, welche nach und nach ebenfalls alle Kräfte der Seele schwächt. Nein, alles was wir erkennen und empfinden muß zu unserer Besserung genuzt werden; je mehr Unvollkommenheit wir an uns entdekken, desto emsiger laßt uns der Verbindlichkeit nachkommen sie abzulegen; je mehr wir des Arztes bedürfen, desto eifriger laßt uns seine Vorschriften befolgen; je kränker wir uns fühlen, desto rastloser laßt uns nach Genesung streben und mit hoffnungsvoller Sehnsucht den endlichen Zeitpunkt derselben in der Ewigkeit abwarten!

Dich aber, o Gott und Vater aller Menschen, dessen Beistand wir zu allem guten so nothwendig brauchen, dich rufen wir jezt einmüthig an. Hilf uns, daß wir vor der Gefahr jener stolzen Selbsttäuschung bewahrt werden, bei welcher für Tugend und wahre Glükkseligkeit so viel verloren wird. Hilf uns, daß wir alle bei jener demüthigern Gemüthsverfassung erhalten werden, wobei wir allein die Früchte der Sendung deines Sohnes zu unserer Besserung vollkommen genießen können. Hilf uns, daß wir in der richtigen Kenntniß dessen, was wir sein sollten und was wir sind immer zunehmen; hilf uns, daß dann auch unser ganzes Bestreben dahin gerichtet sei uns der Vollkommenheit zu nähern, die wir zwar hier nie erreichen, die du uns aber dort in einem bessern Leben beschieden hast um deines Sohnes unsers Erlösers willen! Amen.

V.

Welches Interesse alle Umstände der Geburt Jesu für uns haben.

Ueber Gal. 4, 4.

Weihnachten.

Gebet.

Dank und Anbetung vor dich zu bringen, barmherziger und gnädiger Gott, ist immer unser erstes Geschäft, wenn wir uns versammeln, um aus der Quelle deiner Offenbarungen himmlische Weisheit zu schöpfen und deiner Wohlthaten mit einander zu gedenken. Aber besonders heute muß uns nichts dringender sein als dieses; es ist nicht das, was uns täglich deine Güte zufließen läßt, wofür wir dich preisen wollen; es ist die Erinnerung an die größte und köstlichste Gabe, deren du unser Geschlecht gewürdigt hast, weswegen wir uns hier versammeln. Preis und Dank deinem Sohn, daß er Mensch geworden ist, daß er sich zu uns herabgelassen hat, daß er es nicht für einen Raub hielt Gott gleich sein, sondern entäußerte sich selbst und nahm Knechtsgestalt an und ward uns in allen Stükken gleich um uns zu erretten. Preis und Dank dir o Vater, daß du uns ihn geschenkt hast, ohne den wir verloren waren, und erfülle auch den Wunsch unseres Herzens, daß auch dieses Fest uns gereichen möge zur Stärkung im Glauben an Christum, in der Liebe zum guten und in der Hoffnung auf deine fernere Barmherzigkeit! Amen.

Es ist fast überall eingeführt m. a. Fr., den Jahrestag derjenigen, die uns auf irgend eine Weise theuer sind, feierlich zu begehn, und dies ist eins von den schönen und unschuldigen Mitteln um sich einen Tag mehr zu verschaffen, welcher der wahren menschlichen Freude gewidmet ist. Wie fröhlich sehn wir nicht alles, wenn eine Familie den Festtag eines Vaters oder einer Mutter begeht; wie durch eine geheimnißvolle Wirkung der Natur ist jedes Gemüth der Heiterkeit und Freude weit mehr offen als sonst; jeder bestrebt sich glükklich zu sein und glükklich zu machen, und indem man danach strebt, so ist man es schon; man fühlt sich von Liebe durchdrungen, aber man liebt weit wärmer, weit inniger als gewöhnlich; ohne daß man sich dessen bewußt ist, drängt sich die Erinnerung an allen bisherigen Genuß in der Seele zusammen, und so empfinden wir auch die Liebe, die uns an diesen Gegenstand bindet, lebhafter und stärker; nur an seinem Dasein haben wir unsre Freude. Mit wenigstens eben so großem Recht hat die ganze Christenheit einen Tag dazu angesezt, um das Gedächtniß der Geburt Christi eben so herzlich und eben so freudenvoll zu feiern. Wir machen als Christen alle eine große Familie aus, und Christus ist das Haupt derselben; wir sind durch die Religion auf eine wol nicht so sinnliche, aber eben so feste Art verbunden, als Glieder einer Familie es durch die Bande des Blutes nur sein können; eine Erkenntniß der Wahrheit, ein Weg zum guten und zur Glükkseligkeit, eine Hoffnung zu Gott und zur Ewigkeit: das ist es, was uns verbindet, und was wir gemeinschaftlich ihm dem Stifter unserer Seligkeit verdanken. Unser Endzwekk ist jezt uns über seinen Eintritt in die Welt zu freun, aber aufrichtig gesprochen, empfinden wir wol an diesem Tage verhältnißmäßig eben das und eben so warm, was wir als Kinder am Geburtstag eines Vaters oder einer Mutter fühlen würden? Ich glaube, daß nur wenige unter uns das werden sagen können. Wenn wir daran denken, daß derjenige, den wir so hülflos, in einem so unbehaglichen Zustand das Licht der Welt erblikken sehn, der uns in allen Schwachheiten des irdischen Zustandes gleicht, eben der ist, mit dem sich die Gottheit auf eine so wundervolle Weise vereinigt hat; daß Gott in diesem Kinde den Menschen so ganz still und unbemerkt ihren größten und einzigen Wohlthäter geschenkt hat; daß in diesem nächtlichen Augenblikk sein Gnadenblikk gleichsam aufs neue die Erde anlächelte; daß in diesem Augenblikk das Urtheil der Barmherzigkeit an einer ganzen Welt vollzogen wird: so muß das Empfindungen einer dankbaren Freude erregen; aber sie werden immer verwirrt bleiben, wenn wir eine Begebenheit, die so weit von uns entfernt ist wie diese, nur im ganzen betrachten; sie werden mehr unsere Einbildungskraft als unser Herz beschäftigen und eben darum manchen Täuschungen unterworfen sein, besonders hier, wo die Erinnerung an alle die kleinen Freuden, die man in den Jahren der Kindheit mit diesem Fest verbindet, leicht den Gefühlen des Herzens einen sinnlichen Zusaz giebt. Laßt uns also diese Stunde dazu anwenden uns der Empfindungen zu versichern, die wir heute in uns entstehn sehn; laßt uns diese große Begebenheit unserm Herzen näher bringen, indem wir alle Theile derselben betrachten und uns von dem großen Einfluß überzeugen, den ein jeder Umstand derselben auch auf uns und unser Wohl hat. Gott, der uns so gern beisteht, wenn es uns um Empfindungen zu thun ist, die uns so nothwendig sind, wird uns seinen Segen dazu nicht versagen, wenn wir ihn darum anrufen.

Text. Gal. 4, 4.

> Und als die Zeit erfüllet war, sandte Gott seinen Sohn, geboren von einem Weibe und unter das Gesez gethan, auf daß er die, so unter dem Gesez waren, erlösete, auf daß wir die Kindschaft empfingen.

Paulus, der in diesem Theil seines Briefes von der Geschichte der Menschheit in Absicht auf die Religion redet, bestä-

sagt uns sehr deutlich in dem was wir eben sagten. Da er auf die große Veränderung kommt, welche die Erscheinung Christi in dem Gang des menschlichen Geistes hervorgebracht hat: so begnügt er sich nicht dabei die Sache selbst anzudeuten; er macht ausdrükklich darauf aufmerksam, daß alle diese Wirkungen nur erfolgen konnten, wenn in dem Lauf der Dinge alle dazu erforderlichen Umstände gerade in der Zeit der Erscheinung Christi zusammengeleitet wurden; daß er unter gewissen Verhältnissen geboren werden mußte, welche sich auf die bisherige Leitung der Menschen und auf die späteren Früchte seiner Sendung beziehn. Laßt uns also nach Anleitung dieser Worte das Interesse erwägen, welches alle Umstände der Geburt Jesu für uns haben müssen, und dann auch bei den Empfindungen und Gesinnungen stehn bleiben, welche durch diese Betrachtungen in uns erzeugt werden.

I.

Jeder Mensch ist dazu bestimmt etwas in seinem Leben zur Erfüllung der Absichten Gottes beizutragen, und bei jedem liegt der Keim zu alle dem, was er für die Welt sein wird, in der Lage, worein er bei seinem ersten Schritt in die Welt versezt wird, in dem Lande, das ihn erzieht, der Zeit, in die er fällt, und den Verhältnissen, die ihn umgeben. Alle diese Umstände sind bei Christo nicht reizend, aber sie waren alle nöthig, wenn der Zwekk seiner Sendung ganz und so erfüllt werden sollte, daß auch wir Theil daran hätten. Wir sehn Jesum unter einem Volke geboren werden, das wir niemals recht lieben können, dessen Herz verstokkt, dessen Sinnesart verkehrt ist, das von allen niedrigen Leidenschaften immer regiert wird und mit Christi Geist und Christi Art zu denken in dem größten Widerspruch stand. Er mußte das Leiden haben unter Menschen zu leben, die ihn von Kindheit an unaufhörlich zurükkstießen und schon in seinen ersten Tagen mit Verfolgung anfingen. Gott hatte diesem Volk seine Zusagen gegeben, aber diese waren höheren Absichten untergeordnet gewesen; es war das Volk des Herrn, aber dem Herrn waren alle Völker gleich, und nur seine Weisheit konnte bestimmen, wo Christus leben sollte. Aber dieses Volk war erstlich das einzige, von welchem aus es möglich war auf das ganze der Menschheit zu wirken. War auch die Religion unter demselben verderbt und mißverstanden, so hatte sie doch einen richtigen Grund, sie war einem jeden wichtig, es war möglich viele zu belehren und für die bessere Wahrheit zu gewinnen; nur hier konnte Christus der Volkslehrer sein den wir lieben, der die Menschen schaarenweise um sich her versammelt, von der Wahrheit ausgeht, welche sie alle mit ihm gemein haben, und so auf dem Wege derselben sie weiter fortleitet, hier konnte seine Lehre Wurzel schlagen und sich erhalten. Unter allen andern Völkern war die Religion fast nur eine Sammlung von Aberglauben und wenigstens überall von dem Herzen und Leben der Menschen abgesondert; da wäre es unmöglich gewesen alle Trägheit und alle eingewurzelten Irrthümer dazu in einem Leben hinwegzuräumen und mit reiner Wahrheit in so verschrobene Menschenseelen einzudringen; da wäre die Lehre Jesu — eben wie die geringere Weisheit so vieler Lichter des Alterthums — mit einem kleinen Kreis besserer Freunde abgestorben und nichts davon bis auf uns gekommen. Aber man sieht auch an dem Beispiel der ersten Christen, in was für eine Verlegenheit diejenigen gekommen wären, die die Lehre Jesu angenommen hatten, wenn sie nachher eine Kenntniß der älteren Offenbarungen Gottes bekommen hätten. Sollten sie eine um der andern willen verwerfen, oder beide mit einander vereinigen? Hier Freiheit, dort Sclaverei, hier sanfte Weisheit, dort harte aber majestätische Strenge, hier Liebe, die uns zu sich zieht, dort Furcht und Schrekken, die den Menschen so leicht unter ihr Joch zu beugen wissen. Welch eine harte Wahl für den zweifelhaften Menschen, der immer fürchtet sich den Weg zum guten zu leicht zu machen und lieber alles glauben und thun will, um ihn nicht zu verfehlen! Aber Christus in Juda geboren ließ uns keinen Zweifel übrig; er zeigte uns, was wir von dieser Religion zu halten haben, er lehrte uns die Geseze der menschlichen Seele von der besondern Regierung eines rohen unverständigen Volks unterscheiden. Das ist es, was Paulus in den Worten nach unserm Text zu den Galatern sagt, die hierüber noch nicht ganz mit sich einverstanden waren. Darum mußte Christus unter das Gesez gethan werden, daß er diejenigen erlöste, die unter dem Fluch des Gesezes waren, auf daß sie die Kindschaft empfingen. Wir würden immer geschwankt haben in unserer Erkenntniß, unser Glaube würde getheilt gewesen sein zwischen zwei verschiedenen Offenbarungen Gottes. Um uns darüber zu beruhigen und weise zu machen, um diesen Widerstreit zu heben, der aus der Kenntniß zweier Offenbarungen entsteht, mußte unser Heil aus Israel kommen; nur so können wir alle Wege des Herrn in einer Reihe, in einem ununterbrochenen Zusammenhang übersehn.

Aber dieses Volk hatte auch seine besseren Zeiten, Zeiten der Ruhe, wo die Befolgung des Gesezes eine Quelle des Glükks und der Zufriedenheit für dasselbe wurde, Zeiten der Größe, wo es in Verfolgung mit muthigem Eifer für dasselbe zu sterben wußte; aber keine von beiden wurde durch die Geburt Christi verherrlicht. Ihm, der seine Brüder so innig liebte, der nur wünschte sie gut und glükklich zu sehn, war nur vorbehalten ihr Verderben zu fühlen und ihre nahe Zerstörung vor Augen zu sehn; es war ihm nicht vergönnt Zeuge ihres Glükks und ihrer Tugend zu sein. Auch diesen Wunsch mußte er vom ersten Augenblikk seines Lebens an dem sichern Erfolg der Lehre aufopfern, die er verkündigen sollte; nur in diesen lezten Jahren seiner Nation war die Zeit seiner Erscheinung erfüllt. Würde er wol Glauben gefunden haben in Israel, wenn er die Unvollständigkeit des mosaischen Gesezes gezeigt hätte zu einer Zeit, wo das Volk dabei ruhig und glükklich war? oder würde man die Mängel desselben recht angesehn haben zu einer Zeit, wo es der größte Ruhm war das Leben dafür hinzugeben? Die ersten Christen aus dem Stamm Israels hingen auch jezt immer noch am vaterländischen Gesez, und wenn sie ihren Namen mit Recht verdienen sollten, so mußte auch die lezte Hoffnung von einem ausschließenden Vorzug ihrer Nation in ihnen verschwinden, sie mußten ihren Staat zerrüttet, ihre geselligen Bande aufgelöst und ihr Heiligthum unwiederbringlich verloren sehn. Auch durfte das Christenthum, zu dessen hauptsächlichsten Vorzügen es gehörte eine allgemeine Religion für alle Menschen zu sein und dafür erkannt zu werden, nicht lange in den engen Zirkel dieses kleinen Volks eingeschränkt werden, und es konnte auch aus dem Grunde nicht eher gestiftet werden, als kurz vor der Zerstreuung der Nation, zu einer Zeit, wo sie schon durch alle Umstände gezwungen war der bisherigen Absonderung von allen andern Menschen ein Ende zu machen. Also nur unter diesem Volk, nur zu dieser Zeit mußte Christus erscheinen, wenn er seine Absicht vollkommen erreichen wollte.

Aber in was für einer Lage sehn wir ihn seinen Eintritt in die Welt machen! Das herrliche Geschlecht Davids, aus welchem er entsprossen war, war zur tiefsten unbekanntesten Dunkelheit hinabgesunken, und Jesus in einem Stande geboren und erzogen, der wol nur wenige seines Volks unter ihm ließ. Sein erster Augenblikk war ein Bild seines künftigen Lebens; ohne Vermögen, ohne Eigenthum, ohne Heimath ward er geboren, und so lebte er auch; kein Schimmer von äußerer Hoheit zeichnete ihn aus, keine Aussicht auf Gemächlichkeit und Wohlstand versüßte seine ersten Tage. Aber m. Fr. auch das war nothwendig zum besten aller derer, die an seinen Namen gläubig werden sollten. Christus konnte und wollte nicht zunächst auf die reichen und angesehenen der Erde wirken, weil sie nicht fähig waren ihm zu folgen, darum ward er kein reicher und vornehmer; er dankte vielmehr Gott, daß er seine Weisheit fürs erste den unmündigen offenbart habe, er wollte auf das Herz der größeren Menge Eindrukk machen, darum mußte er sich herablassen derselben gleich zu werden, denn wir sehn es ja täglich, daß die Menschen weder Zutrauen noch Liebe gegen diejenigen fühlen können, die allzu viel äußere Vorzüge vor ihnen voraus haben; nur Neid, Bewunderung, oder Gleichgültigkeit haben sie für sie, und was für Entschuldigungen findet nicht der Mensch in seinem Herzen, wenn derjenige ihm Vorschriften der Tugend giebt, dem bei äußerer Glükkseligkeit und Kummerlosigkeit die Tugend selbst weniger schwer zu sein scheint. Ach, nur wenige würden geglaubt haben, wenn Christus eine glänzende Stelle in der Welt eingenommen hätte; darum wollte er lieber vom ersten Augenblikk seines Lebens an arm, niedrig und leidend sein; wollte von allem menschlichen Elend versucht werden, damit er uns desto vollkommner und überführender zeigen konnte, wie man alle Versuchung überwinden könne durch Wachsamkeit und Gebet.

Laßt uns noch eine Betrachtung hinzufügen. Wenn Christus ein wahrer Mensch sein mußte um uns zu erlösen, so müssen wir uns auch seine Seele eben so denken wie die unsrige, auch unterworfen in Absicht auf Bildung und Richtung der Erziehung und allen Umständen, welche sonst noch auf sie wirken können. Unter jedem andern Volk, zu jeder andern Zeit, unter allen andern Verhältnissen würde also Christus nicht der nämliche gewesen sein, der er ist, und konnte er wol irgend größer und liebenswürdiger sein, als wir ihn sehen? Nirgends konnten die trefflichen Anlagen seines Geistes, der die höchsten Stufen der Vollkommenheit nur durch Anhänglichkeit und Liebe zur Gottheit und ihren Geboten ersteigen sollte, besser und glänzender ausgebildet werden als hier unter einem Volke, wo troz seiner Verdorbenheit doch alle Einrichtungen darauf abzielten der Religion Eingang in ein junges Herz zu verschaffen und ihre Bewegungsgründe mächtiger zu machen als alles übrige; zu einer Zeit, wo der Widerspruch zwischen dem Gesez und dem Verhalten derer, die es annahmen, seiner schnellen Urtheilskraft zeitig alle die Mängel und Irrthümer, woran die Menschheit krank lag, aufdekken und ihn so immer fester zu der wahren und einfachen Weisheit und Erkenntniß hinziehn mußte; in einer Lage endlich, wo tausend wundervolle Umstände das Herz einer zärtlichen und frommen Mutter gespannt hatten alle Aufmerksamkeit auf die zarte Pflanze zu richten, welche ihr anvertraut war, wo keine Stürme von außen seine Jugend störten, sondern ruhige Stille und häusliche Eingezogenheit seiner Seele Zeit ließen sich zu entwikkeln und der großen Bestimmung entgegen zu reifen, welche sie erfüllen sollte.

II.

Und was folgt aus diesem allen für uns? Nur dies m. Fr., daß jeder Umstand uns äußerst wichtig ist, der sich auf die Geburt Jesu bezieht, daß sie alle nothwendig waren zur Erreichung seiner Bestimmung; und wie sehr muß diese Ueberlegung unsere Theilnahme an alle dem vermehren, was mit dem Gegenstand unsers heutigen Festes zusammenhängt; alles, auch das geringste hört auf uns gleichgültig zu sein. Das Land, welches eigentlich der Glükkseligkeit einer frommen Ruhe gewidmet war, worin er von Kindheit auf alle die Orte sah und kannte, wo Gott seine Wunder an dem Volk Israel bewiesen hatte, wo er von Kindheit an unter den stillen Wohnsizen der frommen Väter wandelte, deren entartete Nachkommen er wieder auf den Weg der einfachen Weisheit zurükkbringen wollte, die Geburtsstadt seines großen Stammvaters, die auch seine Geburtsstadt war; diese Zeit, worin er zum ersten Mal die Augen aufschlägt, eine Zeit des Irrthums, der allgemeinen Verdorbenheit und schrekklicher Laster, deren Opfer er selbst fast als ein schuldloses Kind geworden wäre; eine Zeit, wo Troz und Ohnmacht eines uneinigen Volks nahes Unglükk weissagte und die junge Seele aufmunterte zu eilen und gutes zu wirken, ehe denn es Nacht würde; alle Besonderheiten seiner eignen Lage, diese nächtliche Stille, diese unruhige Verlegenheit der reisenden Mutter, welche so viel Eindrukk auf ihr Herz machen und ihre Liebe und Sorgsalt so sehr vermehren mußte; die Ehrerbietung der weisen, die Bewunderung der Hirten, die ihn anbeteten ohne ihn zu kennen, die Nachstellung des boshaften Fürsten, die Entzükkung des alten Simeon; alles das, was Maria in treuem Herzen bewahrte, wird uns wichtig, weil es mittelbar oder unmittelbar auf Jesum und seinen Charakter wirkt, weil es alles zusammenkommen mußte, um ihn zu dem zu machen, was er werden sollte. In meiner Seele m. Fr. entsteht daraus ein großer Zuwachs meiner Liebe zu Jesu, und ich glaube, daß das bei uns allen der Fall sein wird, denn es scheint so natürlich. Eine Sache, die uns recht wichtig ist, lieben wir immer desto mehr, je mehr wir fühlen, wie leicht wir sie hätten verfehlen können, und das ist gerade der Fall bei Jesu. Je wichtiger er für uns ist, je leichter irgend ein Umstand anders ausfallen konnte, der ihm einen ganz andern Gang gegeben haben würde, je mehr außerordentliche Leitung der Vorsehung also von seinem ersten Augenblikk an nöthig war: desto theurer wird er uns, desto mehr steigt unsre Liebe und Zuneigung zu ihm, desto mehr Antheil nehmen wir auch an dem ersten Theil seines Lebens, desto voller und inniger freun wir uns, daß er ist, und daß er gerade so da ist! Wir fühlen die Bedürfnisse, die wir und unser ganzes Geschlecht hatten, und freun uns nach dieser Betrachtung doppelt, alle unsre Wünsche in ihm so reichlich befriedigt zu sehn. Und was für Wünsche! Der gefallene Mensch hat auch den Maaßstab der Kräfte verloren, welche er nicht mehr gebrauchte; er wußte nicht mehr, was er sollte, er fühlte nicht mehr was er könne: da sehnt er sich nach einem aus seiner eignen Gattung, an dem er deutlich gewahr werden könne, wie weit der Mensch mit dem Beistand Gottes auf dem Wege der Vollkommenheit kommen könne; hier ist uns Christus geboren, der auch als Mensch die Vollkommenheit besizt, die uns vorgezeichnet ist; da liegt er zum Beweis, wie völlig er uns gleich ist, er hat Fleisch und Blut wie wir, ist schwach und hülflos und ohnmächtig, er durchläuft die Bahn eines jeden Menschen in Entwikkelung und Wachsthum der Kräfte und stellt uns sein Beispiel als den höchsten Triumph der menschlichen Natur dar.

Der unglükkliche Mensch hatte auch seinen Zusammenhang mit Gott verloren; seine Liebe und Güte war ihm verschwunden, und er bedurfte eines neuen glänzenden Beweises derselben um aus diesem tödtenden Traum zu erwachen. Da schenkt uns Gott Christum, der uns alles wiederbringt, was wir verloren haben, der uns einen stärkenden Blikk in die Gesinnung Gottes thun läßt, und zum Zeichen, daß wir ihm trauen können, daß Gott mit ihm ist, und seine Reden Wahrheit sind, begleiten die ausgezeichnetsten Beweise göttlicher Mitwirkung sein ganzes Leben von seiner ersten Entstehung an. — Wie sollten wir uns seiner nicht freun, der die Ehre Gottes wiederherstellt, den Menschen Friede vom Himmel bringt und ein sanftes Wohlgefallen über die ganze Erde verbreitet!

Aber laßt uns auch diese schöne Empfindung der Freude, welche der auszeichnende Charakter dieses Festes ist, nicht umsonst verhauchen. Wenn wir etwas gutes in uns und für uns gewahr werden, d. h. wenn wir uns freun, so sind wir immer am geneigtesten etwas beizutragen, um dieses gute uns noch mehr zu eigen zu machen und zu benuzen. Christus ist da, und wir freun uns dessen, aber laßt uns auch sorgen, daß er so viel als möglich für uns da sei. . . . . .

(Schluß fehlt.)

VI.

Was wir bei dem Blikk, den wir am Anfang eines Jahres in die Zukunft thun, von unserm himmlischen Vater erwarten dürfen.

Ueber Matth. 7, 11.

Erster Sonntag im Jahr.

Gebet.

Könnten wir dich doch recht loben, Herr Gott, und deinen Namen würdig preisen für den allmächtigen Schuz, unter dem wir abermals ein Jahr unseres irdischen Lebens zurükkgelegt haben! Nur deiner Gnade sind wir den glükklichen Ausgang desselben schuldig. Wie leicht hätte nicht so mancher Verführung zum bösen unser schwaches Herz unterliegen können, der es glükklich entgangen ist; wie leicht hätte so mancher Unfall unsere zufriedene Ruhe stören können; wie leicht hätte das allgemeine Unglükk, welches uns drohte, und welches deine Vorsicht bis jezt gnädig abgewandt hat, uns in den traurigen Zustand der Angst und des Kleinmuths versezen können; aber du hast uns nicht nur vor Uebeln bewahrt, sondern unzähliges gute genießen lassen in mannigfaltigen Vergnügungen des Lebens, in der Liebe und der Gemeinschaft mit guten Menschen und den Freuden der Religion. O nimm gnädig das Opfer eines frohen Herzens hin, das sich dankvoll der vergangenen Zeit erinnert und auch durch diese Erinnerung Hoffnung und Vertrauen für die Zukunft schöpfen möchte und Glauben an dich und deine Güte! Amen.

Ich fürchte nicht, daß ich Unrecht gethan habe, die dankbaren Empfindungen meines Herzens für unsere gemeinschaftlichen Gesinnungen an dem heutigen Tage anzusehn; ich fürchte nicht, daß an dem Schluß eines Jahres Mißmuth und Unzufriedenheit sich irgend einer Seele unter uns bemächtigen und jene besseren Gefühle daraus verdrängen möchte. Wenn wir uns von einem Menschen trennen sollen, der eine lange Zeit hindurch der Gefährte unseres Lebens gewesen, der uns in so vielen Lagen gesehn und so viele derselben selbst veranlaßt hat, werden wir dem wol noch beim lezten Lebewohl die unangenehmen Stunden anrechnen, die er uns hie und da gemacht zu haben scheint? Eben so ist es mit dem Jahr, welches uns jezt verläßt, und das vielleicht neben vielen glükklichen Tagen auch einige Stunden des Leidens und des Kummers hervorgebracht hat. Wenn das unangenehme vorbei ist, so vermehrt die Erinnerung daran die Freude über den Ausgang, so sind das gerade die Stellen, wo wir die göttliche Führung am deutlichsten erkennen, ja selbst wenn noch jezt am Schluß des Jahres ein Schmerz, eine Sorge in uns verborgen liegen sollte, so ist bei dieser Erinnerung die lezte Stunde des Jahres uns nicht näher als die erste, wir müssen uns bemühen die Empfindung des Augenblikks zu verläugnen und nur bei dem Eindrukk stehn zu bleiben, den das ganze auf uns macht. Wenn also heute nur das vergangene auf unsere Seele wirkte, so würde dieser Tag gewiß ein Tag froher Heiterkeit oder wenigstens gelassener Zufriedenheit sein; aber nichts ist so fest verbunden, als eben an diesem Tage Vergangenheit und Zukunft sind, und die Erinnerung an das, was wir gewesen, ist immer nur die Vorbereitung auf die Frage, was wir wol sein werden, und wenn wir die Begebenheiten in der Welt nur als

Wirkungen von einer Menge einzelner unabhängiger Zufälle ansehn, so wird uns dieser Gedanke desto trauriger machen, je mehr wir auf die verflossene Zeit Achtung gegeben haben. Was kann uns wol deutlicher zeigen als unsere eigene Erfahrung, wie leicht der Mensch aus unbedeutenden Anfängen durch mancherlei kleine Veranlassungen, die uns im gemeinen Leben nur allzu nahe liegen, aus einem Fehltritt in den andern gestürzt wird, und wir haben kein Recht zu hoffen, daß wir allein davon frei sein, oder daß ein glükkliches Ohngefähr uns noch zu rechter Zeit aufhalten werde. Von nichts können wir lebhafter überzeugt sein durch das Andenken an vorige Zeiten, als davon, daß an sich die Stüzen der menschlichen Glükkseligkeit äußerst unsicher sind, daß die Schwachheit unserer Natur, die Unvollkommenheit unseres Zustandes und die Fehler der Menschen mit vereinten Kräften daran arbeiten sie zu vernichten, daß selbst unser Leben ohne Schuz durch Kleinigkeiten, die aller Aufmerksamkeit und aller Vorsicht Troz bieten, in einem Hauch aufgerieben werden kann. Was giebt uns das für eine Aussicht, wenn unser Herz nicht an der Religion hängt, wenn sie uns nicht mit einer Gesinnung erfüllt, von der man viel spricht, aber die gerade dann, wenn sie noth ist, am ersten zu fehlen pflegt, nämlich mit dem kindlichen Zutrauen zu Gott, welches sich seiner Führung getrost überläßt und sich bei seinem Willen gern und leicht beruhigt? Dazu wollen wir uns in dieser Stunde durch Betrachtung seines Wortes zu stärken suchen.

Text. Matth. 7, 11.

So denn ihr, die ihr arg seid, könnet euern Kindern gute Gaben geben, wie viel mehr wird euer Vater im Himmel gutes geben denen, die ihn bitten.

Es ist Christo beständig eigen, m. th., und es ist ganz in den Geist seiner Lehre verwebt, daß er uns Gott als unsern Vater, uns als seine Kinder vorstellt, und das thut er auch in diesem Theil seiner Bergpredigt, wo er die Gesinnungen Gottes mit den Gesinnungen eines Vaters vergleicht und seine Jünger zur Heiterkeit und Zufriedenheit, zur Liebe und zum Glauben aufzumuntern sucht bei allem, was ihnen in ihrer Lage begegnen könnte. Und alles das gilt auch uns, ihren Nachfolgern. Kindlich sollen wir Gott fürchten, kindlich ihn lieben, kindlich unsre ganze Hoffnung auf ihn sezen. Nach diesem Maaßstab wollen auch wir sehn, was wir bei dem Blikk, den wir am Anfang eines Jahres in die Zukunft thun, von Gott unserm Vater in Absicht auf die beiden großen Angelegenheiten des Menschen, seine Glükkseligkeit uud seine Besserung, erwarten dürfen.

I.

Der Mensch, m. th., ist ein so kleines, so abhängiges Geschöpf, wenn man ihn gegen das ganze betrachtet, daß es in der That gar nicht scheint, als ob sein Wohlbefinden bei der Regierung der Welt mit in Anschlag käme. Jeder Theil des großen Weltgebäudes wird nach ewigen Gesezen regiert, jedes Ding in der Natur um uns herum hat seine beständigen Regeln, nach denen es wirkt und auf sich wirken läßt, und von diesen Verhältnissen hängt die Gedeihlichkeit der Witterung, die Gesundheit der Luft, und mit ihnen der ganze äußere Wohlstand des Menschen ab, die bessere oder üblere Stimmung seines Gemüths, die oft auf ganze Familien, ganze Gesellschaften, ganze Völker einen großen und schnellen Einfluß hat. So scheint bei allen solchen Ueberlegungen die Natur die Hauptsache, der Mensch ein unbedeutendes Nebending, ein Spiel ihrer Kräfte zu sein, und wenn man auch von selbst auf den Gedanken kommt, daß diese ganze Welt mit allen ihren Gesezen und allen Zufällen, die kein Gesez zu haben scheinen, dem Willen eines höchsten Wesens dient, ach, so wird man doch immer glauben, daß der Mensch nur ein kleiner Bestimmungsgrund seines Verfahrens ist, daß es vielleicht auf das Wohl der Menschheit im ganzen und auf ihre großen allgemeinen Veränderungen, aber nicht auf das Wohl des einzelnen, auf eines jeden Glükk, eines jeden Ruhe Rükksicht genommen habe; das bleibt immer dem Zufall, dem unbeabsichtigten Zusammenfluß der Umstände überlassen. So weit bleibt der Mensch für sich selbst in dem Zutrauen zurükk, welches er auf den Herrn der Welt sezen sollte; seine Weisheit ist so hoch, so weit umfassend, seine Liebe so groß und allgemein, daß er sie nicht begreifen kann, daß er immer über sein Schikksal mehr Angst, weniger Zuversicht, weniger Hoffnung hat, als er sollte und könnte.

Nicht so wir, die wir Christen und Christi Brüder sind; denen es so oft gesagt ist, daß der höchste Gott gegen einen jeden von uns die Gesinnungen eines zärtlichen und weisen Vaters hat. Ein Vater mag noch so viele Sorgen haben, seine Geschäfte mögen ausgebreitet, seine Besizungen groß sein, nie wird er über allen diesen Dingen auch nur ein Bedürfniß, einen Wunsch eines seiner Kinder vergessen; nie wird er allen diesen Dingen das Glükk eines seiner geliebten aufopfern; nur für sie lebt er, nur für sie handelt er, nur für sie braucht er seine Kräfte und sein Vermögen. Und so auch ein Vater — spricht der Herr — so auch eine Mutter ihrer Kinder vergäße, so will ich doch euer nicht vergessen, noch euch verlassen.

Ein Vater kann nicht immer wie er will und muß manches gute unausgeführt lassen, weil es nicht in seiner Macht steht. Gottes Macht ist so groß wie seine Liebe. Wir brauchen uns nicht mit dem immer doch traurigen Gedanken zu trösten, daß es nicht anders sein könne, der einzelne müsse dem ganzen geopfert werden; wir dürfen nicht seufzend erwarten, was für Leiden auch in dem kommenden Jahr zum besten anderer über uns ergehen werden; vielmehr können wir uns an dem gleich erhabenen und rührenden Gedanken erlaben, daß um uns herum nichts geschehen, daß uns selbst nichts betreffen wird, was nicht auch zu unserm eignen Wohl gereichen werde; das Zutrauen laßt uns zu Gott haben, daß schon in der ersten Einrichtung der Dinge väterlich für uns gesorgt ist, und daß der Herr alles seinen Kindern zum besten gereichen lasse.

Ein Vater hört mit zärtlichem Vergnügen die Wünsche seiner Kinder und stößt sie nicht von sich; er erfüllt sie vielmehr so gern nach seiner besten Einsicht, nach seinem besten Vermögen giebt er ihnen alle guten Gaben, die sie von ihm bitten, und die ihr Herz in den Zustand der Ruhe und Zufriedenheit versezen können. Wie viel mehr unser Vater im Himmel. Laßt es uns gestehn, wir sind alle und bleiben alle, so lange wir auf Erden leben, Kinder, deren Herz sich immer mit Träumen und Wünschen beschäftigt; wir alle nehmen von dem ersten Tage an ein Bild von Glükkseligkeit in das neue Jahr hinüber, von dem wir glauben, daß es uns zufrieden stellen werde. Wir brauchen uns aber dessen nicht zu schämen. Wir haben im Himmel einen liebevollen Vater, der nicht nur weiß was wir bedürfen, ehe wir ihn darum bitten, sondern der es auch gern sieht, daß wir ihn darum bitten, daß wir unsre Wünsche und Hoffnungen zu seinen Füßen niederlegen; einen Vater, der gewiß uns alle wahrhaft gute und vollkommne Gaben geben wird, wenn er uns auch nicht alles giebt, was wir wünschen.

Und das gehört in der That mit zu dem Zutrauen, welches wir zu Gott haben müssen, daß wir gewiß überzeugt sind, er werde uns nicht alles gewähren, was wir wünschen. Wer würde sich wol getrauen etwas zu bitten, wenn alle Begehren des getäuschten Herzens und des kurzsichtigen Verstandes gleich erfüllt werden sollten? Nein, meine Freunde, wir alle kennen weder unser bestes noch unser eignes Herz, wir alle urtheilen oft unrichtig über unsere Glükkseligkeit und suchen oft mit aller Kraft und Lebhaftigkeit unseres Gemüths Befriedigung in einem Gegenstand, in einer Empfindung, die uns weder ausfüllen noch unser Wohl wirklich befördern würde. Aber laßt uns dennoch getrost sein; wir kennen unsere Glükkseligkeit nicht, aber Gott kennt sie; er wird aus der Sammlung unserer Wünsche so viel herausheben als uns gut ist, und wird es uns grade zu der Zeit geben, wenn es die beste Wirkung auf uns zu thun im Stande ist.

Aber ein Vater thut seinen Kindern bisweilen wehe, er sieht sich bisweilen genöthigt ihnen Schmerz und Kummer zu machen, und wehe ihnen, wenn sie das von ihm zurükkschrekkt, wenn das nicht ihre Liebe vermehrt, wenn sie nicht dennoch fest überzeugt bleiben, daß nur ihre Glükkseligkeit gemeint sei, und daß diese selbst aus ihrem Leiden desto schöner und herrlicher hervorgehn werde. Ach das laßt uns doch ja wohl in Acht nehmen; das Leiden ist ein Theil unserer Glükkseligkeit, den wir nie wünschen, und der doch sehr nothwendig ist. Wen Gott lieb hat, den züchtigt er *), und er liebt uns alle, darum züchtigt er uns alle. Wir müssen den Wahn ausrotten, und es ist nicht einmal ein schöner Wahn, daß wir dieses Jahr ohne Unannehmlichkeit, ohne mehr oder weniger von der bittern Würze des Lebens verbringen werden, und ich will das keinem von uns wünschen. Der Mensch ist einmal so, daß ihm die reinsten Freuden unschmakkhaft werden, wenn sie alt sind, und wir irren uns, wenn wir glauben, dieses durch beständige Abwechselung zu ersezen; die kann wol betäuben, aber die Empfindlichkeit des Herzens, die Fähigkeit alles gute so sehr als möglich zu genießen, die kann nur durch Beraubung, durch irgend eine Art des Leidens erhalten werden. Wenn wir diese Wahrheiten an dem Leitfaden unserer eigenen Erfahrung verfolgen, so werden wir einsehn, wie wichtig sie sind, wir werden auch Leiden, groß oder klein, von Gott erwarten und sehn, daß das der höchste Punkt sei, auf den

*) Ebr. 12, 6.

unser kindliches Vertrauen zu ihm in Absicht auf unsere Glükkseligkeit steigen könne, wenn wir mit frommer Ruhe und Ergebung über unsern verkehrten Eigenwillen triumphiren, und es dem über alles guten Vater im Himmel überlassen, wie er uns in dem künftigen Jahr durch schöne und öde Gegend hindurchführen und unsere Glükkseligkeit aus Freuden und Leiden zusammensezen wolle.

Aus diesem wahren und eines Christen so würdigen Vertrauen auf die Vatergüte Gottes wird in uns eine Gesinnung entstehn, die uns äußerst vortheilhaft ist. Der Mensch, der allein sein eignes Herz bei den Fragen über seine Glükkseligkeit zu Rathe zieht, sieht die falschen Bilder derselben so lebhaft, daß er außer ihnen nichts gewahr wird; sein Wohlsein ist das höchste, was er sich denken, sein Uebelsein das schlimmste, wovor er erschrekken kann; er ordnet sein Bestreben nach Tugend unter seinem Bestreben nach Glükkseligkeit. Der Christ aber, der voll Vertrauen auf Gott ihm die Art sein Glükk zu machen überläßt, dessen Wünsche alle sanft und gemäßigt sind, wird desto eher gewahr, daß es für sein Herz einen höhern Gegenstand der Beschäftigung giebt, als bloß seiner Empfindung eine angenehme und dauerhafte Nahrung zu geben; er stimmt mit David überein, der, nachdem er in einer Fürbitte für sein Volk alle Wünsche irdischer Zufriedenheit ausgelassen, so endigt, Wohl dem Volk, das so glükklich ist; aber noch weit mehr wohl dem Volk, deß der Herr sein Gott ist und Wohlgefallen hat an seinen Werken *); er versteht und übt den Ausspruch, Trachtet am ersten nach dem Reiche Gottes und nach der Rechtschaffenheit des Herzens, so wird euch das andere alles zufällig und weniger wichtig scheinen **); das ist die schönste Frucht dieses kindlichen Zu-

*) Ps. 144, 15.

**) Matth. 6, 33.

trauens, daß das Herz gelassen wird und lernt Tugend und Besserung höher zu achten als Glükkseligkeit und Vergnügen. Ich wünsche, und warum sollt' ich es nicht hoffen, daß wir alle, die wir hier sind, von dieser Gesinnung durchdrungen sein mögen; desto wichtiger und erfreulicher wird uns der zweite Theil unserer Betrachtung sein.

II.

Wenn wir schon in Absicht auf unsere Glükkseligkeit und Lebensfreude in dem neu angetretenen Jahr ein so ungemessenes Zutrauen auf Gott sezen können und sezen müssen: wie heilsam und nöthig wird es uns nicht erst sein, wenn wir an unsere eigentliche Bestimmung denken, an die Veredelung unseres Geistes, die wir auch in diesem Zeitraum aus allen unsern Kräften befördern sollen.

Jeder, dem sein innerer Werth und die Vermehrung desselben am Herzen liegt, jeder, der am Schluß des Jahres über die Fehler der verflossenen Zeit geweint oder sich dankbar über so manches gute gefreut hat, welches in seiner Seele entstanden ist, hat sich auch gewiß ein neues lebhaftes Bild von der wahren Größe und Vollkommenheit eines Nachfolgers Jesu gemacht, dem er nachzustreben entschlossen ist; jeder, der seine Mängel fühlt, hat das Jahr mit den besten Vorsäzen angefangen, wie er durch Ueberwindung und Arbeit diesen und jenen hervorstechenden Fehler ablegen, wie er durch Fleiß und Uebung dies oder jenes gute erreichen will, das ihm noch gebricht. Aber wenn wir mit unsern Vorsäzen allein stehn, so sind wir viel zu schwach sie auszuführen; äußere Umstände bestimmen unaufhörlich unsere Handlungen, Verhältnisse haben den größten Einfluß auf unsern Charakter, und nun noch die feinen Fallstrikke, die uns oft die Verführung legt, die Schwachheit unsers eignen Herzens, welches sich zu leicht den Eindrükken von außen überläßt; wenn alle diese Dinge, die so stark auf uns wirken, nur von Ohngefähr zusammentreffen oder unter der Regierung eines Wesens stehen, dessen Absichten mit unserer Verbesserung nichts zu schaffen haben: so ist uns nur eine traurige Aussicht auf die Zukunft offen; so können wir eher auf Verschlimmerung als auf Verbesserung rechnen. Aber wir haben einen Vater im Himmel, dem nichts mehr am Herzen liegt als die Veredlung aller vernünftigen Geschöpfe, die nach seinem Bilde geschaffen sind, der alle, welche sich als seine Kinder ansehn wollen, auf das sorgfältigste führt und leitet, und alle ihre Verhältnisse und Begebenheiten mit den Bedürfnissen ihres Geistes in Einstimmung bringt.

Ein Vater, der auf das wahre Wohl seiner Kinder bedacht ist, sucht alle ihre schwachen Seiten, alle gefährliche Neigungen, alle keimende Leidenschaften sorgfältig zu erforschen, und hält es für das erste Zeichen eines guten Gemüthes, wenn sie selbst sie fühlen und ihm ihre Entwürfe sie abzulegen anvertraun und seinen Rath und Beistand erbitten. Gott braucht nichts zu erforschen, er kennt alle unsere Gedanken von ferne und sieht die geheimste Falte unseres Herzens; wenn wir also unsre Fehler fühlen, wenn uns beim Antritt eines neuen Jahrs das Bewußtsein noch einmal so schwer drükkt sie mit uns hinüber zu nehmen: so können wir voller Zutrauen zu dem Vaterherzen Gottes hinzutreten, ihm uns darstellen und gewiß versichert sein, daß er uns seinen Beistand nicht versagen wird, um uns dem Ziel zu nähern, welches uns gestekkt ist. Gewiß wird er unsere Bemühungen segnen; gewiß wird es uns gelingen, besser und des Namens seiner Kinder würdiger zu werden, wir werden oft siegen über uns selbst, oft in Verhältnisse kommen, wo mancher zarte Keim des guten zur schönen Pflanze herangepflegt, manches um sich greifende Unkraut leise ausgerottet werden wird, wenn nur diese Wünsche ernstlich sind und wirklich aus dem Grund unserer Seele herrühren.

Aber dies Zutrauen kann uns weder sicher noch stolz machen. Denn auch in diesem Stükk können nicht alle unsere

Wünsche erfüllt werden, nur nach und nach kann eine menschliche Seele reifen und niemals hier zur Vollkommenheit gelangen, welche nur das Ziel der Ewigkeit ist; unser Bestreben sei noch so redlich, unser Leben noch so gut, so wird dennoch die menschliche Schwachheit einen großen Theil daran behalten, unser Vertrauen bleibt auf der Linie stehen, daß es uns immer fühlen lassen wird, daß wir Menschen sind. Gott kann uns nicht alle unsere Fehler nehmen, aber wird er uns wol vor aller Gelegenheit bewahren sie in Handlungen zu äußern? wird das wahres Vertrauen sein, wenn wir hoffen wollten, er werde uns keiner Versuchung aussezen? Ein weiser Vater geht nicht so zu Werke; er führt bisweilen seine Kinder an solche Stellen, wo sie den ganzen Grad ihrer Schwachheit inne werden, wo sich eine neue verstimmte Saite ihres Herzens entdekken kann; aber mit wachsamer Sorgfalt sieht er darauf, daß seine gute Absicht nicht zum bösen gelenkt werde, daß es sich dem bösen nicht dahingebe, welches ihm nur dargestellt werden sollte. So auch unser Vater im Himmel; wir können nicht anders gebessert werden, als wenn wir uns erst selbst kennen, und da ist es wol nöthig, daß wir dann und wann in Verhältnisse kommen, wo wir die Grenzen unserer erworbenen Kräfte deutlich gewahr werden, wo wir uns selbst von mancher neuen noch unentwikkelten Seite kennen lernen; aber eben so gewiß ist es, er wird dafür sorgen, daß wir der Versuchung nicht unterliegen, daß neue Fehler nicht in unserer Seele Wurzel fassen dürfen, daß wir nicht muthlos und abgeschrekkt durch die richtigere Kenntniß unser selbst den guten Weg verlassen, den wir eingeschlagen hatten.

Eben so also wie unsere unvollkommene Glükkseligkeit aus Freude und Leid zu unserm besten zusammengesezt wird von einem Gott, der uns wohl will und Freude hat an unserer Freude, eben so fest können wir ihm auch bei allen Schwierigkeiten, die dem Menschen im Wege stehn, in Absicht auf unsere Fortschritte im guten vertrauen. Auch hier wird ein Wechsel sein zwischen

Freude und Leid des Geistes, zwischen Gelingen und Mißlingen, zwischen dem Bewußtsein erlangter Kräfte und dem Gefühl entdekkter Schwachheiten; aber das ganze wird immer unser bestes fördern und uns dem Zwekk unseres Daseins näher bringen; er wird erreicht durch süße und bittere, angenehme und unangenehme Mittel, deren Mischung wir mit kindlicher Ergebenheit aus der Hand eines weisen Vaters annehmen. Ihm wollen wir auch in dem neuen Jahr unser Glükk unsere Tugend und unser Leben überlassen. Ja auch unser Leben; der Tod ist uns nach dem Lauf der Natur immer gleich nahe, aber auch er wird uns nicht eher treffen bis . . . . .

(Schluß fehlt.)

VII.

Von dem Siege, den Christus durch seine Auferstehung über den Tod davon getragen.

Ueber 1 Korinth. 15, 26.

Ostern.

Preis und Ehre sei dem allmächtigen Erwekker von den todten und Jesu Christo dem erstandenen in Ewigkeit! Amen.

Wenn wir uns, m. th. Z., die vorzügliche Wichtigkeit des Festes, welches die Christenheit heute begeht, recht deutlich vorstellen wollen: so dürfen wir nur an die merkwürdigen Worte denken, welche Paulus 1 Kor. 15, 14 sagt, Wäre Christus nicht auferstanden, so wäre unsere Predigt vergeblich, so wäre auch euer Glaube vergeblich, und bald darauf wiederholt er es und sagt, Wäre Christus nicht auferstanden, so wäre euer Glaube eitel, so könntet ihr noch immer in euren Sünden bleiben. So beruht also nach der Meinung des Apostels die ganze Festigkeit unseres Glaubens in der Religion auf der Auferstehung Christi, und das hat auch seine volle Richtigkeit.

Wenn Christus nicht auferstanden wäre, und die Apostel hätten doch diese Lehre unter aller Welt ausgebreitet und darauf vornämlich ihre Predigt gegründet, so hätten sie uns entweder betrogen, oder sie wären selbst getäuscht worden, und in beiden Fällen würde ihr Zeugniß in einer so wichtigen Sache, wie die Religion, nicht mehr unsern Beifall und unsern Glauben verdienen.

Wenn Christus nicht auferstanden wäre und hätte es doch selbst so deutlich vorher geweissagt, so hätte er eine zu hohe Meinung von der Wichtigkeit seiner Person gehabt, so hätte er nicht einmal den Rathschluß Gottes über sich selbst gewußt und uns die Absicht seines Vaters mit uns nicht auf eine untrügliche Weise kund thun können.

Wenn Christus nicht auferstanden wäre, und wir wollten doch seinen Tod als einen Tod zum Heil der Menschheit ansehn, so hätten wir keine ausdrükkliche Versicherung von Gott, die uns dessen gewiß machte, so wüßten wir nicht, ob der Himmel sein großes Opfer so theuer geachtet als wir, ob Gott es so gern und gültig angenommen als er es willig und vollständig gebracht hat, so würden noch weit mehr Zweifel über die Sendung Jesu in den Herzen der Menschen entstehn als jezt, und da wir keinen festen geoffenbarten Grund der Vergebung unserer Sünden erkennen würden, so würde es um einen so ungewissen Preis unzählig vielen zu sauer werden sich ihrer zu entledigen.

Laßt uns also billig an diesem erhabenen Tage mit Christo triumphiren über die herrliche Krone, welche sein himmlischer Vater allen Thaten des Erlösers durch seine Auferwekkung von den todten aufgesezt hat, laßt uns darüber frohlokken als über die glänzendste Bestätigung seiner Sendung, als über den sichersten Beweis, daß Gott alles, was er gelehrt, gethan und gelitten, mit billigendem Wohlgefallen angesehn habe, als über die beste Schuzwehr, womit wir uns den Gegnern unserer Religion entgegenstellen können.

Dennoch haben wir, wenn wir dabei stehn bleiben, noch

nicht den ganzen Werth dieser großen Begebenheit erkannt. Wenn wir auch derselben zur Befestigung unseres Glaubens nicht bedurft hätten, so hat sie doch andere Folgen, welche öfters übersehn werden. Ach was würde dem Menschen, welcher immer in die Zukunft zu sehn gewohnt ist, die ganze Erlösung Jesu und die herrliche Religion, welche darauf gegründet ist, helfen, was würde es ihm helfen in jedem Augenblikk dieses Lebens übrigens glükklich und zufrieden sein zu können, wenn er seines künftigen Schikksals nicht vollkommen gewiß wäre, wenn er nicht ein anschauliches Bild hätte, um seinen Gedanken daran Festigkeit und Haltung zu geben, sondern wenn er immer im Hintergrund dieses Lebens die traurige Gestalt des Todes gewahr würde, ohne auch nur eine freundliche Miene in seinen Zügen gewahr zu werden und seinen Drohungen irgend etwas mit Zuversicht entgegen sezen zu können? Dieser lezte Feind der menschlichen Ruhe ist es, der durch die Auferstehung Christi vornämlich völlig besiegt ist, und der nähern Betrachtung dieser Wohlthat wollen wir mit einander die gegenwärtige Stunde widmen.

Text. 1 Korinth. 15, 26.

Der lezte Feind, der aufgehoben wird, ist der Tod.

Das ganze Capitel, worin diese Worte mit befindlich sind, ist in der Absicht geschrieben, um verschiedene leichte und unlautere Christen von der Wahrheit und Wichtigkeit der Auferstehung Jesu zu überzeugen. Nachdem er die Wahrheit derselben hinlänglich erwiesen, so fängt er damit an die Folgen dieser Begebenheit auseinanderzusezen, indem er sie als den Zeitpunkt betrachtet, mit dem die Herrschaft des vollendeten Erlösers über sein Reich und der Einfluß seiner Religion über jedes einzelne Glied desselben anhebt, und dies Gemälde schließt er damit, daß der lezte Feind, der sowol in Absicht auf den einzelnen als auf die ganze Christenheit vernichtet ist, der Tod sei. Wir wollen davon Gelegenheit nehmen von dem Siege zu reden, den Christus über den Tod davon getragen hat, und erstlich sehn, was der Tod ohne seine Auferstehung für uns gewesen sei, zweitens, wie ihn Christus dadurch besiegt hat.

I.

Wenn wir wissen wollen, was die Auferstehung Jesu in dieser Rükksicht für uns gewirkt hat, so müssen wir von allen Trostgründen hinwegsehen, welche erst daraus entstehn, und den Menschen so nehmen, wie er ohne diese Auferstehung und ihre Folgen gesinnt gewesen ist und noch immer gesinnt sein würde. Wenn der Mensch auch noch so fest überzeugt ist von der Unsterblichkeit des Geistes, der in ihm wohnt; wenn er auch noch so fest vertraut auf die Gnade eines Gottes, der dem unvollkommnen aber gutdenkenden Geschöpf Fehler verzeiht und es nicht auf ewig unglükklich machen kann: so bleibt doch, so lange er sich nur an diese Erkenntnisse halten kann, der Tod etwas schrekkliches für ihn.

Der sinnliche Mensch, dessen Bestreben nur auf den Genuß der Freuden des Lebens geht, wie kann der ohne Schaudern an die Trennung von alle dem denken, wobei er sich so lange Zeit glükklich gefühlt hat? Alle diese Seligkeiten entsprangen nur aus Verhältnissen dieser Welt, mit denen selbst seine Einbildungskraft nicht ohne innern Widerspruch zu fühlen eine andere Ordnung der Dinge ausschmükken kann; was sieht er also voraus, und wie soll er mit Ruhe an den Stoß denken, der ihn aus dem Zauberkreis des Vergnügens in unbekannte Gegenden hinwegrükkt? — und was für Gewalt hat nicht die Sinnlichkeit in manchen Stunden des Lebens auch über den besten Menschen!

Allein, wenn sich auch keiner von uns in diesem Bilde spiegeln könnte, so hat auch der wirklich sittliche Mensch hierin wenig vor andern voraus. Es ist wahr, er liebt das gute und edle, und dies kann ihm durch alle Welten folgen, so lange seine Vernunft und das von ihr unzertrennliche Gefühl ihn begleitet; aber dennoch, wenn auch der beste Mensch, insofern er ehrlich gegen sich selbst denkt, sich nur so viel Tugend zutraut, als er wirklich geübt zu haben sich bewußt ist, und also selbst für dieses Leben nur so viel auf sich baut, als das künftige dem vergangenen ähnlich sein muß: wird er dann auch auf seine innere Güte sich in Absicht eines künftigen ihm ganz unbekannten Lebens verlassen können? und wenn seine Tugend hingereicht hat die gewöhnlichen Hindernisse dieses Lebens zu überwältigen, kann er dann auch wissen, ob sie sich zu den ganz neuen Verhältnissen jenes Lebens schikken wird? So geht also auch der fromme und weise nicht ohne eine bange bittere Empfindung aus einem Kampfplaz, dessen Boden und Lage, dessen Vortheile und Nachtheile er kennt, in einen andern über, der ihm unbekannt ist, und von dem er nicht weiß, was für ein Feind ihn daselbst erwartet.

Aber noch mehr. Je besser der Mensch ist, desto weniger ist er unempfindlich gegen die feinen und geistigen Freuden, welche ihm Tugend und Seelengüte gewähren, desto mehr wahren Werth hat das Leben in seinen Augen; diesen Werth soll er aufgeben, von diesen Freuden soll er scheiden, die seligen Stunden, wo er Gott in der Schönheit dieser Schöpfung bewunderte, sollen ein Ende nehmen, verlassen soll er die, die er liebt, und deren fromme Freundschaft ihn beglükkte, er soll Abschied nehmen von all den Verhältnissen, welche tausend Gelegenheiten das gute zu üben in sich hielten, und wenn wir alles das hinwegnehmen, was wir erst durch die Erhöhung Christi von dem künftigen Leben wissen, was hat er da wol, um jenen Verlust zu ersezen? Unbestimmte Begriffe, von deren einem er zu dem andern schwankt ohne irgendwo Ruhe zu finden, und die, wenn sie auch noch so schön sind, nicht vermögen die hellen und bestimmten Eindrükke auszulöschen, welche wahre Erdenglükkseligkeit in seiner Seele gemacht.

Endlich ist das, was wir vom Tode mit der meisten Gewißheit wissen, ein neuer Stoff zu traurigen Vorstellungen. Die Seele scheidet von dem Körper, den sie so lange bewohnt hat, und dieser Körper ist ein Freund, mit welchem sie aufs allergenauste verbunden war; alles hat sie mit ihm gemeinschaftlich gethan, und sie weiß oft nicht zu bestimmen, wie weit der Antheil gehe, den er an ihren Handlungen nimmt; er war ein nothwendiges Werkzeug zu ihren edelsten und höchsten Freuden, er war das Band, durch welches sie mit der übrigen Welt verbunden war. Durch ihn bekam sie alle Eindrükke von den Dingen um sie her, durch ihn lernte sie Ordnung und Schönheit kennen und lieben, durch ihn konnte sie mit Wesen ihrer Art Gemeinschaft haben, durch ihn gelangte das süße Gespräch des Freundes oder der Freundin in ihr Ohr, nur durch ihn sah sie die Werke des Schöpfers, und nur so konnte der kalte Begriff eines vollkommnen Wesens in ihr Leben und Thätigkeit bekommen. Auf der andern Seite war er es wieder, der ihren Willen ausrichtete und ihre Befehle vollzog; es war ihr nicht möglich ohne ihn aus sich selbst hinaus zu gehn und auf andere Wesen zu wirken; ach, wie kann sie entscheiden, was ihr nach der Trennung von einem solchen Gefährten noch übrig bleibt, wie kann sie wissen, ob sie das ganze Bewußtsein des vergangenen als ihr Theil davon tragen wird? Sie weiß sich keines Zustandes zu besinnen, wo sie ohne ihn da gewesen ist, und sie kann sich keinen Begriff machen von einem Leben, wo sie thätig sein und doch seines Dienstes entbehren könnte, und darum waren denn die Gedanken aller Völker überhaupt und fast aller Menschen insbesondere von dem Zustand ihrer Seele nach dem Tode verwirrt und fürchterlich. Bald wurde sie als ein Spiel böser Geister gedacht, welche sie an schrekkliche Orte führten, ohne daß sie ihnen widerstreben konnte; bald irrte sie unstätig umher und war sich nur wenig dessen bewußt, was mit ihr vorgegangen war; bald war alles um sie her dunkel und öde, und sie vermochte nicht die Erkenntniß irgend eines Gegenstandes um sie her zu bekommen; bald wanderte sie, immer ihr Bedürfniß fühlend und niemals es recht befriedigend, aus einem Körper, der ihr fremd war, in einen andern, der ihr eben so wenig angehörte, und eben der Tod, den sie schon einmal als das größte Uebel erfahren hatte, war ihr beständiges Loos.

Also wähnten alle Völker der Erde, welche sich bis zum Gedanken der Ewigkeit erheben konnten, und führten eben deswegen ein unglükkliches Leben; so war selbst das Volk in tiefen Irrthümern begraben, welches sich doch einer nähern Offenbarung Gottes zu rühmen wußte; und irgend eine von diesen traurigen Gedankenreihen würde auch unser Theil sein ohne den bessern Unterricht, den wir nur der Auferstehung Christi zu danken haben. Auch wir würden mitten unter den besten Freuden unglükklich sein, sobald etwas um uns her auch nur den entferntesten Gedanken des Todes rege machte; auch wir würden bei dem Grabe unserer lieben, von unmäßigem Schmerz besiegt, unser Leben vertrauern; auch wir würden uns mit der größten Gewalt in den lezten Augenblikken unsers Lebens von dieser Welt losreißen müssen und nur mit Zittern auf dem schmalen Steig des Todes den Uebergang in die unbekannte Ordnung der Dinge wagen, — und was ist wol unglükklicher als ein Mensch, der den Tod fürchtet, welchen ihm doch die ganze Natur unaufhörlich darstellt, und vor einem Schritt zittert, welcher ihm in jedem Augenblikk seines Lebens nahe ist?

Man wird vielleicht einwenden, daß diese allerdings den Menschen unglükklich machende Furcht vor dem Tode doch nicht eine nothwendige und natürliche Eigenschaft des ganzen menschlichen Geschlechts sein müsse, indem es doch auch in jenen Zeiten, wo der Trost aus der Auferstehung Christi den Menschen noch nicht erfreuen konnte, Männer gegeben, welche nach einem edlen Leben einen schönen Tod nicht nur mit der größten Gelassenheit erwartet, sondern ihn auch wol mehr gewünscht als vermieden haben, und eine noch weit größere Anzahl solcher, welche den Tod verachtet und mit der kühnsten Entschlossenheit aufgesucht haben, ohne auch nur eine vorübergehende Spur von Furcht oder Schrekken blikken zu lassen. Allein m. th. laßt uns auf der einen Seite bedenken, ob wir wol zu der Zahl derjenigen gehören wollten, denen der Tod willkommen ist, weil sie gleichgültig gegen das Leben sind; weil sie mit einer zaghaften Seele dem Unglükk entfliehen möchten, das sie verfolgt; weil sie sich nicht darauf verstehn das Leben zu brauchen; weil ihr Herz verstimmt ist, und eine eitle Leidenschaft die Stimme der Natur in ihnen zum Schweigen bringt, oder weil eine gänzliche Gefühllosigkeit sie unfähig macht die bevorstehende Entbehrung alles dessen was sie liebten gehörig zu empfinden. Auf der andern Seite hat es wol seine Richtigkeit, daß uns die Geschichte von einigen wenigen Männern erzählt, welche nach einem weisen und ehrwürdigen Leben dem Tode unerschrokken entgegen gesehn; aber wer weiß, was für innere Kämpfe vorher gehn mußten, und wie sie dieselben beständig zu erneuern genöthigt waren; wer weiß, wie viel von ihren eigenen Kräften sie aufgerieben haben, wie viel großen Handlungen sie deswegen entsagen mußten; und wenn wir zugeben müssen, daß wenige außerordentliche Menschen nicht der rechte Maaßstab des menschlichen Geschlechts sein können: so müssen wir noch dazu bekennen, daß auch um diese Männer die Auferstehung Christi das größte Verdienst gehabt haben würde, wenn sie ihnen diesen innern Streit gespart und alle diese vergeblich verbrauchten Kräfte gelassen hätte, und daß eine Empfindung deswegen nicht aufhört natürlich zu sein, weil sie durch eine außerordentliche Anstrengung der Seele einigermaßen zum Schweigen gebracht werden kann. Denn laßt uns das Buch aufschlagen, welches uns die Menschenseelen mit der größten Genauigkeit so zeichnet, wie sie sind; laßt uns die Bibel fragen: was für Gesinnungen finden wir da, nicht bei dem großen Haufen, den sie uns schildert, sondern bei den Männern, welche am meisten nach dem Herzen Gottes waren? Wir sehen einen Moses, der seinem Volk keine größere Belohnung zuzusagen weiß, als daß sie lange leben werden auf Erden, und der Tod sie erst spät ereilen wird; einen Hiob, der bei allem unnennbaren Elend, das ihn betroffen, dennoch ausruft, Ich aber lobe das Leben, weil es gut ist, denn wenn der Mensch einmal dahin ist, so kehrt er nicht wieder, und im Reich des Schattens ist gar keine Freude für ihn; einen David, der es fast nicht glauben kann, daß auch die Heiligen Gottes die Verwesung sehen müssen, und der oft Gott mit dem größten Ausdrukk der Sehnsucht bittet, ihn doch zu lassen im Lande der lebendigen, wo man Gott lobt, denn im Lande des Todes sei alles öde für die menschliche Seele, und sie könne daselbst ihres Schöpfers nicht gedenken; einen Hiskias, der mit dem innigsten Dank eine Verlängerung seines Lebens als das größte mögliche Gnadengeschenk Gottes betrachtet; ja noch mehr, wir sehen einen Petrus, der sich vermaß mit Christo in den Tod zu gehn und schwach genug war, ihn aus Furcht des Todes zu verläugnen: aber welcher Unterschied, wenn wir diesen nämlichen Petrus sehen in späterer Zeit, wo er Christum verstand und ein Zeuge seiner Auferstehung war, wie beherzt er da allen Gefahren entgegen ging, und wie standhaft er einen Tod duldete, den seine Pflicht ihm unvermeidlich machte; welcher Unterschied, wenn wir Christen von ganz gemeinen Seelenkräften sehen, die es hierin den größten Weisen des Alterthums zuvorthaten! Ach, es war die Auferstehung Christi, die sie mit Stärke gegen die Furcht des Todes bewaffnete.

II.

Die Auferstehung Christi ist unabhängig von allem andern nicht nur die sicherste Bestätigung alles dessen, was er uns während seines Lebens von unserm künftigen Zustand gesagt hat, sondern sie ist auch ein herrliches Bild des Zustandes, der unser in dem bessern Leben wartet. Christus ist nicht nur zu unserm besten auferstanden, sondern auch als der Erstling derer, die ihm nachfolgen, als das Vorbild seiner wahren Freunde. Er ist nach seinem eignen Ausdrukk nur hingegangen uns eine Wohnung bei der seinigen zu bereiten, und er will, daß in der Ewigkeit seine Diener da sein sollen, wo er ist. Was die Vernunft zwar hoffen aber nicht wissen konnte, das hatte er gesagt, und nach seiner glorreichen Erwekkung fand kein Zweifel mehr darüber statt.

Der, dem die Tugend hier Mühe gekostet hat, darf nicht fürchten, daß diese Mühe ganz vergebens sei, daß er dort in andere traurige Verhältnisse kommen werde, wo er vielleicht eben so oft unterliegt als er hier gesiegt hat, wo in seiner Seele Unvollkommenheiten entstehen, von denen sie hier frei war. Nein m. th., Christus hat es uns ausdrükklich gesagt, das Verhältniß, in welches dort ein jeder gegen die Vollkommenheit kommt, hängt von den Fortschritten ab, welche er hier schon darin gemacht hat; hier ist der Plaz zu kämpfen, dort giebt es eine Ewigkeit, wo man sich des schönsten Sieges erfreuen kann; und so wie Gott Christo dafür, daß er sich selbst erniedrigte, daß er seine Befehle pünktlich vollzog und alle Versuchung aus seiner bestimmten Laufbahn herauszugehn besiegte, nun einen Namen gegeben hat, der über alle Namen ist, so wie er ihn nun zu seiner Rechten sizen und an seiner himmlischen Herrlichkeit Theil nehmen läßt: also werden auch wir einst nach unserm Maaß überschwenglich erhöht werden, und das schnelle Steigen in der Vollkommenheit, welches unsere Seele nicht fassen mag, wird wirklich unser Theil sein. Christus war nach seiner Auferstehung über alle die Versuchungen erhaben, die ihm in diesem Leben beständig zusezten, und die, welche ihm nachfolgen, werden dort nicht mehr nöthig haben zu beten, was ihnen hier immer am Herzen lag, Herr laß mich in diese Versuchung nicht fallen! Wir sehn Christum in diesem glorreichen Zustande über alle seine Feinde leicht triumphiren, und dieser Triumph erwartet auch uns. So ist durch den trostvollen

Anblikk der Auferstehung Jesu die Ruhe des guten Menschen in Absicht auf den vornehmsten Punkt gesichert.

Christus hat nach seiner Auferstehung noch die nämlichen Empfindungen, welche in seinem irdischen Leben seine schöne Seele zierten, er freute sich noch eben so innig über alles gute, was er erblikkte, er nahm noch eben den zärtlichen Antheil, er liebte diejenigen noch immer, die ihm damals theuer waren, er wirkte noch immer und zwar mit erhöhter Kraft auf ihre Seelen, und er kann ihnen die tröstliche Versicherung geben, Ich bin bei euch bis an der Welt Ende. Ach m. th. was giebt uns das für eine herrliche Aussicht in das Leben jenseit des Grabes! Wenn uns der Tod von all den Freuden abzuschneiden scheint, welche uns die Tugend selbst gewährte; wenn er uns die Gelegenheiten zu benehmen scheint durch die Uebung und das Anschaun derselben glükklich zu sein: so schrekkt uns das nun nicht mehr, denn wir wissen, daß es ein bloßer Schein ist, und wir können mit Recht edlern Freuden entgegensehen, welche die Unvollkommenheit dieser Welt uns nicht schmekken ließ. Wenn wir in diesem Leben so glükklich sind gute Menschen zu lieben und von ihnen wieder geliebt zu werden, wechselseitig sie zum guten zu ermuntern und von ihnen dazu erwekkt zu werden: so droht uns freilich der Tod eine bittre, ach dem Anschein nach eine ewige Trennung, aber Furcht ist deswegen doch fern von uns. Das Vermögen zu lieben, die Fähigkeit zu allen den schönen und vorzüglichen Empfindungen des vernünftigen und geselligen Wesens geleitet uns auch in jene Welt, wie es Christo auch jenseit seines Todes noch anhing; ja, es wird noch erhöht werden, tausend Einschränkungen desselben, welche in unserm irdischen Zustand gegründet waren, werden aufhören; und so wie Christus jezt noch inniger sich den Seelen seiner Jünger mittheilen konnte, so wie er nun nicht mehr durch die Entfernung des Raumes und der Zeit aufgehalten wurde, so werden auch wir freier genießen und handeln können; und wenn wir auch die herrliche Verheißung

Christi an seine Jünger, Ich bin bei euch bis an das Ende der Welt, nicht ganz auf uns anwenden können, wenn wir auch unseren zurükkgelassenen Freunden bei dem lezten Drukk der Hand nicht das Versprechen geben können mit unserm Geist um sie zu schweben, so können wir uns doch nun, da wir einige Einsicht in den Plan Gottes mit der Ewigkeit haben, ohne Schwärmerei süße Hoffnung des künftigen Wiedersehns erlauben.

Reißen uns diese Hoffnungen hin, so laßt sie doch nicht das vornehmste sein, wodurch wir unsere Seele einnehmen lassen, es giebt noch heiligere Empfindungen, nach deren Fortdauer sich der Mensch sehnen muß. Was ist Freundschaft, was ist — ich glaube nicht, daß ich zu viel sage, was ist das warme Gefühl für die Tugend selbst ohne das höhere Vermögen Gott zu erkennen und seine Vollkommenheit zu verehren? Die frommen Männer des Alterthums fürchteten von dieser Erkenntniß geschieden zu werden, und das machte ihnen den Tod bitterer als alles, uns aber laßt auf Jesum den auferstandenen sehen, so werden uns statt dessen die schönsten Erwartungen aufblühen; er ist aufgestiegen zu seinem Vater und zu unserm Vater, und er will, daß wir auch da sein sollen wo er ist; er wird, wie uns Paulus in den Worten, welche vor unserm Text vorhergehn, versichert, über das Reich herrschen, welches er sich gestiftet hat; da wird, wie jener Prophet des alten Bundes sich ausdrükkt, da wird keiner den andern fragen, Erkennest du den Herrn? sondern sie werden alle von Gott gelehret sein; da kann es uns nicht an einer noch höhern und vortrefflichern Erkenntniß und Gemeinschaft mit Gott fehlen, als diejenige ist, deren wir hier fähig sind; und wer alle die schönen Verheißungen, welche der auferstandene in dieser Rükksicht seinen Jüngern gab, vor seiner Seele vorüber gehn läßt, von dem muß jene leere Furcht bis auf die lezte Spur entweichen;

So natürlich dem Menschen, welchem es schwer wird seine Seele auch nur in Gedanken von dem Körper zu trennen, so natürlich es diesem ist, sie sich nach dieser Trennung als ein unthätiges Wesen zu denken, das unstät herumirrt und zu suchen scheint was sie verloren hat: so nichtig erscheint uns auch diese trübe Vorstellung. Christus hatte schon während seines Lebens auf Erden einen hohen und edlen Wirkungskreis; aber wie verschwindet er, wenn er mit dem verglichen wird, in welchen er nach seiner Auferstehung versezt wurde. Wie tief scheint derjenige, der elend auf Erden lebte, dem Heil der sterblichen diente und in seinem Bestreben gutes zu wirken so oft von der Bosheit der Menschen verhindert wurde, unter dem zu sein, der zur Rechten Gottes über alle Himmel erhaben seine erlösten beherrscht? Wir, die wir zu der Zahl derselben gehören, dürfen uns zwar dem göttlichen nicht gleich machen, aber uns doch mit ihm vergleichen, denn wir haben die Verheißung von ihm, Wenn ich erhöht werde von der Erde, will ich sie alle nach mir ziehn *), und wenn auch bei uns die Nacht des Grabes länger währen sollte als bei dem Sohn Gottes, der die Verwesung nicht sehn durfte, o so ist wol der erhöhte Zustand, der auch uns erwartet, der Mühe werth, mit Geduld sich den Fügungen Gottes zu überlassen, bis der lezte Feind unserer Ruhe und Glükkseligkeit gänzlich aufgehoben sei.

Der Tod trennt uns, das ist wahr, von einem Werkzeug, das unserm Geist bisher nothwendig war; es ist sogar natürlich, daß sich der Mensch über die Zukunft plagt, weil er nicht sieht, was der Allmächtige nun für Mittel haben könne ihn thätig zu machen, wenn dieser Körper ein Raub der Verwesung geworden ist; aber auch das soll uns den Tod nicht fürchten machen. Laßt uns aufsehn auf Jesum den auferstandenen, dieser Anblikk läßt uns über das Bedürfniß unseres Körpers triumphiren; er war nicht ein Geist, der nicht Fleisch und Bein hat, wie der zweifelnde Thomas meinte, er stand da in dem Glanz eines ver-

*) Joh. 12, 32.

klärten Körpers! Und war dieser Körper ihm fremd? augenblikklich war seine Seele mit demselben vertraut, und er war seiner vorigen Gestalt so ähnlich, daß keiner seiner Freunde ihn leicht verkannte. So werden auch wir einst dastehn, Theilhaber seines Triumphs; auch unserer Seele wird es nicht an einem Werkzeuge fehlen, das sie eben so leicht handhaben könnte als diese Zusammensezung von Erde. Der menschliche Geist wird in ein verwesliches Korn gesäet, in eine Hülle von Erde wird er auf diese Welt geworfen, um im Schatten derselben fern von dem Licht der Unsterblichkeit zu keimen, die Hülle erstirbt unter den ersten Bemühungen der Seele; aber wenn diese die Erde durchbricht und an den Tag der Ewigkeit kommt, dann hat sie Werkzeuge, die der bessern Schöpfung werth sind, worin sie nun prangen soll.

Aber schrekkt uns ein neuer Gedanke des Todes? wird dieser neue Körper nicht ebenfalls der Zerstörung unterworfen sein, ach, und wie oft wird denn die unglükkliche Seele von ihrer Wohnung getrennt, wie oft muß sie den Freund verlassen, den sie sich eben erst gebildet hat? Mit nichten, auch das widerlegt uns die Auferstehung Jesu. Der Körper, den seine Jünger an ihm sahen, war keiner Zerstörung fähig, denn es war eben der, womit er zur Rechten Gottes hinaufstieg, und wenn wir Bedenken tragen sollten das auf uns anzuwenden, so versichert uns Paulus ausdrükklich, daß der lezte Feind des Menschen, der Tod, nicht nur besiegt werde, so daß er uns zwar nicht in seiner Gewalt behalte, aber doch seinen Anfall immer erneuern könne . . . . . *) (sondern daß er aufgehoben werde)

*) Zusaz des Herausgeb.

(Schluß fehlt.)

VIII.

Was für Gefühle dem Menschen zu seiner christlichen Besserung am förderlichsten sind.

Ueber Phil. 2, 12.

Anb. 3. Die menschliche Seele ist so beschaffen, daß sie Regeln ihres Verhaltens ausdenken und einsehen kann, daß aber dennoch die deutlichste Vorstellung derselben gewöhnlich weit weniger auf ihre Handlungen wirkt als die Empfindungen, welche einen weit stärkeren Eindrukk zu machen pflegen: und nach diesem Gesez richten sich auch die Menschen in den meisten Fällen; auf die Weise sucht jeder bei sich selbst und bei andern die Denkungsart hervorzubringen, welche ihm die beste zu sein scheint; wenn wir uns selbst mit Sorgfalt und Sicherheit auf dem Wege der Tugend führen wollen, so müssen wir machen, daß wir fürs gute empfinden; wenn es für uns andere theure Seelen giebt, deren Wohl uns am Herzen liegt, die wir so gern als gute Menschen und Christen ohne Anstoß wandeln sähen, die wir gern der ganzen Welt als der herrlichen Religion Jesu würdig und gemäß darstellten, o so ist das das wenigste, daß wir ihnen ihre Pflichten vorzählen und sie immer an die Gebote der Religion erinnern, wir müssen uns vielmehr bemühen ihr Herz zu den Empfindungen zu stimmen, welche die Kraftlosigkeit kalter Vorschriften in allen Stükken zu unterstüzen fähig sind. Aber die Sache ist schwer; nicht jeder gute Gedanke, der wol einmal unsere Seele erhebt oder eine gute Handlung hervorbringt, giebt deswegen eine solche Empfindung, welche wir zu diesem Endzwekk suchen; es muß eine Empfindung sein, die gar nicht von uns weicht, die mit allen unsern Pflichten genau zusammenhängt, und wie schwer wird es sein, das bei uns selbst, wie noch weit schwerer, es für andere zu bestimmen, — und daher hat man auch oft einen sehr falschen Weg dabei betreten.

Auf der einen Seite sucht man die Menschen oft durch eine ängstliche Furcht auf dem Wege ihrer Pflichten zu erhalten; man hört nicht auf ihnen den Zorn Gottes gegen die Sünde und die schrekkliche Strafe, welche der gerechte Richter dereinst über sie verhängen werde, mit den lebhaftesten Farben zu schildern; man macht den betäubenden Schrekken vor der Strafgerechtigkeit Gottes zu dem Hauptpunkt, von welchem der Abscheu des Menschen vor dem bösen ausgehn müsse. Allein, wenn dieser Gedanke Gewohnheit wird, wenn man ihn oft hört und auch wirklich dabei die Absicht hat ihn der Seele recht tief einzuprägen: so verliert er dennoch immer mehr von dem starken Eindrukk, den er ursprünglich zu machen scheint, und auch diejenigen, die er am meisten schrekken sollte, lernen bald davon mit einer Gleichgültigkeit reden, mit der man gegen alle alltäglichen Dinge erfüllt wird. Wenn aber auch diese Vorstellung ihre erste Stärke behalten könnte, so ist doch gewiß das böse, wovon uns die Furcht abhält, und das gute, was uns der Schrekk abdringt, keiner wahren Besserung und keiner Liebe zu unsern Pflichten zuzuschreiben.

Auf der andern Seite hat man die übeln Folgen dieses Verfahrens eingesehn und geglaubt, daß es der Schrift gemäßer sei, diejenigen, welche sie selbst Kinder Gottes nennt, immer auf die Liebe ihres gnädigen Vaters hinzuweisen; man wollte die

Menschen lehren die Gnade und Versöhnlichkeit Gottes liebzugewinnen und sich durch diese dem Herzen so wohlthuenden Gedanken zu allem, was demselben am gemäßesten ist, bewegen zu lassen; aber das ist der Mensch noch mehr mißzuverstehn und zu mißbrauchen geneigt, es gehört schon eine entschiedene Liebe zum guten und ein feines Gefühl dazu, um dadurch zu einer anhaltenden Uebung der Tugend getrieben zu werden, und gerade diejenigen, deren Leichtsinn oder Unachtsamkeit sie am guten hindert, werden nichts dadurch gewinnen; immer geneigt ihre Fehler zu entschuldigen, werden sie darin noch mehr bestärkt durch den Gedanken an einen Gott, dessen Natur es schon so mit sich bringe, daß er sie mit unerschöpflicher Geduld immerfort ertrage und mit unendlicher Langmuth ihre Fehler übersehe, und so ist jeder andere, als der gute, immer geschikkt, diesen Betrachtungen eine solche Wendung zu geben, daß er dabei ruhig in seinem gewöhnlichen Gange bleiben kann.

Wenn also beides, sowol der Gedanke an die vergeltende Gerechtigkeit als an die langmüthige Liebe Gottes, zwar von guten Gemüthern auf eine herrliche des Christenthums würdige Art benuzt werden kann, aber doch eigentlich für sich nicht die Empfindungen enthält, welche jeden Christen bei seinem Bestreben nach der Heiligung immer begleiten und ihm immer zur Seite sein müssen, wenn es dennoch für einen jeden, der seine Pflichten erfüllen will und dabei einsieht, daß die Erkenntniß derselben allein ihre Erfüllung nicht mit sich bringt, nothwendig ist, dergleichen Empfindungen in sich hervorzubringen und zu erhalten: wie werden sie denn beschaffen sein und wo werden wir sie suchen müssen? Zur Beantwortung dieser wichtigen Frage werden wir die gegenwärtige Stunde anzuwenden suchen.

Text. Phil. 2, 12.

Schaffet daß ihr selig werdet mit Furcht und mit Zittern.

Diese Worte enthalten die Anweisung des Apostels Paulus über die Frage, welche wir eben aufgeworfen haben, also eines Mannes, der es sicherlich wußte, was für Gefühle dem Menschen zu seiner christlichen Besserung am beförderlichsten wären. Laßt uns also bei derselben stehn bleiben und erstlich sehn, was für Empfindungen Paulus hier eigentlich ausdrükkt, und zweitens sehn, wie sie in aller Rükksicht auf uns zu wirken im Stande sind.

I.

Paulus ermahnt uns in den Worten unseres Textes auf das Heil unserer Seele immer bedacht zu sein mit Furcht und Zittern und schreibt uns also Empfindungen vor, welche uns bei allen Handlungen, die irgend einen Bezug auf unser wahres Wohl haben, leiten und regieren sollen. Was sind das nun für Empfindungen? Da bemerken wir gleich, daß das nicht die Furcht ist, von der in der vorhin erwähnten Denkungsart die Rede war; Paulus sagt uns nicht, daß wir vor Gott zittern sollen, überhaupt sagt er uns gar nicht, worauf sich diese Furcht bezieht, und eben das zeigt uns an, daß wir den Gegenstand derselben nicht weit zu suchen haben. — Ach, m. th. vor uns selbst sollen wir uns fürchten, vor uns selbst sollen wir zittern! und wo hätte wol auch der Mensch einen ärgeren Feind seiner Seligkeit als sein eigenes Herz? Das ist das Gefühl, von dem wir überall durchdrungen sein sollen, ein lebhaftes nur allzu wohl gegründetes Mißtrauen in uns selbst. Das drükkt Paulus durch zwei bildliche aber sehr wohlgewählte Ausdrükke aus, wir sollen uns fürchten und wir sollen zittern, und wir werden gleich sehn, was er mit einem jeden derselben gemeint hat.

Die Furcht bezieht sich immer auf etwas unangenehmes und schädliches, das wir von außen auf uns eindringen sehen, und diese Empfindung überhaupt ist unter den Menschen eben in keinem guten Ruf; allein es giebt eine wahre und eine falsche Furcht; nur diese, nur die Furcht vor dem, was wir nicht kennen, und was gar nicht von uns abhängt, nur die Furcht in dem Augenblikk, wo es auf Thätigkeit und Widerstand ankommt, ist eine zwekkwidrige unnüze und also den Menschen erniedrigende Empfindung; die wahre Furcht hingegen, die vor der Gefahr vorhergeht, die uns aufmerksam auf dieselbe macht, die uns mit nüzlicher Geschäftigkeit alles Uebel zeigt, was daraus entstehn könnte: diese ist eine Frucht der Weisheit, deren sich kein Mensch zu schämen hat, und so ist es auch mit dieser Furcht vor uns selbst. Die sittlichen Handlungen des Menschen werden meistens von außen veranlaßt, von außen wird er immer in solche Lagen gesezt, wo seine Urtheilskraft versucht, seine Kräfte aufgefodert, seine Leidenschaften gereizt werden, und alle diese Dinge sezen uns in Gefahr zu irren und von unsern Pflichten abzuweichen, alle Kräfte, welche auf uns wirken, scheinen im Bündniß zu sein uns zu verführen. Dennoch gehn die meisten in diesem Leben, ob es gleich für die Seele ein beständiger Schauplaz innerlicher und äußerlicher Kriege, ein Weg voller Noth und Gefahr ist, so sorglos einher, als ob sie von alle dem nichts treffen könne; da sollen wir uns im Gegentheil immer fürchten, überall die Gefahr voraussehn, sie bei jedem Schritt, welchen wir wagen, vermuthen, von jedem mit sorgsamer Bedenklichkeit die möglichen Folgen erwägen, die er auf unsere Seele haben kann, und uns niemals auf die Maaßregeln verlassen, die wir in dem entscheidenden Augenblikk selbst ergreifen werden. Wenn unser Verstand irgend eine Bedenklichkeit hat, was in einem Fall recht und gut sei, so sind wir geneigt einen blinden Entschluß zu fassen, von dem wir uns keinen Grund anzugeben wissen; da lasse sich niemand, der seine Seligkeit schaffen will, bethören, da müssen wir uns fürchten mißleitet zu werden und unsere richtigen Begriffe zu verlieren. Wenn sich uns ein neues Feld der Thätigkeit öffnet, wenn sich uns eine Handlung darstellt, die wir wol zu thun wünschten, so greift unser ungestümer Geist gleich zu, welcher überall seine Kraft äußern und wirksam sein will, wie nöthig wird uns da, statt ihm übereilt nachzugeben, die Furcht sein, die uns Paulus anräth, wie nöthig, daß wir mit weisem Mißtrauen jede Unternehmung prüfen, jede Handlung erwägen, die wir vorhaben. Wenn nun gar unsere Sinne durch Bilder des Vergnügens und der Annehmlichkeit gereizt werden, o so laßt uns nicht auf die allzu rasche Stimme hören, welche uns zuruft, daß da gar keine Gefahr zu besorgen sei, daß auf dieser anmuthigen Straße alles sicher sei, und wir getrost unseres Weges ziehen können; wer sich da nicht fürchtet, wer nicht jede Freude des Lebens von allen Seiten betrachtet, ehe er sich ihr anvertraut, wer nicht auch nach der besten Prüfung alle Waffen des Geistes anlegt, um nicht durch einen unversehenen Angriff zu fallen, o, der kommt in den unglükklichen Folgen seiner kekken Verwegenheit um.

Paulus empfiehlt uns ferner, wir sollen zittern, und dies ist abermals nicht das Zittern, welches eine hülflose Schwäche bei jeder Gelegenheit überfällt, es ist dasjenige, dessen sich auch der festeste Mann bisweilen nicht erwehren kann, wenn er sieht, was für Folgen eine kleine Bewegung haben kann, welche er nicht ganz in seiner Gewalt hat. Wenn sich die Furcht auf das bezog, was uns von außen droht, so bezieht sich diese Empfindung auf das, was gleichsam in unsern eignen Mauern vorgeht. Wenn wir von außen zu nichts angetrieben werden, so kann es nicht fehlen, unsere Seele muß für sich selbst thätig sein, und diese Thätigkeit zu lenken hängt niemals vollkommen von uns ab. Wenn unser Verstand frei ist, so überläßt er sich zwecklos den Gedanken, die sich ihm darbieten, es ist ihm nicht sowol darum zu thun sich etwas neues zu erwerben, als vielmehr sich mit dem zu beschäftigen, was er schon hat; da kann man diesen Gang der Gedanken nicht ganz nach seinem Gefallen lenken, und in dieser Stimmung nimmt man gar zu leicht etwas auf, was man sonst als Irrthum verwarf, und es kann verderbliche Folgen haben, wenn sich uns einmal ein Irrthum von einer guten Seite zeigt, da verwirrt man sich in seinen Gedanken über die Verhältnisse der Menschen, und wie leicht wird da nicht ein Same des Unkrauts gesäet, der im stillen keimt und die schöne Saat des Glaubens und des Gehorsams in Zweifeln und falschen Grundsäzen erstikkt. Wenn unsere Einbildungskraft von einem Gegenstande zum andern umherirrt, so freut man sich gewöhnlich über die lieblichen Bilder, womit sie uns unterhält; aber wer kann sie lenken, daß sie nicht eins oder das andere aufstellt, verschönert und ausmalt, was uns von unserer wahren Bestimmung abführt und uns mit Ideen erfüllt, deren geringste Folge diese ist, daß sie uns so manche unsrer Pflichten erschwert oder gleichgültig macht? Alles das sind solche Bewegungen, die oft unvermerkt und unverhindert in unserer Seele vorgehn und doch den größten Einfluß auf unser Wohl haben. Wehe dem, der sich ihnen sorglos überläßt! wehe dem, der nicht nach der Ermahnung des Apostels zittert und das wenigstens so gut als möglich beobachtet und lenkt, was er niemals ganz in seiner Gewalt hat! wehe dem, der nicht ganz mit dieser Empfindung des Mißtrauens erfüllt schon im voraus vor seinen Handlungen zittert, sondern sich von ihnen überraschen läßt!

Wer aber sein bestes aufrichtig will, der wird leicht einsehn, daß sich diese Furcht und dies Zittern nicht nur auf solche Handlungen beziehen muß, welche gleich als wichtig in die Augen fallen, sondern auch auf einen großen Theil von denen, die im menschlichen Leben als Kleinigkeiten übersehn werden; denn das ist einmal die Regierung Gottes mit der Welt und den Menschen, daß große Dinge aus kleinen Ursachen entstehn.

Wie oft geschieht es, daß ganz kleine unbedeutende Handlungen, wo wir irgend einen andern Zwekk dem was wir thun sollten vorzogen, uns durch unvermuthete Folgen und durch die Schritte, welche in solchen Fällen der erste Schritt unvermeidlich nach sich zieht, in die größte Unruhe und in die verwikkeltsten Umstände unseres Lebens stürzen? So ist die menschliche Seele, daß sie durch Kleinigkeiten am meisten verführt wird; wenn sich etwas als groß, als wichtig, als bemerkt darstellt, so nimmt sie wol ihre Besinnung zusammen und sammelt Stärke ihren Pflichten nachzukommen, aber in Kleinigkeiten ist es ihr gewöhnlich, eine Pflicht dem Vergnügen oder der Trägheit aufzuopfern; ohne zu bemerken, wie oft das geschieht, geht am Ende der gute Wille und die Kraft ihn durchzusezen verloren, und Wollen und Vollbringen wird geschwächt. Ach die ersten Schritte zum bösen sind immer so klein und doch so entscheidend, darum laßt uns nichts für klein achten, was eine Beziehung auf unsere Pflichten hat. Wenn eine Handlung gethan ist, so ist nichts mehr in unserer Gewalt, was daraus entstehn kann, darum laßt uns lieber vorher zittern, als nachher unter den Folgen derselben erliegen!

Wollte jemand denken, Paulus rede hier nur zu neuen Christen, die noch ungeübt in der moralischen Denkungsart wären; für solche aber, die schon lange an ihrer Besserung arbeiten, seien diese Empfindungen nicht mehr nöthig, die könnten sich schon ohne Furcht und Zittern auf ihre Erfahrung und ihr richtiges Gefühl verlassen: der würde sich selbst betrügen. Von dem Tage an, da der Christ sich fähig erklärt Pflichten auf sich zu nehmen und zu erfüllen, tritt er in einen Zustand des Kampfs, der nie wieder aufhört, eines immer ungleichen und immer neuen Kampfs, wo Erfahrung und Gefühl nicht hinreichen, weil das böse in uns und außer uns in verschiedenen Altern und Umständen des Lebens auch seine Angriffe in neuen Gestalten wiederholt.

II.

Wenn dies also die Empfindungen sind, die Paulus in den Worten unseres Textes allen Christen empfiehlt, so laßt uns im zweiten Theil unserer Betrachtung sehn, ob sie alles das leisten, was wir eigentlich suchten. Da bemerken wir erstlich, daß sie ganz natürlich aus den ersten Grundsäzen der Religion entstehen. Wozu m. th. alle die besondern Veranstaltungen Gottes zu unserer Erlösung und Besserung, wozu die Verheißungen seiner besondern Führung und Leitung, um derentwillen die Christen Gott mit so vorzüglicher Dankbarkeit lieben und verehren, wenn sie nicht eben um deswillen getroffen worden sind, weil sich in unserer Seele so vieles der Vollbringung des guten entgegensezt? Seitdem sich die Stärke der Sinnlichkeit in der menschlichen Seele an dem ersten Menschen, der doch mit dem vollen Gebrauch seiner Vernunft geschaffen war, so deutlich offenbarte, daß er den Geboten Gottes untreu ward, seitdem pflanzt sie sich von Geschlecht zu Geschlecht noch weit mehr auf diejenigen fort, bei denen sie von Kindheit an wächst und genährt wird, ehe noch die zarten Keime der Vernunft und der Sittlichkeit, welche in unsere Seele gesäet sind, Wurzel schlagen und aufgehn können; seitdem stimmen sie alle in die Klage des Apostels mit ein, Das gute, das ich will, das thue ich nicht, sondern das böse, das ich hasse, das thue ich *); seitdem ist das durch die Sinne verderbte Herz bei allen bereit seine vorschnellen Urtheile zu vollstrekken, ehe die Vernunft sie bestätigen oder widerrufen kann. Wer von uns also jene tröstlichen Wahrheiten der Religion mit Ueberzeugung glaubt, den müssen auch seine Gedanken auf diesen demüthigenden Grund derselben hinführen, denn das ist ja der rechte Glaube, der unsere Ueberzeugun-

*) Röm. 7, 15. 19.

gen mit Gefühl auf unsern eignen Zustand anwendet; wer an die Nothwendigkeit der Sendung Jesu glaubt, der muß ja fühlen, daß es nothwendig gewesen sei, in seinem Herzen gleichsam ein Gegengewicht anzubringen, ohne welches er immer in die Herrschaft der Sünde hinabgesunken sein würde; wer Gott dankbar für die Verheißung seines Beistandes anbetet, o der muß sich bewußt sein, daß ohne seine besondere Leitung der kleinste Umstand einen Fehltritt verursachen könne, der ihn in endlose Verirrungen stürzen und seine Befreiung wieder vergeblich machen würde; und wer das fühlt, wer im allgemeinen diesen Zustand seines Herzens kennt, wie sollte der nicht von jenem Mißtrauen gegen sich selbst durchdrungen sein, wie sollte der nicht immer auf die lebhafteste Weise besorgt sein, ob nicht alles, was er zu thun im Begriff ist, eine Frucht dieser Verkehrtheit seiner Seele sein werde?

Und daraus folgt denn auch zweitens, daß es mit ein wenig gutem Willen sehr leicht ist, diese Empfindungen, wenn man ihrer einmal fähig ist, beständig zu unterhalten. Es ist wahr, sie machen dem Herzen Mühe, sie unterhalten es in einer beständigen gespannten Aufmerksamkeit, die uns schwer zu werden pflegt, und von der wir uns gar zu gern losmachen. Aber dabei sehn wir eben einen der größten Vorzüge, welche der Christ vor demjenigen genießt, der das gute noch so aufrichtig liebt, aber ohne der Hülfsmittel, welche die Religion giebt, theilhaftig zu sein. Wenn dieser oft mehr erleuchtet als erwärmt ist, wenn er nur mit seiner Vernunft gegen sein Herz und seine Leidenschaften zu kämpfen hat: so weiß bei jenem die göttliche Religion auch den bessern Theil seines Herzens zu gewinnen und verschafft ihm eine Menge Gelegenheit, diese schweren aber erhabenen Empfindungen zu erneuern. So oft sich der wahre Christ entweder gemeinschaftlich mit andern, oder in den einsamen Ergießungen seines Herzens gegen Gott der Wohlthaten der Religion erinnert; so oft er den Bund mit seinem eignen Herzen erneuert oder ernstlich seine Pflichten überdenkt: o so muß er auch mit dieser heilsamen Furcht aufs neue erfüllt werden; so wird er davor zittern, daß Schwachheit und Unachtsamkeit ihn bei dem besten Willen übereilen könnten. So oft er des Morgens seinen Wunsch gut zu sein und sich selbst ein Genüge zu leisten vor den Thron Gottes bringt, so wird er auch fürchten, daß er nicht selbst die Erfüllung desselben verhindere, so wird er sich Mühe geben in den Tag hineinzusehn, der ihm bevorsteht, und bei sich selbst beschließen, wie er sich in allem verhalten müsse, was ihm wahrscheinlich bevorsteht. So oft er des Abends Gott Dank opfert, so muß er ja oft finden, daß nur ein Umstand, der nicht von ihm abhing, ihn von einem Fehler befreite, daß oft ein glükklicher Zusammenfluß von Umständen die gefährlichen Folgen einer unrichtigen Handlung zurükkgehalten oder gemindert habe, und das muß ja nothwendig dies Mißtrauen seiner Seele noch tiefer einprägen; kurz jede Empfindung, die der Religion ihren Ursprung verdankt, jede Stunde, die ihr geheiligt ist, führt den wohlmeinenden Liebhaber des guten auf diesen Punkt zurükk; so oft er sich im Genuß der Religion mit seinem Herzen über sich selbst erhoben hat und gleichsam über diese Sphäre hinaus entrükkt gewesen ist, o so wird er auch zitternd besorgt sein, daß er sich nicht dessen, was er da gefühlt hat, was er dabei wirklich gewesen ist, wieder unwürdig machen möge, da wird jede Kleinigkeit diese ängstliche Furcht bei ihm wekken!

Und wenn dies Mißtrauen so die Oberhand gewinnt, so kann es nicht anders als zu der Besserung eines jeden wirksam sein. Es ist keiner Mißdeutung, keinem Mißverstand unterworfen, es läßt sich nicht wie so manche andere Gefühle, deren sich die Menschen rühmen ohne dadurch gebessert zu werden, nach den Absichten eines jeden und nach den heimlichen Neigungen des Herzens deuteln, es ist ein scharfer Wächter, der nicht abläßt, wenn man sich ihn einmal gesezt hat, dessen Augen sich kein Theil unserer Denkungsart und unserer Handlungen entziehn kann, und der gerade die kleinen unverwahrten Stellen am genauesten betrachtet, durch welche am ersten ein Feind unserer Ruhe sich bei uns einschleichen könnte; es hat freilich das hohe Ansehn nicht wie manche andere Empfindung, die geradezu darauf ausgeht den Menschen zu großen und erhabenen Handlungen zu treiben, aber eben deswegen ist es gerade das, was am wesentlichsten seine wahre Besserung betreiben kann. Der Mensch, der durch eine übermäßige Spannung sich von einer Seite zu großen Handlungen erhebt, ohne daß sein Charakter zu dieser Höhe gestimmt ist, und also auf der andern Seite zu eben so großen Fehlern herabsinkt, der kann wol blenden und Bewunderung erwekken, aber die wahre sittliche Vollkommenheit, nach der der Mensch streben soll, wird er niemals erlangen; derjenige aber, der, von dem bescheidenern Gefühl nur das unrechte zu vermeiden geleitet, nach und nach kleinen Fehlern auszuweichen lernt, bei dem schärft sich sein Gefühl für das rechte und unrechte; bald scheint ihm auch das unrecht, was bloß weniger groß und edel; Einsicht und Handlung geht bei ihm gleichen Schritt, denn je mehr er auf kleine Handlungen und kleine Umstände Acht giebt, desto mehr lernt er auch, wie in einzelnen Fällen durch veränderte Umstände Pflichten und Verbindlichkeiten geändert werden, und dieses mühsame und gleichförmige Steigen und Klimmen, nicht jenes kühne Fliegen ist das Loos, was dem Menschen auf Erden angemessen ist.

Wenn endlich dies Gefühl ursprünglich aus der Ueberzeugung entspringt, daß es im Grunde nothwendig sei alle seine Pflichten auf jede Bedingung zu erfüllen, so vermehrt es auch wieder die Liebe zu denselben. Der Mensch, der einen Werth auf seine Geschäftigkeit sezt, hängt immer sein Herz an das, was ihm Mühe und Fleiß gekostet hat; wenn ihn nun diese Empfindung zu so mancher Aufopferung um seiner Pflicht willen bewogen hat, wenn sie ihm so manches geraubt hat, was ihm wol angenehm gewesen wäre: was sollte ihm wol theurer sein, woran sollte er mit mehr Festigkeit hangen als an dem, was er zum einzigen Gegenstand seines Nachdenkens, seiner Betrachtung, seiner Geschäftigkeit gemacht hat?

Das m. Fr. sind die schönen Früchte von Empfindungen, die wir anfänglich gewiß mit einer Art von Widerwillen betrachtet, die aber doch uns allen so unumgänglich nothwendig sind . .

(Schlussfaz fehlt.)

IX.

Worin die Pflichten des Christen in Absicht auf die Berichtigung seiner Religions-erkenntnisse bestehn.

Ueber 1 Thess. 5, 21.

Und. Fr. Es ist wol eine sehr nothwendige und lobenswerthe Einrichtung, daß junge Christen, sobald ihr Verstand anfängt zu reifen, einen Unterricht über die Gründe und den Zusammenhang aller Lehren der Religion erhalten; aber so sorgfältig und gründlich er auch sein mag, so reicht er doch nicht hin die Kenntniß hervorzubringen, welche jedem Christen nothwendig ist. Durch die mancherlei Bewegungen und Fortschritte des menschlichen Geistes geschieht es, daß das Christenthum immer mehr von alten Mißbräuchen und Irrthümern gereinigt wird, und manche Wahrheiten von einer neuen Seite angesehn und beleuchtet werden; aber eben so ist es um der menschlichen Schwachheit willen unvermeidlich, daß nicht auch von Zeit zu Zeit neue Irrthümer ausgedacht und verbreitet werden, und da alles Glükk, dessen wir durch die Religion in diesem und in jenem Leben theilhaftig werden können, nur in den festen Entschließungen, in den erhadenen Empfindungen besteht, welche durch Erkenntniß ihrer heiligen Wahrheiten, durch Verwerfung schädlicher Irrthümer in unserer Seele hervorgebracht werden: so ist es ja einem jeden Christen, der ein Gefühl für die Erhöhung dieses Glükks hat, nothwendig, neue Wahrheiten und neue Irrthümer kennen zu lernen, jene mit seinen übrigen Kenntnissen zu vereinigen und gegen diese sich mit neuen Gründen zu verwahren. Und so muß also ein Christ sich nicht mit seiner ersten Erkenntniß begnügen, sondern er muß trachten, daß er sie immer mehr reinige, daß er immer mehr darin wachse und zunehme, er muß erweitertes Nachdenken über seine göttliche Religion für eine seiner heiligsten Pflichten halten.

Aber so sehr sich diese Verbindlichkeit einem jeden aufdringt, so stehn ihr doch so große Schwierigkeiten entgegen, daß die Erfüllung derselben dem größten Theil der Menschen unmöglich zu sein scheint. Wie viele Menschen giebt es nicht, denen die Sorge für ihr Leben, der mühsame Fleiß, den sie auf ihre Erhaltung wenden müssen, und die Erfüllung thätiger Pflichten alle Zeit ihres Erdenlebens hinwegnimmt; wie viele andere giebt es nicht, von denen es scheint, daß ihr Verstand für alle solche Untersuchungen, wenn es ihnen auch an Muße dazu nicht fehlen sollte, viel zu eingeschränkt sei, daß sie dadurch nur in ärgere Verwirrungen und Irrthümer gerathen würden, und welche weit sicherer zu gehen scheinen, wenn sie entweder einfältig bei dem blieben, was sie von Kindheit an gelehrt worden, oder sich der Leitung anderer überließen.

Bei allen diesen Gründen aber fühlen wir dennoch das Bewußtsein dieser allgemeinen Verbindlichkeit in uns nicht entkräftet, wir fühlen es zu tief, daß jeder Mensch, der durch Erkenntniß der Wahrheit glükklich sein kann und will, auch mancherlei Pflichten eben in Rükksicht auf diese Wahrheit habe, und daß er sie in eben dem Grade müsse erfüllen können, in welchem er jenes Glükkes fähig ist. Wo wir einen solchen Streit finden zwischen dem was wir sollen und dem was wir können, da muß nothwendig ein Mißverstand über das eine oder über das andere zum Grunde liegen, und so müssen wir auch hier diesen Streit zwischen unsern Verbindlichkeiten und unserer eingeschränkten Lage in der Welt dadurch zu schlichten suchen, daß wir uns jene Pflichten recht deutlich machen und sie recht genau bestimmen

Text. 1 Thess. 5, 21.

Prüfet alles und das gute behaltet.

Diese Worte finden wir unter einigen andern wichtigen Ermahnungen, welche Paulus einer ihm sehr theuern Gemeine am Schluß seines Briefes ertheilt. Schon in jenen ersten Zeiten des Christenthums gab es vielerlei Meinungen über das, was in Absicht auf manche Lehren der Religion wahr oder falsch sei; es waren auch wol in Thessalonich viele Christen, welche der Pflicht überhoben zu sein glaubten, das weitläuftig zu untersuchen, und diesen vornämlich gelten die Worte des Apostels, worin er ihnen jene Pflichten in Absicht ihrer Erkenntniß auf eine sehr kurze aber sehr bestimmte Weise zu Gemüthe führt. Laßt uns nach Anleitung derselben sehn, worin diese Pflichten des Christen in Absicht auf die Berichtigung seiner Religionserkenntnisse bestehn. In unserm Text finden wir erstlich die Verbindlichkeit zu einer emsigen und unparteiischen Untersuchung der Wahrheit (wir sollen alles prüfen), und zweitens zu einem willigen Gehorsam gegen dieselbe (wir sollen das gute behalten), und dies laßt uns in gegenwärtiger Stunde kürzlich erwägen.

Der Herr, dessen Wort Wahrheit ist, leite uns auch hiebei in alle Wahrheit! Amen.

I.

Wenn der Apostel sagt, Prüfet alles, so ist das nicht in dem ausgedehnten Verstande zu nehmen, worin sich der Ausdruck auf den ersten Anblikk darstellt. Er schrieb an eine besondere Gemeine von Christen und versteht unter diesem alles natürlicherweise auch nur das, was ihr alles war, nur die Wahrheiten oder Meinungen, Bedenklichkeiten oder Zweifel, welche ihr bekannt wurden, und woran sie ein Interesse nehmen konnte oder nehmen mußte, und nur auf diese Weise können auch wir seine Vorschrift auf uns anwenden. Das ganze Gebäude der christlichen Lehre ist zu einem solchen Umfang gediehen, daß es jezt nur für wenige Menschen möglich ist, mit demselben und allem was innerhalb desselben vorgeht so ganz bekannt zu sein; sollte aber deswegen die weit größere Anzahl der übrigen ihre Erkenntniß allein von diesen wenigen hernehmen? Jeder Mensch und noch mehr jeder Christ muß fühlen, daß eine geringe Anzahl von Wahrheiten, die man sich selbst erworben, weit glükklicher macht und weit mehr Einfluß auf Gesinnung und Handlung hat, als eine weit größere Anzahl von solchen, welche nur erlernt worden sind; jeder hat in Absicht auf Erkenntniß seine Fähigkeiten und seine Bedürfnisse, und sein alles ist der ganze Umkreis dessen, was er prüfen muß, und was er prüfen kann. Nach dieser Regel ist es eine unnachlaßliche Pflicht für einen jeden von uns, nach der möglichsten Gewißheit und Richtigkeit in allen den streitigen Wahrheiten zu streben, von denen wir sehn, daß jede Art sie zu entscheiden unserer Art zu handeln und zu empfinden eine andere Richtung geben und also auf unsere Tugend und Glükkseligkeit irgend einen merklichen Einfluß haben könnte; da ist es nicht möglich aus Trägheit oder Nachlässigkeit bei dem sich zu beruhigen, was man in der Kindheit gehört hat; da fühlt sich jeder Tugendliebende schon von selbst gedrungen alles mögliche zu thun, alle Kräfte anzuwenden, um recht auf den Grund der Wahrheit zu kommen und des richtigern besseren Weges nicht zu verfehlen.

Aber solche Lehren von auffallender Wichtigkeit sind es nicht allein, welche wir untersuchen müssen; das ist unsere Pflicht bei allen Meinungen über die Religion, welche um uns her mehr oder weniger herrschend sind. Es giebt wol wenige Gegenden, wo nicht in einem kleinen Umkreis mehrere Gesellschaften oder wenigstens einzelne Menschen vorhanden sein sollten, welche über irgend einen Theil der Religion ihre eigene Meinung haben und sie auch andern annehmlich zu machen suchen, und da ist es die Pflicht jedes vernünftigen Christen zu hören und zu prüfen, was sie sagen. Wenn derjenige uns eine Probe seines Wohlmeinens giebt, der sich gedrungen fühlt uns das vorzulegen, was er als Wahrheit erkannt hat, der uns gleichsam einladet den Schaz mit zu genießen, den er gefunden zu haben glaubt: o so wäre es stolz und lieblos, ihn verächtlich oder gleichgültig zu überhören, vielmehr müssen wir Acht haben, ob das, worüber er anderes Sinnes ist, zu unserer Besserung und Ruhe beitragen könne, und in diesem Fall muß es so gut als nur möglich untersucht werden. So haben also diese Pflichten für einen jeden keinen größern Umfang, als den seine Verhältnisse mit sich bringen, sie dehnen sich bei jedem nur so weit aus, als die Sorge für seine eigene Besserung und die ersten Pflichten für seinen nächsten es erheischen, und es fragt sich nur noch, wie wir bei denselben zu Werke gehn müssen?

Es sind uns dazu zwei Mittel angewiesen, die ein jeder Christ in seiner Gewalt hat, Vernunft und Schrift.

Laß sein, daß sich die menschliche Vernunft oft verirrt hat, daß sie oft bei dem reinsten Bestreben nach Wahrheit auf nichts als Irrthümer gestoßen ist, es schadet uns nichts; laß sein, daß es bisweilen schwer ist sich aus den Labyrinthen herauszufinden, in welche sie uns verwikkelt, es schadet uns nichts; denn Gott sei Dank! es ist nicht diese erkünstelte nur wenigen Menschen erreichbare Vernunft, welche wir bei Ueberlegungen über die erhabenen Angelegenheiten der Religion und der Ewigkeit gebrauchen, es ist nur der gerade unverfälschte Sinn, die leichte Entscheidung dessen, was mit ganz erkannten Wahrheiten übereinstimmt oder ihnen widerspricht, und dieser Sinn ist tief in die Seele eines jeden Menschen gelegt, er kann nur durch Trägheit verloren gehen, nur durch Muthwillen verdorben werden.

Noch weit mehr aber ziemt es einem jeden Christen, wo etwas, was seine heilige Religion angeht oder seinem bisherigen Glauben zuwider ist, ihm der Untersuchung werth scheint, zu forschen in der Schrift, ob sichs auch also verhält. Diejenigen, welche uns neue oder besondere Wahrheiten der Religion ankündigen, ermangeln nicht sie mit Aussprüchen jenes heiligen Zeugnisses von Gott zu bestätigen, aber wie oft werden nicht Worte der Schrift gemißbraucht und mißverstanden! Wohl also dem, der das Buch der Religion immer mit ehrfurchtsvoller Aufmerksamkeit betrachtet hat, es wird ihm nicht schwer sein die Entscheidungen desselben zu fassen! Wohl dem, der mit dem Geist der Schrift angethan den Werth und den Sinn der Aussprüche jener heiligen Männer versteht! Weder Unglaube noch Schwärmerei, weder Spott noch Verführung werden ihn irre machen. Ach, suche in der Schrift wer nach Wahrheit begierig ist, sie ist es, die von der Lehre Jesu und von dem Willen Gottes zur Seligkeit Zeugniß giebt!

Aber leider auch in diesem wichtigsten unter allen Geschäften des Menschen, in dem Suchen nach Wahrheit und Licht, hört er nicht auf sich selbst bald wissend bald unwissend zu täuschen. Woher sollte es sonst kommen, daß so viele, die wirklich zu prüfen scheinen, was sie für wahr halten sollen, dennoch in den Irrthum hingerissen werden? Aber der Mensch geht selten unparteiisch zu Werke, man nimmt im voraus seine Partie, und das, was man hernach Prüfung nennt, ist nur ein Mittel dies Verfahren vor sich selbst zu rechtfertigen, ein Bestreben Gründe für das, was man angenommen, gegen das, was man verworfen hat, aufzufinden. Die Menschen gleichen jenem Nathanael in der Schrift, aber nur in dem ersten, nicht in dem bessern Theil seines Betragens; sie sagen wie er, Was kann aus Nazareth gutes kommen, aber sie sind nicht so folgsam wie er, wenn man ihnen zuruft, Komm und siehe *). Daher kommt es, daß sich die Menschen, wenn sie eine neue Wahrheit hören, immer erst nach den Umständen erkundigen, unter denen sie hervorgegangen ist. Aber wer noch irgend einem Vorurtheil dieser Art unterworfen ist, wer noch sein vorläufiges Urtheil über eine Wahrheit nach ihrem Vaterland oder nach ihrem Alter oder nach der Anzahl derjenigen die ihr anhangen einrichtet: der täusche sich doch ja nicht mit dem Wahn, als ob er gesonnen sei sie recht zu prüfen. An allen Orten, in allen Ländern der Welt giebt es Wahrheit und Irrthum, alle Jahrhunderte und alle Zeitalter haben beides in einer steten Mischung hervorgebracht, große und kleine Gesellschaften können Wahrheit so gut als Irrthum hegen, ja sogar der gute kann irren, und der böse kann einen Zugang zur Wahrheit gefunden haben, welche deswegen nicht weniger Wahrheit bleibt, wenn er sie auch zu den verkehrten Absichten seines Herzens gebraucht.

Noch weit mehr aber täuscht man sich, wenn man den Einfluß im voraus in Anschlag bringt, den das, was man als Wahrheit finden könnte, auf uns haben würde. Man scheut sich vor dem Kampf, vor der Gährung, in die uns eine Veränderung unserer Meinung auf eine Zeit lang bringen würde, und diese Trägheit etwas für die Wahrheit zu thun ist desto gefährlicher, da sie um so größer ist, je mehr der Irrthum schon in den Zusammenhang unserer Begriffe verwebt ist. Noch häufiger und noch übler ist ein anderer Fall. Nur richtige Einsichten können uns auf eine wahre und dauerhafte Weise gut machen, weil wir uns nur nach diesen in allen Fällen ohne Widerspruch mit uns selbst richten, und so sollte man also die Frage, Wird mich das besser machen? dadurch beantworten, daß

*) Joh. 1, 46.

man untersuchte, Ist das auch wahr? Statt dessen giebt es viele sehr gut meinende die Tugend liebende Menschen, welche umgekehrt die Frage, Ist das auch wahr was ich glaube? danach beantworten, daß sie ihr Gefühl fragen, Macht mich das besser? und wie leicht täuscht man sich nicht dabei! wie leicht legt man nicht guten Handlungen und Entschließungen in einem Augenblikk der Wärme Bewegungsgründe unter, welche sie gar nicht verursacht haben! Wenn das Herz warm für die Tugend ist, so wird man den Irrthum nicht gewahr, der sich hinter manchen richtigen Gedanken der Seele verbirgt; aber deswegen ist er nicht weniger gefährlich, deswegen ist man nicht sicher vor seinen üblen Einflüssen. Nur richtige Einsichten können den Menschen dauerhaft glükklich machen, und eben deswegen sollte man, wenn man seine Ruhe liebt, alle Gedanken mit der größten Unparteilichkeit prüfen, die einigen Einfluß auf unser Leben haben können. Aber leider bestimmt dieser Einfluß bei den meisten Menschen im voraus ihre Gedanken über die Wahrheit ihrer Meinung. Wenn die Einbildungskraft mit dem Menschen spielt, so glaubt er, daß diese oder jene Meinung ihn glükklich macht, und er glaubt, daß das ihm nicht schädlich sein könne, was seine wahre oder vermeinte Freude vermehrt. Aber wie verkehrt ist dies Verfahren! wie trügerisch, mit wie viel Furcht und Kummer untermischt ist jede Freude, von der man nicht mit Gewißheit sagen kann, daß sie durch die Wahrheit geheiligt sei! So muß man, wenn man die Wahrheit liebt und sucht, sie von allem entkleiden, was um sie her ist; man muß sie ohne alle Rükksicht auf irgend andere Dinge so ansehn und prüfen, wie sie an sich selbst ist; man muß nur in ihr und nur durch sie seine Glükkseligkeit und seine Freude suchen.

So sind also auch diese Pflichten so beschaffen, daß sie ein jeder selbst lösen kann, es gehört nur so viel Vernunft dazu, als jeder Mensch auf die gewöhnlichsten Angelegenheiten seines Lebens wendet; nur so viel Sinn für die Schrift wie jeder Mensch erlangen kann, nur Redlichkeit gegen sich selbst, die eines jeden Pflicht ist. Und dann sind alle Schwierigkeiten dagegen nur solche, die man sich selbst macht. Sollte aber doch mancher zu großes Mißtrauen in sich selbst sezen, o so hat ja Gott dazu den Menschen gesellig gemacht, daß einer durch die Vorzüge des andern gewinnen soll, ohne daß er deswegen selbst aufhört zu handeln; warum macht man sich das nicht bei der wichtigsten Angelegenheit des Menschen zu Nuz, warum sucht man so wenig durch Rath und wechselseitige Mittheilung in den Wahrheiten zuzunehmen, welche zum Leben führen?

Wenn wir aber auf diese feste und redliche Art die Pflicht der Prüfung erfüllt haben, so ist uns noch übrig die zweite Ermahnung des Apostels zu erfüllen, Behaltet das gute.

II.

Man sollte denken, die Macht der Wahrheit sei so allgemein und in der Natur der menschlichen Seele so gegründet, daß sich niemand enthalten könne, so oft er etwas als Wahrheit erkannt habe, es auch als ein unverlezliches Heiligthum hochzuachten und in seine ganze Denk- und Handlungsweise zu verweben; aber auch dieser gerechten Herrschaft entzieht sich der Mensch nur allzu oft. Wenn man sich einen alten Irrthum benommen, wenn man eine beträchtliche Veränderung in dem Zusammenhang seiner Einsicht gemacht hat: so ist man in einem zerstörten Zustand, der das menschliche Herz demüthigt, man ist sich selbst fremd, und da kann man nicht genug auf jeden Schritt Acht haben, den man thut, um nicht auf einen oder den andern Abweg zu gerathen. Sieht der Mensch, daß er durch alles Prüfen und Forschen nur in eine so unbehagliche Lage gekommen ist; bedenkt er, wie er bei aller Liebe zur Wahrheit, bei aller Treue gegen seine erworbene Kenntniß doch so lange unwissend einen Irrthum genährt hat, betrachtet er alle Mühe, die es ihm gekostet hat sich von demselben loszureißen, alle Bedenklichkeiten, die der eingeschränkte Verstand so lange Zeit nicht zu überwinden vermochte: so wird er gegen sich selbst und alle seine Bemühungen mißtrauisch, der Gedanke, daß er vielleicht mit aller seiner Mühe nur einen neuen Irrthum sich erkauft haben könne, der ihm bald eben so verwerflich werde, schrekkt ihn ab, und statt die Früchte dessen zu genießen, was er gethan hat, sieht er alles als unnüz und vergeblich an und bleibt ermattet und schwankt zwischen lauter traurigen Gedanken umher. Wenn man sich diesem trostlosen Hange überläßt, so artet er am Ende in einen völligen Ueberdruß aus, man wird gleichgültig gegen Wahrheit und Irrthum und beraubt sich der edelsten Freuden und des schönsten Vorzugs der Religion, einer gleichmüthigen Festigkeit des Herzens. Ach m. Fr. laßt uns doch mehr Zutrauen zu der Güte Gottes und zu den Kräften des Menschen haben! wenn uns die erste auch hier noch nicht jene Unfehlbarkeit zu Theil werden läßt, welche nur für die Ewigkeit aufbehalten ist, so läßt sie doch treue und unablässige Bemühungen nicht unbelohnt, sie läßt uns gern die Freuden an der Wahrheit genießen, zu welcher uns eine solche Neigung eingepflanzt ist. Wenn uns auch unsere Kräfte nicht ganz dem Irrthum entreißen, so entledigt uns doch ihre Anstrengung dessen je mehr und mehr, und wenn es auch möglich sein sollte, daß wir hie und da vergeblich gearbeitet hätten zu einer festen Ueberzeugung zu gelangen, so laßt uns nicht verzweifeln, sondern mit neuem Muth auf der Bahn fortgehn, welche gewiß unserm Vermögen angemessen ist.

Allein bisweilen bringt auch dieses Streben nach Wahrheit eine gerade entgegengesezte Richtung hervor. Wenn jemand sieht, wie die Menschen über die nämliche Sache so verschiedenes Sinnes sind, je nachdem der eine diese der andere jene Vorurtheile, der eine diese der andere jene Meinung über andere Gegenstände hat, und wie alles darauf ankommt, aus was für einem Gesichtspunkt man die Sache ansieht; wenn ihm die mancherlei Verbindungen zwischen den Grundsäzen der Vernunft und des Verstandes, den Gefühlen des Herzens und den Bildern der Einbildungskraft ein Vergnügen gemacht haben: o so fängt er wol gar an, sich diesem Wechsel zu überlassen und mit dem, was dem Menschen am heiligsten sein sollte, ein Spiel zu treiben, mit der Liebe zur Wahrheit und mit den Lehren der Religion; er verläßt was er eben gefunden hat, um nur etwas neues suchen zu können, er erschafft sich Zweifel und Bedenklichkeiten, wo keine sind, er beunruhigt und entkräftet sein Herz, um nur seinen Kopf mit einer eingebildeten Weisheit zu beschäftigen. Ach m. Fr. die Wahrheit rächt sich über kurz oder lang an denen, welche ihr so mitspielen, welche sie suchen ohne sie brauchen zu wollen, welche das edelste Kleinod als ein unnüzes Spielzeug wegwerfen, sobald sie es gefunden haben, um auf eben solche Bedingungen ein neues zu suchen.

Am meisten Verschuldung aber laden ohnstreitig diejenigen auf sich, welche die heiligen Pflichten gegen die Wahrheit dem niedrigen Interesse der Leidenschaft oder vermeinter Klugheit aufopfern. Die gefundene Wahrheit, m. Fr., will bekannt sein, wo es nöthig und nüzlich sein kann, sie leidet es nicht, daß man sie als eine verbotene Waare behandele, welche man sorgfältig verbirgt, und dennoch wie oft geschieht es nicht! Es ist bisweilen eine mißverstandene Menschenliebe, welche andern mit einer Erkenntniß, die ihnen ein Aergerniß oder eine Thorheit sein könnte, nicht auffallen will, oder ihnen nicht Wahrheit zeigen, die sie nicht fassen, zu deren Gründen sie sich nicht hinaufschwingen können. Oft ist es eine falsche Schaam, die den Menschen am Bekenntniß einer deutlich erkannten Wahrheit hindert, womit er vor den Augen einer verkehrten mit Vorurtheilen dagegen erfüllten Welt lächerlich oder verächtlich zu werden fürchtet. Aber wie kann man die Wahrheit für so ehrwürdig halten als sie ist, wenn man ihr die verdiente Huldigung darum versagt, weil man fürchtet, eine verkehrte Menge würde es wagen ihrer zu spotten. Aber wer nicht lieber zu viel als zu wenig thun will, um das Reich der Wahrheit zu erweitern, der kann sie nicht lieben.

Jedoch wenn es auch hier leicht sein sollte, sich aus dem Gebiet einer weisen Zurükhaltung in das einer pflichtwidrigen Verstellung zu verirren, so ist es doch gewiß im höchsten Grade unrecht und strafbar, wenn wir die gefundene Wahrheit unserer eigenen Leidenschaft aufopfern, und das ist doch der gewöhnliche Lauf der Welt. Da ist ein Irrthum über eine Wahrheit oder Pflicht, welche zum Glük des Menschen nothwendig ist, unser Herz hängt ihm an, aber troz aller Parteilichkeit, die wir für ihn haben, troz aller Winkelzüge einer bestochenen Vernunft leuchtet uns die Falschheit unserer Meinung ein; was kann da wol eine heiligere Pflicht sein, als der neuen Wahrheit mit frommer Willigkeit zu gehorchen, die strengeren Pflichten zu erfüllen, die sie uns auflegt, und uns bei ihrem sanften Licht zu beruhigen, dem Irrthum hingegen und allen seinen Folgen mit standhaftem Ernst abzusagen, zu meiden, was er uns mit gewohnter Gelindigkeit als erlaubt darstellte, unser Auge von den blendenden Bildern abzuwenden, die er uns vorhielt, und deren täuschende Nichtigkeit wir jezt einsehn. Aber wie selten kann das menschliche Herz dieses über sich erlangen! — Oft hindert uns der Stolz es uns selbst zu gestehen, daß wir so lange geirrt haben; oft wollen wir lieber die Mühe nicht verloren sein lassen, die wir an unsern Irrthum gewandt, als daß wir forthin der Wahrheit leben und ihrer genießen sollten. So stößt der Mensch mit unbegreiflicher Blindheit und Hartnäkkigkeit sein wahres Glük von sich, um ein eingebildetes nicht verlassen zu dürfen, an welches er einmal gewöhnt ist. Aber wie mag es wol mit der Ruhe eines Menschen aussehn, dem sein Gewissen unaufhörlich Ungehorsam gegen die Wahrheit vorwerfen muß?

Wer die wahre Bestimmung des Menschen hinlänglich kennt, um das höhere Glük mit sich selbst übereinzustimmen jeder noch so angenehmen Täuschung des Gefühls vorzuziehen, wer es einsieht, daß jede Verbesserung des Menschen von seiner Erleuchtung ausgehn muß, wer den Sinn Christi zu besizen wünscht, der es den seinigen als eine seiner größten Verheißungen versprach, daß sein Geist sie in alle Wahrheit leiten solle *), der gehe doch immer mehr aus der Gleichgültigkeit heraus, die die meisten Menschen gegen ihre Erkenntniß haben, der entschlage sich doch der Sorglosigkeit, womit die meisten ihre Pflicht in dieser Rükksicht übersehn oder sich ihrer überheben, der bedenke doch, was die treue Erfüllung dieser Pflicht für herrliche und ausgebreitete Folgen haben muß. — Der Mensch, welcher zum Genuß himmlischer Güter bestimmt ist, muß schon immer desto glükklicher und seliger sein, je lebhafter er in sich das Bewußtsein fühlt, daß ihm nichts theurer ist als die Wahrheit; wenn er empfindet, daß kein Bestreben in ihm größer ist als das, ihr immer nachzujagen und immer treu zu bleiben; wenn er sich fähig fühlt, ihr alle Neigungen seiner Seele zum Opfer zu bringen: o so fühlt er auch, daß er jeden Schritt zu seiner wahren Bestimmung aller Freude, die aus seinen Verhältnissen im gegenwärtigen Leben entsteht, vorziehe! —

Ist es wahr, und es ist wol nichts richtiger als dieses, daß es nur dann gut um den Menschen steht, wenn seine Vernunft die Herrschaft über die andern Kräfte seiner Seele hat: o so kann nichts diese Herrschaft mehr befördern, als sich durch den Reiz, den die Vermehrung erhabener Kenntnisse hat, immer mehr daran zu gewöhnen, daß man der Erreichung des Zwekkes, den die Vernunft als den vornehmsten ansieht, alles übrige aufopfert.

*) Joh. 16, 13.

(Schluß fehlt.)

X.

Von der Theilnahme des guten Menschen an dem wahren Wohl der Menschheit.

Ueber Luk. 2, 25—32.

Weihnachten 1792.

Wenn die Apostel Jesu den Christen, die unmittelbar ihrem Unterricht anvertraut waren, einen recht starken Eindrukk von den Wohlthaten ihres Erlösers geben wollten, so sagten sie zu ihnen, Niemand hat größere Liebe denn die, daß er sein Leben läßt für seine Freunde *), er aber ist gestorben für uns, da wir noch Feinde waren **), da unsere Seele noch ganz entfernt war von den Gesinnungen, worin er uns vorgegangen ist; und für uns, m. th. Fr., hat er gelitten, da wir noch gar nicht waren. Wir brauchen aber nicht bei seinem Leiden stehn zu bleiben; sein ganzes Leben war ein Leben für andere; denn weit entfernt für seine eigene Glükkseligkeit zu sorgen, war der ganze Gang desselben nur für den

*) Joh. 15, 13.

**) Röm. 5, 8. 10.

Zwekk berechnet, die göttliche Wahrheit, die ihm vom Himmel anvertraut war, unter den Menschen auszubreiten; dabei genoß er nicht einmal die Freude, das Gelingen seiner Bemühungen unter guten Menschen zu sehn, da er fast durchgängig mißverstanden und verkannt wurde, und ein gutes Gedeihen des Samens, den er ausgesäet hatte, nicht eher zu erwarten war, als in der Zeit, wo er nicht mehr lebte, und unter den Menschen, die ihm nie gegenwärtig waren und von denen er nichts wußte, als daß sie Menschen wären wie er. Was hätte ihn also zu dem standhaften Beharren bei einem solchen Leben vermögen können, wenn er nicht immer von dem erhabenen Gefühl der wärmsten allgemeinsten Menschenliebe, des ausgebreitetsten Wohlwollens gegen alle, die der menschlichen Natur theilhaftig sind, beseelt gewesen wäre? Dies Gefühl ruhte als sein Erbtheil auf seinen ersten Jüngern, welche zu den entferntesten Nationen gingen, ohne in irgend einem nähern Verhältniß mit ihnen zu stehn, ohne ihre Unbekanntschaft und ihren Widerwillen zu scheuen, um nur Menschen die Wahrheiten, die Christus gelehrt, und die Gebote, die er gegeben, zu verkündigen; und eben dieses Gefühl hat er auch uns mit den Worten empfohlen, daß wir uns unter einander lieben sollen, wie er uns geliebt hat *).

So kann es also bei uns, denen dies Gebot und diese Beispiele heilig sind, nicht die Frage sein, ob dies Gefühl nicht etwa nur eine Träumerei desjenigen sei, der das menschliche Leben nicht kennt, eine übertriebene Spannung der Seele, worin sie sich höchstens nur auf Augenblikke erhalten kann; aber das ist wol ein Wunsch, den wir bei dieser Betrachtung fühlen, daß es recht viele Mittel geben möge uns diese Gesinnung zu erhalten und zu beleben, da sie in dem Kreise des gewöhnlichen Lebens wenig Aufmunterung findet. Denn die verschiedenen Verhält-

*) Joh. 13, 34.

nisse desselben dienen wol dazu, durch gegenseitige Bedürfnisse die Menschen einander näher zu bringen, mancherlei Verbindungen der Freundschaft, des Wohlwollens und der Theilnahme zu stiften, und so den geselligen Neigungen des menschlichen Herzens Nahrung zu geben; allein je näher wir uns auf diese Weise mit einer größeren oder kleineren Anzahl unseres gleichen verbinden, desto fremder werden uns die übrigen, desto weniger Herz behalten wir für die übrigen, mit denen wir in keinem besondern Verhältniß stehn, und so geht über den freilich guten und edlen Gefühlen für einige dasjenige verloren, was wir gegen alle haben sollten, die Empfindung des allgemeinsten und unbegrenzten Wohlwollens gegen die Menschen.

Aber wie werden wir uns nicht bestreben beides mit einander zu vereinigen, wie lieb wird uns nicht die Menschenliebe werden, wenn wir ihren Werth und ihr Wesen näher betrachten; und was kann uns zu dieser Betrachtung mehr auffodern und uns mehr dazu geschikkt machen, als der heutige Tag! Alles außerordentliche und allgemeine macht uns geneigt uns über das, was sich nur auf unsere besonderen Verhältnisse bezieht, zu einer größeren Ansicht zu erheben; und wo ist wol etwas außerordentlicher und allgemeiner als die Wohlthaten, die durch die Sendung Jesu über die Menschen ausgegossen wurden. So werden wir also das Fest seiner Geburt in den gottesdienstlichen Stunden desselben gewiß nüzlich anwenden, wenn wir uns zu der Gesinnung ermuntern, die beständig in ihm herrschte, und durch die er uns alles geworden ist.

Text. Luk. 2, 25 — 32.

Und siehe, ein Mensch war zu Jerusalem mit Namen Simeon, und derselbige Mensch war fromm und gottesfürchtig und wartete auf den Trost Israels, und der heilige Geist war in ihm. Und ihm war eine Antwort geworden von dem heiligen Geiste, er sollte den Tod nicht sehen, er hätte denn zuvor den Christ des Herrn gesehn. Und kam aus Anregung des Geistes in den Tempel. Und da die Eltern das Kind Jesum in den Tempel brachten, daß sie für ihn thäten, wie man pfleget nach dem Geseze: da nahm er ihn auf seine Arme und lobete Gott und sprach, Herr nun lässest du deinen Diener in Frieden fahren, wie du gesagt hast, denn meine Augen haben deinen Heiland gesehen, welchen du bereitet hast vor allen Völkern, ein Licht zu erleuchten die Heiden und zum Preis deines Volkes Israel!

Wenn wir über die Triebfedern nachdenken, welche wol den frommen Greis zu den starken Ergießungen der Freude und zu der ausnehmenden Rührung des Herzens brachten, als er den jungen Erlöser der Welt in seinen Armen hielt: so sehn wir leicht, daß es nicht sein eignes Bedürfniß gewesen sein kann. Er war einer von den wenigen Weisen, die zu den Zeiten des alten Bundes sich über ihr Zeitalter erhoben, die wirklich fromm und gottselig über die Irrthümer hinweg waren, welche das Volk Israel fesselten, die den Grund derjenigen Erkenntniß besaßen, welche Christus unter den Menschen allgemeiner zu machen bestimmt war, und durch sie getröstet wurden; da konnte es ihm selbst wol wenig helfen, daß er dieses Kind in seinen Armen hielt, denn ach er fühlte wol, daß sein Alter ihm die Hoffnung raubte, in den Tagen der Männlichkeit und des Lehramts Jesu sein Freund zu sein und beglükkende Lehren und Aussprüche aus seinem Munde zu hören; aber in allem, was er sagt, zielt er auf die Wohlthaten, welche die ganze Menschheit durch Christum genießen würde; das war seine Freude, daß er den noch sah, der das alles bewerkstelligen sollte, daß er bei seinem Hinscheiden von der Erde mit den freudigsten Hoffnungen auf seine

Mitbewohner derselben blikken könne. Wir reden demnach von der Theilnahme des guten Menschen an dem wahren Wohl der Menschheit, und da sehn wir erstlich, worin diese Gesinnung besteht, zweitens, was sie in der Seele voraussezt, und drittens, was für gutes sie in derselben hervorbringt.

I.

Wenn wir nun die Frage untersuchen, Worin dieses allgemeine Wohlwollen sich zeige, da müssen wir zuerst bemerken, daß wir demselben oft manches zuschreiben, was aus ganz andern Quellen herrührt. Nicht jede gute Erweisung, die wir einem Menschen bezeigen, mit dem wir in keinem nähern Verhältniß stehn, ist aus dieser Gesinnung abzuleiten; entweder geben wir überhaupt dem Gefühl nach etwas gutes zu thun, das sich uns darbietet, oder einer wohlwollenden Stimmung, in der wir uns befinden, oft auch wollen wir nur das Mißvergnügen vermeiden, das uns der Anblikk gewisser Leiden giebt. Eben so wenig gehören gewisse andere Empfindungen hieher, ob sie sich gleich über eine große Anzahl von Menschen verbreiten. So ist wol eine oft untadelhafte und gute Empfindung die Vorliebe, welche die meisten Menschen haben für das Land, worin sie geboren und erzogen sind, für das Volk, unter dem sie leben, und in dessen Schuz sie alle Annehmlichkeiten ihres Zustandes genießen. Andere haben wieder auch ohne die Rükksicht auf die näheren geselligen Verbindungen besondere Wünsche und vorzüglichen Eifer für diejenigen, die durch Erkenntnißart gewisser religiöser Wahrheiten, durch Anhänglichkeit an einerlei Meinungen ihnen ähnlich sind. Auch das ist natürlich, und ob es gleich zu vielen Mißbräuchen Raum giebt, so ist es doch nicht an sich zu verwerfen.

Aber beides gehört keinesweges zu unserm allgemeinen Wohlwollen gegen die Menschen überhaupt;

denn diese Gefühle beziehn sich auf eine Anzahl Menschen, die wir ohnehin schon für besser und glükklicher ansehn; und streben wir immer dahin, ihnen noch mehr Vorzüge vor den übrigen zu verschaffen, so werden ja natürlich diese uns immer fremder, und ihr Antheil an unserm Wohlwollen wird geringer, dahingegen die wahre Menschenliebe immer von dem Wunsch voll ist, daß diejenigen unserer Brüder, die noch im Genuß mancherlei Wohls das ihnen möglich wäre, und in mancherlei Vollkommenheit des Geistes hinter den übrigen zurükkbleiben, ihnen so viel wie möglich mögen näher gebracht, und so auch unsere freudige Theilnahme an ihnen möge vermehrt werden. Wenn Simeon Gott nur für die Erhebung seines Volks gedankt hätte, so wäre seine Empfindung wol immer noch schön, aber keinesweges mehr ein Muster dieser Gesinnung gewesen; aber im Gegentheil äußert er seine Freude über die Erleuchtung der Heiden, die ja noch unglükklicher und hülfsbedürftiger waren, eher und stärker als seine Freude über den Preis des Volkes Israel. — Dazu kommt noch dieses, daß Liebe zum Vaterland, zu Glaubensgenossen und dergleichen Gefühle immer einen großen Bezug auf unser eigenes Wohl haben; denn der Glanz des Volkes, zu dem wir gehören, und das Ansehn und der Ruhm derer, die eines Sinnes mit uns sind, fällt gewissermaßen auf uns zurükk, vermehrt unmittelbar unsere Annehmlichkeit, befriedigt unsere Eigenliebe, schmeichelt unserm Stolz. Jenes allgemeine Wohlwollen aber ist eine Empfindung, wobei es gar nicht auf die Befriedigung einer unserer Neigungen, auf die Beförderung unserer eigenen Glükkseligkeit ankommt, sondern die das Herz mit dem uneigennüzigen aber dennoch lebhaften und fast ununterbrochenen Wunsch erfüllt, daß alles was Mensch heißt und an unserer Natur Theil hat immer mehr und mehr seiner Bestimmung nachkommen möchte. Das war es also, was den Grund seiner Gedanken ausmacht, wenn er auf die Welt um sich her sieht, das ist der Gesichtspunkt, worauf er alle Begebenheiten und alle

Handlungen der Menschen bezieht, daß doch das Reich der Leidenschaften und der schädlichen Irrthümer unter den Menschen vermindert, daß das gute ihnen leichter und gewöhnlicher, und die Erkenntniß der erhabenen Wahrheiten, die sich auf Religion und Tugend beziehn, unter ihnen ausgebreiteter werden möchte.

Und wie so ganz nahe liegen dem guten Menschen nicht in dieser Rükksicht seine Brüder am Herzen; er braucht nicht einmal außer sich herauszugehn, um sich der Gesinnungen der Menschenliebe bewußt zu werden. Wenn irgend eine von den schönen Empfindungen oder eine fruchtbare Ueberlegung der kalten Vernunft ihn in einem sonst schweren guten gestärkt hat und es ihm glükklich vollbringen half: o wie warm wünscht er da, dies Hülfsmittel allen, die mit ihm in dem nämlichen Fall sind, mittheilen zu können! Wenn es ihm einmal gelungen ist, einer Versuchung, der er oft unterlegen, durch irgend eine fromme oder gute Wendung der Gedanken, durch das Aufwekken irgend einer Kraft der Seele zu widerstehn, einen sonst gewohnten Fehler zu vermeiden, wie erbittet gleich das menschenfreundliche Herz den nämlichen Segen des Himmels für alle kranke derselbigen Art! Wenn ein vorher nicht erblikkter Zusammenhang ihm eine Wahrheit deutlich machte oder einen Irrthum entlarvte, worüber ihn bisher Zweifel und Ungewißheit gequält und manche trübe Stunde in seine Seele, manche schiefe Handlung in sein Leben gebracht hatte, wie wäre er so gern die Stimme, alle die er erreichen kann, ebenfalls darauf aufmerksam zu machen und durch einen neuen Strahl einen bisher dunkeln Winkel ihrer Seele zu erhellen! Was für Freude gewährt ihm nicht jede Nachricht auch nur von einem einzelnen guten und edeln frommen, der ihm bisher unbekannt gewesen; auch ohne seine Freundschaft zu genießen, auch ohne die Hoffnung ihn zu kennen, freut er sich innig, weil er ihn als einen Schaz der Menschheit ansieht, der an seinem Theil zu ihrer Besserung thätig ist! Wie freut er sich nicht einer jeden menschenfreundlichen Handlung, die sich ihm darstellt, sein gutes Herz zeigt ihm immer weit ausgebreitet alle schönen Folgen derselben; wie entzükkt ihn jeder Funke von Licht und Wahrheit, den er irgendwo aufgehn sieht, denn schon im voraus sieht er immer den hellen Schein, den er einst um sich verbreiten wird; wie triumphirt er, wenn sich unter irgend einer Gesellschaft von Menschen, die bisher von anderen Trieben regiert wurden, Liebe und Eifer zum guten zeigen; wie frohlokkt er über jede Vereinigung guter Menschen zur Beförderung des guten! Und wenn er gewahr wird, wie der Ausbreitung desselben noch in vielen Stükken so ganz allgemeine weit um sich greifende Ursachen im Wege stehn; wie falscher Schimmer irdischer Güter und der zu große allgemein darauf gelegte Werth die Menschen ihr wahres Wohl verkennen macht und sie selbst den kleinlichsten Leidenschaften Preis giebt; wie eine vom Verstand nicht beherrschte Fantasie den Menschen so häufig von den einfachen Wahrheiten der Religion zu den Träumen der Schwärmerei hinleitet; wie niedriger Eigennuz auf der einen und sträfliche Unthätigkeit auf der anderen Seite immer noch die Finsterniß des Aberglaubens erhalten: o wie sehnt er sich da nach großen Hülfsmitteln, die der Tiefe und dem Umfang so allgemeiner Uebel angemessen sind; wie müht sich sein Geist nicht, um nur eine mögliche Wendung im Gang der Vorsicht zu finden, wodurch denselben begegnet werden könnte; wie wünscht er sich den Tag zu sehen, da ein solcher Stern des Heils aufgeht, und was für Entzükkung fühlt er nicht, wenn er, sei es auch nur am Rande des Grabes, die ersten Strahlen desselben erblikkt!

So war Simeon, so müssen wir nach dem was wir von ihm wissen schließen, daß er auch im übrigen gewesen sei. Wenn er sich bei seiner Art zu denken, bei seiner redlichen Uebung der Tugend so wohl fühlte: o wie oft mag er gewünscht haben, doch diesen Sinn unter den Menschen verbreiten zu können; wenn er eine Schwachheit nach der andern mit den Jahren überwand, wie oft mag er da gebetet haben, daß doch auch die, die er in mehr als Schwachheit um sich her wandeln sah, bald dieser großen Hülfe im menschlichen Elend, der Unterstüzung einer reinen und wahren Religion, möchten empfänglich gemacht werden! Wie mag er sich gefreut haben, wenn er hie und da, aber freilich konnte ihm das nur selten begegnen, einen gleichgesinnten Menschen antraf, von den nämlichen Grundsäzen der Tugend und Frömmigkeit erfüllt; wie froh mag er sich die Nachkommen gedacht haben, die von ihm zu der nämlichen Denkungsart erzogen würden! Was für eine Empfindung mag es ihm gewesen sein, wenn er etwa von einem der Pilger, die aus fernen Landen kamen, um die hohen Feste des Volks in Jerusalem zu feiern, hörte, daß es auch unter den Heiden, deren Unglükk ihm so beklagenswerth schien, Menschen gab, die wenigstens ihrem bessern natürlichen Gefühl folgten und das gute liebten, so weit sie es kannten! Derjenige, der jezt mit solcher Inbrunst dem Herrn für die Erscheinung Christi dankte, wie oft mag er in dem nämlichen Tempel gewesen sein, um sie zu erflehn und alle die großen Wohlthaten auf die Menschheit herabzubeten, die er nur durch ihn möglich glaubte; wie entfernt war auch noch in dem Augenblikk, da er Christum in seinen Armen hielt, die Erfüllung dieser Hoffnungen, aber wie nahe war sie dem gläubigen, und wie lebhaft wirkte sie auf das Herz voll Menschenliebe!

Nur auf dies Verlangen nach der wahren geistigen Verbesserung der Menschen bezieht sich dann alles übrige gute, was der Menschenfreund für sie auf seinem Herzen trägt. Es ist wahr, man kann für die Glükkseligkeit des ganzen keine so bestimmten Wünsche thun, wie für das Wohlsein der einzelnen, deren ganze Lage man genauer kennt; und es kann auch kein so unmöglicher Wunsch in uns entstehn, daß die ganze Menschheit ohne Leiden und Unglükk sein könnte; irdische Glükkseligkeit kann auch überdem nicht der höchste unbedingte Wunsch eines guten Menschen weder für sich noch für andere sein; aber dennoch, wenn man es selbst erfährt, was für eine zufriedene Ruhe die

Seele durch einen gewissen Grad eines verhältnißmäßigen Wohlergehens genießt, und was für schöne Früchte diese Ruhe auch für ihr wahres Glükk trägt, wie sie die schönen Gefühle des thätigen Danks gegen Gott lebendig erhält, wie sie das Herz erheitert und mit frohem Muth erfüllt, wie sie es zu allem guten geschmeidig und emsig macht: o so ist es ja natürlich zu wünschen, daß diese Ruhe unter den Menschen verbreitet werde; wenn wir es selbst fühlen oder an anderen sehn, was für traurige Folgen gewisse Arten drükkender Leiden zu haben pflegen, wie sie die Seele niederschlagen, sie einer dumpfen Verzagtheit hingeben und alle ihre Kräfte abstumpfen: o wie wünscht man da, daß doch der größere Theil dieses Leidens, den die Menschen sich selbst oder einander zuziehen, möge gemindert werden. Willkommen ist uns da jede Erfindung des menschlichen Geistes, die neue Quellen des Wohlseins hervorbringt. Gesegnet jeder, dem es gelingt neue Wege zu finden, wie die Menschen mehr Mittel ihres Bestehens und mehr Früchte aus ihrem Fleiß ziehn können, um drükkender Dürftigkeit zu wehren; neue Heilkräfte der Natur, um sich von bisher unwiderstehlichen Uebeln zu befreien; gesegnet jeder, der so viel möglich in seinem Kreise thut, um auf alle Weise mehr Wohlsein unter den Menschen zu verbreiten. Und wenn man sieht, wie es noch so viel traurige allgemeine Quellen des irdischen Uebelseins unter den Menschen giebt, wie sie hier durch eine sorglose Unwissenheit sich selbst an den Fortschritten in ihrem Glükk hindern, dort durch ungerechte Unterdrükkung anderer das Vermögen dazu ihnen genommen wird: o da sollte man sich nicht sehnen, in der Regierung Gottes bald Mittel erscheinen zu sehn, um diese der Menschheit so unwürdigen Uebel zu vertreiben?

II.

So zeigt sich m. a. Z. in allen Stükken diese schöne Gesinnung der allgemeinen Menschenliebe; allein da könnte man wol denken, daß manches zu der Aeußerung derselben gehöre, was nicht das Eigenthum eines jeden Menschen sein kann, eine gewisse eigene Sorglosigkeit, um sich so genau um das, was außer uns selbst und unseren nächsten Verhältnissen ist, bekümmern zu können, ein gewisser bequemer Standpunkt, auf dem man einen Theil der Begebenheiten der Welt übersieht, und der doch nur gewissen Ständen eigen ist; eine gewisse Bildung der Seele durch Kenntnisse, um über das Wohl und Uebel der Menschen nach gewissen Grundsäzen zu urtheilen. Allein das ist ein bloßer Schein. Waren wol die Jünger Jesu frei von Sorge für sich selbst, da sie so oft nicht nur des nöthigsten mangelten, sondern auch verfolgt und in Gefahr ihres Lebens lebten? Waren sie nicht aus der zahlreichsten geringsten Klasse des Volkes? und wo hatten sie andere Kenntnisse hergenommen als die, welche der natürliche Verstand und die Erfahrung des gewöhnlichen Lebens einem jeden Menschen gewähren? Eben so war auch der Greis, von dem unser Text redet, nur durch die Eigenschaften seiner Seele ausgezeichnet. Es kommt ja auch bei dieser Theilnahme an dem Wohl der Menschheit nicht darauf an, daß alles, was dasselbe irgendwo betrifft, zu unserer Kenntniß komme, sondern nur darauf, mit was für einem Sinn wir an dem, was wir erfahren, Theil nehmen, und wie uns das, was wir von unserm Standpunkt aus gewahr werden, rührt. Ein jeder Mensch also kann an derselben Theil haben, wenn nur in seiner Seele das anzutreffen ist, worauf sich diese Denkungsart allein gründen kann. Was ist denn das?

Erstlich, vor allen Dingen ein überhaupt wohlwollendes Herz, eine Seele, die der Empfindung fähig ist, welche dem guten Menschen so vorzüglich eignet, nämlich sich auch über das gute außer ihm selbst zu freun und es gern zu befördern. Sollte wol irgend ein Mensch so mit Sorgen beladen sein, sollte es wol so ungünstige Verhältnisse geben, daß dieses Gefühl erstikkt werden könnte? ich glaube, wir können uns so etwas kaum denken. Vielmehr ist jeder Zustand geschikkt es zu unterhalten, weil ein jeder uns auf seine eigene Weise mannigfaltig an die Menschen bindet. Nein, Wohlwollen ist der Grund der menschlichen Seele, und nichts kann ihn umwerfen, wenn wir ihn nicht selbst zerstören, und wer wohlwollend ist, in dem liegt auch die Fähigkeit, sich, wenn er dies köstliche Gefühl unterhält und wachsen läßt, durch Ausbreitung seines Blikks bis zu jenem allgemeinen Wohlwollen zu erheben; aber freilich, wen nichts anzieht als was in ihm selbst ist, wer zu jenem unglükklichen Grad der Verhärtung gekommen ist nur an seinem eigenen Vergnügen Freude zu finden, nur über seinen eigenen Schmerz zu klagen und bei allem übrigen gleichgültig zu sein, für den ist auch der Name Menschheit nichts, der liebt nur sein kleines Ich und wird noch weniger fähig sein, etwas bei dem Wohl oder Weh des ganzen zu empfinden, das er nicht sieht, da er sich nicht einmal um die einzelnen bekümmert, die nahe um ihn her sind.

Zweitens gehört auch dazu ein richtiges Urtheil über das, was den Menschen allgemein gut ist; wem dieses fehlt, der kann selbst bei dem wohlwollendsten Herzen zu keiner wahren Menschenliebe gelangen. Wenn er das Wohlsein derselben in äußern Vorzügen und irdischen Freuden sucht, so muß er nothwendig vielen übles wünschen, indem er einigen gutes wünscht, und so kann also seine Empfindung niemals allgemein werden. Sucht er das Wohl der Menschen in Befolgung eingeschränkter, einseitiger, irriger Grundsäze und Lebensregeln, so wird er sich nicht nur oft in seinen Wünschen für ihr Wohl widersprechen, sondern er wird auch nothwendig die größte Anzahl derselben für dieses Glükks unfähig halten. Aber auch ohne dieses würde seine Menschenliebe bald aus Mangel an Nahrung erkalten, denn indem seine Berechnungen für das Wohl der Menschen ganz von den Absichten und Wegen des Höchsten verschieden sind, so wird nur sehr selten zufälliger Weise etwas von dem geschehen, was er für nothwendig hält, und eine Empfindung von der Art muß bald unterliegen, wenn sie nicht durch glükklichen Erfolg und durch

Freuden, die sie gewährt, unterhalten wird. Aber sollte es wol irgend jemandem unmöglich sein diese zur Menschenliebe so nothwendige Kenntniß zu erlangen? sollte sich wenigstens ein Christ darüber beklagen können, daß es schwer sei, er, dem so deutlich das, was dem Menschen nothwendig ist, vorgezeichnet steht?

Aber freilich ist das Dasein dieser Erkenntniß noch nicht hinlänglich; wir sehen es in der täglichen Erfahrung so oft, daß der Wille des Menschen sich nach etwas ganz anderm hinneigt, als nach dem, was er als gut erkannt hat, daß die besten Vorschriften dem Verstande eingedrükkt sind, und das Herz dennoch in unruhiger Bewegung denselben entgegenstrebt; darum müssen wir noch drittens hinzusezen, Um zu dieser Gesinnung der Menschenliebe zu gelangen, muß die Erkenntniß dessen, was das wesentliche und wahre Wohl der Menschen betrifft, nicht nur im Kopfe bestehen, sie muß vielmehr in das Herz übergegangen sein, tüchtig in demselben gewirkt und ihm eine gewisse Ruhe mitgetheilt haben. Es kann sein, daß bei der richtigsten Erkenntniß von dem, was das wahre Gut der menschlichen Seele ist, dennoch das Herz voll irdischer Wünsche ist, die den ersten Plaz in demselben einnehmen; dann ist es zu sehr in seinem eigenen Kreise beschäftigt, als daß es sich so weit außer sich sezen könnte, dann sind ihm überall zu viele Menschen im Wege, als daß es sie um ihrer selbst willen so im allgemeinen lieben sollte; es kann sein, daß dennoch das Herz von mancherlei Leidenschaften umhergetrieben wird, und dann ist es in einer zu unsteten, unruhigen Bewegung, als daß eine so ruhige Gesinnung in demselben statt finden sollte. Ist aber diese Kenntniß in dem Herzen so lebendig, wie sie in dem Verstande deutlich ist; ist nur das Interesse für Tugend und Religion dasjenige, worauf alles sich in demselben bezieht: so gehn auch die allgemeinen Wünsche für andere, welche daraus entstehn, über die kleinen Wünsche des irdischen Vergnügens für sich selbst, und diese, wenn sie auch das liebste betreffen, was wir im irdischen kennen, lassen innere Ruhe genug in der Seele, um mit der lebhaftesten Theilnahme das beste der Menschheit, welches sich auf Religion und Tugend bezieht, zu umfassen.

So war der fromme Greis unsers Textes: weit davon entfernt, gleichgültig gegen alles um ihn her, nur alles auf sich selbst zu beziehn, nur für sich zu empfinden und zu wünschen, hatte er vielmehr eine gewisse Gleichgültigkeit gegen sich und das, was ihn noch erwarten konnte, nur für andere brannte sein Herz, Wohlwollen erfüllte seine ganze Seele. Weit entfernt das beste der Menschen, die er liebte, in irdischen Dingen zu suchen, wartete er nicht, wie viele seiner Zeit, auf einen Messias, der das irdische Glükk seines Volkes aufrichten und es zu einer der ersten Nationen der Erde machen würde, sondern auf den, der alle Welt erleuchten, durch den vieler Menschen Gedanken offenbar und geläutert werden würden. Weit entfernt noch ein Spiel heftiger Wünsche und Leidenschaften zu sein, hatte vielmehr eben dieses Glükk eines über die wichtigsten Gegenstände richtig urtheilenden Verstandes und eines zu Gott freudigen Herzens eine beneidenswerthe Ruhe über seine Seele verbreitet, keine Begierde störte dieselbe, nur ein Wunsch hatte ihn jezt noch erfüllt, dessen Gewährung er nun genoß, und der nichts anderes war, als der schönste Ausbruch seiner durch Festigkeit und Ruhe des eigenen Herzens gestärkten Menschenliebe.

So sehn wir also, daß jeder Christ dieser uns von Christo empfohlenen Gesinnung fähig ist, daß sie keinen gewissen äußern Zustand voraussezt, aber wol eine allgemeine und feste Richtung des Herzens zum guten, und so ist der Grad, in dem wir diese Menschenliebe in uns finden, der Maaßstab für einige sehr wesentliche Eigenschaften eines christlichen Gemüths. Je öfter und wärmer du dich von ihr hingerissen fühlst, desto mehr Einsicht des guten ist in deinem Verstande, desto mehr Wohlwollen überhaupt, desto mehr Liebe und Eifer für die gute Sache in deinem Herzen. Je kälter und gleichgültiger du an den Zustand der

Menschen im allgemeinen denkst, desto mehr fehlt es dir gewiß noch an einem von diesen drei Stükken.

III.

Und eine Gesinnung, welche schon so viel gutes erfordert, die kann auch unmöglich unfruchtbar sein, die muß auch nothwendig in dem Herzen desjenigen, der ihr Raum giebt, mannigfaltiges gute hervorbringen; und das ist auch so.

Zuerst hat sie gewiß den wohlthätigen Einfluß auf uns, der alle Empfindung begleitet, welche uns in etwas über unsere engen Verhältnisse emporhebt, sie giebt der Seele eine stärkende Spannung, wodurch sie aller ängstlichen Sorge und alles Kummers, so wie aller jauchzenden und übertriebenen Freude über irdische Dinge nach und nach unfähig wird und eine gewisse Gelassenheit gegen alle Begegnisse erhält. Wenn man einen so großen, die Seele so oft und stark beschäftigenden Gegenstand der Theilnahme hat, so erträgt man es leichter, daß die kleinern minder wichtigen uns entzogen werden oder den Wechsel alles irdischen erfahren. So war Simeon, man sieht es der Ruhe, womit er dem Tode entgegensieht, an, wie gelassen er auch das Leben mit seinen Abwechselungen zu tragen wußte.

Aber weit entfernt, daß uns diese Gesinnung mit dem Leben zugleich auch die Pflichten desselben minder wichtig machen sollte, giebt sie uns vielmehr neue Antriebe auch die kleinsten mit dem größten Fleiß zu erfüllen. Wenn viele Menschen, die das gute wirklich wollen, dennoch in der Uebung desselben gegen andere so träge und lässig sind, so kommt es nur daher, weil sie nicht alles das, was in dieser Rükksicht gut und pflichtmäßig ist, dafür erkennen. Wenn sie in dem Fall sind jemandem, mit dem sie in keinem Verhältniß stehn, oder dessen Verhältniß mit ihnen gerade dieses nicht erfordert, einen Dienst leisten zu können, eine Pflicht der Liebe gegen ihn zu üben, vielleicht gerade eine solche, welche den wenigsten Dank hervorzubringen pflegt: so hält sie der Gedanke ab, daß es ihre Sache nicht sei sich so genau um ihn zu kümmern. Derjenige hingegen, dessen Herz mit Menschenliebe erfüllt ist, fühlt auch das beständige Bestreben so viel ihm immer möglich ist wirklich für die Menschen zu thun; diesen Stempel drükkt er allen seinen Handlungen ein; er sucht immer welche auf, wodurch er in seinem Kreis etwas für andere schaffen kann; es ist nicht nöthig, daß jemand mit ihm verbunden sei, um alle Pflichten des Menschen und des Christen gegen ihn zu erfüllen, er eilt ihm zu dienen, weil er ein Mensch ist, und denkt bei jeder Gelegenheit, wie gut würde es um die Menschheit stehn, wenn ich immer, wenn jedermann immer so handelte.

Diese edle Gesinnung vermehrt ferner unsere Dankbarkeit und Ergebung gegen Gott und giebt uns unzählige Gelegenheit ihn zu loben und zu preisen. Warum scheint es vielen, als ob gute Menschen etwas so seltenes wären? warum finden sie gute Handlungen so selten? Weil sie sich so selten danach umsehn, weil sie von andern Dingen angezogen gleichgültiger dabei vorübergehn, und dann, wenn sie etwas erinnert, den Zustand der Welt in dieser Rükksicht zu untersuchen, so besinnen sie sich nicht dergleichen etwas gesehen zu haben. Derjenige hingegen, dessen Herz von Menschenliebe durchdrungen ist, hat nichts angelegeneres als dem guten nachzufragen, was in der Welt vorhanden ist, dieses ist überall der erste Gegenstand seiner Untersuchung; er weiß, daß das gute nicht sucht Aufsehn zu machen, daß es oft verborgen bleibt, desto eifriger geht er ihm nach, und wie viel gute Menschen, wie viel Saamen der Tugend und Gottesfurcht, wie viel Strahlen der Wahrheit entdekkt er nicht; er findet immer den Zustand der Welt besser als andere, und lobt und sagt Dank, wo andere nur Klagen hören lassen. Warum sind die Menschen immer voll böser Urtheile von ihren Brüdern? warum wird soviel wirklich gutes derselben verkannt und für böse gehalten? Weil sie, nicht aufmerksam genug, ihr Urtheil nach dem ersten Schein einrichten und sich aus der Neigung das böse als wahr anzunehmen besonders dann mit diesem Schein begnügen, wenn er ihnen etwas nachtheiliges zeigt. Eben dieser Mangel an Aufmerksamkeit führt sie auf eben die Weise in ihren Urtheilen von den Wegen Gottes irre, die ihnen oft nachtheilig für die Menschen zu sein scheinen, weil sie ihren Zusammenhang nicht übersehn. Der wahre Menschenfreund hingegen nimmt an allem diesen einen viel zu großen Antheil, als daß er sich mit einem flüchtigen Blikk begnügen sollte, und so findet er oft das gut und nüzlich, was andere für böse und unvollkommen hielten.

Daraus entsteht denn auch eine besondere Beruhigung für solche Fälle, wo sich wirklich die göttliche Weisheit vor menschlichen Augen verbirgt, und wo wir das gute, was sie damit beabsichtigt, nicht gewahr werden können; wo andere bei unläugbarer Unvollkommenheit des einzelnen stehn bleiben, da tröstet sich der Menschenfreund mit einer gewiß vorhandenen wenn auch von ihm nicht bemerkten vortheilhaften Beziehung aufs ganze; so wie Simeon ohne in seiner Ruhe gestört zu werden der Maria voraussagte, daß Christus auch zum Fall und zum Aergerniß vieler in Israel sein würde.

Dies sind die schönen Früchte, die wir zu erwarten haben, wenn wir den zarten Keim der Menschenliebe in unserm Herzen pflegen und nähren, und dazu haben wir heute die schönste Ermunterung. Wenn wir mit unserm eignen Herzen fertig sind, wenn wir die Untersuchung, was von allem dem guten in uns wir wol seiner Erscheinung verdanken, und was auch unsere Seele wol ohne ihn geworden sein würde, mit gutem Vorsaz und dankbarem Lobe beschlossen haben: dann laßt uns unsern Blikk auch weiter auf das richten, was die ganze Menschheit dadurch gewonnen hat. Ehre ist dadurch geworden Gott in der Höhe, Friede auf Erden und den Menschen ein Wohlgefallen *). Wie ist die wahre Erkenntniß des Höchsten dadurch unter einem großen Theil der Menschen ausgebreitet; wie ist nicht Gesinnung der Liebe so fest in sie gepflanzt; wie sind sie nicht glükklicher und zufriedener geworden! Dies ist das Fest der Menschenliebe, diese Begebenheit ist es, die uns am lautesten dazu aufruft und uns durch sie erhebt! Wie sollten wir uns noch irdisch ängstigen; der uns ihn gab wird uns mit ihm auch alles andere geben **)! Wie sollten wir noch an seiner Weisheit zweifeln, wenn uns bisweilen die Lehre Jesu verkannt scheint? Wir rufen vielmehr immer aus, Welche Tiefe der Weisheit und der Liebe Gottes! Der diese Anstalt traf, wird auch so viel Seligkeit als möglich dadurch hervorbringen! Wie sollten wir noch träge sein im guten? Unsere Seele hebt sich den Fußstapfen dessen zu folgen, der die Menschen so hoch geliebt hat. Am Tage seiner Geburt laßt es uns geloben, wenigstens in unserm Kreise immer mit seiner würdigen Gesinnungen zu handeln; laßt uns mit Freuden sein liebstes Gebot erfüllen, daß wir uns unter einander lieben, gleichwie er uns geliebt hat! Amen.

*) Luk. 2, 14.
**) Röm. 8, 32.

XI.

Die wahre Schäzung des Lebens.

Ueber Psalm 90, 10.

Am Neujahrstage 1793.

M. Fr. Der Uebergang in ein neues Jahr des Lebens ist ein Zeitpunkt, wo sich der Mensch gemeiniglich aus dem bloßen Genuß der Gegenwart herausreißt und sich wenigstens auf einige Stunden der Ueberlegung zwischen der Vergangenheit und Zukunft theilt; er umfaßt in seiner Erinnerung einen großen Zeitraum mit allen seinen Freuden und Genüssen, Leiden und Widerwärtigkeiten, mit allen guten Handlungen, die er hervorbrachte, und allen Beweisen menschlicher Schwachheit, die er darin abgelegt hat. So rechnet er mit der Vergangenheit ab und macht sich auch schon wieder seine Vorstellungen von der Zukunft. Etwas scheinen fast alle Menschen bei diesen Betrachtungen mit einander gemein zu haben, ein ruhiges Gefühl der Dankbarkeit über das vergangene und eine frohe Hoffnung über die Zukunft. Nur der, dem der Stachel des eben jezt quälenden Leidens nicht Ruhe und Unparteilichkeit läßt, nur der, der den Gram aufsucht, kann von diesen Empfindungen ausgeschlossen sein.

Aber bei aller dieser scheinbaren Gleichheit, wie verschieden sehn nicht dennoch die Menschen das vergangene und künftige in diesem Zeitpunkt an. Der eine sieht auf alle vergangenen Freuden, ohne sich der damit verbundenen Widerwärtigkeiten zu erinnern, mit einem tiefen Bedauern zurükk; er seufzt über den raschen Gang der Zeit und darüber, daß er am Ende eines jeden Jahres den nämlichen Seufzer werde thun müssen, bis endlich zu schnell das lezte herbeikomme. Ein anderer freut sich mißmüthig nur über das, was er ausgehalten, was er überstanden hat; nur an die Sorgen und Mühseligkeiten denkt er zurükk; sich der Freude zu erinnern lohnt ihm die Mühe nicht, um ihretwillen würde er nichts von dem übernommen haben, was er that um sich durchs Leben durchzuschlagen; froh so weit gekommen zu sein sieht er mit angestrengten Kräften einer neuen eben so mühevollen und langweiligen Zukunft entgegen. Derjenige, der wirklich viel gelitten hat, läßt doch den Freuden, die er dabei genossen, wenn er sie auch nicht ganz vergißt, selten Gerechtigkeit widerfahren und glaubt sich immer vollkommen berechtigt, von der beginnenden Zukunft einen vollen großen Ersaz für die vergangene Duldungszeit zu erwarten. Von einer andern Seite betrachtet sind viele sehr leicht mit ihren Thaten in der vergangenen Zeit zufrieden; ihre Fehler und unrichtigen Handlungen bleiben im Schatten, nur das gute erleuchtet sich ihrem Blikk, nur in der richtigen Stimmung und den Vollkommenheiten ihrer Seele finden sie den Grund davon: und so fühlen sie sich stark und sehn mit einer gewissen Vermessenheit in die Zukunft, die wie sie meinen nichts ihren Kräften gefährliches darbieten kann. Auf andere machen zwar ihre fehlerhaften Handlungen einen größeren Eindrukk, aber eben das Gedächtniß, was sie ihnen zurükkruft, bringt ihnen auch alle begleitenden Umstände ins Andenken, und überall sehen sie, wie hier ihre Verhältnisse sie eingeschränkt, da ein unvermutheter Zufall sie aus der Fassung gebracht, und dort eine sonderbare Verwikkelung sie zu falschen

Maaßregeln verleitet hat. So schieben sie alle Schuld auf die Umstände der vergangenen Zeit und fodern zur Entschädigung günstigere von der Zukunft.

So einseitig schließen die meisten Menschen ihre Rechnung mit ihrem Leben ab; wenige lassen der Vergangenheit Gerechtigkeit widerfahren; wenige gehen der Zukunft mit Gleichmüthigkeit und gefaßtem Geist entgegen. Alles das scheint daher zu kommen, weil die Menschen, jeder durch seinen Zustand verleitet, den Werth und den Einfluß des Lebens nur von der Seite betrachten, die sich ihnen zuerst darbietet, und sich nicht Mühe genug geben die übrigen ans Licht zu ziehn; und wir werden also unsere Empfindungen hierüber am richtigsten leiten, wenn wir suchen das menschliche Leben so gut als möglich von allen Seiten zu betrachten und seinen Werth und Einfluß richtig zu schäzen.

Text. Ps. 90, 10.

Unser Leben währet siebzig Jahre, und wenn es hoch kommt, so sind's achtzig Jahre, und wenn's köstlich gewesen ist, so ist's Mühe und Arbeit gewesen; denn es fähret schnell dahin, als flögen wir davon.

Die heilige Schrift enthält mehrere Aussprüche, welche diesem an Inhalt gleich sind, aber sie werden gemeiniglich von allen Theilen gemißbraucht; einige rechtfertigen damit ihren Unmuth und legen es als eine allgemeine Geringschäzung alles dessen aus, was uns das Leben darbietet; andere, welche das gute desselben vielleicht zu hoch schäzen, wollen sie nicht als das Ende einer ruhigen Ueberlegung, sondern als den Ausbruch einer unmuthigen Empfindung von Männern ansehn, welche entweder durch Alter oder durch Kummer niedergedrükkt den Beschwerden des Lebens nicht mehr gewachsen sind, und vor denen sich die Freuden desselben desto mehr verschließen, je mehr schnelle Abwechselungen des Lebens die Kräfte ihrer Seele abgenuzt haben. Von beiden vorgefaßten Meinungen frei wollen wir ganz ruhig diesem biblischen Ausspruch nachgehn, um seinen Sinn zu erforschen. Da werden wir erstlich darauf geführt werden, wie überhaupt das menschliche Leben zu beurtheilen sei, und dann auch leicht zweitens sehn, was das Ende dieser Untersuchung unsern Empfindungen am heutigen Tage für eine Richtung giebt.

I.

Wenn wir da zuerst die Frage untersuchen, wie das menschliche Leben zu schäzen sei, so lassen wir uns hier gar nicht darauf ein über den Werth der menschlichen Seele und des menschlichen Daseins überhaupt zu sprechen, denn der kann niemandem unter uns zweifelhaft sein; wir wollen nur sehen, wie die Verfassung, in welche wir auf dieser Erde gesezt sind, der Natur unserer Seele angemessen, in wiefern sie im Stande sei unsern natürlichen Trieb nach Wohlsein und Glükk zu befriedigen und uns unserer großen Bestimmung zu nähern, denn das ist es eigentlich, worüber die Menschen unter einander und oft auch mit sich selbst uneins sind. Da ist unstreitig unser erster Gedanke, daß es doch wahre Freuden und Glükkseligkeit für uns giebt in der Ordnung der Dinge, in welche wir zum Anfang unserer Laufbahn gesezt sind, daß wir nicht nur darin die Freuden schmekken können, die unmittelbar aus unserm innern entspringen, sondern daß auch eben die Einrichtungen der irdischen Welt, die Art des geselligen Lebens mit andern unseres gleichen, selbst die leblose Welt um uns her und unsere Verbindung mit einem irdischen Körper eine reiche unversiegende Quelle von mancherlei Freuden sind, denen wir ihren wohlthätigen Einfluß nicht absprechen können. Es ist wol möglich, daß sich uns das alles bisweilen ganz anders darstellt, und wir dann nur die Unvollkommenheiten des Lebens erblikken; aber, diese finstere Empfindungsart zu billigen, sie zur herrschenden zu machen und unsern irdischen Wohnplaz nur als ein Jammerthal zu beschreiben, das gar keinen Genuß dem bessern Menschen gewähre, unterdeß man doch immerfort durch den Einfluß desselben gewinnt, auch wo man es nicht bemerkt, das ist doch eine Undankbarkeit, wovor uns Gott bewahren wolle, und das liegt auch gewiß nicht in den Worten unsers Textes und in dem Ton, wie darin von der Schnelligkeit des Lebens gesprochen wird.

Aber eben so wenig läßt es sich läugnen, daß es auch wahre Leiden giebt; alles was Quelle von Freuden ist ist nicht nur durch seine Vergänglichkeit auch Ursach von ihrer Zerstörung, sondern durch andere natürliche Unvollkommenheiten auch Ursach mancher entgegengesezten eben so wirklichen Leiden: die Fehler des geselligen Lebens legen uns mancherlei Bürden auf, die Natur führt uns bisweilen große Beschwerden zu, und unser Körper hält oft den Geist zurükk und quält uns durch Schwäche und Krankheit. Warum sollten wir auch das nicht eingestehn? wissen wir doch, daß wir hier nur Pilger sind, und daß unser Vaterland droben ist.

Nun aber entsteht die Frage: wie ungleich diese Freuden und Leiden vertheilt sind? Da scheint mancher mit den ersten so gesegnet, daß er von den meisten der leztern kaum eine Vorstellung hat, und wiederum mancher mit den lezten so überhäuft, daß ihm eine Freude noch etwas seltneres scheint. Rechnen wir aber von dieser Ungleichheit das ab, was nur in der Stimmung der Seele, in der größern oder geringern Fertigkeit das gute zu finden und zu erhöhn und das Uebel zu vermeiden oder sich zu erleichtern gegründet ist; bleiben wir nur bei dem stehn, wovon die verschiedenen Verhältnisse des Lebens Ursach sein sollen: so werden wir diese Ungleichheit nicht sehr in Anschlag bringen dürfen, wenigstens nicht, wenn wir unserm Text folgen. Was für verschiedene Verhältnisse desselben war nicht Moses von der Erziehung im königlichen Hause bis zum einfachen Schäferleben und von da wieder bis zum Führer eines ganzen Volks durchgegangen; aber es ist, als wenn das nicht wäre, als wenn er da gar keinen Unterschied fände; er spricht nicht das Leben des Hirten, nicht das Leben des Königs, sondern das Leben des Menschen überhaupt. Und in der That ist es auch so; nur die Gestalt der Freuden und Leiden, die uns die verschiedenen Verhältnisse des Lebens gewähren, ist verschieden, aber das Verhältniß derselben findet sich überall als das nämliche. Wenn Reichthum und Ansehn den Genuß des Lebens vervielfältigt und erleichtert, so legen sie auch manchen drükkenden Zwang auf, der manches Vergnügen entfernt. Wenn ein geringerer Wohlstand die Wünsche einschränkt, so befreit er zugleich von dem Aufsehn und von der Zudringlichkeit eigennüziger Menschen; wenn Macht und Gewalt über andere dem Menschen mehr Freiheit für seine Kräfte läßt, so sind sie auch mit tausend Sorgen und Unruhen verbunden, dahingegen das Verhältniß des Gehorsams, wenn es auch manche Entsagung fodert, wiederum eine gewisse Ruhe hervorbringt, weil man nur einem vorgeschriebenen Wege zu folgen braucht; wenn ausgebreitete Kenntnisse, die gewissen Ständen nöthig sind, dem Geist manche edle Beschäftigung geben, so erfordert die Erwekkung und Unterhaltung derselben viele mühsam und freudenlos vollbrachte Zeit, die für den Genuß und thätigen Gebrauch des Lebens verloren ist. So werden wir von allen Verhältnissen des Lebens finden, daß sie sich in allen mannigfaltigen Abänderungen und mit allen jedes einzelne begleitenden zufälligen Umständen in Absicht des Glükks, das sie möglich machen, und des Leidens, das sie herbeiführen, so ziemlich das Gleichgewicht halten.

Aber diese Ueberzeugung genügt uns noch nicht für die Schäzung, die wir vorhaben; wenn jedem das Leben fast gleich viel trägt, was trägt es nun einem jeden? sind der Früchte oder der Disteln mehr? ist das gute oder das üble überwiegend? So natürlich diese Frage ist, so schwer ist sie doch zu beantworten.

Das was auf einander folgt ist zu verschieden, um sich vergleichen zu lassen, und wenn wir einen neuen frisch empfundenen Schmerz gegen alte lange vergangene Freuden oder eine Menge kleiner Annehmlichkeiten gegen ein großes Leid und umgekehrt halten wollen: so haben wir keinen richtigen Maaßstab zu dieser Vergleichung; oft schäzen wir auch in der Erinnerung ein vergangenes Gut oder Uebel nach unserer jezigen Empfindung, ohne es zu wissen, ganz anders als zur Zeit des Genusses. So fährt unser Leben dahin, wie ein Strom, und so wenig wir an seiner Mündung noch jeden Tropfen erkennen können, den wir in seinem Lauf fließen sahen: so wenig können wir jeden Theil unseres Lebens genau unterscheiden, wenn er vorbei ist; das ist gewiß, wenn es vorbei ist, so ist es Mühe und Arbeit gewesen, beständiges Streben und Widerstreben, Niederschlagen und Aufrichten der Seele; aber das Uebergewicht des einen über das andere mag so gar groß nicht sein, weil die Schäzung desselben so allein von der Art abhängt, wie wir es ansehn; zum deutlichsten Beweise, daß das Verhältniß des Lebens zu unserm Trieb nach Glükseligkeit nicht den ganzen Werth desselben ausmache.

Vielmehr kommt es bei unserer Schäzung vornämlich darauf an: wiefern die Einrichtung desselben der Erreichung unserer Bestimmung förderlich ist. Da ist es denn gewiß eben so falsch, wenn viele Menschen glauben, dieses Leben sei für den menschlichen Geist ein Zustand der Verbannung, nach dessen Ende er immer schmachte, wo es ihm nicht möglich sei einen Grad der Vollkommenheit zu erlangen. Nein, die Einrichtung dieses Lebens ist voll von Gelegenheiten unsere Kräfte zu äußern und zu üben, zu erhöhen und zu veredeln! Oder wie, kann nicht ein jeder in seiner Sphäre nach den Gesezen der Religion und Tugend thätig sein und darin zunehmen? Wird nicht jeder täglich an seine Fehler gemahnt, und hat er nicht Gelegenheit genug sie durch Achtsamkeit und Widerstand zu besiegen? Wie hoch kann sich nicht der Mensch emporschwingen!

Welche Leichtigkeit das gute zu üben, welche Freiheit von Leidenschaft, welche Ruhe der Seele, welche Liebe zu Gott, welche lebendige Erkenntniß heiliger Wahrheiten ist ihm nicht möglich! Was ist es doch, daß man klagt, das Leben zöge uns zu sehr zur Erde zurükk? Macht uns die Einrichtung desselben irgend eine Tugend unmöglich? Wir sehn ja überall die erhabensten Beispiele, wie sie der Mensch auch unter den ungünstigsten Umständen durch beständigen Streit und Kampf dennoch erringt! Zwingt sie uns etwa zum bösen? Alles ist ja voll von Beweisen, was für Kraft in dem Menschen und den ihm zugegebenen Hülfsmitteln liegt, auch der größten Verführung auszuweichen und dem erkannten guten treu zu bleiben! Aber das ist es, daß sie die Schranken der menschlichen Natur nicht übersteigen und eitele Wünsche eines thörichten Herzens nicht erfüllen können. Sie möchten Tugend haben ohne Kampf, was keine Tugend wäre; sie möchten auf der höheren Stufe stehn ohne die niedrigere durchgegangen zu sein. Sie möchten Mittel haben unfehlbar auf die Menschen zu wirken und alle ihre Absichten zu erreichen ohne ihre Absicht selbst vollkommen gereinigt zu haben. Sie möchten Kenntniß und Hülfe haben von fremden Welten, von fremden Geschöpfen Gottes, weil sie meinen, die Weisheit sei auf jedem andern Wege leichter zu erlangen als auf dem, den ihnen die Führung Gottes vorgezeichnet hat. So wollen sie über dieses Leben hinaus; aber haben sie schon alles erreicht, was ihnen in demselben möglich wäre? Keiner steht am Ziel! Jeder hat noch viele Kronen vor sich, die er im irdischen Kampf erreichen kann. Wer noch athmet, hat in der Schule des Lebens noch nicht ausgelernt.

Aber auch hier ist alles voller Klagen über die Ungleichheit des menschlichen Zustandes, die Möglichkeit des guten theilhaftig zu werden, meint man, sei eben so ungleich vertheilt wie das irdische Glükk. Der eine, heißt es, hat gar keinen Wirkungskreis hienieden, seine Kräfte sind entweder ganz gehemmt, oder er kann sie doch nur als ein Gut ansehn, das er für andere und nach ihrem Willen verwaltet, nicht als etwas, das ihm eigenthümlich gehörte; wie mag er den niedergedrükkten Geist erheben und durch Thätigkeit seine Bestimmung erreichen? Ein anderer hat einen großen Kreis um sich her, den er gleichsam nach seinem Willen bewegt, nicht nur seine eigenen auch anderer Kräfte stehn ihm völlig zu Gebot, in jedem Fall ist ihm die Handlung möglich, die ihn durch ihre Schönheit reizt, und so kann er alle Art der Thätigkeit üben und unzähliges gute um sich her verbreiten, indeß jener kaum sein eignes Bestehen zu sichern vermag. So wird der menschliche Zustand geschildert, aber geschieht es nicht bloß um sich selbst zu entschuldigen, daß man nicht mehr gutes wirkt? man will seinen eigenen Fehler als einen Fehler der Führung Gottes darstellen, man will sich glauben machen, daß die Gelegenheiten gutes zu thun nicht da gewesen seien, die man übersehn hat. Und ist etwa der Glanz und die Größe der äußern Folgen ein wahrer Maaßstab für die menschlichen Handlungen, und nicht vielmehr das, was in der Seele vorgeht, und die Kraft, die sie anwendet? Ein jedes denkbare Verhältniß des menschlichen Lebens legt uns Pflichten auf, durch die wir nüzlich sind, deren Ausübung uns Mühe kostet, Fehler zeigt und uns also auf Gott führt und im guten weiter bringt. Je emsiger und treuer wir diese erfüllen, desto thätiger sind wir. O es mag mancher große Veränderungen in der Welt hervorgebracht haben, wovon die Geschichte noch nach Jahrhunderten spricht, und dabei weniger thätig gewesen sein als viele, die unbemerkt im verborgenen ihren stillen Beruf in der Welt mit Treue erfüllten.

Eben so ungegründet ist die Beschwerde, daß das Leben gar zu parteiisch die Beförderungen und Hinderungen der Besserung des Menschen austheile. Wenn es auch scheint, als ob einigen der Weg zur Gottseligkeit und Tugend mit Blumen bestreut wäre; als ob sie keine Hindernisse bei allen ihren Bemühungen fänden und leicht zum guten gelangten, weil sie vom bösen nicht versucht werden; wenn es auch scheint, als ob bei manchen andern gleichsam alles zu der Absicht verschworen wäre sie im bösen zu erhalten und ihnen alle Rükkwege daraus zu versperren, sie gleich noch einmal so tief zurükkzustürzen, wenn sie ein wenig emporgeklimmt sind: — so ist doch auch das nur Schein. Es giebt nur ein böses, wozu der Mensch versucht wird, nämlich daß er irgend etwas, das seiner Neigung schmeichelt, demjenigen vorziehn möchte, was er als gut und dem Willen Gottes gemäß erkannt hat. Dieses verfolgt ihn in tausend verschiedenen Gestalten, aber müssen wir nicht gestehen, daß diese Versuchung allen Verhältnissen des Lebens in gleichem Maaß beiwohnt? aber ein jedes giebt uns auch Mittel an die Hand uns herauszuziehn. Das wird jeder bei einer unparteiischen Untersuchung unter allen Ständen und Umständen wahr finden.

So ist es also, wenn man alles zusammennimmt, mit dem menschlichen Leben beschaffen. Es ist ein Zustand, dessen Zwekk nicht der Genuß der Annehmlichkeiten ist, die er darbietet; ein Zustand, der wirklich nicht Freuden genug hat das ganze Herz an sich zu ziehn, aber doch genug um mit Wohlgefallen darin zu verbleiben und das auszurichten, wozu man da ist; ein Uebungsplaz, wo bei allen scheinbaren Verschiedenheiten jeder mit gleichen Vortheilen und Nachtheilen auftritt, jeder dasselbe Maaß von Kraft findet sich zu stärken, dasselbe Maaß von Arbeit seine Kräfte zu brauchen und durch Ueberwindung von Schwierigkeiten zu üben; so ist das Menschenleben eines wie des andern und, wie unser Text sagt, Mühe und Arbeit ist es und soll es sein durch und durch. Mühe in der Erduldung seiner Beschwerlichkeiten und in dem natürlichen Bestreben sie, so viel es mit höhern Pflichten bestehn kann, zu entfernen; Mühe in dem Trachten nach mancherlei Freuden; Arbeit in allen seinen Geschäften; Arbeit in der Ueberwindung aller innern und äußern

Reizungen; Arbeit in den schweren und mühsamen Fortschritten zum guten. Das ist es ohngefähr, was die Worte unsers Textes über das irdische Leben des Menschen sagen wollten. Nun lasset uns

II.

fragen, was diese Schäzung desselben unserer heutigen Empfindung für eine Richtung giebt. Was denken wir nun bei der Rükkerinnerung an das vergangene? Wenn wir das gute, was wir auch in dem verflossenen Jahr genossen haben, schäzen und gegen das unangenehme abwägen wollen, so laßt uns nicht die Freuden desselben, welche vorüber sind, mit Undankbarkeit für nichts erklären, für Kleinigkeiten, die unserer Theilnahme und unseres Dankes unwerth wären; nein, mit Freuden laßt uns zurükk denken an sie alle als an süße Erquikkungen, die uns Gott auf unserm Wege geschenkt hat, und ohne neidische Seitenblikke. Nie werden wir dem verkehrten Gedanken Raum geben, unsere Verhältnisse und Schikksale mit den Begegnissen anderer zu vergleichen, die uns vielleicht günstiger zu sein scheinen. Wie oft geschieht es nicht, daß Menschen als glükklich beneidet werden, die heimlich über ihr Unglükk seufzen und sich über diejenigen wundern, die nicht durch den äußern Schein durchzusehn vermögen, und so würde es uns bei allen solchen Urtheilen gehn. Wir sind im voraus überzeugt, daß bei andern eine ähnliche Mischung von Freuden und Leiden stattgefunden habe. Vielmehr vergleichen wir unsere eigenen Begebenheiten nur mit der Bestimmung des Lebens und der allgemeinen Regel desselben, die wir uns eben vor Augen gelegt haben, und so werden wir desto zufriedener sein, je weniger wir große Ansprüche auf reine unvermischte Glükkseligkeit machen zu dürfen uns bewußt sind; — oder sollten wir nicht immer gestehn müssen, daß wir Annehmlichkeiten genug genossen haben, um unsere Seele in Thätigkeit zu erhalten und wo es nöthig war aufs neue zu beleben? daß wir den Tribut von Leiden und Widerwärtigkeiten, den wir diesem unvollkommenen Zustand schuldig sind, immer haben überstehn können?

Stellt sich uns auf diese Weise der größere angenehme Theil des vergangenen Jahres vornämlich dar, so laßt uns dennoch nicht zu sehr klagen, daß es so schnell verflossen ist. Von jedem Genuß, so kurz er uns gewesen zu sein scheint, ist uns aller Schnelligkeit ohngeachtet dennoch so viel geworden, als uns bestimmt war, um diejenige Masse von Vergnügen hervorzubringen, welche überhaupt das irdische Antheil der Menschen ist. Scheinen uns alle Freuden mit raschen Schritten geeilt zu sein, so sind ihnen die Leiden in dem nämlichen Zuge gefolgt. Wenn wir freilich ein vergangenes Jahr nur nach Maaßgabe des Vergnügens schäzen müßten, was uns als Ueberschuß über die Leiden zu Theil geworden ist, so wären wir immer berechtigt es kurz und arm an Inhalt zu nennen; aber wir kennen ja eine andere Bestimmung desselben; laßt uns doch nicht nur nach dem sehen, was wir empfunden haben, was an uns geschehen ist, sondern vornämlich nach dem, was wir gethan haben; und finden wir viel Thätigkeit der Seele, viel Fleiß im guten, viel wohleingerichtete nüzliche Handlungen darin, so wollen wir nicht sagen, daß es leer und schnell vergangen ist, und wenn uns auch alle Glükkseligkeiten desselben jezt nur noch als ein Traum erscheinen.

Erwägen wir aber diese Handlungen selbst, welche im verflossenen Jahr unser Werk waren, so wird auch diese Erinnerung durch unsere vorhergegangene Ueberlegung richtiger und fruchtbarer gemacht werden. Erstlich, wir werden uns nun nicht, wenn uns die Summe der guten Thaten zu klein scheint, täuschen, nicht glauben, daß wir allein hinter unseren Brüdern stehen, daß unsere Lage uns weniger Gelegenheit gegeben im guten thätig zu sein, als irgend einem Menschen der Erde. Und wenn wir uns nun diese Täuschung nicht erlauben, so werden wir es bei genauer Aufmerksamkeit wol entdekken, wo unsere

Nachlässigkeit das gute, das auf unserm Wege lag, übersehen, wo unsere Trägheit auch das, was wir sahn, unausgeübt gelassen. Haben wir uns aber diesen Vorwurf weniger zu machen; giebt es Stellen in dem vergangenen, wo wir es uns gestehn dürfen, daß unsere Seele mit Munterkeit und Lust ausgerüstet gern thätig war, so viel sie es vermochte: so laßt uns unsere Dankbarkeit und Zufriedenheit darüber nicht durch ein vergebliches Mißvergnügen über die Art dieser Thätigkeit stören; haben es uns Vernunft und eigene Erfahrung einmal versichert, daß unter keinen Umständen des Lebens ein Tag unthätig und ungenuzt vorbeistreichen darf, so laßt uns doch uns daran genügen; laßt uns unsern Beruf ehren und lieben, wenn er auch still und unbemerkt ist; laßt uns mit der schönen Seite desselben uns vertraut machen, daß nicht der Glanz und die Größe der äußern Folgen, die wir in den Handlungen anderer bemerken, uns verblenden und falsche Triebfedern in unsere Seele bringen.

Richten wir ferner nun unser Auge auf die Güte unserer Handlungen, so werden wir vielleicht viele erblikken, deren wir uns als unrecht und fehlerhaft schämen, und wenn wir den ganzen Zusammenhang und die Umstände, unter denen wir handelten, bedenken, so werden wir vielleicht manches darin finden, was diese Fehler ganz natürlich herbeigeführt zu haben scheint; aber wir sind gewiß weit entfernt diese Entdekkung zu mißbrauchen, um einen gewissen Leichtsinn in der Beurtheilung unserer selbst zu beschönigen und die Schuld des bösen nicht auf uns sondern auf unsere Zustände zu schieben. Wir haben uns fest überzeugt, daß es kein Verhältniß des Lebens giebt, wo man zum bösen gezwungen es nicht vermeiden könnte. Sind wir es uns nicht selbst bewußt, daß selbst zu der Zeit da wir fehlten, Kräfte genug in uns lagen, um alle dem zu widerstehn, wenn wir nur den Willen gehabt hätten sie zu gebrauchen; und die immer bereite Hülfe der Religion, war sie uns denn unerreichbar? Nein! wären wir nur besser gewesen, so könnten wir nicht nur unter diesen, auch unter noch weit ungünstigern Umständen besser gehandelt haben. Sehn wir also andere neben uns, die von diesen Fehlern frei sind, werden wir unserm Stolz die armselige Zuflucht erlauben ihr Leben für besser eingerichtet zu preisen, um sie selbst nicht für besser halten zu dürfen? Keines Menschen Leben, wissen wir, ist leer an Versuchung, und wenn auch die Handlungen, wozu sie verleitet werden, nicht alle den nämlichen Schein haben, so werden sie doch alle in gleichem Maaß versucht vom guten abzuweichen. Kennst du die innern Kämpfe, die derjenige hat durchstreiten müssen, den du als einen begünstigten Liebling ansiehst, weil du die äußere Versuchung in seinem Leben nicht sahst, denen du unterlegen bist? Aber gehe in dich und bekenne, keiner wird versucht über sein Vermögen, und dein ist die Schuld, wenn du nicht obgesiegt hast. Eben diese Ueberlegung, welche uns unsere unvollkommenen Handlungen in dem rechten Licht zeigt, macht uns auch bescheiden bei der Freude über das gute, was wir in der vergangenen Zeit von uns gethan finden. Ja wir freuen uns darüber; mit dankbarer Rührung erinnern wir uns der liebevollen Führung Gottes, welche uns auf dem Weg des Lebens so vielen Veranlassungen begegnen ließ, bald durch richtigere Erkenntnisse unsern Verstand aufzuhellen, bald durch tiefere Blikke in uns selbst uns neue Ziele, nach denen wir ringen, aufzustekken; bald durch besonders segensvolle Eindrükke von der Liebe und Hoheit Gottes unsere Seele zu erheben, bald mancherlei Handlungen der Liebe und des Wohlwollens gegen andere zu üben — aber werden wir uns nun vermessen, daß zu allem diesem guten unbedingt die Kräfte immer in unserer Gewalt stehn? Wie nun, wenn alle diese Gelegenheiten mit den stärksten Versuchungen auf die schwache Seite unseres Herzens begleitet gewesen wären, würden wir immer stark und fest genug gewesen sein zu überwinden? Daß wir manche gute Handlung gerade dann thun konnten, als irgend etwas unsere Seele besonders gestärkt und des guten fähig gemacht hatte; alle diese grösseren und kleineren Hülfsleistungen, die uns von außen gekommen sind, wessen Werk sind sie, als dessen, der so viele Beförderungsmittel des guten in das irdische Leben überhaupt legte, und der den besondern Gang eines jeden mit der liebevollsten Weisheit leitet? — So können wir mit einem ruhigen Wohlgefallen in die Vergangenheit blikken. Seine Führung hat uns in nichts vernachlässigt, sie hat uns an Gelegenheit zur Freude und zum guten unsern Brüdern gleich und sehr weise bedacht, und unsere Aussicht in die Zukunft, sollte sie nicht die nämliche sein? Gewiß, wenn wir unsere Vorstellungen von dem, was uns etwa bevorsteht, nach den Begriffen einrichten, die wir uns eben jezt auseinander gesezt haben. Wer der Vergangenheit hat Gerechtigkeit widerfahren lassen, dem bietet auch die Zukunft kein Schrekkbild dar, das ihm lauter Unglükk darstellte; aber eben so wenig werden wir auch leiden, daß eine trügende Einbildungskraft ihrem Bilde glänzendere Farben unterlege als sie wirklich hat, wir werden uns nicht etwa erlauben träumerische eitle Hoffnungen auf sie zu bauen, wie es ein leichter Sinn zu thun pflegt. Soll etwa nun alles anders werden, als es bisher gewesen ist? Lassen wir nun alle Sorgen und Kümmernisse der Vergangenheit dahinten? Wird dieses Jahr ein neues Schikksal für uns schmieden, aus der Erfüllung unserer liebsten Wünsche zusammengesezt? Werden wir nun ohnfehlbar dies oder jenes irdische Gut erlangen, das wir bisher nicht erreichen konnten? Ist es diese oder jene bestimmte Freude des Lebens, diese oder jene bestimmte Art des Wohlseins, auf die wir Rechnung machen können? Nein, so unähnlich der Vergangenheit wird die Zukunft nicht sein; es geschieht nichts neues unter der Sonne und wird auch nichts geschehn; die Zukunft wächst aus dem Keim der Vergangenheit hervor und ist ihr ähnlich; auch dies angehende Jahr wird seinen vorigen Brüdern in dem Stükk ähnlich sein.

Und so heißen wir dich willkommen, du neues Jahr; wir

kennen die mancherlei lebhaften und sanften, starken und lieblichen, erhabenen und unschuldigen Menschenfreuden, die du mit dir führst; wir sind ihrer Begleitung gewohnt, und froh gehn wir ihnen aufs neue entgegen; wie uns eine jede derselben erscheinen, wo sie uns die Hand reichen, wie lange sie bei uns weilen wird, das überlassen wir der Macht, die uns führt, aber treffen werden wir sie alle, des sind wir gewiß. Doch auch ihr werdet nicht zurükkbleiben, ihr größeren und kleineren Leiden des Erdenlebens, manche Freude werdet ihr unterbrechen, manche Stunde werdet ihr uns trüben, manche Seufzer unserer Brust erpressen; aber kommt auch ihr, ihr seid unser beschiedenes Antheil, wir können euer Recht an uns nicht abläugnen, so lange wir noch den Stempel des irdischen tragen, wir werden mit euch streiten, wir werden unsere Kräfte an euch üben, wir werden unsere Abneigung besiegen, wenn wir euch nicht vertreiben können, wir werden uns an die Gesinnungen der Religion stüzen, wenn ihr uns zu mächtig werdet, und so wird auch diesem Jahr das allgemeine Kennzeichen eingedrükkt sein, daß es Mühe und Arbeit sein muß. Sollte bei diesem Loos irgend jemand um uns sein, den wir beneiden werden? es fällt auch einem jeden unserer Brüder schwer an dem nämlichen Joch, und nur der ist am besten dran, der es am besten zu tragen weiß.

Und was hoffen wir nun von uns selbst in dieser neuen Zukunft? was wird sie zu unserer Besserung, zu unserer Veredelung beitragen? O da brauche ich es wol nicht erst zu erwähnen, daß niemand von uns sich der kleinmüthigen Meinung überläßt, als ob wir dazu hier weder Gelegenheit noch Kräfte hätten und immer auf dem nämlichen Flekk des Elends und der Unvollkommenheit stehn blieben. Selbst wenn jemand unter uns sein sollte, dem entweder eine neuerliche Demüthigung seiner selbst, oder der große Abstand dessen was er ist gegen das was er zu sein wünscht, oder auch ein wirklicher Mangel an Fortschritten im guten Veranlassung zu einer merklichen Unzufriedenheit mit dem vergangenen in diesem Stükk gegeben hätte, selbst dieser kann nicht einen so verzagten Begriff fassen. Das Nachdenken über das vergangene zeigt ihm die Möglichkeit des besseren, das Mißvergnügen über seine Fehler erfüllt ihn mit einem edlen Muth, und die Anhänglichkeit an die Religion giebt ihm die Stärke, die diesem Muth angemessen ist. Wir alle, sind wir nicht jezt voll eines heiligen Eifers gegen die Schwäche, deren wir uns bewußt sind? haben wir nicht aus der Ueberlegung des vergangenen nüzliche Lehren in dieser Rükksicht gezogen? Sind wir nicht eben jezt beschäftigt unsere besten Maaßregeln für alle Fälle festzusezen, wo wir versucht werden könnten? brennt nicht in uns eine heiße Begierde nach dem guten, was wir bis jezt noch verfehlten? sehn wir nicht schon im Geiste leichtere und sichrere Mittel dazu? wie spannen wir nicht unsere Kräfte! wie wollen wir nicht danach ringen! Aber freilich so schön wird nicht alles gehn, wie wir es jezt wünschen oder uns vornehmen. Auf einmal werden wir uns nicht von nun an zu Mustern alles guten erheben und alle Schwachheiten hinter uns lassen. Selbst dieser jezt gefühlte Eifer wird oft erkalten in unserer Seele, oft werden wir ihn vergeblich hervorrufen wollen, aber dessen können wir uns getrösten, wir werden alle unsere Wünsche von der Art in sofern erreichen, als wir sie immer recht ernstlich wollen werden.

Laßt uns getrost in unser Leben hinaus sehn; sollten wir etwa gerade in dieser Rükksicht vor den Einschränkungen desselben zittern? O wir mögen es uns denken wie wir wollen, überall wird es reich sein an Aufforderung gutes zu thun, es wird keine Gewalt da sein, die uns zurükkzwingt, alle diese Schäze sind unser, wenn wir Eifer haben sie zu sehen und Stärke sie zu heben. Laßt uns Freude haben; fühlen wir einen guten Willen und ein demüthiges Herz, so werden wir wirklich manche davon besizen. Frömmigkeit und Tugend werden uns selige segensreiche Augenblikke bereiten, reicher werden wir uns durch Thätigkeit an manchem guten finden, und manche schwere Handlung werden die wohlthätigen Einwirkungen unseres Lebens freundlich erleichtern. Aber irdische Unvollkommenheit wird uns oft schwach und lässig machen, und dann wird vielleicht das böse uns zur übelsten Stunde versuchen. O, wir müssen nicht unterliegen! wer darf sagen, daß er müßte? Aber laßt uns wachen und beten, daß wir nicht in der Anfechtung fallen *), laßt uns tapfer sein als die Streiter Gottes, angethan mit allen Waffen, die er uns verliehen. So sehn wir auch hier Mühe und Arbeit voraus, kämpfen und ringen, steigen und fallen. Laßt uns nicht klagen! Es ist die Bestimmung unseres Lebens. Laßt uns nicht wähnen, nur auf uns ruhe dieses Schikksal! Es ist das Loos aller, immer dasselbe unter tausend Gestalten, und thöricht der, der die, die ihm geworden ist, mit einer andern vertauschen möchte! Denn wenn er nicht da siegt, wo ihn Erfahrung klug gemacht haben sollte, wie wird er sich da nehmen, wo er noch unbekannt ist? Aber schnell, schnell wird auch dieses Jahr vergehen wie ein Strom; darum laßt uns eilen, von nun an jeden Augenblikk anzulegen; immer sei unser Herz ruhig bei der Führung Gottes, immer unsere Seele des guten und der Liebe zu ihm voll, immer unser Geist demüthig mit Flehen zu dem gerichtet, der den demüthigen Gnade giebt, und der auch uns geben wird das Wollen und das Vollbringen! Amen.

*) Matth. 26, 41.

XII.

Ueber die vornehmsten Ursachen, aus denen die Menschen troz der Erkenntniß des guten doch von demselben fern bleiben.

Ueber Luk. 8, 4—15.

Am Sonntage Sexagesima 1793.

Es ist nichts seltenes zu hören, m. Fr., daß solche Menschen, welche Gott mit Gefühl und Liebe zum guten gesegnet hat, deren aufrichtiges Bestreben dahin geht auf dem Wege der Gottseligkeit zu wandeln, und die sich mancher guten Fortschritte darin bewußt sind, sich sehr über die verkehrte Richtung wundern, worin sie die Seelen anderer ihrer Mitbrüder sehn, über die bösen Fertigkeiten, welche sie angenommen haben, über die Leichtigkeit sich durch schlechte Bewegungsgründe fortreißen zu lassen, so daß es bisweilen scheint, als ob sie gar keine Aehnlichkeit zwischen sich und diesen ihren unglükklichen Nebenmenschen finden könnten. Sie würden sich ohne Zweifel weniger wundern, wenn sie in solchen Augenblikken gehörig bedächten, daß im Grunde alles das böse, worüber sie bei andern erstaunen, nur eine öftere Wiederholung, eine größere Verstärkung dessen ist, was sie seltener und in einem geringern Grad an sich selbst bei einiger Aufmerksamkeit gewahr werden müssen, daß die nämlichen Anlagen der menschlichen Seele, welche dort eine gänzliche Verdorbenheit und Schwäche, eine gänzliche Entfernung vom guten bewirken, auch bei ihnen selbst mit einer geringern sich seltner zeigenden Gewalt über die Seele dennoch Ursach aller einzelnen Fehler und Mängel sind, die sie sich noch gestehn müssen. Und das ist doch ganz gewiß: wenn der gute Mensch fehlt, so ist es nicht etwas anderes, sondern das nämliche, was den bösen zu dem Laster, was diesem Fehler ähnlich ist, verleitet. Wenn sich zum Beispiel der bessere fragt, Was ist es, das mich zu dieser Handlung hinriß, die ich als meiner und der Gnade, die Gott bisher an mir gethan hat, unwürdig erkenne: so ist es die nämliche Schwierigkeit starken Gemüthsbewegungen zu widerstehn, welche den andern zu einem verachtungswürdigen Sklaven seiner Neigungen macht. Wenn er sich fragt, Wie kommt es, daß diese heilsame Wahrheit, die ich nun so lebendig erkannte, dies erneute Bewußtsein irgend einer verborgenen Pflicht, das ich nun so lebhaft fühlte, dennoch den Einfluß nicht auf mich gehabt hat, den ich mir davon versprach, so kann er es nicht läugnen: es ist irgend eine von den vielen Ursachen, welche bei andern noch schwächeren Menschen den Einfluß des guten ganz zerstören und machen, daß auch die Erkenntniß ihrer Pflichten und ihrer Erwartungen, die nicht bloß auf ihren Lippen und in ihrem Verstande war, sondern wirklich ihr Herz rührte, dennoch ohne Frucht blieb.

Leider ist diese Erfahrung von der öfteren Unfruchtbarkeit des lebhaft erkannten und gefühlten guten eine solche, welche auch derjenige, der dem guten nachgeht, öfters an sich selbst zu machen Gelegenheit hat, und es mag auch hier die Bewandniß haben, daß wir die Ursachen davon in einzelnen Fällen ihrer Wichtigkeit und ihren Folgen nach nicht so leicht erkennen, als wenn wir sie in dem Spiegel solcher bedaurungswürdigen Menschen betrachten, welche die traurige Gewalt derselben in einem noch weit höhern Grad erfahren haben. Das hat unser Erlöser zu unserm Nuzen bedacht, als er bei einer vorkommenden Gelegenheit seinen Jüngern und durch sie auch uns einen nicht genug zu schäzenden Unterricht über dies wichtige Stükk der Selbsterkenntniß gab, und diesen Unterricht wollen wir zum Grund unserer heutigen Betrachtung legen.

Text. Luk. 8, 4 — 15.

Da nun viel Volks bei einander war und aus den Städten zu ihm eileten, sprach er durch ein Gleichniß, Es ging ein Säemann aus zu säen seinen Saamen; und indem er säete, fiel etliches an den Weg und ward vertreten, und die Vögel unter dem Himmel fraßen's auf. Und etliches fiel auf den Fels, und da es aufging, verdorrete es, darum, daß es nicht Saft hatte. Und etliches fiel mitten unter die Dornen, und die Dornen gingen mit auf und erstikkten's. Und etliches fiel auf ein gut Land, und es ging auf und trug hundertfältige Frucht. Da er das sagte, rief er, Wer Ohren hat zu hören, der höre! — Es fragten ihn aber seine Jünger und sprachen, was dies Gleichniß wäre? Er aber sprach, Euch ists gegeben zu wissen das Geheimniß des Reiches Gottes, den andern aber in Gleichnissen, daß sie es nicht sehn, ob sie es schon sehn, und nicht verstehn, ob sie es schon hören. Das ist aber das Gleichniß, Der Same ist das Wort Gottes, die aber an dem Wege sind, das sind, die es hören; danach kommt der Teufel und nimmt das Wort von ihren Herzen, auf daß sie nicht glauben und selig werden. Die aber auf dem Fels sind die, wenn sie es hören, nehmen sie das Wort mit Freuden an, und die haben nicht Wurzel; eine Zeit lang glauben sie, und zu der Zeit der Anfechtung fallen sie ab. Das aber unter die Dornen fiel, sind die, so es hören, und gehen hin unter den Sorgen, Reichthum und Wollüsten dieses Lebens und erstikken und bringen keine Frucht. Das aber auf dem guten Lande, sind, die das Wort hören und behalten in einem feinen und guten Herzen, und bringen Frucht in Geduld.

Die große Menge Volks, welche um Christum versammelt war, deren größten Theil zwar nur Neugierde trieb ihn anzuhören, auf die aber doch die große Kraft, womit er zu dem menschlichen Herzen redete, ihre erste Wirkung nicht verfehlen konnte, brachte Christum natürlicher Weise auf die Betrachtung, warum doch ohnerachtet der Ueberzeugung von der Wahrheit der Lehren, die er ihnen gab, ohnerachtet ihres Eindrukks von der Verbindlichkeit der Pflichten, die er ihnen vorlegte, das gehörte gute bei den meisten von ihnen ohne dauerhafte und beträchtliche Wirkung bliebe. Darüber theilt er ihnen nun seine Gedanken in einem Gleichniß mit, worin er unter den verlesenen sehr passenden Bildern von den vornehmsten Ursachen redet, warum die meisten Menschen ohnerachtet ihrer wirklich zu Herzen gegangenen Erkenntniß des guten dennoch von demselben entfernt blieben. Indem er aber seinen Jüngern dieses Gleichniß erklärt, so sagt er selbst zu ihnen, die doch vom guten nicht mehr entfernt waren, Darum sehet zu, wie ihr höret;, und das erinnert uns auch unsterseits von diesem Unterricht eine Anwendung zu machen, welche sich näher auf uns bezieht. Nicht nur in der Menschheit überhaupt, sondern in jedem selbst dem besten Herzen findet der wohlthätige Säemann, der immerfort bestrebt ist den Samen des guten auszustreuen, zu verschiedenen Zeiten einen solchen dem Fortgang dieses Samens auf verschiedene Weise hinderlichen Boden. Wir werden also diese von Christo angegebenen allgemeinen Ursachen von der Unfruchtbarkeit des guten im menschlichen Herzen, auch als die Ursach von den einzelnen Fehlern ansehn, welche sich ein jeder von uns hierin zu Schulden kommen läßt, und jede derselben einzeln so betrachten, daß wir nicht nur sehn, was darunter gemeint ist, und wie sie in der menschlichen Seele wirken, sondern daß wir auch zugleich untersuchen, wie wir uns davor durch die göttliche Gnade hüten können.

I.

Was für Menschen mag wol Christus unter denjenigen verstehn, über die er sich gegen seine Jünger so ausdrükkt, daß sie das gute zwar mit Freuden annehmen, aber ehe sie es sich versehen, so käme der Teufel und nehme es von ihren Herzen? Wir wissen wol, daß es eine allgemeine Redensart unter dem Volk Christi war, alle wichtigen Begebenheiten, deren Ursachen man nicht erkennen konnte, nach ihrer Beschaffenheit entweder einem guten oder bösen Geiste zuzuschreiben; aber was waren nun diese verborgenen von ihnen selbst unerkannten Ursachen des fruchtlosen verschwindens guter Eindrükke? O sie sind schon dadurch genug bezeichnet, daß sie als unerkannt angegeben werden! Oder sollte es möglich sein, daß derjenige, der auf sich selbst achtet, das gute aus seiner Seele verlieren könne ohne wenigstens zu wissen, wie es geschehen sei? Wenn also das möglich ist, so ist es immer durch den unverantwortlichen aber bei so vielen Menschen eingewurzelten Leichtsinn, welcher macht, daß sie alles, was in Absicht ihres geistigen Zustandes um sie und in ihnen vorgeht, übersehn ohne einige Aufmerksamkeit zu verwenden. Was könnte auch einem, der nach den Ursachen der Unfruchtbarkeit des guten sucht, eher einfallen, als dieser Leichtsinn, und wie ließe sich ein passenderes Bild dafür denken als das, dessen sich Christus bediente! Der Saame fällt auf den Weg! Ja das ist kein Erdreich, welches dazu bereitet ist ihn einzunehmen; man hat den Zustand desselben dem Zufall überlassen; bald ist er weich, und alle Spuren dessen was darüber hergeht graben sich tief in denselben ein; bald ist er hart, und es scheint, als ob die größte Gewalt nicht fähig wäre einen Eindrukk auf ihn zu machen: aber in jedem Zustand scheint er nicht bestimmt irgend etwas hervorzubringen, sondern nur ohne einen Zwekk für ihn selbst eine unzählige Menge aufeinander folgender sich durchkreuzender Eindrükke von außen zu empfangen, die ohne Zusammenhang neben einander bestehen und, wenn sie eine Zeit lang sichtbar gewesen sind, von andern verdrängt und verlöscht werden. So fällt denn auch der Saame darauf; er scheint sich bisweilen tief genug ins Erdreich zu senken, aber dann wird er absichtlos von denen die darüber hingehen niedergetreten, und jede neue Gewalt, welche darauf drükkt, verhindert noch mehr das Keimen desselben, bis er endlich erstikkt. Bald liegt er oben auf dem harten Boden, sichtbar vor aller Augen und bedauert von allen, die es gewahr werden, und die Vögel des Himmels, die davon leben, jedes Saamenkörnchen das sie erblikken dem Erdreich zu rauben, worein es gesäet war, kommen und verzehren es ohne Widerstand.

Das ist das Bild eines Menschen, der unachtsam und leichtsinnig ist über alles, was die Führung seiner Seele betrifft; sein Herz ist nicht bearbeitet und zum Gedeihen des guten Saamens geschikkt gemacht; es hat überhaupt keine Kraft selbst etwas zu sein oder zu thun, sondern es hängt ganz von den äußern Umständen ab, deren Einwirkung es sich mit so vieler Sorglosigkeit überläßt, und so versucht denn auch ohne Scheu alles, was ein menschliches Herz rühren kann, seine Kraft darauf; es lebt ohne eine bestimmte Richtung aller Veränderungen auf einen Punkt weder zum guten noch zum bösen, sondern in einem verwirrten gesezlosen Wechsel von Gedanken und Empfindungen, Neigungen und Begierden, bei denen es am Ende immer bleibt, was es gewesen ist. Wie soll es nun den guten Eindrükken darin ergehn? Sie empfinden das gute und wahre, wie sie alles empfinden; bisweilen scheinen sie es sogar tief zu fühlen, scheinen es zu einem guten Zwekk in dem innern ihres Herzens zu verschließen: aber dieses tiefe Gefühl ist dann kein Vorzug dieser Eindrükke; es ist die natürliche Folge von dem Zustand, in dem sie sind, und der allem was sonst wo auf sie einwirkt eben so zu statten kommt; alle nichtigen eitlen sinnlichen oder bösen Eindrükke dringen dann eben so tief, und da ist es ja unvermeidlich, daß irgend einer darunter ist, der jenem aufgefaßten guten gerade entgegengesezt ist und also alle Wirksamkeit desselben aufhebt; erholt es sich wieder, will es dennoch etwas in der Seele schaffen, o es kann nicht fehlen, in dem beständigen Wechsel von Gemüthsbewegungen kommt bald ein neuer Feind, der es ganz vernichtet, so daß die Seele auch das Bewußtsein davon verliert, daß niemand denken sollte, es sei jemals da gewesen.

Oft ist auch die unerwartete Empfindung des guten in einer solchen Seele nur oberflächlich; statt innerlich verschlossen zu werden wird sie äußerlich zur Schau getragen, der Eindrukk ist in allen Reden und Bezeigungen sichtbar, man spricht mit Wärme von der neu erkannten Wahrheit, von der neu gefühlten Verbindlichkeit, man ist voller Gefühl über die bisherige Unwissenheit und Unrecht; aber wer den Menschen kennt, der bedauert schon im voraus das Schikksal dieser jezt so hervorglänzenden Empfindung, und diejenigen, die sich eine Freude daraus machen, das gute wo sie es sehn zu vertilgen, richten ihre Kraft gegen solches Herz; bald ist es Spott, bald ein Blendwerk von Ueberredung, bald Warnung vor Gott weiß was für Schaden, bald Reizung, kurz das gute wird unausbleiblich ihre Beute, denn es lag ja nur oben auf. Dann kommt wol bei Gelegenheit die Erinnerung in die Seele zurükk, daß dieses gute doch da gewesen sei, und dann soll es irgend eine geheime übernatürliche Kraft gewesen sein, die es so unversehens geraubt hat. Es giebt leider Menschen genug, bei denen das so fortwährt, und die sich auf diese Weise für einen großen Theil ihres irdischen Lebens das Glükk ihrer Seele verscherzen, aber auch andere sind für einzelne Fälle wenigstens in dem nämlichen verderblichen Zustande. Es müßte wol ein jeder weiter im guten sein, wenn jedes Saamenkorn, das in sein Herz gesäet ward, gediehen wäre, wenn jeder gute Eindrukk seine volle Wirkung gethan hätte. Ich denke wol, daß sich die meisten Menschen solcher Fälle werden erinnern können; irgend eine nüzliche Betrachtung hatte sie besonders gerührt, sie hätten sie sich zu Nuz machen können, aber wie ist es doch zugegangen? ehe sie sich versehn, haben sie dennoch das gethan was sie dadurch hätten vermeiden können, und das Bewußtsein jenes guten ist verschwunden. ohne daß sich eine erhebliche Ursach davon anführen ließe; irgend eine gute Lehre ist ihnen zugekommen, die ihnen eine heilsame Wahrheit vollständiger, wichtiger, deutlicher vorstellte, aber sobald es darauf ankam die Wirkung davon zu zeigen, so stellt sich nur der nämliche unvollständige verwirrte gleichgültige Gang der Gedanken dar, wie er vorher gewesen war — was ist also aus diesem Saamenkorn geworden? Es ist uns gegangen wie dem leichsinnigen, und wir haben nicht einmal gemerkt, daß wir in einem verwerflichen Zustand waren.

Wenn wir lange in dem Zustand leben, den man den gewöhnlichen Gang der Dinge nennt, wo nichts neues nichts außerordentliches unsere Aufmerksamkeit bisweilen schärft, da kann es geschehn, daß die Gewohnheit nach und nach den Eindrukk dessen was in uns vorgeht schwächt, und daß wir so unsere Achtsamkeit auf uns selbst verlieren. Von keinem besondern Uebel bedroht, nicht in der Lage uns ein besonderes neues gutes zum Augenmerk machen zu können, scheint uns alles von selbst seinen gehörigen Gang zu gehn, und wir verlieren die Spannung, alles was in uns geschieht auf einen Zwekk, auf einen Punkt zu beziehn. Dadurch geben wir nun die Aufsicht und Gewalt über unsere Gedanken und Empfindungen auf, wir kommen gewissermaßen wieder unter die Herrschaft unseres Temperaments und sind wenigstens in einigem Grade in dem Zustande des leichtsinnigen und werden es nicht gewahr, so lange uns nichts auffallendes daran erinnert. Da giebt es vielerlei Dinge, die wir, weil wir uns so dem Zufall hingegeben haben, eben so lebhaft empfinden als das gute; da kreuzen sich ungehindert so viele nicht zu unserer Besserung gehörige Ideen, daß das gute darüber in Vergessenheit kommt und seine Wirksamkeit durch Mangel an Stätigkeit der Seele verliert; oder es entsteht eine solche gleichgültige Kaltblütigkeit, bei der uns alles nur schwach rührt, und eben so fassen wir denn auch das gute auf.

Aber so wie das gute überhaupt seine Feinde hat, so hat auch jedes einzelne gute und jede einzelne Wahrheit Menschen, die ihr aus mancherlei Gründen entgegen arbeiten. Können wir uns da wol wundern, wenn es ihnen in diesem lenksamen unbewachten Zustand der Seele gelingt es uns durch mancherlei Umwege unbemerkt wieder zu rauben? Laßt uns nicht die Schuld davon auf irgend eine unsichtbare Macht schieben, das hält die Anwendung unserer Kräfte nur zurükk, laßt uns vielmehr sehn, wie wir uns vor diesem leicht entstehenden gefährlichen Seelenzustand hüten können. Der erste Schritt dazu ist geschehen, sobald wir glauben ohne Achtsamkeit auf uns selbst in dem rechten Gang eines Menschen, der auf den Wegen des Herrn wandeln will, bleiben zu können. Auch der gewöhnlichste Gang des Lebens — so muß derjenige denken, der die Schwachheiten des menschlichen Herzens kennt und dabei seine Seele bewahren will — ja ein jeder Tag mit seinen kleinen Begegnissen ist nicht so leer, daß er nicht manches enthalten sollte, was unsere Aufmerksamkeit verdient; verabsäumen wir das, so wird beständig etwas vorgehn, was die Seele in Unordnung bringt, und in dieser Verwirrung wird manches schädliche ungestört sich entwikkeln, manches gute Saamenkorn ohne Keimen ersterben; wenn wir dagegen nicht unaufhörlich arbeiten, wenn wir uns nicht jedes Beispiel zur kräftigen Warnung dienen lassen, so müssen sich diese traurigen Fälle immer mehren, so müssen wir immer weiter in der Fertigkeit das gute zu benuzen zurükgesezt werden.

II.

Eine andere Gattung von Menschen, bei denen sich dem Fortgang im guten schädliche Hindernisse entgegensezen, ob sie gleich noch einen Schritt weiter darin gethan haben, als jene, vergleicht Christus in seiner Rede mit einem felsigen Boden, der gleichsam nur auf der Oberfläche mit einer dünnen Erdlage bedekkt ist. Da können wol kleine Gewächse gedeihen, deren Wurzeln nur auf der Oberfläche liegen bleiben, aber nichts was tiefer hinunter seine Wurzeln schlagen muß, um Festigkeit zu bekommen. Das Saamenkorn, das auf ein solches Land fällt, keimt also, es fängt an zu grünen, es wächst unter dem sanften Einfluß einer milden Witterung, so lange seine zarten Wurzelchen diese Erdlage noch nicht ganz durchdrungen haben, es giebt eine trügliche Hoffnung des Gedeihens; aber bald bleibt es stehn, seine Wurzeln suchen tiefer zu dringen, da finden sie den undurchdringlichen Felsen, und das Wachsthum hört auf. Kommt nun die Hize des Sommers, eben die Hize, welche die Reife anderer Gewächse befördert, so hat es nicht Kraft genug ihre Wirkung auszuhalten, sein Boden liefert ihm viel zu wenig Saft, es erliegt der Gewalt der Sonne, es welkt, es steht noch lange da, aber nur seine kümmerliche Gestalt ohne Leben, endlich verdorrt es. So sind diejenigen, welche das Wort zwar mit Freuden annehmen, aber in der Zeit der Anfechtung fallen sie ab. Das gute, was sie erkannt und empfunden haben, bleibt nicht ganz unthätig in ihrer Seele, es zeigen sich mancherlei kleine Folgen davon, es scheint anzuschlagen, es scheint sich zu vermehren, es giebt einen guten Anschein, aber weiter auch nichts. Alle diese Folgen sind gleichsam nur auf der Oberfläche der Seele, es sind lauter leichte Handlungen, welche sich verrichten lassen ohne daß das gute eine große hinlängliche Macht über die Seele erlangt hat, und bei denen noch viel böses, viel dem guten widerstehendes im Grunde des Herzens vorhanden sein kann, und dabei hören denn auch alle Fortschritte auf, welche das gute in ihrer Seele macht. So tief ist es nicht eingedrungen, daß es in alle Theile der Seele eingegriffen hätte, daß es aus allen unaufhörlich Nahrung zöge, daß es nicht mehr ausgerissen werden könnte ohne die ganze Seele zu zerreißen, daß es nicht eher untergehn könnte, bis auch alle Kraft des Geistes sich erschöpft hätte, um es zu unterhalten. Danach ist das Herz nicht bearbeitet; es wirkt unter günstigen Umständen so viel gutes, als der Mensch leicht über sich gewinnt, nur so viel, als er immer von seinen äußern Bezeigungen nach Verhältnissen einrichtet, die ihn nicht tief rühren, als er immer eben diesen Verhältnissen von seinen Neigungen zu opfern gewohnt ist. Aber im innern des Herzens da sind noch so viele unbesiegte Neigungen, so viele heftige Begierden, so viel schwere Trägheit, so viele blinde Vorurtheile; auf Unkosten von diesen kann das gute nicht wachsen, es zeigt sich ohne Kraft, sobald es eine Aufopferung von diesen gilt, es bleibt also bloß bei jenen äußern Bezeigungen stehn; so ist es immer noch sichtbar in der Seele, aber jeder wahre Kenner sieht auf den ersten Blikk, daß es ohne wahre Kraft und Leben ist. Wie wird es nun bestehn, wenn eben die Prüfungen kommen, welche bei andern Menschen das Fest- und Reifwerden im guten befördern, indem sie uns nöthigen die Gewalt anzuwenden, die das gute über uns hat? O da hat es keine Gewalt; keine große erworbene Fertigkeit, kein großer Sieg über Neigungen unterstüzt es, und es verdorrt gänzlich. So geht es in diesen Seelen einem Saamenkorn des guten nach dem andern; weil der wohlthätige Säemann nicht unterläßt immer neue auszustreun, so sind sie nie ganz ohne äußere gute Handlungen, aber es bleibt alles so matt, so fade, so welk und reift nicht.

Wenn bei andern nicht die ganze Seele auf eine so unglükkliche Weise verhärtet ist, so haben doch so viele davon irgend einen großen Hauptfehler, über den das gute schlechterdings nichts gewinnen kann, an dem seine Kraft immer zurükkprallt, der alle Wirkungen desselben hemmt, sobald es mit ihm in Streit kommt. Aber selbst auf die, von denen sich das nicht einmal sagen läßt, paßt doch dieses Bild Christi immer in so mancher Rükksicht, und seine Warnung gilt auch sie! Mancher Mensch hat wirklich alle seine großen Neigungen und Vorurtheile aufgeopfert, sie haben alle seiner Liebe zum guten und wahren weichen müssen: wie kommt es, daß dennoch so viel angefangenes gute zu keiner Vollendung in ihm gedeiht, daß er an einzelnen Stükken seiner Besserung so lange vergeblich arbeitet? Es ist noch irgend etwas in ihm, was dem guten hartnäkkig widersteht, nicht etwas großes, das durch seine Stärke siegt, das hat er alles hingegeben, etwas an sich kleines, was ihn durch seine Verborgenheit und durch die Macht der Gewohnheit beherrscht. Denken wir uns z. B. einen recht guten Menschen; er findet, daß er oft die Menschen zu streng behandelt, er will sich wahrer Nachsicht und Gelindigkeit befleißigen, das gute Saamenkorn wächst, es gelingt ihm in den schwersten Fällen, das Unrecht des Menschen mag nun ihn oder andere betreffen; aber laßt ihm nur die kleinste Beleidigung zugefügt werden auf eine solche Art, daß das, was er in der Welt seine Ehre nennt, dadurch angegriffen wird, wo ist seine Nachsicht? wo seine Gelindigkeit? Dieser kleine Anstoß ist ihm unüberwindlich, da scheitert sein Vorsaz jedesmal, da kann er das gute nie durchsezen, was er ihm gebietet. Und so wird jeder in seiner Nähe und an sich selbst etwas finden, eine eingewurzelte Gewohnheit, einen alten Ueberrest eines sonst überwundenen Temperamentsfehlers, eine falsche Art gewisse Dinge anzusehn, eine Vorliebe für gewisse Dinge, einen Widerwillen gegen andere, das ihn nicht nur hie und da zu einem Fehler verleitet, sondern jedesmal, wenn er in Streit damit kommt, unbezwinglich widersteht und das gute zu Grunde gehn macht.

Das ist die felsige Gegend seines Herzens, auf der viele wohlthätig ausgestreute Saamenkörner des guten vertreten waren.

Aber wie, wenn es Menschen gelingt Felsen zu sprengen und auszuhauen und da wo sie standen fruchtbare Felder und Gärten zu schaffen, warum sollte uns nicht mit einem höhern Beistand in unserer Seele das nämliche glükken? Die meisten Menschen können sich einer Zeit entsinnen, wo die Erfüllung der Gebote Gottes und das Fortschreiten im guten bei weitem nicht das einzige Ziel war, worauf sie alle ihre Schritte hinrichten wollten; denn damals war ihr Herz eigentlich für das gute eine Wüstenei, unbebaut und bloß dem Ohngefähr überlassen, ob etwas nüzliches darauf wachsen wollte. Ist es ihnen gelungen es urbar zu machen und anzubaun, sollten sie daran verzweifeln die großen Steine des Anstoßes wegzubringen, die darauf noch zurükkgeblieben? Haben wir das schwere überwunden, so müßten wir uns vor uns selbst schämen das beschwerliche zu scheuen. Nein, laßt uns diesem Kampf entgegen gehn, der nichts als Ausdauer erfordert; tägliche Aufmerksamkeit, tägliches Widerstehn in in den verschiedenen Kleinigkeiten werden uns dahin bringen, wohin wir wollen, und tägliches Gebet.

III.

Laßt uns aber nun Christo noch nach dem dritten Bilde folgen, was uns unser Text vorstellt. Da fällt der Saame in einen guten fruchtbaren Boden, er gewinnt Kraft und wächst heran, aber im besten Wachsthum der Pflanzen schießen um sie her die Dornen hervor; schnell wachsen sie in Menge heran, sie nähren sich noch einmal so schnell, das gute verbirgt sich unter ihnen; endlich ziehen sie allen Saft an sich, und das gute vertrokknet, nicht weil etwa der Saame schlecht gewesen, nicht weil es etwa dem Boden an Bearbeitung, Kraft und Fruchtbarkeit fehlt, sondern nur weil diese Dornen ihn gänzlich aussaugen, so daß nichts für die jungen Pflanzen übrig bleibt.

Das sind die, die unter den Sorgen, Vergnügen und Scherzen dieses Lebens hingehen und das gute dadurch erstikken; das ist die allgemeine so oft gehörte Klage von dem Verderbniß der besten Herzen, wenn sie aus eingeschränkteren Verhältnissen in eine größere Welt kommen, wo alle Neigungen gereizt werden, wo alle Gegenstände derselben mit voller Kraft auf sie wirken. Zu dem schnellen Gedeihen des guten gehört ein Herz voll Gefühl, mit einem festen Willen, mit Anlage zu einer Stärke der Seele, die viele Schwierigkeiten überwinden kann. Wenn eine solche Seele in eine Lage kommt, wo alle Neigungen Gelegenheit ihrer Befriedigung finden, so wird diese Stärke wol hinreichen diejenigen zurükkzustoßen, welche sich als offenbar böse und mit dem guten unverträglich zeigen; aber wie leicht wird nicht ein junges Herz durch sich selbst oder durch andere bethört: viele derselben zeigen sich Anfangs so unschuldig oder können wenigstens so dargestellt werden, bald als Genuß erlaubter Freuden, bald gar als Pflicht, die man in einem gewissen Grade sich selbst oder andern schuldig sei, und die man also müsse mit höheren Pflichten zu reimen suchen, und das macht, daß diese Gegenstände nach und nach wünschenswerth erscheinen. Was unternimmt ein solches Herz nicht alles, wenn es erst Geschmakk an einer von ihnen gefunden hat; es strebt nun mit eben der Kraft nach der Befriedigung derselben, womit es vorher dem guten nachging; bald werden alle Kräfte der Seele nur dazu gebraucht; es geräth ganz in die Verwirrung der Leidenschaft, und glaubt vielleicht dennoch, daß das gute in ihm sei, weil es noch hie und da die Spur davon erblikkt, bis es endlich ganz vergeht, weil sich die Seele nicht mehr damit beschäftigt, weil es keine Nahrung mehr aus der Seele ziehn kann; ja bald fehlt auch das Vermögen es auszuüben, weil die Richtung des Willens nach der entgegengesezten Seite, die Anhänglichkeit an das böse schon zu groß und allgemein ist.

Aber auch da, wo nicht die ganze Ernte durch diese Dornen vernichtet wird, verhindern sie doch in vielen einzelnen Fällen, daß das gute reif wird und zur Vollkommenheit kommt. Oft wird ein neues Saamenkorn in die Seele gesäet, sie fühlt das Bedürfniß irgend einer Vollkommenheit, die ihr noch fehlt. Man hofft für das Gedeihen desselben, und es wächst zur Freude heran; aber plözlich entsteht irgend eine neue vielleicht an sich unschuldige Neigung, sie erlangt schnell einen gewissen Grad der Heftigkeit; man verzeiht sie sich, weil sie nicht böse in ihrem Ursprung ist, und weil man nicht sieht, daß das in der Seele schon ganz befestigte gute darunter leidet; aber die Bewegung, in welche sie das Gemüth sezt, ist doch stark genug unsere Aufmerksamkeit von dem neu zu erlangenden guten abzuziehn, es bleibt zurükk, weil es nicht mehr gepflegt wird, und die Fertigkeit, die wir etwa schon darin erworben hatten, geht verloren. — Oft macht man schon die besten Fortschritte in der Uebung irgend eines guten, in der Ausübung eines guten Vorsazes, aber man ist schon seit langer Zeit sehr von einem Vergnügen eingenommen, das man lange hat entbehren müssen, man hegt schon lange einen sehnlichen Wunsch, zu dessen Erfüllung es noch keine Möglichkeit gab. Auf einmal zeigt sich eine Gelegenheit jenes Vergnügens zu genießen, diesen Wunsch zu erfüllen; die alte Neigung erwacht; das wird nun das vornehmste Bestreben der Seele, dahin treibt sie ihre ganze Kraft, das gute hingegen erstikkt, und alle vorher darauf gewandte Mühe ist verloren. — Oft hütet man mit der größten Sorgfalt die kürzlich erlangte Freiheit von einem Fehler, Fertigkeit in einer Tugend, man hat einen Entwurf gemacht sie noch mehr zu befestigen, man fängt an ihn in allen Handlungen zu befolgen, er erfordert aber Anstrengung um die Seele in derselben Spannung zu erhalten. Da entsteht eine vielleicht gute edele Empfindung, die sich auf irdische Verhältnisse bezieht, sie zieht eine Menge anderer nach sich, die Stärke derselben sezt uns aus unserm Bestreben heraus, und da die Richtung der Seele so plözlich verändert worden, so ist es uns auch hernach schwer ja oft unmöglich uns ganz in die vorige Lage zurükkzusezen und unsern guten Entwurf da wieder aufzunehmen, wo wir ihn gelassen hatten.

Ja, möchte man denken, wenn es so beschaffen ist, wenn nicht nur die bösen, wenn auch die unschuldigen erlaubten ja selbst für gut gehaltene Neigungen und Freuden dem Wachsthum des guten so nachtheilig werden können: wie sollen wir es denn machen? Die Erde ist verdammt Dornen hervorzubringen, und das menschliche Herz ist bestimmt durch die Empfindungen, die sein irdischer Zustand verursacht, vorzüglich gerührt zu werden; wir können uns nicht davon losmachen. Und wir sollen auch nicht; aber wenn diese Empfindungen so mannigfaltig sind, daß wir ohne etwas zu entbehren die bösen zurükkweisen können, sollten wir nicht auch von der Liebe derer, die an sich unschuldig sind, jeden zu hohen Grad überwinden können, jeden nämlich, der durch seine Heftigkeit dem guten schaden kann? und sollten wir dies Verhältniß nicht durch Erfahrung und Beobachtung finden können? Das laßt uns unternehmen, dann gleicht unser Herz einem guten Akker, auf dem neben der eigentlichen Saat noch manches hübsche angenehme Pflänzchen wächst; man läßt es stehn — wird es aber übermächtig, droht es aber über die Saat hinaus zu wachsen, dann reißt man es ohne Zaudern heraus.

Das sind die von Christo angegebenen Hindernisse der Fruchtbarkeit des guten in der menschlichen Seele. Möchte doch die Betrachtung derselben einem jeden so wichtig werden, wie es nach der Absicht Christi sein sollte. Auch derjenige, dem sein Gewissen hierüber das beste Zeugniß giebt, der sich jezt höchstens einzelner kleiner Verschuldungen in diesem Stükk bewußt ist, achte auch diese einzelnen kleinen Fehler nicht für Kleinigkeiten, die seiner Aufmerksamkeit und seiner Anstrengung nicht werth wären. D wir können uns irren, unser Gedächtniß ist uns nicht immer treu genug, und wenn er sich auch nicht irrte, so erinnere er sich, welches der Grund derselben ist, und was für Folgen daraus entstehen können, wenn er sie überhand nehmen läßt. Er beherzige die ernsten Worte, die Christus nach seiner Erklärung zu seinen Jüngern sagt. Wie? sagt er, schikkt euch Gott die Gelegenheit immer aufs neue gutes zu erkennen darum zu, damit ihr sie untergehn lassen sollt? oder nicht vielmehr darum, daß ihr selbst die guten Folgen davon genießen, und andere sie auch zu ihrer Belehrung anschauen sollen? Je weniger ihr über die Anwendung jedes einzelnen guten nachdenkt und euch bestrebt, desto mehr Verabsäumungen davon werden dann euch selbst offenbar werden an jenem Tage, wo alles offenbar wird . . . . .

(Schluß fehlt.)

XIII.

Von der rechten Art über die Unterstüzungen und Hülfsmittel zur Besserung nachzudenken, die Gott einem jeden zu Theil werden läßt.

Ueber Luk. 11, 28.

1793.

M. a. Z. Jeder, der auf den Namen eines frommen christlichen Gottesverehrers Anspruch machen will, sieht die Begebenheiten seines Lebens nicht bloß als die nothwendigen und natürlichen Folgen von den Dingen an, womit sie zusammenhangen, sondern ist von Herzen überzeugt, daß alles das unter der Leitung seines himmlischen Vaters gestanden hat. Da kann es denn nicht fehlen, daß wir bei dem Nachdenken darüber uns so mancher Hülfe in der Noth, so mancher besondern Unterstüzung erinnern und uns einer innigen Empfindung von der Liebe und Güte Gottes überlassen. Aber als vernünftige Menschen, denen es vornämlich um das Ablegen ihrer Fehler, um das Zunehmen im guten, kurz um das Besserwerden und das Wohlgefallen Gottes zu thun ist, als solche sollten wir mit diesen Betrachtungen nicht nur bei dem stehen bleiben, was sich auf unser irdisches Wohlergehn bezieht, sondern wir sollten vornämlich unsere Gedanken darauf richten zu sehn, wie sich in allen unsern Schikksalen doch alles darauf bezog, daß uns Gelegenheit zum Besserwerden gegeben werden sollte, daß wir auch das in uns verborgene böse gewahr werden sollten, was nur durch besondere Umstände an den Tag kommen konnte, daß wir das Bedürfniß auch der Tugenden fühlen möchten, die uns noch fehlen, daß wir geprüft und geläutert und auf mancherlei Art in dem guten, wonach wir von Herzen strebten, unterstüzt werden sollten.

Ein solches Nachdenken über die Begebenheiten unseres Lebens ist nun freilich seltener als es sein sollte; aber auch wenn wir es anstellen geschieht es leider selten auf die rechte Art und kann also auch nur selten das bewirken, was es bewirken sollte. Es mischen sich oft irrige Vorstellungen ein, die uns auf böse Abwege führen, und ich glaube, daß ich mich auf die eigene Erfahrung der meisten unter euch berufen kann, wenn ich sage, daß oft dadurch nicht Dankbarkeit sondern Undank, nicht gutes Vertrauen auf Gott sondern trostlose Niedergeschlagenheit, nicht christliche Demuth sondern ein unglükklicher Leichtsinn hervorgebracht wird. Diese Abwege sind es nun, vor denen wir uns in der folgenden Betrachtung mit einander warnen wollen.

Text. Luk. 11, 28.

Er aber sprach, Ja, selig sind, die Gottes Wort hören und bewahren.

In diesen wenigen Worten ist alles enthalten, worauf es in der Sache ankommt, von welcher jezt unter uns die Rede ist. Alles was Gott für uns thun kann besteht darin, daß er uns sein Wort hören läßt, daß er durch Belehrung und Unterricht, durch Beispiel und Erfahrung unser Nachdenken über seinen Willen wekkt und leitet und durch mancherlei Umstände unsere Aufmerksamkeit unterhält; daß wir nun aber das bewahren, daß wir darauf achten und danach thun, das ist unsere Sache, und auf diesen Zwekk muß auch unser besonderes Nachdenken über alle jene Fügungen Gottes gerichtet sein, und wenn es uns dahin nicht führt, so ist es falsch und verwerflich. Ich rede also nach Anleitung dieser Worte von der rechten Art über die besondern Unterstüzungen und Hülfsmittel zur Besserung nachzudenken, welche Gott einem jeden zu Theil werden läßt. Das unrichtige nun, was wir dabei vermeiden müssen, besteht vornämlich in zwei Stükken: erstlich, daß wir durch diese Ueberlegungen nicht undankbar werden, und zweitens, daß sie uns nicht stolz und übermüthig machen.

I.

Ich sage, wir müssen uns hüten, daß eine solche Betrachtung nicht dahin ausschlage uns undankbar gegen Gott zu machen. Das begegnet leider so vielen Menschen, die auch hier ihre Lage und ihren Lebenslauf immer mit andern vergleichen und so viele um sich her zu sehen glauben, welche von Gott weit mehr begünstigt und unterstüzt sind. Ja, sagen sie, wenn ich die Anleitung zum guten gehabt hätte, die jenem zu Theil geworden ist; wenn ich so immer gute Beispiele vor mir gesehn und unter guten Menschen gelebt hätte; wenn ich so vor Versuchungen bewahrt geblieben wäre und so ein sorgenfreies Leben gehabt hätte, wodurch so vieles gute leichter wird! und so entsteht Eifersucht und Neid gegen unsere Brüder und Unzufriedenheit und heimlicher Groll gegen die Fügungen Gottes.

Aber ist denn das recht so? muß denn das so sein? Wenn du es gut und redlich mit dir selbst meinst, so gieb dich doch nicht so falschen und niederschlagenden Gedanken hin. Gott ist ja der Vater aller Menschen, er erbarmt sich ja aller seiner Kinder, es ist ja unmöglich daß er für mich weniger sollte gesorgt haben als für andere; es muß wol nur ein falscher Schein sein, daß ich von ihm hinter andere zurükkgesezt bin. Wenn du zuerst so dächtest, so würdest du wol alles anders ansehn. Wenn es dir an einer guten Erziehung gefehlt hat, so haben freilich mancherlei böse Neigungen eher Wurzel fassen können in deinem Herzen, aber du konntest dann auch in den Jahren des Verstandes desto eher die übeln Folgen des bösen bemerken und durch deine eigene Erfahrung belehrt die ersten Schritte zu demselben kennen und vermeiden. Wenn du wenig gute Beispiele gesehen hast, so mußt du doch gestehn, daß die bösen auch lehrreich sind, und daß schon der Gedanke, daß wir unter Menschen leben, welchen wir nicht nachahmen dürfen, unsere Aufmerksamkeit schärft. Wenn deine Umstände dir nicht erlaubt haben immer die Ruhe und Heiterkeit der Seele zu besizen, wobei man am leichtesten Herr über sich selbst ist, so wirst du doch zugeben, daß man unter den Sorgen und Leiden des Lebens am besten mit dem verborgenen bösen, mit den heimlichen Anlagen zur Habsucht, zur Ungerechtigkeit, zum Neide bekannt wird. Und so wird eine genaue Betrachtung der Sache uns immer zeigen, daß wir uns schwer versündigen, indem wir gegen Gott murren, daß er gewiß für uns nicht weniger sorgt als für andere, und daß wir uns einer eben so großen Liebe und Sorgfalt rühmen können, wenn er uns gleich anders behandelt und uns andere Umstände und Verhältnisse zuertheilt, um seine Absichten mit uns zu erreichen. Wovon sollte also wol dieser Unterschied herrühren als von der Weisheit dessen, der die Bedürfnisse und die ganze Beschaffenheit eines jeden am besten kennt? Da können uns freilich die Mittel, die er bei andern anwendet, angenehmer und sanfter scheinen, aber wohlthätig und weise ist gewiß auch das, was er für uns thut.

Wenn das aber doch so leicht einzusehn ist, woher kommt es denn, daß das falsche Urtheil, woraus diese Ungenügsamkeit, diese Eifersucht auf diejenigen, welche mehr Mittel zu ihrer Besserung in Händen zu haben scheinen, so sehr gewöhnlich ist? Unser Herz, m. Fr., verführt unsern Verstand. Es scheint wol, als ob dabei eine Begierde nach der Tugend zum Grunde läge, ein rühmliches Bestreben andern darin gleich zu kommen, oder auch das Bewußtsein, daß wir diese vermeinten bessern Umstände besser benuzt haben würden, als andere es thaten; aber das ist wol selten die Ursach. Wir sehn das, wenn wir auf das Verhalten der Menschen in ihren irdischen Angelegenheiten Acht geben. Wer sind da die unzufriedenen, denen jeder andere besser daran zu sein scheint, die so oft wünschen in der Stelle eines andern zu sein? Es sind nicht die, welche die Freuden des Lebens recht zu schäzen und es recht zu genießen wissen, nicht die, welche die Mittel zur Glükkseligkeit, welche sie in Händen haben, zu benuzen verstehn, sondern gewöhnlich die trägen, welche nicht aufgelegt sind sich selbst etwas zu erwerben, die unordentlichen, welche nicht gelernt haben ihr Vermögen zu ihrer Glükkseligkeit recht anzuwenden, die unweisen, die ihr Vergnügen immer da suchen wo es nicht ist und also ihr Leben in fruchtlosen Bemühungen und unglükklicher Langenweile hinbringen; die möchten gern die Schuld des schlechten Zustandes, worin sie sich sehn, von sich abwälzen und auf ihre äußeren Umstände schieben. So ist es auch hier. Wenn wir fühlen, daß wir uns wenig gute Eigenschaften erworben haben; daß wir durch alles, was sich mit uns zugetragen hat, nicht weiser geworden sind; daß unsere guten Vorsäze uns nichts gefruchtet haben: so pflegen wir dann über den Verlauf unseres Lebens nachzudenken, aber nicht um Gottes Güte darin zu loben, sondern um uns gegen ihn zu rechtfertigen. Wir wollen es vor uns verbergen, daß wir träge gewesen sind im Streben nach christlicher Vollkommenheit, daß wir unklug gewesen sind Zeit und Umstände zu benuzen, daß wir schlechte Haushalter gewesen sind mit den anvertrauten Pfunden, und da suchen wir die Schuld auf unsere Umstände zu werfen. Ach m. Fr. wer sich betrügen will, der ist immer unglükklich genug Mittel dazu zu finden. Aber das sei ferne von uns. So bewahren wir das Wort Gottes nicht, eine so eingerichtete Ueberlegung kann keinen guten Einfluß auf unser künftiges Betragen haben, vielmehr muß sie uns immer weiter von dem Wege der Treue und des Fleißes im guten abbringen, auf dem wir wandeln sollten. Wären wir aufrichtig gegen uns selbst gewesen, so hätten wir uns die tröstliche Lehre nehmen können, daß es uns auch ins künftige nicht an Gelegenheiten im guten zuzunehmen fehlen werde, da sie auch in solchen Umständen vorhanden gewesen, die uns auf den ersten Anblikk so ungünstig schienen, und so überlassen wir uns der trostlosen Einbildung, daß wir von Gott zurükkgesezt wären, und daß er es uns schwer mache seine Gebote zu erfüllen. Wir hätten können an Selbstkenntniß zunehmen, statt dessen aber schläfern wir unser Gewissen ein und verstokken unser Herz; wir hätten können mit der Empfindung einer bessernden Reue, einer Traurigkeit, die zur Seligkeit führt, unser Nachdenken beschließen, statt dessen ernten wir davon Undankbarkeit gegen unsern gütigen Vater im Himmel. Nein, auch wenn die Wahrheit unangenehm und demüthigend ist, sei sie uns heilig und doppelt heilig, wo es auf die Rechenschaft ankommt, die wir uns selbst, und auf die Dankbarkeit, die wir Gott schuldig sind.

II.

Der entgegengesezte Fehler, vor dem wir uns zu hüten haben, ist der, daß wir nicht durch die Ueberlegung, wie Gott alles zu unserm besten lenkt, und durch die Erinnerung an das, was er in dieser Rükksicht für uns gethan hat, stolz und übermüthig werden.

Es ist leider eine sehr allgemeine Neigung sich alle Vortheile auch als Verdienste und Vorzüge anzurechnen, auch wenn man sie nur äußern Umständen und dem, was wir Zufall nennen, zu verdanken hat. So werden denn auch oft diese Hülfsmittel zu unserer Besserung, welche uns Gott darreicht, diese Verhältnisse, die uns das gute erleichtern, besonders wenn sie zugleich angenehm sind oder die Aufmerksamkeit der Menschen auf sich ziehn, als Verdienste und innere Vorzüge angesehn, und man erhebt sich über diejenigen, welche weniger davon zu besizen scheinen. So rühmt sich mancher der guten ausgezeichneten Menschen, die er etwa unter die seinigen zählt, oder mit denen er in Verbindung steht; ein anderer seiner Erziehung, seiner Geschäfte, seines Glükks oder auch wol seines Unglükks und seiner Leiden und meint, daß Gott seine Schikksale doch ganz vorzüglich regiere, an ihm ganz besonders seine Liebe und Barmherzigkeit beweise, und daß er also doch einen Werth haben müsse, der andern seiner Brüder fehle. Diese unweise Eitelkeit aber ist hier noch weit thörichter und weit unvernünftiger als in jedem andern Fall. Es kommt ja nicht auf das äußere Ansehn, nicht auf die sichtbare Beschaffenheit der Mittel an, deren sich Gott bedient um uns zum guten zu führen. Eine einzige Stunde des einsamen Nachdenkens, von der ich gar nichts gewahr werde, kann bei meinem Bruder weit mehr gutes stiften als der deutlichste Anblikk des Elendes, worin sich das Laster endigt, bei mir gethan hat; eine einzige Erfahrung davon, wie schnell böse Gedanken des Herzens sich entwikkeln können, hat vielleicht einen höhern Grad von Aufmerksamkeit auf sich selbst bei ihm hervorgebracht, als Unterricht und Ermahnungen zur Wachsamkeit bei mir. So ist es uns also gar nicht möglich zu bestimmen, wem Gott mehr und wirksamere Mittel zur Besserung an die Hand gegeben, und es wäre thöricht sich darin gleichsam mit andern messen zu wollen. — Noch thörichter aber ist es überhaupt, wenn wir uns solcher Gnadenwohlthaten Gottes überheben, sie uns als ein Verdienst anrechnen oder wenigstens als eine gerechte Belohnung unserer Vorzüge ansehn wollen. Ein Verdienst ist ja doch nur immer das gute, was durch unsere Mühe und unsern Fleiß in uns entstanden ist, dessen, was wir zufällig erlangt haben, dürfen wir uns nicht rühmen. Aber die Veranlassungen, die Gelegenheiten das gute auszuüben oder zu erwerben sind ja überhaupt noch nicht etwas gutes. So wenig als derjenige glükklich ist, der reich ist, der die äußern Mittel besizt um sich das zu verschaffen, was zu seinem Wohlsein gehört, eben so wenig ist ja der schon gut, dem es Gott an vielerlei Gelegenheiten besser zu werden, an vielerlei Mitteln sich im guten zu befestigen nicht fehlen läßt. Noch weniger sollten wir solche Gnadenwohlthaten Gottes ansehn als Belohnungen für etwas gutes, das wir schon gethan hätten; es ist ja viel, wenn wir nach der besten Benuzung derselben so viel haben, um auf seine Billigung Anspruch zu machen. Gott, der uns sein zu unserm besten gegebenes Gesez offenbart, der die Stimme in uns gelegt hat, welche uns immer sagt, was demselben gemäß oder zuwider, der kann ja wol von uns fordern, daß wir diesem Gesez Genüge leisten, auch wenn er uns ganz uns selbst überließe. Wenn er also mehr thut; wenn wir nicht umhin können hie und da in unserm Leben besondere Veranstaltungen wahrzunehmen, welche darauf abzwekkten heilsame Veränderungen in uns hervorzubringen: so ist ja alles das, was wir in dieser Rükksicht Gnade Gottes, Unterstüzung in unserer Heiligung nennen, nichts anders, als Barmherzigkeit, die unserer Schwachheit, unserer oft selbst verschuldeten Schwachheit zu Hilfe kommt, als mildthätige Gabe, die unseren Bedürfnissen abhilft, welche wir doch durch Anstrengung unserer Kräfte selbst müßten befriedigen können; eine schäzbare Wohlthat, die aber doch immer anzeigt, daß wir dasjenige, was wir eigentlich von selbst können sollten, ohne dieselbe schwerlich würden zu Stande gebracht haben. Da ist also keine Ursach uns zu erheben, kein Zeichen unseres Verdienstes, sondern Gelegenheit unsere Unvollkommenheit einzusehn, und Veranlassung uns zu demüthigen.

Wer sich irgend einer solchen Wohlthat Gottes überhebt, der denke doch selbst über die Ursachen derselben nach. Es ist einem durch einen vorzüglich sorgfältigen und richtigen Unterricht die Erkenntniß und Unterscheidung des guten von Jugend auf tief eingeprägt worden; vielleicht würde er sonst nicht genug auf die Stimme seines eigenen Gewissens gehört haben. Ein anderer hat sein Leben mit lauter ausgezeichneten Menschen vollbracht; vielleicht war das sehr nothwendig, weil er geneigt ist mehr aus Nachahmung zu handeln, mehr um das Lob derer zu erlangen, die seine Handlungen beobachten, als aus Ueberzeugung. Ein anderer weiß sich vieler einzelnen Gelegenheiten zu erinnern, wo besondere Rührung und Erwekkung seine Seele heilsam erschütterten, und das veranstaltete Gott vielleicht, weil die bloßen Gebote der Religion, die bloßen Vorstellungen seiner Vernunft zu wenig auf ihn wirkten. Und so sind alle solche Unterstüzungen nicht um einer Tugend willen da, für welche wir belohnt werden müßten, sondern wegen unserer Schwachheiten, die dadurch gebessert oder wenigstens unschädlich gemacht werden.

Wenn du das erkennst, so wirst du auch aufgelegt sein das Wort Gottes, welches er dich auf so mancherlei Weise hören läßt, zu bewahren; aber jener elende Eigendünkel kann nur nachtheilige Folgen haben. So viel Gnade hab' ich bis jezt von Gott genossen, denkt er, ich kann auch wol voraus sehn, daß er in Zukunft eben so gütig mit mir umgehn wird; darüber will ich nun aber auch froh sein und will gute Zuversicht haben. Warum sollt ich so besorgt sein für die Zukunft, warum sollt ich mich mit der angespannten Aufmerksamkeit auf jede Handlung und jeden Augenblikk des Lebens quälen? So begnadigt, so unterstüzt von Gott kann es mir ja wol nicht fehlen, daß ich von Tage zu Tage besser werde. Wer so denkt, der glaube doch ja nicht, daß das die Dankbarkeit sei, welche Gott verlangt, daß das der gute Muth sei, den die Ueberzeugung von seiner Unterstüzung uns einflößen soll. Eben denen, die sich solcher Wohlthaten Gottes zu rühmen hatten, ruft ein Apostel Jesu zu, Schaffet, daß ihr selig werdet, mit Furcht und mit Zittern *); zu eben denen sagt unser Erlöser, Wem viel gegeben ist, von dem wird auch viel gefordert werden**). Es mag wol sein, daß auch bei dieser trägen Denkungsart, auch ohne dein Zuthun und ohne deinen guten Willen durch alle diese Anstalten Gottes etwas gutes in dir gewirkt wird, aber willst du damit zufrieden sein? meinst du, daß Gott damit zufrieden sein werde? Von allem wirst du einst Rechenschaft geben müssen, und das gute, was ohne deine Bemühung entstanden ist, wird dir nicht so zugerechnet werden, als das, was durch deine Nachlässigkeit unterblieb. Wenn du nicht ernstlich darüber nachdenkst, Wie kann ich wol die Lage benuzen, in der ich bin, was für gutes kann wol daraus in mir entstehn? so werden von den Begebenheiten, die Gott absichtlich zu deinem besten mit in den Lauf deines Lebens einschloß, nicht nur viele ganz ungebraucht vorübergehn, sondern viele werden dir eben so viel Schaden bringen, als du Nuzen davon hättest ziehn sollen. Du wirst unterliegen in allem, was einigermaßen den Namen einer Prüfung, einer Versuchung verdient, und was Gott zu deinem Heil über dich verhängen wollte, wird zu deinem Schaden ausschlagen.

Das ist also gewiß eine falsche Zuversicht, welche auf die Hülfe, die von außen kommt, zu viel rechnet und sich durch die Hoffnung auf dieselbe aller eignen Mühe und Arbeit überheben will, ohne welche doch Gott den Menschen nichts verheißen hat und nichts geben will. Woher kommt sie aber? Aus dem Leichtsinn und der Trägheit, wozu die Anlage bei allen Menschen ist und sich gerade in denen, die das Ansehn zufriedener und heiterer Menschen haben, am leichtesten äußert. Wir können uns nicht enthalten in die Zukunft zu sehn, aber wir

*) Phil. 2, 12.
**) Luk. 12, 48.

möchten nichts schweres darin erblikken, das mühselige Bild der Arbeit und Sorge möchten wir nicht darin wahrnehmen. Wir wollen uns an der Aussicht auf Glükk und Tugend in der Zukunft ergözen, aber das wollen wir nicht hören, daß wir beide nur im Schweiße unseres Angesichts genießen sollen, und doch ist das das ewige Gesez, welchem sich kein Mensch auf Erden entziehn kann. Gott hat uns verboten, daß wir ängstlich in irdischen Dingen für die Zukunft sorgen sollen, aber dabei besteht doch sein Befehl alles zu thun, was zu unserer Erhaltung und zu unserer Glükkseligkeit nöthig ist; eben so will er nicht, daß wir an seiner Barmherzigkeit und an unserer Besserung verzweifeln, er will, daß wir auf seinen Beistand rechnen sollen, wir sollen also freudig sein und guten Muth haben, aber nicht auf eine leichtsinnige Sorglosigkeit gebaut, sondern das sollen wir immer mit einrechnen, daß dieser göttliche Beistand uns nur dann etwas hilft, wenn wir auch selbst unsere Kräfte anstrengen und thätig sind so viel als möglich.

Lassen wir das unsere Regel sein; werden wir der Wahrheit nicht untreu, weder um das zu beschönigen, was schon geschehen ist, noch um das als leichter vorzustellen, was uns noch bevorsteht; vermeiden wir also diesen Abweg der übermüthigen Trägheit eben sowol als jenen der neidischen Undankbarkeit: so wüßte ich nicht, welche Ueberlegung trostreicher und segensvoller für uns sein könnte, als eben diese, wie der ganze Zusammenhang der Begebenheiten unseres Lebens so zu unserm besten von Gott eingerichtet ist. Was könnte uns wol bei der großen Freude, die wir billig empfinden müssen, wenn wir beträchtliche Fortschritte des guten in uns wahrnehmen, besser vor Stolz, der immer der Anfang des Falles ist, bewahren und unsere Bescheidenheit und Demuth erhalten, als der Gedanke, daß wir so vieles davon den Umständen verdanken, in die uns Gott gesezt hat? Was könnte auf der andern Seite bei den Bemühungen im guten, die uns oft so schwer werden, unsern Muth kräftiger erhalten, als der herzerhebende Gedanke, daß sie von Gott selbst auch in Zukunft noch werden unterstüzt werden, wo es unsere Schwachheit nothwendig macht? Was überhaupt könnte unsere Frömmigkeit, unsere Liebe und Dankbarkeit gegen Gott besser nähren, als das fleißige Andenken an diese vorzüglichsten Beweise seiner väterlichen Vorsorge? Es ist nicht möglich, daß einer unter uns sein sollte, dem sein Leben nicht deren genug darbieten sollte; möchte nur jeder von Zeit zu Zeit auf diese Art daran zurükk denken, Gott seinen Dank dafür bringen und seine treuen Vorsäze, das gehörte Wort auch zu bewahren und keinen Beweis der göttlichen Gnade an sich vergeblich sein zu lassen, auch ausführen: so werden wir alle unter die gehören, welche Christus selbst selig preist! Amen.

XIV.

Daß Jesu Lehre und Betragen uns jeden Vorwand abschneide, unter dem wir uns seinen Forderungen entziehn könnten.

Ueber Matth. 12, 19—20.

Am lezten Sonntag des Jahres 1793 im Dom zu Berlin gehalten.

M. a. Z. Wir sehn gewiß alle oft auf die vergangene Zeit zurükk und auf das, was wir während derselben gethan haben. Wir finden alle, ja alle, dabei mancherlei, was wir jezt mißbilligen und tadeln, und unsere erste Entschuldigung ist immer die, wenn ich doch daran hätte denken können, wenn ich doch das damals so gewußt hätte. Damit wollen wir also sagen, daß wir immer Belehrung und Erinnerung darüber bedürfen, was für eine Tugend uns noch fehlt, welcher Fehler uns noch oft übereilt, welche unserer Handlungen wir zu günstig beurtheilen. Aber eben weil Belehrung und Erinnerung so große und wichtige Hülfsmittel sind, so sollten wir uns auch fragen, wie wir denn dasjenige, was uns davon zu Theil geworden ist, benuzt haben, und auch da wird die Antwort wol selten befriedigend lauten. Wenn unsere Gedanken sich nicht von selbst unter einander verklagen, so sind sie nur gar zu geneigt sich einander gegen die Klagen anderer zu rechtfertigen, und wir schieben die Schuld unserer Unfolgsamkeit gegen gute Lehren auf den zurükk, der sie uns gab. Da finden wir seine Foderungen zu streng und seine Begriffe von den Pflichten des Menschen überspannt. Da glauben wir, daß er unsere Handlungen gar zu genau untersuchen will, daß er sich ordentlich Mühe giebt auch an der unschuldigsten und besten noch etwas böses zu finden, weil er das gern ans Licht bringen will. Freilich mögen wol manche Menschen ihr Urtheil über andere auf die Art übertreiben, aber uns scheint das auch wol oft nur der Fall zu sein, weil wir unsere Trägheit beschönigen, unsern ungegründeten Eigendünkel rechtfertigen wollen. Mit aller menschlichen Lehre und Zucht, die wir hätten benuzen können, werden wir auf diese Weise bald fertig, und dann wollen wir wol gar das nämliche auch auf die göttliche Lehre und auf den Lehrer anwenden, den Gott zu unser aller ewigem Wohl auf diese Welt gesandt hat, und ihn auch für ein solches finsteres menschenfeindliches überspanntes Wesen halten, dessen Lehre für uns gar nicht gemacht sei. Davor wollen wir uns hüten und uns in dieser Stunde aufs neue davon überzeugen, daß Christus selbst durch seine Lehre und sein ganzes Betragen uns jeden Vorwand zu einem solchen Urtheil über ihn benommen habe.

Text. Matth. 12, 19—20.

Er wird nicht zanken noch schreien, und man wird sein Geschrei nicht hören auf den Gassen. Das zerstoßene Rohr wird er nicht zerbrechen, und das glimmende Tocht wird er nicht auslöschen, bis daß er ausführe das Gericht zum Siege.

Diese Worte sind eigentlich aus dem Propheten Jesaias genommen, und der Evangelist bedient sich ihrer um uns eine gewiß sehr einladende Beschreibung von Jesu zu machen. Wenn wir sie lesen, so fühlen wir uns gewiß mit Liebe und Zutrauen zu einem solchen Lehrer der Weisheit hingezogen, geneigt seinen Ermahnungen Raum zu geben, innerlich gedrungen seine Forderungen für recht und billig zu erkennen. Gewiß aus keinem andern Grunde, als weil wir aus dieser Beschreibung sehen, daß er alles das nicht hat, was uns gewöhnlich einen Vorwand giebt denen nicht zu folgen, welche sonst das Amt der Belehrung auf sich nehmen. Das wollen wir also jezt noch näher erwägen, daß nämlich die ganze Lehre und das Betragen Jesu uns jeden Vorwand abschneide, unter dem wir uns seinen Forderungen entziehn könnten. Dahin gehören vornämlich zwei Eigenschaften desselben: erstlich, er ist uns nicht so unähnlich, er erhebt sich nicht so über uns, daß wir glauben könnten, seine Lehre gehöre nicht für uns; zweitens, er demüthigt uns nicht so, daß wir die Hoffnung aufgeben müßten seinen Forderungen Genüge zu leisten.

I.

Ich sage, Christus stellte sich uns nicht so unähnlich dar, erhob sich nicht so über uns, daß er uns dadurch von sich und seiner Lehre abschrekken könnte, wie das so oft bei denen der Fall ist, die sich mit einem besondern Ansehn zu Lehrern der Tugend und zu Vorbildern ihrer Nebenmenschen aufwerfen. Wir verlangen von einem solchen nicht nur, daß er uns nichts auflege, als was unserer Natur und den Absichten Gottes mit uns gemäß ist; nicht nur, daß er alles das an sich beweise, was er uns auflegt: wir wollen auch in seinem Betragen sehn, wie wir zu der Vollkommenheit kommen können, die er uns anpreist. Wir sind uns bewußt, daß unsere Fehler nicht gerade von einer Feindschaft gegen das gute, von einer thierischen Uebermacht der Sinnlichkeit herrühren, sondern davon, daß wir natürliche Neigungen und Empfindungen, die wir an sich nicht mißbilligen können, nicht genug zu mäßigen wissen, und da wollen wir an unserm Lehrer sehn, wie er denn den Streit mit eben diesen Anlagen, Bedürfnissen und Neigungen geführt hat. Wenn er nun das, was in uns den Fortschritten des guten entgegensteht, nicht mit Schonung unterscheidet; wenn er selbst gar keine Empfänglichkeit für unschuldige Freuden zeigt und sie uns ganz verbietet, weil es allerdings schädlich ist eine leidenschaftliche Liebe zu denselben zu haben; wenn er jeden hohen Grad der zärtlichen Gefühle der Geselligkeit, der Freundschaft, der Sorge für die unsrigen eben so in sich unterdrükkt als den Hang zur niedern Sinnlichkeit, weil sie uns doch bisweilen zu unrechten Handlungen verführen können; wenn er, um diejenigen zu widerlegen, welche alle Fehler mit der Schwachheit des menschlichen Herzens entschuldigen, uns eine ganz andere Gestalt der menschlichen Natur zeigen will und seine Besonnenheit und Gleichmüthigkeit so weit ausdehnt, daß nichts sein Herz bewegen kann, daß keine warme lebhafte Empfindung in ihm sichtbar wird: dann gehört er zu denen, von welchen es in unserm Text heißt, Sie zanken und schreien, man hört ihr Geschrei auf der Straße, sie streiten und rechten mit der ganzen Welt, indem sie das verwerfen und verachten, was überall als edle Anlage des menschlichen Herzens geliebt, geachtet, geduldet wird; sie stellen sich zur Schau mit einer natürlichen oder erkünstelten Fühllosigkeit und rühmen sich deswegen einer außerordentlichen Stärke des Geistes und Herrschaft der Vernunft.

Aber eben deswegen können sie auch nichts gutes stiften. Der nachsichtige gegen sich selbst findet einen gewünschten Vorwand, um sich von ihnen los zu machen. Dieser, spricht er, kann mich weder belehren noch beurtheilen, in seinem Busen schlägt kein solches Herz wie das meinige, wir haben nichts mit einander gemein, also kann ich auch nicht handeln wie er. Die besser gesinnten, die gern jedes vortreffliche Vorbild ergreifen, um sich selbst zu beschämen und anzufeuern, können doch auch einen solchen Lehrer, wenn sie auch keinen Verdacht der Heuchelei auf ihn werfen, wenn sie auch die Kraft bewundern, mit der er das alles ausführt, nicht annehmen, nicht lieben, sie können ihm das strenge Urtheil über alle Freuden des Lebens und alle unschuldigen Ergießungen des Herzens nicht nachsprechen.

Gott sei gelobt, daß unser göttlicher Lehrer nicht so gedacht und gehandelt hat. Er stellte sich uns auch zum Vorbild, aber ohne Verachtung und Härte; es lag so viel Freundlichkeit in der Art, wie er uns einlud sein Joch auf uns zu nehmen, so viel liebreiche Versicherung, daß wir dadurch das Glükk unseres eigenen Herzens befestigen. Er warf keinen so verächtlichen Blikk auf das Herz, in welchem so mancherlei Wünsche und Neigungen emporkeimen, und weit entfernt sie zu verdammen zeigte er, daß auch sein Herz so beschaffen sei wie das unsrige. Er sezte keinen Vorzug darein alle dargebotenen unschuldigen Freuden des Lebens von sich zu stoßen, er nahm selbst Theil an allerlei geselligen Ergözungen und freute sich der Freude anderer. Er wußte nichts von der harten Lehre, daß Schmerz und Leiden der Mühe nicht werth sei dadurch gerührt zu werden, denn er selbst ging nicht gleichgültig dabei vorüber, sondern half und linderte wo er konnte; ja er selbst wünschte, daß der Kelch des Leidens vor ihm vorüber gehn könnte. Er war weit entfernt alle Anlagen zum Mitgefühl, zur Zärtlichkeit zu unterdrükken; er hatte selbst Freunde, die er innig liebte, ob er gleich tausend Schwächen an ihnen bemerkte; er gab sich gar keine Mühe es zu überwinden oder zu verbergen, daß es ihm schwer werde sich von ihnen zu trennen. So war er in allen Dingen ganz menschlich und wußte nichts von dem eitlen Ruhm, daß er über alles irdische hinweg sei, daß sein Herz an nichts hange.

Aber eben deswegen dürfen wir nun desto weniger irgend eins von seinen Geboten von uns weisen. Wo hätte wol der, der sich so gern entschuldigt, wenn ihm seine Pflichten und Fehler vorgehalten werden, irgend einen Vorwand sich der strengsten Beurtheilung nach der Lehre Jesu und seinen Forderungen zu entziehn? Sie sind ja alle für das menschliche Herz und das menschliche Leben berechnet; er selbst hat sie mit eben dem Herzen und in eben den Verhältnissen aufs strengste erfüllt, ist in allen Dingen als ein Mensch erfunden worden, hat so gefühlt und gehandelt und doch ohne Sünde bestanden. Seine Lehre, die dir auch gegeben ist, muß es sein, wonach du dich prüfest. Hast du ihren Ermahnungen kein Gehör gegeben, hast du ihr nicht gemäß gelebt, so ist es deine Schuld und deine Sünde. Wo könnte der gutgesinnte aber kleinmüthige auf den Gedanken bestehn, daß doch etwas in uns der Lehre Jesu widerstehe, was wir gar nicht unterdrükken können, und daß eben um deswillen das Beispiel Jesu doch nicht unsere Richtschnur sein könne.

Freilich sind auf dem Wege der Tugend Augenblikke des Unmuths und der Zaghaftigkeit unvermeidlich, und besonders bei dem Blikk aufs vergangene, wo wir so manche Aufopferungen uns gefallen lassen, so manche Beschwerde erduldet und doch so wenig Fortschritte gemacht, so viele Fehler begangen haben, doch immer wieder unser Herz mit seinen Wünschen und seinem Wohlgefallen an den Reizen des Lebens als ein unüberstiegenes Hinderniß finden. Das kann uns nicht von der Lehre Jesu trennen. Fasse sie nur fest ins Auge, und du wirst auch Muth fassen. Gieb hin, was du mußt, und es bleibt dir doch noch Freude genug übrig zur Stärkung bei dem ernsten Geschäft der Heiligung, mehr wol als des Menschen Sohn auf Erden genoß. Sieh zurükk, wo du gefehlt hast, du konntest gewiß auch da der Lehre Jesu nachkommen, auch da dein Herz besiegen; du wirst es also auch noch besser können, wenn du noch fester wollen wirst. Fange nur den Kampf von neuem an, und sei versichert, daß Christus eben deswegen unser höchster Lehrer und Führer ist, weil er Mitleid haben kann mit unserer Schwachheit *), weil er uns nichts auflegt, was wir nicht tragen könnten.

II.

Ich sagte zweitens, Christus als unser Lehrer demüthige uns nicht so, daß wir dadurch könnten bewogen werden alles Vertrauen auf uns selbst, alle Hoffnung eines guten Erfolgs unserer Bemühungen und also alles Bestreben nach Vollkommenheit aufzugeben. Besserung ist freilich nicht möglich ohne Selbsterkenntniß, und Selbsterkenntniß nicht ohne eine unangenehme Herabstimmung der allzu guten Meinung, welche die Menschen gewöhnlich von sich selbst haben, und die durch jedes wenn gleich noch so geringe gute, was sie an sich finden, so mächtig unterstüzt wird. Sie wissen, daß aller Anfang schwer und gering ist, und also auch der Anfang des guten in ihnen selbst; sie wissen, daß das der Frömmigkeit und Tugend gewidmete Leben fast immer nur ein Anfang bleibt, daß es größtentheils nur aus unvollkommenen Versuchen besteht, daß nur selten eine Handlung gelingt, wobei ein vollkommener Sieg über gewohnte Neigungen, eine innige Anhänglichkeit an die Religion und zunehmende Kräfte im guten recht in die Augen fallend wären. Für je seltener eine solche Handlung gehalten wird, desto mehr werden sie sich also freuen, wenn ihnen eine gelingt. Da wünschen wir uns aus vollem Herzen Glükk, ein großer Zeitraum der Vergangenheit wird dadurch gleichsam erhellt und alle Fehler desselben zugedekkt, wir fühlen Anlagen und Kräfte zum guten in uns, die jezt schon etwas großes ausgerichtet haben; was werden sie nicht erst im Stande sein, wenn sie durch lange Uebung und durch den öftern Genuß einer so wohlverdienten Zufriedenheit gestärkt und erhöht sind.

Aber je lebhafter auf diese Weise unsere Freude über

*) Ebr. 4, 15. 5, 2.

gute Handlungen ist, bei denen wir einen merklichen Grad von Kraft und Vollkommenheit gewahr werden, desto leichter betrügen wir uns selbst und überlassen uns ihr auch da, wo eigentlich keine Ursach dazu wäre; wir glauben oft, daß Liebe zum guten in uns thätig gewesen ist, wo doch im innern unseres Herzens mancherlei unreine oder wenigstens fremde Bewegungsgründe verborgen waren; wir glauben oft aus Gehorsam gegen die Gebote Gottes und durchdrungen von der Kraft der Religion gehandelt zu haben, wo doch nur eine Neigung die andere besiegte.

Wie soll also derjenige, welcher unser Lehrer und Führer sein will, mit uns handeln? Das verzagte menschliche Herz, welches schwere Bemühungen so leicht aufgiebt, braucht Ermunterung und Beweise seiner Kraft; das trozige und übermüthige muß im Zaum gehalten werden. Ermunterung allein macht uns übermüthig; Demüthigung allein macht muthlos und verzagt. Wenn uns Christus vorhielte, daß es nichts sei mit dieser Freude und diesen Siegen über uns selbst; wenn wir alle unsere guten Handlungen und Anlagen bei dem Licht seiner Lehre für einen betrüglichen Schein halten müßten; wenn er uns zuriefe, daß wir nichts thun könnten, was den Beifall Gottes erhielte, und also auch nichts, was unsern eigenen verdiente; wenn seine Lehre behauptete, daß es eitel Selbstbetrug sei mit unserer thätigen Liebe zum guten, daß, wo wir auch glaubten um des guten selbst willen recht gethan zu haben, uns doch immer noch mancherlei andere Bewegungsgründe von innen und eine günstige Leitung der Umstände von außen zu Hülfe gekommen seien, ohne welche wir auch da unterlegen wären, daß also doch nichts an uns gut sei, weil nichts rein vollkommen und tadellos ist, daß also alles arg sei, was aus dem menschlichen Herzen hervorgeht: ja, dann würde das ohnehin schwach glimmende Tocht ganz ausgelöscht; dann würde das geknikkte kränkelnde Rohr ganz abgebrochen; dann könnten wir alle unsere Fehler entschuldigen und die Trägheit in dem Bestreben besser zu werden rechtfertigen; dann könnten wir bei Prüfung unserer Handlungen die Lehre Jesu ganz vorbeigehn, und wenn wir etwas versehn haben, so wäre es doch nicht das gewesen, daß wir ihrer Stimme nicht Gehör gaben. Es wäre ja vergeblich ihre Wahrheiten und Lehren festzuhalten, da wir sie doch nicht ausüben können, es wäre vergeblich um ihre Tugend sich Mühe zu geben, da wir doch nur den Schein derselben erlangen können, vergeblich den Uebergang in den bessern Zustand zu suchen, den sie gebietet, weil doch der Anfang desselben in uns nicht möglich wäre. Umsonst spräche der Sünder, Ich will umkehren zu meinem Vater und will anfangen zu thun, was wohlgefällig ist vor ihm; umsonst spräche der, dem es noch an so manchem guten fehlt, Ich will nach dem sehen, was da vorn ist, und keine Tugend, kein Lob soll sein, dem ich nicht nachtrachte. Wenn Christus so alles gute, was uns ohngeachtet dessen, was von unserm verderbten Zustand wol wahr sein mag, doch noch übrig und zu erlangen möglich ist, heruntersezte und abläugnete: dann, aber auch nur dann wären wir berechtigt auf die ernsten Belehrungen, auf die heiligen Wahrheiten, welche sie uns zuruft, nicht zu hören.

Aber so hat unser barmherziger und liebreicher Erlöser nicht mit uns gehandelt; mit der größten und göttlichsten Weisheit hat er Demüthigung für den Stolz und Stärkung für die Schwachheit unseres Herzens mit einander vereinigt. Er löscht das glimmende Tocht nicht aus; er bricht das geknikkte Rohr nicht entzwei. Weit entfernt ist er auch nur den kleinsten Saamen des guten durch das harte Wort zu erstikken; das ist viel zu wenig: vielmehr wo er auch nur eine Seele ohne Falsch, wo er vernünftige Ueberlegung und ernstes Nachdenken antraf über das, was der Mensch sein soll, da sprach er gern das Wort der Ermunterung aus, Du bist nicht fern vom Reiche Gottes*). Er sagte uns, daß alles, um dessentwillen er die Menschen selig preist, in unserer Gewalt sei, er erkannte also einen Keim des guten in uns und sprach uns Muth ein, daß er gedeihen würde; auch uns gilt es, was er seinen Jüngern sagt, So ihr Glauben hättet wie ein Senfkorn, so würdet ihr Berge versezen können **), wenn ihr nur erst einen kleinen Antheil an Muth und Standhaftigkeit und Zuversicht hättet, so ist keine Schwierigkeit so groß, die ihr nicht in der Folge würdet besiegen können. Er warnt uns wol vor der Gefahr des Selbstbetrugs, daß es nicht auf das Bekenntniß der Lippen, nicht auf den äußern Schein der Handlungen, nicht auf Opfer ankomme, wobei wir durch Nebenabsichten getrieben werden; aber doch läugnet er nicht, daß wir auch das gute thun können, was wirklich den Gehorsam gegen den Willen unsers himmlischen Vaters ausmacht. Er weiß wol, daß es uns schwer, nur zu schwer ist, bloß von der Liebe zum guten getrieben zu werden, aber eben darum erlaubt er uns auch andere Triebfedern zu Hülfe zu nehmen, die unserm Herzen leichter sind. Wenn durch seine Lehre erst die Erkenntniß dessen was uns noth thut und die Lust dazu erwacht ist, so soll diese wieder die herzlichste Verehrung gegen ihn, der sie uns brachte, und gegen seinen himmlischen Vater, der ihn uns sandte, hervorbringen, und diese Liebe und Dankbarkeit gegen Gott und Jesum soll sich mit unserer Liebe zum guten aufs innigste vereinigen. Wo wir etwas gutes zu thun haben, das uns schwer wird, da sollen wir glauben dürfen, daß wir es ihm thun; wo wir etwas übles thun wollen, da sollen wir uns vorstellen, daß wir gegen seine liebreiche Stimme unser Ohr verstopfen. So soll gleichsam unter dem Schuz dieser kindlichen Liebe und dieses Gehorsams der schwache Keim der Liebe zum guten in uns wachsen und gedeihen, bis durch beide zusam-

*) Mark. 12, 34. **) Matth. 17, 20.

men, durch Gefühl für unsere Pflicht und durch Liebe zu Gott und Jesu nach und nach der vollkommene Mensch Gottes hervorgeht, der zu allen guten Werken geschikkte.

Wo ist wol die Entschuldigung dessen, welcher sagt, daß die Religion Jesu durch ihre strenge Forderung, durch ihre harte Vorstellung von dem Zustand unserer Seele nicht geschikkt sei unser Bestreben zum guten zu wekken und zu leiten, und daß wir also auch nicht auf sie hören müssen! Ach sie bläst ja so sorgsam das glimmende Tocht wieder an; sie pflegt und heilt ja so sorgfältig das geknikkte Rohr! Wie ist es möglich, daß jemand die geringe Aufmerksamkeit, die er der Lehre der Religion geschenkt hat, damit rechtfertigen will, daß wir ja doch das nicht leisten könnten, was sie vorschreibt? Warum können wir nicht durch Liebe und Dankbarkeit regiert werden? . . . . .

(Schluß fehlt.)

XV.

Die heilsame Unterweisung, die wir der Sendung Jesu verdanken.

Ueber Tit. 2, 11—15.

Bei der Ordination zum Predigtamt gesprochen in der Passionszeit 1794.

M. a. Fr. In der Zeit, welche wir jezt feiern, sind unsere gemeinschaftlichen Betrachtungen gewöhnlich dem Andenken an das Leiden Jesu gewidmet. Wenn wir auf die einzelnen Umstände desselben sehn, so haben wir an den göttlichen und vortrefflichen Handlungen auf der einen, und an den abscheulichen die menschliche Natur empörenden auf der andern Seite einen reichen Schaz von Belehrung, Warnung und Rührung. Sehen wir auf die Sache an sich selbst, daß wir uns des lezten nach menschlichem Gefühl zu urtheilen schwersten Theils der Sendung Jesu erinnern, so ziehn noch andere Betrachtungen unsere Aufmerksamkeit auf sich. Wir wollen an das Ende Jesu nicht denken, ohne zugleich auf den Zwekk seiner ganzen Erscheinung unter den Menschen zurükkzublikken; wir wollen uns fragen, Was war es denn, was er auf Erden ausrichten sollte, um dessentwillen er dieses Leiden, diesen gewaltsamen Tod erdulden mußte? Wenn wir dann den ganzen Umfang des Heils, welches uns durch Jesum zu Theil worden ist, betrachten; wenn wir überlegen, daß wir ihm das beste, was wir haben, nämlich unsere freudige Hoffnung zu Gott und die gebesserten Gesinnungen unseres Herzens, zu danken haben: wie muß uns das aufs neue zum Lobe und Preise Gottes ermuntern; mit welcher heiligen Ehrfurcht werden wir dann die lezten rührenden Begebenheiten des Lebens Jesu, wodurch er das Werk der Erlösung vollbringen mußte, betrachten! wie sollte nicht in alle unsere guten Entschließungen eine neue Kraft gegossen werden, die wirksame, belebende Kraft der Liebe und Dankbarkeit! Lasset uns ihn lieben, denn er hat uns zuerst geliebet. Wie sollte nicht unser Wunsch die seligen Früchte der Sendung Jesu immer weiter unter den Menschen verbreitet zu sehn, und also auch unser Eifer für alle Anstalten zur Erhaltung und Beförderung der Religion Christi immer stärker und thätiger werden!

Das sind die Gesinnungen, wozu wir uns in der folgenden Betrachtung noch weiter ermuntern wollen.

Text. Tit. 2, 11 — 15.

Denn es ist erschienen die heilsame Gnade Gottes allen Menschen und züchtiget uns, daß wir sollen verläugnen das ungöttliche Wesen und die weltlichen Lüste und züchtig, gerecht und gottselig leben in dieser Welt; und warten auf die selige Hoffnung und Erscheinung der Herrlichkeit des großen Gottes und unsers Heilandes Jesu Christi, der sich selbst für uns gegeben hat, auf daß er uns erlösete von aller Ungerechtigkeit und reinigte ihm selbst ein Volk zum Eigenthum, das fleißig wäre zu guten Werken. Solches rede und ermahne und strafe mit ganzem Ernst.

Der Apostel Paulus zählt in dem Abschnitt dieses Briefes, woraus die Textesworte genommen sind, die Tugenden auf, wozu sein Schüler Titus die Christen seines Orts als ihr Lehrer ermahnen sollte. Der Apostel war innig überzeugt, daß er viele und große Forderungen an die Christen thue, Forderungen, welche allein mit Hülfe der neu erschienenen Gnade, der Lehre Jesu, und durch ihre heilsame Unterweisung und Zucht in Erfüllung gebracht werden könnten, und deswegen bricht er in diese schöne Lobrede auf das Evangelium Jesu und seine göttlichen Wirkungen aus.

Nach dem Sinn des Apostels denken wir bei diesen Worten an

die heilsame Unterweisung, die wir der Sendung Jesu verdanken,

und zwar reden wir zuerst von dem Inhalt derselben, und dann von der Art und Weise, wie sie noch immer an uns ergeht.

I.

Das erste, was uns unser Text von der Lehre Jesu sagt, ist, daß sie uns unterweiset zu verläugnen alles ungöttliche Wesen und weltliche Lüste, und dagegen züchtig, gerecht und gottselig zu leben.

Uns, m. a. Fr., findet die Lehre Jesu, wenn sie uns zuerst verkündigt wird, nicht mehr in der Finsterniß der Abgötterei, oder der gänzlichen Unwissenheit über den Willen eines höchsten Wesens; wir werden von Kindheit an auf die Erkenntniß Gottes und der Wahrheit vorbereitet, aber wenn diese göttliche Gnade des Evangelii nicht auch uns erschiene und uns durch unser ganzes Leben hindurch leuchtete, so würden wir zu einer solchen Erkenntniß nicht gelangen, sondern vielmehr unausbleiblich in allerlei ungöttliches Wesen hineingerathen. Gott offenbart sein Dasein durch seine Werke, also daß wir keine Entschuldigung haben *), aber würden wir auch auf diese Stimme hören? Und wenn auch der Gedanke, daß einer sein müsse, der alles gemacht hat, nicht erlöschte, so artet er doch bald in allerlei verkehrte Irrthümer aus. Unverschuldetes Ungemach und Leiden würde bald unsern Muth und unsere Freudigkeit überwältigen und uns eine

*) Röm. 1, 19—20.

niedrige knechtische Furcht gegen denjenigen einflößen, dessen schwere Hand so hart auf uns zu liegen schiene; welches eine Quelle alles Aberglaubens und unvernünftigen Gottesdienstes ist. Ungestörtes Glükk würde uns bald an die Erde allein fesseln und uns dessen vergessen machen, was über dieses kurze und unvollkommene Leben hinausliegt, und ist das nicht ungöttliches Wesen, wenn alle Gedanken und Bestrebungen nur auf die Dinge dieses Lebens gerichtet sind? Eine gerechte Vergeltung des guten und bösen tritt oft in diesem Leben nicht ein; der rechtschaffene wird gedrükkt, und der böse sezt ungestraft seine Uebelthaten fort; würden wir das sehn können ohne daran zu zweifeln, daß Gott auf die Handlungen der Menschen sieht? Wo aber erst eine Art dieses ungöttlichen Wesens ist, da sind auch die weltlichen Lüste und die Sklaverei, worin sie uns halten, nicht mehr fern. Die Erfahrung beweist nur zu deutlich, daß die Liebe zur Rechtschaffenheit und zu allem was gut ist und wohl lautet, daß die Achtsamkeit sich selbst zu bewahren vor der Versuchung und in der Versuchung nur gar zu leicht abnimmt und sich nach und nach verliert, daß die sinnlichen Neigungen, die unerlaubten Begierden, die heftigen Leidenschaften immer mehr Raum gewinnen, wo der Gedanke an Gott nicht mehr mächtig ist, wo auf unser Verhältniß gegen ihn und auf die Verheißungen der Religion nicht mehr geachtet wird.

Aber die Lehre Jesu unterweist uns zu verläugnen dieses ungöttliche Wesen und die weltlichen Lüste. Sie zeigt uns die Barmherzigkeit Gottes, welcher seine Sonne scheinen läßt über gerechte und ungerechte *), welcher oft langmüthig dem vertrokkneten Baum Zeit läßt wieder zu grünen und Früchte zu tragen, aber auch die Gerechtigkeit, welche einst Rechenschaft fordern wird von unserm Haushalten mit der Zeit und den Gütern dieses Lebens. — Das widersteht allem Leichtsinn und allem sorglosen Unglauben. Der Gesandte, der Sohn Gottes ver-

*) Matth. 5, 45.

kündigt uns, daß Gott unser aller Vater ist, daß Liebe und Sorge für unser wahres Wohl alle unsere Schikksale bestimmen, sein Beispiel und seine Lehre flößt uns kindliches und festes Vertrauen ein; — das siegt über alle Wechsel dieses Lebens; es giebt uns freudige Hoffnung, um den Kummer durch den Gedanken einer bessern Zukunft zu mäßigen, und Ruhe des Herzens, um das Leiden selbst zu unserer Besserung zu benuzen, daß wir weise werden zur Seligkeit. Er lehrt uns, daß Gott gar keinen Gehorsam der Lippen und Hände verlangt, daß das Reich Gottes nicht besteht im Unterscheiden von Speise und Tagen, sondern in Gerechtigkeit und Friede und Freude *), daß wir also nichts ausrichten werden, aber auch nicht ängstlich sein dürfen in allerlei äußerm Dienst und Gebräuchen, sondern nur in der Besserung und Heiligung arbeiten, welche doch unser eigenes Glükk hervorbringt, daß Gott nichts von uns fodert als, Gieb mir mein Sohn dein Herz **). Das sind die Wahrheiten, die wir durch die Gnade Gottes in Christo erkennen, und ihnen folgen, das ist göttliches Wesen, das ist der Geist, dessen Früchte sind Liebe, Freude, Friede, Glaube und Sanftmuth.

Das zweite, was unser Text von dem Inhalt der Lehre Jesu sagt, ist, daß sie uns unterweise zu warten auf die selige Hoffnung der Erscheinung der Herrlichkeit Gottes und Christi, und das ist ein anderes großes Verdienst der Lehre Jesu um uns alle. Was wären wir doch, was würde uns alles gute, dessen wir auf Erden genießen könnten, helfen ohne die tröstliche Hoffnung eines anderen noch besseren Lebens? Wir müßten aus Furcht des Todes und der Vernichtung immerfort Knechte ***), unglükkliche niedergeschlagene Geschöpfe sein, und das wären wir ohne die Lehre Jesu. Oder woher habt ihr eure feste Ueberzeugung davon, daß auf das verwesliche noch folgen wird ein unverwesliches ****)? habt ihr sie

*) Gal. 5, 22. **) Sprüch. Sal. 23, 26. ***) Hebr. 2, 15.
****) 1 Kor. 15, 42.

aus euch selbst? Es ist wahr, wenn der Mensch über sich selbst nachdenkt, wie er doch so viel besser ist als alles irdische um ihn her, wie etwas in ihm ist, was sich nach dem unvergänglichen und ewigen sehnt, so kann er wol sich des Wunsches nach einem künftigen Leben nicht erwehren, er kann die Erfüllung dieses Wunsches ahnden und hoffen. Aber wie, m. Fr., wenn wir, wie wir vorher gesehn haben, ohne die Lehre Jesu in ungöttliches Wesen und weltliche Lüste versunken wären, würden wir dann fähig sein solche Betrachtungen anzustellen? Ach, wir könnten die Furcht des Todes, des gänzlichen Aufhörens nur durch jenes elende Mittel besänftigen, dessen sich die unglükklichen bedienen, die im Gehorsam ihrer sündlichen Lüste dahin gehn, Zerstreuung und Betäubung durch sinnliche Vergnügen, Lasset uns guter Dinge sein, denn morgen sind wir nicht mehr *), eine Hülfe, die sich mit trostloser Verzweiflung endet. Oder wenn auch eine feste Hoffnung des Lebens in uns entstände, mit wie vieler Unwissenheit und Zweifel müßte sie immer verbunden sein! Alles was wir haben und besizen hängt doch an den Dingen dieser Erde; wir haben nichts auf die Welt gebracht; wie können wir wissen, ob wir etwas werden hinausnehmen? Aber er unser Erlöser hat unvergängliches Leben ans Licht gebracht **), und unser Glaube an ihn und sein Wort nimmt alle Zweifel und Unwissenheit hinweg. Er sagt uns, daß er auffahre zu seinem und unserm Gott und Vater ***), und daß er hingehe uns die Stätte zu bereiten ****); er sagt uns, daß er eingehe in den Genuß der Herrlichkeit, die ihm von Ewigkeit bestimmt war, und daß wir sein sollen, wo er ist; er sagt uns, daß ein seliges Leben dessen warte, welcher treu bleibt bis ans Ende †). Wir sind nun — das ist die selige Ueberzeugung, die sein Wort in uns hervorbringt — wir sind nun Gottes Kinder, und es ist noch nicht erschienen, was wir

*) 1 Kor. 15, 32. **) 2 Tim. 1, 10. ***) Joh. 20, 17. ****) Joh. 14, 2. 3. †) Joh. 17, 24.

sein sollen, wir wissen aber, daß wenn es erscheinen wird wir ihm gleich sein werden, denn wir werden ihn sehen, wie er ist*). Das ist der reiche Trost, den wir aus den Verheißungen Christi schöpfen. Und so umfassen die Unterweisungen, die wir ihm verdanken, alle unsere Bedürfnisse. Die Erleuchtung unseres Verstandes, die Beruhigung unseres Herzens, das war das große Werk, welches ihm aufgetragen war, und unter dessen Vollbringung er liebreich sein Leben für uns gelassen hat. Laßt uns nun noch kürzlich sehn,

II.

auf welche Art wir dieser Unterweisungen theilhaftig werden, und auch darin die Gnade Gottes in Christo bewundern und preisen.

Unser Text sagt davon, Er reinigte ihm selbst ein Volk zum Eigenthum. Ein Volk ist nicht eine jede Menge von Menschen, sondern nur eine solche, welche zusammenhält, welche sich einander unterstüzt und unter einerlei Einrichtungen lebt. Daß unter den Bekennern Jesu eine solche Gemeinschaft gestiftet ist, das ist eines der weisesten und vorzüglichsten Mittel zur Erhaltung und Beförderung der Religion.

Der Gemeinschaft, welche unter den ersten Christen errichtet wurde, haben wir es zunächst zu danken, daß dieses Buch auf uns gekommen ist, worin so viele Belehrungen Gottes, so große Schäze christlicher Weisheit enthalten sind. Es ist die erste Quelle, von der die Unterweisungen Jesu bis zu uns gelangt sind, es gewährt noch heute jedem, der es mit Verstand gebraucht, Lehre, Ermahnung und Trost. Die Reden Jesu, der erste Grund unserer ganzen Religion, reden so einfach und verständlich und zugleich so herzerhebend und herrlich von den Pflichten und Hoffnungen des Menschen; die Geschichte seines Lebens, welche darin enthalten ist, giebt uns das höchste Vorbild von dem, was wir werden sollen. Seine Menschenliebe bis auf dieje-

*) 1 Joh. 3, 2.

nigen, die ihn verfolgten und tödteten, seine Verkündigung der Wahrheit bis zur Gefahr und Gewißheit des Todes, sein Gehorsam gegen Gott bis zum Verscheiden am Kreuz, welche Ermunterung kann uns das nicht gewähren, gesinnt zu sein wie er gesinnt war! Die Erzählung von der Sammlung der ersten christlichen Häuflein, ihre Liebe und Treue, ihre Fortschritte in der Erkenntniß, ihre Standhaftigkeit im Leiden eben so wol als ihre Schwachheiten und Fehler, ihre Anhänglichkeit an Vorurtheile und Irrthümer, ihre ängstliche Furchtsamkeit, das Lob was ihnen ertheilt, der Rath der ihnen gegeben wird, das alles kann uns eine Quelle der Erwekkung und Erbauung sein, das alles gehört zur Erscheinung der heilsamen Gnade Gottes unter uns.

Eben so ist es nun aber auch von dem größten Nuzen, daß eine solche Gemeinschaft auch unter uns noch fortdauert, daß auch wir nicht einzelne sind, die bald in der Irre gehn würden, sondern ein gesammeltes Volk des Herrn, eine Kirche Gottes. Ich will euch nur auf einen Vortheil dieser Einrichtung aufmerksam machen, nämlich auf das öffentliche Lehramt, das auch unter uns errichtet ist und sowol durch den Unterricht der Jugend, als durch die Erwekkung der erwachsenen Christen sich Gott sei Dank noch immer so nüzlich zum Dienst der Gnade Gottes in Christo erweist.

Alle Fertigkeit im guten, alle Herrschaft der Bewegungsgründe, welche uns die Religion an die Hand giebt, entsteht in uns nur nach und nach durch Uebung und Gewöhnung, und die Jugend ist die rechte Zeit, wo alle Uebung und Gewöhnung anfangen muß. Wenn Neigungen und Leidenschaften zuerst mächtig werden, und dann erst die Grundsäze der Religion eingeprägt und ihre Herrschaft erstritten werden soll, das ist ein gefährlicher Stand, mit viel vergeblicher Mühe und Arbeit. Wenn aber die Lehrer der Religion mit den Eltern der jungen Christen die Sorge der Erziehung theilen; wenn sie sie zeitig mit Gefühl von der Liebe und Güte Gottes und mit Kenntniß seiner Gebote erfüllen; wenn sie mit dem Feind, den sie in sich selbst finden müssen, bekannt gemacht werden, ehe er noch seine ganze Stärke gewinnt, wenn sie zeitig die Waffen der Enthaltsamkeit, des Aufhörens auf die Sprache des Gewissens, des Gedankens an die Allwissenheit und an das Urtheil Gottes, wenn sie zeitig diese Waffen führen lernen, durch welche allein sie überwinden können: dann ist Hoffnung, daß sie einst den ganzen Segen der Religion genießen, daß sie ihr Licht werden leuchten lassen vor den Menschen, daß die heilsame Gnade Gottes auch in ihnen gutes die Fülle wirken wird.

Aber auch wir, in denen die besseren Gesinnungen und Fertigkeiten, welche Früchte der Religion sind, schon gebildet sein sollen, auch wir müssen uns glükklich schäzen, daß wir zu einem solchen Volk des Herrn gehören, auch wir verdanken gewiß dieser Anstalt so manche genossene Hülfe und Ermunterung zum guten. Es ist wahr, der Christ kann sich auch für sich selbst erbauen; aber das Lesen der Schrift, die Erfahrungen, die er an sich, die Beobachtungen, die er an andern macht, das einsame Nachdenken, das stille Gebet kann für ihn eine reiche Quelle von Segen sein; aber, Erbauet euch unter einander*), das hat auch seine besondere Verheißung. Wo zwei oder drei versammelt sind in meinem Namen, da bin ich mitten unter ihnen**). Sollte wol einer unter euch sein, der da bezeugen könnte, daß noch nie durch diese öffentlichen Gottesverehrungen gute Entschließungen in ihm gewekkt, Vertrauen auf Gott gemehrt und Gesinnungen der Gerechtigkeit und der Bruderliebe gestärkt worden wären? Das sei ferne! Dem vollkommnern Christen kommt doch so mancher gute Gedanke durch eine angehörte Belehrung, der wenigstens jezt nicht oder nicht so lebhaft in ihm entstanden wäre, und schon das gemeinschaftliche bei Lehre, Gesang und Fürbitte, bei der Feier des Todes Jesu erhöht die Stärke seiner Empfindungen und Entschlüsse. Der unvollkommnere hört so manche ernst-

*) Eph. 5, 19. **) Matth. 18, 20.

liche wohlgemeinte Ermahnung, die von Herzen kommt und auch wieder zu Herzen geht, so manche Strafe aus dem Wort Gottes für seine Saumseligkeit und Trägheit, für die Fehler, die er noch in sich herrschen läßt, wenn ein Diener des Worts, wie der Apostel sagt, lehret und ermahnet und strafet mit allem Ernst. So ist also auch dies eine Einrichtung, wodurch Gott in Christo verherrlicht und gutes gestiftet wird unter denen, die sich nach Christi Namen nennen. Laßt uns also, m. a. Fr., Gott innig danken und preisen dafür, daß seine heilsame Gnade auch unter uns erschienen ist, daß auch wir die lehrreichen und tröstlichen Wahrheiten seines Evangelii kennen, daß auch wir unter einander ein Volk ausmachen, welches ihm eigenthümlich ist — mögen wir nur auch fertig sein zu allen guten Werken, und jeder an seinem Theil eifrig alles gute zu mehren und zu befördern, um Gott dadurch thätig zu preisen für die Gnade, die er uns in Christo erzeigt hat.

Es ist nicht ohne Absicht geschehn, m. a. Fr., daß ich euch darauf aufmerksam gemacht habe, wie nahe die gemeinschaftliche Erbauung und das dazu gehörige Lehramt mit der Förderung alles christlich guten unter uns zusammenhängt. Bittet Gott mit mir, daß doch dieses Amt überall, daß es auch durch mich hinfort möge ihm wohlgefällig und mit Segen verwaltet werden. Ich soll in dieser Stunde nach den Gesezen unserer Kirche der Zahl derjenigen zugeordnet werden, welche unter dem Volk Gottes Diener der übrigen sind, welche berufen sind zu allerlei Handreichung, zum Unterricht und zu lehren, zu ermahnen, zu bitten, daß jeder der Stimme der Religion sein Herz öffne. Möge die Ueberzeugung von der Wichtigkeit des mir aufgetragenen Geschäfts nie in Gleichgültigkeit, die Freude und das Vertrauen, womit ich es übernehme, nie in Mißmuth und Unglauben ausarten! möchten alle guten Entschließungen, welche jezt darüber in meiner Seele sind, Ja und Amen vor Gott sein! Amen. (Gebet.)

Zweite Sammlung.

Vom Amtsantritt in Landsberg a. d. W. bis zum Amtsantritt im Charité-Hause zu Berlin.
1794 bis 1796.

I.

Daß wir aus Dankbarkeit gegen Jesum seinen Tod zu verkündigen haben.

Ueber 1 Kor. 11, 26.

Antrittspredigt, gesprochen zu Landsberg a. d. W. am Charfreitage 1794.

Gebet.

O gütiger Gott und Vater, der du die Liebe selbst bist und die einige Quelle alles guten, der du dich unser in allen unseren Bedürfnissen kräftig annimmst und den Tod des Sünders nicht willst, sondern daß er sich bekehre und lebe! der du deswegen von jeher zu den Menschen geredet hast durch deine Werke um sie her, durch die innere Stimme ihres Herzens und durch den Zuruf so mancher von dir erleuchteten Männer! wir, denen das alles nicht genug gewesen wäre zu unserm Heil und unserer Seligkeit, wenn du nicht zulezt noch zu uns geredet hättest durch deinen Sohn, wir sind jezt versammelt, um das Andenken an diese deine größte Wohlthat mit einander zu feiern, daß du nämlich Jesum Christum gesandt, daß du ihn nicht nur gesandt, sondern auch für uns dahingegeben hast, daß du in ihm durch sein Leben und Sterben alles erfülltest, was nothwendig war zu unserm Heil, zu unserm Trost, zu unserm völligen Glauben an deine erbarmende und verzeihende Güte und Gnade. Laß auch diese Feier des wichtigsten, des heiligsten Tages unter uns gesegnet sein! Du weißt, in welcher Absicht und in welcher Stimmung des Gemüths ein jeder von uns hier ist. Wer sich mit allerlei fremden Gedanken hier eingefunden hat, dem laß doch den großen, den heilbringenden Gegenstand unserer heutigen Andacht in diesem Augenblikk über alles werth und eindrükklich werden! Wer noch nicht von der Größe dieser Wohlthat hingerissen ist, in dessen Seele sende doch einen Strahl von Ueberzeugung; erleuchte seinen Verstand zur Erkenntniß deiner Liebe in Christo und erwekke sein Herz zu einer innigen Anbetung deiner ewigen Güte! Uns alle aber laß kräftig gerührt werden in dieser Stunde und erfüllt mit derjenigen Dankbarkeit, der wir gegen dich allein fähig sind, und die allein vor dir etwas werth ist! Amen.

Die Geschichte des heutigen Tages, meine Freunde, ist uns allen bekannt und muß uns allen in jeder Rükksicht groß und erhaben sein. Bleiben wir auch nur bei der Begebenheit selbst und ihren Umständen stehn, so müssen schon die verschiedensten Gedanken und Empfindungen in uns abwechseln: Gedanken an das, was der Mensch unter dem göttlichen Beistande sein kann, und an die Tiefe des Verderbens und der Bosheit, in welche er hinabzusinken im Stande ist; Empfindungen der Bewunderung und der Liebe, der Verachtung und des Abscheues. Wie viel mehr noch, wenn wir auf die Absicht sehn und ihre Erreichung, auf den großen Einfluß in den Gang des ganzen Menschengeschlechtes; o, dann vereinigen sich alle Gedanken in dem einen, Lasset uns ihn lieben, denn er hat uns zuerst geliebet *), und alle Empfindungen in die eine, Lasset uns ihm danken, denn große Dinge hat er an uns gethan! **) Diese gemeinschaftliche Ermunterung zur wahren und herzlichen Dankbarkeit für den heilbringenden Tod Jesu Christi soll dasjenige sein, womit wir uns jezt noch weiter beschäftigen wollen.

*) 1 Joh. 4, 19.

**) Sir. 50, 24. Ps. 126, 3.

Text. 1 Kor. 11, 26.

Ihr sollt den Tod des Herrn verkündigen, bis daß er kommt.

Diese Regel gab der Apostel der Gemeine zu Korinth eigentlich bei einer Gelegenheit, wo er sich genöthigt sah ihr über den rechten Gebrauch und die Absicht des heiligen Abendmahls allerlei Anweisungen zu ertheilen. Ich habe aber gar kein Bedenken getragen sie vorzüglich auf die Feier des heutigen Tages anzuwenden. Diese ist ja unter uns auch zu einem Gedächtniß des Todes Jesu eingesezt und soll also in dieser Rükksicht dieselben Gesinnungen hervorbringen. Wir wollen uns also heute dazu erwekken,

aus Dankbarkeit gegen Jesum seinen Tod zu verkündigen.

Wir werden erstlich sehn, was wir unter dieser Verkündigung zu verstehn haben, und zweitens uns überzeugen, daß sie der wahrste und beste Ausdrukk unserer dankbaren Gesinnungen ist.

I.

Dem Verkündigen des Todes Jesu können wir hier nicht den eingeschränkten Sinn beilegen, in welchem es sich nur auf die Lehrer der Religion bezieht, sonst würde der Apostel nicht alle Christen dazu aufgefordert haben, vielmehr hat jeder, der sich dankbar beweisen will für die Liebe Christi, welcher sich für ihn dahingab, dies Amt, nämlich zu verkündigen, nicht etwa was der Tod Jesu für die Menschen überhaupt sein soll und sein kann, sondern welches die Früchte desselben für ihn gewesen sind, wie wohlthätig sie auf seine Seele gewirkt haben, wie er noch immer Rath und Trost bei ihnen sucht und auch für die Zukunft auf ihre wohlthätige Kraft rechnet.

Dahin gehört nun erstlich, daß wir uns der Religion Jesu,

die er durch seinen Tod gestiftet und besiegelt hat, nicht schämen. Ich will nicht daran denken, daß wir in einer Zeit leben, wo der allgemeinen Meinung nach das Christenthum mehr als je vernachläßigt und verachtet ist. Dieser traurige Gedanke soll uns in unserer dankbaren Andacht nicht stören, ich will nur bei dem stehen bleiben, was wol immer so gewesen ist und immer so bleiben wird. Wir bekennen uns täglich für Christen, und das verargt uns niemand, denn die meisten Verächter Jesu thun das nämliche; aber so bald es scheint, als ob bei jemand das Christenthum nicht bloß auf den Lippen wohne und in äußeren Gebräuchen bestehe, sondern eine wichtige Angelegenheit seines Herzens sei: so fehlt es nie an Menschen, die wie jene Magd zu Petro mit einer mitleidigen Neugierde fragen, Bist du also auch einer von diesen? folgst du auch jenem Jesu dem Galiläer? Wer dann im Stande ist wie Petrus zu sagen, Nein warlich ich kenne diesen Menschen nicht *), der entzieht sich seiner heiligen Pflicht den Tod Jesu zu verkündigen. Und doch ist das wieder nur allzu gewöhnlich. Wer vermeidet nicht gern jede Gelegenheit, wo er von andersgesinnten um Rechenschaft von seinen innersten Ueberzeugungen gefragt werden könnte? Wer leitet sie nicht vor den Menschen gern allein von seiner eigenen Vernunft und seinem eigenen Herzen ab, ob er sich gleich bewußt ist, daß er sie zunächst den heilsamen Unterweisungen der Lehre Jesu verdankt?

Denkt euch, daß ihr überrascht würdet bei einem von den seltenen aber desto seligern Augenblikken, wo nicht nur die Lippen beten, nicht nur der Verstand einige geistliche Gedanken zusammenreiht, oder das Herz einige fromme Wünsche stammelt, sondern wo die ganze Seele mit Gott beschäftiget ist, wo wir erfüllt sind mit einer lebendigen Ueberzeugung und Hoffnung, deren Beständigkeit wir von ihm als das höchste Kleinod erfle-

---

*) Luk. 22, 57. Matth. 26, 74.

hen; wo wir von Herzen angeloben die unverrükkte Nachfolge Jesu, um derentwillen wir uns in diesem Augenblikk wenigstens stark genug fühlen die bittersten Leiden zu übernehmen; — ich höre auf zu bezeichnen, was ich meine, jeder Christ muß das aus Erfahrung kennen; aber denkt euch in diesem Zustande überrascht zu werden mit dem Ausdrukk des höchsten Gefühls in eurem ganzen Wesen und gefragt, Freund, was ist dir? was thatest du? Würdet ihr nicht schüchtern der Antwort ausweichen, würdet ihr nicht läugnen wollen? Es ist wahr, wir sollen unsere Religion nicht zur Schau tragen und die Herzensgeheimnisse derselben nicht ausschütten vor denen, die sie nicht verstehn; aber fern sei doch von uns jede zaghafte Menschenfurcht. Wir sollten die Wohlthaten dessen verläugnen, der sich für uns dahingab? Warum nicht bekennen, Ja, ich folge diesem Jesu, ich gründe auf ihn meine Hoffnung, meine Ueberzeugung, meine Ruhe! Warum nicht bekennen, Das, wobei du mich jezt antraffst, war ein Erguß des seligsten und wirksamsten Gefühls, welches die Religion uns gewährt! So wird doch Christus und sein Tod von uns verkündigt, so weit es die Menschen fassen können; so brauchen wir doch nicht vor den Worten zu erschrekken, Wer mich verläugnet vor den Menschen, den will ich auch verläugnen vor meinem himmlischen Vater *); denn wo meine Lehre und meine Liebe noch nicht aufrichtiges Wesen, Wahrhaftigkeit und Muth gewirkt hat, da hat sie noch nichts gewirkt, da ist die Seele mir noch fremd.

Wenn aber die Menschen auch nicht fragen nach dem Grund unserer Ueberzeugungen und Gefühle, so sehen sie doch auf unsere Gesinnungen und unsere Handlungsweise, und das giebt uns die schönste Gelegenheit den Tod Jesu zu verkündigen.. Warum sollten wir es uns verbergen, daß eine Gesinnung wie die des wahren Christen selten ist auf der Erde, eine Gesin-

*) Matth. 10, 33.

nung nämlich, worin Abscheu herrscht gegen alles böse und ungerade, Lust und Liebe zu allen guten Werken eines Menschen Gottes; worin diese geübt werden, nicht weil sie mit unsern natürlichen Neigungen übereinstimmen, oder weil etwas äußerliches durch sie zu erlangen ist, sondern wo sie aus einer reinen Quelle kommen, frei von jedem fremden Zusaz. Eine solche ist, so bald sie bemerkt wird, ein Gegenstand der Aufmerksamkeit; sie liegt für die meisten als ein unerklärliches Räthsel da; aber wie selten giebt der die rechte Auflösung, der sie geben könnte! Eine gewisse Geringschäzung der Menschen und ihres Urtheils macht, daß man gewöhnlich auf die Frage, was das für ein Geist sei, der in uns lebt, gar nicht antwortet. Eine falsche Bescheidenheit läßt alles auf Rechnung der Erziehung und des Beispiels sezen und leidet, daß die Würde der Rechtschaffenheit in den Augen der Menschen geschwächt, und ihr Ursprung verkannt wird. Ein Stolz, den manche für edel halten, sieht es gern, wenn alles der eigenen Vernunft und Führung und der Macht des Gedankens an Pflicht und Schuldigkeit zugeschrieben wird. Fern sei es von uns den Einfluß dieser leztern Triebfedern gering zu achten, oder zu läugnen; allein warum wollten wir uns denn schämen noch eine höhere Ursach anzugeben, deren erste Leitung wir doch nothwendig wahrnehmen müssen? Was erzieht denn unsere Vernunft und unser Gefühl für Pflicht und Recht? Wodurch werden unsere Neigungen unter dasselbe gebändigt? Wodurch wird ihm sein fortdauernder Einfluß auf unser inneres gesichert, daß wir lernen rein sein und das böse meiden? Hier müssen wir dankbar der Lehre Jesu huldigen mit ihren erhabenen Grundsäzen, mit ihren strengen Geboten, mit ihrem herrlichen Trost. Wer diese nächste Quelle alles guten in sich nicht anerkennen will, den möchte ich fragen, wie Christus einst fragte, Zeige mir doch die Münze deiner Gesinnung und deiner Tugend: weß ist das Bild, wessen die Ueberschrift? Wem ist sie nachgebildet — nicht Jesu von Nazareth? Was hat sie für ein Gepräge? Ist es nicht der Geist des Vertrauens auf Gott, der allgemeinen Liebe, der Wachsamkeit über sich selbst, und hat dir diesen nicht Christus und sein Wort zuerst eingehaucht? Lieber! so zweifle doch nicht, ob es recht sei Christum als den Urheber deines bessern Sinnes unter den Menschen zu verkündigen! gieb ihm doch nur, was sein ist.

Es gehört aber zweitens noch etwas mehr zur Verkündigung des Todes Jesu. Manche Menschen geben seiner Lehre die Ehre, die ihr gebührt, aber doch scheuen sie sich seinen Tod zu verkündigen; sie schämen sich die Kraft der Eindrükke zu bekennen, welche die Betrachtung des leidenden und sterbenden Erlösers in ihnen hervorbringt. Der Tod Jesu ist eine Begebenheit, wovon jeder Christ eingesteht, daß sie einen großen der ganzen Menschheit wichtigen Zwekk gehabt habe, daß ihr der größte Einfluß auf die Errettung und Beglükkung des Menschengeschlechts zugeschrieben werden müsse, und unsern Glauben daran sollten wir zaghaft verheimlichen? Freilich ist es wahr, daß jeder sich über die Sache seine eigene Vorstellung macht, und daß es deswegen überaus wichtig ist, daß keiner seine Erklärungen von dem, was die Schrift darüber sagt, dem andern als nothwendig und einzig wahr aufdringe; aber dessenungeachtet giebt es gar vieles dabei, dessen Wahrheit einem jeden einleuchten muß, und das sollen wir ohne Anstand und Zurükkhaltung bekennen. Jeder muß es eingestehn, daß der Tod Jesu unsern Glauben mehrt und unerschütterlich macht, schon deswegen, weil er uns zeigt, wie groß in Christo die Ueberzeugung von den heiligen Wahrheiten war, die er mit seinem Tode versiegelte. Jeder wird es zugeben, daß es nicht bloß die gewöhnlichen fruchtlosen Thränen des gereizten Gefühls sind, welche wir dem Leiden Christi weinen. Denn wir denken ihn uns als das Saamenkorn, welches ausgesäet werden und ersterben mußte, damit durch seinen Tod eine große reiche von Gott gesegnete Ernte hervorginge, durch welches allein auch wir jezt eingewurzelt sind und grünen und reifen in dem Boden des Reiches Gottes. Wir sehen ihn an als den sterbenden Freund und Lehrer, dessen lezte Bitten uns desto heiliger sind, weil sie um unsertwillen die lezten waren; dessen lezten Ermahnungen und Vorschriften wir uns um desto williger unterwerfen, weil er sie selbst mit der größten Beharrlichkeit bis zum Tode am Kreuz ausübte; dessen lezte Seufzer und Worte unser Herz nicht nur zu einer flüchtigen Rührung, sondern zu einem heiligen Gelübde des treusten Gehorsams und der eifrigsten Anhänglichkeit bewegen. Jeder giebt zu, daß er derjenige ist, der uns alle unsere Verhältnisse gegen Gott sollte einsehn und fühlen lehren, und sein Tod ist also das sicherste Zeichen von der gänzlichen Vollendung dieser Belehrung; er vertilgt aufs kräftigste alle Zweifel und Bedenklichkeiten, alles finstere Mißtrauen und alle zaghafte Entfernung von Gott. Dies gilt allen; dies laßt uns vor der ganzen Welt bekennen!

II.

Dieses zusammengenommen ist es, was der Apostel unter der Verkündigung des Todes Jesu, zu welcher er uns ermuntert, gemeint haben kann. Laßt uns nun noch ein paar Worte der Betrachtung widmen, daß dies zugleich der wahrste und einzige Ausdrukk unserer Dankbarkeit gegen ihn sei. Ich werde dabei um desto kürzer sein können, da ich mich nur auf euer eigenes Gefühl berufen darf.

Viele Menschen machen sich freilich von der Dankbarkeit eine ganz irrige Vorstellung, als ob sie in der bloßen Vergeltung bestände, und begnügen sich also damit, wenn sie gelegentlich einen ähnlichen Dienst erweisen, als sie empfangen haben. An einer solchen kahlen Wiedererstattung hat aber das Herz gewöhnlich keinen Theil, und es liegt größtentheils der Wunsch zum Grunde sich abzufinden, sich von dem Gefühl der Verpflichtung und also auch von der Dankbarkeit los zu machen. Wäre das Dankbarkeit, so könnten wir sie gegen Christum nicht äußern; denn wer kann dem Herrn vergelten oder Christo einen Dienst leisten? Besser legen andere ihre Dankbarkeit zu Tage durch Aufmerksamkeit und Gehorsam, indem sie sich bestreben jeden Wink ihrer Wohlthäter zu verstehen und allen ihren Wünschen zuvorzukommen. Aber auch das ist nicht Dankbarkeit selbst, sondern nur eine Aeußerung derselben, die hier auch nicht Statt findet. Menschen können wir wol durch unser Thun ganz uneigennüzig einen Vortheil stiften und unsern Eifer für ihr Wohl durch allerlei Bemühungen beweisen; aber Christo? Wenn wir auch seine Gebote nach Kräften befolgen, wenn wir auch seinen Willen thun, so ist es immer unser eigenes Wohl, was wir dadurch befördern, und das wäre also nur ein unsicherer und zweideutiger Beweis der Dankbarkeit. Diese besteht überhaupt nicht in äußerlichen Handlungen; man kann viel reden und thun, was nicht von Herzen geht; Dankbarkeit aber muß innerlich im Gemüth sein. Sie ist das beständige Gefühl der Wohlthat, das freudige Bekenntniß dazu, daß unser Glükk von den Gesinnungen des Wohlthäters abhängig sei, die Neigung das gute nie zu genießen ohne an die Quelle desselben zurükkzudenken. Das ist also Dankbarkeit gegen Christum, wenn wir ihn bei uns selbst für den Urheber alles guten und seligen anerkennen, was uns widerfährt; wenn wir bei jedem Genuß des Heils, welches er erworben, mit Lob und Preis gegen Gott an ihn und seine verdienstliche Liebe zurükkdenken. Was äußerlich geredet und gethan wird, das kann nur in so fern zur Dankbarkeit gehören, als es eine unwillkührliche ganz von selbst sich einstellende Ergießung dieser Gesinnungen ist. Auch hier m. Fr. müssen wir zur kindlichen Einfalt zurükkkehren, wenn wir so sein wollen, wie es dem Reiche Gottes eigen ist. Wie äußert ein Kind seine Dankbarkeit? Es trägt seine Geschenke herum zu seinen Bekannten und Gespielen, es zeigt ihnen, wie sie gebraucht werden müssen, und wie es sich damit ergöze; es ist nie glükklich dabei, ohne mit Liebe und einem gewissen Stolz den Namen desjenigen zu nennen, von dem sie herrühren. Wie machten es so viele unglükkliche, die Christus während seines Lebens von ihren irdischen Leiden befreite? Sie gingen hin und verkündigten überall, wie große Dinge Jesus von Nazareth an ihnen gethan, und machten die ganze Gegend seines Ruhmes voll.

Nach diesen Beispielen werden sich die Aeußerungen unserer Dankbarkeit von selbst bilden; wir werden ihnen aus desto innigerem Drang des Herzens, mit desto unerkünstelterem Eifer folgen, je größer die Wohlthat ist, deren wir theilhaftig geworden sind. Ist eine lebendige Erkenntniß, ist ein reges Gefühl davon in unserer Seele: so wird unwillkührlich der Mund übergehn von dem, dessen das Herz voll ist; so wird es von selbst geschehen, daß wir den Tod Jesu unter den Menschen verkündigen, wie der Apostel sagt, zu gelegener und ungelegener Zeit, den tauben und den hörenden, unter guten und bösen Gerüchten, denen die es achten, und denen die es nicht achten, denen die Theil nehmen an der Quelle unseres Glükks, und denen die nur aus einer müßigen Neugier danach fragen, und das ist eine wahre eine natürliche eine würdige Aeußerung unseres Dankgefühls.

Dies ist es, m. Fr., was ich über diesen Gegenstand zu euch habe reden wollen; vergönnt mir nun noch einige Augenblikke von etwas anderm zu sprechen. Außer dieser Verkündigung des Todes Jesu, welche die Pflicht eines jeden Christen ist, giebt es unter uns noch ein besonderes Amt, welches Christum und seine Lehre predigt, ein Amt, welches bei rechter Verwaltung und rechtem Gebrauch von je her vielerlei gutes gestiftet hat. Ihr wißt, daß der eine eurer Lehrer, der es viele Jahre zu eurer Zufriedenheit und Erbauung bekleidet hat, jezt von der Lást des Alters und der Krankheit niedergedrükkt demselben nicht länger vorstehen will, und ich bin bestimmt, so lange er noch unter uns ist, seine Stelle bei euch zu vertreten. Gern würde er euch selbst über diese Veränderung das nöthige gesagt und mich eurer Liebe empfohlen haben, damit er mir die beschwerliche Mühe von mir selbst und für mich selbst zu reden ersparte, allein der Zustand seiner Gesundheit hat es nicht zugelassen. Was ich während dieses Geschäftes unter euch sein und thun soll, das wißt ihr. Ich soll euch immer näher unterrichten von den Wahrheiten der Religion; ich soll Irrthümer und Vorurtheile, wo ich dergleichen gewahr werde, mit sanfter Stärke angreifen und ausrotten; ich soll in euren Herzen immer mehr zu erwekken suchen die Liebe zu allem was rechtschaffen und gut ist; ich soll euch fleißig an die heilsamen Gebote unseres Erlösers erinnern, von den Mitteln ihnen immer genauer nachzukommen mit euch reden und euch die mancherlei verborgenen Schwächen und Thorheiten des menschlichen Herzens aufdekken; ich soll gute Hoffnung und stärkenden Trost bei allen Widerwärtigkeiten darreichen aus der Quelle unserer göttlichen Belehrungen; ich soll endlich auch in den zarten Herzen euerer Kinder den ersten Saamen seligmachender Erkenntniß und frommer Gesinnungen ausstreuen und sie zubereiten zu wahren und würdigen Jüngern Jesu. Wie ich das thun werde, davon kann ich euch nicht mehr sagen, als daß ich dieses Amt antrete mit dem tiefsten Gefühl meiner Schwachheit, aber auch mit inbrünstigem und vertrauensvollem Gebet, und daß die Verwaltung desselben immer geschehen wird nach bester Ueberzeugung mit ehrfurchtsvollem Ernst und herzlichem Eifer; nicht mit schönen Worten und mannigfaltigem Prunk menschlicher Beredtsamkeit, sondern mit der Einfalt, welche sich für dasjenige am besten ziemt, was schon in sich selbst eine göttliche Kraft hat, und in der Hoffnung, daß was von Herzen kommt auch wieder zu Herzen gehn wird. Allein, m. l. Fr., ich habe doch eine doppelte Bitte an euch, die ihr mir hoffentlich nicht versagen werdet. Es ist wol wahr, daß die Wahrheit und zumal die heilige und göttliche Wahrheit eine Kraft in sich hat, welche ihrer Wirkung bei keinem, der sie fassen kann, jemals verfehlen sollte; allein die menschliche Schwachheit macht, daß der Erfolg gar sehr davon abhängt, was für ein Herz wir zu demjenigen haben, der sie uns vorträgt. Ich brauche also euer Zutrauen und eure Liebe, und das ist das erste, warum ich euch bitten wollte. Freilich habe ich für jezt keine Gründe diese Forderung zu unterstüzen als den, daß ihr ein gutes Vertrauen zu denen haben solltet, welchen es oblag euch für die Zeit mit einem Lehrer zu versehen. Laßt nun dieses vorwalten, bis ich Gelegenheit habe mir selbst euer Herz zu gewinnen, und dann weigert euch auch nicht mir durch Freundschaft und Zutrauen mein Amt zu erleichtern. Meine zweite Bitte ist die, daß ihr euer christliches und brüderliches Gebet mit dem meinigen für mich vereinigen möget. Es ist wirklich nicht leicht nichts zu versäumen in dem Amt eines Lehrers, immer vorzutragen was da frommt, und wie es frommt, immer so zu handeln, daß man auf der einen Seite nicht Vorurtheile beschüze und auf der andern doch den schwachen kein Aergerniß gebe, immer so zu empfinden und gesinnt zu sein, daß der Geist unter Arbeiten und Zerstreuungen stets munter und rege bleibe zu allem, was sein ehrwürdiges und heiliges Geschäft erfordert. So betet denn mit mir, daß der Gott der Gnade, welcher in den schwachen mächtig ist, mir seinen Beistand schenke und mir alle Kräfte gebe und erhalte, die mir nöthig sein werden.

Gebet.

Ja du liebreicher Gott und Vater! sieh huldreich auf diese Verbindung zwischen der hier versammelten Gemeine Jesu Christi und mir, ihrem schwachen Bruder und Diener! Gieb, daß auch durch meinen Dienst allerlei gutes unter ihr gefördert und gemehrt werde, daß auch ich etwas thue zur Erbauung, Befestigung und Verschönerung des Gebäudes, wovon Christus und seine Lehre der unwandelbare und unerschütterliche Grundstein ist, daß ich nie müde werde Jesum und seinen Tod zu verkündigen, nie müde die Menschen an Christi Statt zu ermahnen, daß sie sich versöhnen lassen mit Gott, auf daß ich einst mit gutem Bewußtsein zurücksehen könne auf die Zeit, die ich hier verlebt, und mit frohem Muth Rechenschaft ablegen von dem, was du mir anvertraut hast. Nun Herr ich hoffe auf dich, du hast mich gerufen, du wirst es auch thun! Amen.

II.

Von dem Unglauben in Absicht auf Dinge der andern Welt.

Ueber Mark. 16, 10—14.

Osterpredigt.

Es ist vorauszusezen, daß wir alle mit dem wahren Sinn und der Wichtigkeit der Lehre von der Auferstehung Jesu bekannt sind. Daß die Seele Jesu nicht im Tode und im Grabe bleiben konnte, ist für sich klar, wenn auch die Geschichte seines Lebens nichts davon erzählte, denn die Seele keines einzigen Menschen geht in der Verwesung unter, viel weniger noch die Seele dessen, der in einem so vorzüglichen Sinne der Erbe der Herrlichkeit war. Dies ist also nicht der eigentliche Gegenstand der Feier des heutigen Tages, sondern dieses, daß auch sein Körper die Verwesung nicht sahe und sogleich ins Leben zurükkgerufen wurde, und daß er sich in dieser erneuerten und verherrlichten Gestalt zum großen Trost seiner niedergeschlagenen Jünger sichtbar darstellte. Diese Veranstaltung war nothwendig für sie, denn ihre Gedanken von den Absichten Jesu, von dem sie hofften, er sollte das Reich Israel wieder aufrichten, waren durch den Erfolg widerlegt, und ihr Glaube an ihn war ganz dahin; und sie ist wichtig für uns, denn sie ist noch immer für die schwachen, denen die innere Würde der Religion Jesu noch nicht genug ist um von ihrer Göttlichkeit überzeugt zu sein, der augenscheinlichste Beweis. Wir haben also alle Ursach Gott dafür zu preisen, als für einen Beweis seiner Macht, ohne welchen die Lehre Jesu nicht einmal bei seinen ersten Jüngern rechte Wurzel gefaßt haben würde. Allein bei einigem Nachdenken werden wir finden, daß wir diese Begebenheit noch von mancherlei andern Seiten ansehn können. Hier ist einer von den seltenen Fällen, wo sich etwas aus der andern Welt sichtbar in dieser offenbart hat. Wenn wir unter uns darüber streiten, ob todte wiederkommen, ob höhere Geister sich den Menschen zeigen können: so pflegen wir diesen Fall und alle ähnlichen Geschichten, die darüber in den Schriften des alten und neuen Bundes erzählt werden, völlig auszunehmen, und thun auch vollkommen recht daran. Wenn wir uns aber an die Stelle der Menschen sezen, denen diese Dinge begegneten, so hatten sie gar keine Veranlassung die Sache nach andern Gründen zu beurtheilen als wir und sind also mit uns ganz in dem nämlichen Fall. Der Glaube an die göttliche Sendung Jesu war bei den Jüngern durch seinen Tod fast ganz verschwunden, und sie hatten also keine andere Ursach seine Wiedererscheinung zu vermuthen, als wir etwa haben, wenn wir uns einbilden, daß wir wol einen verstorbenen Freund wieder erblikken könnten, an dem unsere Seele gehangen hat; sie hatten keine Ursach die Erzählungen, die ihnen davon gemacht wurden, aus andern Gründen zu beurtheilen, als wir bei ähnlichen Geschichten, die oft für wahr ausgegeben werden, anwenden müssen. Laßt uns also aus ihren eigenen Erzählungen sehn, wie sie dabei handelten, und nachdenken, was wol in ihrem Betragen bei dieser merkwürdigen Begebenheit recht und unrecht war.

Text. Mark. 16, 10—14.

Und sie ging hin und verkündigte es denen, die mit ihm gewesen waren, die da Leid trugen und weinten. Und dieselbigen, da sie höreten, daß er lebete und wäre ihr erschienen, glaubten sie nicht. Darnach, da zween aus ihnen wandelten, offenbarte er sich unter einer andern Gestalt, da sie auf das Feld gingen. Und dieselbigen gingen auch hin und verkündigten das den andern; denen glaubten sie auch nicht. Zulezt da die elf zu Tische saßen, offenbarte er sich und schalt ihren Unglauben und ihres Herzens Härtigkeit, daß sie nicht geglaubet hatten denen, die ihn gesehn hatten auferstanden.

Diese Worte zeigen uns deutlich, daß Zweifel und Mißtrauen die herrschende Gemüthsstimmung der Apostel Christi war. Wir wollen nun diese von beiden Seiten betrachten und daher reden, Von dem Unglauben in Absicht auf Dinge der andern Welt; und wir werden bei dieser Betrachtung finden, daß es erstlich einen sehr heilsamen und nothwendigen, aber auch zweitens einen sehr verderblichen Unglauben dieser Art giebt.

I.

Der weise Unglaube beruht erstlich darauf, daß man sich hüten muß menschliche Einbildungen nicht für göttliche Offenbarungen zu halten. Denn das ist doch gewiß, daß wenn sich etwas zutrüge, was gänzlich außer dem Lauf der Natur läge und aller menschlichen Erfahrung und Einsicht widerspräche, so müßte das von Gott auf eine besondere Weise veranstaltet sein, und gewiß nicht ohne einen besondern Zwekk. So finden wir auch immer, daß solche wirkliche oder vorgebliche Offenbarungen Gottes mit Forderungen begleitet sind etwas zu glauben, was man sonst nicht für wahr halten könnte, oder etwas zu thun, was man sonst nicht thun würde. So hatte Abraham eine Erscheinung, welche ihm befahl seinen Liebling, seinen einigen Sohn, Gott als ein Opfer zu schlachten, ein Unternehmen, wovon er sonst den bloßen Gedanken als erschrekklich und sündlich verabscheut hätte. So trug auch in diesem Fall der erstandene Jesus der Maria auf seinen Jüngern zu sagen, daß sie ihm nach Galiläa folgen möchten, da er ihnen doch während seines Lebens nicht undeutlich befohlen hatte zu Jerusalem zu bleiben.

Wie nothwendig es nun hier sei alle mögliche Vorsicht anzuwenden, damit man nicht durch Blendwerke getäuscht werde, das zeigt uns die Erfahrung durch eine Menge von höchst traurigen Beispielen. Bösewichter mißbrauchen die Leichtgläubigkeit sonst guter Menschen, welche nur gar zu geneigt sind außerordentliche übernatürliche Dinge für wahr zu halten, sie hintergehn sie durch allerlei künstlichen Betrug und verführen sie hernach zu den schrekklichsten Dingen, indem sie ihnen die Meinung beibringen, daß da, wo Gott so deutlich durch Zeichen und Wunder spricht, alle unsere innigsten Ueberzeugungen zu schweigen hätten, und unsere Einsicht in das, was Recht und Unrecht ist, sich keiner einzigen Forderung widersezen dürfe, die er auf die Art an uns thut. Auf diese Art verführt, haben gute Bürger ihr Vaterland seinen Feinden in die Hände gespielt, treue Unterthanen ihren Fürsten das Leben geraubt, Väter ihre Kinder ermordet, kurz es giebt kein noch so verabscheuungswürdiges Verbrechen, was nicht zur Schande des menschlichen Verstandes auf diese Art als ein Befehl Gottes wäre verübt worden. Da haben wir freilich die deutlichsten Zeugnisse der Schrift, um uns vor diesem Abgrunde zu hüten. Christus sagt, Es werden viele kommen und Zeichen und Wunder thun, und sagen hier ist Christus, aber glaubet ihnen nicht*), und ein ander Mal sagt er, Sie haben Mosen und die Propheten, wenn sie denen nicht glauben, so werden sie auch nicht glauben, ob jemand von den todten aufe rstände **), d. h. wenn ich keine Ursach zu haben glaube etwas auf die Belehrung weiser Männer anzunehmen, so ist es kein Grund der Ueberzeugung mehr, wenn mir auch Wesen aus der andern Welt erschienen; und Paulus sagt, Wenn ein Engel vom Himmel käme und predigte euch ein ander Evangelium, so glaubet ihm nicht***), wenn auch Wunder und Erscheinungen euch überhäuften, so glaubet und thut nichts wider eure Ueberzeugung von dem was Recht ist.

Wenn wir aber auch durch den Mangel dieses weisen Unglaubens nicht so weit verführt werden, so wird er doch sonst gewiß seine üblen Folgen haben. Ist es gleich nichts böses, was uns zugemuthet wird, ist gleich gar kein Betrug dabei, so ist es doch bekannt, daß die menschliche Einbildungskraft oft sich selbst solche Blendwerke schafft, und daß wir dann, durch unsere eigene Wirksamkeit getäuscht, Gedanken und Entschlüsse, die bei solchen Gelegenheiten entstehn, für Eingebungen Gottes halten, und so kann es doch leicht etwas thörichtes, etwas unkluges sein, etwas was uns aus dem Wirkungskreis herausreißt, den uns Gott angewiesen hat, und uns ein unglükkliches verachtetes Leben bereitet. Darum ist es in solchem Falle am besten gethan, dem Beispiel der Jünger Jesu zu folgen, und sie glaubeten nicht. Gott ist ja nicht so arm; was er von uns gethan haben will, dazu wird er uns schon natürliche Mittel und Wege und natürliche Veranlassungen zeigen. Und so ist auch die Frage ganz unnüz, ob es denn kein sicheres Kennzeichen gebe, um in diesen Dingen menschliche Einbildungen und Betrügereien von wirklich wunderbaren Begebenheiten zu unterscheiden; denn wenn mit der Bege-

*) Mark. 13, 21—22. **) Luk. 16, 31. ***) Gal. 1, 8.

benheit eine Forderung etwas zu glauben oder zu thun verbunden ist, so kommt es gar nicht auf die Beschaffenheit der Begebenheit an, sondern darauf, ob unsere Vernunft und unsere Umstände es zulassen den Vorschlag, den Gedanken, die Meinung anzunehmen, oder nicht. Ist aber nichts dergleichen damit verknüpft, so wäre es ja nur eine unnüze Beschäftigung der Neugierde, und wir können es gern dahin gestellt sein lassen, ob das eine Wirkung Gottes oder ein Spiel der Menschen gewesen ist. So handelten auch die Jünger Jesu. Sie glaubten zwar dem erstandenen Jesus sehr viel, woran sie vorher nicht gedacht hatten, sie thaten auf sein Geheiß manches, wozu sie vorher keine Lust hatten, aber sie thaten das keinesweges um der Erscheinung, um des wunderbaren willen, sondern weil Jesus ihren Verstand durch Gründe überzeugte; wir finden überall, daß er ihnen die Schrift auslegte und ihnen bewies, daß alles so sein müsse, und was sie nun weiter zu thun hätten.

Ein anderer Theil dieses weisen Unglaubens besteht in der sehr vernünftigen Meinung, daß Wesen der andern Welt, Geister, Engel oder Menschen, in ihrem künftigen Zustande sich unsern Sinnen gar nicht darstellen und also auch gar nicht von uns wahrgenommen werden können. Es ist nicht leicht etwas schädlicher für das menschliche Leben und verderblicher für den Verstand, als die unselige Begierde genaue Nachrichten und sinnliche Erkenntniß haben zu wollen von Dingen, die über diese Welt hinaus liegen, und unter allen Schwachheiten, welche ein unschuldiges Ansehn haben, ist keine verderblicher als die Leichtgläubigkeit, welche jenem weisen Unglauben entgegengesezt ist. Die Gegenstände dieser Welt geben uns Gelegenheit genug die Allmacht und Weisheit Gottes zu bewundern und unsern Verstand zu bereichern; die Pflichten, die mit den Verhältnissen unseres irdischen Lebens in Verbindung stehn, sind ja wichtig und schwer genug, um uns das ganze Leben hindurch zu beschäftigen, so daß es die größte

Weisheit ist sich darauf einzuschränken und nur darin so viel möglich nach Vollkommenheit zu trachten. Wer darüber hinaus will, bereitet sich großes Elend und schwere Verantwortung. Alle Dinge dieser Welt erscheinen ihm natürlich bei dem Trachten nach höheren Dingen als Kleinigkeiten, so also auch die Kenntnisse, die er sich erwerben, und die Pflichten die er ausüben soll; er vernachläßigt also die rechte Ausbildung seines Verstandes und die zwekkmäßige Thätigkeit des geselligen und häuslichen Lebens d. h. seinen ganzen Beruf, um leeren Einbildungen und Grillen nachzugehn. Dabei ist er immer unruhig, weil er immer vergeblich arbeitet, jagt immer nach neuen Spuren dessen, was er sucht, und bald ist nichts mehr außerordentlich und wunderbar genug um seine Fantasie zu befriedigen, nichts so weit über die menschlichen Erkenntnisse erhaben, was er nicht zu wissen glaubt, und nichts so abenteuerlich, daß er es nicht ausgedacht hätte. Solche unglükkliche verdorbene Menschen giebt es zu allen Zeiten und unter allen Ständen leider genug. Darum laßt uns doch fest dabei bleiben, was der gesunde Menschenverstand uns lehrt. Unsere gegenwärtigen Sinne sind für diese Welt, und die Dinge dieser Welt sind wiederum für unsere gegenwärtigen Sinne gemacht. Von einer andern Welt können wir nicht anders glauben, als daß auch andere Werkzeuge dazu gehören werden sie zu erkennen; sobald sich also etwas sichtbar uns darstellt, sobald es Wirkungen äußert, die wie andere Wirkungen sind und Anfang und Ende haben, so ist es ein Ding dieser Welt, und je wunderbarer und unerklärlicher es ist, desto mehr kann es zwar unsern Verstand demüthigen, indem es uns unsere Unwissenheit zeigt, aber nicht ihn so weit erheben, daß es ihm eine Belehrung über die andern Welt gäbe. Und es giebt also außer dem, was Gottes Wort und unsere Vernunft uns von dem Dasein einer andern Welt lehrt, und was unser Verstand von ihren Eigenschaften vermuthen kann, nichts, was im Stande wäre unsere Erkenntniß von ihrer Beschaffenheit zu vermehren.

Es könnte zwar scheinen, als ob das eine zu weit getriebene Einschränkung wäre, als ob das Beispiel der Jünger Jesu uns ein ganz anderes Betragen darstellte. Sie bereuten ihren Unglauben in diesen Stükken, sie sahen und berührten den erstandenen Jesum und erkannten durch alle ihre Sinne seine erneuerte Gestalt. Aber eigentlich haben sie eben so gehandelt, sie benuzten bei dieser wohlthätigen Erscheinung Jesu die göttliche trostreiche Belehrung, die er ihnen gab, aber wir finden nirgends, daß sie aus der Gestalt, unter der er sich ihnen zeigte, ihre Kenntniß von unserm künftigen Zustande vermehrt und etwas daraus geschlossen hätten, was sie nicht ohne dies wissen konnten. Oder haben sie etwa gelehrt, daß wir nach dem Tode die nämliche menschliche Gestalt wieder haben werden, so wie sich ihnen Christi verklärte Gestalt seiner vorigen ähnlich darstellte, oder daß wir in unserm künftigen Zustande essen und trinken werden, wie Jesus mit ihnen trank?

Das wäre also der weise Unglaube, der uns vor mancher Verkehrtheit, Vorwiz und Thorheit verwahrt; ich habe gesagt, es giebt auch einen verächtlichen und verderblichen Unglauben, und den wollen wir zweitens mit einander betrachten.

II.

Er besteht darin, wenn wir von Dingen einer andern Welt deswegen, weil wir sie nicht sinnlich wahrnehmen können, lieber gar nichts glauben wollen, und auch das nicht für möglich halten wollen, was doch recht wohl möglich ist, wenn wir es gleich nicht sehen können; wenn wir selbst das, was wir durch die Vernunft oder andere Belehrung Gottes recht gut wissen könnten, nicht annehmen, wenn es nicht durch das Zeugniß unserer Sinne bestätigt wird. Das ist es, was Christus an seinen Jüngern mit den Worten tadelt, Ihr Thoren und trägen Herzens zu glauben dem, was geschrieben steht *);

*) Luk. 24, 25.

das ist es, was er meint, wenn er zu Thomas sagt, Selig sind die nicht sehen und doch glauben. Es ist überall eine unglükkselige Thorheit, wenn der Mensch alles so handgreiflich, so gleichsam vor die Augen gemalt haben will, denn unserm ganzen Zustande auf Erden ist diese Forderung gar nicht angemessen, wir leben in den meisten Stükken im Glauben und nicht im Schauen. Sogar in den allergewöhnlichsten Dingen, die wir täglich sehn und täglich gebrauchen, giebt es so manches, was auch die größten Weisen der Erde noch nicht begriffen und erklärt haben, müssen wir so manches voraussezen, was unsere Sinne gar nicht wahrnehmen können. Wie vielmehr müssen wir nicht unserer Vernunft glauben und das, was sie uns als wahr und gewiß vorstellt, auch mit Ueberzeugung annehmen in solchen Dingen, welche ganz außer dem Gebiet unserer Sinne liegen.

Bisweilen rührt dieser thörichte Eigensinn, der nur auf seinen Augen und Ohren besteht, von einer unglükklichen Zerrüttung der Gemüthskräfte durch Leiden und Kummer her. Wenn uns die festesten Hoffnungen fehlgeschlagen sind; wenn das ganze Gebäude unserer Glükkseligkeit, so fest auch der Grund zu sein schien, auf dem es ruhte, plözlich einstürzt: so wollen wir uns nun auf nichts mehr verlassen, bis wir es gleichsam in Händen haben und wirklich genießen, und dieses kleinmüthige Mißtrauen tragen wir denn auch auf unsere Erkenntnisse und Ueberzeugungen über, und wollen nichts mehr glauben, nichts mehr für wahr annehmen, was wir nicht mit Augen sehn und mit Händen betasten können. Dies scheint der Fall bei Thomas und einigen andern Jüngern Jesu gewesen zu sein; ihre Hoffnung auf Christum war zernichtet, denn sie hatten geglaubt, er würde das Reich Israel wieder aufrichten, die irdische Hoheit, auf die sie sich schon Rechnung gemacht hatten: und nun wollten sie auch das weit bessere nicht glauben, was sie doch so leicht hätten einsehn und vorauswissen können, wenn sie sich seiner

Reden und Winke hätten erinnern wollen. Aber Unglükk, so groß es auch sei, muß uns nie so weit beugen, daß wir unsere Vernunft und mit ihr die eigentliche Würde der Menschheit zaghaft verläugneten. Wo aber dieser traurige Unglaube herrschend ist, da kommt er von einer Vermessenheit, die gern sich selbst gleichsam zum Herrn und Richter der Schöpfung machen wollte, der es aber geht wie die Schrift sagt, Wer sich selbst erhöht, der soll erniedrigt werden *). — Denn wohin führt dieser elende Stolz? Erstlich zu niedrigen Vorstellungen von den unendlichen Werken und der herrlichen Macht Gottes; denn was bleibt wol von seiner Schöpfung, wenn nur das da sein soll, was unsere irdischen Sinne begreifen; was bleibt an seiner Macht, wenn sie auf solche Wirkungen eingeschränkt wäre, denen wir mit unsern Sinnen folgen können? Und dann zu eben so elenden Vorstellungen von uns selbst; denn wo ist unser Vorzug vor den übrigen lebendigen Geschöpfen, wenn wir selbst unsere Erkenntniß allein auf dasjenige einschränken wollen, was unsere Sinne fassen können? Wir erniedrigen uns selbst und verschmähen das bessere, was in uns ist. Dahin kommt aber der Mensch, wenn er in Absicht seiner eigenen Bestimmung so denkt, wie die Jünger von Jesu dachten; sie hingen zu sehr an dem, was er ihrer Meinung nach auf Erden sein sollte, als daß sie einen Sinn für die geistige Bestimmung hätten haben können, die der eigentliche Zwekk seiner Sendung war. Ich sage, wenn es uns eben so geht, wenn wir glauben, daß wir nur da sind, um hier Freuden und Vergnügen zu genießen, so verlieren wir mit der Freude und Hoffnung zu der ewigen zugleich die irdische Glükkseligkeit. Denn wo bleibt der bessere Genuß der Vergnügungen dieser Welt, der Genuß, der nicht nur die Sinne kizelt, sondern auch das Herz rührt und den Geist beschäftigt, wenn wir sie nicht in Gedanken an das bessere und un-

*) Matth. 23, 12.

vergängliche anknüpfen und durch dasselbe heiligen und erheben? Wo bleibt die Fröhlichkeit und Ruhe der Seele bei der beständigen Ansicht der Vergänglichkeit und Unsicherheit aller irdischen Dinge, bei der beständigen Aussicht auf Tod und Verwesung, wo bleibt diese beste Würze des Lebens, wenn die Ueberzeugung sie uns nicht giebt, daß jezt alles nur Schatten ist, daß erst jenseits unsere rechte Herrlichkeit angehn wird? Wollen wir einen Blikk in das Schikksal dieser unglükklichen thun, die einen solchen Unglauben über sich herrschen lassen? . . . . .

(Schluß fehlt.)

III.

Unser Glaube ist der Sieg, der die Welt überwindet.

Ueber 1 Joh. 5, 4.

Viele Menschen sind gewohnt, m. a. Fr., diese Welt mit dem traurigen Namen des Jammerthales zu bezeichnen. Wie sie dazu gekommen sind, oder was sie sich dabei denken, weiß ich nicht. Sollte es unter unsern Brüdern auf Erden einen geben, welcher sich mit Recht zu diesem traurigen Glauben bekennen könnte, so müßte er aufstehn können und sagen, Ich habe nie etwas gehört auf dieser Erde als Töne des Trauerns und des Kummers, alle Stimmen der Menschenkinder lösen sich auf in Klagen und Winseln: immer daher schwimmend in dem Meere der Leiden stehn sie nie auf ihren Füßen umd können sagen, dahin will ich gehn, immer umfangen von den Schatten des Todes werden sie nie von einem erwärmenden Funken wahrer Freude erreicht, nie wird etwas um sie her durch einen wohlthätigen Strahl gegründeter Hoffnung erleuchtet. Sie arbeiten und ruhen nicht, aber ein höheres Schikksal spottet ihrer; das Brot wonach sie ihre Hand ausstrekken wird zum Stein, und die Blume die sie pflükken wollen zur giftigen Schlange. Ich weiß nicht, ob die Menschen, welche so denken, je etwas von einem Herrn gehört haben, der die Welt regiert, oder von einem Vater im Himmel, der sich seiner Kinder erbarmt; haben sie aber davon gehört, wie sie sich denn größtentheils einbilden fromme zu sein und solche, die sich nach dem bessern Vaterlande sehnen: so möchte ich sie weiter fragen, wie sie denn den Schöpfer dadurch zu ehren meinen, daß sie seine Werke verlästern; oder wie sich ihr Verstand unter die Weisheit Gottes demüthigt, indem sie ganz anders über die Welt urtheilen als er, welcher ansah alles was er gemacht hatte, und siehe da, es war alles sehr gut*).

So ungerecht es nun ist, wenn wir darüber klagen wollen, daß wir uns mit Anstrengung aller Kräfte durch das Elend dieser Welt durchschlagen müssen, so gewiß ist es doch andrerseits auch, daß die Schrift und alle weise Männer die Wallfahrt durch dieses Leben nicht als eine sorglose ruhige Reise auf gebahntem Wege vorgestellt haben, sondern als einen Zug mit den Waffen in der Hand, umgeben von unzähligen Feinden, denen wir jeden Schritt erst durch Streit und Sieg abgewinnen müssen. Wir werden ermuntert den Schild des Glaubens, den Harnisch der Gerechtigkeit anzulegen, wachsam und nüchtern zu sein, damit wir nicht überfallen werden, und zu kämpfen als tapfere Krieger. Auf den eigentlichen Gegenstand dieses Streits und die Hülfsmittel, die uns dazu angewiesen werden, wollen wir in dieser Stunde unsere Aufmerksamkeit richten.

Text. 1 Joh. 5, 4.

Unser Glaube ist der Sieg, der die Welt überwindet.

Wir wollen nach Anleitung dieser Worte mit einander untersuchen, was das heißt die Welt überwinden; wir wollen zweitens zeigen, daß es der Glaube ist, dem wir diesen Sieg zu danken haben.

*) Gen. 1, 31.

I.

Wer mit der Welt streitet, der muß nicht mehr ganz von der Welt sein, er muß etwas höheres und vortrefflicheres in sich fühlen und kennen, wodurch er andere Gegenstände seiner Thätigkeit und seines Bestrebens erhalten hat, als ihm die Welt darbietet, und so ist es auch. Es ist eine gewöhnliche Art die Widersprüche in der menschlichen Seele zu bezeichnen, daß man sagt, es sei in dem Menschen etwas göttliches und etwas thierisches. Das göttliche in uns ruft uns zu, Sei liebevoll, sei vollkommen, sei heilig, wie dein Vater im Himmel heilig ist. Wer diese Stimme in sich hört und ihrem großen Rufe folgt, der fängt an sich über das irdische zu erheben und nach dem zu trachten was droben ist. Er will sich mit solchen Eigenschaften schmükken, deren Schönheit nicht mit dieser Welt vergeht, er will solche Güter erwerben, welche noch in der Ewigkeit gelten. Aber in diesem edeln Bestreben findet er tausend Hindernisse. Die Dinge dieser Welt reizen seine Sinne und seine Einbildungskraft; das unangenehme will vermieden, und das angenehme wieder genossen sein; Neigungen entstehn und werden bald zu mächtigen Leidenschaften; Wünsche keimen auf und verwandeln sich nur zu leicht in heftige Begierden; allerlei Handlungen werden zur Gewohnheit, und Gewohnheiten üben eine Herrschaft über die Seele aus, welche die Aufmerksamkeit von allen bessern Gegenständen zurükkhält. So streitet der sinnliche Mensch in uns gegen den geistigen, so sucht die Stimme der Begierde, welche Lust und Vergnügen fordert, die sanften Töne der Religion und der Vernunft zu erstikken, welche uns zur Tugend und Gottseligkeit rufen wollen. Der Feind mit dem wir streiten ist in uns, es sind die sinnlichen Triebe mit ihrem ganzen Gefolge, aber die Veranlassungen seiner Angriffe sind außer uns in den Leiden, Freuden und Geschäften des irdischen Lebens. In alle dem nun sollen wir siegen über uns selbst, das heißt, wir sollen die Welt überwinden in ihren Leiden, Freuden und Geschäften.

Wir müssen die Welt überwinden in ihren Leiden. Das heißt nicht, wir sollen dem Schmerze so trozen, als ob er uns nicht weh thäte; nicht, wir sollen ihn so lange muthwillig aufsuchen und uns selbst quälen bis unser menschliches Gefühl dagegen ganz abgestumpft ist. Es giebt eine gewisse Fühllosigkeit, die manchen schon von Natur eigen ist, die manche hier sich erzwungen haben; aber diese gehört nicht zu unserm Siege, sie ist nicht einmal ein Vortheil. Leiden zu können, d. h. mitten unter Kummer und Schmerz das Andenken an den bessern Zustand des Glükks, aus dem wir herausgerissen sind, beibehalten, das ist einer unserer Vorzüge, und uns dessen zu begeben wäre ein schlechter Sieg. Wir sollen also das Unglükk fühlen, was uns trifft, wir sollen mit allen unsern Kräften arbeiten uns davon zu befreien, nur daß dies Bestreben immer höheren Zwekken untergeordnet bleibe. Die Irrthümer, die Schwachheiten, die Fehler, die übeln Gewohnheiten, die schlechten Sitten, die etwa noch an uns sind, müssen uns ein weit größeres Unglükk dünken, als alles was unsere Empfindung, oder wol gar was unsern Körper drükkt. Das Gefühl der Schuldlosigkeit, des reinen Herzens, des unausgesezten Besserwerdens muß uns ein weit höheres Glükk scheinen, als die größte Wonne, die die Befreiung von einem langen zehrenden Kummer uns nur gewähren kann. So weiche also das irdische immer dem geistigen. Sobald wir einen Fehler erblikken, den wir vermeiden, eine Schwachheit, die wir ablegen müssen, so wende sich unsere Seele, wenn sie auch damit beschäftigt war einen drükkenden Schmerz zu entfernen, dennoch augenblikklich zu jenem höhern Zwekk. So groß ein Leiden auch sei, und wenn es an der äußersten Grenze dessen läge, was die Menschheit ertragen kann, so muß uns doch immer vor dem Gedanken schaudern es durch ein Mittel zu heben, wobei auch nur das geringste von Versäumung unserer

Pflicht, von Verlezung unseres Gewissens im Spiel ist. Das Unglükk, so tief es uns auch immer beugen mag, dem wir nicht entgehn können ohne uns selbst und unserm Gott untreu zu werden, muß uns lieb und werth sein, denn es ist ein Denkmal unserer Stärke und unseres Sieges. Wer diese natürliche Ordnung der Dinge nie umkehrt und nie so weit verleitet wird, daß er die Sorge für Ruhe und Wohlbefinden den Angelegenheiten der Gottseligkeit und Besserung vorzöge, der überwindet die Welt in ihren Leiden.

Wir sollen aber auch die Welt überwinden in ihren Freuden. Das heißt nun wieder nicht, wir sollen uns alle irdischen Freuden versagen, wir sollen vor allen Vergnügungen fliehen, die uns etwa lokken, das wäre kein Sieg sondern eine Flucht, dadurch werden wir nicht unsere Kräfte zeigen und üben, sondern unsere Schwachheit unrühmlich verbergen. Die Freude darf uns lieb und werth sein, wir dürfen sie gern unter uns aufnehmen, wir dürfen ihr auch nachgehn und sie aufsuchen; aber sie muß eben so wenig als das Leiden im Stande sein unsere Sorgfalt für das, was mehr werth ist als irdisches Glükk, zu vermindern und die Wärme unseres Eifers für das gute und edle zu schwächen. Ach der Streit mit den Freuden der Welt ist für die meisten Menschen noch weit gefährlicher als der mit ihren Leiden. Mancher widerstand den harten Schlägen des Schikksals und sezte den Versuchungen des Unglükks einen christlichen unerschütterlichen Muth entgegen; aber er war nicht im Stande den Reizungen des Vergnügens zu widerstehn, seine Stimme lokkt so lieblich, es sieht oft so unschuldig aus. Hier ist der Ort unsere Wachsamkeit, unsere Vorsicht, unser argwöhnisches Mißtrauen aufs höchste zu treiben. Der Sieg ist uns auf lange Zeit, vielleicht auf immer aus den Händen gerissen, wenn wir einmal unterliegen. Wenn wir uns so weit vergessen ein Vergnügen, so erlaubt es immer sei, auf einem Wege zu suchen, der von der graden Straße der Rechtschaffenheit auch nur im geringsten abweicht, eine Freude mit einer Handlung zu erkaufen, worüber unser Gewissen zu spät seufzen wird; wenn wir auch ohne eben übel zu handeln sorglos einem Vergnügen nachgehn, wovon wir doch fühlen können, daß es zu starken Reiz für uns hat und unsere Kraft zum guten nothwendig nach und nach schwächen muß; wenn unsere Aufmerksamkeit gespannter, unser Verstand erfindsamer ist, wo es darauf ankommt einen Augenblikk des Lebens mit einem flüchtigen Vergnügen auszufüllen, als da wo wir eine stille Tugend üben, wo wir im geheimen die Thränen eines leidenden trokknen, wo wir ein Mittel der Besserung für uns oder andere ausdenken sollen, wenn wir es erst dahin kommen lassen, dasjenige, was unsere Pflicht fordert, troz der innern Vorwürfe gleichgültig aufzuschieben, um eine Freude nicht ungenossen zu lassen, die nur für diesen Augenblikk blüht: dann haben die Freuden der Welt uns überwunden, aller Widerstand, den wir vielleicht den Leiden geleistet haben, ist vergeblich, unsere Kraft ist hin, Leichtsinn und Unbesonnenheit werden uns unfehlbar allen Schaden zuziehn, der ein unbewahrtes Herz nur treffen kann. Ja was noch mehr ist, es kommt nicht nur darauf an den niedrigsten sinnlichen Lüsten und Vergnügen zu widerstehn; auch das, was einem edeln christlichen Herzen von Werth sein muß, auch Geselligkeit, Mitleid, Freundschaft und Liebe können uns in Versuchung führen, und in dem Augenblikk, wo sie anfangen wollen uns werther zu sein als Religion und Tugend und uns zu etwas zu verleiten, das nicht recht ist, werden auch sie zu Freuden der Welt, die wir überwinden müssen.

Wir sollen endlich die Welt überwinden in ihren Geschäften und Sorgen. Diese gehören freilich zu unsern Pflichten, und sofern müssen sie uns heilig sein, und es läßt sich nicht denken, daß wir gegen sie zu streiten hätten. Aber sie sind doch nur zu irdischen Zwekken da, und wir müssen uns hüten, daß sie nicht um dieser willen zu Leidenschaften werden und unsere ganze Seele ausfüllen. Wenn der treue Geschäftsmann in Versuchung kommt seinem Vaterlande auf Kosten seiner eignen Tugend und Rechtschaffenheit zu dienen und durch Uebertreibung seines Eifers andere unnöthig zu belästigen und zu drükken; wenn der emsige Hausvater es aus Sorge für die seinigen nicht wagt der nüzlichen Arbeit dann und wann eine Stunde abzubrechen um sich mit höhern Dingen zu beschäftigen, um seinen eignen Geist zu laben und Untersuchungen über sein Herz anzustellen; wenn er die Gewohnheit bei seinen Geschäften seinen Vortheil zu suchen auch dahin mitbringt, wo er ohne Rükksicht auf seine Geschäfte aus ganz andern Bewegungsgründen handeln sollte; wenn die fleißige Hausmutter so ganz in den Sorgen ihrer Wirthschaft lebt, daß sie sich nicht Zeit läßt ihrem Herzen auch etwas zu gute zu thun oder gar verhindert wird Acht zu geben, wie sich die Seele ihrer Kinder bildet, und nachzudenken, wie sie sie vernünftig zur Gottseligkeit erziehn will: dann sind auch diese Geschäfte und Sorgen ein Theil der Welt, die wir überwinden müssen.

II.

Was ist das nun, was uns diesen Sieg verschafft? was ist es, wodurch wir ermuntert werden den Streit zu beginnen und was uns in den Gefahren und Mühseligkeiten desselben stärkt? Unser Glaube ist der Sieg, der die Welt überwindet. Natürlich muß hier unter dem Glauben etwas anders verstanden werden als eine bloße Erkenntniß, wenn sie auch die stärkendsten und heilsamsten Wahrheiten beträfe. Das Wissen und Thun sind leider bei den Menschen so weit auseinander, daß uns mit dem Wissen allein immer noch nicht geholfen wäre. Es müssen Gedanken sein, die mit lebendiger Kraft vor der Seele dastehn, die ihr das, was nicht sichtbar da ist, so gegenwärtig machen, daß sie nun darauf vorzüglich bei ihren Handlungen Rükksicht nimmt; so muß also auch der Glaube beschaffen sein, der uns helfen soll die Welt zu überwinden; es ist ein lebendiger Glaube an Gott, an Christum und an den göttlichen Beistand in allen Dingen, die zu unserer Besserung abzwekken; es ist eine Gewöhnung in den Augenblikken der Noth zu den Beruhigungsgründen und Empfindungen seine Zuflucht zu nehmen, die in diesen großen Wahrheiten enthalten sind.

Erstlich also der Glaube an Gott und zwar vorzüglich an seine allwissende Gegenwart. Wenige Menschen sind so gemacht, daß sie bei aller Mühe, die sie sich geben müssen um besser zu werden, sich bloß mit der Selbstzufriedenheit die sie empfinden begnügen können; wir alle haben den natürlichen und untadelhaften Wunsch für unsere Anstrengungen, was sie auch betreffen mögen, den Beifall und das Lob unserer Nebenmenschen einzuernten. Aber dieser Beifall der Menschen kann uns bei unserm fortgesezten Bestreben die Welt zu überwinden nicht begleiten, denn sie können nicht sehen, wo wir versucht werden, wo wir kämpfen, wo wir siegen, und wenn sie es auch könnten, so würden wir doch bald sehn, daß er selten gerecht wäre, sie müßten nach dem äußern Schein urtheilen und würden oft, was uns die meiste Mühe gekostet hat, für gering halten und was uns leicht war mit unnüzen Lobsprüchen erheben; diese Erfahrung muß uns gegen ihren Beifall bald gleichgültig machen. Wenn uns also die Zustimmung unseres eigenen Herzens nicht genügt, was kann uns in dem schweren Kampf, der sich immer erneuert, mehr ermuntern, was kann uns, wenn Augenblikke kommen wo wir ermüden wollen, unter der wie es scheint so wenig lohnenden Arbeit mehr aufrichten als jener Gedanke an die allsehende Gottheit. Freilich ist niemand um mich her, welcher sieht, was ich leide und arbeite, keiner lobt mich um den Kampf, welcher in meinem innern vorgeht, alle meine Anstrengungen sind für sie und ihr Lob verloren, und ich müßte auch mich selbst verachten, wenn ich die Angelegenheit meines Herzens verrathen wollte, um etwas Ehre unter ihnen zu gewinnen. Aber einer ist doch, dem mein inneres nicht verschlossen ist; der Höchste sieht, mit welcher unermüdeten Standhaftigkeit ich der Versuchung entgegen gehe, was für Kräfte ich anwende um mein Herz zu bewahren und seine Gnade nicht zu verlieren, er sieht und zählt die verborgenen Seufzer und Thränen, und sein Beifall, dessen ich gewiß sein kann, ist ein überschwänglicher Lohn meiner Arbeit. Er würde es aber auch wissen, wenn ich feigherzig umkehren wollte von dem guten Wege, auf dem ich wandle, und was würde mir aller Beifall der Menschen helfen, wenn irgend eine verborgene Niederlage vor seinen Augen aufgedekkt wäre, durch welche schon lange mein gutes Gewissen unter die Gewalt der Welt gedemüthigt ist? Wie könnte ich also ein solch Uebel thun mich von der Welt und Sünde beherrschen zu lassen, wo sollte ich mich verbergen vor seinem allsehenden Auge?

Eben so ist auch der lebendige Glaube an Christum ein großes Hülfsmittel in unserm Streite mit der Welt. Nichts ist gewöhnlicher als daß eben in solchen Augenblikken, wo es uns schwer wird unsere Neigung unter den Gehorsam unserer Ueberzeugung zu beugen, allerlei Zweifel gegen diese Ueberzeugung in uns aufsteigen. Die Begierden die gern ohne Einschränkung befriedigt sein wollen, suchen den Verstand zu bestechen, daß er von seinen Forderungen nachlasse und dasjenige mit seinem Beifall stemple, was er in ruhigen Stunden sicher wieder verdammen wird. Auch der, welcher von der Wahrheit, die zur Seligkeit führt, eine innige Ueberzeugung hat, wird von solchen Augenblikken der Anfechtung nicht frei sein, wo man unglükklich genug ist zu denken, Wer weiß auch, ob es die Bestimmung des schwachen Menschen ist immer tugendhaft und immer rechtschaffen zu sein; es ist wol nur eine thörichte Einbildung unserer stolzen Vernunft. Die menschliche Natur leidet zu viel unter diesem Kampf mit ihren liebsten Neigungen, als daß es der Wille des Schöpfers sein kann ihr ein solches unglükkliches Leben selbst zu bereiten.

Und wie, wenn es nun kein Leben gäbe, wo endlich der, der sich sein ganzes Leben hindurch der Religion und Tugend zu Liebe gequält hat, den Lohn für seine Mühseligkeit aus der Hand des gerechten Vergelters empfängt? Diese Gedanken, so unrichtig sie uns jezt vorkommen, haben ein großes Gewicht und sind sehr verführerisch in jenen Augenblikken der Versuchung. Wohin sollen wir dann unsere Zuflucht nehmen als zu unserm Glauben an Christum; der wird uns aber auch kräftig stärken, wenn er ungeheuchelt und lebendig ist. Das Aufsehn auf sein Vorbild gießt einen Balsam in die Seele, der gleichsam alle Glieder durchdringt, und eine edele Nacheiferung macht uns wieder rüstig zu dem Streit mit der Welt, in dem wir unterliegen wollten. Er hat sich ja nie besiegen lassen oder ist ermüdet und abgewichen. Welche Leiden sind nicht auf ihn eingestürmt, welche Freuden hat er sich nicht versagen müssen, und doch hat ihn nichts gehindert den Willen Gottes aufs genauste zu erfüllen. Auf, ermanne dich, so schwer es auch sei, um seinen Fußstapfen nachzufolgen! Die lebendige Erinnerung an seine Worte und Verheißungen verscheucht alle jene mächtigen und niedrigen Zweifel. Er hat uns jenen Zustand verbürgt, wo wir unsere Siege genießen sollen, wir werden über vieles gesezt werden, wenn wir über wenigem treu gewesen sind *), wir werden zu einer Vollkommenheit erhoben werden, deren wir nur dadurch fähig sind, daß wir hier tapfer gekämpft und gestritten haben.

Endlich ist noch der Glaube an den göttlichen Beistand in allem was unser ewiges Wohl betrifft sehr nothwendig, wenn wir einen rechten und beständigen Sieg über die Welt erringen wollen. Die leichtesten Unternehmungen der Menschen mißlingen einem furchtsamen Gemüth, welches sich keine Kräfte zutraut; die schwersten gelingen und ziehen noch nach vielen Menschenaltern die Bewunderung der Nachkommen auf sich, die mit ei-

---

*) Matth. 25, 21.

ner gewissen heldenmüthigen Zuversicht durchgeführt werden, welche keine Schwierigkeit für unübersteiglich hält und eine hohe Meinung von den Kräften hat, die in der menschlichen Seele liegen. Dieser heldenmüthige Glaube muß uns unser ganzes Leben hindurch in dem Streit mit der Welt begleiten; er verträgt sich sehr wohl mit der Demuth, die uns geboten wird; er ziemt sich gewiß für den Christen, dem ja sein Herr und Lehrer selbst zuruft, Warum seid ihr so kleingläubig *). Es ist keine Versuchung so klein, die nicht Herr über uns werden könnte, wenn wir entweder übermüthig oder feigherzig sind; es ist keine so groß, über die derjenige nicht siegen könnte, der mit geseztem Muth seinen Kräften und den durch die Gnade Gottes ihm mitgetheilten Hülfsmitteln vertraut, der aber auch eben deswegen sie recht gebraucht, weil sie das einzige sind, worauf er sich verläßt. Diese in der menschlichen Seele liegenden, durch die Religion belebten, durch Uebung gestärkten Kräfte sind eben der Beistand Gottes, an den wir mit einer lebendigen Ueberzeugung glauben müssen. Und so wie alles in den Führungen Gottes übereinstimmt, müssen wir auch glauben, daß er die äußern Umstände so regieren werde, wie es diesen Hülfsmitteln und der Art wie sie wirken müssen angemessen ist, und daß also auch diese uns unterstüzen müssen, wenn wir sie recht gebrauchen. Es wäre eine thörichte Hoffnung, wenn wir uns einbilden wollten, die äußern Umstände müßten immer die Versuchung geradezu vermindern und uns den Sieg erleichtern. Oft bringen sie noch neue Lasten und neue Arbeit, aber auch dann sind sie nüzlich. Denn es ist mit der Versuchung wie mit dem Schmerz; ist er klein, so ist er leicht zu besiegen, ist er groß, so dauert er auch kurz und ist doch nie so groß, daß die menschliche Natur ihn nicht diese kurze Zeit aushalten könnte. So auch die Versuchung. Wenn die Umstände sie erleichtern, so werden wir bald Herr darüber, und das ist eine

*) Matth. 8, 26. 14, 31.

göttliche Gnade. Wenn sie sie vergrößern, nun so müssen wir unsere Kräfte auch höher spannen und werden gewiß siegen, wenn wir das thun, und dann ist auch dieser erschwerte Kampf eine göttliche Gnade, denn er trägt eine lange dauernde Frucht angenehmer Erinnerungen, die uns noch in später Erneuerung ähnlichen Streits eine labende Stärkung sind.

So habe ich also eure Gedanken darauf hingeführt, was der Sieg ist, den wir über die Welt davon tragen müssen, und was der Glaube ist, der uns diesen Sieg verschafft. Solche Ueberlegungen kommen immer einem jeden zu gelegener Zeit, denn es vergeht kein Tag unsers Lebens, wo wir sie nicht anwenden könnten. Seid nur nüchtern und wachet, so findet ihr Heil nach Aufforderung zum Streite. Möchten doch auch diese Betrachtungen eure Aufmerksamkeit gemehrt, euern Muth gestärkt und euern Glauben gewekkt haben, daß ihr euch überall erweisen möget als die Streiter Gottes, welche kämpfen und nie ermüden! Amen.

IV.

Der gute Wandel die beste Schuzwehr gegen die Verläumdung.

Ueber 1 Petri 2, 12.

Wenn die Ruhe der Menschen nicht von ihren eigenen Leidenschaften gefährdet wird, wenn das Schikksal sich nicht gegen dieselbe verschwört, so hat sie noch unzählige Feinde an den unordentlichen Neigungen anderer. Einer der größten und gefährlichsten ist die Verläumdung, die unselige Begierde das böse nicht nur zu finden, wo es noch so verstekkt liegt, sondern auch es zu erdichten, wo es nicht ist; die teuflische Kunst ein Gemälde von andern aufzustellen, das aus lauter Zügen des Lasters zusammengesezt ist und doch durch eine täuschende Aehnlichkeit den Gegenstand desselben dem Abscheu der Menschen aussezt; das ruchlose Handwerk, das die schuldlose Stirne des gerechten mit dem Zeichen der Schande brandmarkt. Kein menschliches Herz ist so gesund und stark, daß ihre vergifteten Stiche ihm nicht einen langsamen Tod brächten; keine Blume der Freude und Heiterkeit blüht so schön, daß ihr giftiger Hauch nicht die zarten Farben derselben schwärze, und ihr tödtender Athem sie nicht welken machte. Die Verläumdung ist ein Ungeheuer, das sich von den Seelen der Menschen nährt; den guten Namen des einen verzehrt sie zum Morgenbrot und die Ruhe des andern zum Nachtessen. Die Glükkseligkeit der Menschen ist vor ihr wie ein irden Gefäß, das ihr Fuß umstößt und es zerbricht; aus ihren Scherben trinkt sie das Blut ihrer Schlachtopfer, und aus ihren Trümmern erbaut sie sich ihre höllische Wohnung. Oeffentlich geht sie auf Raub aus, und wo in der geheimsten Einsamkeit Freunde sich zusammen ergözen, auch da liegt sie auf der Lauer und fängt ihre Beute mit List. Sie verfolgt die Spur des gerechten bis in die tiefste Verborgenheit, und mitten in der Ausübung der Tugend mordet sie den unschuldigen. Ihre Fußtritte sind mit Verderben bezeichnet, und wo sie gewandelt hat, da gedeiht weit umher nichts als Haß und Feindschaft, Angst und Mißtrauen. Schrekklich ist dies Gemälde wol aber nicht übertrieben, und wenn vielleicht nur selten ein Mensch als das rechte Gegenbild desselben in die Augen fällt, so ist doch das Unglükk, welches die kleinen Anlagen und Ausübungen dieses Lasters herbeiführen, die bei vielen, ja ich will sagen, bei den meisten Menschen zu finden sind, nur daß sie sich unter allerlei schuldlosen oder wol gar ehrenvollen Namen verbergen, nur zu häufig. *Viele glauben der Verläumbdung durch eine zaghafte Unterwerfung zu entgehn*; sie beugen ihr Knie vor dem Verläumder und dienen ihm; sie schmeicheln dem, dessen Zunge böse ist, um ihn in guter Laune zu erhalten. Aber heute nimmt er vielleicht ihr Opfer an, und morgen thut er doch, was sein böses Herz gelüstet. Es giebt für alle, die sich vor diesem Unglükk bewahren wollen, *nur ein wahres wirksames Hülfsmittel*, und davon wollen wir uns jezt näher unterhalten.

Text. 1 Petri 2, 12.

Und führet einen guten Wandel unter den Heiden, auf daß die, so von euch afterreden als von Uebelthätern, eure guten Werke sehn und Gott preisen, wenn's nun an den Tag kommen wird.

So lange die Christen noch eine kleine geschlossene Gesellschaft waren, so wurden sie, wie es gewöhnlich unter solchen Umständen geht, schrekklich verläumdet, und ihren Zusammenkünften die abscheulichsten Absichten untergeschoben. Petrus empfiehlt ihnen einen offenbaren guten Wandel als das beste Mittel diesen Verläumdungen ein Ende zu machen und über sie zu siegen. Diesen Apostel-Rath wollen wir auf alle diejenigen anwenden, die noch jezt, wo nicht um der Religion willen, doch wegen des guten oder eigenthümlichen was sie an sich haben, den Stachel der Verläumdung fühlen müssen; ich will ihnen in dieser Betrachtung den guten Wandel als die beste Schuzwehr gegen die Verläumdung empfehlen; ich will erstlich zeigen, wie der gute Wandel beschaffen sein muß, wenn er dies leisten soll, und zweitens beweisen, daß der Schuz, den er uns gewährt in jeder Rükksicht hinlänglich ist.

I.

Der gute Wandel, der uns gegen die Verläumdung sichern soll, muß erstlich fortgesezt und ununterbrochen sein. So wenig wir vor Gott und unserm eigenen Gewissen begangene Fehler durch einzelne darauf folgende gute Handlungen gut machen können, eben so wenig werden die Menschen ein solches Lösegeld annehmen, um das Urtheil zurükkzunehmen, was sie einmal gefällt haben, oder der Verläumder, um uns aus den Strikken seiner Gefangenschaft zu entlassen. Denn wenn er gleich die unrechten Handlungen, die er findet, mit Freuden für das nimmt, was sie auf den ersten Anblikk scheinen, so untersucht er doch die guten Thaten von allen Seiten, ob er nicht einen Tadel an ihnen finde, und da ist es freilich wahr, daß solche einzelne Handlungen nie die Festigkeit des Charakters verbürgen, die nur aus dem Zusammenhang des ganzen Lebens geschlossen werden kann. Es kann an hundert nachtheiligen Erklärungen derselben nicht fehlen; entweder schreibt man sie Augenblikken der Rührung und Begeisterung zu, die auch in dem fehlerhaftesten Gemüth bisweilen etwas gutes hervorbringen, oder wenn sie alle etwas ähnliches haben, so hält man sie für Folge einer natürlichen guten Neigung, weswegen der Mensch auf gar kein Lob Anspruch machen kann. Die guten Handlungen eines solchen vermischten Wandels sind also nicht im Stande im Urtheil der Menschen den Fehlern und Schwachheiten das Gleichgewicht zu halten, welche dabei mit unterlaufen. Schwachheiten sind freilich die allgemeine Beilage des menschlichen Gemüths, von der wir uns nie losmachen können; aber es sei nun, daß du schon angetastet bist durch die Bosheit der Verläumdung, oder daß sie eine Sache an dir sucht, so mußt du mit doppelter Sorgfalt die Ausbrüche der menschlichen Schwachheit verhüten; sie sind es aber, worauf der Verläumder mit bübischer Freude lauert, um die Tugend oder die Vorzüge, die er nicht leiden mag, verdächtig zu machen, und er wird sich nicht begnügen sie als dasjenige darzustellen, was sie sind; Schwachheiten eines unbewachten Augenblikks verwandeln sich auf seiner scharfen Zunge in Ausbrüche herrschender Fehler, und Uebereilungen des Leichtsinns und der Leidenschaft in Schandthaten des Lasters.

Unser guter Wandel muß zu diesem Behuf zweitens ohne allen bösen Schein sein. Der böse Schein besteht in gewissen zufälligen Beschaffenheiten unserer Handlungen, welche dazu gemißbraucht werden können einem guten oder schuldlosen Betragen eine üble Deutung zu geben. Da ruft uns nun ein Apostel Christi zu, Meidet den bösen Schein *), und das ist in der That eine Pflicht, die wir unserer Ruhe und unserer Ehre schuldig sind. Es giebt viele Menschen, die diese nothwendige Kunst leider zu wenig verstehn; man muß zittern bei ihren besten unschuldigsten Unternehmungen, denn sie handeln so rasch

*) 1 Thess. 5, 22.

und unbefangen, daß die Verläumdung ihren Zahn nie vergebens gegen sie wezt. Sie sind ohne Falsch wie die Tauben, aber sie vergessen klug wie die Schlangen zu sein *). Sie denken nicht daran, daß der große Haufe der Menschen so leicht etwas mißversteht, und daß die schlechten an einem kleinen Vorwand genug haben um das gute zu lästern. Ihr, die ihr euch einer solchen Art zu handeln bewußt seid, ihr seid achtungswerther als die, denen es deswegen leicht wird nirgends anzustoßen, weil ihr Herz sie zu nichts gutem und großem antreibt, aber ihr seid doch unglükklich durch eure eigene Schwachheit. Es ist nicht genug ein schuldloses Herz zu haben; man muß auch zur Ehre der Menschheit vermeiden in einer schlechtern Gestalt vor der Welt dazustehn als man hat. Freilich verliert man durch alle die Rükksicht und Vorsicht, die man dabei nehmen muß, vieles von dem Genuß und der Annehmlichkeit, die die Ausübung des guten alsdann gewährt, wenn man unbesorgt nach dem ersten Antrieb des Herzens handeln kann, aber dies ist ein Opfer, das wir uns selbst und der Welt schuldig sind. Nur muß die Rükksicht auf das Urtheil der Menschen ihre Grenzen haben. Sobald etwas gutes und rechtes schlechterdings nicht gethan werden kann ohne der Verläumdung eine Seite zuzukehren, so wäre es niedrig es um derer willen zu unterlassen, welche geneigt sind so unrecht zu urtheilen. Thut dann, wie euer Herz euch gebietet, und lebt dabei, wie der gerechte immer leben muß, eures eigenen Glaubens **). Wenn ihr dabei doch nicht vermeiden könnt unrecht beurtheilt und unschuldig verläumdet zu werden, so habt Muth zu Gott und eurer guten Sache; es hat alles seine Zeit, auch die Unschuld kommt an Tag, und dann bereitet euch die Geduld, mit der ihr über euch ergehen laßt was ihr nicht hindern konntet, einen Triumph, den euch niemand nehmen kann. So ging es jenen Christen, an die Petrus schrieb. Sie ließen

---

*) Matth. 10, 16. **) Röm. 1, 17.

ihre Werke leuchten und duldeten, was sie bei aller Vorsicht nicht hindern konnten; aber bald kam der Tag der Rechtfertigung, wo die Religion Jesu allgemein anerkannt wurde als eine Kraft Gottes, und seine Anhänger als die Lieblinge des Herrn.

Es ist aber zum Schuz gegen die Verläumdung nicht genug den bösen Schein zu meiden; wir müssen uns auch des guten Scheins befleißigen, auf den die Welt einen so großen Werth legt. Der Apostel Paulus ermahnt uns nicht nur jeder Tugend nachzujagen, sondern auch allem was ein Lob bringt, was ein Wohlgefallen vor den Menschen ist *). Man könnte freilich denken, daß wenn es auch mit der Redlichkeit übereinstimme etwas unnöthiges zu vermeiden, so sei es doch nicht aufrichtig etwas anzunehmen und zu zeigen, was nicht aus dem Herzen komme; allein diese Besorgniß ist hier ganz unnöthig. Jede Tugend hängt von Natur mit einem gewissen äußern Betragen zusammen, welches der unwillkührliche Ausdrukk derselben ist, und dies äußere nehmen die Menschen an, um sich einer vor dem andern das Ansehn der Tugend zu geben, die ihnen fehlt. So ist Höflichkeit der Schein der Menschenliebe, Gefälligkeit der Schein der Freundschaft, Sittsamkeit der Schein der Keuschheit und eine gewisse äußere Gelassenheit der Schein der Mäßigung und Weisheit. So sehr also diese Eigenschaften nur ein leerer Schein sind bei denen, welchen der innere Grund der Tugend fehlt, so sind sie etwas natürliches bei dem, der diese Tugenden besizt; es wäre Unrecht sie gezwungen von sich zu stoßen um sich von denen zu unterscheiden, welche sie gezwungen annehmen. Der weise wird immer urtheilen, daß deine Tugend unvollkommen ist, wenn es dir an dem fehlt, was der natürliche Ausdrukk derselben ist; die Welt wird nicht glauben, daß du die Tugend besizest, die du nicht ankündigst; und der Verläumder wird auf diesen Grund hin ein Gebäude der

*) Phil. 4, 8.

Bosheit aufführen, um allen Handlungen, die wirklich aus jenen bezweifelten Tugenden herfließen, falsche niedrige Bewegungsgründe unterzuschieben.

II.

Das ist der gute Wandel, den uns der Apostel in den Worten unseres Textes als die beste Schuzwehr empfiehlt gegen die, die von uns afterreden; laßt uns nun noch zweitens zu unserer Beruhigung sehn, daß der Schuz, den er uns gewährt, hinlänglich ist. Dies zeigt sich am besten darin, daß auf diese Art alle Quellen der Verläumdung verstopft werden.

Viele Menschen üben dieses unselige Laster aus entweder aus eigenem Unglauben an alle menschliche Güte, oder aus Gefälligkeit gegen die, welche eine ähnliche Meinung hegen oder aus andern Ursachen ein Gefallen an den Fehlern ihrer Brüder haben. Allein auch der hartnäkkigste unter jenen Zweiflern und der leichtgläubigste unter diesen Zuhörern des Verläumders fordert eine gewisse Wahrscheinlichkeit, um das ungünstige Urtheil, welches er über das Betragen anderer fällen will, bei sich selbst zu rechtfertigen, und diese Wahrscheinlichkeit verschwindet um desto mehr, je genauer wir uns an die Regeln halten, die wir vorher aus den Worten des Apostels gezogen haben. Je größer die Menge unserer guten Handlungen ist, je genauer ihr Zusammenhang in die Augen fällt, und je mehr wir auf alle Kleinigkeiten dabei Acht gegeben haben, um desto schwerer fällt es, ihnen unrechte Bewegungsgründe anzudichten, desto weniger kann man sie zufälligen unerheblichen Ursachen zuschreiben, sondern jeder sieht ein, daß es eine gemeinschaftliche Ursach derselben geben muß, welche in nichts anderm als in festen Grundsäzen der Religion und Tugend liegen kann. Wenn Schwachheiten und Uebereilungen etwas seltenes geworden sind in unserm Leben; wenn wir selbst mit der Unbefangenheit eines guten Gewissens unser Mißfallen an denselben zeigen und durch das liebenswürdige eines löblichen Betragens das Herz der Menschen mehr uns zu- als von uns abzuwenden suchen: so zwingen wir am Ende selbst den Verläumder zu einer freundlichen Nachsicht; so dringen wir ihm selbst das Geständniß ab, daß unsere Schwachheiten nichts verrathen als die Spur der menschlichen Natur, die sich auch bei dem besten nie ganz verläugnet. Wer sich zu einer solchen Vollkommenheit erhebt, der kann bei dieser Art von Verläumdung nicht nur sich selbst sichern, sondern auch andern eine heilige Schuzwehr sein. Sie können nun an der Möglichkeit der Tugend nicht mehr zweifeln, deren Dasein sie wenigstens an einem Menschen nicht abläugnen konnten, und so unangenehm ihnen auch der Gedanke an den sein mag, dem sie nichts anhaben konnten, so drängt er sich doch zwischen jedes boshafte Urtheil, das sie fällen wollen, und macht sie verlegen und beschämt.

Eine andere Quelle der Verläumdung ist die Begierde sich ein gewisses Ansehn in der Gesellschaft zu erwerben, welches zwar nicht auf Liebe und Achtung, sondern auf Furcht und Haß gegründet ist, aber doch dem Stolz eines verderbten Herzens in hohem Grade schmeicheln kann. Gleich einem bösen Geist, den man aus Furcht anbetet, zündet man dem feinen Verläumder mehr Weihrauch an, als dem Reichthum, dem Stand, der Weisheit und der Tugend. Er braucht nur von weitem die Schärfe seines Dolches zu weisen, so zittern die furchtsamen und zollen ihm alles, was sie zur Annehmlichkeit seines Lebens beitragen können. Aber diese Furcht findet nur bei denen statt, welche im Bewußtsein einer unvollkommnen Güte wohl fühlen, wie viel Gelegenheit sie der übeln Nachrede darbieten; sie kommt nicht in die Seele desjenigen der da vollkommen ist in dem guten Wandel eines Christen, der da mit dem Apostel Petrus ausruft, Wer kann mir schaden, so ich eifrig dem guten nachkomme? Hier hört die Herrschaft des Verläumders auf, denn er fühlt wohl, daß er seinen Zweck bei diesem nicht erreicht. Eine gegründete Tugend und Gottseligkeit, die doch bei aller Demuth nicht umhin kann ihren Werth zu fühlen, giebt einen gewissen Muth, eine gewisse Tapferkeit des Geistes, vor welcher auch die frechste und feinste Bosheit die Augen niederschlägt und zittert. Wer mit Zustimmung seines Herzens vor den Augen der Welt sagen kann, Wer unter euch kann mich einer Sünde zeihen *), der ist der natürliche von Gott gleichsam berufene Vertheidiger der unvollkommenen Tugend und der menschlichen Schwachheit, der kann im Vertrauen auf Gott und seine gute Sache ungescheut in die Schranken treten gegen den listigen Verläumder, kann ihn züchtigen vor den Augen der Welt und die Anmaßung demüthigen, die er auf die Geschikklichkeit in der Ausübung eines schwarzen Lasters gründet.

Oft entsteht auch die Verläumdung aus einem gewissen Neid gegen diejenigen, die ihren guten Namen bewahrt und bis jezt sich durch allerlei gute Handlungen den Beifall anderer Menschen erhalten haben. Dieser Neid findet sich bei denjenigen, die in der Befriedigung ihrer Begierden nicht die Mäßigkeit und die Vorsicht beobachtet haben, welche nothwendig ist, wenn der Mensch allen sinnlichen Begierden fröhnen und doch die Achtung der Welt genießen will. Wenn sie inne werden, daß man sie im Grunde des Herzens verachtet, so verdrießt es sie, daß sie nicht beides vereinigen konnten, daß sie nicht konnten lasterhaft sein und doch hochgeschäzt, unter die Würde der Menschheit erniedrigt und doch von den Menschen geehrt. Deswegen suchen sie sich nun an denen zu rächen und diejenigen sich gleich zu machen, die hierin glükklicher gewesen zu sein scheinen als sie. Eben darum aber tastet ihre Zunge nur die Anfänge in der Tugend an, nur diejenigen, die bei allerlei wahren oder scheinbaren guten Handlungen doch noch zeigen, daß es ihnen am meisten um irdische

*) Joh. 8, 46.

Glükkseligkeit und sinnliches Vergnügen zu thun ist, und die also mit einem getheilten Herzen sowol für ihr Gewissen und die Achtung der Welt als für ihre Neigung zu leben scheinen. Diese Verläumdung trifft diejenigen nicht, welche es bis zur Selbstverläugnung, bis zur Unterdrükkung bloß sinnlicher Neigungen, bis zu einer gewissen Verachtung der niedrigern Freuden gebracht haben. Es ist wol wahr, daß nichts so sehr Achtung und Ehrfurcht einflößt als der Anblikk eines Menschen, an dem die Herrschaft der Religion und Vernunft in einem hohen Grade sichtbar ist; allein in diesem Fall ist es eigentlich nicht diese Achtung, die den tugendhaften von der Verläumdung befreit, sondern das Mitleiden, welches Menschen von jener Denkungsart mit einem so widernatürlichen und gewaltsamen Zustand haben. Sie können denjenigen nicht beneiden, den sie entweder als ein Wesen von ganz anderer Art nicht beurtheilen können, oder der ihnen noch übler daran zu sein scheint als sie selbst. Wenn sie die Sklaven aller Dinge sind, welche ihre Begierde reizen, so ist er der Sklave eines Gesezes, das ihn mit unerbittlicher Strenge beherrscht; wenn sie selbst ihre eigene Achtung und die Achtung der Welt aufgegeben haben, um desto ungestörter ihrem Vergnügen zu leben, so hat er ihrer Meinung nach alles Vergnügen und alle Glükkseligkeit hingegeben, um der Stimme seines Gewissens zu folgen und den Ruhm der Tugend zu erjagen.

Endlich ist die Verläumdung bisweilen nicht eine unbestimmte Neigung, welche überall Befriedigung sucht und findet, sondern öfters eine Leidenschaft, die nur gegen gewisse bestimmte Gegenstände wüthet, und in diesem Fall ist ihre Quelle gewöhnlich eine persönliche Feindschaft und eine niedrige Rachsucht. In diesem Falle pflegt sie nur einem äußerst behutsamen Betragen zu weichen, welches den Verläumder nur vor der Welt zu Schanden macht und doch edel genug ist ihn nie zu demüthigen. Sie wird nur durch eine solche Vollkommenheit erstikkt, die ungezwungen selbst ihrem Feind mit Edelmuth entgegen geht und auf diese Weise nach und nach die Feindschaft selbst in Achtung verwandelt.

Ich wünschte, daß diese Betrachtungen über das einzige wahre Hülfsmittel gegen die Verläumdung der bösen dazu diente unsern Glauben an zwei sehr wichtige und tröstliche Wahrheiten zu beleben. Einmal, daß nichts in der Welt so übel sei, was nicht die Bestimmung habe dem Verehrer des guten und rechten zum besten zu dienen. Die Kränkungen der Verläumdung schlagen gewiß einem zarten Herzen tiefere und schmerzlichere Wunden, als manches äußere Unglükk; aber wenn sie uns nöthigen unser Herz immer ungetheilter der Tugend hinzugeben, der wir einmal gehuldigt haben, immer weiser und klüger zu werden, immer mehr unsere Freude und unsern Trost in dem guten Gewissen und der Freude zu Gott zu suchen: so scheinen auch sie unter die Züchtigungen zu gehören, womit der Vater im Himmel diejenigen heimsucht die er liebt. Wer diese Zuflucht schon gefunden hat, der wird auch an diese Leiden wie an heilsame Arzeneien zurükkdenken; wer dies Ziel noch nicht erreicht hat, der sehe wenigstens dahin und lasse sich diesen Glauben Trost und Ermunterung sein.

Ich meine zweitens die Ueberzeugung, daß Tugend und Religion nicht nöthig haben ihren Schuz gegen was es auch sei irgendwo außer sich zu suchen, sondern daß sie sich selbst ihre Hülfe und ihr Schuz sind. Die Menschen klagen oft, daß sie leiden müssen um des guten willen, aber genauer betrachtet irren sie sich: es ist nicht das gute, sondern die Unvollkommenheit des guten, um dessentwillen sie leiden, und das sind die Trübsale, durch welche allein man in das Land der Tugend und der Ruhe eingeht. Möge diese Ueberzeugung uns antreiben, daß wir unsere Schritte durch die beschwerliche und thränenreiche Gegend der Unvollkommenheit dahin beschleunigen, wo Tugend und Gottesfurcht vollkommen ist, wo sie anfängt ihr eigner großer und reicher Lohn zu sein! Amen.

V.

Wie nothwendig es für den Menschen sei den Dienst der Gerechtigkeit zu wählen.

Ueber Röm. 6, 19—22.

Man pflegt gewöhnlich das Bestreben nach Tugend und Frömmigkeit als den rechten Weg zum ächten Vergnügen und zur wahren Glükkseligkeit vorzustellen. Es ist auch wahr, das Bewußtsein, daß man das gute ernstlich will und mit Eifer ausübt, giebt dem Menschen immer eine innere Zufriedenheit und einen Trost, der ihn nie verläßt. Wenn man aber deswegen glauben wollte, daß der Lauf auf dem Pfade der Gerechtigkeit so ein stiller ruhiger Spaziergang sei, wo man gehn und handeln, sizen und ruhen kann, je nachdem man will, wo kein unangenehmes Lüftchen unsere angenehmen Gefühle stört, so würde man sich sehr irren. Oft ist alles dieses gute Bewußtsein nicht im Stande das Leiden und den Kummer zu überwältigen, welcher den rechtschaffenen von außen trifft. Oft sind es die Geseze der Tugend und Gerechtigkeit selbst, die es zerstören und mit rauher aber gebietender Stimme neue Arbeit und harte Dinge von uns fordern. Wer nun gemeint ist bei der Tugend nur seine Glükkseligkeit zu suchen, der wird in solchen Fällen verzagen und wird sich berechtiget glauben von ihrem Wege wieder abzugehn, da sie ihm kein Vergnügen gewährt, und das ist ein schlechter Gehorsam gegen die göttlichen Gebote. Was helfen also alle diese Verschönerungen, welche nicht Stich halten und den Menschen nur weichlich und unbeständig machen. Man muß das Herz haben sich die Sache der Tugend so vorzustellen, wie sie wirklich ist, und doch gern dabei zu beharren. Warum sollten wir es läugnen? es ist damit nicht lauter Glükk und Freude. Wenn wir den Weg der Tugend wählen, so übernehmen wir eine beständige Unterwürfigkeit gegen heilsame aber schwere strenge und oft hart scheinende Geseze. Wir begeben uns in einen Dienst, von welchem Bequemlichkeit Ruhe und Genuß der Freude so weit entfernt sind, daß ihn Christus irgendwo mit einem solchen vergleicht, wo man, wenn man den ganzen Tag die Last der schwersten Arbeit getragen hat und des Abends nach Hause kehrt, doch noch aufs neue arbeiten und aufwarten muß, ehe man ruhen und Erquikkung zu sich nehmen kann; einen harten schweren Dienst, wo man nicht einmal gelobt wird, wenn man alles mögliche gethan hat, denn das alles war nur strenge Schuldigkeit. Aber auch so können wir nicht anders, wir fühlen uns in uns selbst gedrungen jene Unterwürfigkeit zu übernehmen und in diesen Dienst zu gehn, sei auch noch so viel Last und noch so wenig Freude dabei. Davon wollen wir uns jezt noch näher überzeugen.

Text. Röm. 6, 19—22.

Ich muß menschlich davon reden um der Schwachheit willen eures Fleisches. Gleichwie ihr eure Glieder begeben habt zum Dienst der Unreinigkeit und von einer Ungerechtigkeit zu der andern: also begebet nun auch eure Glieder zum Dienst der Gerechtigkeit, daß sie heilig werden. Denn da ihr der Sünde Knechte waret, da waret ihr frei von der Gerechtigkeit. Was hattet ihr nun zu der Zeit für Frucht? welcher ihr euch jezt schämet, denn das Ende derselben ist der Tod. Nun ihr aber seid von der Sünde frei und Gottes Knechte geworden, habt ihr eure Frucht, daß ihr heilig werdet, das Ende aber das ewige Leben.

Hier ist von einem doppelten Dienst die Rede, von einem Dienst Gottes und der Gerechtigkeit und von einem Dienst der Ungerechtigkeit und Sünde, und zwar auf eine solche Art, als ob kein anderer Zustand für den Menschen möglich wäre, und ein jeder sich also nothwendig in einem von diesen beiden befinden müsse. Das ist auch, wie wir unten sehen werden, wirklich gegründet, und wir wollen also nach Anleitung dieser Worte mit einander überlegen, wie weit vorzüglicher, ja wie nothwendig es für den Menschen sei den Dienst der Gerechtigkeit zu wählen. Wir werden erstlich sehn, daß der Mensch nothwendig entweder der Gerechtigkeit oder der Ungerechtigkeit dienen muß, und zweitens, daß der Dienst der Gerechtigkeit etwas viel schöneres und edleres ist.

I.

Ich sagte, der Mensch muß schlechterdings etwas haben, dem er dient, und das ist auch seiner Natur ganz gemäß. Er hat immer irgend ein Bestreben, irgend einen Wunsch. Wenn er jenes erreicht und diesen durch Genuß erfüllt hat, so werden sie wieder von anderen abgelöst. Allein das ist noch nicht genug. Er hat auch die unwiderstehliche Neigung sich unter diesen Gegenständen seiner Wünsche und Begierden sehr bald ein bestes auszusuchen, etwas, was ihm das vorzüglichste und wünschenswürdigste scheint. Dies wird nun sein Hauptzwekk; dies ist es, worauf forthin alle seine Bemühungen und Handlungen gerichtet sind; der Gedanke an diesen Gegenstand wird nun sein liebster Gedanke, die Liebe dazu seine stärkste herrschende Empfindung, und das Bestreben ihn zu erreichen und zu erhalten seine angenehmste und fortgesezteste Beschäftigung. Und so ist er im Dienst dieser Sache. Was sie vorschreibt, was ihre Erreichung erfordert, das geschieht; so schwer es auch sein, so viel Anstrengung es auch kosten mag, was ihren Besiz und Genuß hindern oder unterbrechen könnte, das muß entfernt und aufgeopfert werden, und wenn es ihm auch nächst ihr das liebste sein sollte.

So dient mancher der Ehre; gern giebt er sein Vermögen hin um etwas thun zu können, was den Beifall der Menschen erwirbt, gern opfert er seine Gesundheit auf und sezt sein Leben in Gefahr, gern überläßt er selbst die seinigen der Vergessenheit und dem Elend und sezt die ersten und höchsten Pflichten des Menschen hintenan, um nur auf dieser eiteln und gefährlichen Bahn emporzuklimmen.

Mit eben dem Eifer dient ein anderer dem Eigennuz; er handelt den Regungen seines Gewissens und seinen bessern Empfindungen zuwider, um Vermögen zusammenzuscharren; er kennt keine Scheu vor Ungerechtigkeit und keine Rührung des Erbarmens; er verstopft sein Ohr vor dem Geschrei des Bittens und der Noth, wenn es darauf ankommt sein Eigenthum zu vermehren; er entzieht seinem Geist die Befriedigung seiner nothwendigsten Bedürfnisse, um nur seine ganze Zeit und seine ganze Seele ungetheilt den Geschäften des Eigennuzes widmen zu können.

So dient vielleicht ein anderer mit ganzer Seele der Gerechtigkeit. Seine Pflichten zu erfüllen und täglich besser zu werden, das ist es, was seine ganze Seele einnimmt, seine ganze Aufmerksamkeit auf sich zieht. Darum strengt er alle seine Kräfte an, darum giebt er gern seine liebsten Neigungen und Wünsche hin. So oft er zu einer neuen Pflicht, die zu erfüllen, zu einer neuen Vollkommenheit, die zu erwerben ist, hingerufen wird, so ist er da mit allen Kräften, mit aller Mühe und Arbeit, mit allen Aufopferungen, die es immer kosten mag. Er sezt das Erwerben irdischer Güter ja selbst Ehre und Liebe bei den Menschen hintenan, um diesem Bestreben in seinem ganzen Umfange nachzukommen, ja er würde das elendeste Leben dem herrlichsten und glükklichsten vorziehn, wenn er bei dem lezten verhindert wäre seinem einigen Zwekk nachzujagen.

Vielleicht könnte mancher denken, Nein ich will lieber gar nichts haben, dem ich diene, ich will mich nicht von irgend einer wilden Leidenschaft beherrschen lassen; aber ich will auch nicht eben immer den Gesezen der Tugend in ihrer ganzen Strenge folgen, sondern ganz nach den Umständen und meiner Bequemlichkeit leben. Gut, so dienst du eben einer elenden Klugheit, einer weichlichen Bequemlichkeit, oder vielleicht einem starren Eigensinn, und das alles sind ebenfalls harte und strenge Herren.

Darum irre dich nicht, alle diese Ausflüchte helfen nicht, du mußt entweder der Gerechtigkeit oder der Ungerechtigkeit dienen. Vielleicht glaubst du es mit einem unschuldigen Vergnügen zu thun zu haben, wobei du der Gerechtigkeit und Tugend eben nicht zu nahe trittst, mit einer unschädlichen Leidenschaft, die nicht in Laster ausarten kann, mit einer harmlosen Freude, die niemandem Leides thut. Du irrst dich aber; wenn du nicht der Gerechtigkeit geradezu und ihr allein dienst, so dienst du dennoch der Ungerechtigkeit. Denn wer irgend einer andern Sache, so unschuldig sie immer scheine, als seinem Hauptzwekke nachgeht, der wird durch sie und um ihretwillen blind gegen seine Pflichten; er wird den größten Theil derselben nicht gewahr, und indem er sie nicht sieht kann er sie nicht erfüllen. Anstatt seine Aufmerksamkeit darauf zu richten und seine Zeit dazu anzuwenden dasjenige zu thun, was die Geseze der Religion und Tugend von ihm fordern, geht er nur dem Gegenstand seines Dienstes nach. Kann auf diese Art wol die Seele zur Vollkommenheit gebildet werden? kann der Mensch ein Mensch Gottes werden, der zu allen guten Handlungen aufgelegt und geschikkt ist? Und ist diese Verachtung der Gerechtigkeit nicht ein vollständiger Dienst der Ungerechtigkeit und Sünde? denn wer nicht gut ist, dem fehlt es nur an der Gelegenheit böse zu werden; und auch daran wird es nicht fehlen.

Denn nicht nur aus Unachtsamkeit, aus Ursach des Eifers, der einem andern Gegenstande gewidmet ist, wird die Gerechtigkeit hintangesezt, auch wissentlich und mit Willen muß sie oft beleidigt werden, sobald man irgend einer andern Herrschaft unterworfen ist. Denn wenn nun einmal, und wie oft ist das nicht der Fall, der Gegenstand, der über alles geht, es sei nun Ehre oder Reichthum oder Vergnügen, nicht anders erreicht oder erhalten und geschüzt werden kann, als durch eine unrechte Handlung: wie kurz wird dein Bedenken sein etwas böses zu thun, um dasjenige nicht zu verlieren, was du über alles schäzest, es müßte dich denn eine elende Klugheit zurükkhalten, und welch ein schändlicher verächtlicher Dienst der Ungerechtigkeit und des Lasters ist das nicht, wenn Hoffnung oder Furcht dich in jede Falle lokken, in welche hinein zu gerathen eines jeden Menschen unwürdig ist. Wir wollen nun zweitens sehn, wie weit vorzüglicher in jeder Rükksicht der Dienst der Gerechtigkeit ist.

II.

Wenn man einmal dienen muß, so ist es die Güte, die Würde, das Ansehn desjenigen dem man dient, und die Art wie er uns behandelt, was einen Dienst vorzüglich vor dem andern macht. Die Vergleichung in beiden Stükken zwischen dem Dienst der Gerechtigkeit und dem Dienst der Sünde ist leicht und jedem bei der Hand.

Erstens. Indem wir der Rechtschaffenheit dienen, so dienen wir den ewigen unveränderlichen Gesezen des göttlichen Willens und der Vernunft, und was ist wol ehrwürdiger und heiliger als Geseze? Indem wir der Ungerechtigkeit uns ergeben, so dienen wir elenden und niedrigen Neigungen, deren Gegenstände immer wechseln müssen, weil keiner davon ihnen bleiben kann, deren Freude vergeht wie ein Schatten, und die bei allem Eifer, womit der Mensch ihnen nachgeht, dennoch die Kraft nicht haben seine Seele zu befriedigen.

Im Dienst der Gerechtigkeit wird zwar vieles und schweres von uns gefordert, aber doch nicht was wir mit Mühe und Anstrengung nicht leisten könnten. Der Dienst der Leidenschaften hingegen ist voll unmöglicher Forderungen, weil es immer darauf ankommt etwas zu erreichen, das außer uns liegt und sich also um desto öfter allen unsern angestrengten Bemühungen entzieht, weil es zugleich der Gegenstand von den Wünschen und Begierden und dem Streit mehrerer Menschen ist.

Im Dienste der Gerechtigkeit werden uns alle Befehle mit derjenigen Ruhe ertheilt, welche ewigen und unveränderlichen Gesezen eigen ist, und sie werden auch mit der Ruhe ausgeführt, welche gewöhnlich die Empfindung der Ehrfurcht und die Ueberzeugung von der Nothwendigkeit begleitet. Im Dienst der Sünde hingegen herrscht beständig die Unruhe der Begierde und Leidenschaft. Mit einem wilden Ungestüm werden dem Knecht der Sünde seine Befehle ertheilt, und mit ängstlicher gieriger Sorge sucht er sie auszuführen.

Im Dienst der Religion bekommen wir keine Befehle, welche nicht zugleich Geseze für alle sind, und wenn wir sie also befolgen, so haben wir die Beruhigung, daß es gut um die Welt stehen würde, wenn alle Menschen so handelten wie wir. Im Dienst der Begierden hingegen ist jeder Auftrag nur gerade für den einzelnen und für die Umstände, welche jezt obwalten, also sind sie immer unstät, immer verändert und oft widersprechend, und der unglükkliche Sklave weiß nicht einmal, ob das, was er heute mit der größten Anstrengung thut, ihm morgen zu dem elenden Genuß verhelfen wird, den er sucht.

Endlich bei jeder Art des Dienstes ist das, was den Menschen beherrscht, in ihm selbst. Beim Dienst der Rechtschaffenheit erheben Vernunft und Gewissen ihre Stimme zum Befehle, und diese sind doch eigentlich dazu gemacht und bestimmt den Menschen zu regieren. Im Dienst des Lasters hingegen sind es seine Empfindungen, seine Gelüste, seine Sinnlichkeit, und alle diese sind eigentlich nur zum Gehorchen gemacht. Ist es also nicht etwas weit edleres und schöneres demjenigen zu dienen, was gleichsam von Natur schon ein königliches Wesen hat und zum Herrschen gemacht ist, als demjenigen, was zu ganz niedrigen Endzwekken bestimmt nur immer im Zaum gehalten zu werden verdiente, damit es nicht über seine natürliche Bestimmung hinaussteigt?

Zweitens. Was aber noch mehr ist, ist, daß wir eine ganz andere und herrliche Frucht genießen, wenn wir uns dem Dienst der Gerechtigkeit ergeben.

Die Sklaverei der Leidenschaften schwächt den ganzen Menschen, die beständige Unruhe der Begierde zehrt seine Kräfte ab und benimmt ihm selbst Besinnung und Ueberlegung. Die unausgesezte Härte, womit er den Gegenständen seiner Wünsche nachgeht, läßt keine Empfindung des Wohlwollens emporkeimen, und die nach und nach immer erneuerten und immer wieder veraltenden Genüsse stumpfen ihn am Ende selbst gegen die niedrigen Freuden ab, die er sucht. Dagegen gewinnt der Mensch Stärke und Kraft im Dienst der Tugend. Er lernt Selbstbeherrschung und Zurükkdrängung aller ungestümen Eindrükke, und dadurch bekommt alles Raum in ihm, was fein und edel ist. Und die Ruhe, welche sich immer mehr in seiner Seele festsezt, macht, daß er für alles gute empfänglich, immer Herr seines Verstandes und seiner Handlungen ja größtentheils auch seiner Empfindungen bleibt.

Der Dienst des Lasters erniedrigt den Menschen, indem die natürliche Ordnung alles dessen was in ihm ist umgeworfen wird. Vernunft und Gewissen sollten herrschen, sind aber unterdrükkt; die Gefühle für Religion, für Recht, für Menschlichkeit sollten geehrt sein und sind verachtet; und was dagegen unterdrükkt, im Zaum gehalten und mit Strenge beherrscht sein sollte, das maßt sich eine verkehrte Oberherrschaft an; in einem solchen Dienst muß der Mensch immer verkehrter und immer unwürdiger werden. Der Dienst der Gerechtigkeit erhält ihn in seiner Würde; hier herrscht was herrschen soll, und alles edle und schöne genießt auch Ehre und Einfluß; niedrige Neigungen und Gefühle hingegen dürfen über ihren nothwendigen Gebrauch nicht hinaus. Indem auf die Art der Mensch ewigen und göttlichen Gesezen gehorcht, wird er selbst ihnen ähnlich, ein selbständiges und ehrwürdiges Wesen. Ja seine Würde nimmt immer zu, denn die schönste Frucht im Dienst der Gerechtigkeit ist die Heiligung. Je treuer er in seinem Dienst ist, desto reiner wird er von alle dem, was des Menschen unwürdig ist, desto vollkommener wird er in allem guten, desto mehr erhebt sich seine Seele zu allem edeln und großen, desto fester werden seine Grundsäze, desto reiner seine Handlungen, desto richtiger seine Empfindungen und Urtheile.

Endlich, was ist denn das Ende des Dienstes der Ungerechtigkeit? Der geistige Tod, der unglükkliche Zustand, wo der Mensch ganz unfähig ist zu thun was er thun soll, ein Zustand, der nur dadurch beendigt werden kann, daß er ein ganz neues Leben von vorn anfängt. Das Ende im Dienst der Gerechtigkeit hingegen ist das ewige Leben, eine sichere immer wachsende Gesundheit und Vollkommenheit der Seele, ein Zustand beständiger gottgefälliger Thätigkeit, welcher in sich selbst Kraft genug hat um nie aufzuhören.

Ich will nichts mehr häufen um euch zu überzeugen, was für eine treffliche Sache es ist um den Dienst der göttlichen Gebote und der Gerechtigkeit. Wer ihn noch nicht angetreten hat, der begebe sich augenblikklich hinein, denn nur in diesem Zustande ist Heil und Seligkeit. Wer sich schon in diesem glükklichen Zustande befindet, der erneuere seinen ernstlichen Entschluß eine beständige Treue unerschütterlich zu beweisen. Ist er gleich voller Mühseligkeit und Arbeit und Schweiß, will es uns gleich oft schwer werden die angenehme Trägheit und das müßige Vergnügen aufzuopfern, finden wir gleich wenig Ruhe und in jedem Augenblikk Geschäfte genug: laß sein, unter allen Mühseligkeiten wollen wir mit festem hoffnungsvollem Blikk hinsehn auf die schöne Frucht der Heiligung und des ewigen Lebens! Amen.

VI.

Von der Beurtheilung der Menschen aus ihren Früchten.

Ueber Matth. 7, 15—18.

Es ist für den Menschen sehr nothwendig m. a. Fr., daß er den Menschen kennen lerne, das Geschöpf, welches zwar seiner Natur nach den Namen des Meisterstükks der Schöpfung verdient, aber in der Erfahrung und in seiner Handelsweise betrachtet nur ein wunderbares Gewebe von tausend Schwachheiten und Widersprüchen zu sein scheint. Ich meine hier nicht sowol die Kenntniß des menschlichen Herzens überhaupt, die ein sehr nothwendiges Hülfsmittel zu unserer Besserung ist, und die wir freilich auch auf keinem andern Wege erlangen als durch Erfahrungen und Beobachtungen, die wir an uns und andern machen; sondern ich meine die besondere Kenntniß derjenigen, die um uns sind, und mit denen wir in mancherlei näheren Verhältnissen des Lebens stehn. Wenn wir uns die Freuden desselben nicht ganz verbittern wollen, so müssen wir nothwendig wissen, wie diejenigen beschaffen sind, mit denen wir zu leben haben, wir müssen uns fragen, Können wir es zu einer vollständigen Kenntniß ihrer Gemüthsart, ihrer Wünsche und Neigungen, ihrer Art zu denken, zu handeln und zu empfinden bringen? damit wir wissen, was wir in jedem Fall von ihnen zu erwarten, und wie wir sie zu behandeln haben. So wenig aber dies die Sache eines jeden ist, so gewiß ist doch, daß wir wissen müssen, in wie fern sie gut oder nicht gut oder böse sind; und unser Urtheil darüber muß sicher sein und auf festen Grundsäzen beruhen, damit wir danach abwägen können, was wir überhaupt von ihnen hoffen, in wie weit wir ihnen unser Vertrauen schenken dürfen, worin wir uns vor ihnen zu hüten haben. Wenn wir von einem falschen Schein verführt jemanden zu unserm Vorbild wählen, der nicht wirklich auf dem Wege der Rechtschaffenheit wandelt, jemanden zu unserm Freund, zum Vertrauten unsers Herzens machen, der doch gesonnen ist uns auf allerlei Abwege zu führen, so sezen wir dadurch unsere Zufriedenheit, unsere Ruhe, unsere Tugend in große Gefahr. Wir wollen uns also in der gegenwärtigen Stunde **von der nothwendigen Kunst die Menschen richtig zu beurtheilen** noch weiter unterhalten.

Text. Matth. 7, 15—18.

Sehet euch vor vor den falschen Propheten, die in Schaafskleidern zu euch kommen, inwendig aber sind sie reißende Wölfe. An ihren Früchten sollt ihr sie erkennen. Kann man auch Trauben lesen von den Dornen, oder Feigen von den Disteln? Also ein jeglicher guter Baum bringet gute Früchte, aber ein fauler Baum bringet arge Früchte. Ein guter Baum kann nicht arge Früchte bringen, und ein fauler Baum kann nicht gute Früchte bringen.

Christus warnt eigentlich hier seine Jünger vor solchen, welche sich ihnen zu Lehrern und Anführern anbieten, äußerlich auch ein gutes frommes und einnehmendes Ansehn haben, innerlich aber voll von den bösesten und verderblichsten Eigenschaften sein würden; und er unterrichtet sie, wie sie solche bei Zeiten sollen kennen und unterscheiden lernen. Wenn wir auch nicht gerade das nämliche zu befürchten haben, so ist uns doch eine richtige Anwendung der allgemeinen Regel, welche Christus hier über die Kenntniß der Menschen giebt, um vieler ähnlichen Verhältnisse willen eben so nothwendig. Wir wollen also der Anweisung Christi gemäß mit einander reden von der Beurtheilung der Menschen aus ihren Früchten. Wir wollen dabei erstlich sehn, daß wir sie aus keiner andern Sache mit Sicherheit erkennen können, und zweitens, was für Behutsamkeit wir anwenden müssen, um sie auch aus ihren Früchten richtig zu beurtheilen.

I.

Außer den Handlungen der Menschen, denn das sind ihre Früchte, wären nur noch ihre Gedanken und Empfindungen mit den mannigfaltigen Ausdrükken derselben in Worten und Geberden dasjenige, woraus wir auf die innere Beschaffenheit ihrer Seele schließen könnten, und freilich wenn wir so in den innern Zusammenhang derselben hineinblikken könnten, so würden wir im Stande sein dadurch eine ziemlich vollständige Kenntniß des Menschen zu erwerben. Allein von diesen können wir fast nur diejenigen erfahren und beobachten, welche sie freiwillig und vorsäzlich andern mittheilen wollen, und diese sind allerdings ein sehr unsicheres Mittel sie daraus kennen zu lernen.

Denn einmal ist Zurükkhaltung und Verstellung mit allen ihren Kunstgriffen viel zu allgemein und zu weit getrieben. Nur unter den vertrautesten Freunden kann man es jezt wagen seine Seele frei zu enthüllen. In jeder andern Gesellschaft muß der Mensch, der gute wie der böse, irgend einige seiner Grundsäze, irgend eine Seite seines Herzens in Schatten stellen und sorgfältig verhüllen. Wenn nur nicht zu dieser sehr nöthigen Zurükkhaltung noch die Verstellung hinzukäme! Allein jeder will einen bessern Schein haben als das Wesen ist, was er in sich hat, und so schwer es ist wirklich gut zu sein, so leicht ist es das äußere der Güte und Rechtschaffenheit und ihre Worte bis zu einer gewissen Täuschung nachzuahmen. Da ist keiner, der nicht jeder guten Eigenschaft und allem was edel ist Lobreden halten könnte mit einem Eifer, daß man glauben sollte, wunder wie groß und stark seine Liebe zum guten sein müßte. Da ist keiner, der nicht alle guten Grundsäze und alle schönen Empfindungen mit viel scheinbarer Kenntniß der Sache schildern könnte. Man kann sie sehn mit einer mächtigen Begeisterung für jede gute Sache erfüllt und voll Eifer und Grimm gegen alles böse und unedle. Sie spiegeln mit vieler Täuschung die uneigennüzigsten menschenfreundlichsten Gesinnungen vor, nur Schade, daß in alle dem keine Wahrheit ist, daß nur sehr wenig davon wirklich aus dem Herzen kommt.

Allein wenn auch die Verstellung weniger groß oder leichter zu unterscheiden wäre, so sind wir doch, wenn wir aus den Aeußerungen der Gedanken und Empfindungen über die Menschen urtheilen wollten, vor ihrer Selbstverblendung und ihrem Selbstbetruge nicht sicher. Wenn einmal ein guter Gedanke in ihnen aufsteigt, wenn sie einmal von einer ächt menschlichen Empfindung ergriffen werden, so selten so vorübergehend es immer sei, so sind sie im Stande sich selbst zu überreden, daß diese Gesinnungen ihrem Herzen gewöhnlich und eigenthümlich wären. Daher hören sie nicht auf, so lange sie nämlich noch die Erinnerung an diese Augenblikke haben — das mit fester Zuversicht als ihre innigsten Grundsäze vorzulegen, sie hören nicht auf zu beschreiben, wie wohl dem Menschen zu Muthe ist, dessen Herz mit solchen Empfindungen erfüllt ist. Wenn aber ein Mensch selbst im Stande ist flüchtige Gedanken mit vieler Ehrlichkeit für

Grundsäze auszugeben, die mit seinem ganzen Wesen verwebt seien und eine seltene Empfindung für die Art anzusehn, wie er gewöhnlich von den Gegenständen gerührt werde: wie sollten nicht andere, je ehrlicher er bei seinem Betruge ist, um desto mehr in Versuchung kommen ihr Urtheil über ihn auf diesem Grunde zu erbauen, und doch würden sie dabei in einen großen Irrthum gerathen. Nur ein sehr geübter Kenner weiß, wie wenig wahre Tugend von ihren Grundsäzen und Empfindungen spricht, und versteht daher dieses geräuschige Wesen, diese flüchtige Rührung gehörig zu würdigen.

Endlich aber, **wenn wir auch alle, selbst die verborgenen Gedanken und Empfindungen der Menschen in Erfahrung bringen könnten, so würde das Urtheil über ihre wahre Beschaffenheit, welches wir darauf gründen wollten, sehr schwankend und unrichtig sein.** Denn es ist gar zu wenig innere Uebereinstimmung bei den Menschen; sie haben die Gabe bei den besten Ueberzeugungen und Gedanken das gute zu unterlassen und dagegen das böse zu thun, oft ohne etwas böses dabei zu denken. Es ist gar nicht ungewöhnlich, daß Menschen, welche sich aus Religion und Rechtschaffenheit wenig machen, dennoch eine gewisse Sammlung von guten Gedanken und Empfindungen bei der Hand haben, welche sich noch theils von der Erziehung, die sie genossen, von dem Unterricht in der Religion, der ihnen ertheilt worden, theils von der Bildung, die sie sonst ihrem Geist gegeben haben, herschreiben. Sie thun sich auch auf diesen Schaz nicht wenig zu gute, allein da alle diese Ueberzeugungen nicht im Stande sind ihre Handlungen zu leiten und zu bestimmen, so sind sie ohne Werth; denn die menschliche Seele ist zum Handeln bestimmt, sie soll nur nachdenken um die rechte Art zu finden, wie sie ihre Handlungen einzurichten hat, und empfinden, damit es ihr nie an etwas fehle, was sie zur Thätigkeit aufruft. Wenn man also auf Gedanken und Empfindungen, welche diese Kraft nicht haben und diesen Zwekk nicht erreichen, ein Urtheil über den Menschen bauen wollte, so würde es ebenfalls auf einem unsichern Grunde stehn. Solche Menschen gleichen einem Baume, dessen Laub in vortrefflichem Stande ist, dessen Blüthen in großer Anzahl sind und ihren Wohlgeruch weit umher verbreiten; da sollte man nun denken, das ist gewiß ein guter Baum; es ist auch ein schöner Baum, lieblich anzusehn, aber dennoch ein schlechter Baum, denn seine Blüthen fallen immer ab ohne jemals Früchte nachzulassen.

II.

Also bleibt uns um eine richtige Kenntniß des Menschen zu erlangen kein Mittel mehr übrig, als die Betrachtung seiner Früchte, d. h. der Handlungen, die er ausübt, der Werke, die er verrichtet; und es fragt sich nun, was ist hiebei noch zu beobachten, wenn wir ihn danach richtig beurtheilen wollen?

Um nun hiebei recht sicher zu gehn, muß man wohl merken, daß keinesweges alle Handlungen des Menschen zu der Klasse derjenigen gezählt werden dürfen, welche man seine Früchte nennen kann. Es giebt eine Menge von Handlungen der Höflichkeit, der äußern Geselligkeit, der Dienstfertigkeit, der Gefälligkeit, welche nur um des Scheins willen und gleichsam zum Staat verrichtet werden, und eben so giebt es Handlungen des Berufs, die der Mensch verrichten muß, die aber mit seiner Denkungsart gar nicht zusammenhängen und also auch kein Zeugniß derselben ablegen können. Man muß sich vielmehr bemühen diejenigen Handlungen auszuforschen, welche gewiß aus den Gesinnungen des Menschen herfließen und uns einen sichern Fingerzeig geben können von dem Hauptzwekk, dem er nachjagt. Und diese sind so schwer eben nicht zu unterscheiden. Man gebe nur Acht auf solche Handlungen, welche, ohne um irgend eines Verhältnisses willen nothwendig zu sein, dennoch oft wiederkehren; man wende seine Aufmerksamkeit auf diejenigen, wobei der handelnde entweder nicht im Stande gewesen ist, oder es nicht der Mühe werth gehalten hat die schwache Seite derselben zu verbergen; man suche endlich diejenigen auf, welche mit besonderm Eifer und vorzüglicher Lust und Freude verrichtet werden: so sind dies gewiß diejenigen, die seiner Denkungsart entsprechen und sich auf sein vornehmstes Bestreben beziehn; dies sind seine Früchte. Denn was jemand nicht gern thut, das wird er nicht ohne Noth oft wiederholen; was ihn aber zu seinem Hauptzwekk führt, dabei ist er mit ganzer Seele und vergißt die nöthigen Maaßregeln zu nehmen, um das was daran schwach oder tadelhaft wäre gehörig zu verbergen. Denn diese Kunst wird gewöhnlich nur dann ausgeübt, wenn die Seele nicht am stärksten in Bewegung gesezt ist. Natürlich werden auch nur solche Handlungen mit vorzüglicher Kraft und Lust verrichtet, die den Menschen seinem Zwekke näher bringen, dahingegen er über alle andern mit träger Gleichgültigkeit ja wol gar mit Unwillen und Verdruß hinwegeilt.

Wenn ich also jemanden sehe, bei dem edle Handlungen überlegter Wohlthätigkeit, vernünftiger Menschenliebe, wahrer Gemeinnüzigkeit oft wiederkehren; wenn ich jemanden sehe, der auch auf Kleinigkeiten, sobald etwas nüzliches und pflichtmäßiges darin ist, Aufmerksamkeit und Treue wendet, Hausväter, Hausmütter, Lehrer, die auch auf den geringsten Umstand, der die Bildung ihrer Kinder und untergebenen betrifft, aufmerksam sind und mit Lust und Liebe ihre Kräfte und ihre Gedanken anstrengen um darüber zu wachen: dann habe ich Ehrfurcht vor ihnen.

Sehe ich hingegen Menschen, bei denen Zerstreuungen und Vergnügungen die einzigen mit Lust wiederholten Handlungen sind; welche es nicht verschweigen, daß sie gern ihre Pflichten hintenansezen um der Freude nachzugehn, und daß sie sie nur mit Unlust und Murren verrichten, wenn sie dadurch in ihren

Ergözlichkeiten gestört werden; oder andere, die nur solche Handlungen mit Lust und Freude verrichten, die auf irgend eine Art ihren Vortheil befördern: so weiß man leider auch, was von ihnen zu halten ist; an ihren Früchten erkennt man sie.

Eben so kann man aber auch aus allerlei an sich unbedeutenden Handlungen auf die Beschaffenheit der Menschen schließen, wenn man auf die Art Acht giebt, wie sie verrichtet werden. Denn auch bei der geringsten Handlung ist etwas, was eine Beziehung auf Recht und Pflicht hat, und eben auch etwas, was sich auf Vergnügen und Vortheil bezieht. Je nachdem nun jene Seite mit einer gewissen Vorliebe hervorgezogen, oder diese mit Ungestüm ergriffen wird, hat man immer Ursach eine Meinung von dem Menschen zu fassen, daß der eine Achtung für seine Pflicht und Liebe zum guten hat, und der andere nur seinem Vergnügen lebt.

Eine allgemeine Behutsamkeits-Regel aber bei dieser Beurtheilung der Menschen aus ihren Handlungen ist die, daß wir uns nicht durch den Schein ihrer Thaten blenden lassen. Es giebt gewisse Früchte, die ein so schönes Ansehn haben wie die vortrefflichsten und schmakkhaftesten; versuche aber davon, so wirst du finden, daß sie nur mit einem saftlosen fauligen Wesen erfüllt sind. So ist es oft mit den Handlungen der Menschen. Wir loben gern solche Handlungen, welche einen guten nüzlichen Erfolg gehabt haben, er sei nun wohlthätig für einen einzelnen oder fürs ganze gewesen; eben so bewundern wir, weil die Trägheit eine natürliche Neigung aller Menschen ist, blindlings jede Handlung, wobei viele und schwere Hindernisse zu übersteigen waren. Aber das alles trügt gewaltig, und wir müssen allein auf die Quelle sehn, woraus die Handlung entsprang, und auf die Grundsäze, nach welchen dabei verfahren wurde. Laßt eine Handlung einen noch so schönen nüzlichen Erfolg gehabt haben; wenn dieser Erfolg nicht die Absicht des Thäters, sondern nur so zufälliger oder unvermeidlicher Weise zur Wirklichkeit kam, so kann seine Handlung doch eine sehr gewöhnliche ja sogar eine schlechte und elende Handlung sein. Wenn die Schwierigkeiten noch so groß gewesen sind, aber es war nur irgend eine Leidenschaft, die ihm die Kraft gab sie zu überwinden, so haben wir deswegen gar keine Ursach ein günstiges Urtheil von ihm zu fällen. Denn nur diejenigen Handlungen sind wahrhaft gut, welche aus der einzigen reinen Quelle entspringen, aus Ehrfurcht vor den Geboten Gottes und der Vernunft, aus inniger Liebe zu Gott und zum guten. Freilich m. Fr., Menschen von einem so festen Charakter, so unerschütterlichen Grundsäzen und so edeln Gesinnungen sind selten, und doch sind sie die einzigen guten Bäume, denen es so zur Gewohnheit und natürlich ist vortreffliche Früchte zu tragen.

Diese Betrachtung veranlaßt uns uns einige heilsame Regeln ins Gemüth zu prägen. Einmal, da die Anzahl der guten Bäume so gering ist, so beschließe doch jeder bei sich selbst, daß er wenigstens die Anzahl derselben vermehren und Früchte tragen will, die des Bodens auf dem er steht, des Saamens aus dem er herstammt, und der Mühe die an ihn verwendet ist, nicht unwerth seien.

Zweitens wollen wir uns vornehmen, von dem großen Haufen der Menschen nur wenig zu erwarten und wenig zu fordern. Wir wollen uns nicht wundern, wenn sie fortfahren von den Umständen bald zum unschädlichen, bald zum gutscheinenden, bald zum bösen fortgerissen zu werden, und wenn auch der, von dem wir noch nichts böses wußten, auf einmal allerlei böses an sich offenbart; denn da er doch kein guter Baum war, so müssen uns die übeln Auswüchse und die schlechten Früchte, wenn sie erscheinen, nichts unvermuthetes sein.

Drittens wollen wir uns ja hüten, daß uns diese Betrachtung nicht zu einer Verachtung der Menschen hinreiße. Auch bei denen, die wir als schlechte Bäume erkennen, wollen wir nicht nur auf das sehen was sie sind, sondern auch auf das was sie werden können. Wenn ein Auge, ein kleines Reis aus dem edeln Stamm wahrer Gottseligkeit und wahrer Güte in sie gepfropft wird, und es gedeiht, so wird der vorige Stamm hinweggeschnitten und seiner nicht mehr gedacht; ein edler Saft verbreitet sich in ihm, herrliche Früchte kommen zum Vorschein, und der Baum ist völlig denen gleich, welche schon lange gewohnt sind dergleichen hervorzubringen. Möchte doch diese Verwandlung häufig unter den Menschen vorgehn, möchten die guten immer besser und edler werden, und schlechte dasjenige annehmen, was sie verwandeln und veredeln kann. Dann hätte man nicht nöthig mit so ängstlicher Behutsamkeit die Menschen auszuforschen, sondern froh und frei ginge man unter ihnen umher wie in einem Garten Gottes. Amen.

VII.

Daß keine Versuchung, welche den Menschen trifft, so groß sei, daß er ihr nothwendig unterliegen müßte.

Ueber 1 Kor. 10, 13.

M. a. Fr. Wir haben die natürliche aber sehr schädliche Neigung nicht nur unsere Fehler zu verbergen, sondern noch vielmehr die einzelnen fehlerhaften Handlungen, welche wir begangen, nicht einzugestehn, wenn sie uns entweder unser Gewissen vorhält, oder ein anderer, der freundschaftlich genug ist die Stelle desselben vertreten zu wollen. Um nun diesem verhaßten Geständniß auszuweichen giebt es zwei Wege. Einmal, daß wir, wenn es mit der That selbst seine Richtigkeit hat, zu beweisen suchen, dasjenige was wir gethan haben sei nicht Unrecht. Mit dieser Entschuldigung pflegt man aber nicht weit zu kommen. Denn eines Theils sind die Begriffe von recht und unrecht, von erlaubt und verboten, billig und unbillig so deutlich und bestimmt, daß es sich sehr leicht ausweist, auf welcher Seite die Wahrheit sei. Andern Theils giebt es wol viele Handlungen, über die man so im allgemeinen nicht urtheilen kann, sondern die dem Gewissen eines jeden überlassen werden müssen; allein auch da zeigt sich bei einer deutlichen Auseinandersezung sehr leicht, ob die Gründe, die wir für unsere Handlungen anführen, auf wahrer Ueberzeugung beruhn oder nur ein Blendwerk sind, welches irgend eine Leidenschaft oder irgend ein Unrecht beschönigen soll. Daher bedient man sich auch weit häufiger der andern Entschuldigung, daß nämlich die Versuchung zu groß gewesen, und man unter diesen Umständen unmöglich anders habe handeln können. Lange habe man gekämpft und den tapfersten Widerstand geleistet, allein endlich seien alle Kräfte erschöpft gewesen; mit immer neuer Macht und immer wiederholten Angriffen sei der Feind auf die ermüdete Seele eingedrungen und habe endlich einen Sieg gewonnen, welcher ganz unvermeidlich gewesen sei. Diese Vertheidigung hört man so oft und selbst von wohlmeinenden Menschen, daß es wirklich der Mühe werth ist eine genauere Untersuchung darüber anzustellen, uns von ihrer Nichtigkeit zu überzeugen und durch allerlei Betrachtungen unsern Glauben daran ganz zu zerstören. Diesem Geschäft wollen wir die gegenwärtige Stunde widmen.

Text. 1 Kor. 10, 13.

Es hat euch noch keine denn menschliche Versuchung betreten; aber Gott ist getreu, der euch nicht läßt versuchen über euer Vermögen, sondern macht, daß die Versuchung so ein Ende gewinne, daß ihr es könnet ertragen.

Der Apostel tröstet in diesen Worten eine neue Gemeine von Christen über die Versuchungen, welche sie hatten theils zum gänzlichen Abfall vom Christenthum, theils zur Verachtung derjenigen Gebote desselben, welche die Heiligung fordern, theils zur Verfälschung seiner Lehren. Er führt sie auf die Vergangenheit zurükk und erinnert sie, daß bisher noch alles was von der Art über sie ergangen sei auch sei zu überstehn gewesen, und läßt sie nicht undeutlich merken, daß auch in Zukunft keine Versuchung über sie kommen würde, die sie nicht sollten tragen und überwinden können. Wir wollen uns aus diesen Worten die Lehre nehmen, daß keine Versuchung, welche den Menschen trifft, so groß sein könne, daß er ihr nothwendig unterliegen müßte. Wir wollen dies beweisen, erstlich aus Gründen, die von unserm Verhältniß gegen Gott und von der Einrichtung der menschlichen Natur hergenommen sind, und zweitens noch solche Gründe hinzufügen, die uns die Erfahrung an die Hand giebt.

I.

Erstlich sind unsere Verhältnisse gegen Gott und seine Gesinnungen gegen uns von der Art, daß der Gedanke einer unübersteiglichen Versuchung uns gar nicht in den Sinn kommen kann.

Gott ist gerecht, und wenn die Gerechtigkeit größtentheils darin besteht, daß man einem jeden das seine giebt, so gehört dazu gewiß auch dieses, daß man von niemandem etwas fordere, was er unmöglich leisten kann. Nun fordert aber Gott ein beständiges Rechtthun überall, und jede Handlung der Uebertretung ist unvermeidlich mit seinem Mißfallen bezeichnet. Also müssen wir auch gewiß, wenn wir nur unsere Kräfte gebrauchen wollen, im Stande sein seine Forderung in ihrer ganzen Ausdehnung zu erfüllen, und das könnten wir nicht, wenn es auf irgend eine Art Versuchungen gäbe, über die es uns unmöglich wäre zu siegen. Wir müßten uns auch sonst von den Gesinnungen Gottes ganz verkehrte Begriffe machen. Er ist es ja selbst, welcher alle Begebenheiten unseres Lebens regiert, und wenn also auch die Versuchung nicht geradezu von ihm kommt, so hat er doch vorausgesehn und geschehen lassen, daß sie uns treffe. Und eben der gerechte Gott sollte uns mit Wissen und Willen in einen Zustand verfallen lassen, wo wir durch eine unvermeidliche Nothwendigkeit getrieben schlechterdings uns selbst erniedrigen und in das unglükkselige Bewußtsein seines Mißfallens hineingerathen müßten? Er sollte ein Vergnügen daran haben die Menschen erst gleichsam zum bösen zu zwingen und sie dann dafür zu strafen? Nein das ist nicht möglich, und also giebt es auch keine Versuchung, wo heraus wir nicht mit Ehre und Sieg hervortreten könnten.

So können wir der Gerechtigkeit Gottes trauen, und eben so können wir uns aus andern Gründen auf seine Güte verlassen. Er, welcher das Herz des Menschen so genau kennt, weiß auch gewiß, daß es keinen qualvolleren Zustand giebt als denjenigen, worin sich ein Mensch während einer schweren Versuchung befindet. Dieser beständige, vor dem Richterstuhl des Gewissens lange entschiedene aber in der Wirklichkeit nicht zu beendigende Streit frommer und vernünftiger Gesinnung mit unrechten Neigungen und Leidenschaften, die immer erneuerten Angriffe der Wünsche und Begierden, der Hoffnung und Furcht, der oft mit Zittern befürchtete üble Ausgang, das plözliche ängstliche Aufschrekken aus dem Zustand der Ermüdung und Betäubung, das schnelle Zusammenraffen aller Kräfte, das leidende kummervolle Sehnen nach einem baldigen Ende dieses elenden Zustandes, das alles ist gewiß die größte Pein, die ein Mensch erdulden kann. Und der Gott, welcher nie ohne wichtigen Zwekk und heilsame Folgen Leiden auflegt, der sollte uns in dieses größte aller Leiden durch seine Regierung hineinstürzen, ohne uns nur die Möglichkeit übrig zu lassen, daß wir den geringsten Vortheil daraus ziehn könnten, sondern so daß wir schlechterdings gezwungen wären darin zu erliegen und nach diesem das sieche Leben eines bösen Gewissens zu führen? Das läßt sich von dem mitleidig liebreichen Vater der Menschen nicht denken.

Um uns noch mehr in dieser Ueberzeugung zu bestärken, dürfen wir nur einen Blikk auf die Einrichtung unserer ganzen Natur werfen. Es ist wahr, die Schriften unserer Religion und die Glaubensbekenntnisse der Christen sind voll von Klagen über ihre eigenthümliche weit um sich greifende Verdorbenheit, über ihre gänzliche Unfähigkeit zu allem guten; allein man muß nur dies nicht anders verstehn, als es der Wahrheit gemäß sein kann, und als es auch wol eigentlich gemeint gewesen ist. Es ist nicht eine Klage über die Art, wie Gott die Menschen zu ihrer Bestimmnng ausgerüstet hat, sondern eine Klage über die Art, wie der Mensch die ihm ertheilten Kräfte gebraucht, eine Klage darüber, daß Schwachheiten, Irrthümer und Leidenschaften uns immer verhindern mit derjenigen Festigkeit und Beständigkeit recht zu handeln, wie wir wol sollten.

So sehr es nun auch mit dieser Nachlässigkeit und diesem Mißbrauche seine Richtigkeit hat, so bleibt doch gewiß, daß die Kräfte des Menschen gewissermaßen unendlich sind, sie haben eine völlig unbestimmbare Größe, und auch bei der größten Anstrengung derselben kann man nicht bis zu ihrem Ende, bis zu ihrer lezten Grenze gelangen; das bestätigt einem jeden seine Erfahrung und sein eigenes Bewußtsein. Nichts kann so scharfsinnig ausgedacht und mit so viel Ueberlegung ausgeführt sein, daß man nicht bei genauer Betrachtung finden sollte, eben der, dessen Werk es ist, hätte noch mehr Anstrengung und Ausübung seines Verstandes daran wenden können. Keine Leidenschaft ist in irgend einem Augenblikke so heftig, daß nicht bei größerer Veranlassung ihr Ausbruch noch ungezähmter und wilder sein könnte. Und so bleibt also immer etwas ungebraucht liegen; nur allein die Kraft, welche der Mensch zur Beobachtung seiner Pflichten bedarf, nur diese sollte ihre enge festbestimmte Grenzen haben? Nein, das ist nicht möglich, und es ist gewiß auch niemand im Stande sie zu zeigen.

Du sagst zwar, daß du sie leider gefunden hättest, du rühmst dich, daß dein Widerstand gegen die Versuchung so stark und ausdauernd gewesen, und daß du nur der unwiderstehlichen Uebermacht und Nothwendigkeit gewichen seiest. Ziehst du aber auch dein Gedächtniß dabei zu Rathe? Sollte dir das nicht mancherlei kleine Nachlässigkeiten und manche Fälle vorhalten, wo du zu zeitig ermüdetest? Mußt du nicht gestehn, daß du oft in den Augenblikken der Anfechtung mit größerer Lebhaftigkeit als du wirklich thatest hättest denken können an die heilige Verpflichtung, wodurch du an die Geseze Gottes gebunden warst, an die hohe Würde eines festen und unerschütterlich rechtschaffenen, an die Schönheit und den Lohn des Sieges? Und siehe, mit diesem um etwas erhöhten und angestrengteren Eifer wäre auch die Versuchung zu überwinden gewesen, die du, weil du ihr unterlagst, gern für unwiderstehlich halten möchtest.

Ich glaube, daß die bisher angeführten Gründe hinlänglich sind um den Verstand davon zu überzeugen, daß es keine Versuchung geben könne, welche zu besiegen an sich und schlechterdings unmöglich wäre. Allein es ist hier noch mehr nöthig als eine bloße Ueberzeugung des Verstandes. Wenn wir nicht in Gefahr kommen sollen gerade in dem Augenblikke da es Noth thut von unserer Ueberzeugung verlassen zu werden, so muß uns ganz klar vor Augen stehn, daß dasjenige, was von uns gefordert wird, auch wirklich von Menschen geschehen sei und noch geschehe; wir müssen ganz deutlich einsehn, wie und durch welche Hülfsmittel es möglich zu machen ist. Um uns also auch von dieser Seite gehörig zu versehen, wollen wir noch kürzlich diejenigen Beweise für unsere Behauptung überlegen, welche die Erfahrung an die Hand giebt.

II.

Daß wirklich zuweilen Menschen über große außerordentliche Versuchungen gesiegt haben, davon überzeugt uns die Geschichte der Vergangenheit durch mancherlei Beispiele. Die Bücher des alten Bundes, welche nur die Begebenheiten eines kleinern Volks enthalten, und das an Tugenden eben nicht reich war, stellen uns doch einige Menschen vor Augen, die weder durch Furcht vor Verachtung und Tod noch durch die Hoffnung eines üppigen und geehrten Lebens von dem Wege ihrer Pflicht hinweggelokkt werden konnten, und eben so finden wir in der Geschichte anderer Völker viele Menschen, die in großen Versuchungen mit vieler Stärke der Seele und unerschütterlicher Standhaftigkeit gehandelt haben, und werden es auch in der Geschichte der jezigen Tage finden, welche so reich an neuen und ungewöhnlichen Versuchungen zum bösen sind. Allein auch näher um uns her kann es uns, wenn wir uns nur darum kümmern wollen, nicht an Handlungen fehlen, die wenn sie gleich nicht so glänzend sind, doch verdienen, daß wir sie zur Erwekkung unsers Wetteifers unserm Gemüth einprägen. Laßt uns nur dahin gehn wo wirklich Leiden und Jammer ist, denn das ist die wahre Schule für die Stärke und Festigkeit des Geistes. Dem leidenden, der sein Unglükk mit ruhiger Ergebung und edlem Muth erträgt, kann es nicht fehlen, daß er nicht manche so schöne Augenblikke eines großen entschiedenen Sieges in seinem Leben zählen sollte.

Laßt uns aber aus der Erfahrung nicht nur sehn, daß die Siege wirklich erfochten wurden, laßt uns auch die Hülfsmittel betrachten, deren sich diejenigen bedienten, welchen so etwas gelungen ist. Der ganze Reichthum derselben läßt sich auf zwei Hauptgedanken zurükkführen.

Erstlich kann wol niemand, dem es um sich selbst ein Ernst ist, so leichtsinnig sein, daß ihm nicht der Gedanke an dasjenige was er in der Zukunft sein wird sehr geläufig sein sollte. Und dieser ist es eben, welcher wenn er recht gebraucht wird die ganze Seele in Bewegung sezt. Wenn wir uns den Fall denken, daß wir in der Versuchung, welche uns jezt bevorsteht, unterliegen, im ganzen aber doch Gott und unserm Gewissen treu bleiben, so haben wir die gewisse Aussicht, daß wir uns beständig desjenigen, was wir in diesem Augenblikke versäumt haben, beschämt erinnern werden; denn je vollkommner wir in allem guten werden, desto deutlicher wird es uns, daß dasjenige sicher zu besiegen war, was wir für unüberwindlich hielten. Und diese beständige an Verachtung grenzende Schaam vor uns selbst, so oft unser Gedächtniß auf den Augenblikk dieser Handlung zurükkommt, sollte sie nicht für sich allein schon hinreichen uns mit einem ausdauernden Eifer und Muth zu erfüllen? Allein auch das ist ja möglich, daß wenn wir unterliegen dies ein Fall ist, von dem wir uns nicht wieder erholen, und der uns zu dem Fortschreiten auf dem guten Wege nach und nach ganz unfähig macht. Welches Zittern, welcher Abscheu muß uns nicht erfüllen, wenn wir uns dieses Schikksal als das unsrige denken. Die Schaam vor uns selbst haben wir freilich nicht zu fürchten, wenn wir auf die Art die Sache der Tugend ganz verlassen, aber außer dem schrekklichen Unglükk, welches schon in diesem Verlassen liegt, ist doch noch eine eben so bittere Schaam vor andern möglich. Jeder Mensch pflegt doch einige auserwählte zu haben, die entweder gleichen Schritt mit ihm gegangen sind auf dem Pfade der Rechtschaffenheit, oder die er sich um ihres großen Vorsprunges willen zu Vorbildern gewählt hat. Denke dir, alle Gemeinschaft mit ihnen wird nun aufgehoben und du bist ganz von ihnen geschieden. Du darfst die Hand nicht nach ihnen ausstrekken, und sie werden sie dir auch nicht reichen; du darfst nicht wagen nach ihnen aufzublikken, und sie können auch nicht anders als mit Verachtung auf dich blikken. Bald siehst du sie im Schooß der Vollkommenheit lauter gutes genießen, weil sie das unangenehme des Streits ertragen haben; du hingegen lebst in der Qual eines bösen Gewissens, weil du das angenehme der Trägheit und Bequemlichkeit genossen hast.

Das zweite große Hülfsmittel das uns noch mächtiger unterstüzt ist das Gebet. Der Gedanke an Gott enthält in dem Augenblikk der Versuchung unendlich viel Ermunterung und Stärkung. Du solltest denjenigen verlassen, von dem du bisher so oft mit Dankbarkeit erkannt hast, daß er dein ganzes Leben zu dem Ende geleitet um dich im guten zu bewahren und zu stärken? du solltest alle die Vorsäze und Entschlüsse vernichten, die du so oft gleichsam unter seinen Augen aufs heiligste beschworen hast? Hüte dich ein solch Uebel zu thun, rufe ihn an in der Noth, und er und der große Gedanke an ihn wird dich erretten. Ist es Zaghaftigkeit, welche dich sinken lassen will, so wird die Ueberzeugung dich als ein himmlischer Trost erquikken, daß du an seiner Hand gehst und daß er nie aufhört alles abzumessen, was er dir zuschikkt. Ist es Trägheit, die deinen Fall vorbereitet, o so wird der Gedanke an die heilige herzerhebende Verbindlichkeit dem höchsten ähnlich zu werden eine göttliche Kraft und einen brennenden Eifer in deine Seele gießen. Ist es ein unglükkliches Wohlgefallen an irgend einer Leidenschaft, so wirst du, wenn du an Gott denkst, auch gewiß überlegen, was für eine einzige unersezliche Seligkeit es ist reines Herzens vor ihm zu stehn, und was wirst du nicht anwenden und thun und hingeben, um dir diese zu erhalten?

So sehn wir also, daß Religion und Vernunft dem Menschen immer Hülfe genug darbieten zu allem, was von ihm gefordert wird, also daß wir keine wirkliche Entschuldigung haben. Laßt uns gute Haushalter sein mit allen diesen Hülfsmitteln, welche Geschenke der göttlichen Gnade sind. Laßt uns nicht uns selbst einschläfern durch allerlei falsche Vertheidigungen, daß wir nicht als solche erfunden werden, die sich selbst betrogen haben, und die auch durch sich selbst überführt und zu Schanden gemacht werden. Amen.

VIII.

Von der schweren Pflicht der Friedfertigkeit.

Ueber Röm. 12, 18.

Unter die schönen Vorstellungen von der Glükkseligkeit, welcher die Menschen auf Erden genießen könnten, gehört vornämlich auch der Gedanke von einer vollkommnen Freundschaft und Uebereinstimmung, welche unter ihnen herrschen sollten, daß jeder dem andern mit Freundlichkeit und Gefälligkeit entgegen käme, daß keiner von einem größeren Glükk wüßte, als die Wünsche anderer zuvorkommend und überraschend befriedigen zu können, daß Zwist und Streitigkeiten ganz unbekannte Dinge wären, und wo ja zweie zugleich den nämlichen Gegenstand zu besizen wünschten, er doch augenblikklich wie durch eine gemeinschaftliche Verabredung demjenigen zugetheilt bliebe, der seiner am meisten zu bedürfen schiene, ein Zustand, wo innige Liebe die Stelle der Geseze verträte und ein allgemeines Wohlwollen alle Anweisungen zur Gerechtigkeit und Billigkeit überflüssig machte.

Leider aber findet man von dem allen nur das Gegentheil in der Welt. Bald erregt der Streit um den Besiz irgend eines Gutes Feindschaft und Haß, bald erstikkt das Zusammentreffen entgegengesezter Gemüthsarten, wovon eine gleichsam an der andern sich reibt, alle Keime eines freundlichen Wohlwollens, bald bringen elende Mißverständnisse die Menschen in Hize und Zorn, ja oft wird der eine bloß dadurch beleidigt, weil der andere sich von ihm beleidigt fühlte. In diesem kläglichen Zustande der menschlichen Angelegenheiten muß man, ohne sich mit seinen Wünschen so weit zu versteigen froh sein, wenn wir nur ganz nahe um uns her, ich will nicht sagen Freundschaft und Liebe, aber doch eine Art von Ruhe und Eintracht hervorbringen können, so daß wir, wenn auch nicht Hand in Hand mit andern, doch wenigstens neben und zwischen ihnen durch, unsern Weg durch dieses Leben ungestört und ungestoßen fortsezen können. Um aber diesen sehr wichtigen und nothwendigen Endzwekk zu erreichen, dazu gehört eine dem Anschein nach sehr leichte in der That aber ungemein schwere Eigenschaft, nämlich die Friedfertigkeit, und diese ist es, von der wir uns weiter unterhalten wollen.

Text. Röm. 12, 18.

> Ist es möglich, so viel an euch ist, so habet mit allen Menschen Friede.

Der Apostel schärft hier die Friedfertigkeit ein, nicht etwa nur als eine Maaßregel der Klugheit, sondern mitten unter der Reihe von andern christlichen Pflichten; er schärft sie als eine schwere Pflicht ein, das sieht man aus dem Beisaz, So viel an euch ist, so viel eure gewiß sehr oft gereizte Menschlichkeit, und die Krieg- und Streitsucht anderer es euch verstatten werden. Wir wollen uns also über diese Worte etwas näher unterhalten, indem ich von der schweren Pflicht der Friedfertigkeit reden werde; ich werde euch erstlich zu überzeugen suchen, daß es wirklich Pflicht für uns ist diese Eigenschaft zu erwerben, und zweitens werde ich untersuchen, wie schwer es ist, und was alles dazu gehört, sie in ihrem ganzen Umfange zu besizen und zu üben.

I.

Ich habe gesagt, daß die Friedfertigkeit unsere Pflicht sei, weil wir erstlich verbunden sind zum allgemeinen besten, zur Ruhe und Glükseligkeit der Menschen beizutragen. Das ist aber nicht möglich, wenn wir nicht diejenige Eigenschaft besizen, durch welche wir die Ruhe erhalten und alle Zwistigkeiten vermeiden, indem wir sonst theils mit theils wider Willen gewiß hie und da Veranlassung zu Uneinigkeit und Streit geben werden. Und dabei ist Zufriedenheit und Ruhe nicht möglich, weder für diejenigen, welche Antheil an dem Streit haben, noch selbst für die, welche durch ihre Umstände genöthigt sind gleichsam Zuschauer abzugeben.

Unter denjenigen selbst, welche in Uneinigkeit leben, ist wol keine Glükseligkeit möglich. Denn wie ist es möglich, daß diejenigen ruhig und heiter seien, daß sie das sich darbietende Vergnügen mit Ruhe genießen können, deren Seele immer voll Besorgniß und Furcht sein muß, bald vor der offenbaren Rache, bald vor den heimlichen Nachstellungen und Schlingen derer, deren Feindschaft und Haß sie sich zugezogen haben? Wie ist es möglich, daß die gutes Muths sein können, welche immer mit finstern schwarzen Gedanken erfüllt sind, immer über etwas bösem nachsinnen, bald auf Vertheidigung, bald auf Angriff und Schaden für diejenigen bedacht sind, die das Unglük gehabt haben sie zu beleidigen. Wie ist es möglich, daß diejenigen mit ruhiger Ueberlegung und mit gutem Erfolg auf die Verbesserung ihres eigenen Zustandes bedacht sein können, deren Seele immer von den quälenden Empfindungen des Neides, des Zorns, der Rachsucht, der Schadenfreude bestürmt wird.

Aber eben so wenig können auch diejenigen recht glüklich sein, welche gleichsam dazu verdammt sind diese elenden bedauernswürdigen Streitigkeiten immer vor Augen zu haben. Es zerstört alle Zufriedenheit, macht unlustig zu allen Verrichtungen und erwekkt Ueberdruß an dem menschlichen Leben, dessen Betrachtung im ganzen genommen doch etwas ebenswürdiges und erhebendes haben sollte, wenn man sieht, daß die Menschen, welche sich als Brüder ansehn und brüderlich leben sollten, sich unter einander quälen und aufreiben, wenn man des Zankens und Streitens, der Lieblosigkeit, der Feindschaft, des Hasses kein Ende sieht.

Die Friedfertigkeit ist ferner unsere Pflicht aus dem uns noch näher liegenden Grunde, weil wir verbunden sind für unser eigenes Wohlsein und unsere Ruhe Sorge zu tragen, indem es sonst unsere Schuld ist, wenn wir außer Stand gesezt werden unsere Pflichten leicht genau und mit Aufmerksamkeit zu erfüllen. Der Weg, welcher zum Leben führt, ist nicht nur schmal, sondern auch beschwerlich, man hat alle Aufmerksamkeit nöthig um nicht auszugleiten und zu fallen; wenn man sich nun alle Augenblikk ängstlich umsehn muß um nicht gestoßen, getreten oder umgerannt zu werden, so kommt man gewiß nicht vorwärts. Das ist das Schikksal derer, welche sich vor Uneinigkeit und Feindschaft nicht zu hüten wissen. Sie können ihren Pflichten gegen sich selbst nicht nachkommen. Denn nicht zu gedenken, daß dergleichen Streitigkeiten leicht in heftige Leidenschaften ausarten, und diese am Ende immer zu etwas bösem führen, so werden sie wenigstens an der rechten und fleißigen Ausübung des guten verhindert. Ihre Aufmerksamkeit wird zerstreut, ihr Eifer auf fremde Gegenstände gelenkt, und so verlieren sie ihre Zeit ohne diejenigen Fortschritte im guten zu machen, welche ihren Kräften angemessen wären. — Und eben so leiden auch ihre Pflichten gegen andere unter diesem traurigen Zustand der Uneinigkeit. Nicht nur vergißt man gar leicht des Wohlwollens und der allgemeinen Liebe gegen diejenigen, mit denen man in Streit lebt, besonders wenn dieser langwierig und mit einer gewissen Bitterkeit begleitet ist, sondern man wird auch oft verhindert gegen andere die Pflichten der Liebe auszuüben um des Zusammenhanges willen, in welchem sie und ihr Wohl mit denjenigen stehn, welchen wir nichts gutes gönnen und thun wollen; ja was noch mehr ist, wenn das Herz einmal des Uebelwollens und der Härte gewohnt ist, so wird es auch leicht zur Lieblosigkeit, zum Argwohn, zum Verdacht gegen ganz unschuldige verleitet.

Daß es also eine unnachlaßliche Pflicht für uns ist uns der Friedfertigkeit zu befleißigen, das ist deutlich; laßt uns nun aber auch noch sehn, was alles dazu gehört, damit auch das schwere und mühsame dieser Tugend uns nicht verborgen bleibe.

II.

Wenn die Friedfertigkeit das wäre, wofür sie von vielen gehalten wird, eine geduldige Nachgiebigkeit, eine beständige Bereitwilligkeit seinen eigenen Willen unter den Willen anderer zu schmiegen, so wäre sie für gewisse Gemüthsarten etwas ganz unerreichbares, für andere wieder etwas sehr leichtes, aber sie wäre auch weder eine Tugend noch wäre sie im Stande denjenigen Zwekk zu erreichen, um dessentwillen wir sie uns erwerben sollen. Denn was kann das für eine Tugend sein den eitlen Wünschen, den Launen, dem Eigensinn der Menschen blindlings zu dienen, ohne diese Dienstleistungen nach dem was recht was erlaubt was nüzlich ist abzumessen, ohne einen eignen Willen zu haben und etwas für sich selbst zu sein? es ist vielmehr eine unwürdige Schwachheit. Wie kann man hoffen durch eine solche blinde Unterwürfigkeit Ruhe und Einigkeit zu erhalten? Je mehr man den Menschen auf diese Art leistet, desto mehr und unerträglichere Forderungen machen sie; was du dem einen gethan hast, das glaubt sich auch der andere berechtigt dir zuzumuthen, und indem du armer geplagter nicht weißt, wohin du dich wenden sollst, so streiten sich die unfriedfertigen über deinen Besiz als eines sehr brauchbaren Werkzeuges. Nein, mit dieser schwachen Nachgiebigkeit kommt man unter den Menschen nicht weit, aber wahre Friedfertigkeit ist auch etwas ganz anderes. Sie ist die Fertigkeit, ohne von unsern Grundsäzen abzuweichen, ohne unsere einmal gefaßten wohlüberlegten Entwürfe aufzugeben, dennoch Streit und Zwietracht zu vermeiden. Dazu gehört denn die Kunst den Frieden mit allen zu erhalten, die Klugheit an gar keinen Streitigkeiten Theil zu nehmen, und die Geschikklichkeit den Frieden, wenn er von irgend einer Seite gegen uns unterbrochen ist, wieder herzustellen.

Erstlich also die Kunst den Frieden zu erhalten; diese besteht darin, daß wir überall, wo wir mit andern zu thun haben, mit Gelassenheit, mit Sanftmuth und mit Schonung zu Werke gehn. Es ist sehr weise sich dieser Maaßregel auch bei gleichgültig scheinenden Handlungen und Reden zu bedienen gegen solche, die wir nicht ganz genau kennen, denn man weiß nicht, wo man auf ein unduldsames empfindliches Gemüth stößt, bei welchem irgend eine unbehutsame heftige Aeußerung vielleicht zu einer langen Feindschaft den Grund legt. Noch nothwendiger zur Friedfertigkeit ist es sich dieser Eigenschaften da zu befleißigen, wo wir es mit solchen zu thun haben, deren Gemüthsart der unsrigen ganz entgegengesezt ist. In diesem Fall ist immer schon von Natur eine Anlage zu gegenseitigem Widerwillen und den Aeußerungen desselben vorhanden, und es bedarf nur wenig, daß dies glimmende Feuer zur hellen um sich greifenden Flamme ausarte. Am nöthigsten aber sind Gelassenheit, Sanftmuth und Schonung, wenn wir, wie es doch oft der Fall ist, genöthigt sind den Wünschen und Neigungen anderer, entweder unserer Pflicht wegen oder aus andern Ursachen, entgegenzuhandeln, denn dies ist der gewöhnlichste Grund aller Zwietracht und aller Feindschaft, welche sich nur auf diesem Wege vermeiden läßt. Denn wenn derjenige, welcher Lust hat mit dir zu zürnen, sieht, daß du immer dir gleich und immer ohne Leidenschaft handelst, so muß er wol sehen, daß dein Endzwekk nicht war ihm zu schaden, sondern daß nur ein Zufall dich gerade ihm in den Weg trieb, du wirst überdies durch Gelassenheit und Schonung alles vermeiden, was ihn in dieser Meinung irre machen könnte, indem es ihm unnöthige Unannehmlichkeiten verursacht, und eben so wirst du allem ausweichen, was seine Gesinnung ändern könnte, indem es seine Leidenschaft auf eine dir nachtheilige Weise reizt, und wenn er dieses Verfahren beobachtet, so wird er, wenn er nur irgend vernünftiger Ueberlegung fähig ist, gezwungen sein, ohnerachtet deiner Lage gegen ihn dich zu schäzen und zu lieben, und euer Friede wird ungestört bleiben.

Das zweite war die Klugheit an gar keiner Streitigkeit Theil zu nehmen. Man ist oft in der Verlegenheit zwischen zwei Freunden oder bekannten in der Mitte zu stehn, welche uneins geworden sind, und dann von jedem gebeten und gequält zu werden, ihm allein anzuhangen und die Freundschaft des andern fahren zu lassen. Da ist es nun keine Friedfertigkeit, wenn wir uns durch einseitige ja auch durch gegründete Vorstellungen überreden lassen uns zum Vertheidiger des einen nicht nur sondern auch zum Widersacher des andern aufzuwerfen, denn natürlicherweise wird der leztere eine desto tiefere Abneigung gegen uns fassen, je weniger es recht war, daß wir um eines Streits willen, den er mit einem andern hatte, ihm unsere Liebe entzogen; man kann ja wol einmal Unrecht haben und dabei Recht zu haben glauben, ohne daß man verdient einen Freund zu verlieren. Lieber laßt uns sie doch zur Einigkeit ermahnen, laßt uns bei dem Andenken an ihre vorige Freundschaft sie beschwören nicht durch Hartnäkkigkeit die Rükkehr jenes bessern Zustandes zu verzögern; laßt uns ihnen vorstellen, wie menschlich es ist einmal Unrecht zu haben, und so lange sie nicht hören wollen, sie wenigstens versichern, daß wir nicht entscheiden können, wer Recht habe, und wenn wir es auch könnten, doch fortfahren würden einen jeden eben so gut als den andern und eben so wie vorher zu schäzen und zu lieben. Eben so müssen wir nun aber auch keinen Theil nehmen an der Zwietracht, die ein anderer gegen uns hegt. Seine üble Gesinnung muß in unserm Herzen nichts finden, was ihr entspräche, seine Leidenschaften müssen die unsrigen nicht erregen, seine Beleidigungen keine Gegenbeleidigungen hervorbringen, denn jede Wiedervergeltung wird ihm natürlich zu hart scheinen und also nur neues Uebel und vermehrte Feindschaft zur Folge haben. Auch hier müssen wir eben so unparteiisch sein als dort, müssen nicht aufhören sein gutes wie vorher zu schäzen und anzuerkennen, unsere Liebe und unser Wohlwollen ihm so sehr beweisen, als er es selbst nur zuläßt, wir müssen so handeln, als ob seine veränderten Gesinnungen uns gar nichts angingen, und nur bedauern, daß er durch irgend ein Mißverständniß zu einer solchen Verfahrungsart gegen uns bewogen worden. Dann bleibt der Streit gewiß nur einseitig, und wir sind sicher nichts zur Unterhaltung des Feuers beigetragen zu haben.

Das dritte war die Geschikklichkeit den auf eine solche Art unterbrochenen Frieden wieder herzustellen, dazu bahnen wir uns durch das vorher geschilderte Betragen den Weg, und wenn wir noch eine gewisse zuvorkommende Großmuth hinzufügen, werden wir unsers Zwekks gewiß nicht verfehlen. Laß sein, daß die eine Hand beschäftigt sein muß seine Angriffe abzuhalten und unschädlich zu machen, so muß doch die andere immer bereit sein sich zur Versöhnung auszustrekken. Unser Gegner muß in unsern Mienen immer den Ausdrukk des Wohlwollens und den Wunsch des Friedens lesen können, und wenn ihn etwa die Schaam zurükkhält sein Unrecht zu bekennen, so müssen wir ihn auch überzeugen, daß es sich nicht der Mühe lohne um einen Irrthum so viel Aufheben zu machen, daß Friede und Freundschaft sich ohne diese Weitläuftigkeiten ganz stillschweigend wieder herstellen lassen. So erreichen wir diese Rükkkehr der Ruhe gewiß, denn einmal muß unser Gegner wol sehn, daß er seine Absicht uns zu demüthigen, uns seine Uebermacht fühlen zu lassen nicht erreicht und gegen den leidenschaftlosen gewiß immer verliert, und dann ist es auch nicht möglich, daß selbst ein verstokktes Herz gegen denjenigen lange feindselig handeln könnte, welcher immer sich gleich immer wohlwollend und edel bleibt.

Das m. Fr. ist also das Mittel Ruhe und Eintracht zu erhalten. Ich gestehe, daß es schwer und mühsam und von dem gewöhnlichen Betragen der Menschen sehr verschieden ist; es hat aber auch eine schöne Verheißung. Daher sagt Christus, Selig sind die friedfertigen, denn sie sollen Gottes Kinder heißen *), sie sind treue und gehorsame Söhne des Höchsten, denen es am Herzen liegt, daß es in seinem Hause recht ruhig und seiner würdig zugehe. Das gute Bewußtsein begleitet sie immer, daß durch sie keines Menschen Ruhe und Glükkseligkeit zerstört worden sei, und daß sie alles ihrige gethan haben, um den Menschen um sie her diese Welt nicht zum traurigen Jammerthal, sondern zu einer heitern Wohnung der Ruhe, des Frieders und der Freude zu machen, und dieser Lohn ist wol werth, daß wir uns mit aller Anstrengung unserer Kräfte darum bemühen! Amen.

*) Matth. 5, 9.

IX.

Wie übel es ist dasjenige nicht verschweigen zu können, was uns zu reden verboten ist.

Ueber Joh. 5, 6—16.

Es ist ein altes Sprichwort, daß die Zunge das köstlichste aber auch das gefährlichste Glied des Menschen sei, man meint nämlich damit, daß die Sprache einer der edelsten Vorzüge des Menschen sei, aber auch eine Eigenschaft, welche auf die verderblichste Weise gemißbraucht werden könne, und das ist gewiß sehr wahr. Sie ist es, welche dem Verläumder seine giftigen Waffen darreicht, womit er unversehens den guten Namen seines Bruders mordet; sie ist es, welche den Heuchler in den Stand sezt seine verborgenen Laster desto bequemer auszuüben; sie hilft dem Schmeichler leichtgläubige Gemüther zu verderben, welche gern auf seine süßen Reden hören, sie ist es, durch welche der böse, wenn er sie zu gelogenen Vorspiegelungen der Freundschaft braucht, so manchen ehrlichen auf die schrekklichste Weise hintergeht. Aber nicht nur die Tükke und List der menschlichen Rede stiftet so viel böses, sondern auch die unbehutsame Bereitwilligkeit, die allzugroße Geläusigkeit derselben richtet eben so viel Unheil an. Dadurch wird so manche gute Absicht vereitelt, welche unter dem Schatten der Verborgenheit zum Nuzen für viele gediehen wäre; da wird so manche Wahrheit, indem sie zu früh an den Tag kommt, auf lange Zeit ihrer Kraft beraubt, so mancher, welcher im Stillen gut geblieben wäre, durch öffentliches Lob verdorben, mancher, der sich im Stillen gebessert hätte, durch die Aufdekkung seiner Fehler noch tiefer in dieselben hineingestürzt; und endlich ist die traurige Fertigkeit alles zu sagen, was man weiß, eine gar schwere Versuchung auch mehr zu sagen, als man weiß, und eine gar herrliche Nahrung für diejenigen, die gern alles wissen wollen. Noch böser und schädlicher ist es aber, sogar dasjenige nicht zurükkhalten zu können, wovon man nicht sprechen darf, und darüber wollen wir uns in dieser der Andacht geweihten Stunde näher mit einander verständigen.

Text. Joh. 5, 5—16.

Es war aber ein Mensch daselbst, 38 Jahre krank gelegen. Da Jesus denselbigen sahe liegen und vernahm, daß er so lange gelegen war, spricht er zu ihm, Willst du gesund werden? Der kranke antwortete ihm, Herr, ich habe keinen Menschen, wenn das Wasser sich bewegt, der mich in den Teich lasse, und wenn ich komme, so steigt ein anderer vor mir hinein. Jesus spricht zu ihm, Stehe auf, nimm dein Bett und gehe hin. Und alsobald ward der Mensch gesund und nahm sein Bett und ging hin. Es war aber desselbigen Tages der Sabbath. Da sprachen die Juden zu dem, der gesund war geworden, Es ist heute Sabbath, es ziemt dir nicht das Bett zu tragen. Er antwortete ihnen, Der mich gesund machte, der sprach zu mir, Nimm dein Bette und gehe hin. Da fragten sie ihn, Wer ist der Mensch, der zu dir gesagt hat, Nimm dein

Bette und gehe hin? der aber gesund war geworden wußte nicht, wer er war; denn Jesus war gewichen, da so viel Volks an dem Orte war. Danach fand ihn Jesus im Tempel und sprach zu ihm, Siehe zu, du bist gesund geworden, sündige hinfort nicht mehr, daß dir nicht etwas ärgeres widerfahre. Der Mensch ging hin und verkündigte es den Juden, es sei Jesus, der ihn gesund gemacht habe. Darum verfolgten die Juden Jesum und suchten ihn zu tödten, daß er solches gethan hatte auf den Sabbath.

Wir wollen diesmal unser Augenmerk nicht auf die wohlthätige Handlung unsers Erlösers richten, sondern bei demjenigen stehn bleiben, dem er wohlthat. Dieser wird uns als einer von jenen geschwäzigen vorgestellt, und wir wollen uns durch sein Beispiel auf die Betrachtung führen lassen: wie übel es ist dasjenige nicht verschweigen zu können, wovon uns zu reden verboten ist. Wir wollen erstlich sehn, was für eine große Ungerechtigkeit wir durch diesen Fehler begehn, zweitens, was für traurige Quellen, und drittens, was für üble Folgen er hat.

I.

Es ist gewiß höchst unrecht dasjenige, was uns auf irgend eine Weise anvertraut ist, weiter auszubreiten. Ein jedes Geheimniß von der Art besteht entweder in einem Gedanken oder in einer Handlung desjenigen, der es uns anvertraut. Unsere Gedanken sind unser eigentlichstes und heiligstes Eigenthum; alles übrige besizen wir entweder nur durch den Zufall oder gewissermaßen durch die Bewilligung anderer; es kann uns genommen werden, ohne daß etwas wesentliches, etwas von unserm Ich verloren geht, aber unsere Gedanken, unsere Empfindungen sind unmittelbar von unserer Seele hervorgebracht, und also dasjenige, was uns ganz vorzüglich angehört. Niemand hat einen Anspruch daran zu machen, niemand kann uns ihretwegen richten, und keine menschliche Gewalt kann sie uns entreißen, wenn wir sie nicht gutwillig hergeben. Will sie also jemand mitgetheilt haben, so können wir ihm dabei jede Bedingung auflegen, die uns gefällig ist, und also auch die des Stillschweigens.

Eben das ist der Fall, wenn uns jemand das Geheimniß einer Handlung anvertraut, welche er begangen hat. Natürlich kann das nur eine solche sein, welche ganz im verborgenen geschehen ist, und da sieht man leicht, daß das ganz auf das vorige zurückkommt. Wenn niemand sonst um die Handlung weiß, welche ich jemandem anvertraue, so ist das also eine Nachricht, eine Kenntniß, die ich ihm mittheile, und ich kann für diese Mittheilung fordern, was ich will. Geht nun jemand das Verlangen der Verschwiegenheit ein und hält es nicht auf das allerstrengste, so ist er nicht nur ein Lügner, ein Wortbrüchiger, sondern er ist als ein solcher zu betrachten, der mir dasjenige was mir gehört durch List und Betrug entrissen hat. Ja sein Unrecht gegen mich ist desto ärger, je mehr Werth das hat, was er mir nimmt. Wenn mich jemand um sonst etwas von meinem Eigenthum verkürzt, so läßt sich doch der Schade berechnen, den er mir zufügt, und ich kann in den meisten Fällen durch Recht und Gerechtigkeit zu einer billigen Wiedererstattung gelangen. Hat aber jemand einen Gedanken den ich geäußert, eine Kenntniß die mir eigen war, ein Urtheil das ich gefällt, eine Handlung die ich heimlich begangen habe verrathen, so läßt sich der Nachtheil nicht schäzen, den er mir durch Gegenwirkung, durch Spott, durch Groll, durch Rache, welche daraus entstehn, zuziehn kann, und noch viel weniger ist er im Stande mir den Kummer, den Gram, die Furcht, die Leiden mancher Art zu ersezen, in welche ein einziges treuloses Wort mich hineinstürzen konnte.

So deutlich wir aber auch einsehn, wie unrecht ein solches

Verfahren in allen Fällen ist, so gewöhnlich ist es doch, daß wir uns jeden einzelnen Fall, wenn er uns vorkommt, als eine Ausnahme denken. Wir mögen uns nun denken, daß unsere Geschwäzigkeit ganz unschädlich sei, daß wir in diesem Fall gar keine Ursach zu einer so strengen Verschwiegenheit und nur eine übertriebene Bedenklichkeit diese Forderung gethan habe, so sind wir ja gar nicht im Stande das richtig zu beurtheilen. Wir können weder die Folgen unserer treulosen Geschwäzigkeit übersehn noch hinlängliche Gründe dafür anführen; denn was uns sehr unbedeutend scheint, das kann für den andern von großer Wichtigkeit sein. Eben so wenig kann uns das zur Entschuldigung dienen, wenn wir meinen, durch die Ausbreitung dessen was uns anvertraut ist etwas gutes zu stiften. Gesezt auch, das wäre wirklich möglich, so wissen wir doch nicht, ob wir nicht auf der andern Seite eben so viel Unheil anrichten, und im Gegentheil sind wir gewiß überzeugt, daß diese Handlung an sich unrecht ist, und daß wir nie berechtigt sein können etwas unrechtes oder böses zu thun, damit vielleicht etwas gutes herauskomme. Es giebt überhaupt nur einen einzigen Fall, wo wir nicht nur entschuldigt sondern verpflichtet sind unserer Verschwiegenheit Grenzen zu sezen, wenn nämlich das uns anvertraute Geheimniß sich auf etwas böses von der Art bezieht, daß jeder Mensch unnachlässig verbunden ist es zu verhindern oder zu rächen. Aber dann hatte auch keiner ein Recht uns für so etwas Verschwiegenheit abzufordern, denn unsere Verbindlichkeit das Gegentheil zu thun ist schon viel früher und größer, und kein Versprechen ist gültig, welches früheren unläugbaren Pflichten zuwider läuft.

II.

Wenn uns der Gedanke, wie viel Unrecht wir durch diesen Mangel an Verschwiegenheit begehen, von demselben zurükbringen muß, so wird der **Blikk auf den Ursprung dieser Neigung** das nämliche bewirken. Das Beispiel dessen, von dem unser Evangelium erzählt, führt mich auf **zwei Ursachen derselben**, welche zwar nicht von der bösen aber doch von der schwachen Seite des Menschen genommen und von der Art sind, daß niemand sie gern von sich selbst eingestehn wird.

Es ist nämlich **erstlich** Schuld daran **eine gewisse schwache Gutmüthigkeit**, welche den Bitten und Zudringlichkeiten der neugierigen nicht widerstehn kann und durch ein leichtgläubiges Vertrauen auf die Redlichkeit der Menschen unterstüzt wird. So mag es auch unserm durch Jesum geheilten gegangen sein; der Fragen, wie es doch mit ihm zugegangen sei, wurden ihm zu viele, und in der Meinung, daß es ja nicht schaden könne, wenn er es diesem oder jenem freundschaftlich anvertraute, daß sie es ja nicht an die Feinde Jesu verrathen würden, und ihm auch sonst kein Nachtheil daraus erwachsen könnte, opferte er sein Versprechen seiner Bequemlichkeit und Ruhe auf. Wenn ein solches Verfahren gerechtfertigt und von dem Vorwurf der Schwachheit losgesprochen werden sollte, so müßte man allerlei voraussezen, was doch niemand glauben kann. Man müßte annehmen, daß die unrechtmäßigen Theilhaber eines Geheimnisses es mit einer größern Gewissenhaftigkeit behandelten, als ihnen von dem rechtmäßigen Inhaber desselben gezeigt worden, daß sie sich nie durch eine unbedachtsame Aeußerung oder durch Mienen und Geberden verrathen würden, daß sie im Stande wären etwas zu wissen und doch in allen Fällen, ihr eigener Vortheil möge darunter leiden so viel er wolle, im Stande wären so zu handeln, als ob sie es nicht wüßten. Wer das nicht glaubt und doch in fremden Angelegenheiten so zutraulich gegen andere ist, von dem kann man doch nicht anders urtheilen, als daß er entweder ganz unüberlegt handelt, oder daß er mit einem sehr gleichgültigen Wesen die Pflichten der Freundschaft seiner Bequemlichkeit aufopfert. Daher kommen denn so viele Geheimnisse, welche in der ganzen

Stadt bekannt werden ohne doch weiter gekommen zu sein als unter dem Siegel der strengsten Verschwiegenheit von einem vertrauten Freunde zum andern. Daher so viele heimliche Neuigkeiten, welche eben unter dem Schuz der Verschwiegenheit in jedem Munde vergrößert worden sind, durch welchen sie haben gehen müssen, lächerlich, wenn man sie so an sich selbst betrachtet, aber immer traurig, wenn man bedenkt, daß oft der Wohlstand oder der gute Name eines Menschen der Preis derselben ist, oder daß wenigstens der arme verrathene dem heimlichen Gelächter aller ungebetenen Gäste seines Geheimnisses ausgesezt ist, und immer eine Schande für alle diejenigen, welche das Vertrauen eines Freundes mißbrauchen.

Eine andere fast noch gewöhnlichere Ursache dieser Geschwäzigkeit ist die Eitelkeit, die Neigung die Menschen auf alles dasjenige aufmerksam zu machen, was uns auf irgend eine Weise auszeichnet. Es ist nämlich nicht zu läugnen, daß es uns eine gewisse Wichtigkeit giebt, daß uns etwas anvertraut worden, daß wir ein Geheimniß wissen; denn wenn es auch an sich nicht von großer Bedeutung ist, so ist es doch immer für denjenigen wichtig, dem es angehört, es beweist immer, daß jemand einen vorzüglichen Werth auf uns legt. Dieser Bewegungsgrund kann uns freilich nicht antreiben Geheimnisse zu verrathen, sondern nur merken zu lassen daß wir sie wissen, aber theils ist das in vielen Fällen ganz das nämliche, theils werden wir auch dazu geradehin durch eine andere Art von Eitelkeit getrieben. Wir wissen nämlich, daß das Urtheil der Menschen von uns sich großentheils nach unsern Gesellschaften und unsern Freunden richtet, daß, wenn wir mit vorzüglich angesehenen geehrten guten oder klugen Menschen umgehn, immer ein gewisser Wiederschein von ihrem Glanz auf uns zurükkfällt. Wie können wir uns also dem Lobe und der Bewunderung der Welt besser empfehlen, als wenn wir ihr das vorzügliche unserer Freunde recht unter Augen stellen, und dazu ist nichts geschikkter als ihre Geheimnisse.

Diese Eitelkeit mag auch bei dem geheilten des Evangeliums zum Grunde gelegen haben. Jesus von Nazareth spielte doch die Rolle eines großen Mannes und war berühmt im ganzen Lande; mit ihm gesprochen zu haben, so liebreich von ihm behandelt zu sein, eine solche Wohlthat von ihm empfangen zu haben, das war schon etwas, womit man groß thun konnte. Diese Eitelkeit sezt unsere Zunge besonders dann in Bewegung, wenn das anvertraute etwas rühmliches für unsere Freunde enthält, daher kommt es denn, daß dasjenige, was die Verschwiegenheit am allernöthigsten hätte, auffallende Gedanken und Grundsäze, freie Urtheile über Begebenheiten, Handlungen und Personen menschenfreundliche oder kluge Handlungen, welche im Stillen verrichtet werden, gewöhnlich sehr bald bekannt werden, wenn sie auch nur einem solchen Freunde anvertraut worden, der uns näher ist, als die rechte Hand der linken nur immer sein kann.

III.

Es ist mir noch übrig von den übeln Folgen dieses Fehlers etwas weniges zu sagen. Den Nachtheil desjenigen, den wir dadurch verrathen, habe ich schon oben erwähnt, er ist bald größer, bald kleiner, immer aber im Voraus unübersehbar und sollte also das beste Mittel sein unsere Zunge im Zaum zu halten. Wen aber das nicht rührt der braucht nur bei sich selbst stehn zu bleiben, denn auch dieser Fehler führt wie jeder andere seine eigenthümliche Strafe bei sich. So wie der Lügner nach und nach allen Glauben verliert, so verliert der geschwäzige alles Zutrauen. Jedermann hält ihn aller näheren Freundschaft, alles herzlichen Zutrauens unwerth, und wenn auch viele seinen Umgang nicht ganz vermeiden können, so wird doch niemand ihn bis in sein Herz sehen lassen, niemand wird ihm das innere seiner Verbindungen und Verhältnisse zeigen, sondern geflissentlich alles meiden, was seine Neugier reizen oder seiner geschwäzigen Zunge etwas zu thun geben könnte. Mitten in der großen Gesellschaft der Menschen muß er einsam leben, nirgends ist er willkommen, wo er erscheint, da verstummt jedes offenherzige Gespräch, und ein düsterer Unmuth nimmt die Stelle der Fröhlichkeit ein. Ja selbst, ehe es noch so weit mit ihm gekommen ist, selbst da, wo er entweder aus bösen Absichten oder aus einer alten Gewohnheit gern gesehn zu werden scheint, ist er doch nicht geliebt. Es ist wahr, daß sein Fehler vielleicht manchen Menschen wichtige Dienste leistet, allein für alles was an sich unrecht ist findet ein gemeines Sprichwort ganz vorzüglich seine Anwendung, daß nämlich Undank der Welt Lohn ist. Es giebt vielleicht Menschen, welche klein genug denken die Verrätherei aufzumuntern und zu benuzen, aber nicht leicht wird einer so unklug sein den Verräther zu lieben und ihm Zutrauen zu bezeigen, weil ein jeder, es sei nun von seinem bösen Herzen oder von seiner Unvorsichtigkeit eben das böse befürchten muß, welches er ihm zum besten anderen zugefügt hat.

Allein die übeln Folgen dieses Fehlers schränken sich nicht allein auf diejenigen ein, welche sich ihn zu Schulden kommen lassen, sondern die Allgemeinheit desselben hat einen sehr nachtheiligen Einfluß auf die Geselligkeit der Menschen überhaupt, indem die Furcht davor überall ein nicht zu verwerfendes Mißtrauen erzeugt. Nur derjenige, welcher unbekannt mit der Welt ist, kann auf den Gedanken kommen mit allen Menschen, zu welchen seine Bekanntschaft kommt, in einer vertrauten Verbindung zu stehn, allein das ist doch gewiß, daß unsere Vertraulichkeit billig in einem rechten Verhältniß stehn sollte mit dem Grad der Verbindung und Gemeinschaft, welche zwischen uns und ihnen Statt findet. Allein sie ist weit geringer, weil man immer befürchten muß, daß dasjenige, was in einem engeren Kreise von Freunden ohne Schaden gesagt werden könne, unverhofft in einen weiteren komme, wohin es nicht gehört, und wo es üble Folgen haben könnte. An dieser gerechten Besorgniß ist die große Menge der geschwäzigen Menschen Schuld, und sie ist die Quelle so vieler Mängel des geselligen Lebens, über welche alle vernünftigen Menschen klagen. Daher kommt es, daß unser geselliger Umgang noch immer mit einer Menge von leeren Worten und sinnlosen Gebräuchen überladen ist, welche die Zeit tödten soll, die man nicht wagt mit einer vernünftigen Mittheilung der Gedanken auszufüllen. Daher herrscht selbst in engeren Zirkeln, wo mit Vortheil mancher Fehler gerügt, mancher Vorschlag geprüft, manche besondere und gemeinschaftliche Angelegenheit überlegt werden könnte, eine steife Zurükkhaltung. Daher erreicht auch die vertraute Freundschaft so selten in unsern Tagen ihre Vollkommenheit. Keine Prüfung scheint uns lang genug, um die gänzliche Verbannung alles Mißtrauens zu rechtfertigen, und oft wagt die schüchtern gemachte Vertraulichkeit erst auf dem Sterbebette ihre innersten Geheimnisse in das Herz des zuverlässigen Freundes auszuschütten. Und dieser Mangel an Zutrauen in allen Verhältnissen des Lebens, dieser ist es eben, der vorzüglich die Glükkseligkeit der Menschen verkürzt und ihren Geist einengt, dieser ist es, um dessentwillen jeder vernünftige nach der Rükkehr der alten Einfalt und Redlichkeit seufzt.

Ich glaube, daß es nicht unrecht gewesen ist an diesem Ort zu euch von einer Sache zu reden, welche gleichwol so ganz in das gemeine Leben zu gehören scheint. Denn einmal habe ich mich bemüht euch zu überzeugen, daß die Tugend, von welcher wir geredet haben, nicht nur eine Sache der Klugheit ist, die man nach Befinden der Umstände beobachten oder übergehn kann, sondern daß sie eine Sache des Gewissens ist, eine heilige Pflicht, mit deren Beobachtung alle Geselligkeit der Menschen steht und fällt, und zu dieser zu ermuntern kann also unserer gemeinschaftlichen Erbauung nicht fremd sein. Ja es schien mir, daß es besonders jezt ein Wort zu seiner Zeit geredet sein würde, wenn ich eure Aufmerksamkeit auf diesen Gegenstand lenken könnte. Unter dem mancherlei Unglükk, welches wir jezt in der Welt sehn, ist das wo nicht eines der größten doch gewiß das kränkendste, daß an vielen Orten die Obrigkeit genöthigt ist mit ängstlicher Besorgniß über den Gesprächen der Unterthanen zu wachen und sie wegen ihrer Meinungen und Reden zu strafen. Wir sind Gott sei Dank von dieser erniedrigenden Vorsorge noch frei, aber wir werden sie uns selbst zuziehn, wenn wir einen sträflichen Mangel an Verschwiegenheit unter uns einreißen lassen. Nicht als ob ich glaubte, daß es unter uns Menschen gäbe, welche angestekkt sind von dem verderblichen Geist der Unzufriedenheit, von der vorwizigen Begierde die Gestalt der Welt nach ihren Einsichten oder vielmehr nach ihren Träumen umzuformen, welche sich also gerechte Strafe zuziehn würden, wenn wir nicht mitleidig genug wären ihre anstekkenden Gesinnungen zu verhehlen. Nein, aber wenn wir auch alle gute Bürger sind, alle beseelt von Liebe zur Ordnung und Gerechtigkeit, so ist es doch jezt vorzüglich nöthig, daß wir mit weiser Behutsamkeit jedes Wort an seiner Stelle lassen. Auch gutgesinnte Menschen haben ihre eigenthümliche Art die Begebenheiten unserer Tage anzusehn und ihr Urtheil darüber auszudrükken, und auch eine jede unläugbare Wahrheit hat ihren gewissen Kreis, in welchem sie allein verstanden und mit Nuzen erörtert werden kann. Wollten wir es uns nun erlauben das eigenthümliche dahin zu bringen, wo es nothwendig mißverstanden werden muß, und dasjenige, was ohne Schaden einem Freunde ins Ohr gesagt würde den unverständigen auf den Straßen zu predigen, so wäre es allerdings recht, daß die Machthaber denjenigen die Freiheit zu reden einschränkten, welche noch so sehr in der Kunst zurükkbleiben zu hören und zu schweigen. Endlich findet zwischen der Tugend der Verschwiegenheit und einer religiösen Gesinnung überhaupt noch eine besondere Verbindung statt, so daß man von einem auf das andere schließen kann. Derjenige, der die Ehrfurcht vor Gott und seinen Gesezen verloren hat, dem Pflicht und Gewissen nicht heilig sind, sondern der nur seinem Vortheil oder seinem Vergnügen lebt, der wird auch mit den Geheimnissen seiner Brüder entweder einen betrügerischen Handel treiben oder sie leichtsinnig verschleudern. Der Heuchler, der heilige Gesinnungen lügt die er nicht hat, der fromme Schwäzer, der überall seine Empfindungen und Gedanken hinträgt, wird auch die Freundschaft heucheln, die er nicht besizt, und mit den Gedanken seiner Freunde nicht gewissenhafter umgehn als mit seinen eigenen. Der wahre Verehrer Gottes und der Tugend hingegen weiß alle Dinge ernst zu behandeln und wird daher nicht vom Leichtsinn überrascht werden. Er weiß seine eigenen Gedanken und Worte heilig zu halten, und bei ihm werden also auch die Geheimnisse seiner Freunde wohl verwahrt sein. So sehn wir also auch hier, daß wenn einer erst gute Grundsäze . . . .

(Schluß fehlt.)

X.

Ueber den Grund unsrer Hoffnung auf einen bessern Zustand der Menschen auf Erden.

Ueber Luk. 17, 20—21.

Uns allen ist der Wunsch natürlich es immer besser zu haben in der Welt; wir sind immer beschäftigt zu berechnen, was wir haben und was uns fehlt, und sobald wir eines erreicht haben, steigen wir gleich mit unsern Gedanken zu etwas höherem hinauf. Je vernünftiger und wohlgesinnter der Mensch nun ist, desto weniger bleibt er mit seinem Wunsch nach Verbesserung bei sich selbst stehn, seine Seele breitet sich gleichsam aus, er sieht auch auf die Wohlfahrt derer, die um ihn her sind, und hat für die beweinenswürdigen Mängel der menschlichen Gesellschaft auf Erden überhaupt ein weit feineres und schärferes Gefühl, als für dasjenige, was nur zu seinen kleinen Angelegenheiten gehört. Allein es geht mit diesem edeln großen Wunsch so wie mit allen übrigen: Wünsche erzeugen Hoffnungen, größtentheils trügerische vergebliche Hoffnungen, und diese gehen auch dem Menschenfreund aus jeder merkwürdigen Weltbegebenheit hervor. Bald hie bald da glaubt er den ersten Schimmer zu der Morgenröthe eines bessern Tages der

Menschen heranbrechen zu sehn, glaubt bald hie einen bald dort einen andern Zug von dem schönen Bilde zu erblikken, womit seine Seele sich so oft beschäftigt, und indem er sich so von seiner Einbildungskraft durch leere Erwartungen einschläfern läßt, vergißt er dasjenige zu beobachten, was anstatt in dem weiten Kreise seiner Wünsche zu glänzen in dem engeren seiner Pflicht ganz nahe vor ihm liegt. Er wird zu spät gewahr, daß auch für ihn ein Theil des großen Werkes den Zustand der Menschen zu verbessern bestimmt war, und daß er über seinen Wünschen verabsäumt hat daran zu arbeiten. Das ist der unersezliche Schaden, den uns die Anhänglichkeit an leere Erwartungen bringt, und diese gänzlich auszurotten dient nichts besser als eine richtige Einsicht in den wahren Grund der schönen Hoffnung, daß es besser mit den Menschen werden wird. Diese wollen wir uns denn in unserer ferneren Betrachtung zu verschaffen suchen.

Text. Luk. 17, 20—21.

Da er aber gefraget ward von den Pharisäern, Wann kommt das Reich Gottes? antwortete er ihnen und sprach, Das Reich Gottes kommt nicht mit äußerlichen Geberden; man wird auch nicht sagen, Siehe, hier oder da ist es! denn siehe, das Reich Gottes ist inwendig in euch!

Die Frage, welche Christo hier vorgelegt wurde, bezog sich ebenfalls auf die Erwartung eines besseren Zustandes der Welt, nur daß die Zeitgenossen Christi davon einen eingeschränkten nicht so richtigen Begriff hatten, als wir haben sollten. Sie glaubten, wenn nur ihr Volk zu seiner ehemaligen Unabhängigkeit und seinem alten Glanz wieder gelangte, wenn es wie sonst nur von den Gesezen beherrscht würde, die es auf eine so außerordentliche Art empfangen hatte, wenn es den abergläubischen Gözendienst ausrotten und auf welche Weise es immer sei die äußere Verehrung Jehovas ausbreiten würde, dann würde der glükklichste Zustand der Menschheit da sein, ein Zustand, welcher mit Recht den majestätischen Namen eines Reiches Gottes auf Erden verdiente. Wir sehen, wenn wir über das allgemeine beste der Menschheit nachdenken, weniger auf den Glanz unseres kleinen Vaterlandes, auf die Herrschaft unserer besonderen Meinungen, sondern wir sehnen uns nach einer Zeit, wo ein gottseliges rechtschaffenes Wesen überall herrsche, wo ein weises edles Wohlwollen die Herzen der Menschen erfülle, wo eine bessere menschlichere Glükkseligkeit unter ihnen zu finden sei, als jezt. Das war es, was auch Christus unter dem Reich Gottes verstand, und wenn wir fragen, worauf wir bei dieser Erwartung vorzüglich sehen müssen, so finden wir in der Antwort unseres Textes die Auskunft darüber. Wir belehren uns also daraus

über den Grund unserer Hoffnung auf einen besseren Zustand der Menschen auf Erden

und finden darin vornämlich zwei Wahrheiten: erstlich, daß diese Hoffnung nicht auf äußerlichen Begebenheiten beruht, und zweitens, daß die Erfüllung derselben bloß von einer innern Verbesserung der Menschen abhängt.

I.

Christus sagt erstlich, Das Reich Gottes kommt nicht mit äußern Geberden, es wird nicht durch neue äußere Einrichtungen und Verbesserungen des menschlichen Lebens hervorgebracht, und damit widerlegt er einen sehr gemeinen Irrthum. So wie die Menschen über sich selbst denken, Wenn nur meine äußern Verhältnisse besser wären, wenn ich mich nur erst aus dieser drükkenden Lage herausgearbeitet, in jenen glükklichen Zustand hineingesezt hätte, wäre nur erst diesem Bedürfniß abgeholfen, jener Wunsch erfüllt, dann würde mein Glükk angehn, und ich wollte nichts weiter verlangen, dann würde ich ruhig und heiter sein, ich würde auch rechtschaffener und edler handeln: so wie sie über sich selbst auf diese Art urtheilen und sich irren, so urtheilen sie auch über den Zustand der Menschen überhaupt, legen allen Werth auf die äußeren Verhältnisse und Verbindungen, hoffen alles von diesen und irren sich gleichfalls. Alle äußeren Einrichtungen dienen nur dazu die Gesellschaft der Menschen zusammenzuhalten, und diese ist doch nur wegen der Vortheile da, welche sie den einzelnen bringen soll. Wenn also auch die Verfassung der Gesellschaft noch so vortrefflich ist, was hilft es, wenn diejenigen, aus welchen sie besteht, nicht gut sind? Wenn auch das Band, welches die Menschen zusammenhält, noch so sanft, noch so schön, noch so bequem ist, was ist damit gethan, wenn sie den Sinn nicht haben sich die Hand zu reichen und ihre Kräfte zu vereinigen?

Den Zustand, den wir hoffen, denken wir uns als einen Zustand allgemeiner Tugend und Glükkseligkeit. Wenn nun auch alle äußern Einrichtungen so beschaffen sind, daß sie alles gute möglichst erleichtern und sichern, werden die Menschen schon darum gut und glükklich sein, weil sie es äußerlich sein können? Die Tugend wird nicht allgemein werden, wenn nicht eine thätige Neigung, eine beharrliche Liebe dazu in den meisten Menschen vorhanden ist, und ist diese erst da, so werden auch ihre Fortschritte nicht von den Schwierigkeiten gehindert werden, die etwa aus mangelhaften Einrichtungen entstehn. Die Glükkseligkeit kann nicht größer werden, wenn die Menschen nicht lernen sich herzlich lieben, die Umstände weislich benuzen, die Gegenwart mäßig genießen und die Zukunst klug voraussehn; sind sie aber in dieser Kunst erfahren, so werden sie glükklich sein, ihre äußere Verfassung sei beschaffen wie sie nur wolle.

Es kommt also bei dem bessern Zustand der Menschen nicht auf die Vervollkommnung äußerer Einrichtungen und Verhältnisse, sondern auf die Verbesserung des Verstandes und Willens an, wodurch der Gebrauch derselben bestimmt wird. Wenn es daher möglich wäre, daß auf einmal die Geseze, wodurch die Völker beherrscht werden, im höchsten Grade weise, billig, bestimmt und deutlich würden; daß alle die tausend Schleichwege, auf denen Unterdrükkung und Ungerechtigkeit eingeführt wird, aufs beste verwahrt wären; daß alle Verhältnisse des geselligen Lebens auf einmal eine vollkommnere Einrichtung erhielten; aller unnöthige Zwang sei aufgehoben, alle veralteten Vorurtheile zerstört; es dürfe sich keiner vor dem andern mehr beugen, als recht und seinem innern Werth angemessen ist; es möge jedem frei stehn seine Bildung und sein Glükk da zu suchen, wo er es zu finden glaubt, und nüzlich zu werden, wo er es am rathsamsten hält; es möge nichts unmöglich sein, als was die Geseze verhindern, und die Geseze mögen nichts verbieten, was in sich recht und billig ist; laßt auch die Sitten der Menschen untadelhaft sein, frei von leerem Gepränge, so einfach als die vollkommenste Redlichkeit es mit sich bringt, so verfeinert als die höchste Ausbildung des Verstandes es erfordert; ja, was noch mehr ist, auch auf die Gottesverehrung und die Religion der Menschen erstrekke sich diese allgemeine Verbesserung: so werden alle diese herrlichen ja gewiß unerreichbaren Vorzüge nichts helfen, wenn die Menschen nicht besser geworden sind.

Alles das sind an sich nur äußere Geberden, und das Reich Gottes kommt nicht mit ihnen. Sind die Menschen noch böse, so werden die weisesten und besten Geseze ohne Kraft sein; List und Bosheit werden schon Mittel finden sie entweder heimlich zu übertreten, oder doch nur zum Schein zu befriedigen. Wenn du der Ungerechtigkeit tausend Wege vertrittst, so wird sie sich bald eben so viel neue gebahnt haben.

Sind die Menschen noch unverständig, so wird die Auflösung so manches beschwerlichen Zwanges, die gewünschte Freiheit in jeden Kreis der Geschäfte hineinzutreten nur zum großen Verderben ausschlagen. Die Thoren werden da sizen wollen, wo nur die weisen ihren Plaz haben sollten, die unwissenden werden unternehmen, was sie nicht verstehen, und indem also die kleine Anzahl der gebildeten, weisen und guten, auf welchen doch alle Hoffnung der Menschen beruht, von dem großen Haufen verdrängt wird, so gleicht die ganze Gesellschaft einem schönen Körper, dessen Gesichtszügen aber eine niedrige Seele die deutlichsten Spuren von Bosheit und Laster eingegraben hat.

Stimmen die Gesinnungen der Menschen nicht mit ihren wohleingerichteten Sitten überein, so werden diese ihnen sizen wie ein fremdes Gewand, welches nicht nur entstellt, sondern worin man auch ungekannt allerlei böses verrichten kann. Wie sollte sich wol der verderbte in die edle Einfalt finden, oder der dumme in die verständige Feinheit? Aber der böse wird die Einfalt zu Kränkungen und Beleidigungen und die Feinheit zu List und Ränken mißbrauchen.

Verbinden die Menschen noch nicht eine innige Ehrfurcht vor heiligen Wahrheiten mit Liebe zum Nachdenken, so wird auch die vollkommenste Einrichtung ihrer gottesdienstlichen Gesellschaften ihnen nichts frommen. Die weisesten und erhabensten Belehrungen werden entweder gar nichts auf sie wirken, oder sie werden auch aus ihnen nur elende Vorurtheile und schädliche Irrthümer schöpfen; die einfachsten und achtbarsten Gebräuche werden entweder ihr Herz ungerührt lassen, oder ihrem eingebildeten Verstande sogar Stoff zu neuem Aberglauben darreichen.

II.

Das ist also gewiß, daß die Hoffnung auf einen bessern Zustand der menschlichen Angelegenheiten sich nicht auf die Erwartung äußerer Begebenheiten gründen kann; was bleibt also übrig, als daß sie wie Christus sagt auf der innern Verbesserung der Menschen beruht, Sehet das Reich Gottes ist inwendig in euch. Wenn die Menschen anfangen werden ihre ungezähmten Leidenschaften zu bändigen; wenn sie von den künstlichen Irrgängen des Lasters und des Betruges auf den einfachen geraden Weg der Ehrlichkeit und der wahren Weisheit zurükkehren; wenn sie die gewöhnliche Mißhelligkeit zwischen ihren Einsichten und Handlungen für den ärgsten Uebelstand halten werden; wenn von alle den schönen Worten und Sprüchen, womit sie sich schmükken, der Geist in ihnen leben wird; wenn ein feineres Gefühl für Recht und Pflicht unter ihnen allgemein wird, und ein herzliches Wohlwollen ihre Kräfte und Gesinnungen vereinigt; wenn sie über ihre wichtigsten Anlegenheiten mit Eifer und uneingenommenem Verstande urtheilen; wenn sie die Wahrheit lieben und ihr einfältig folgen werden: dann ist das Reich Gottes nahe herbeigekommen; dann kann nichts die erwünschte Entstehung und die beständige Fortdauer eines Zustandes hindern, worin so viel Glükseligkeit und Güte vereinigt ist, als die Einrichtung der Welt und der menschlichen Natur nur immer zuläßt. Ihr Gefühl für alles gute und edle, ihre Liebe zur Rechtschaffenheit und Tugend wird nach und nach alle die guten Eigenschaften wekken, wozu vorher die Anlagen in ihnen schlummerten, alle die schönen Handlungen hervorbringen, wovon sie vorher nur sprechen und sie bewundern konnten, ein edler Wetteifer wird sie alle beseelen, und indem der nämliche Geist in allen lebt, wird ihn jeder in erhöhetem Maaß dem andern mittheilen und auch wieder von ihm empfangen. Jeder wird in seinem nächsten das Beispiel des guten sehen, welches ihm selbst noch zu erwerben übrig ist, und einer sich vom andern den Spiegel seiner Fehler ohne Bitterkeit vorhalten lassen. So wird Tugend und Rechtschaffenheit allgemein werden und zunehmen. Das deutlichere Bewußtsein ihrer Bestimmung, die Ahnung eines höhern Lebensgenusses wird sie zur Freundschaft und Gütigkeit hintreiben, und wenn sie ja durch den unglükseligen immer wieder auflebenden Keim der Habsucht gehindert werden sollten, so wird der aufgeklärte Verstand sie immer mehr belehren, daß dasjenige das wenigste ist, was der Mensch zu seiner Glükkseligkeit für sich selbst thun kann, das aber das meiste, was andere für ihn thun müssen, indem er etwas für sie leistet, daß wenn er sich vereinzelt er sich selbst weit mehr hindert, als er sich helfen oder durch List und Gewalt über andere gewinnen kann, daß ihm also Liebe noth thut, und daß er sein Wohl nur in dem Glükk anderer finden kann. So wird also ein wahres Wohlergehn und eine gerechte Zufriedenheit allgemein werden. Es wird nicht nur so werden, sondern auch so bleiben von Geschlecht zu Geschlecht. Von Jugend auf werden die jungen Seelen zur Vernunft und zur Weisheit erzogen werden, und das beständige Beispiel der Rechtschaffenheit und Güte wird mächtig auf sie wirken. Jeder Augenblikk des Genusses und der Beobachtung wird ihnen zurufen, daß das wahre menschliche Glükkseligkeit ist, und indem also die Erfahrung immer glaubhafter, und der Beweis immer stärker wird, so wird auch die Sorgfalt zur Festhaltung dieses Kleinodes nicht ermuden.

Und wenn die Menschen sich in den Genuß dieser Vorzüge gesezt hätten, welche wenn sie sie einmal besäßen ihnen niemand entreißen könnte, sollten sie durch allerlei kleine Mängel äußerer Einrichtungen und Verhältnisse gestört werden können? Vielmehr werden diese Dinge von selbst unschädlich werden und sich nach und nach so weit abändern, bis sie der bessern Beschaffenheit der Menschen angemessen sind. Sobald der Mensch zu etwas vollkommnerem fähig und würdig ist, so streift er das unvollkommnere ab ohne Geräusch und Gewaltthätigkeit, und wenn er vorher selbst das beste nicht festzuhalten im Stande war, so weiß er jezt auch das minder gute zu benuzen und zu veredeln. Wenn er Recht und Billigkeit liebt, wenn sein Herz zum Wohlwollen geneigt und sein Verstand erleuchtet ist, so werden von selbst seine Geseze und Verfassungen weise und gerecht werden, denn sie richten sich immer nach dem Maaß von Einsicht und Güte, welches unter denen verbreitet ist, für die sie gegeben sind; von selbst werden die Herrscher milde und liebreich werden, denn ihre Maaßregeln sind immer ein Werk der Nothwendigkeit; von selbst wird der eiserne Scepter, womit sonst Ruhe und Ordnung gehandhabt werden mußte, sich in einen leichten Stab verwandeln, denn gute Gesinnungen bringen die Strenge bald außer Gebrauch und in Vergessenheit, Vorurtheile werden ihre Kraft und ihren Glauben verlieren, indem jeder ein Licht der Erkenntniß brennen hat, und der stärkere immer den schwächeren erleuchtet. Eingebildete Unterschiede unter den Menschen werden aufhören, indem derjenige der darunter litt kein Bedenken tragen wird ihre verfallenen Grenzen zu überschreiten, und der den sie begünstigten sich schämen wird sie wieder aufzubauen. Sitten sind immer nur der Wiederschein der Gesinnungen; wo also Liebe und Aufrichtigkeit herrschen, da kann es an der feinen Gefälligkeit und der edeln Einfalt nicht fehlen, welche die natürlichen Folgen derselben sind. Auch die von jedem Freund des guten so aufrichtig gewünschten Veränderungen in der äußern Beschaffenheit der Religion können nur eine Frucht jener vorhergegangenen innern Verbesserungen sein. Wenn man die Wahrheit zu innig verehren wird um sie noch länger mit äußern Dingen und Kleinigkeiten zu verwechseln, wenn man sie genug lieben wird um Belehrung anzunehmen, wo man sie immer finde, dann werden die Verehrer Gottes auch äußerlich ein Herz und eine Seele sein, dann wird eine rechte christliche Verträglichkeit hervorgehn. Man wird den irrenden zurechtweisen ohne ihn zu verfolgen und zu verspotten, keiner wird den andern um unbedeutende Meinungen und äußere Gebräuche von der Gemeinschaft der Erbauung und des Gebets oder von irgend einem Recht ausschließen, welches ihm der Brudername geben kann, und indem einer den andern belehrt, und ihre Erkenntniß sich immer reinigt, so wird die Zeit da sein, wo wie die Schrift sagt alle von Gott gelehrt sind.

So also muß das Reich Gottes zuerst in uns sein und alle die äußern Veränderungen, welche wir mit Unrecht für Hauptursachen eines bessern Zustandes der Menschen halten, sind nicht eher möglich und haben nicht eher einen Werth, als bis sie natürliche Folgen jener nothwendigen inneren Verbesserungen sind.

Es ist nicht schwer von diesen Wahrheiten die Anwendung auf dasjenige zu machen, was jezt unser Nachdenken und unsere Erwartungen auf eine so merkwürdige Art beschäftigt. Die meisten sehen mit unverwandtem Blikk auf die schrekklichen Auftritte des Krieges und der Verwüstung, bedauern freilich mit menschlichem Gefühl das überschwengliche Elend, welches dieser alles erschütternde Kampf der Völker hervorbringt; aber indem einige den Sieg der einen Partei, und andere das Glükk der entgegengesezten herbeiwünschen, so sind doch fast alle in der Hoffnung einig, am Ende dieser unübersehbaren Verwirrungen aus dem zertretenen Wohlstand vieler tausende eine bessere Glükkseligkeit den künftigen Zeiten hervorkeimen zu sehen. Sollte es aber wol der Regierung Gottes würdig sein, daß die Erde erst mit dem Blut der einen Hälfte des Menschengeschlechts gedüngt werden müßte, um etwas gutes für die andere zu schaffen? Nein, das Reich Gottes kommt nicht mit äußerlichen Geberden. Wenn Völker sich erheben um die äußere Gestalt ihrer bürgerlichen Verfassung zu ändern, und andere ihre Kräfte aufbieten um dies zu hindern, so sind das viel zu unerhebliche Absichten, als daß aus dem Gelingen oder Mißlingen derselben etwas großes für die Menschheit zu erwarten wäre. Ob die Geseze auf diese oder auf jene Weise gegeben werden, ob die nöthige Handhabung derselben so oder so eingerichtet ist, das sind, wenn alles übrige das nämliche bleibt, nur unbedeutende äußere Veränderungen. Noch weniger können die Mittel, deren man sich bedient, so hohe Erwartungen begünstigen; aus Krieg, Mord und Zerstörung, aus der Auflösung aller geselligen Bande, aus der Abstumpfung der edelsten Gefühle, aus Haß, Parteisucht und Erbitterung kann unmöglich Tugend und Glükkseligkeit hervorgehn. Es ist überhaupt nicht recht, daß wir einen bessern Zustand unserer Nachkommen immer von anderwärts her erwarten, daß jeder so sein Lieblingsvolk hat, von dem er um seiner Verfassung oder Sitten oder Religion willen glaubt, daß man nach der dortigen Weise allein glükklich und weise sein könne, daß von daher und durch Aehnlichkeit damit einmal alles gute kommen müsse. Rechtschaffner Sinn und zufriedenes Wesen sind keine Waare, die man aus der Fremde her verschreiben kann, keine Tracht, die der eine annimmt, weil er sieht, daß sie dem andern wohlsteht, sie dürfen nicht ausländisch sondern müssen da entstanden sein, wo sie gedeihen sollen. Wie sieht es also aus um die schöne Vorstellung, daß in den Begebenheiten unserer Tage so herrliche Keime künftiger Glükkseligkeit liegen? Trauert nicht, sie kann ja wol richtig sein, wenn sie sich auch nicht auf die schrekklichen Auftritte des Blutvergießens bezieht. Vielleicht geht außer diesen furchtbaren Erschütterungen im verborgenen noch etwas besseres unter den Menschen vor; vielleicht ist jezt die ganze Masse ihrer Kräfte und Erkenntnisse in einer heilsamen Gährung; vielleicht ist jezt der Zeitpunkt, wo sie anfangen Vorurtheile von Wahrheiten, Angewohnheiten von Tugenden zu unterscheiden, wo sie die Grundsäze zu ihren Gefühlen suchen und die Handlungen den Grundsäzen nachzubilden bemüht sind. Wenn diese innere Veränderung ihren Gang ungestört fortgeht, gefördert von jedem guten und weisen durch Mittheilung, durch Beispiel, durch Erziehung, dann wird das Reich Gottes bald in uns und unter uns sein.

Dazu können auch wir das unsrige geben, zwar nur als einen kleinen unscheinbaren Beitrag, aber nicht anders als aus solchen kann das große ganze allmählig hervorgehn. Ist diese Hoffnung weniger glänzend als jene, so hat sie dafür desto mehr innern Gehalt; ist sie etwas weiter aussehend, so ist sie auch um desto sicherer. Laßt uns an ihrer Näherung arbeiten und der endlichen Erfüllung geduldig entgegenharren ohne über den jezigen Zustand der Dinge kleinmüthig zu seufzen. Nicht doch, liebe Brüder! wär' das unser Muth? Schlagt den Kummer nieder! einmal wirds doch gut. Wie es jezt ist auf Erden, so sollt' es wol nicht sein; doch laßt uns nur erst besser werden, bald wirds um uns besser sein! Amen.

XI.

Von den billigen Grenzen unsrer Abneigung gegen diejenigen, welche von einer ganz andern Verfassung des Gemüths sind, als wir.

Ueber Joh. 8, 37.

Wir finden überall auf der Erde Menschen von der verschiedensten Denkungsart und der größten Unähnlichkeit der Gemüther neben einander lebend. So allgemein nun der Wunsch der Menschen ist nur mit solchen vereinigt zu sein, welche ihnen ähnlich sind, so muß doch jene Vermischung etwas ungleich weiseres sein, denn sie ist das Werk der Natur, das Werk desjenigen, welcher alle ihre Wirkung mit der höchsten Weisheit berechnet hat. Es kann uns auch nicht schwer werden den Zwekk dieser Einrichtung zu finden. Wo diese Verschiedenheit nur zufällige gleichgültige Dinge betrifft, da dient das Zusammenstehen derselben dazu eine Mannigfaltigkeit von Wünschen, Bestrebungen und Gedanken hervorzubringen, welche zur menschlichen Glükkseligkeit und zum Frieden auf Erden so nothwendig ist. Wo der Unterschied etwas wichtigeres betrifft, wo die Menschen in der Regel ihres ganzen Verhaltens, in dem Grund ihrer Ueberzeugungen und Hoffnungen, in der Art ihre Glükkseligkeit zu suchen von einander abweichen, da steht der gute neben dem bösen, der starke neben dem schwachen, der weise neben dem Thoren, der verständige neben dem einfältigen, damit dieser von jenem lernen und durch ihn nach und nach zu etwas besserem gebildet werden soll. Daß also der unvollkommnere Theil der Menschen von seiner Verbindung mit dem vollkommneren vielerlei Nuzen hat, ist ganz deutlich; allein wie soll der bessere Theil, und wer glaubt nicht zu diesem zu gehören, diese Einrichtung Gottes auch für sich rechtfertigen? soll er sich nicht ebenfalls nach dem Umgang noch besserer sehnen? und hat er sich nicht zu beklagen, daß er großentheils nur wenige gute um sich sieht, die er nicht sonderlich lieben und achten kann? Wie soll er sich über diese Verbindung zufrieden stellen? darf er seiner natürlichen Abneigung gegen diejenigen, welche so weit unter ihm stehn, freien Lauf lassen, oder hat er Gründe sie wo nicht ganz zu unterdrükken doch wenigstens zu mäßigen? Das ist es, worüber wir uns jezt unterhalten wollen.

Text. Joh. 8, 37.

Ich weiß wohl, daß ihr Abrahams Saame seid; aber ihr suchet mich zu tödten, denn meine Rede fähet nicht unter euch.

Christus stellt sich uns hier als ein außerordentliches Beispiel dar von den Folgen der Abneigung gegen andersdenkende. Sie suchten ihn zu tödten, weil seine Rede nicht fing unter ihnen, sie haßten ihn, weil sie keinen Sinn hatten für seine Lehren, für seine Ermahnungen, für seine Grundsäze, und dieser Haß ging so weit, daß sie ihm sogar das Leben beneideten. Das war nun freilich keine Abneigung der guten gegen die bösen, der verständigen gegen die unweisen, sondern eine Abneigung des Lasters gegen die Tugend, der Thorheit gegen den Verstand; allein sie glaubten wenigstens besser und weiser zu sein, und so kann uns ihr Verhalten zu einem warnenden Beispiel dienen unsern Eifer gegen diejenigen zu mäßigen, von denen wir glauben, daß sie verkehrt handeln und denken. Wir reden also mit einander von den billigen Grenzen unserer Abneigung gegen diejenigen, welche in einer ganz andern Verfassung des Gemüths sind, als wir. Diese Abneigung zeigt sich gegen diejenigen, bei denen wir eine Verschiedenheit einmal der Grundsäze und dann der Einsichten wahrnehmen, und in dieser zwiefachen Rüksicht wollen wir sie auch jezt betrachten, um das rechtmäßige darin von dem pflichtwidrigen zu unterscheiden.

I.

Wo wir also Menschen wahrnehmen, deren Grundsäze von den unsrigen ganz verschieden zu sein scheinen, welche sich eine ganz andere Regel ihres Verhaltens gemacht haben, da laßt uns doch ja, ehe wir unserm Verstande oder unserm Herzen erlauben ein strenges Urtheil über sie zu fällen, diese Verschiedenheit erst näher untersuchen. Sollten sie nur in der Art, wie sie über gewisse einzelne Verhältnisse des menschlichen Lebens urtheilen und sich dabei verhalten, von uns abweichen, so giebt das noch gar keinen Grund unser Herz von ihnen abzuwenden. Es sei nun, daß sie dabei durch gewisse Umstände geleitet werden, die wir nicht kennen, oder daß ihr Urtheil von gewissen eigenthümlichen Gedanken herkomme, so kann ja nicht nur auch dabei etwas richtiges und gutes sein, sondern selbst wenn sie irren und fehlen, so giebt uns das kein Recht unser ganzes Verhalten, unsere ganze Gesinnung gegen sie danach zu bestimmen, denn es bleibt immer nur ein einzelner Irrthum, ein einzelner Fehler.

Ein anderes ist es, wenn wir meinen, daß sie in ihrem ganzen Verhalten als Bürger, als Menschen, als Christen ganz andern Gesezen folgen, als die wir als richtig anerkannt haben. Aber auch dann laßt uns erst untersuchen, ob das worin sie von uns abweichen auch wirklich einen Mangel an rechtschaffnem und frommem Sinn anzeigt, ob es wirklich die richtig und allgemein verständlichen Begriffe von Recht und Unrecht und von dem Willen Gottes in uns beleidigt? ob es nicht vielmehr nur gegen gewohnte Fehler, gegen eingebildete Pflichten verstößt? So war auch in Christi Handlungen viel ungewöhnliches, und indem seine Zeitgenossen das ohne Untersuchung für falsch nahmen, so beluden sie den mit Haß und Verachtung, der ihre Verehrung und ihre Nachfolge verdiente. Nie muß es uns so gehn, daß wir von denjenigen unser Herz wenden, durch die wir an einer bessern Weisheit, an einer richtigern Gottseligkeit hätten Theil nehmen können.

Wenn es denn nun aber nach aller Untersuchung entschieden ist, daß die Gesinnungen und Grundsäze eines Menschen nicht nur von den unsrigen verschieden, sondern wirklich verkehrt sind; wenn es deutlich ist, daß er zu denen gehört, welche wie die Schrift sagt durch Lüste ihren Verstand in Irrthümer verkehren *), daß er alle Achtung gegen die göttlichen Gebote ausgezogen hat, daß er den Gesezen der Rechtschaffenheit Hohn spricht, daß er die besten menschlichen Gefühle um seines Eigennuzes willen hintenansezt, daß er immer in Arglist und Betrug und Schadenfreude einhergeht; wenn wir das nicht nur aus einigen einzelnen Handlungen schließen, die er vielleicht nicht so gemeint, vielleicht lange schon im stillen bereut hat, nicht nur aus einigen vielleicht nur leichtsinnigen Reden, wenn wir es aus dem ganzen Inbegriff seines Betragens, aus allem was zur Beurtheilung eines Menschen beitragen kann, mit aller möglichen

---

*) Eph. 4, 22.

Sicherheit gefolgert haben: **dann können wir doch wol unsere gerechte Abneigung gegen einen solchen nicht länger verläugnen?**

Freilich werden wir nicht den Gedanken haben ihm unser Herz zu öffnen, welches sich vielmehr unwillkührlich vor ihm verschließen wird; wir werden uns nicht in seiner Gesellschaft und seinem Gespräch besonders gefallen, da wir immer eine gewisse bange Beklommenheit in seiner Nähe empfinden, immer fürchten werden, daß er das Gift seiner bösen Gesinnung verbreite, daß einer seiner verkehrten Grundsäze, eine seiner ungerechten Handlungen unser feines Gefühl beleidige; ihn werden wir nicht zum vertrauten unserer Handlungen, unserer Entschlüsse, unserer Schwachheiten machen, bei ihm nicht nach Rath fragen, nicht einmal für unsere irdischen Angelegenheiten, vielweniger für die Sachen unseres Gewissens, ihm nicht unsern Kummer ausschütten, bei ihm nicht Trost suchen in den mancherlei Leiden, denen die Menschheit ausgesezt ist; er wird nicht unter diejenigen gehören, an deren Ergehen wir den wärmsten Theil nehmen, denen wir bei jeder unangenehmen Begebenheit sobald als möglich mit unserer Hülfe und unserm Zuspruch entgegen eilen: nur wenn nichts anderes unsere Aufmerksamkeit auf sich zieht, nur dann erst, wenn manches vielleicht geringere Elend derjenigen gelindert, die wegen der Aehnlichkeit ihrer Gesinnungen unserm Herzen näher liegen, nur dann erst wird unsere Wohlthätigkeit sich zu ihm wenden, von keiner andern Empfindung als von dem Bewußtsein unserer Menschenpflicht angezogen. Er wird auch derjenige sein, dem wir am ungernsten etwas zu danken haben; nie werden wir uns so weit herablassen können zu ihm unsere Zuflucht zu nehmen; die geringste freiwillige Abhängigkeit von ihm wird uns zuwider sein, wenn wir auch noch so viel gutes dadurch stiften oder genießen könnten. Wir werden auch ohne das ein jedes nähere Verhältniß mit ihm scheuen, wo wir oft Zeugen, vielleicht größtentheils unthätige Zeugen seiner unedlen

Handlungen sein müßten, und eben so wird es uns zuwider sein von ihm bemerkt zu werden. Die Kinder der Finsterniß sind klüger in ihrem Geschlecht und auch muthiger als die Kinder des Lichts *), darum werden wir ungern unsere Handlungen und unsere Gesinnungen vor ihm aufdekken, damit wir nicht die Gelegenheit werden zu seinem tollkühnen Spott über Tugend und gottselige Gesinnung, zu seiner elenden Verachtung des rechtschaffenen Wesens und der wahren Weisheit. Je weniger er von demjenigen an sich zeigt, was die Würde des Menschen ausmacht, desto mehr verringern sich auch seine Ansprüche auf die Achtung, welche wir guten Eigenschaften zollen, und mit dieser Achtung verschwindet zugleich unsere Liebe. So weit handeln wir unsern natürlichen Gefühlen gemäß, und es ist nichts daran auszustellen; sobald wir aber weiter gehn, so ist es ein mißleiteter Eifer, der uns beseelt, wir brüsten uns mit falschen Anmaßungen.

Es sei, daß wir eine nähere Verbindung mit solchen Menschen nicht suchen und nicht wünschen können, so wäre es doch unrecht da, wo das Schikksal uns mit ihnen zusammenführt, wo die Umstände uns neben sie stellen, sie zu fürchten oder zu fliehen. Laßt uns immer bedenken daß eben, weil eine gänzliche Trennung der guten von den bösen nicht in dem Plane Gottes liegt, die Vermischung derselben nicht nur im ganzen sondern auch für uns ihren Nuzen haben muß; es wird uns ein Antrieb sein mit desto größerer Wachsamkeit unseren Grundsäzen und Bekenntnissen Ehre zu machen; es wird uns Gelegenheit geben zu beweisen, daß die Tugend, wenn sie standhaft ist, dem Laster allezeit eine gewisse Ehrfurcht abnöthige, und daß die Gegenwart des guten, wenn sie auch nicht bessert, doch immer manchen ein Schuz ist und allerlei böses verhindert.

Es sei, daß wir einen solchen Menschen nicht aus Gefühl lieben können, so dürfen wir doch nie hassen

*) Luk. 16, 8.

und verfolgen, nie unserer Abneigung erlauben ihm übeles zu thun. Es sei, daß wir gute Gründe haben unsere Menschenpflicht an ihm nur dann auszuüben, wenn alle anderen derselben eben so bedürftigen Gegenstände befriedigt sind; allein wenn er nun Hülfe bedarf, die wir ihm zu leisten durch die Umstände berufen sind, ohne daß höhere Pflichten uns davon abriefen, und wir wollten dann unbarmherzig handeln, wollten dann statt Hülfe nur Vorwürfe austheilen und außer seinem Elend auch noch seine Schande der Welt zur Schau stellen: so würden wir höchst ungerecht handeln, indem wir vielleicht die Gerechtigkeit zu handhaben glauben.

Doch giebt es viele Menschen, welche sich ein solches Verfahren erlauben unter dem Vorwand, daß sie von den Umständen gleichsam dazu berufen die gerechten Strafen Gottes an den Verächtern seiner Geseze vollziehen müßten. Das ist aber eine gefährliche Anmaßung. Wenn wir unsern natürlichen Gefühlen treu bleiben, so strafen wir schon dadurch den bösen, so viel es in unserer Macht steht. Muß er nicht die übeln Folgen seines Zustandes fühlen, wenn die rechtschaffenen ihm ihre Gesellschaft und ihr Herz entziehn, wenn sie ihm deutlich genug die Achtung versagen, deren sie ihn nicht werth halten? Das ist Strafe genug; wenn wir aber unsere Macht überschreiten, um noch mehr über ihn zu häufen, so sind wir dazu gewiß von Gott nicht bevollmächtigt; er läßt seine Sonne aufgehn für den bösen wie für den guten und regnen für den ungerechten wie für den gerechten; so laßt auch uns barmherzig sein, wie unser Vater im Himmel barmherzig ist *). Wenn auch unser Herz nicht Freundschaft fühlen kann, so braucht es doch sich nicht zur Verfolgung zu neigen, ungerecht zu sein; wenn wir auch den bösen nicht rühmen und loben können, so brauchen wir doch nie unsere Zunge der Zunge des Verläumders gleich zu stellen.

*) Matth. 5, 45. Luk. 6, 36.

Das sind die Grenzen unserer Abneigung gegen Menschen von verderbten Grundsäzen.

II.

Laßt uns nun noch zweitens sehn, wie wir uns zu verhalten haben gegen die, bei denen wir irrige Einsichten wahrnehmen. Hier haben wir uns um desto mehr in Acht zu nehmen, je größer die Menge von abschrekkenden Beispielen ist, welche wir vor uns haben. Was für Unglükk hat nicht ein übelverstandener Eifer für dasjenige, was man für Wahrheit hielt, unter den Menschen verursacht. Mancher weise hat für die bessere Wahrheit, mancher unschuldige für seine besondere Ueberzeugung, mancher mißartete für seine unverschuldeten Irrthümer gelitten, was niemand ihnen zuzufügen berechtigt war. Gefängniß, Verfolgung, schmäligen Tod hat ein Mensch über den andern gebracht, ungerechten Krieg, wilde Verwüstung, unmenschliche Grausamkeit ein Volk gegen das andere ausgeübt, und noch jezt kommt manche unverdiente Kränkung, manches unverdiente Leiden aus dieser unseligen Quelle. Da laßt uns also ja genau prüfen, was an einer Abneigung dieser Art rechtmäßig ist, oder nicht, laßt uns die Grenzen derselben lieber zu eng als zu weit abstekken.

Es giebt eine Verschiedenheit der Einsichten, welche ohne alle Beziehung auf Gesinnung und Handlung bloß das menschliche Wissen betrifft; auch diese ist oft zum Unglükk der Menschen sehr wirksam gewesen. Diejenigen, welche einerlei Geschäft betreiben, welche mit den nämlichen Kenntnissen umgehn, sind immer auf mancherlei Art darüber uneins. Das erstrekkt sich nicht nur auf menschliche Kenntnisse, sondern auch auf so manches in der Religion und in der Tugendlehre, was zum bloßen Wissen gehört. Daraus entsteht Streitigkeit, das ist natürlich; allein daß aus dem Streit Parteisucht, aus der

Parteisucht Unredlichkeit, Beleidigung, Feindschaften hervorgehn, das sollte nicht sein. Was haben solche Meinungen eines Menschen mit meinen Urtheilen über seinen Charakter und mit meinen darauf beruhenden Gesinnungen und Handlungen zu thun? Wie gehört wol zur Vertheidigung der Wahrheit Bitterkeit und liebloses ungerechtes Wesen? Man kann über solche Dinge streiten und dennoch aufs genaueste alle gegenseitigen Pflichten erfüllen, man kann uneins sein und doch durch die herzlichste Freundschaft, durch innige Liebe, durch gegenseitige verdiente Hochachtung mit einander fest verbunden bleiben.

Allein es giebt noch eine andere Verschiedenheit der Einsichten, der wir einen größeren und billigen Einfluß auf unsere Gesinnungen nicht absprechen können. Wenn jemand sich zu solchen Meinungen bekennt, durch deren Wahrheit unsere Bewegungsgründe zur Rechtschaffenheit aufgehoben würden, unserer Zufriedenheit mit den Verhältnissen des Lebens mancherlei Abbruch geschähe, und unsere süßesten und erhabensten Hoffnungen untergehen müßten; Meinungen, welche unmittelbar zu unrechten Handlungen führen und zur Beschönigung des Lasters dienen können, welche, wenn sie allgemein würden, alle Bande der Gesellschaft auflösen, alle Glükkseligkeit zernichten und die Menschheit selbst herabwürdigen müßten; wenn jemand solche Lehren verkündigt: fühlen wir da nicht, daß sich ein gewisser Abscheu gegen ihn in unserm Herzen erhebt, dem wir nicht widerstehn können? Vielleicht wol, aber hier ist eben die Klippe, vor welcher wir uns hüten müssen, hier ist es, wo wir nicht genug überlegen und prüfen können; denn welchen noch so gleichgültigen Meinungen sind nicht von ihren Gegnern alle diese gehässigen Eigenschaften mit Unrecht und doch mit einer gewissen Wahrscheinlichkeit aufgebürdet worden?

Wir glauben, daß die Einsichten eines andern unsere Bewegungsgründe zur Tugend, zur Zufriedenheit aufheben; laßt uns doch ja erst untersuchen, ob das so gewiß und so unmittelbar geschieht, als es uns scheint. Vielleicht stehn die Ueberzeugungen, gegen welche er streitet, nur in einem sehr entfernten Zusammenhang mit unserer Tugend; vielleicht ist es nur ein Irrthum, wenn wir glauben, daß auf ihnen vornämlich unsere Zufriedenheit beruhe; vielleicht wird auch durch seine Meinung allerlei gutes befördert, dem die unsrige nicht so günstig ist, und sie ist also auch gut, nur auf andere Art und aus einem andern Gesichtspunkt. Und eine solche Verschiedenheit sollte das geringste in unserm Urtheil und unserer Achtung ändern? sie sollte uns von Freundschaft und Liebe abhalten? Mit nichten! wir können ja ohnerachtet derselben doch auf einerlei Grund der Ueberzeugung stehn, doch in einerlei Wunsch, Bestreben und Hoffnung zusammenkommen. Gesezt aber auch es ist wirklich so, daß die Meinungen eines andern unsere Bewegungsgründe zum guten aufheben und den Grund unserer Zufriedenheit und unserer Hoffnung wandelbar machen, so ist es freilich wahr, daß wir zu einer genauen Freundschaft, zu einer offenen Mittheilung unserer Gedanken gegen einen solchen Menschen nicht gestimmt sein können, daß wir ihn, wenn wir bloß unserer Neigung folgen dürfen, lieber vermeiden als aufsuchen, weil die Aeußerung seiner Meinung, so fest auch unsere eigene Ueberzeugung stehe, uns immer ein unangenehmes Gefühl verursacht; allein daß wir deswegen im geringsten nachtheilig denken, deswegen eine Gelegenheit sollten vorbeigehn lassen, ihm aus gutem Herzen irgend einen Dienst der Liebe zu erweisen, das wäre schon unrecht gethan. Wenn er nicht unsere Triebfedern zur Besserung, zum Eifer in allem guten hat, so kann er ja wol andere haben, kann auf einem andern Wege zur Ueberzeugung von der Nothwendigkeit der Tugend und Gerechtigkeit gelangt sein. Wenn er manchen Meinungen abgesagt hat, die in uns allerlei gutes wirklich befördern, so kann er ja wol an den allgemeinen

Gründen derselben, die in der Seele eines jeden Menschen sind, desto eifriger hangen.

Wir glauben, daß die Meinungen eines andern ihn zu allerlei bösem führen, und wir sind geneigt ihn deswegen für einen heimlichen Anhänger des Lasters und der Zügellosigkeit zu halten, aber wie leicht können wir ihm Unrecht thun. Nicht nur, daß vielleicht diese Folgen nur in unserer Einbildung da sind. Von allerlei neuen Behauptungen in der Religion und in allerlei Kenntniß haben immer diejenigen, die durch alles neue in Schrekken gesezt werden, bewiesen, daß sie den guten Sitten und der Tugend gefährlich wären, und nichts desto weniger sind hernach eben diese Meinungen ohne einigen Schaden des menschlichen Geschlechtes allgemein als Wahrheit anerkannt worden. Allein gesezt auch, es hätte jemand solche Meinungen, woraus wirklich die Unterlassung manches guten und die Nachsicht gegen manches böse folgen könnte: so können wir ihm deswegen unsere Achtung und Liebe nicht eher entziehn, als bis wir überzeugt sind, daß er diese Folgen selbst einsieht und ihnen gemäß handelt. Die Einsichten der Menschen hangen selten so genau zusammen, daß sie alle ihre Gründe und ihre Folgen übersähen; und so wie mancher die Verpflichtung zu allem guten nicht einsieht und befolgt, welche seine richtige Erkenntniß ihm auflegt: eben so kann auch mancher einen irrigen Glauben und schädliche Meinung haben und dennoch weit entfernt sein ihre Folgen zu übersehn, weit entfernt das gute zu unterlassen, wovon er sich seiner Meinung zufolge frei sprechen könnte, weit entfernt das böse zu thun, welches sie ihm erlauben.

Wir glauben, daß die Meinung eines andern, wenn sie allgemein wäre, die menschliche Glükkseligkeit und Ruhe zerstören und eine völlige Zügellosigkeit und Verderbtheit einführen würde, und wir sind geneigt ihn deswegen als einen Feind des menschlichen Geschlechts zu hassen und anzufeinden; das sollten wir uns aber nicht erlauben, weil wir selten im Stande sind ein richtiges Urtheil darüber zu fällen. Wer einmal einer gewissen Denkungsart gewohnt ist und in ihr immer gelebt hat, dem wird es äußerst schwer sich in eine ganz entgegengesezte hineinzudenken und ihre Folgen zu übersehn. Er wird immer nur das gute gewahr werden, was ihr fehlt, und nicht das, was sie an der Stelle des fehlenden hervorzubringen im Stande ist. Wenn wir uns aber auch von dem Gedanken nicht losmachen können, daß gewisse Meinungen, wenn sie allgemein wären, eine offenbar nachtheilige Wirkung haben würden: so verdient erst das Ueberlegung, ob sie auch allgemein werden können; ob nicht aus ihnen selbst und aus der Einrichtung der menschlichen Natur klar hervorgeht, daß nur wenige Menschen an ihnen Theil nehmen können; und ob nicht unter diesen wenigen viele so beschaffen sind, daß sie diese schädlichen Wirkungen nicht haben, dann aber verdienen ja diese nicht unsern Abscheu und Haß.

Ich will alles dies unter dem schrekklichsten und bedauernswürdigsten Fall zusammenfassen. Wenn wir einen Menschen gewahr werden, der den heiligen Wahrheiten unserer Religion seinen Beifall nicht giebt, der keine Sendung Gottes an die Menschen glaubt, ja der sogar die tröstliche Ueberzeugung von dem Dasein eines höchsten Wesens und die süße Hoffnung der Unsterblichkeit unseres Geistes von sich geworfen hat: so ist klar, daß ihm alles dasjenige fehlt, was uns in den schlüpfrigsten Augenblikken auf der Bahn der Tugend festhält, daß er manche Bande gelöst hat, durch die wir an unsere Pflicht gekettet werden, daß wir unmöglich wünschen können, seine traurige Ueberzeugung unter unsern Brüdern verbreitet zu sehn; wir werden uns einer gewissen Zurükkhaltung und Entfernung, ja sogar einer gewissen Furcht vor ihm nicht erwehren können, aber ihn selbst zu verurtheilen und den bösen gleich zu achten, dazu haben wir erst alsdann ein Recht, wenn wir sehn, daß seine Meinungen alle die Wirkungen in ihm selbst äußern, die wir ihnen zuschreiben. Hat er aber Gehorsam genug gegen seine Vernunft und sein Gewissen, um ihrer deutlichen Stimme mehr zu folgen als den spizfindigen Grübeleien seines irregeführten Verstandes; hat er Achtung genug für die Würde der menschlichen Natur um ihre ewigen Geseze nicht zu übertreten; nimmt er Antheil genug an der Zufriedenheit seiner Nebenmenschen, um seine hoffnungslose Ueberzeugung in seiner eignen Brust zu verschließen: so werden wir es wol bedauern, daß er so unglükklichen Irrthümern Gehör gegeben hat; allein wir werden gestehn müssen, daß er ein achtungswürdiges Mitglied der menschlichen Gesellschaft ist; wir werden es uns nicht verzeihen, wenn wir die Pflichten der Menschen- und Bruderliebe gegen ihn nicht in ihrem ganzen Umfang erfüllen.

Indem wir uns auf diese Weise fleißig an das Wort der Schrift erinnern, Was richtest du einen fremden Knecht? er steht und fällt seinem Herrn *): so werden wir einen Theil unserer christlichen Weisheit auch darin suchen uns in unserm Urtheil über die Menschen und unserm Betragen gegen sie von aller Parteilichkeit zu reinigen, von dem Wahn, als ob sie nur in dem Grade gut und unserer Liebe werth wären, in dem sie uns ähnlich sind; so werden wir zwei wichtige Vortheile erlangen. Erstlich wird nie jemand gegen uns auftreten und uns sagen können, wie Christus seinen Zeitgenossen sagte, Ihr folgt mir nicht, ihr sucht mich zu tödten, mich, der ich euch den Willen meines Vaters verkündige und die Wahrheit zu euch rede; wir werden nie etwas besseres und richtigeres um deswillen verwerfen, weil es uns bisher fremd war, nie verachtend und lieblos auf den herabsehn, durch den wir einer bessern Weisheit und eines richtigern Wandels hätten theilhaftig werden können;

*) Röm. 14, 4.

sondern wo sich irgend ein Zuwachs an wahrem guten zeigt, den werden wir recht zu beurtheilen und zu benuzen im Stande sein. Wir werden zweitens das seltene Glükk genießen, daß unser Herz mit allen guten Menschen sein kann, so sehr auch hie und da ihre Neigungen, Handlungen und Meinungen von den unsrigen abweichen; wir werden in einem bessern Sinn und auf eben die Art ihrer aller Brüder sein, wie Gott unser aller Vater ist! Amen.

XII.

Von den Bewegungsgründen zur unausgesezten Beharrlichkeit bei unsern Entschlüssen.

Ueber Matth. 10, 22.

Text. Matth. 10, 22.

Und ihr müsset gehasset werden von jedermann um meines Namens willen. Wer aber bis ans Ende beharret, der wird selig.

Diese Worte m. a. Fr. sind eigentlich zu den ersten Jüngern Jesu gesprochen, als er ihnen alle die Leiden und Unannehmlichkeiten, denen sie die Verkündigung seiner Lehre aussezen würde, vorhersagte, und sie dessenungeachtet zur Treue in diesem ihrem Amt ermunterte. Sie hatten in dem Beruf die Religion Jesu auszubreiten mit den Unterdrükkungen der gewaltigen auf Er-

Anm. Es fehlte im Concept dieses Vortrags der allgemeine Eingang, wie sich andrerseits in Schl's. Nachlaß ein Heftchen mit solchen Eingängen aus derselben Zeit vorfand, an die sich nur noch Thema und Partition, mitunter auch Ausführung einzelner Parthieen anschließen. Uebergangsperiode zur freien Rede.

D. H.

den, mit dem Haß der Feinde der Tugend, mit den Verfolgungen der blinden Eiferer zu streiten. Dessenungeachtet sollten sie in alle Welt gehn und Jesu Jünger suchen, sich kein Hinderniß abschrekken lassen, Gott mehr gehorchen als den Menschen und bis an das Ende ihres Lebens ihrem Amte treu bleiben. Gewiß ist alles dies auch auf uns sehr anwendbar. Wir haben in unserm Beruf durch diese Religion immer weiser und besser zu werden einen eben so harten und langwierigen Streit mit den mancherlei Feinden in uns selbst zu überstehn, und mit den Fallstrikken und Versuchungen, worein sie uns führen; aber wir sollen unserer Vernunft, unserm Gewissen und dem Willen Gottes mehr gehorchen als dem, was unsere Leidenschaften und unsere Trägheit wünschen. Ist irgend ein Lob, ist irgend eine Tugend, der sollen wir nachjagen und nicht eher ruhn, bis wir sie erlangt haben. Dazu ist uns gewiß eben die Standhaftigkeit nöthig. Ich rede daher nach Anleitung dieser Worte von den Bewegungsgründen zur unausgesezten Beharrlichkeit bei unsern guten Entschlüssen, so daß wir erstlich überlegen, daß wir ohne diese unsern Zwekk nicht im geringsten erreichen, und zweitens bedenken, daß wir dadurch, daß wir hiervon abgehn, auch nicht den geringsten Vortheil erlangen.

I.

Was ich hier von der Beharrlichkeit in guten Entschlüssen sage, ist nicht so zu verstehn, als ob wir um irgend Früchte unserer Arbeit einzuernten schlechterdings von dem Augenblikk an, wo wir uns vorsezen irgend einen Fehler abzulegen, oder eine neue Vollkommenheit zu erwerben, niemals etwas müßten gethan haben, was diesem Entschluß zuwider wäre, nie eine Gelegenheit müßten vorbei gelassen haben, die den Vorsaz seiner Ausführung hätte näher bringen können. Eine solche Forderung stritte mit der Unvollkommenheit der menschlichen Natur und würde uns unsere Pflicht als etwas unmögliches darstellen; aber das müssen wir von uns selbst verlangen, wenn wir auf den Ruhm der Beharrlichkeit Anspruch machen wollen, daß der Entschluß selbst unwandelbar sei, daß keine Abweichung davon überlegt und vorsäzlich sei, sondern vielmehr jede als ein trauriger Beweis unserer Schwäche bereut sei, daß wir nie auf halbem Wege stehn bleiben oder an einem Anfang des vorgesezten guten genug zu haben glauben, vielweniger je unsern ganzen Entschluß aufgeben und uns überreden, daß der Fehler, den wir ablegen wollten, wol nicht so vieler Mühe werth, das gute, das wir suchten, wol nicht so wesentlich nöthig sei, daß wir immer willig bleiben unsere Kräfte daran zu sezen, bis unsere Absicht so weit erreicht ist, als es unsere Verhältnisse erfordern, und die menschliche Natur es zuläßt. Das ist die Beharrlichkeit, von welcher ich glaube, daß ohne sie alle Mühe, welche wir eine Zeitlang auf unsere Besserung gewandt haben, sie betreffe nun unsern ganzen Wandel oder nur einen Theil unseres Gemüths, wirklich ganz und gar verloren ist.

Denn m. Fr. besser sein als vorher, dieser Ruhm ist nicht so leicht erworben, das will etwas mehr sagen als einige Handlungen gethan zu haben, die man sonst nicht zu thun pflegte, irgendwo einer Versuchung widerstanden zu haben, wo man sich sonst in keinen Streit einließ. Nicht eher ruft uns unser Gewissen dieses tröstliche Zeugniß zu, bis wir eine Art des guten, die wir sonst nicht ausübten, mit einer solchen Leichtigkeit thun, als ob sie unsern natürlichen Neigungen gemäß wäre, bis ein gewohnter Fehler so abgelegt ist, daß wir nur selten noch in eine merkliche Versuchung gerathen ihn zu begehn. Es lassen sich freilich verschiedene Verhältnisse denken, unter denen man sich dieser Unbeständigkeit überläßt; man kann noch im ersten Anfang begriffen, man kann der Erreichung seiner Absicht schon ganz nahe gekommen sein;

aber das alles macht hierin keinen Unterschied, in keinem von beiden Fällen sind wir nur um das geringste besser geworden.

Aller Anfang ist schwer, die ersten Versuche zur Ausführung eines zu unserer Besserung abzwekkenden Entschlusses kosten unstreitig viel Aufmerksamkeit, viel Mühe und Ueberwindung, und wir haben Recht uns zu freuen, wenn sie uns glükklich gelungen sind; aber wenn wir nichts leisten als das, wenn wir dabei schon ermüden und unsern Vorsaz aufgeben: so ist doch alle Anstrengung, die wir auf diese Handlungen gewandt haben, vergeblich gewesen; sie führten ja nicht zu dem Zwekk, um dessentwillen sie doch allein Achtung und Beifall verdienten, es waren nur so hingeworfene Versuche ohne allen Einfluß auf den übrigen Theil des Lebens.

Freilich sind wir geneigt zu glauben, daß sie dessen ungeachtet noch einen Werth haben, daß sie wenigstens rühmliche Zeugnisse unserer damaligen guten Gemüthsverfassung sind. Aber nein, auch das verschwindet, wenn wir es etwas genauer überlegen; bei allem schönen und großen Anschein solcher Handlungen hat es doch an dem rechten Grunde gefehlt; es war kein wahrhaft guter Wille da, keine rechte Ehrfurcht gegen die Gebote Gottes und die Aussprüche unseres Gewissens. Was unser rechter Ernst ist, was wir als ein nothwendiges unnachlaßliches Erforderniß zum Hauptzwekk unserer Handlungen machen, das ist uns auch um keine Mühe, um keine Anstrengung, um keinen Zeitaufwand zu theuer. Dabei aber haben wir denn immer noch so Nebenabsichten, Dinge, die wir im Vorbeigehn recht gern mitnehmen, um derentwillen wir auch wol einige ernsthafte schwere Unternehmungen wagen; aber wenn es uns zu lange dauert, wenn es zu viel Aufopferung fordert, so lassen wirs liegen. Lieber, der du deinen Vorsaz noch auf der ersten Stufe seiner Ausführung aufgabst, was war wol die Tugend, der du nachgingst diese ganze Zeit über, so ein Hauptzwekk oder so eine Nebenabsicht? Woran hing wol dein

Herz eigentlich, an der Vollkommenheit, für die du dir einen Preis sezteſt, den du nicht überſteigen willſt, oder an der sorglosen Trägheit, welche du nur auf wenige Augenblikke missen konnteſt?

Ein anderer glaubt vielleicht mit mehrerm Recht ausruhn und ablassen zu können von seiner Arbeit, ob er gleich auch weiß, daß er noch nicht ans Ende gekommen ist; aber er ist ihm doch weit näher, es giebt schon gewisse Fälle, wo es ihm keine Mühe mehr kostet seinen alten Fehler zu besiegen, oder die neue Tugend auszuüben; und doch, wenn er sich nur erlauben kann seinem Bestreben ein Ziel zu sezen: so ist er um nichts gebessert, was er errungen zu haben glaubt wird er nur gar zu bald verlieren. Warum denn nicht weiter fortgehn auf dem Wege, den er mit so gutem Erfolg betreten hat? Er ist es auch satt sich so viel Mühe zu geben, so genau auf alle Umstände zu merken, die ihn in Versuchung führen könnten, so viel Vorkehrungen bei seinen Handlungen zu treffen, so viel Aufmerksamkeit auf sie zu wenden, so unablässig gegen sich selbst zu kämpfen. Wenn das die Ursachen sind, warum er sich gern überreden möchte, daß er es nun wol dabei bewenden lassen könnte, so ist ihm sein übles Schikksal wol eben so gewiß. Sich einen höhern Grad des guten und der Vollkommenheit zu erwerben, dazu gehört nicht mehr Mühe als sich im Besiz desjenigen zu erhalten, was man nur eben erst erlangt hat, und worin man noch so zu sagen neu und fremd ist. Scheut er jenes, so wird ihm auch dieses nicht gelingen. Die Wachsamkeit auf uns selbst ist gewiß von allem was den wahren Christen ausmacht das schwerste; wer erst von dieser nachläßt, der wird nur zu oft aus Unachtsamkeit in seine alten Fehler zurükkfallen, je öfter das geschieht, desto mehr nimmt diese üble Gewohnheit zu, desto mehr verliert er von der Fertigkeit, die er wirklich schon hatte; so kommt er nach und nach immer weiter zurükk, unmerklich ist er wieder in dem Zustande, wo er zuerst aufmerksam wurde und einsah, wie nöthig es ihm wäre besser zu werden. Was hat er also durch seine erste Bemühung gewonnen? er muß von vorn anfangen, er hat seine Zeit und seine Kräfte verloren.

Und das ist noch nicht der ganze Schade. Je länger diese Nachlässigkeit gedauert hat, je vorsäzlicher sie gewesen ist, desto mehr ist er unterdeß zu allem übrigen untüchtig geworden. Es ist ja leider wahr, daß wie Christus sagt das Fleisch überall schwach ist; unsere ungeordneten Neigungen, unsere Sucht nach einzelnen frohen Augenblikken, wobei wir uns um das wahre bleibende Wohl so wenig bekümmern, steht uns bei der Uebung des guten genug im Wege; wenn nun auch der Geist aufhört willig zu werden, wenn auch unsere Grundsäze verderben, und die Forderungen an uns selbst nachlassen: so bleibt ja nichts mehr, was uns zum guten hinführt. Wer es sich einmal erlaubt hat mit Ueberlegung ein Bestreben aufzugeben, dessen Fortsezung ihm doch die Religion gebietet; wer erst in einem Stükk sich überredet hat, daß er zu schwach sei das zu thun, was er thun soll: der gewöhnt sich bald an diesen Gedanken, so verächtlich er auch ist; es finden sich immer mehr Fälle, wo er sich für eben so berechtigt hält sein Unvermögen vorzuschüzen, und bald glaubt er bei jeder mäßigen Anstrengung das ganze Maaß seiner Kräfte erschöpft zu haben und fernerer Bemühungen billig überhoben zu sein. Kein Fehler wird nun mehr besiegt, keinem Vorurtheil sein schädlicher Einfluß benommen, nichts zur Besserung geschieht, sobald es Mühe und Arbeit kostet. Tausend unrechte Handlungen, aus Uebereilung und Irrthum entsprungen, wenn sie auch noch so traurige Folgen haben und noch so wenig zu billigen sind, schaden nicht so viel als der Mangel an Lust und gutem Willen, der bei dieser elenden Unbeständigkeit immer zum Grunde liegt. Wenn das Vertrauen weggeworfen ist, daß uns Gott keine als menschliche Versuchung zuschikkt, keine, über die wir nicht durch Gebet und Anstrengung siegen können; das Vertrauen, daß er den demüthigen Gnade giebt, und daß auch die schwachen mächtig werden durch die Kraft der Religion; wenn erst in einem Stükk die Ueberzeugung weggeworfen ist, daß wir können, was wir sollen: wo soll dann auch für alle übrigen der freudige Muth herkommen, der uns so unentbehrlich ist, und bei dem wir allein mit Wahrheit sagen können, seine Gebote sind nicht schwer. Unglükklich ist freilich der, der noch nicht dazu gekommen ist Entschlüsse zu fassen, die doch zu seiner Besserung nöthig wären; aber doch sind die Aussichten dessen noch weit trauriger, der einmal irgend einen Kampf gegen das böse angefangen, der es einmal gewagt hat sich gegen die unrechtmäßige Herrschaft seiner Fehler und Schwachheiten zu empören, aber von vorzeitiger Muthlosigkeit ergriffen wieder abläßt und nun gar an seiner eignen Erfahrung eine Entschuldigung zu haben glaubt, um unter ihrem Joch zu bleiben.

II.

So groß nun die Nachtheile sind, die uns aus diesem Mangel an Beständigkeit erwachsen, so nichtig sind die Vortheile welche wir davon zu genießen hoffen. Wir wollen Mühe sparen, uns der Ruhe und Sorglosigkeit überlassen, manchen Unannehmlichkeiten ausweichen, die wir uns sonst hätten müssen gefallen lassen, manche Freude genießen, die wir hätten entbehren müssen. So wenig das alles auch ist für den, der einen hohen Zwekk seines Daseins kennt, so ist doch auch das nicht einmal richtig.

Was wir unangenehm empfinden, so klagen wenigstens die Menschen allgemein, drükkt uns immer stärker nieder als die Freude uns aufrichtet, und unter allen Schmerzen ist doch der der stärkste, wovon wir selbst der Gegenstand sind, die innere Unzufriedenheit, die Vorwürfe des Gewissens, die Verachtung unser selbst; und das ist es doch gewiß, was wir von dieser Unbeständigkeit ernten, denn es ist nicht möglich, daß alles vorhergegangene gar nicht in unsere Gedanken zurükkehren sollte, und wenn es kommt, so ist es nicht möglich, daß der Eindrukk davon anders als demüthigend bitter und anklagend gegen uns selbst sein kann. Ich sage, es ist nicht möglich, daß wir das vorhergegangene ganz vergessen sollten. Ein Entschluß, der einen wichtigen Gegenstand hat und schon von einigen Folgen begleitet gewesen ist, die große Veränderung in unserm innern theils vorbereitet, theils hervorgebracht haben, ist etwas zu wichtiges, als daß er uns nicht oft und besonders bei allen Begebenheiten, die in einem nähern Verhältniß zu demselben stehen, ins Gedächtniß zurükkommen sollte. Geht es uns doch oft so mit solchen Entschlüssen, welche sich bloß auf unsern äußern Zustand beziehn; sie sind uns noch oft mit allen Umständen gegenwärtig, wir wissen noch, wie sie entstanden sind, entweder nach und nach oder plözlich, wie wir rascher oder ängstlicher die ersten Schritte zu ihrer Ausführung gethan: und es sollte nicht eben so sein mit den beiden entgegengesezten Entschlüssen, deren einer zum Vortheil der Tugend und Vollkommenheit gefaßt wurde, und der andere zum Vorschub unserer Trägheit, unserm Bestreben Einhalt zu thun. Ach sie werden oft vor uns stehn, jener mit all den feierlichen Umständen womit wir gewöhnlich eine neue Laufbahn anfangen, mit der frommen Begeisterung, womit wir uns aufs neue zur noch genauern Befolgung der Gebote Gottes einweihn, mit der rüstigen Anstrengung unserer Kräfte, mit dem brünstigen Gebet; dieser mit der Unruhe, die ihm vorherging, mit der dumpfen Betäubung, die ihn begleitete, mit dem Leichtsinn, der darauf folgte. Eben so lebhaft werden wir uns oft die Handlungen erinnern, welche zwischen beiden liegen. Sie haben uns so viel Mühe gekostet, wir haben sie als die Erstlinge unserer Kräfte geliebt, sie galten uns lange für die schönsten Augenblikke unsers Lebens und waren uns die angenehmste Erinnerung. Also sind auch sie uns zu tief eingeprägt, um so auf einmal zu verschwinden. So oft ähnliche Fälle eintreten, so oft es wieder möglich wäre so groß und edel zu handeln, werden ohne Zweifel die vergangenen Thaten vor uns stehn unvergessen, wenn wir sie auch vergessen zu können wünschten. Also erinnern müssen wir uns, aber es kann unmöglich eine angenehme Erinnerung sein.

An das gute zurükkzudenken, welches uns Gott ehemals zu Theil werden ließ, an Leiden, welche überstanden sind, an Fehler, von denen wir uns gebessert haben: das wird allemal bei einem wohlgesinnten Gemüth mit Dankbarkeit gegen Gott und allerlei guten Gedanken begleitet sein; aber an gute Handlungen sich zu erinnern, die wir jezt nicht mehr ausüben, an christliche Fortschritte in der Tugend, die wir jezt aufgegeben haben: das ist gewiß das quälendste, was uns der vergangene Theil unseres Lebens darbieten kann. Da sehn wir ja recht deutlich, was für Kraft in uns ist, wenn wir nur wollen, denn wir müssen doch fühlen, daß wir eigentlich seitdem nichts verloren haben, als durch unsere Trägheit, da stellen wir uns vor, was wir nun sein könnten, wenn wir so fortgefahren hätten; und wenn wir das mit dem vergleichen, was wir wirklich sind, da muß ja wol Reue und Schmerz sich unser bemeistern, da können wir ja wol nichts anderes empfinden, als, so hart es auch ist, Verachtung gegen uns selbst, gegen unsern Kleinmuth und Weichlichkeit. Und wenn die Abweichung von unserm Entschluß die ungestörteste Ruhe zur Folge gehabt hätte, den ununterbrochenen ungetrübten Genuß von allerlei Freuden des Lebens, die uns sonst nicht hätten zu Theil werden können: so kann uns das nicht entschädigen, denn jene Ruhe läßt nun weiter keine Empfindung des Beifalls und der Zufriedenheit mit uns selbst zurükk, hingegen müssen wir fühlen, wie wir uns selbst achten und über unsern Wandel und die Gnade Gottes an uns freuen müßten, wenn wir unterdeß fortgefahren hätten, die sorglose Ruhe zu verschmähn und unsere Zeit ferner mit mühseliger Arbeit an uns selbst, mit munterer Anstrengung unserer Kräfte zuzubringen. So lieb uns die Freude auch sein möge, die wir anstatt dessen genossen haben, so werden wir sie doch bei einer solchen Betrachtung mit ganz andern Augen ansehn, wir werden mit uns selbst zürnen, daß wir uns durch sie verführen ließen, wir sehn ein, daß es weit edler gewesen wäre, uns weit mehr wahre Zufriedenheit bereitet hätte, sie hintenan zu sezen, um in unsern Bemühungen fortzufahren, um besser zu werden und uns des Namens wahrer Jünger Jesu würdig zu machen. Solche Augenblikke sind es, die wenn wir noch nicht ganz verdorben sind unsere Unbeständigkeit uns mitten unter dem scheinbarsten Glükk des Lebens bereitet.

Mit welchem Gefühl werden wir erst an den Augenblikk zurükkdenken, dem wir das alles zu danken haben, wo wir zuerst den Muth sinken ließen, wo wir zuerst vorsäzlich unsern Vorsaz aufgaben und auf unserm Wege still standen. Damals vielleicht, als wir dazu verleitet wurden, glaubten wir selbst theils, daß wir schon etwas von dem erlangt hätten, wonach wir strebten, theils, daß wirklich unsere Kräfte erschöpft wären, daß es Zeit sei dem Verlangen unserer schwachen Natur nach Ruhe und Erholung nachzugeben; aber das ist auch nur eine Täuschung, die alsdann, wenn wir einmal mit Vorwürfen gegen uns selbst beschäftigt sind, nicht Stich hält. Bei aller Ueberzeugung von der Unvollkommenheit und Schwäche der Menschen überhaupt ist doch ein natürliches Gefühl in uns, welches uns sagt, daß keiner je so viel gelitten hat, er hätte noch mehr leiden können ohne zu erliegen, keiner je so viel gethan, er hätte darin noch mehr thun können, daß die Kräfte des Menschen ungemessen sind, und noch keiner sagen könne, daß er ans Ende derselben gekommen sei, daß also in allen Fällen und so weit wir es auch gebracht haben mögen die Regel des Apostels ihre Richtigkeit hat, daß es am besten sei nicht nach dem zu sehn was dahinten ist, nicht zu fragen, ob das nicht alles sei, was in unserer Gewalt stehe, sondern so lange noch etwas vor uns ist, dem mit unermüdeten Eifer nachzujagen. Das Gefühl wird nur zu bald auch bei uns zurükkehren und uns die Augen über unsere eigentliche Lage öffnen; wir werden sehen, daß nur eine scheinbare Entkräftung, nur ein Anfall von Trägheit, nur eine zu gute Meinung von dem, was wir schon geleistet hatten, uns zu dem weichlichen Entschluß bewog; wir werden, wenn unser guter Wille noch nicht ganz erstorben ist, die Zeit, die wir seitdem auch noch so glüklich verlebt haben, für unsere Bestimmung verloren halten und Reue und Unzufriedenheit werden uns den Genuß jeder dieser Freuden verbittern.

Nur derjenige m. a. Fr. kann der bittern Stunde entgehn, die ihm seine Wankelmüthigkeit durch die Vorwürfe seines Gewissens bereitet, der die Stimme desselben ganz erstikkt, der der Tugend ganz entsagt; dem erscheinen dann die guten Entschlüsse die er ehemals gefaßt als Irrthümer, von denen er nun geheilt ist; die guten Handlungen, die ein so schöner aber leider vergeblicher Anfang der Tugend waren, als Thorheiten, denen er nun entsagt hat; der sieht den Augenblikk, wo er es zuerst wagte sich den strengen Forderungen seines Herzens muthig zu entziehen, als den ersten Anfang seines Glükks und seiner Ruhe an. Aber das m. Fr. ist es doch nicht, wohin wir wollen, wenn wir aus Ueberdruß und Ermüdung von unserm Eifer nachlassen; wollen wir aber dahin nicht, so bereiten wir uns durch ein solches Verfahren nichts als Reue und Bitterkeit gegen uns selbst.

Das laßt uns doch verhüten, laßt uns doch die Mühe, die wir einmal angewandt haben, nicht ein so schlechtes Ende nehmen. Auch wenn es nur eine unbeträchtliche Schwachheit ist, die wir ablegen wollen, auch wo es nur eine von den weniger wesentlichen guten Eigenschaften ist, wonach wir streben, auch da laßt uns von unserm Eigendünkel und unserer Trägheit nicht zur Unbeständigkeit verführt werden, auf daß wir uns nicht an Nachlässigkeit und Wankelmuth gewöhnen. Viel mehr noch laßt uns auf unserer Hut sein, wo es auf nothwendige für unser ganzes Leben wichtige Tugenden und Fehler ankommt. Es wird uns freilich manchmal schwer beständig zu bleiben und auszuharren, da laßt uns das Unglükk bedenken, dem wir entgegen eilen, und alle Mittel ergreifen, die uns dagegen zu Gebote stehen. Laßt uns auf das Ziel sehen, das uns vorgestekkt ist, auf das Beispiel Jesu und seiner ersten Jünger, welches uns vorleuchtet, und zur Kraft der Religion und des Gebets unsere Zuflucht nehmen, so wird es auch uns möglich werden in unserm Beruf und in allen einzelnen Theilen desselben zu beharren bis ans Ende! Amen.

XIII.

Anregung zum Danke gegen Gott wegen der Wohlthat des wiedergeschenkten Friedens *).

Ueber Ps. 100, 4—5.

1795.

Ehre sei Gott in der Höhe, Friede auf Erden und den Menschen ein Wohlgefallen! —

M. g. Fr. und Mitbürger. Eine wichtige, eine außerordentlich frohe Begebenheit versammelt uns heute. Friede! Friede! das ist das große Wort des heutigen Tages, das ist der erfreuliche Gegenstand unserer Feier. Was so lange das Ziel unserer wärmsten Wünsche, unserer gespanntesten Erwartungen gewesen ist, das ist endlich erfolgt nach so manchem schweren Kampf, nach so mancher vergeblichen Hoffnung. Wenn wir m. Fr. geneigt sind in einsamen Stunden über den Zusammenhang dieser großen Begebenheit nachzudenken und in Augenblikken des Ver-

*) Dieser Friede wurde am 5ten April 1795 geschlossen.

D. H.

gnügens die unschuldigen Ergießungen unserer Freude mit einander zu theilen, so laßt uns jezt zu höheren Gefühlen und Betrachtungen uns erheben; laßt uns mit unsern Gedanken aufsteigen zu demjenigen, der die Quelle des Heils ist, welches uns widerfährt. Laßt uns ihm unsern Dank unser Lob, unsere Verehrung darbringen! Wir ermuntern uns dazu durch sein heiliges Wort.

Text. Ps. 100, 4—5.

Gehet zu seinen Thoren ein mit Danken, zu seinen Vorhöfen mit Loben; danket ihm, lobet seinen Namen! denn der Herr ist freundlich und seine Gnade währet ewig und seine Wahrheit für und für.

Der schöne Lobgesang, aus welchem diese Worte genommen sind, athmet ganz das Gefühl eines gerührten, von den Wohlthaten des Höchsten durchdrungenen Herzens, und das ist gerade die Stimmung, in welcher wir alle uns heute billig befinden. Denn solche fromme Gefühle können nur als die Frucht vorhergegangener Betrachtung über die Werke und Thaten Gottes in uns entstehen, und heute haben wir eine große, eine herrliche, eine bewundernswürdige That des Höchsten zu feiern. Laßt uns also in den Geist unseres Textes eindringen, ohne uns länger bei den Worten desselben aufzuhalten. Wir wollen uns ermuntern zu einem innigen Danke gegen Gott wegen der Wohlthat des wiedergeschenkten Friedens; zu dem Ende wollen wir erstlich das wohlthätige desselben uns in einer kurzen Uebersicht vor Augen stellen und dann zweitens überlegen, wie sehr wir Ursach haben, dies alles als ein Werk des Höchsten anzusehen.

I.

Wenn ich, indem ich die großen Vortheile des Friedens ins Licht sezen will, bei demjenigen anfange, was uns selbst, die **Bewohner dieser Stadt**, **dieser Gegend**, **dieser Provinz** betrifft, so geschieht es warlich nicht, um in die überspannten Klagen mit einzustimmen, welche wir in dem kurzen Zeitraum des nun beendigten Krieges nur zu oft ausgestoßen und gehört haben, sondern vielmehr, um euch zur Gerechtigkeit gegen die Vorsehung aufzufordern, welche uns so vorzüglich verschont und begünstigt hat. Es mag sein, daß der Lauf des Krieges mit die Ursach davon gewesen, daß so manche Bedürfnisse des Lebens und des Wohllebens kostbarer herbeizuschaffen gewesen; es mag sein, daß so manche Classen unserer Mitbürger einen gewissen Drukk desselben auf ihren Geschäften gefühlt, daß er ihre gewohnte Betriebsamkeit gelähmt hat; vergleichen wir aber das mit dem, was andere Völker und Gegenden gelitten, mit dem was unser Schikksal in jenem weit verderblichern Kriege gewesen, dessen fürchterliche Spuren nach einigen dreißig Jahren kaum gänzlich vertilgt sind — hat wol der Feind unsere Saaten und Ernten gestört? unsere Vorrathskammern geleert, unsere Verwandten als Geißeln hinweggeführt, unsere Städte und Dörfer verwüstet? haben wir seinen Uebermuth, seine Erpressungen, seine Gewaltthätigkeiten ertragen müssen? hat er alle Schrekknisse des Krieges dicht vor unsern Augen verbreitet? Laßt uns immer gestehen, daß wir für unsern Theil vielleicht einige Segnungen des Friedens entbehrten, aber gewiß, die eigenthümlichen Uebel des Krieges haben wir nicht empfunden.

Ich sage das keinesweges m. Fr., um etwa unsere Dankbarkeit für den wiedergeschenkten Frieden in Gleichgültigkeit zu verwandeln. Es ist vielmehr sehr erfreulich, daß auch die geringen Unbequemlichkeiten, die wir empfunden haben, nun aufhören sollen, daß Friede und Ruhe alle Gewerbe wieder beleben, daß die Schäze und Kräfte des Staats wieder zu unserm eigenen besten wuchern werden, daß das Auge und die Sorgfalt unseres Königs und seiner Räthe wieder mit ungetheilter Aufmerksamkeit und glükklichem Erfolg auf die Befestigung und Vermehrung unsers Wohlergehns gerichtet sein wird, ja die Hoffnung dieses bessern Zustandes hat schon von dem ersten Augenblikk an, da die erwünschte Nachricht erschien, das Angesicht eines jeden guten Bürgers erheitert. Ich führe dies nur an, um uns nun auch zu einer Freude aufzufordern, die weniger auf der Berechnung unseres eigenen Vortheils beruht, sondern sich auf edlere Gefühle der Theilnahme und der Menschenliebe gründet und unserm Herzen desto mehr Ehre macht.

Laßt uns auf jene zahlreiche Classe unserer Mitbürger sehen, welche so lange der Gegenstand unseres gerechten Mitleidens, unseres freundschaftlichen Trostes, unserer thätigen Unterstüzung gewesen ist; ich meine diejenigen, welche Väter, Gatten, Kinder und liebe Freunde unter den Vertheidigern des Vaterlandes haben. Wie mancher harte Schlag hat nicht viele unter ihnen getroffen. Obgleich es der mörderischen Tage für unsere Krieger nicht viele gegeben, obgleich nicht viel preußisches Blut die Erde gefärbt hat, so hat doch manche Familie diesen glükklichen Tag mit dem Verlust eines treuen Versorgers, eines lieben Sohnes erkaufen müssen. Viel Thränen eines gerechten Kummers sind geflossen, viel vergebliche Klagen darüber sind gehört worden, daß sie die Fehler anderer mit dem Verlust desjenigen büßen mußten, was ihnen im Leben das liebste war. Wo aber auch das nicht geschehen ist, da mußte das Herz vieler tausende von banger Besorgniß beständig gefoltert sein. Täglich wußten sie die ihrigen den Gefahren der Gefangenschaft, der Verwundung und des Todes ausgesezt, ohne eine hülfreiche Hand nach ihnen ausstrekken, einen erquikkenden Blikk ihnen zuwenden zu können, und wenn erst die Umstände vermuthen ließen, wenn der Ruf sich verbreitete, daß der Tod eine große Ernte halten, daß Heere an einander gerathen, daß Geschüz und Schwerter wüthen würden: welche angstvolle Ungewißheit von diesem Augenblikk an, bis endlich die Nachricht des Lebens oder des Todes sie — nur auf kurze Zeit — endigte. Das m. Fr. soll nun nicht mehr geschehen, die Schwerter glänzen nicht mehr, und der Donner des Geschüzes schweigt. Die Angelegenheiten eines fremden Volks sollen hinfort nicht mehr Wittwen und Waisen unter uns machen; die Unruhen eines fernen Landes sollen nicht länger Zerrüttung in unsere Familien bringen und die süßen Bande der Natur gewaltsam zerreißen; kein geängstigtes Herz soll länger ohnmächtige Wünsche und fruchtlose Seufzer nach dem unglükklichen Schauplaz der Verheerung hinschikken. Bald wird die süße Wiedervereinigung geschehen, jeder wird die seinigen umarmen, und wir, die wir Zeugen ihres Elendes waren, werden auch Zeugen ihrer Freude sein.

Laßt uns der Bewohner jener Provinzen unseres Königs gedenken, über die auch zulezt der Krieg seine Geißel geschwungen hat. Vom ersten Anfange desselben an mußte schon die Wahrscheinlichkeit, daß auch zu ihnen der erbitterte Feind sich nahen könnte, ihre heiteren Stunden trüben und Freude und Lächeln von ihnen verscheuchen. Er kam endlich, die Wogen des Sieges wälzten seine Heere über ihre Fluren. Die gewohnte Ordnung der bürgerlichen Einrichtung wurde gestört. Gerichte und Obrigkeit bekamen eine neue Gestalt, ihre Kirchen wurden Kornböden, ihre Häuser Krankenzimmer. Gewaltsam mußten sie ihre Vorräthe und Habseligkeiten mit dem dürftigen Krieger theilen, der ihre eigenen Schäze zum fernern Drukk ihres Vaterlandes brauchen wollte. So seufzten sie unter der Last des Krieges, und die Furcht vor dem, was noch kommen möchte, störte jeden ruhigen Genuß desjenigen, was ihnen noch übrig gelassen war. Auch ihnen glänzt jezt die schöne Aussicht auf Wiederherstellung und Ruhe; sie fangen an mit erneuerten Kräften den Künsten des Friedens obzuliegen; der Feind hat ihre Gegenden verlassen; wo seine Heere noch stehen, da stehen sie als versöhnte Freunde, und brüderliches Vernehmen löscht nach und nach das bittere Andenken an die Vergangenheit.

Laßt uns unsere Augen auf den Zustand Deutschlands richten, welches unser großes Vaterland ist. Diejenigen Theile desselben, wo sich die Natur in ihrer ganzen Pracht und Schönheit zeigt, die unter die lachendsten, angenehmsten Gegenden unseres Welttheils gerechnet wurden, wo die Erde so vorzüglich die Mühe ihrer Bearbeiter lohnt und Wohlstand und Ueberfluß über ihre Kinder verbreitet, diese bieten dem traurigen Auge jezt nichts dar als öde Städte, entvölkerte Dörfer, verwüstete Landschaften und statt des Bildes der Heiterkeit und des Reichthums freudenleere Gesichter, von den Furchen des Hungers und des Elendes verunstaltet. Doch nicht nur diese einzelnen Gegenden beherrschte der Krieg mit seinem eisernen Scepter. Wenn von überall her, wo nur deutsche Völker wohnen und deutsche Sprache geredet wird, Krieger zusammengebracht wurden, um das Vaterland bald zu retten bald zu verherrlichen, Abgaben und Schäze zusammengeholt wurden, um sie zu rüsten und zu ersezen: so hat sich auch sein schädlicher Einfluß auf die Zufriedenheit und den Wohlstand der Menschen über jeden Theil des deutschen Landes verbreitet. Es soll ihm Einhalt gethan werden, es wird nur an ihnen und ihren Beherrschern liegen, wenn sie nicht alle Wohlthaten des Friedens mit uns genießen und alles gute benuzen, welches ihnen seine Rükkehr verschaffen kann. Jene verwüstete Gegenden werden sich wieder erholen: die Gnade des Himmels verspricht es, welcher immer wieder aufrichtet, wenn er geschlagen hat, die Umstände verbürgen es, indem sie ihnen eine lange Ruhe sichern.

Doch wir müssen nicht bloß in den engen Grenzen unseres Vaterlandes stehen bleiben; viel weiter hat der Krieg seine schädlichen Folgen ausgedehnt, viel weiter wird auch der wohlthätige Friede mit seinem Ersaz reichen. Jenes unglükkliche Land, welches wir so lange feindselig behandelten, ist dadurch **an den Abgrund des Elendes gebracht worden**; der Krieg hat das traurige Werk der Zerstörung vollendet, welches innere Unruhe begonnen hatte. Viele tausende seiner tapfern Bewohner sind den Tod fürs Vaterland gestorben; Handel, Verkehr, Gewerbe und Akkerbau sind vernichtet; alle Schrekknisse des Mangels treten ein, und so lange es genöthigt war seine Kräfte zu einem auswärtigen Widerstand zu verschwenden, war es außer Stande den großen Zwekk seiner Anstrengungen und seiner Unglükksfälle zu erreichen. Viele benachbarte Völker und Königreiche hat der Krieg gleicherweise verwüstet; fast die ganze gesittete Erde ist durch ihn erschüttert worden; in die entferntesten Welttheile sind seine Funken geflogen und haben dort ein neues Feuer entzündet; das Meer selbst hat in seinen Tiefen den Donner des Krieges gehört und die Leichname der gefallenen auf seinen Wellen getragen. Wenn gleich der Friede, den wir jezt genießen, nicht alle diese Uebel heilt, so haben wir doch alle Ursach ihn als den Vorboten einer allgemeinen Ruhe anzusehen und zu hoffen, daß andere Regenten dem weisen Beispiel folgen werden, womit ihnen der unsrige vorleuchtet! Wir werden sehen, daß der Friede mit seinen Segnungen wieder die ganze Erde beglükkt, daß seine wohlthätige Hand alle Wunden des Krieges heilt, daß auch das bedauernswürdige Frankreich unter seinem Schuze wieder gedeiht, und daß alle Völker in ungestörter Eintracht, jedes auf seine Weise, dem Ziel bürgerlicher Glükkseligkeit und menschlicher Vollkommenheit nachgehn.

Was aber für ein gefühlvolles Herz das allerschäzbarste ist, ist dieses, daß wir **nun wieder ganz anfangen können Menschen zu sein und uns allen Gefühlen der Theilnahme und der Bruderliebe ohne Rükkhalt zu überlassen**. Es ist traurig, daß wir ohnerachtet unserer natürlichen Anlage zur Geselligkeit dennoch in manchen Umständen genöthigt sind, uns über das Unglükk unserer Brüder in dem nämlichen Augenblikk zu freuen, da wir es bedauern. Wenn das Feuer des Himmels das Haus meines Nachbarn entzündet, so beklage ich ihn und doch freue ich mich, daß nicht eine wenig veränderte Richtung es auf das meinige geführt hat; wenn der Würgengel verheerender Krankheiten umherzieht und ringsum seine Opfer schlachtet, so freue ich mich, daß er ermüdet war, ehe er die Meinigen erreichte. Nirgends aber ist dieser Widerspruch unserer Empfindungen härter und unvermeidlicher als während der blutigen Streitigkeiten der Völker. Wenn der Feind glükklich ist und in unsere Grenzen eindringt, so beklagen wir diejenigen, die seine Stärke fühlen müssen; aber freuen wir uns nicht zugleich, das sie vor uns liegen, daß er an ihnen genug hat und daß noch so manche Feste, so manche Strekke Landes ihre Kräfte an ihm abreiben muß, ehe er uns erreicht. Wenn der Tag der Schlacht da ist, so freut sich der Krieger über die Verheerungen, die sein Schwert anrichtet, über die Reihen, die sein Geschüz daniederwirft; er freut sich, sein Vaterland mit ihm freut sich über das Unglükk derer, die ihm nur als Freunde und Brüder bekannt sein sollten; ja so weit werden alle Regungen der Menschlichkeit erstikkt, daß jeder einzelne sich über den Lauf der Kugel freut, die seinen Nachbar hinstrekkt und ihn verschont. Dieser traurige Zustand hört auf, der Friede verstattet uns die unbedingte Rükkkehr zu allen Tugenden und Freuden der Menschen- und Bruderliebe. Kein Unglükk geschieht mehr in dem weitverbreiteten Zusammenhang der großen Weltbegebenheiten, welches wir als unser Glükk ansehen müßten; keiner fällt, dessen Tod wir als ein Versöhnungsopfer für unser Schikksal feierten; keine Thräne wird mehr geweint, der in unserm Angesicht eine verstekkte Freude antwortete. Für jeden fröhlichen können wir jezt Freude haben und für jeden betrübten Mitleid. Wir dürfen uns nicht länger über neue Zwietracht, neue Zerrüttung freuen, weil sie die Gerechtigkeit unserer Sache ins Licht sezen und den Fortgang unserer Waffen verbürgen; mit herzlicher Freude können wir sehen, wie unsere ehemaligen Feinde anfangen werden Ordnung und Geseze auf die angemessenste Weise unter sich herzustellen, erlittenes und selbstbegangenes Unrecht wieder gut zu machen und die verlassene Stufe der Macht, der Ehre und des Wohlstandes wieder einzunehmen.

Dies, m. Fr., sind die vornehmsten Züge aus dem reizenden Bilde des Friedens; laßt uns nun

II.

sehen, wie viel Ursach wir haben, diese Begebenheit als ein Werk des Höchsten anzusehen.

Wenn gleich unsere Religion es lehrt, wenn gleich unser Gefühl es bestätigt, wenn gleich unser Verstand uns hinlänglich davon überzeugt, daß alles was in der Welt geschieht das Werk des mächtigsten und weisesten Wesens ist: so sind wir doch gar zu geneigt, diese große Wahrheit bei allen alltäglichen Ereignissen zu vergessen, die ihren Grund in dem gewöhnlichen Lauf der Dinge haben. Trägt sich aber etwas wichtiges und auffallendes zu, wobei wir um es zu erklären auf die ewigen unwandelbaren Geseze der Welt und der menschlichen Natur zurükkgehen und in großen Entfernungen die Punkte aufsuchen müssen, woran die Fäden des Schikksals geknüpft sind: dann können wir nicht umhin eben diese Wahrheit in einem desto glänzendern Lichte zu erblikken. Und dies ist gerade der Fall bei der großen Begebenheit, welche der Gegenstand unserer heutigen Betrachtung ist.

Es giebt besonders zwei Ursachen, welche die Rükkkehr des goldenen Friedens zu uns so glükklich beschleunigt haben. Die erste ist das unbeständige, so sehr wechselnde Glükk des Krieges. Ich glaube wol daß viele unter denen, welche geneigt sind die Tapferkeit der Krieger nach dem Glükk der Waffen und die Stärke des Vaterlandes nach der Anzahl aufgehäufter Siege zu messen, wenig aufgelegt sein werden, diese Unbeständigkeit als eine weise zum Frieden führende

Fügung des Himmels anzusehen, doch ist es nicht anders. Ein einseitiges Glükk, beständige Siege vermehren die Forderung und den Stolz des einen Theils, sie nähren den Haß, den Muth, die Beharrlichkeit des andern und reizen ihn immer aufs neue seine Kräfte gegen das widrige Geschikk anzustrengen, um in einem weniger bittenden Ton das Wort Friede auszusprechen, und ihn weniger aus bloßer Güte zu erlangen. Auf diese Weise nimmt Streit und Blutvergießen bei gereizten Leidenschaften kein Ende. Jenes öftere Wechseln aber, wovon wir in dem kurzen Zeitraum dreier Jahre so viele unvermuthete und wunderbare Beispiele gesehen haben, trägt ein großes bei, die Gemüther zum Frieden zu stimmen. Die Kräfte, welche zur Fortsezung dieses verderblichen Zustandes nothwendig gehören, werden eher und fruchtloser erschöpft; die Schwierigkeit sie beständig zu erneuern wird von dem Ueberdruß unterstüzt, der eine Folge vergeblicher Anstrengungen ist. Die Erbitterung beider Theile stumpft sich nach und nach ab, wenn der eine nicht den wachsenden Uebermuth des andern fürchten darf, und dieser nicht durch die fehlgeschlagene Hoffnung aufgebracht wird, mit jedem Siege seinen Feind kriechender und unterwürfiger zu finden. Sie werden gewohnt sich gewissermaßen als gleich zu betrachten, und das Gefühl dieser Gleichheit giebt ein Vorgefühl von Freundschaft und Zutrauen. Eine gegenseitige Achtung für den Muth, für die Tapferkeit, für die Tugend des andern stellt sich ein und bringt das Verlangen hervor, nicht länger feindselig gegen einander zu handeln. Wäre also jedes Unternehmen von einem günstigen Erfolg begleitet gewesen, hätte sich jeder kleine Umstand für uns erklärt, so würde wahrscheinlich der Streit weit langwieriger und die Art ihn zu führen weit blutiger und unmenschlicher geworden sein.

Eine andere Ursach des beschleunigten Friedens ist die unerwartete Veränderung in dem innern Zustande des feindlichen Landes, der schnelle Sturz derjenigen, deren böser Wille dort so grenzenlos, so tyrannisch zu gebieten hatte. Wenn ihr furchtbarer auf den Trümmern des allgemeinen Wohlstandes gebauter von den Leichen vieler tausend ermordeter Mitbürger gehaltener Thron so fest gestanden hätte, als er zu stehen schien, wir würden warlich nimmer diesen glüklichen Tag gesehen haben. Von dem unsinnigen Eifer beseelt ihre überspannten Gedanken, ihre verkehrten Grundsäze, ihre unhaltbaren Einrichtungen überall geltend zu machen, wohin das Glükk ihrer Waffen sie führen würde, mit dieser wüthenden Begierde, jede wohlgeordnete Verfassung in ihrer Nähe zu vernichten und ihr zerrüttetes Land mit nichts als zerrütteten Ländern zu umgeben, würde wol irgend ein gerechter und billiger Vorschlag bei ihnen Gehör gefunden haben, da er doch unmöglich mit ihren tollen Entwürfen bestehen konnte? Hätte wol irgend ein Vater seines Volks denjenigen den Frieden anbieten können welche Ungerechtigkeit und Treulosigkeit zu ihrem ersten Gesez gemacht hatten, und die leicht eine Gelegenheit gefunden hätten, einen heuchlerischen Vertrag zu brechen und die Früchte ihrer Bosheit zu ernten? Nur die Wiederkehr vernünftiger Grundsäze und einer weisen Mäßigung konnte auch Friede, Vertrauen und Eintracht herbeiführen.

Wem haben wir nun aber jenen Wechsel des Glükks, wem diese unerwartete Veränderung zu danken? Wir sehen auf der einen Seite eine Menge von kleinen Umständen dazu zusammentreffen, viele einzelne Begebenheiten, die, ohne daß ihr Einfluß auf das ganze von irgend einer menschlichen Klugheit im voraus wäre berechnet worden, bloß durch die besonderen Verhältnisse, die kleinen Leidenschaften, die niedrigen Absichten, den elenden Parteigeist einzelner Menschen veranlaßt wurden. Allein der Hauptgrund von beiden liegt in den unwandelbaren Gesezen der menschlichen Natur. Diese bringen es mit sich, daß auf den Sieg Troz, auf den Troz Uebermuth folgt, und daß der Uebermuth ein Vorbote der Sorglosigkeit und des Verlustes ist. Sie bringen es mit sich, daß bei muthigen ihre Kraft fühlenden Menschen gehäufte Unglükksfälle nur dazu dienen die Anstrengung zu verdoppeln, die Klugheit zu wekken, den günstigen Augenblikk mit feiner Beurtheilung wahrzunehmen und mit einem an Verzweiflung grenzenden Muth zu benuzen. Das ist das ganze Geheimniß der wunderbaren Wechsel des Glükks. Jener Uebermuth der feindlichen Heerschaar machte es unsern Streitern leicht ihnen zu verschiedenen Malen deutsche Städte, Feste und Länder wieder abzugewinnen und sie in die Grenzen ihres eigenen Gebiets zurükkzuweisen. Diese verdoppelten Anstrengungen, dieser durch das Unglükk erhöhte Muth hielt die unsrigen in ihren glänzendsten vielversprechendsten Fortschritten auf und rissen ihnen öfters in den nämlichen Augenblikken, da sie alles zu ergreifen glaubten, alles wieder aus den Händen. Die menschliche Natur bringt es mit sich, daß alles in der Welt, das wahrhaft gute ausgenommen, sich durch Umstände unterstüzt zu einer gewissen Höhe erheben kann, aber wenn es diese erreicht hat, auch gewaltsam zurükksinkt und in diejenige Nichtigkeit verfällt, die ihm sein innerer Werth schon bestimmte. So erhob sich auch, so herrschte jene blutdürstige boshafte Rotte, ihre Macht währte eine Zeit lang und als sie ihren höchsten Gipfel erreicht hatte, da dehnte sich plözlich die zurükkgedrängte Kraft der Vernunft und der Gerechtigkeit wieder aus und that ihr ihr wohlverdientes Recht an.

Können wir wol umhin in jener Verkettung kleiner Umstände und Begebenheiten den weisen Finger desjenigen zu erkennen, der von je her selbst die Irrthümer, selbst die Leidenschaften der Menschen mit allen ihren Wirkungen seinem Willen dienstbar zu machen und zu seinem großen Endzwekk zu benuzen wußten? Es ist derjenige, dessen Gnade ewiglich währt. Können wir umhin, in diesem unverrükkten Gang aller menschlichen Schikksale nach den einfachsten Gesezen die mächtige Hand desjenigen wahrzunehmen, der der Welt und den Menschen die weisen ewigen Geseze vorgeschrieben hat, nach denen sich alle Begebenheiten und alle Handlungen ohnfehlbar entwikkeln, und so zusammengesezt und verwirrt sie auch zu sein scheinen, dennoch ganz einfach geleitet werden und sich in die große Ordnung seiner liebevollen Absicht fügen müssen. Es ist derjenige m. Fr., dessen Wahrheit für und für währet.

Eine Wohlthat des Herrn ist also der Tag, den wir feiern. Ihm laßt uns unsern Dank und unsere Anbetung bringen. Er hat die Völker zur rechten Zeit der Eintracht geneigt gemacht, er machte den Frieden leicht, gerade da er am nothwendigsten war. Er gab uns einen König, der mit lobenswürdigem Eifer das Schwert zog um das Vaterland zu schüzen und die Ungerechtigkeit zu demüthigen, aber auch nun mit väterlicher Weisheit das Wohl seines Volks den Träumen von glänzenden Thaten vorzieht und die Kräfte seines Landes bessern Endzwekken aufspart, zufrieden daß ein Theil seiner Absichten durch die verborgenen Wege des Himmels dennoch erreicht ist. Aber laßt auch unsern Dank rechter Art sein. Der Herr hat uns von den Schrekknissen des Krieges befreit, möchten wir uns nun auch aller Segnungen des Friedens würdig und theilhaftig machen; er hat gegeben, daß ein jeder in seiner Hütte friedlich wohnen kann, möchte sie nun auch jeder mit Gerechtigkeit und Weisheit ausschmükken; er hat uns mit unsern Brüdern versöhnt, möchten wir nun auch unser Herz allen Gefühlen der Freundschaft und der Menschenliebe aufthun, daß Gerechtigkeit und Treue, Eintracht und Freude unter uns herrschen. Durch seine Gnade sind wir die ersten, die in den natürlichen Zustand der Ruhe zurükkehren, möchten wir auch an allen Tugenden und Kenntnissen des Friedens allen andern Völkern vorangehn und sie alle an Rechtschaffenheit und Ordnungsliebe, an Fleiß und Betriebsamkeit, an

Aufklärung und Verstand, an Friedlichkeit gegen den Mitbürger und Liebe zum Vaterland übertreffen. Der Wandel nach den Geboten des Herrn, die Fortschritte in allem, was löblich ist und wohllautet, und jede Erkenntlichkeit, die durch Thaten spricht, das ist der wahre einzige Dank gegen den, dem Gehorsam mehr gilt als Opfer, vor dem der weise Genuß seiner Wohlthaten unendlich mehr werth ist als die flüchtige Rührung, die auch der erhabenste Lobgesang hervorbringen kann. Amen.

XIV.

Ueber die Nächstenliebe nach der Vorschrift Christi.

Ueber Matth. 22, 35—40.

Wir hören alle von Jugend auf, daß Liebe des nächsten das höchste Gebot der Religion ist; wir lernen dies nicht sobald glauben, als wir es auch von selbst fühlen, und kaum erwacht unsere Vernunft, so ist es schon ihr erstes Geschäft, diesen Glauben und dies Gefühl durch ihre Aussprüche zu bestätigen. So ist dies also eine Pflicht, die im allgemeinen von allen Menschen von gesundem Verstande anerkannt wird, und man sollte demnach nicht erwarten, daß bei einzelnen Fällen, die da hineinschlagen, die Menschen so verschieden darüber urtheilen würden. Dennoch zeigt dies die tägliche Erfahrung. Man lege einer Anzahl von Menschen, die alle in ihren Reden wenigstens der wahren Religion und Tugend huldigen, irgend einen nur etwas schwierigen Fall vor, wo die Pflichten der Menschenliebe mit andern Rükksichten zu streiten scheinen: so wird man sogleich die verschiedensten Urtheile hören, und jeder wird das seinige für übereinstimmend mit den Vorschriften der Religion und der Sittenlehre erklären. Wenn wir unsere Pflichten treu erfüllen wollen, so müssen wir erst eine vollständige Erkenntniß davon haben, und die Gründe, warum wir dies oder jenes für recht oder unrecht halten, müssen so beschaffen sein, daß sie jedermann einsehn, und niemand ihnen etwas entgegensezen kann. Dies ist es, was in Rükksicht auf die nähere Bestimmung der Pflicht der Nächstenliebe den meisten Menschen fehlt, und was doch jeder haben könnte, da wir unter den Lehren Jesu Christi hierüber eine so allgemeine und alles erschöpfende Regel finden, daß wir sie nur recht zu verstehn und sie uns recht anzueignen brauchen, um vor allem Mißverstand und allem Irrthum sicher zu sein. Zum deutlichern Verständniß dieser Regel wünschte ich durch die folgende Betrachtung etwas beitragen zu können.

Text. Matth. 22, 35—40.

Und einer unter ihnen, ein Schriftgelehrter, versuchte ihn und sprach, Meister, welches ist das vornehmste Gebot im Gesez? Jesus aber sprach zu ihm, Du sollst lieben Gott, deinen Herrn, von ganzem Herzen, von ganzer Seele und von ganzem Gemüthe. Dies ist das vornehmste und größeste Gebot. Das andere aber ist dem gleich, Du sollst deinen nächsten lieben als dich selbst. In diesen zweien Geboten hanget das ganze Gesez und die Propheten.

Du sollst deinen nächsten lieben als dich selbst: das ist der bekannte Ausdrukk, unter dem unser Erlöser alle Pflichten gegen unsere Brüder begreift, das ist die Regel, die uns auch in den schwierigsten Fällen sicher leiten wird, wenn wir sie zur Richtschnur unserer Handlung machen. Um ihren Werth zu zeigen, und ihren Gebrauch zu erleichtern, wollen wir erstlich sehen, was es heißt, seinen nächsten lieben als sich selbst, und zweitens erwägen, daß durch diese Regel uns in jedem Fall sehr deutlich gezeigt wird, was wir zu thun haben.

I.

Wenn gesagt wird, daß wir unsern nächsten lieben sollen als uns selbst, so kann das unmöglich die persönliche Zuneigung betreffen, womit wir andern zugethan sind; diese kann unmöglich im allgemeinen so stark sein als diejenige, welche wir gegen uns selbst fühlen. Alle kleinen Begebenheiten und Verhältnisse anderer mit den nämlichen Augen zu betrachten als unsere eigenen, alle ihre kleinen Schikksale eben so ganz und innig zu empfinden, als wenn sie uns selbst begegnet wären, das sezt eine Kenntniß von ihrer ganzen Lage und Gemüthsverfassung und eine so überwiegende Stimmung zur Theilnahme und Geselligkeit voraus, daß gewiß beide selten oder nie angetroffen werden.

Gesezt aber auch, es wäre möglich andere in diesem Sinne des Worts eben so sehr als sich selbst zu lieben, oder wenn es auch nicht genau so sein könnte wenigstens in einem weit höheren Grade als gewöhnlich stattzufinden pflegt, so kann uns doch dies unmöglich geboten werden. Denn eine solche Zuneigung ist gewöhnlich unwillkührlich; sie stellt sich ein ohne daß wir sie rufen, und eben so steht es oft nicht in unserer Gewalt sie einem Menschen zu schenken, der sie wohl verdient. Es gehört dazu entweder ein ausgezeichneter Charakter, der uns Achtung nicht nur sondern auch herzliches Wohlwollen abdringt, oder eine große Gleichheit der Denkungsart, der Neigung, der Sitten und der ganzen Art und Weise, oder auch viele besonders eng verbundene Umstände und Vorfälle. Das alles kann sich nur sehr selten beisammen finden, und eine solche Liebe also nur wenigen Menschen gewidmet sein. Die Vorschrift aber, welche uns Christus in den Worten des Textes giebt, soll sich auf alle ohne Ausnahme erstrekken. Es kann also keine solche Liebe gemeint sein, die größtentheils in Empfindungen und Gefühlen besteht, sondern eine solche, die aus festen auf alle Menschen anwendbaren Grundsäzen hervorgeht und sich in Handlungen äußert. Sie muß darin bestehn, daß wir für das Wohlergehn unserer Brüder eben so gern nach den nämlichen Regeln und mit dem nämlichen Eifer thätig sind, womit wir für unser eignes sorgen.

Aber wohlverstanden, nicht auf die Art sollen wir unsere nächsten lieben, wie ein großer Theil der Menschen sich selbst liebt, sondern so wie wir uns selbst lieben müssen, wenn wir von rechtschaffenen, vernünftigen und edlen Gesinnungen beherrscht sind. Manche Menschen tragen eine so weichliche überzärtliche Sorge für sich selbst, daß sie sich nicht das geringste Vergnügen versagen und sich oft den größten Schaden anrichten, nur um sich in einer Kleinigkeit nicht weh zu thun. Wollen wir diese zum Vorbild unserer Nächstenliebe nehmen, so würde daraus statt der höchsten Tugend nur jene schwache Gutherzigkeit hervorgehn, die für sich selbst keine Achtung verdient und auch in der Welt keinen wahren Nuzen stiftet.

Laßt uns vielmehr fragen, Wie der weise, der verständige Mensch sich liebt. Er hat eine unverbrüchliche Achtung für seine vernünftige Natur, für alle diejenigen Vorzüge, welche den eigenthümlichen Werth der Menschheit ausmachen; durch alle Vorfälle des Lebens begleitet ihn das Bewußtsein derselben, und das eifrige Bestreben sie sich unverlezt zu erhalten. Sie sind der Schaz, auf den er vor allen andern Gütern des Lebens eifersüchtig ist, und er würde es für das größte Unglükk halten etwas zu thun, wodurch er seinen Antheil daran verwirken und mit Recht geringschäzig nnd verächtlich werden könnte. So laßt uns auch unsern nächsten lieben, auch in seiner Person die Würde der Menschheit ehren und heilig halten; ihn unverdienter weise unsanft behandeln, ihn beleidigen, ihm etwas zufügen, wodurch wir beweisen würden, daß wir ihm die Achtung versagen, die uns selbst so werth ist, das sei uns, und wenn der Weg zu den sichersten Vortheilen, zur vollsten Glükkseligkeit durch eine solche Handlung ginge, eben so unmöglich, als uns selbst muthwillig von der schönen Stufe der Menschheit herunter zu stürzen.

Der vernünftige Mann spannt seine ganze Aufmerksamkeit darauf, keinen Augenblikk und keine Gelegenheit vorbeizulassen, wo er sich seiner Bestimmung nähern und seinen Zustand verbessern kann; aber er ist weit entfernt, mit diesem Bestreben bloß bei denjenigen Vortheilen stehn zu bleiben, die etwa durch Geld oder Geldeswerth zu erlangen sind, oder auch es dadurch zu äußern, daß er leichtsinnig den Wunsch eines jeden Augenblikks befriedigte. Vielmehr stellt er mit vernünftiger Ueberlegung das unwichtige, geringe unter das edlere und bessere, weiset den Bedürfnissen des Geistes und Herzens den ersten Rang an und weiß mit weiser Selbstbeherrschung auch zu entsagen, wenn die Entsagung ihn zu etwas besserem führt. Eben so laßt uns auch gegen unsern nächsten gesinnt sein. Auch seinem Wohlergehn sei gleiche Aufmerksamkeit und gleicher Eifer geschenkt; jede Gelegenheit dazu mitzuwirken sei uns erwünscht und werde mit Lust und Kraft ergriffen. Laßt uns nicht bei derjenigen Wohlthätigkeit stehn bleiben, welche mit milder Hand Gold und Silber ausspendet; viel mehr sei es uns werth ihm zur Erhaltung seiner innern Zufriedenheit, seiner Ruhe, seiner Heiterkeit und vorzüglich seines menschlichen Werthes nach Vermögen gefällig und behülflich zu sein, selbst wenn dazu bisweilen Ernst und Strenge angewandt und der äußere Schein der Güte und Huld verlezt werden müßte.

Die Menschheit in einem jeden achten und lieben, alles was muthwilliger Kränkung ähnlich sieht innigst verabscheuen, zur Beförderung der Sittlichkeit, zur Befestigung guter Grundsäze, zur

Verbreitung nüzlicher Einsichten, zur Begründung der Zufriedenheit, zur Stillung des Schmerzes, zur Erheiterung des Gemüths, zur Befriedigung der Nothdurft, zur Annehmlichkeit des Lebens, zur Veredlung jedes menschlichen und anständigen Genusses durch Lehre und Beispiel, durch Theilnahme und Unterstüzung und durch Einfluß der Geselligkeit beitragen, ohne Arbeit, Zeit und Mühe zu scheuen, eben so freudig und gern, als man dies alles sich selbst zu leisten gewohnt ist: — das sind die Hauptzüge einer Nächstenliebe, die mit der vernünftigen Liebe zu sich selbst von einerlei Grundsaz ausgeht und immer gleichen Schritt hält; das ist der Inbegriff der Pflicht, die uns durch die Worte unseres Textes aufgelegt wird. Laßt uns nun auch

II.

sehen, daß die nämliche Regel uns in allen bedenklichen, streitigen Fällen sicher und ohne Anstoß führen wird.

Die große Verschiedenheit der Menschen in ihren Urtheilen über die Art, wie unter diesen oder jenen Umständen den Pflichten der Menschlichkeit Genüge geleistet werden soll, rührt ohnstreitig daher, daß die Forderungen derselben oft mit andern Rükksichten, Verhältnissen und Pflichten zu streiten scheinen, und daß es den meisten Menschen an festen, bestimmten und allgemein für richtig erkannten Grundsäzen fehlt, wonach sie diese innere Zwietracht entscheiden könnten. Es giebt vielleicht wenige Augenblikke des menschlichen Lebens, wo wir nicht irgend einem unserer Brüder etwas, sei es nun groß oder gering, zu leisten schuldig wären oder wenigstens aufgefordert würden; eben so giebt es aber auch nicht leicht einen, wo wir nicht allerlei für uns selbst zu thun hätten, und indem auf diese Weise jeder Augenblikk ein doppeltes Geschäft hat, wissen wir oft nicht, zu welchem wir greifen und welches wir vernachlässigen sollen. Mit dem nämlichen Aufwand von Zeit, Kräften und Vermögen, welchen die Menschenliebe zu irgend einem Zwekk von uns in Anspruch nimmt, können wir auch für uns selbst immer etwas nüzliches oder wünschenswerthes ausrichten, und das ist es eben, worüber die Menschen sich auf so verschiedene oft ganz entgegengesezte Weise entscheiden. Der Eigennuz schreibt die Regel vor, daß so lange noch etwas für uns selbst zu thun ist, jeder Mensch ja von Natur sich selbst näher sei, als ihm ein anderer sein kann. Bei dieser Vorschrift wird, wenn man sie in ihrer ganzen Strenge befolgt, der Menschenliebe gar kein Raum übrig gelassen, denn wenn wir um liebreich und mildthätig zu sein so lange warten wollen, bis alle unsere eigenen Wünsche befriedigt sind, und der Einbildungskraft gar kein Gegenstand mehr übrig gelassen ist: so werden wir in dem ganzen Lauf des irdischen Lebens keinen einzigen Augenblikk dazu finden. Die Gutherzigkeit schweift auf der andern Seite aus; sie will ihren nächsten mehr lieben als sich selbst und meint, so lange noch etwas für andere zu thun sei, dürfe man nicht an sich denken. Auf diese Weise hört aber alle Sorge für sich selbst auf, und der Mensch ist nichts als ein Werkzeug für andere; ja weil doch der Zustand eines jeden immer auf einige andere einen entschiedenen Einfluß hat, so thut oft die Gutherzigkeit denen, die ihr am nächsten sind, Unrecht um gegen andere gütig zu sein. Beide Grundsäze sind also unvernünftig, und wie man sie auch einschränke und ausschmükke, sie werden nie einen festen, rechtlichen Bestimmungsgrund für unsere Handlungen abgeben, und doch sind die meisten Menschen entweder einem von beiden ausschließend ergeben, oder schwanken unentschlossen hin und her, ohne den rechten Sinn der einfachen klaren Regel Christi finden zu können, welcher uns eine weit vernünftigere, für alle Fälle gleich anwendbare und des Menschen weit würdigere Handlungsweise lehrt.

Wenn uns nämlich geboten wird, daß wir unsern nächsten lieben sollen als uns selbst, so will das soviel sagen, daß wir seine Bedürfnisse, seine Wünsche eben so ansehen, beurtheilen und behandeln sollen wie unsere eigenen. Wenn wir sie also kennen lernen, wenn ihre Befriedigung ganz oder zum Theil in dem Bezirk unserer Kräfte liegt, wenn wir auf diese Weise den Ruf der Menschlichkeit hören: so sollen wir so dabei verfahren, als ob das unsere eigene Sache wäre. Streiten diese Forderungen der Menschenpflicht mit den Antrieben der Selbstliebe, die zu der nämlichen Zeit unsere Geschäftigkeit für unsern eigenen Vortheil in Beschlag nehmen will, so sollen wir das so ansehn, als ob in uns selbst jezt zwei verschiedene Wünsche mit einander stritten, von denen wir nothwendig einen dem andern aufopfern müssen. Das ist ja etwas, was einem jeden täglich begegnet, so daß die Entscheidung, wenn wir von vernünftiger Ueberlegung geleitet werden, uns gar nicht schwer fallen kann. Die Regel Christi enthält also die leichte, überall schikkliche Vorschrift, daß wir uns in solchen Fällen für dasjenige entscheiden sollen, dem wir den Vorzug gegeben haben würden, wenn beides unsere eigenen Wünsche und Bedürfnisse gewesen wären.

Wenn uns also auf der einen Seite ein leicht zu erhaltendes Vergnügen winkt, eine schuldlose Freude uns an sich lokkt; auf der andern Seite aber unfern von uns ein leidender seine Seufzer und die Töne seiner Klage ausstößt, und uns also in die Augen fällt, wie sehr er etwas tröstliches, ein freundliches Gespräch, eine kleine Erheiterung bedarf: können wir uns wol noch bedenken, auf welche Seite wir uns zu wenden haben? Ist es denn nicht augenblikklich bei uns entschieden, daß wir in einem trostbedürftigen Zustand nach dem Zuspruch eines Freundes weit lieber würden getrachtet haben, als nach einer flüchtigen, sinnlichen Ergözlichkeit? So laßt uns also jezt nach der nämlichen Regel handeln und das geringere dem größeren nachsezen, obgleich jenes uns, und dieses einem andern zu Gute kommt.

Wenn wir im Begriff sind einem Gewinnst, einem nüzlichen aber doch entbehrlichen Erwerb nachzugehn, zugleich aber sehen wir einen Freund in einer schwierigen verwikkelten Lage, wo es ihm gewiß willkommen wäre, wenn wir ihm unsere ganze Aufmerksamkeit schenkten, damit noch zwei Augen und ein unbefangenes Gemüth seinem Verstande und seiner Erfahrung zu Hülfe kämen: so wird unser Gefühl uns sogleich sagen, daß, wenn bei uns diese beiden verschiedenen Wünsche gegen einander stritten, wir gern einen beträchtlichen Vortheil aufopfern würden, um dadurch den Rath eines Freundes in einer für unsere Zufriedenheit, für unsere Ehre, für unsere Tugend wichtigen Angelegenheit zu erkaufen, und es ist also unbedenklich, was wir zu thun haben, wenn wir unsern nächsten lieben wollen als uns selbst. Und so giebt das in allen übrigen Fällen eine leichte und sichere Entscheidung.

Wir selbst lassen gewiß das Streben nach einer ungewissen Verbesserung ausgesezt, wenn wir das Bedürfniß fühlen einen bevorstehenden Schaden zu verhüten, also ist es auch unsere Pflicht das Streben nach einem unsichern Vortheil aufzugeben, wenn wir zugleich aufgefordert werden ein großes Uebel von unserm nächsten abzuwenden. So lange uns selbst noch irgend ein nothwendiges Bedürfniß des Lebens unbefriedigt ist, denken wir gern nicht auf Bequemlichkeit und Wohlleben; also laßt uns auch bereit sein einem entbehrlichen Genuß zu entsagen, wenn wir unserm nächsten dadurch die Last der Dürftigkeit und der Noth in etwas erleichtern können.

Von zwei Wünschen, die in uns selbst gegen einander streiten, lassen wir immer den wichtigern vorwalten; von zwei Wünschen, deren einer uns und der andere einem andern gehört, muß auch einem der Vorzug der Wichtigkeit zukommen; auf dessen Befriedigung laßt uns also auch zuerst bedacht sein. Ist es der unseres nächsten, so steht der unsere billig zurükk; ist es der unfrige, so können wir mit gutem Gewissen für ihn entscheiden, ohne den Vorwurf einer selbstsüchtigen Parteilichkeit und einer Hintenansezung der Menschenliebe zu verdienen. Und so läßt sich kein Fall denken, wo nicht die Vorschrift unseres Textes den Streit der Selbstliebe und des Wohlwollens befriedigend entscheiden sollte.

Eben so bewährt sie sich auch, wenn die Forderungen der Menschenliebe sich unter einander selbst im Wege stehen. Des menschlichen Elendes und Uebelbefindens ist so mancherlei; es umgiebt uns bisweilen so von allen Seiten, daß viele Hände auf einmal sich gegen uns ausstrekken um Hülfe und Beistand von uns zu begehren, und doch Zeit und Kräfte so eingeschränkt sind, daß wir die unsrigen nur einem reichen dürfen und sie den übrigen, so weh das auch einem fühlenden Herzen thut, versagen müssen. Was ist nun hiebei für eine Ordnung zu beobachten, was für eine Auswahl zu treffen? Die meisten Menschen gehen dabei auf eine Art zu Werke, welche auf sehr unzureichenden Gründen beruht. Der eine giebt mit einer launigen Parteilichkeit demjenigen unbedingt den Vorzug, der ihm wegen einer gewissen Aehnlichkeit der Gemüther, wegen einer oft blinden persönlichen Zuneigung am wehrtesten ist; ein anderer sucht denjenigen hervor, von dem er die meisten Gegendienste zu erwarten hat; ein dritter bestimmt sich für diejenige Handlung, die am glänzendsten ist und die meiste Ehre verspricht. So blikkt auch hier bald Eigennuz, bald blinde Gutherzigkeit hervor, und es sollte schwer fallen, eine solche Art zu handeln mit der Vorschrift des Textes in Uebereinstimmung zu bringen. Diese belehrt uns vielmehr, daß wir alle diese verschiedenen Angelegenheiten als unsere eigenen ansehen und uns ohne Ansehen der Person und anderer Umstände für diejenigen entscheiden sollen, denen wir, wenn sie alle die unsrigen gewesen wären, den Vorzug eingeräumt hätten.

Wenn mehrere Bedürfnisse auf uns eindringen, so wird billig das dringendste zuerst befriedigt; rufen also mehrere hülfsbedürftige uns um Beistand an, so laßt uns demjenigen vor allen zueilen, dem es am meisten Noth thut, und wenn er auch an unserer persönlichen Liebe den geringsten Antheil hätte.

Für uns selbst suchen wir uns gewiß zuerst mit dem nothwendigen abzufinden, ehe wir auf die Erfüllung zufälliger Wünsche, auf die Erzielung besonderer Absichten bedacht sind. Wenn also hier unsere Mildthätigkeit und dort unsere Dienstgefälligkeit angerufen wird, so eilen wir billig dahin, wo die Stimme der ersten erschallt, wenn auch da nicht die geringste thätige Dankbarkeit zu erwarten wäre, und die Hoffnung auf mancherlei Gegendienste uns zu einem andern Entschluß verführen wollte.

Wenn so mancherlei Entwürfe unsere Einbildungskraft und unsern Willen beschäftigen, so werden wir doch gewissenhaft genug sein nur denjenigen thätig zu befolgen, dem die reinste Gesinnung zum Grunde liegt, und der mit unsern Pflichten in dem nächsten Zusammenhang steht. Werden wir also von mehreren Seiten aufgefordert werden an den Unternehmungen anderer einen thätigen Antheil zu nehmen, so laßt uns unsern Beistand demjenigen widmen, dessen Sache die beste und nüzlichste ist, wenn auch, wie es denn oft in der Welt zu gehen pflegt, Ehre und Ruhm vor Menschen mehr die Verschlagenheit und die selbstsüchtigen Absichten begleiten, als auf der Seite der Tugend stehen sollte.

So ist also die Vorschrift des Evangelii überall die Dolmetscherin der wahrsten, ungefärbtesten Menschenliebe und leitet alle unsere Handlungen so, daß sie von jeder Spur einer selbstsüchtigen Parteilichkeit frei sind und auf der andern Seite doch nicht in blinde Gutherzigkeit ausarten. Sie macht unser Wohlwollen uneigennüzig, indem sie die Anmaßung der Selbstliebe zurükkdrängt und uns mit allen andern in die gleiche Linie sezt; sie drükkt ihm den Stempel der Tugend auf, indem sie es in allen seinen Aeußerungen von dem Einfluß der Neigung befreit und festen Grundsäzen unterwirft. Nur wer ihr folgt, arbeitet immer auf den eigentlichen Gegenstand der Menschenliebe, nämlich das allgemeine Wohl; nur er kann mit Recht behaupten, daß er alle Menschen liebe als sich selbst. Wer sich vom Eigennuz beherrschen läßt wird bisweilen einen Schein der Tugend für sich haben, wenn er auf eine geschikkte Weise seine Härte für eine Frucht der Ueberlegung und seine Selbstsucht für ein sittliches Verfahren auszugeben weiß; aber er hat nichts von jener großen Gesinnung, die auch bei dem eingeschränktesten Wirkungskreise sich das Wohl des ganzen zum höchsten Ziel sezt, und welche den wahrhaft christlichen Menschenfreund bei allen seinen Handlungen beseelt. Derjenige, dessen Menschenliebe nur in blinder Gutherzigkeit besteht, wird oft den Schein einer großen Uneigennüzigkeit haben, aber nie einen gegründeten Anspruch auf Tugend machen können; er wird vielleicht zu demjenigen, dem er mit vieler Aufopferung aus persönlicher Zuneigung gedient hat, sagen können, daß er ihn als sich selbst liebe, aber gewiß wird er das nämliche nicht denjenigen versichern können, die er aus solchen Bewegungsgründen zurükkgesezt; dahingegen der wahre Menschenfreund auch diesen getrost unter die Augen treten kann, denn sein ganzes Betragen beweist, daß er in dem nämlichen Fall gegen sich selbst eben so würde gehandelt haben, und seine Grundsäze bringen es mit sich, daß er denjenigen, dem er seine Hülfe leider versagen muß, mit eben der Liebe umfaßt als den, dem er sie gewähren darf.

Eine solche Menschenliebe führt mit Recht den Namen des höchsten Gebots der Religion. Sie ist die zuverlässigste Beförderin des menschlichen Glükks, denn ihre Thätigkeit hängt nicht von Zufall und Umständen ab. Sie ist der sicherste Prüfstein der Tugend, denn die Fortschritte darin beweisen, wie weit wir es in der Fertigkeit gebracht haben alle, unsere Neigungen festen und vernünftigen Grundsäzen zu unterwerfen. Sie ist die beste Schule für die Ewigkeit, denn sie macht uns geschikkt einst in einem noch höhern Grade unsere Glükkseligkeit darin zu finden, daß wir das ganze Reich Gottes mit unserm Verstand, mit unserer Zuneigung und mit unserer Thätigkeit umfassen! Amen.

XV.

Aus welchen Gründen ein christlicher Lehrer immer Freudigkeit haben könne zu seinem Amte.

Ueber 2 Kor. 1, 3—4.

Antrittspredigt, gesprochen in der Charité zu Berlin am 18. September 1796. *)

Wenn wir einen theilnehmenden Freund, einen Gefährten auf dem Wege des Lebens, oder auch nur ein Mitglied unseres Kreises, einen Mitarbeiter in unsern Geschäften verloren haben, und es erscheint ein anderer um seine Stelle einzunehmen: dann pflegen wir unsere ganze Aufmerksamkeit darauf zu richten, ob wir nicht aus seinen ersten Handlungen, aus seinem ersten Betragen sogar errathen können, auf was für Eigenschaften und Gesinnungen wir wol bei ihm Rechnung machen dürfen, nach was für Grundsäzen er wol handeln, wie er wol seinen Plaz ausfüllen

*) Nach einer eigenhändigen Notiz Schl's. ist diese Predigt erst den 12ten October, also über drei Wochen nach ihrer Haltung niedergeschrieben.
D. H.

werde, wie lieb und werth wir ihn wol werden halten können. In diesem Falle, meine lieben Freunde und Hausgenossen, befindet ihr euch wahrscheinlich jezt, da ihr einen eurer Lehrer verloren habt, und ich, der ich sein bisheriges Geschäft unter euch übernehmen soll, zum ersten Mal zu euch rede. Allein m. Fr. das sind voreilige Wünsche, und wir täuschen uns gewöhnlich, wenn wir aus den wenigen Kennzeichen, die wir eilfertig aufsammeln können, Vermuthungen wagen wollen über das, was ein Mensch wol sein möge. Nur die Zeit kann uns diese Kenntniß verschaffen; nur mancherlei Erfahrungen, nur prüfende Beobachtungen in verschiedenen Umständen können über das innere eines Menschen Aufschluß geben und ein richtiges Urtheil begründen.

Etwas pflegt sich aber doch sehr bald zu entwikkeln, nämlich wie gern oder ungern, mit welcher Lust, mit welchen Erwartungen jemand in ein neues Verhältniß eintrete, und da wünschte ich nun, daß alles beitragen möchte um euch zu überzeugen, daß ich das Amt, welches ich heute unter euch übernommen habe, mit gutem Muth und mit Freudigkeit antrete. Wenigstens soll der folgende Vortrag dahin gerichtet sein, und möchte überall so wie hier der Geist der Wahrheit in meinen Vorträgen walten.

Text. 2 Kor. 1, 3. 4.

Gelobet sei der Gott alles Trostes, der uns tröstet in aller unsrer Trübsal, daß wir auch trösten können die da sind in allerlei Trübsal mit dem Trost, damit wir getröstet werden von Gott.

Die ersten Christen m. Fr. gehörten nicht unter die glükklichen der Erde, vielmehr brachen sehr bald allerlei bittere Unannehmlichkeiten, ja wirklich traurige Schikksale über sie herein. Wenn unter diesen Umständen ihre Lehrer den Muth hätten verlieren sollen, so wäre das Christenthum, welches die Welt beglükken sollte, in seinem ersten Anfang wieder untergegangen. Deswegen sieht es der Apostel in den verlesenen Worten als eine besondere Wohlthat Gottes an, daß er ihn mit Kraft und Freudigkeit ausgerüstet habe auch unter den betrübtesten Umständen sein Amt der Belehrung und des Trostes getreulich zu führen. Diese Kraft, diese Gesinnung muß jeden christlichen Lehrer beleben, jeder muß unter allen Umständen voll guten Muthes sein und hat auch gewiß Ursach dazu. Die Gründe, warum ein christlicher Lehrer zu seinem Amt immer Freudigkeit haben kann, will ich besonders in Bezug auf mich und mein Geschäft unter euch auseinander sezen. Ich finde sie erstlich in der Beschaffenheit meines Amtes selbst, zweitens in den Erwartungen, welche ich von dem guten Erfolg desselben nähren kann.

Erlaubt mir euch beides ausführlicher darzulegen.

I.

Das Geschäft eines christlichen Lehrers ist so beschaffen, daß man Ursach hat es gern und mit Freuden zu übernehmen; denn es ist einmal ehrenvoll und wichtig, es ist dann aber auch angenehm.

Ehrenvoll und wichtig ist das Geschäft eines Religionslehrers gewiß. Ein Lehrer der Christen wird zwar in der Schrift ein Diener der übrigen genannt, und es ist dies nicht eine falsche Demuth, sondern im eigentlichsten Sinn des Wortes wahr; er soll seiner Gemeine dienen, soll Bedürfnisse derselben befriedigen, soll ihre Absichten unterstüzen: aber welch ehrenvoller Dienst! Er hat es nicht mit Bedürfnissen zu thun, welche nur den thierischen Theil des Menschen angehn, nur auf die Geschäfte und Bequemlichkeiten des irdischen Lebens sich beziehn, sondern mit solchen, welche die ganze Würde die höchsten Vorzüge des Menschen ausmachen, welche seinen Antheil an einer besseren Welt, sein Leben in der Ewigkeit betreffen; er unterstüzt nicht vorübergehende Absichten, die sich auf irdische Vortheile beziehen, sondern solche, die mit seiner höheren Bestimmung unmittelbar zusammenhangen. Wahrheiten, wichtige Wahrheiten vorzutragen, welche werth sind für alle Menschen ein Gegenstand des fleißigen Nachdenkens zu sein, und die auf das ganze menschliche Leben ihren Einfluß äußern; Empfindungen zu veranlassen, die allem Thun und Bestreben eine bessere Richtung geben; Ausleger der göttlichen Offenbarungen zu sein und sie in ihrem großen Sinn darzustellen; die Vorurtheile und Menschensazungen, wodurch sie so oft verunstaltet werden, auszurotten; die Stimme des Gewissens zu wekken, zu beleben und in alle Winkel des menschlichen Herzens hineintönen zu lassen: das ist gewiß an sich ein wichtiges Geschäft.

Laßt mich hinzusezen, daß es dies überall und unter allen Umständen sein müsse. Es kann hierin keinen Unterschied machen, wer diejenigen sind, und wie es ihnen ergeht, bei denen ein Lehrer sein Amt verwaltet, und wenn ich mich unter euch umsehe, die ihr einen Theil meiner Gemeine ausmacht, so bekomme ich deswegen von der Wichtigkeit meines Amtes nicht geringere Begriffe. — Es ist wahr, ich sehe hier nicht viele, die vor der Welt sehr geachtet und geehrt sind und an ihren Freuden und Gütern einen großen Antheil erhalten haben, sondern meistens arme und niedrige, aber ich weiß auch, daß der Herr die Person nicht ansieht. Wenn es mir nur gelingt eure Herzen zum guten zu lenken, euch von den Irrwegen zurükkzuhalten, die so viele von der Bahn der Rechtschaffenheit abführen, so soll es mir gleich gelten, ob ich diesen Dienst euch oder den großen der Welt geleistet habe; denn ich weiß, daß mein Ruhm vor demjenigen nicht geringer sein wird, vor dem jede Seele des Menschen, die vom bösen umkehrt und aufrichtig wandelt, gleichen Werth hat. — Es ist wahr, ich sehe unter euch nicht viele, die in der Weisheit der Welt geübt sind und ihren Geist mit allerlei Kenntnissen ausgeziert haben, sondern solche, welche die Welt einfältig und ungebildet nennt; aber die Wahrheiten, die ich lehren soll, wenden sich so sehr an den gemeinen Verstand, der jedem gegeben ist, die Gebote, die ich einschärfen soll, empfehlen sich so sehr dem innersten Gefühl, daß Unbekanntschaft mit weltlicher Weisheit ihrem Eingange keinen Eintrag thun kann, und es soll mein Ruhm sein, wenn ich durch meinen Dienst zeigen kann, daß auch die, welche die Welt thöricht nennt, von dem Herrn erwählt werden und in seine Weisheit eindringen können. — Es ist wahr, ich habe nicht viele Hunderte zu Zuhörern und trete nicht mitten unter den Palästen der Königsstadt auf, sondern vor einem kleinen Häuflein und in dem Hause, welches die christliche Liebe gebauet hat; aber ich weiß, daß schon Christus es sich zur Ehre rechnete den armen das Evangelium zu predigen, und daß von je her die Religion eine Menge treuer Verehrer unter den niedrigen Ständen gefunden hat. Sollte ich also nicht in jedem Betracht mein Amt ehrenvoll und wichtig finden?

Aber dies ist nicht die einzige vorzügliche Beschaffenheit desselben; es muß mir auch ein liebes und angenehmes Geschäft sein. Wie sollte es nicht angenehm sein auf eine Anzahl von Menschen zu wirken, etwas in ihrem innern zu ändern oder hervorzubringen; denn das menschliche Gemüth ist doch der edelste Gegenstand, an dem wir unsere Kraft und Thätigkeit beweisen können. So oft ein Diener der Religion auftritt, und die lehrbegierigen Christen ihm ihre Aufmerksamkeit schenken, so bearbeitet er das menschliche Gemüth: er wekkt Gedanken, die sonst nicht entstanden wären, er führt die Seelen in Betrachtungen hinein, die ohne ihn jezt nicht wären veranlaßt worden, er dekkt von diesem oder jenem Gegenstand eine wichtige Seite auf, die der Zuhörer durch ihn mit Verwunderung bemerkt, er wekkt und belebt Empfindungen, er besänftigt und unterdrükkt andere, er bestimmt allen Kräften des Gemüths für diesen Augenblikk ihr Geschäft. O gewiß, wenn schon im gemeinen Leben derjenige vergnügt ist, dem es gelingt einen Kreis aufmerksamer Zuhörer um sich zu versammeln und ihre Seelen an dem Faden seiner

Rede zu leiten, wie viel mehr muß es demjenigen, dessen ganzen Beruf dies ausmacht, angenehm sein, von seinen mitgetheilten Gedanken, ohnerachtet sie ernster, anstrengender, feierlicher sind, dennoch eine solche Wirkung wahrzunehmen. Wenn man freilich einen Haufen zerstreuter, den Vergnügungen ergebener Menschen vor sich hat und diesen die Pflicht in ihrer ganzen Strenge, die Verhältnisse gegen Gott in ihrem ganzen Ernst darstellen soll; wenn man es mit Menschen zu thun hat, die ganz in die Geschäfte dieser Welt vertieft sind und mit ihren Veranstaltungen, mit ihrer Klugheit eines beständigen Wohlergehens ganz sicher zu sein glauben, und diese an ihre Abhängigkeit von einer Vorsehung, an den unerforschlichen, über alle menschliche Klugheit erhabenen Gang derselben demüthigend erinnern muß; wenn man vielleicht gar zu bösen, verderbten Menschen redet und ihren Blikk auf die Vergeltung heftet, die ihrer harret: dann ist dies Geschäft weniger angenehm, weil man den Menschen schwer fallen und kränkende Empfindungen in ihnen veranlassen muß. Mein Amt unter euch ist aber auch von diesen Störungen seiner Freuden frei; es ist mir desto angenehmer, weil es euch selbst angenehm sein muß, indem es zu eurer Zufriedenheit beiträgt, eure Zuversicht stärkt und euer Gemüth erhebt.

Mein Geschäft trägt zu eurer Zufriedenheit bei. Es fehlt den Bewohnern dieses Hauses nicht an manchen beschwerlichen Dienstleistungen; einige müssen sich um kranke, unglükkliche Menschen mit Sorgfalt bekümmern, von allen ihren kleinen Begebenheiten sich Kenntniß verschaffen, für alle ihre kleinen Bedürfnisse sorgen; andere müssen diese unglükklichen wenigstens dulden, sich ihre Nähe und ihre mancherlei unangenehmen Eigenheiten gefallen lassen, ihre Launen ertragen, und so ihre eigene Last noch vermehren; es fehlt nicht an manchen unangenehmen Aufopferungen, man muß sich manche Einschränkungen gefallen lassen um der allgemeinen Ordnung willen, die keine Ausnahme zuläßt, um der Mißbräuche willen, die sonst andere machen würden; es giebt mancherlei Störungen der Ruhe und Heiterkeit, die man genießen könnte; in der Verbindung mit Menschen, die nur der Zufall und das Elend zu uns führen, wo beschwerliche Gemüthsarten, unbillige Gesinnungen sich einschleichen, werden gewiß öfters Verdrießlichkeiten erregt, Leidenschaften gewekkt, heftige Auftritte veranlaßt. Das sind Ursachen zur Unzufriedenheit, und gewiß entstehen daraus Klagen über ein hartes, schweres Schikksal. Wenn nun durch unsere Betrachtungen hier der Gedanke veranlaßt wird, daß eben diese Dienstleistungen jezt unser Beruf, unsere Pflicht, daß sie das vornehmste sind, was wir gegenwärtig zum allgemeinen Wohlergehn beitragen können, daß dies die Art ist, wie wir Christum nachahmen können, der auch seiner Bequemlichkeit nicht achtete wo er wohlthun konnte; wenn hier zugleich der Sinn gewekkt wird gern zu thun und mit Lust alles gute, was uns vorhanden kommt zu thun, auf Gott zu sehn und auf sein Gesez, nicht auf irdische Freuden und Lohn; wenn wir überlegen, daß wir eben an jenen unangenehmen Verhältnissen lernen sollen Leidenschaften aller Art überwinden, den Sinn für das gute troz so mancher Hindernisse nicht verlieren und uns unter allerlei Umständen ein gelassenes Wesen erhalten: muß uns da nicht eine heitere Aussicht eröffnet werden über eine Lage, die uns so viel Selbstzufriedenheit gewähren kann; müssen wir da nicht mit mehr Lust und Muth Verhältnisse ansehn, worin wir doch Nuzen stiften und dabei unser eigenes Gemüth auf so mancherlei Weise üben und vervollkommnen können, und muß nicht ein Geschäft angenehm sein, welches durch so wichtige Ueberlegungen eure Zufriedenheit befördert?

Es hilft aber auch eure Zuversicht und euren Glauben zu stärken. Wenn dieser überall so mancherlei Gefahren ausgesezt ist, so sind sie hier besonders groß. Hier, wo so viel allem Anschein nach unverschuldetes Elend zusammengehäuft ist und so viele klägliche Stimmen des Jammers hervorbringt, und wo dagegen dem verschuldeten Elend mit so stumpfer Gleichgültigkeit, mit so schamloser Frechheit getrozt wird, kann gar leicht der Gedanke entstehn, ob es auch wol wahr sei, daß der Herr vom Himmel herabschaut auf die Menschenkinder und seinen Thron aufgerichtet hat zum Gericht. Wo wir so viele Menschen sehen, in denen nie eine Spur besserer Gesinnung gewesen zu sein scheint, bei denen das Gewissen alle Rechte verloren hat, so daß sie bis auf den lezten Augenblikk unempfindlich gegen ihren traurigen Zustand und frei von Vorwürfen bleiben, hier kann leicht der Zweifel sich einschleichen, ob auch wirklich das Gesez des Höchsten allen Menschen ins Herz geschrieben ist; muß es mir nicht ein angenehmes Geschäft sein das Gemüth von diesen Unruhen zu befreien, und indem ich immer deutlicher den Gedanken entwikkele, daß der gute dennoch besser daran sei als der böse, daß Weisheit doch die Thorheit übertrifft wie Licht die Finsterniß, indem ich immer aufs neue zeige, wie tief dennoch das Gefühl für Recht und Pflicht in den Menschen gelegt und in all sein Thun und Denken verwebt sei, so Vertrauen auf Gott und Anhänglichkeit an das gute zu beleben?

Endlich bringt es mein Geschäft auch mit sich, daß ich euer Gemüth zu erheben suche. Unter den kleinlichen Beschäftigungen, denen wir obliegen müssen, unter den Sorgen, die uns drükken, unter den Uebeln, die wir selbst fühlen und andere erdulden sehn, erliegt der Mensch gar leicht, daß er vergißt, was er eigentlich ist, und wie hoch er sich emporschwingen soll, daß er nur immer an die Nichtigkeit aller menschlichen Dinge, an seine eigene Ohnmacht und Vergänglichkeit denkt und ganz bei geringfügigen Gegenständen stehn bleibt. Empor soll ich euch richten, meine Brüder, indem ich euch zeige wie viel Gott von euch fordert, zu wie andern Dingen er euch berufen hat; soll euch aufmerken helfen auf die herrlichen Kräfte, die Gott in euch gelegt hat, auf die väterliche Weisheit, mit welcher er euch erzieht, auf die ganze Würde des Menschen, die aus diesen Forderungen und Veranstaltungen so deutlich hervorleuchtet. Indem ich euch erinnere, daß Christus für euch in die Welt gekommen und gestorben ist, daß er euch Brüder nennt und euch ein Leben verheißen hat da wo er ist, soll ich euch zum Gefühl eurer ganzen Würde als Christen erheben.

Seht da, meine Freunde, die Eigenschaften meines Amts, welche Ursachen meiner Freudigkeit sind; es ist ein ehrenvolles und angenehmes Geschäft und besonders unter euch, wo ich die Religion ganz in ihrer tröstenden erhebenden verherrlichenden Gestalt darzustellen habe.

II.

Diese Freudigkeit hat aber noch andere Gründe, in den Erwartungen nämlich, die ich über den Erfolg meines Amtes nähren kann. Laßt mich auch von diesen euch noch kürzlich unterhalten.

Wenn ein Lehrer der Religion von dem, was er durch seinen Dienst auszurichten denkt, von den Verbesserungen menschlicher Gesinnungen und Handlungen, die daraus hervorgehn sollen, große und glänzende Erwartungen hegen wollte, so könnte das vielleicht für den Augenblikk seine Freudigkeit vermehren, aber gewiß nicht von Dauer sein. Nur gar zu bald müßte er entdekken, daß die Sache sehr weit hinter seinen Vorstellungen zurükkbleibt, und je hoffnungsvoller er vorher war, desto muthloser desto abgeschrekkter würde er werden. Ja es scheint sogar, als ob die Aussichten für einen Lehrer der Religion jezt mehr als jemals traurig wären; die Häuser der öffentlichen Gottesverehrung werden immer seltener besucht, gemeinschaftliche Erbauung wird nicht mehr als ein großes Bedürfniß betrachtet, und alle Uebungen der Religion werden als solche Dinge angesehen, die man allen übrigen nachsezen kann. Dennoch bin ich innig überzeugt, daß mäßige Erwartungen von dem Nuzen, den die öffentliche Belehrung stiften kann, nicht leicht werden getäuscht werden.

Es ist wahr, es giebt verstokkte Menschen, die durch

lange Gewohnheit auf der Bahn der Ungerechtigkeit zu wandeln alle Empfindlichkeit für Eindrükke der Religion verloren zu haben scheinen; aber doch, wenn sie nur hie und da einmal, aus welcher Absicht es auch sei, in die christlichen Versammlungen sich verirren, so verstokkt können sie unmöglich sein, daß sich ihre sittliche Natur ganz verläugnen, daß von ihren ehemaligen Begriffen von Gott von Pflicht von Vergeltung gar nichts wieder erscheinen sollte. Sie müssen gewiß insgeheim die Gesinnungen billigen, die da eingeschärft werden, und wenn auch nur auf kurze Zeit ein gewisses Gefühl von Schaam und Ehrfurcht sie durchdringt, wenn nur in dem ersten heilsamen Schrekken eine schändliche Lust unterdrükkt wird, eine ungerechte Handlung ungethan bleibt, so ist doch etwas böses verhindert worden, so haben doch die bösen selbst wider ihren Willen ein Zeugniß der Wahrheit ablegen müssen.

Ein großer Theil der versammelten besteht freilich aus flüchtigen, zerstreuten Gemüthern, welche die Wahrheiten der Religion annehmen und billigen, gerührt werden durch ihre Ermahnungen, zum guten gestimmt durch ihre Rathschläge; aber ihr Nachdenken ist nicht fortgesezt, ihre frommen Empfindungen verlöschen bald wieder, ihre guten Entschlüsse sind nicht kräftig genug um auszudauern. Aber auch diese vorübergehenden Wirkungen sind schon Belohnung. Die Zeit, die hier dem Nachdenken über wichtige Gegenstände gewidmet wurde, diese ist doch wenigstens menschlich, eines vernünftigen Wesens würdig angewandt, sie bleibt immer ein glänzender Punkt in einem Leben voll leerer Zerstreuungen; die erustere bessere Gemüthsstimmung, womit sie die Versammlung der Christen verlassen, bringt auch während ihrer kurzen Dauer gewiß irgend etwas gutes hervor; die öftere Wiederholung solcher Eindrükke vermehrt ihre Kraft, läßt Erinnerungen in der Seele zurükk, welche früher oder später eine gänzliche Umkehrung von dem Wege der Sinnlichkeit und der Zerstreuungen veranlassen können.

Und sollte denn die Anzahl der gerechten gar nicht in Betrachtung kommen? sollten nicht überall einige sein, welche es mit der guten Sache ernstlich meinen und Christen zu heißen verdienen? Diese aufzumuntern und zu stärken, diesen etwas nüzliches zu sagen und sie weiter zu führen, von ihnen Dank und Liebe zu ernten: das ist der schönste Lohn, das ist eine Aussicht, die auch bei den mäßigsten Erwartungen einen Lehrer mit Freudigkeit erfüllen muß.

Vergönnt mir aber, meine Freude, euch zu eröffnen, daß ich von euch in jeder Rükksicht mehr erwarte als von andern christlichen Versammlungen, mehr Lust und Liebe zur Religion und dauerhaftere fruchtbarere Eindrükke von derselben.

Wenn ihr es redlich meint mit euch selbst, wenn ihr gern das eurige thun und euer Gewissen unbeflekkt erhalten wollt, so müßt ihr nothwendig zu den Hülfsmitteln der Religion eure Zuflucht nehmen. Die menschliche Schwachheit braucht überall um auf dem guten Wege zu bleiben allerlei Ermunterungen. Andere, die auf anderen Stufen in der Gesellschaft stehen, in einem größeren Kreise leben, finden diese vielleicht in dem Beifall der Welt, in dem Ziel der Ehre, welches sie sich vorgesezt haben, in der Sicherheit, die ihnen ein unbescholtenes Leben gewährt. Ihr aber, die ihr eure Pflichten ganz im stillen erfüllen müßt, deren Lage von der Art ist, daß eure Tugenden je vollkommner sie ausgeübt werden nur um desto weniger ins Auge fallen, ihr, die ihr immer nur von einem sehr kleinen und selbst nicht glänzenden Kreise bemerkt werdet, wo solltet ihr Aufmunternng zum guten finden, wenn ihr sie nicht in dem Andenken an Gott den Allwissenden, den Vergelter, und in allen tröstlichen Verheißungen der Religion suchen wollt? Was für Belohnungen stehen euch offen, wenn ihr nicht den stillen Lohn genießen wollt, den es euch gewähren muß ein gutes Gewissen vor Gott darzubringen, euch eurer Verbindung mit Christo zu freuen und im voraus fleißig auf die Freuden zu sehn, die euch bei ihm erwarten?

Ja eure ganze Lage, führt sie euch nicht gewaltsam hin zu allen den Ueberlegungen, die dem Christen seine Religion besonders werth machen müssen? Abgeschnitten von den Freuden der Welt, muß es euch nicht das köstlichste Kleinod sein schon jezt dem Geist nach in einer bessern Welt zu leben? Frei von solchen Verrichtungen, die alle Kräfte des Gemüths beschäftigen, womit wollt ihr die Leere ausfüllen, womit wollt ihr den Durst nach Geschäftigkeit stillen, auf was für würdigere Gegenstände wollt ihr die Kräfte der Seele richten, als auf diejenigen, die einen ewigen bleibenden Werth haben? In einem Alter, wo man von der Höhe des Lebens herabsteigt, was liegt euch näher als zu der schöneren Höhe hinaufzusehen, die ihr jenseits ersteigen sollt, und euer ganzes Gemüth dazu anzuschikken? An einem Ort endlich, wo ihr von mancherlei Elend umgeben seid, wo ihr den Tod in allen seinen verschiedenen Gestalten seht, wie er die Verzweiflung des zernichteten Sünders unterbricht, den ruchlosen mitten unter seinen Schmähungen dahinrafft, dem gedankenlosen in seiner verächtlichen Unempfindlichkeit die Augen schließt und den zaghaften lange mit seiner unfreundlichen Gestalt schrekkt, was kann euch hier wol wichtiger sein, als euch bei Zeiten mit diesem Schritt bekannt zu machen, damit ihr einst mit Besonnenheit und gutem Muth, vom Stabe der Religion gestüzt, in das dunkele Thal hineinwandern könnet? Eure Pflichten sowol als euer ganzer Zustand berechtigen mich, mehr Lust und Liebe zur Religion von euch zu erwarten.

Aber auch bleibendere und fruchtbarere Eindrükke von ihren Belehrungen. Andere Christen sind noch in dem Zustande, wo Leidenschaften von mancher Art das Gemüth bewegen und erschüttern, und in diesem Tumult gehn gute Ueberlegungen sehr bald verloren; bei euch sollen Neigungen und Begierden schon ausgebraust, und die Vernunft soll mehr Herrschaft gewonnen haben. Andere kehren aus den Stunden der Belehrung zurükk zu verwikkelten anstrengenden Geschäften, zu verderblichen Zerstreuungen; diese stören euch nicht, und es bleibt euch Muße genug ein heilsames Nachdenken fortzusezen und gute Eindrükke vor der Vergessenheit zu sichern. Andere sind mit ihren guten Gedanken dem Lachen der Spötter, den Einwendungen der Zweifler, mit ihren guten Vorsäzen den Verführungen der leichtsinnigen und listigen und dem Eindrukk aller solcher Dinge ausgesezt, die die Lust und den Eigennuz nähren und das bessere Gefühl betäuben; ihr dürft euch in eine heilsame Einsamkeit zurükkziehn, wo das gute Wurzel fassen und gedeihen kann, und die guten Eindrükke, die ihr aufgefaßt habt, werden immerfort durch thätige dringende Aufforderungen zur Menschlichkeit und Bruderliebe unterstüzt und belebt. Läßt es sich also nicht mit Recht erwarten, daß die Wirkungen der Religion bei euch weniger flüchtig sein, daß sie einen dauerhafteren und thätigeren Einfluß auf euer ganzes Leben haben werden, und muß nicht diese Erwartung mich ganz vorzüglich mit Freudigkeit erfüllen?

Ich mag also auf die Beschaffenheit meines Amtes, ich mag auf die Erwartungen sehen, die es erregt, so habe ich Ursach es mit Freudigkeit anzutreten; aber dieser gute Muth nur soll nicht den Anfang desselben angenehm machen, sondern mich durch die ganze Zeit, da ich es führen werde, begleiten, und das kann auch geschehen, denn die Ursachen, die Verhältnisse bleiben dieselben. Oder sollte ich selbst durch mein eigenes Betragen die Begriffe von der Wichtigkeit meines Amtes und von dem guten Erfolge desselben vernichten? Sollte ich es je so nachlässig behandeln, daß es aufhörte mir groß und wichtig zu erscheinen? Sollte ich so sorglos dabei zu Werke gehn, daß ich nichts von den Wirkungen gewahr würde, die es angenehm machen? Sollte ich meine Ermahnung selbst unkräftig machen, indem ich nicht eure Bedürfnisse, euren Zustand, eure Fassungskraft zur Richtschnur nähme? selbst fruchtlos, indem ich die Lehre nicht mit dem Beispiel begleitete, nicht durch den Wandel den sie gebietet bestätigte, indem ich zeigte, wie wenig ich selbst auf die Verheißungen rechnete, die ich euch anpries? Nein m. Fr., das wird Gott verhüten! nein, das kann nicht geschehen, denn ich bin selbst erfüllet mit dem Trost, damit ich euch trösten soll, ich bin selbst durchdrungen von den Wahrheiten, die ich verkündige, selbst von ganzem Herzen dem Gesez unterthan, welches ich euch vorlege, und ich fühle es zu innig, welch ein köstlich Kleinod Gott demjenigen anvertraut hat, dem er ein Lehramt gegeben. Nein, was ich selbst thun muß um mir diese Freudigkeit zu erhalten, das soll nicht unterbleiben. Aber hört auch meine Bitte an euch m. Fr. Bedenkt, wie der Apostel die Christen ermahnt, sie sollen sorgen, daß diejenigen die an ihnen arbeiten es thun mögen mit Lust und ohne Seufzen. Raubt mir nicht durch eine Gleichgültigkeit, die ich gar nicht vermuthen darf, durch eine Trägheit, für die ihr ganz ohne Entschuldigung sein würdet, die guten Hoffnungen, die mich beseelen. Verlaßt nicht unsere Versammlungen, entzieht euch nicht freiwillig ein Gut, welches euch für so viele andere schadlos halten kann, öffnet eure Herzen mehr und mehr der Religion, folget ihrem sanften Zuge und laßt mich die erfreulichen Wirkungen ihrer Herrschaft über die Seele mehr und mehr wahrnehmen. Gebt mir aber auch Hoffnung die Liebe bei euch zu gewinnen, die die beste Aufmunterung ist. Ich weiß wohl, daß ich sie mir verdienen muß, und nur unter dieser Bedingung begehre ich sie, aber bis dahin und ehe ihr mich genau kennt schenkt mir wenigstens das gute Vorurtheil, welches ein jeder verlangen darf, der tüchtig befunden worden ist ein Lehrer der Religion zu sein, das Vertrauen, welches ihr der Wahl eurer vorgesezten schuldig seid. Laßt mich nicht vergeblich um das Wohlwollen um die Bruderliebe bitten, die man jedem Christen gewähren muß, und die ich noch viel mehr als euer Hausgenoß fordere, um die ich euch alle bitte von denjenigen an, welchen die Aufsicht über diese Anstalt anvertraut ist, bis auf die, welche hier einen Zufluchtsort im Unglükk und in den Schwachheiten des Alters gefunden haben. Nehmt mich als euren Freund in Liebe auf und gebt mir den ersten Beweis davon, indem ihr jezt euer Gebet mit dem meinigen vereiniget.

(Gebet.)

Dritte Sammlung.

Aus dem Jahre 1810.

I.

Wie der Herr mit Recht sagen konnte, daß er vollbracht habe.

Ueber Joh. 19, 30.

Am Charfreitage.

Immer m. Fr. macht der Anblikk des Todes als des plözlichen Aufhörens des Lebens einen erschütternden Eindrukk auf unser Gemüth; doch verschieden gestaltet sich dieser Eindrukk, wenn der Tod als endlich nahe gekommene Auflösung, als Gesez der Natur herantritt, und wenn er gewaltsam und plözlich ein menschliches Leben und Wirken in seiner Blüte wie ein Sturmwind zerknikkt; wir werden erfüllt mit Staunen und Mitleid. Aber Freude, Bewunderung und Erhebung sind die Gefühle, die uns erfüllen und alle andern schwächeren zurükkdrängen, wenn wir einen Märtyrer vollenden sehen, der im Dienste der ewigen Wahrheit und Gerechtigkeit um ein höheres Gut das geringere freudig dahingiebt. Darum seien auch vor allem fern von uns alle Empfindungen des Mitleids, des Erbarmens, wenn wir auf den Tod des Erlösers sehen, dessen Fest wir heute begehen, und in diesem Tode auf ihn, der so herrlich und groß vollendet hat.

Darum sei allezeit erhebend für uns die Betrachtung seines Todes, und sein Tod in dieser Stunde der Gegenstand solcher Betrachtung.

Text. Joh. 19, 30.

Da nun Jesus den Essig genommen hatte, sprach er, Es ist vollbracht! und neigte das Haupt und verschied.

Diese lezten Worte des Erlösers, die allein der Jünger vernommen zu haben scheint, der ihm treu gefolgt war, weil sie uns kein anderer berichtet, — diese herrlichen Worte sind von je her tief ins Herz jedes Christen geschrieben gewesen. Fern von denen, welche, wie alles was Christus in der lezten Zeit that und redete, so auch diese Worte nur auf die kurzen Leiden und Schmerzen beziehen, deren Ende der Erlöser eben in denselben als gekommen bezeichne, haben tiefere Christen immer eine große und herrliche Bedeutung darin gesucht; und wenn es unstatthaft ist, wenn es eine zu kleine Vorstellung verräth von der großen Bestimmung und dem ewigen Werke des Erlösers, mit vielen zu glauben, daß der große und heilige Augenblikk seines Todes der Anfang und das Ende des ganzen Geschäftes der Erlösung gewesen wäre, so sind uns doch diese Worte das lezte Zeugniß, welches Christus ablegt von sich selbst, und ein größeres und herrlicheres kann es nicht geben, als wenn der Mensch am Schlusse seines irdischen Lebens sagen kann, Es ist vollbracht! So laßt uns in Betrachtung dieses Wortes dieses Fest begehen und das Bild dessen uns einprägen, den Gott so herrlich vollendet. Wir wollen den Sinn dieser Worte zusammenfassen in folgenden beiden Betrachtungen, der Erlöser konnte sagen, Es ist vollbracht! erstlich, weil er sein irdisches Leben geführt hatte zu einem nothwendigen Ziele; er konnte es sagen zweitens, weil sein persönliches Geschäft in der Welt rein vollendet war.

Dies laßt uns andächtig erwägen und den gekreuzigten dadurch in unserem Herzen verherrlichen.

I.

Es bleibt uns immer etwas unbefriedigendes darin, m. a. Fr., wenn das, was wir nach dem Maaße menschlicher Einsichten Zufall nennen dürfen, zu regieren scheint über die Dauer und das Ende des menschlichen Lebens, wenn es einem Mangel an Vorsicht, an Kunst und Geschikklichkeit in Behauptung der zum Leben erforderlichen Kräfte scheint zugeschrieben werden zu müssen, daß so viele sterben, ohne das natürliche Ziel erreicht zu haben. Schon dann, wenn wir sehen, daß nach einer nüzlichen Thätigkeit, nachdem dadurch früh oder spät das Maaß der menschlichen Kräfte erschöpft ist, zufolge einer Ordnung der Natur die Zerstörung des Lebens herbeigeführt wird, sind wir ruhig; denn das Ziel ist erreicht, und wir erkennen befriedigt die Nothwendigkeit des Todes.

Aber etwas anderes ist es noch, wenn der Mensch freiwillig sein Leben hingiebt im Kampfe für etwas, was seiner Ueberzeugung nach mehr werth ist, als das Leben; denn bei jenem ist es doch nur die Vergänglichkeit und Zerbrechlichkeit der menschlichen Natur, die hervortritt; aber hier ist, was in ihm selbst wirkt, und was aus ihm heraus sich verkündigt, die höchste Kraft, die Schönheit und Würde der geistigen Natur, und wie mannigfaltige Verwirrung, wie viel Verblendung und Unglükk einen solchen sterbenden umgiebt: gern wenden wir von dem allen den Blikk weg, um das Auge des Geistes an dem zu weiden, der so vollendet, der so beweist die göttliche Kraft des Menschen über die Geseze des sinnlichen Lebens. Und so geziemte es dem zu enden, der zu heilig war und zu groß, zu innig verbunden mit der Gottheit, als daß die Spuren der menschlichen Schwäche sich hätten zeigen sollen in seinem Tode; so geziemte es dem zu sterben, der für uns werden sollte der Anfänger und Vollender des

Glaubens. Denn wie es sein Glaube an sich selbst war, in Streit gebracht mit dem niedrigen Dasein der Menschen, welcher seinen Tod nothwendig herbeiführte: so ist eben dadurch begründet worden in vielen tausenden der Glaube an ihn.

Ja, m. Fr., wir sind gewiß alle darüber einig, es giebt nichts größeres und herrlicheres, als den Tod des Märtyrers, der für das, was in seinem Herzen gegeben ist als das Gesez seines Lebens, das Leben selber lassen kann; so einig, daß, ob ein Mensch dies vermöge oder nicht, in unserm Gefühl die einzige Bedingung ist, unter der wir ihm höhere Achtung zugestehen. Denn so lange es sich in einem Menschen nicht offenbart, daß es für ihn etwas gebe, was ihm lieber ist als das Leben, so lange ist er ein Mensch, welcher nicht durch die sittliche Kraft und Freiheit bewegt wird, sondern nur der flüchtige Schatten der menschlichen Gestalt, beweglich und bewegt durch einen Hauch, und wir sehen ihn, wohin dieser bläset, auch hierhin und dorthin blasen und treiben. Wolan denn, m. Fr., der, dessen Tod wir feiern, hat uns dieses hinterlassen als höchstes Vermächtniß, daß es nur durch die Kraft seines Todes etwas giebt, was uns lieber ist, als das Leben!

Und damit immer mehr die Menschen zu durchdringen, hat sich auch dieser Tod, bei dessen Anblikk jeder begeistert werden muß für alles gute, in der Geschichte seiner Jünger so oft wiederholen müssen, von dem an, der bei seinem Tode an der Schwelle des ewigen Lebens den Himmel offen sah und die Herrlichkeit Gottes und des Menschen Sohn zu seiner Rechten *), und dem andern, der sich gürten ließ und führen, wohin er nicht gewollt **), bis durch die große darauf folgende Zeit das Kreuz höher errichtet ist, und das Gebiet des himmlischen Reiches weiter ausgebreitet unter den Geschlechtern der Menschen, und auch wir, durchdrungen von derselbigen Liebe,

*) Apostelgesch. 7, 55. **) Joh. 21, 18.

von demselben himmlischen Gehorsam, uns versammelt finden unter diesem heiligen Kreuze des Erlösers.

Und haben wir auch jezt nicht so häufige Gelegenheit es durch den Tod zu beweisen, daß der Glaube an den Erlöser uns lieber ist, als das Leben: so können wir doch alle diesen Sinn im Leben selbst offenbaren. Noch täglich wird der Mensch gelokkt von der sinnlichen Welt, noch täglich kann er beweisen, daß ihm das ewige lieber ist als das irdische und vergängliche; und wenn wir uns so fern halten von der Feigherzigkeit und Schlaffheit derer, die an dieses vergängliche Leben gebunden sind, und an das, was darin fesselt und lokkt; wenn wir festhalten das ewige Leben: dann haben auch wir Theil an seinem herrlichen Tode; dann sind auch wir mitbegriffen in dem göttlichen Ausdrukke vollbracht zu haben; dann sind wir durch diese Gesinnung beständig begriffen darin uns zu vollenden gleich ihm.

II.

Zweitens aber m. Fr. konnte der Erlöser sagen, Es ist vollbracht, weil sein persönliches Geschäft in der Welt nun rein abgeschlossen war und vollendet.

Freilich derjenige, der mehr auf das äußere und einzelne sieht als auf das innere und ganze, dem kann es so nicht scheinen; er sieht im Tode des Erlösers nur eine gewaltsame Unterbrechung dessen, was er durch ferneres Lehren und Leben noch hätte fortsezen können, und daß doch nur der erste Grund gelegt gewesen sei zu dem Bau Gottes, welchen weiter zu fördern wir berufen sind und alle künftigen Geschlechter. Aber um zu sehen, mit welchem Rechte auch in diesem Sinne der Erlöser sagen konnte, Es ist vollbracht, so laßt uns zweierlei betrachten: erstlich, daß nur durch seinen Tod die strenge Scheidewand gesezt wurde zwischen denen, welche aus reinem Herzen ihm anhangen konnten, und dem großen Haufen der Kinder dieser Welt; dann aber, daß er doch mit dem festen Vertrauen scheiden konnte, daß das Bestehen seiner Lehre gesichert sei, gesichert die fortgehende Erlösung der Menschen von dem bösen.

Wir wissen, unter welchen Erwartungen der Erlöser auftrat, wie er sein Dasein und seinen Dienst anknüpfen mußte an diese Erwartungen; wir sehen, wie deshalb in seinem Leben abwechseln eine Ebbe und eine Flut des Beifalles der Welt und ihrer Gleichgültigkeit gegen ihn. Wenn er sie lehrte und hoffen ließ große Güter, und sie ergriffen wurden von der Wahrheit seines Wortes, dann strömten sie ihm zu; sagte er aber, sein Reich sei nicht von dieser Welt, stellte er ihren fleischlichen Erwartungen gegenüber das Bild des himmlischen Vaterlandes: dann verließen sie ihn, und so fand er sich veranlaßt zu sagen einmal, Wer nicht wider mich ist, ist für mich *), und dann wieder, Wer nicht mit mir sammelt, der zerstreuet **). Ehe war an keine Vollendung seines Werkes zu denken, ehe keine Scheidung Statt fand. Diese Trennung der ächten und unächten Anhänger geschah und konnte nur geschehen durch seinen Tod. Wie konnten nun die ihm anhangen, die einen irdischen Erlöser hofften; aber auf der andern Seite, die nun noch ihm treu blieben, die nun eine neue Ursache fanden ihn zu verehren, die durch seinen Tod mehr als durch sein Leben gereinigt wurden in ihren Herzen, wie konnten diese sich von ihm trennen? und wenn er auch nichts gewußt hätte von denen, die sich zerstreuen ließen, und von denen, die unter seinem Kreuze standen, erfahrend welche Kraft von ihm ausgehe: so hätte er doch sagen können, Es ist vollbracht! Aber er wußte, daß es noch viele andere geben werde, die eben so den gekreuzigten verherrlichen würden, und so mußte er erhöhet werden von der Erde, um diejenigen, welche reinen und empfänglichen Sinnes wären, zu sich zu ziehen und zu einem geistigen Leben zu erhöhen ***).

Meine Freunde, laßt uns auch hierin nicht nur verehren die

*) Mark. 9, 40. **) Luk. 11, 23. ***) Joh. 12, 32.

weisen Wege der Vorsehung, welche der Erlöser vollendete, damit sich in den Menschen bewähren könnte die Reinigkeit ihres Glaubens an den gekreuzigten; laßt uns nicht nur ihn glükklich preisen, der mit der herrlichen Ueberzeugung von dem Heil des Menschengeschlechts das irdische Leben hingeben konnte: sondern laßt uns bedenken, daß auch für uns dies das Wohlthätige ist in unserm Leben, und daß keiner sich einen Christen nennen darf, der sich dessen nicht bewußt ist. Das große Werk der geistigen Schöpfung dauert noch fort, und wenn wir auch einzelne Gegenden hell erleuchtet sehen von der Sonne der ewigen Wahrheit, so leben doch viele und die meisten oft in einem ungeschiedenen Nebel, der sich leicht verdikken und verdunkeln, aber auch sich auflösen kann in himmlische Klarheit.

Auch wir sollen da scheiden den Schein von der Wahrheit, und jeder, wie unscheinbar sein Beruf sei, hat es zu thun mit demselben Geschäft. Jeder wird oft mißverstanden mit seinen Grundsäzen, Empfindungen, noch am Ziele selbst seines Lebens von wenigen richtig geschäzt, von anderen heruntergezogen in den niedrigen Kreis ihres sinnlichen Lebens. Darum laßt uns immer streng und deutlich scheiden durch Wort und That, was wir thun und treiben, und es deutlich offenbaren, daß es uns nicht um das irdische zu thun ist, noch um ein Gut dieser Welt, sondern daß wir vollenden wollen, gleich dem Erlöser, und gelingt es uns nicht, die Menschen, in deren Dasein das unsrige verflochten ist, zur reinen Ueberzeugung zu bringen, uns lossagen von ihnen, so wie von allem irdischen, aber auch in fester und unerschütterlicher Treue und Liebe die wenigen versammeln und festhalten, die auch uns in dem Herrn der Vater geben wird, und durchdringen mit derselbigen Kraft, — dann werden auch wir vollendet haben.

Und eben so denke doch keiner so gering von sich selbst, als ob mit ihm selbst auch das verginge, wozu er dagewesen ist. Sind wir eingewurzelt in dem Erlöser, sind wir Reben an dem ewig grünenden Weinstokke, Glieder an dem Leibe dessen, der in den Himmel erhoben ist; so sind wir auch wirksam und theilhaftig an dem großen Werke, das gleich ewig ist mit dem Geschlechte der Menschen selbst. Jeder muß Saamen streuen, der erst aufgehen kann, wie der des Erlösers, nachdem er selbst lange dahin ist. Haben wir nichts ausgesäet für die Zukunft, giebt es kein menschliches Werk, was wir hervorgebracht, auf eigenthümliche Weise gestaltet oder mitwirkend gefördert haben: dann haben wir nicht vollbracht; dann kann auch unser Tod nicht ähnlich sein dem Tode der Erlösers. Wie er vollbracht hat, so laßt uns auch vollbringen und wirken, so lange es Tag ist, ehe die Nacht eintritt; so laßt auch uns die Zeit auslaufen, das Bild des Herrn im Auge wandeln wie er, und, so oft uns etwas niederschlagendes in den Weg tritt, auf die Zukunft den Blikk gerichtet uns sättigen, wie er sich sättigte, mit der Anschauung alles guten und schönen, was nach uns sein wird, aber uns nicht fremd sein kann, weil es auch hervorgeht aus unserer Wirksamkeit und unserm Streben, aus unserm Leben und Thun in dieser Zeit.

So sei uns dieser heilige Tag dazu gesezt, daß wir das Bild des Erlösers fester ins Herz prägen, daß wir nachjagen dem Ziele einer gleichen Vollendung und im Andenken an diesen Tod unser Leben führen als solche, die gleich ihm wünschen zu sterben, und im Gehorsam gegen sein Gesez uns umgestalten in sein Bild! Dann werden die Früchte seines Lebens und Todes unser sein; dann wird er durch die Kraft seines Todes auch uns immer mehr zu sich ziehen, mehr und mehr wird in uns wirken sein Geist, und wir werden Antheil haben an der Vollendung des Herrn! Amen.

II.

Wie wir es erringen, fröhlich zu sein in der Arbeit.

Ueber Pred. Sal. 3, 11 — 13.

Am Bußtage.

So oft wir uns an diesem Tage in den Häusern der Andacht versammeln, dürfen wir es nicht übersehn, daß dies kein Festtag ist von der christlichen Kirche selbst gestiftet, nicht wie die andern auf ihre heilige Geschichte sich beziehend, sondern angeordnet von jeder christlichen Landes-Obrigkeit, bezwekkend die besonnene Ueberlegung unseres gemeinschaftlichen Zustandes, der heiligen Verhältnisse, in welchen wir und unsere Mitbrüder stehn, der Treue, mit welcher wir sie erfüllen. Dies sollen wir zum Gegenstand unserer Andacht machen; in dieser Beziehung soll das Gebet der frommen zum Himmel steigen, und der Sünder sich an die Brust schlagen zur Besserung. Und wie wir auch diesen Tag betrachten und benennen mögen, mehr einen Tag der Buße, oder mehr einen Tag des Gebets, wenn gleich das eine uns mehr hinweiset auf die Vergangenheit, das andere mehr das Bild der Zukunft uns vors Auge bringt: beides ist doch unzertrennlich. Denn wer unter uns vermöchte flehende Hände Gott zum Wohlgefallen und dem Vaterlande zum Segen emporzuheben, der nicht zuvor Buße gethan? und was ist es anders, was zunächst zu einer fruchtbaren und bußfertigen Betrachtung seines inneren den Menschen stärkt, als ein vertrauensvolles Gebet? So laßt uns auch jezt unsern gegenwärtigen Zustand betrachten in Bezug auf unsere große und theure Verbindung als untergebene eines Gesezes, als Bürger eines Volkes. Laßt uns darauf unsere Aufmerksamkeit so richten, daß sich von selbst auflöse unser Gemüth in Demuth vor Gott und in fromme kindliche Gebete zu ihm.

Text. Pred. Sal. 3, 11—13.

Er aber thut alles fein zu seiner Zeit und läßt ihr Herz sich ängstigen wie es gehen soll in der Welt. Denn der Mensch kann doch nicht treffen das Werk, das Gott thut, weder Anfang noch Ende. Darum merkte ich, daß nichts besseres darin ist, denn fröhlich sein und ihm gütlich thun in seinem Leben. Denn ein jeglicher Mensch, der da isset und trinket und hat guten Muth in aller seiner Arbeit, das ist eine Gabe Gottes.

Dies kann auf den ersten Anblikk eine Erörterung scheinen, die nicht recht zum tiefen Ernst des heutigen Tages paßt, daß der Mensch fröhlich soll sein in seiner Arbeit und guten Muths. Wer aber den ganzen Inhalt und Ton des Buches, woraus diese Worte genommen sind, gegenwärtig hat, der wird auch den Sinn derselben richtig deuten. Denn aus der Betrachtung nicht nur, wie alles, so weit es irdisch ist, auch eitel ist und vergänglich, sondern auch aus der, wie Erkenntniß und Einsicht allein den Menschen noch nicht weit bringt, so wie aus der, wie jeder nur sein eigenes Wohlergehn schaffen will und eben darum nie trifft das Werk des Herrn weder Anfang noch Ende — aus dem allen ergab es sich dem weisen, dies sei das Eine Gut, fröhlich zu sein in der Arbeit und guten Muths. Warum sollten auch wir uns heute nicht ermuntern eben dahin zu streben, daß wir fröhlich seien in der Arbeit. Wolan denn, so wollen wir dies auch zum Gegenstande unserer Aufmerksamkeit machen. Aber um den wahren Sinn dieser Worte mit unserer Betrachtung zu erreichen, so laßt uns auf den Zusammenhang achten und uns fragen zuerst, warum soll der Mensch nur in der Arbeit fröhlich sein, und zweitens, was macht uns dazu; und ich zweifle nicht, es werden daraus Gedanken und eine Verfassung des Gemüthes sich bilden, wie sie diesem Tage angemessen sind.

I.

In seiner Arbeit soll der Mensch fröhlich sein und guten Muths, nicht im Genusse. O wie sehr alles, wonach der Mensch nur strebt, um daher, mehr leidend als thätig sich verhaltend, Genuß zu empfangen, wie alles das leer und eitel sei, das kann uns jede, auch die flüchtigste Ansicht der Welt und des Lebens lehren, weil wir sehen, daß die Menschen die Befriedigung doch nicht finden, die sie suchen, weil sie wenn gleich mit einem flüchtig erhöhten Lebensgefühl doch dafür mit geringerer Empfänglichkeit und abgestumpftem Sinn davon zurükkehren. Aber mehr als sonst werden wir das inne in Zeiten großer Umwälzungen, wo am schnellsten alles das, was der Mensch als Stoff zum Genuß um sich versammelt hat, durch die Stürme von außen hinweggeführt wird wie Spreu vom Winde. Ja eitel und leer muß das Bestreben des Menschen sich darstellen, wenn er nur darum ein neues Leben und eine neue Zeit herbeiführen wollte, daß er sich neuen Stoff sammle zum Genuß, um darin fröhlich zu sein; denn es droht ihm die Unsicherheit, der Engel mit dem feurigen Schwert, den der Herr vor dieses vergängliche Paradies gestellt hat, damit die Menschen im Schweiß ihres Angesichts ihr Brot essen sollen und in der Arbeit suchen ihre Fröhlichkeit.

In der Arbeit, nicht im leichten Spiel der mannigfaltigen Kräfte, die ihm verliehen sind, sondern in der Mühe und Anstrengung soll der Mensch fröhlich sein und guten Muthes. Wohl gab es Zeiten, und manches liebliche Bild steht uns davon vor Augen, es gab Zeiten und giebt Völker, unter denen so viel und mehr, als wir schaffen können mit Sorge und Anstrengung und Mühe, gewonnen wird durch leichtes Spiel, durch eine frohe Thätigkeit, der niemand Mühe und Arbeit ansieht; und es erscheint uns immer als ein Zeichen eines bessern Zustandes, einer höhern Ausbildung des Menschengeschlechts, wenn wir ohne Anstrengung das Werk Gottes verrichten können. Aber wir werden es uns nicht verschweigen können, daß das nicht unser Theil sei. Haben andere das genossen, so mögen sie es für uns mitgenossen haben, und wir wollen uns dieses Glükkes wie theilnehmende Mitbrüder von Herzen freuen und uns erlaben und stärken an diesem fröhlichen Bilde.

Das aber ist, wir fühlen es, unsere Lage, daß wir nur fröhlich sein können in Mühe und Anstrengung, und zwar nicht nur die geringen, durch ihre Geburt und ihre äußere Begrenzung zu einem mühevollen Leben berufen, sondern bis hoch hinauf auf den Gipfel der menschlichen Gesellschaft erstrekkt sich dies härtere Gesez. Wo so viele Gefahren drohen, wo bei jedem Schritt der Boden wankt, da muß Mühe Sorge Angst und Arbeit sein, auch bei denen die sonst nur mit einem Winke zu gebieten, nur aus einer allgemeinen Uebersicht des ganzen heraus zu herrschen gewohnt waren; und es ist keiner unter uns, der sich diesem Gesez entziehn dürfte. Daher verächtlich und als Feinde des gemeinen Wohls müssen uns wie immer, so besonders jezt die erscheinen, die, mit Gaben des Glükks und des Geistes ausgerüstet, gar nicht für ihr eigenes Bestehen zu arbeiten gezwungen, sich jezt mit wenigerem als sonst, mit dem was ihnen nur nothdürftig ist, begnügen, aber von dem leichten müßigen Spiele des Lebens sich nicht trennen wollen. Nein, ein jeder soll immer hinschauen wo es fehlt, und mit dem Ueberfluß seiner Kräfte, von welcher Art sie nun sein mögen, aushelfen und unterstüzen die schwächern und nichts für ein verdienstliches Werk halten, was er nur gefördert mit leichtem Spiele ohne Arbeit Schweiß und Sorge, und keiner, der nicht als einen verrätherischen Raub seine Stunden und seine Kräfte hinnehmen will, darf sich dem entziehen.

Nicht jene Arbeit, welche sich durch ein leichtes augenblikkliches Schaffen vollendet, sondern solche Arbeit und Thätigkeit, bei der wir Widerstand fühlen, bei der wir immer sorgen und befürchten müssen unsern Zwekk nicht zu erreichen, die uns niemals einen gewissen Erfolg sichert, diese allein darf jezt der Grund unserer Fröhlichkeit sein. Wehe dem, der jezt nur auf den Erfolg und Ausgang seiner Thätigkeit sähe, nur darum arbeiten wollte, weil sei es der nächste, sei es ein fernerer Augenblikk Genuß und Lohn gewährt; wehe dem, der nur bei der bestimmten Aussicht thätig sein wollte, etwas unfehlbares und bleibendes zu schaffen, denn nie ist mehr wahr gewesen als jezt, der Mensch trifft doch nie das Werk, das Gott thut. Also ohne aufs Ende zu sehen, laßt uns arbeiten als solche, die nichts selbst beschließen und ausführen, sondern die als treue Arbeiter wissen und fühlen, daß nur die Weisheit des Herrn beides vermag.

In diesem Sinne laßt uns arbeiten, und was heißt das anders als laßt uns dahin sehen, daß unsere und des künftigen Geschlechtes Gaben und Kräfte alle durch Uebung an dem, was wir für recht und wahr erkennen, sich befestigen, gründen und erhöhen. Denn können wir es läugnen, daß wir bisher nicht so gearbeitet haben? Aber weil wir nicht so gearbeitet haben, darum sind die Züchtigungen des Herrn über uns gekommen. Wir sind es gewohnt als Christen unser Leben zu vergleichen mit einem Kampf, uns selbst mit Streitern. Das ist wahr und gut. Aber wir sollen nicht nur sehen auf die Zeit des eigentlichen Kampfes, wo es Muth gilt und Hingebung, und nach kurzer Tapferkeit Sieg erfolgt und Ueberwindung, sondern das ganze Leben sollen wir betrachten als einen Kampf und nie ermüden zu streiten. Laßt uns nicht zurükkgehalten werden durch das Gefühl, daß uns nur ein kleines Maaß von Kräften zu Gebote steht, sondern wirken und schaffen, jeder so viel ihm vergönnt ist, und diejenigen, die uns nahe stehn und anvertraut sind, anhalten und üben, damit der Mensch Gottes, das ganze Volk, tüchtig sei zu jedem guten Werke. Arbeiten laßt uns, das heißt, in gemeinsamer Thätigkeit unser Leben gestalten zu Einem ganzen; denn daher ist alles unser Unglükk, daß alle in der Irre gingen wie die Schaafe, ein jeder seinen eigenen Weg, daß jeder nur für sich arbeitete, jeder seinen Beruf nur betrachtete als Mittel seines eigenen Wohlergehns. Dies m. Fr. ist das Gebot unseres Textes, das ist es, worauf wir gründen sollen unsere Ansprüche auf Fröhlichkeit. Aber laßt uns nun auch

II.

Uns eben so ernstlich fragen, gesezt wir arbeiten in diesem Geiste, werden wir dadurch allein schon fröhlich sein können und guten Muthes? Und mir scheinen, ich will es nicht verhehlen, zwei Bedingungen dazu zu gehören, unter deren Voraussezung wir uns der Fröhlichkeit und des guten Muthes auch in der schwersten und mühevollsten Arbeit versehen können. Die Gegenwart ist gestellt zwischen die Vergangenheit und Zukunft, wir können in jedem Augenblikk auf die eine und auf die andere hinsehn, und wie wir das thun und können, davon hängt ab unsere Fröhlichkeit. Wer sich nicht versündiget hat oder wenigstens sich entsündigt in Absicht der Vergangenheit, wer in Beziehung auf die Zukunft an jene waltende Kraft Gottes glaubt und ihr vertraut, von der alles Gedeihen kommt für die menschliche Arbeit, der allein, aber der auch gewiß wird fröhlich sein und guten Muthes.

Laßt uns das erste erwägend uns demüthigend zu ernsten Betrachtungen hinleiten, aber uns nicht niederschlagen. Gar nicht zu ernst und gründlich kann jeder sich selbst fragen, Hast du dich nicht versündiget? fühlst du dich rein, daß von allen Uebeln, die über uns gekommen und noch auf uns lasten, nichts auf dein Theil kommt? Keiner kann sich zu feierlich und gewissenhaft fragen, denn m. Fr., es wäre das tiefste Verderben, wenn wir uns darüber täuschten; denn wol nur der Mensch, der seine Sünden erkennt und reuig aufdekkt vor sich selbst, kann hoffen auf Besserung. Allgemeine Unglükksfälle, m. Fr., sind nie ohne allgemeine Schuld, und von allgemeiner Verschuldung ist nicht leicht jemand ganz frei; denn die Sünde ist eine böse anstekkende Krankheit, nicht denen ähnlich, die nur in der körperlichen Beschaffenheit eines einzelnen ihren Siz habend auch nur einzelnen verderblich werden, sondern denen die von einem sich auf viele verbreitend allgemeines Unheil stiften und Verderben. Und worin auch unsere Verschuldung bestehen mag, sei es Trägheit, Mangel an richtiger Einsicht, an Theilnahme an der gemeinen Sache, an Eifer, an Beharrlichkeit, an löblicher Vorsicht, an redlicher Freimüthigkeit — wer könnte behaupten alles gethan zu haben, wer hat genug geredet, wer genug sich entgegengestemmt dem Verderben, wer andere mit allen seinen Kräften eifrig genug unterstüzt? Darin also wird schwerlich einer Fröhlichkeit haben können und guten Muth.

Aber an diesem Tage laßt uns fragen, Haben wir uns wenigstens schon entsündigt? Ist uns aufgegangen die richtige Einsicht in das wovon unser Wohl abhängt? ist uns aufgegangen ein Gefühl dessen, was wir noch unter uns vermissen? Liebe zu dem allgemeinen Bande, das uns als ei Gesellschaft zusammenhält, und die dem allgemeinen Wohl das einzelne willig unterordnet, und die ohne das Wohlergehn des Vaterlandes nicht glükklich sein kann? Ist uns aufgegangen ein reiner Wille, ein waches Gewissen, welches uns treu ermahnt und uns mit Abscheu erfüllt gegen jede verwerfliche Gesinnung? Haben wir erkannt, was jeder selbst besonders gefehlt, und warnen nun unaufhörlich uns selbst und andere davor? Dann haben wir uns entsündiget, dann können wir auch fröhlich sein in Bezug auf die Vergangenheit. Wir können nun die Uebel, die uns trafen, nicht mehr ansehn als Zeichen des göttlichen Zorns, sondern als Beweise der väterlichen Gesinnung, vermöge deren er züchtiget welche er lieb hat.

Aber dann auch in Beziehung auf die Zukunft kann nur fröhlich sein, wer vertraut jener waltenden Kraft, die allein Gedeihen geben kann der menschlichen Arbeit. Auch das lehrt uns vor allen diese Zeit. Nicht kann der einzelne seine Arbeit sichern; wenn wir auf das ganze Geschlecht sehen, so erscheint er uns abhängig von den Wirkungen und Gegenwirkungen, welche sein Dasein mit den übrigen ausmachen: und so kann es also wohl ein Vertrauen auf Gott geben, einen Glauben an seine Macht und Weisheit, der doch nicht stark genug ist das Gemüth aufzurichten; denn wenn wir sehen, wie jede Zeit das Werk unserer Hände zerstört, wie nur durch Tod und Verderben neues entsteht und gebildet wird, so muß uns ja immer die Frage auf den Lippen schweben, Was du erarbeiten und erstreben willst, hast du damit das Werk des Herrn getroffen? wird es zu dem gehören, was der

Herr erhalten will oder zerstören? Und wer unter uns vermöchte da fröhlichen Gemüthes zu sein, wenn er das leztere befürchtet.

Aber es giebt doch Wege diesem betrübenden und niederschlagenden Gedanken zu entgehn. Es giebt doch etwas bleibendes und ewiges, und die ewige Natur des wahren guten hängt nicht an der vergänglichen Gestalt. Laßt uns auf dieses unsere Liebe richten und unsere Arbeit, dann können wir vertrauen der waltenden Kraft, dann arbeiten wir nicht für das vergängliche, sondern für das ewige; denn jede neue Gestalt kann sich ja nur ernähren und begründen und gedeihen aus dem, was früher gewirkt ist. Wer in diesem reinen Sinn arbeitet, wer die Selbstverläugnung so ganz sich durchdringen läßt, daß es für ihn nichts mehr giebt, woran er mehr hinge, als an dem ewigen Willen Gottes, an dem Werk was Gott durchführen wird, mag er, der Diener, es nun getroffen haben oder nicht, wer alles gern an dieses sezt: in dem ist auch eine Freude und ein Vertrauen auf Gott, das kein Sturm des Lebens, kein Schikksal, keine Gefahr erschüttern kann. Es giebt ein einfaches und klares Sinnbild menschlicher Arbeit, das ist die, welche der Herr selbst dem erstgeschaffenen Menschen gesezt hat, daß er die Erde bauen soll und im Schweiß seines Angesichtes sein Brot essen. Er übergiebt der Erde den Saamen, und was für feindliche Erscheinungen der Natur auch eine gehoffte Ernte zu zerstören drohen, er vertraut den ewigen Gesezen der Natur, die auch Wort halten, wenn er weniger auf den Gewinn sieht als auf die Frucht. So laßt auch uns arbeiten unbekümmert und sonder Furcht Saamen streuen, treu achtend auf den Wink der Natur, es an nichts fehlen lassend an unserm Theil, und dann nicht verzagen, welche Umwälzungen, Unglükksfälle und Gefahren gleich Gewittern aufsteigen und Tod und Verderben zu bringen scheinen, die sich aber segnend niederlassen auf die

Erde und das Werk unserer Hände gedeihen machen und eine Ernte herbeiführen und herrliche Gaben des Heils.

Mühe und Arbeit also und darin Fröhlichkeit des Herzens, das ist unser Theil; aber wir kommen nur zum Genuß dieser Fröhlichkeit und dieses guten Muthes durch die Gnade des Herrn. Nur der Glaube an seine Macht und Weisheit, nur die Unterwerfung unter sein Gesez kann uns aufrecht erhalten in der Zeit der Noth. Also arbeite ein jeder so viel und so lange er kann, ehe die Nacht kommt; entsündige sich jeder vor Gott und stärke sich im Glauben an ihn durch das Bild des Erlösers und rechne darauf, daß der Herr seiner Arbeit werde Gedeihen geben und ihm Fröhlichkeit und guten Muth. Diese Gefühle, diese Entschlüsse soll der heutige Tag in uns allen beleben und befestigen. Dazu vereinigen wir uns in demüthigem Gebet.

Gebet.

Herr unser Gott, der du uns geschaffen hast nach deinem Bilde und uns gesezt zu deinen Stellvertretern, zu offenbaren in unserm Thun und Leben die eigene Kraft, womit du uns ausgerüstet, der du in uns gelegt hast jenen Sinn der Liebe, der mit unwiderstehlicher Gewalt von jedem sich verbreiten soll aufs ganze, o laß uns diese göttliche Kraft verwalten nach deinem heiligen Willen, daß sie je länger je mehr in uns ertödte das irdische und das, was in uns nur abstammt von Staub und Erde. Laß uns treu sein in unserm Beruf, daß keine äußere Kraft und keine Furcht uns störe in der Arbeit, die du uns aufgetragen, und von der du Rechenschaft fordern wirst. Gieb uns aber auch Einsicht, Verstand und Kenntniß, daß nicht die Stimme der Begierden und der Umtrieb der Leidenschaften durch ihr wildes Feuer störe oder in Dunkelheit verhülle das Auge, welches das höhere Licht schaut, damit wir erkennen, was zu unserm Frieden dient. Verbanne die Selbstliebe, daß jeder mit seinen Brüdern gemeinschaftlich fördere dein Werk. Segne unsern König und sein Haus, ströme reichen Segen geistiger Gaben und wahren Wohlergehens über dasselbe aus; von ihm als dem Mittelpunkt aller unserer Arbeit verbreite sich Treue und Eifer und offener

Sinn fürs gute über alle, die in den Angelegenheiten des Vaterlandes arbeiten; laß keine Lehre der Vergangenheit verloren sein, und alles was wir erfuhren, uns nur gereichen zur Stärkung unserer Liebe und zur Vereinigung der Gemüther. Ja Herr, alles was du einem jeden gegeben, verehren wir als gemeinsame Gabe, die uns allen angehört und unserm Wohl dienen soll. Aber gieb auch jedem den Sinn sein Pfund anzuwenden zum Besten des ganzen, und ob du dann viel oder wenig von unserer Arbeit gelingen läßt, so werden wir fröhlich sein in dir und guten Muthes, so werden die Leiden uns stärken zum gottseligen Leben, wir werden zunehmen in deinem Geist und immer mehr wandeln vor deinen Augen als ein dir wohlgefälliges Volk. Dies allein sei unser aller Gebet, unser Ringen und Streben bis an den lezten Hauch unseres Lebens! Amen.

III.

Die Herrlichkeit, die unserm Erlöser zu Theil geworden ist nach seinem Verschwinden von der Erde.

Ueber Mark. 16, 19. und Apostelgesch. 1, 10. 11.

Am Himmelfahrtstage.

Nachdem wir vernommen haben, daß und wie der Erlöser zulezt geredet zu seinen Jüngern, daß er sich nachher nicht wieder hat sehn lassen mit leiblichen Augen, so fragen wir freilich mit verlangendem Herzen, was denn nun aus ihm geworden sei, wohin er sich erhoben habe, und sehen ihm nach eben so sehnsüchtig wie seine Jünger, vor deren Augen eine Wolke ihn aufhub und emportrug. — Aber so wie da standen zwei Männer, die zu ihnen traten und sprachen, Ihr Männer von Galiläa, was stehet ihr hier und sehet? eben so geht es mit diesem Verlangen auch uns; denn es ist mit leiblichen Augen nichts zu sehen, und durch alle Erzählungen der Lebensbeschreiber des Herrn nichts darin zu verstehen; sondern je mehr wir aus der Auferstehung des Herrn den Trost schöpfen, den er zunächst seinen Jüngern bringen wollte, wenn er ihnen anschaulich machte, daß er derselbige wäre, der er vor seinem Leiden und Kreuzestode gewesen; wenn wir es wissen, wie er ihnen gezeigt die Zeichen seiner Leiden, wie er mit ihnen gegessen, getrunken auf menschliche und irdische Weise: um desto weniger können wir es verstehen, wenn er in der Gestalt gerade so wie er gelebt hatte vor ihren Augen aufgehoben wurde. Wenn wir uns den Himmel denken als den Ort, wo der Höchste wohnt, so denken wir uns eben nicht einen wirklichen Ort, einen bestimmten Raum oder Gegend; und wenn wir um uns schauen auf den Himmel, der überall vor uns ausgespannt ist, so können wir uns nichts darin denken, was nicht minder eben so eine auf Zeit und Raum beschränkte sinnliche Welt sei wie diese, die wir bewohnen. Darum muß sich von allen sinnlichen Erscheinungen und sinnlichen Vorstellungen hinweg das Auge des Glaubens auf etwas höheres richten, auf das wahrhaft unsichtbare, auf die Herrlichkeit des Sohnes Gottes, welcher bei dem Vater war, ehe denn der Welt Grund gelegt war, die aber uns, seitdem er in menschlicher Gestalt unter uns gewandelt, jezt erst menschlich und tröstlich ist als das, was wir mit ihm theilen sollen. Darauf sei denn unsere christliche Aufmerksamkeit gerichtet in dieser Stunde.

Text. Mark. 16, 19.

Und der Herr, nachdem er mit ihnen geredet hatte, ward er aufgehoben gen Himmel und sizet zur rechten Hand Gottes.

Apostelgesch. 1, 10. 11.

Und als sie ihm nachsahen gen Himmel fahrend, siehe da standen bei ihnen zween Männer in weißen Kleidern, welche auch sagten, Ihr Männer von Galiläa, was stehet ihr und sehet gen Himmel? dieser Jesus, welcher von euch ist aufgenommen gen Himmel, wird kommen, wie ihr ihn gesehn habt gen Himmel fahren.

Markus und Lukas sind die beiden Evangelisten, welche uns allein eine Erzählung geben von dem lezten sichtbaren Verschwinden des Erlösers von der Erde; aber beide, jeder auf seine Weise, lenken auch unsere Betrachtung von dieser sinnlichen Begebenheit hinweg auf etwas höheres, und wir finden in beiden Evangelien zusammen das, was auch sonst anderwärts in der heiligen Schrift uns ans Herz gelegt wird von der Erhöhung des Heilandes und von seinem Geschäfte, was er von nun an verrichtet bis in jede Zukunft. Wir finden hier zusammengefaßt, was wir in unserm christlichen Glaubensbekenntniß lesen, Christus ist auferstanden, gen Himmel gefahren und sizet zur rechten Gottes, von dannen er wird wieder kommen zu richten die lebendigen und die todten. Darin also laßt uns suchen die Herrlichkeit, die unserm Erlöser zu Theil geworden ist nach seinem Verschwinden, und auf beide Gegenstände unsere Aufmerksamkeit richten: erstens, Er sizt zur rechten Gottes, und zweitens, wird wiederkommen zu richten die lebendigen und die todten.

I.

Beides m. a. Fr., wie wir es in der Schrift finden, trägt freilich die deutlichen Spuren an sich von einer Beziehung dieser Worte auf die sinnliche Erscheinung, deren Erwähnung in den Geschichtschreibern vorhergegangen war. Es knüpfte sich die Vorstellung von der Herrlichkeit des Erlösers an an die alten kindlichen Vorstellungen der Menschen von Gott und weiset ihm einen sichtbaren bestimmten Plaz an zur rechten des Vaters. Sie knüpft sich an an das Gefühl des Bedürfnisses derjenigen, denen nun der Umgang, die persönliche Verbindung des Herrn entrissen war, und faßt alles, was sie und alle Gläubigen jemals sein und thun können, zusammen, indem sie hinweiset auf eine künftige Zeit, wo der verschwundene wieder kommen wird.

Aber laßt uns von diesen sinnlichen Spuren entkleiden die großen Gedanken, die herrlichen Aufschlüsse, die für uns in diesen Worten liegen, und zu dem in jenen wie in diesen verborgen liegenden Sinn hindurchdringen. Darüber m. Fr. kann kein Zweifel entstehn, daß durch den Ausdrukk Zur rechten des Vaters das höchste angedeutet werden sollte, was sich in Würde, Erhabenheit über alles andere nur denken, von Menschen nur fassen und aussprechen läßt. Das Gefühl von der Schwachheit und Gebrechlichkeit unserer Natur, ungeachtet des göttlichen, welches die besseren auch niemals darin verkannt haben, hat auch zu allen Zeiten in mancherlei Gestalt hervorgebracht Vorstellungen von endlichen Wesen, die aber höher sind als das Geschlecht der Menschen, welche irgendwie die große Kluft zwischen uns und dem Unendlichen selbst ausfüllen sollen, wiewol zwischen ihnen und uns immer dieselbe Kluft bleibt. Solche Vorstellungen herrschten auch unter dem Volke, mit dem der Erlöser lebte und an dessen Begriffe die Jünger ihre erhabenen Betrachtungen anknüpfen mußten, und ein großer Theil unser neutestamentlichen Schriften beschäftigt sich damit zu zeigen, wie der Erlöser im Zustande der Erhöhung erhaben sei über alle Geschöpfe des Himmels, alle himmlischen Heerschaaren und über alle Chöre der Engel. Sie alle sind ausgesandt zu Dienern Gottes, zu vollbringen seinen Willen; sie beten an vor seinem ewigen Thron; aber des Menschensohn allein ist gesezt zur rechten Gottes. Ja, m. Fr., wer es inne geworden ist durch die Kraft der Worte Jesu, durch das heilige Bild seines Lebens und Wirkens auf Erden, wen dieses begeistert hat zu dem Gefühl der Verehrung Christi, dem ist es auch klar geworden: es giebt nichts größeres, nichts herrlicheres, und alle Himmel können es nicht aufweisen, als die menschliche Natur, die von der göttlichen durchdrungen ist, ganz umgebildet zum Werkzeuge des göttlichen Geistes, ganz darstellend das Ebenbild des göttlichen Vaters.

Und so sagt Paulus, Wer will verdammen? Christus ist hie, der gestorben ist; ja vielmehr der auch auferstanden ist, welcher sizt zur rechten des Vaters und vertritt uns *). Wie steht, m. a. Fr., in unserm Herzen so nahe bei einander und ist so enge verbunden jenes Gefühl, zu dem wir durch Christum erhoben werden von der Herrlichkeit der menschlichen Natur, die eine Offenbarung, ein Werkzeug der göttlichen Kraft sein kann durch Vernunft und Willen, mit dem Gefühl, worauf unsere Erfahrung, unser tägliches Leben, jede stille Selbstbetrachtung uns hinführen muß, daß unter uns keiner ist, der gerecht wäre, daß sie alle mangeln des Ruhms, den sie vor Gott haben sollen **), daß sich in keinem findet jene treue Unterwürfigkeit des Fleisches unter den Geist, daß alle zu streiten haben mit Schwachheit, Trägheit und Lüsten. So sehen wir uns selbst, so müssen wir uns sehen als die Erscheinung des gegenwärtigen Augenblikkes, nothwendig geknüpft an alle die hindernden Bedingungen des irdischen Daseins, und so könnte denn der Mensch leicht verzagen. Aber des Menschen Sohn sizt zur rechten Gottes und vertritt uns. Der Höchste — so können wir uns zureden — er sieht uns nicht so wie wir uns sehn, er ist nicht beschränkt auf den Augenblikk und auf dessen Erscheinung; sondern er überschaut die allmählige Entwikkelung der menschlichen Kräfte in der Zeit; er sieht uns nicht, sondern Christum nur des Menschen Sohn, in welchem die Fülle der Gottheit lebendig wohnt, den hat er sizen zu seiner rechten, und der vertrit uns, die wir in ihm gewurzelt sind; und so steht das Erdenge-

*) Römer 8, 34. **) Röm. 3, 10. 23.

schlecht da den Fuß in Ungewittern und verwikkelt in Kampf und Schwierigkeiten, aber das ewige Haupt in Sonnenstrahlen; der Sohn Gottes zur rechten des Vaters, und von ihm strömt aus jenes beseligende Gefühl, die Fülle der Kraft und der Liebe, und diese Fülle wohnt auch in uns; auch in uns ist kräftig der Geist, mit dem seine Jünger angethan wurden aus der Höhe, und allen, welche das Fleisch kreuzigen, den irdischen Sinn ertödten und im Geiste wandeln, geht auf der ewige Ruhm des Kreuzes, an welchem des Menschen Sohn erhöht ist, und er zieht sie alle zu sich.

II.

Er wird wiederkommen dieser Jesus, wie ihr ihn gesehen habt gen Himmel fahren, — und das einmüthige Zeugniß der heiligen Schriften kommt dahin überein: er wird wiederkommen zu richten die lebendigen und die todten.

Laßt uns auch hier unsere Betrachtung entkleiden von sinnlichen Bildern, die sie auf der einen Seite zu verherrlichen scheinen, aber doch nur sie entwürdigen, verdunkeln und stören. Laßt uns von jenem künftigen Anblikke, von der allgemeinen Auferstehung der todten, von der Belebung der schlafenden Gebeine durch die Stimme der himmlischen Heerschaaren und von der allgemeinen augenblikklichen Scheidung der Menschen zur rechten und zur linken — laßt uns von allen diesen sinnlichen Bildern hinwegsehen und unsere Betrachtung auf die ewige Wahrheit lenken, die darin verborgen liegt, und die nicht an einen Augenblikk gebunden ist, sondern überall und immer in jedem sich offenbart. Wir können sagen, So oft des Menschen Sohn wiederkommt, so oft er gleichsam herabgezogen wird von jener unzeitlichen Herrlichkeit und wieder annimmt eine sinnliche Gestalt vor unsern Augen: so oft ist er auch da zu richten die lebendigen und die todten. Meine Freunde, wenn wir uns entnommen denken jenes höhere Bewußtsein, welches Christus in unserer Natur gewekkt hat, jene Einigung der göttlichen Kraft mit der menschlichen Natur, wovon er das Urbild ist, und wovon wir durch ihn die ewige Wahrheit fühlen, was für einen Maaßstab behalten wir übrig für den Werth des Menschen? Es entstehen dann sich durchkreuzende und einander aufhebende Vorstellungen, und uns bleibt nichts übrig, als das Bestreben sich zu erhalten in seinem Dasein und Wohlsein, sei es nun feiner oder gröber äußerlich gestaltet, nichts als das Bewußtsein, daß von diesem Bestreben kein Mensch sich los machen kann, daß jeder nur folgt, wie dieses ihn treibt, und daß kein Unterschied statt finden kann als der, daß dem einen schon mitgegeben ist ein größeres oder kleineres Maaß von Kräften, daß der eine mehr oder weniger geblendet ist durch die Binde des Irrthums. Und damit hört alles Gericht auf, und es bleibt nur übrig glükklich zu preisen oder zu beklagen. Aber des Menschen Sohn ist ein Mann, worin der Herr beschlossen hat sich als ewigen Richter zu offenbaren *), sein Stuhl ist der Richterstuhl, vor welchem alle stehen müssen, und wem es jezt nicht klar wird, dem wird doch einmal ein Funken das innere Licht entzünden, und es wird ihm klar werden, daß des Menschen Sohn da ist zur Vereinigung seiner Natur mit der höhern Kraft, daß dies dem, was er ist und thut, einen Maaßstab giebt, wonach er geschäzt werden soll, daß in ihm liegt eine Freiheit, der er nicht entsagen kann, und die ihn fähig macht gerichtet zu werden.

Und bei den erleuchteten gläubigen giebt es nichts als den zur rechten Gottes erhöheten, keinen anderen Maaßstab als die unveränderliche ewige Regel unsers Erlösers, niedergelegt in seinem Bilde und in seiner Lehre. Wie auch die Menschen von sich selbst und andern denken mögen, so lange sie noch befangen sind in dem irdischen Sinn, oder so oft ihre Augen geblendet werden, daß sie nicht geleitet werden von den Strahlen des himmlischen Lichtes, wie sie da verkehrt denken mögen, wie sie entschuldigen

*) Apostelgesch. 17, 31.

mögen ihre Vergehungen, anbeten einen falschen Glanz, einen scheinbaren Vorzug der Kräfte und gering schäzen die höhere Würde, die sich verbirgt unter einer geringen Gestalt, gleichwie Christus gering und dürftig erschien, oder verleitet durch irdischen Glanz einstimmen in Lobpreisung dessen, was Verachtung und Abscheu verdient, — früher oder später gehen ihnen die Augen auf, und es kommt eine Zeit, wo in einzelnen oder ganzen Geschlechtern sich die ewige Wahrheit und das ewige Recht offenbart und rächt, und dann ist es immer Christus, der dieses thut. Sein Gesez ist der einzige Maaßstab für menschliche Tugenden, und ihm ist gegeben zu richten über die lebendigen und die todten, und keiner kann diesem Richterstuhl entfliehen. Der falsche Glanz verschwindet, wenn das Licht der Wahrheit aufgeht, gleichviel ob in Völkern oder in einzelnen, und wenn der Erlöser sich darstellt als Richter, so ist jeder Unterschied verschwunden, und die gläubigen sind gestellt zu seiner rechten, aber die Uebelthäter bilden den trostlosen finstern unglükkseligen Haufen. Unser Wandel aber ist im Himmel, wir haben dieses Bild des richtenden Erlösers immer vor Augen, für uns giebts keinen andern Maaßstab als den er uns vorhält, und aller irdische Glanz ist uns nichtig und gar nichts. Den aber preisen wir als den gerechten, der sich angeschlossen hat an des Menschen Sohn, um die Menschen befreien zu helfen in der Kraft des Herrn von den Ketten, in denen sie noch zum großen Theil wandeln.

So wie dieses uns in dem Bilde des Erlösers der größte und herrlichste Punkt ist, daß wir ihn betrachten als den, der das Gericht hat: so ist es auch das Zeichen dieser innigsten Vereinigung mit ihm, wenn er auch in und für uns der ist, dem Gott das Gericht in die Hände gegeben. Ach, beides thut uns noth! ewig bedürfen wir dies eine, daß er uns vertrete; denn so lange wir noch die Bande des irdischen Lebens tragen, so lange wir geheftet sind an diese Erde, finden wir nur Beruhigung und Trost in der Vertretung des

Erlösers und in unserer Vereinigung mit ihm; aber ewig müssen wir dahin trachten, daß er auch für uns sei, der uns richtet, und das kann nur dann statt finden, wenn wir uns ihm ganz hingegeben haben, so wie die, von denen er sagt, Wer glaubet, der wird nicht gerichtet. O, m. Fr., wenn wir diesen Maaßstab festhalten; wenn uns nur das lieb ist und erhaben und mächtig, was sich anschließt an das Kreuz Christi; wenn wir uns ganz durchdringen lassen von seiner Fülle, daß sie auch wieder ausströme aus uns, sich ergieße über die Brüder; wenn wir mit eben der Liebe und Kraft und Furchtlosigkeit arbeiten durch Wort und That: wie sind wir dann erhaben über alles, was die meisten drükkt; wie getrost und zuversichtlich können wir dann die Zukunft dem anheimstellen, der so richtet; wie können wir dann von uns sagen, Unser Wandel ist im Himmel!

Gebet.

Liebreicher Vater, Preis und Dank dafür, daß du uns Jesum Christum gesandt und auch wieder erhöhet hast. Wir haben in dieser Zeit zwischen dem Feste seiner Geburt und seiner Erhöhung uns fleißig vorgehalten sein heiliges und stärkendes Bild, o laß es zu unserer aller Segen geschehen sein, mögen wir fest eingewurzelt sein in das ewige und selige Leben, mag er uns zu sich gezogen haben, und mögen wir stärker geworden sein in der göttlichen Kraft des Glaubens und der Liebe. O laß uns niemals, wenn wir noch unzufrieden sind mit unserm Loose und mit Schwachheit und Sünde zu kämpfen haben, den Trost entschwinden, daß er erhöhet ist und uns vertritt, und laß uns keinen andern Richter anerkennen unserer Thaten, als ihn, immer verachten das Urtheil der Menschen, wenn es mit unserm Gewissen streitet, immer uns gleichgültig sein lassen, ob wir Lob oder Tadel davon tragen, wenn wir nur wissen, daß wir ihm angehören und seinen Willen thun und das Werk fördern, das er unter uns begonnen. Dann überlassen wir auch dem gläubigen aufs ewige gerichteten Sinn die Führung der Welt in dem festen Glauben, daß sein Reich nicht untergehen kann, und daß er alles, was er begonnen, herrlich hinausführt. O laß auch unser Vaterland gesegnet sein, segne unsern theuern König ꝛc., daß auch wir alle stehen vor deinem Richterstuhl voll guten Muthes, immer im Stande von allem, was wir geredet und gethan, Rechenschaft zu geben! Amen.

IV.

Wie der Herr bei seinem Abschiede von der Welt die seinigen entließ.

Ueber Matth. 28, 16 — 20.

Am Sonntag Exaudi.

Text. Matth. 28, 16 — 20.

Aber die elf Jünger gingen in Galiläa auf einen Berg, dahin Jesus sie beschieden hatte. Und da sie ihn sahen, fielen sie vor ihm nieder; etliche aber zweifelten. Und Jesus trat zu ihnen, redete mit ihnen und sprach, Mir ist gegeben alle Gewalt im Himmel und auf Erden; darum gehet hin und lehret alle Völker und taufet sie im Namen des Vaters und des Sohnes und des heiligen Geistes, und lehret sie halten alles, was ich euch befohlen habe. Und siehe, ich bin bei euch alle Tage bis an der Welt Ende.

So endigt, m. a. Fr., ohne etwas weiter hinzuzusezen, als mit dem lezten Zusammensein des Erlösers mit den seinigen dieser Evangelist seine Lebensbeschreibung unsers Herrn. Lasset uns denn unsere Aufmerksamkeit, indem wir die lezten Worte als auch zu uns gesprochen betrachten, darauf lenken, wie er bei seinem Hinscheiden von der Welt die seinigen entließ. Wir finden dreierlei bemerkt in unserm Texte. Der Erlöser entließ seine Jünger erstlich mit der Ueberzeugung von seiner Macht, zweitens mit dem Beruf zu seiner Verkündigung und drittens mit der Hoffnung auf seine beständige Gegenwart. Laßt uns das nach einander in andächtiger Betrachtung und mit steter Beziehung auf uns selbst erwägen.

I.

Erstlich also, der Erlöser entließ bei seinem Hinscheiden seine Jünger, indem er ihnen zulezt noch mitgab ein inniges Gefühl, eine feste Ueberzeugung von der ihm verliehenen Gewalt.

Wir bemerken darin eine sehr merkwürdige Absicht. Zuerst sagt er von sich, Des Menschen Sohn ist gekommen, nicht daß er sich dienen lasse, sondern daß er diene *). Er ladet zu sich ein die mühseligen und beladenen, weil er sanftmüthig sei und von Herzen demüthig **). Er stellet sich weiterhin dar als denjenigen, den der Vater in die Welt gesendet, weil die Ernte so groß sei und der Arbeiter so wenige ***). Endlich giebt er zu verstehn, daß er ein König sei, aber sein Reich sei nicht von dieser Welt ****). — Und dabei bleibt es auch. Nicht von dieser Welt ist sein Reich, aber auf dieser Welt; alle Gewalt ist ihm gegeben. Vom Himmel herab und für den Himmel soll sein Reich gegründet werden auf dieser Welt; hier sollen sie es bilden, in sich haben, um sich her verbreiten, — der Himmel auf Erden, beides unzertrennlich.

*) Matth. 20, 28. **) Matth. 11, 28—30. ***) Matth. 9, 37. 38. ****) Joh. 18, 36. 37.

Dasselbige, wir werden es nicht läugnen können, ist die Geschichte der Verbindung, in welche jeder von uns allmählig mit dem Erlöser tritt.

Es ist der Dienst seines Wortes, der an uns gelangt. Er, seine göttliche Kraft ist da, daß sie uns diene, daß sie empfänglich mache das Herz für das ewige und wahre, austreibe die irdischen Lüste; als mühselige und beladene müssen wir zu ihm kommen, um himmlische Erquikkung aus seiner Fülle zu nehmen. Aber dann eröffnet sich auch seine ganze Herrlichkeit, dann werden wir inne der himmlischen Gewalt; wir sehn sie nicht nur, wie sie in ihm ist, sondern wie sie sich von jedem der seinigen fortpflanzt über das Geschlecht der Menschen; sie erscheint uns nicht nur als die Kraft, die in uns Leben schafft, sondern als die, welche uns alle vereinigt zu einem zusammenhangenden ganzen, in welchem auch wir dieses Leben nur festhalten und pflegen können.

Aber so lange wir selbst noch im Kampfe begriffen sind mit der Lust an der Sünde, so lange die sinnlichen Begierden noch nicht untergeordnet sind jener göttlichen Kraft, müssen wir uns bekennen, daß sein Reich noch nicht zu uns gekommen, müssen wir dahin arbeiten, daß der Sinn sich abwende vom irdischen, bis allmählig der selige Friede, die innere Uebereinstimmung und Ruhe einkehrt in unser Herz, bei der es dann keinen Streit mehr giebt, wo alles untergeordnet ist den ewigen Gesezen, und nur vorübergehend sich einstellen die Augenblikke, wo noch eine Wolke das innere Auge verdunkelt. Dann sagen wir, Unser Vaterland ist im Himmel *), aber der Himmel ist auch unser Vaterland; wir aber auf der Erde selbst schon das, wofür wir geschaffen sind; und sie selbst wird uns das Reich Jesu Christi, der Schauplaz, auf dem seine himmlische Gewalt offenbar wird.

Ist das Herz so gegründet, dann überläßt der Erlöser uns

*) Ebr. 11, 13—16.

als seine Jünger uns selbst; dann bedürfen wir keiner sinnlichen Erscheinung desselben, sondern sind fest gewurzelt in der Gewalt, die ihm gegeben ist im Himmel und auf Erden.

II.

Zweitens entließ der Erlöser beim Hinscheiden seine Jünger, indem er ihnen einschärfte ganz unbedingt den Beruf, ihn zu verkündigen.

Wenn wir auf das erste Zusammensein des Erlösers mit seinen Jüngern sehn, so finden wir, daß sie darin noch nicht geschikkt gewesen wären, seinen lezten Auftrag zu erfüllen.

Wir finden, daß schon während seines Lebens er sie aussendete zu lehren und zu taufen; aber ihre Predigt war noch keine andere, als, Kehret um, thut Buße, denn das Himmelreich ist nahe herbeigekommen *). Es mußten erst ihre Vorstellungen vom Herrn sich reinigen, es mußte erst durch das schmerzliche Gefühl bei seinem Tode jede irdische Beziehung seines Daseins entfernt werden. Nun erst, nachdem sie so bearbeitet und gereinigt waren, konnte er sie vertrösten auf die Kraft aus der Höhe **) und ihnen sagen, daß wenn sie diese an jenem wundervollen Feste der Pfingsten empfangen hätten, dann sollten sie ausgehn und zu Jüngern machen nicht nur die zwölf Stämme Israels, sondern alle Völker, und sie lehren zu halten alles, was er ihnen geboten. Gleichwie der Vater ihn gesendet hatte, so sandte er seine Jünger ***), und gleichwie er seine Jünger, so sendet er alle, welche gläubig geworden sind durch ihr Wort****). Darum ist eben dies die Geschichte eines jeden, und jeder, der einmal sein Jünger geworden ist, arbeitet und soll arbeiten im Reiche des Erlösers.

Aber früher, so lange wir noch in jenem Streite mit uns selbst befangen sind, so lange wir noch nicht hindurchgedrungen

*) Matth. 4, 17. **) Luk. 24, 49. ***) Joh. 20, 21.
****) Joh. 17, 20.

sind zu jener Heiterkeit und Ruhe des Gemüths, die allein das wahre Leben in Gott ist, kann unser Dasein nichts leisten, als die ernste Buße zu predigen, worin wir uns selbst finden. Das thut auch gewiß jeder, der redlich danach strebt, alles, was das Reich Gottes stört, aus sich und andern auszurotten, und der der Heiligung allein nachjagt. Es ist in seinem ganzen Leben ein großer und strenger Ernst. Wie in sich selbst ist sein Blikk auch immer gerichtet auf andere und auf die für alle so verderbliche Macht der Sünde, und wie sich so sucht er auch andere zurükkzuhalten von jedem gefährlichen Schritt zu derselben, und lieber, als sich ihrem Dienste hinzugeben, opfert er auch das liebste auf, das ihm gefährlich werden könnte, und fordert gleiche Opfer von anderen, damit geschwächt werde die Kraft der Sünde, und aufgehe die göttliche Kraft des Gesezes.

So hat es immer Zeiten gegeben, wo der größere Theil der Christen nichts anderes gethan hat, als Buße predigen, wo die ganze Kirche das Gepräge des strengen Ernstes in diesem Kampfe mit der Sünde getragen, und eine solche Zeit giebt es in dem geistigen Leben eines jeden unter uns. Aber so wie dieser Zustand des Umkehrens und Bußethuns nicht der bleibende ist, so ist dies auch nicht unsere ganze Wirksamkeit. Nicht nur zum Kampfe auffordern und die Welt strafen, sondern zu Jüngern machen sollen wir alle Menschen, lehren und halten sollen wir sie machen alles, was der Herr geboten hat, und wovon wir die Kraft in unserm eigenen Gemüthe fühlen.

Laßt uns nicht glauben, daß dies nur der Beruf derjenigen sei, die in den andächtigen Zusammenkünften der Christen die Stimme des Herrn vertreten, und der besondere Beruf der wenigen, in welchen sich allemal die Sehnsucht das Reich Gottes auszubreiten auf eine ausgezeichnete und eigenthümliche Weise ausspricht, daß sie alles verlassen, um das Kreuz zu predigen; nein, es ist in einem anderen Sinne der allgemeine Beruf eines jeden, es ist die natürliche Folge eines dem Erlöser geweihten und von seinem Geiste durchdrungenen Lebens.

O, die Liebe, die im Geiste des Christen sich regt, wie verbreitet sie sich so gern auch auf andere, wie strebt sie nach nichts anderem, als die Seligkeit, deren sie genießt, allen mitzutheilen, wie gern sähe sie alle Menschen vom Kampfe mit der Sünde sich erheben zu jenem ruhigen heiligen Leben. Sie ist denn darauf auch immer hingerichtet, und alles, was wir, bewogen durch Freundschaft oder Pflicht, gefesselt durch die Bande der Natur oder getrieben durch die allgemeine Liebe, laut und leise, im engern oder größern Kreise thun, legt Zeugniß ab von dieser göttlichen Kraft.

In solcher Treue unseres Berufes, in solchem Streben das gute zu befördern und zu arbeiten an der Ausbreitung des Reiches Gottes, in solcher von Eigennuz ungefärbten Liebe, in solcher von niederer Herrschsucht gereinigten Gewalt, die der Herr seinen Jüngern verleiht, da thun wir, was jedem obliegt und der Herr jedem der seinen zum Tagewerke gesezt hat. Und dann allein erst nehmen wir Theil an dem Berufe des Erlösers, und keiner kann sagen, daß er zur christlichen Vollkommenheit gelangt sei, wenn er nicht dieses als die Wirkung seines beseligenden und heiligenden Daseins empfindet.

III.

Endlich m. Fr. schikkte der Erlöser bei seinem Hinscheiden seine Jünger in die Welt mit der tröstlichen Hoffnung auf seine geistige Gegenwart. Ich will bei euch sein, bis an das Ende der Tage.

In der früheren Zeit finden wir öfters in der Lebensbeschreibung des Herrn, daß seine Jünger sich beklagen, daß sie in der Ferne nicht das so ausrichten könnten, wie in seiner Nähe, daß ihnen die Geister der Menschen unterthan wären. Aber jezt, da sie reif waren im Glauben und in der Kraft des Geistes, konnte er getrost sich und seine Gegenwart ihnen entziehn, und es war ihnen genug an der tröstlichen Versicherung, daß er bei ihnen sein wolle bis an das Ende der Tage.

Und so geht es auch einem jeden unter uns.

In den ersten Zeiten unseres geistigen Lebens können wir auch der äußerlichen Erscheinung des Erlösers nicht entbehren. Von außen muß sein Wort an uns gebracht werden, von andern muß uns sein Bild vorgehalten werden, das noch nicht lebendig ist im Herzen und von selbst sich wiederholend erzeugen könnte, damit es uns ansporne und ermuntere, und wenn die äußern Hülfsmittel fehlen, wenn wir in den Geschäften des Lebens uns selbst überlassen sind, dann fühlen wir die Kraft des Geistes noch schwach, dann sind wir oft ausgeleert von der Macht das gute zu vollbringen, und wenn wir auch nicht zurükkfallen in den Zustand des Unglaubens und der herrschenden Sinnlichkeit, so erzeugt doch der tägliche Verkehr mit der Welt eine geistige Ohnmacht und Dumpfheit in unserem Herzen.

Aber es soll eine Zeit kommen, wo wir der Herrschaft des Erlösers in unserem Herzen sicher sind und in jeder Stunde darauf rechnen können, wo sich uns wiederholen die großen Worte, durch welche er uns erbaut und aufregt, wo sich uns entgegentretend sein Bild gestaltet, und uns die Züge seiner Göttlichkeit entgegenstrahlen, wonach zu streben uns allen noth thut.

Wer so verbunden ist mit dem Herrn, wer so die frühere Zeit hindurch einen Umgang mit dem Erlöser gepflogen hat, daß ein inneres Verhältniß mit dem geliebten im Geiste gegründet ist, den kann der Erlöser getrost in die Welt hinaussenden und für einen würdigen und selbständigen Besizer und Bewahrer seiner Tugenden erklären.

Wir haben uns fortwährend beschäftigt das Leben des Herrn bis in die Tage seiner Auferstehung und Himmelfahrt zu betrachten. Möge dies uns eine Schule gewesen sein, wodurch wir gereift sind im Festhalten der christlichen Wahrheit und Gesinnung, wie in der Liebe zu Christo, so im Siege über die Welt und uns selbst. Mögen wir uns eben so getrost und freudig hinstellen an den Fuß des Berges, von welchem er die seinigen entließ, ebenso durchdrungen von seiner göttlichen Gewalt, ebenso angethan mit Kraft aus der Höhe, um sein Werk zu fördern und die Menschen ihm zuzuführen, ebenso voll des christlichen Gefühls, daß er bei uns ist und in uns wohnt bis an das Ende der Tage! Amen.

V.

Daß in unsern gottesdienstlichen Versammlungen der Geist des Herrn sich im wesentlichen noch eben so kräftig erweise, als am ersten christlichen Pfingstfeste.

Ueber Apostelgesch. 2, 1—42.

Am ersten Pfingsttage.

Text. Apostelgesch. 2, 1 — 42.

1. Und als der Tag der Pfingsten erfüllet war, waren sie alle einmüthig bei einander . . . . .

42. Sie blieben aber beständig in der Apostel Lehre und in der Gemeinschaft und im Brotbrechen und im Gebet.

M. a. Z. Auch sonst waren die Apostel und Jünger des Herrn einmüthig mit einander versammelt gewesen um sich zu stärken und zu erbauen in der Erinnerung an ihren Herrn und sein Wort; aber weil sie unter sich geblieben waren abgesondert von den übrigen: so glichen diese Versammlungen mehr der häuslichen Andacht, bei welchen nur wenige versammelt sind im Namen des Herrn. Dies aber war die erste öffentliche Versammlung der Christen, wo alles Volk sich hinzugesellt hatte, und wo außer denen, die gläubig dem Herrn anhingen, auch solche hinzugekommen waren, die nichts wußten zu machen mit allem, was vor ihren Augen vorging, und verwundernd zu einander sprachen, Was will doch das werden? oder frevelnd und spottend meinten, Sie sind voll süßen Weins. — So m. Fr. laßt uns diese große Begebenheit mit einander ansehen als die erste Versammlung der Christen, als den Ursprung unserer gemeinschaftlichen gottesdienstlichen Verehrungen, die von da an in Gemeinschaft, im Gebet, im Brotbrechen immerfort nicht aufgehört haben bis auf uns. Sind denn, so sagte ich zu mir selbst, die unsrigen nicht mehr gleich jener ersten? sind sie so ganz entartet, daß sie wiewol abstammend von jenem wichtigen Tage nicht mehr aufzeigen können solche Wirkungen des Geistes? und wenn der Apostel des Herrn Verheißung in unserm Texte ausspricht, Ich will von meinem Geiste ausgießen auf alles Fleisch, sind wir nicht begriffen unter dieser Verheißung, die wir von der Geburt an Christen heißen? wenn er sagt, Euer und eurer Kinder soll sein die Verheißung, die herrliche Gnade des Evangeliums, sollen wir uns nicht als solche betrachten, uns nicht aneignen diese allen Geschlechtern verheißene Gnade? Dies überlegend, fand ich m. Fr., daß wenn wir es nur fühlen wollten, der Geist Gottes in unseren Versammlungen noch eben so reichlich wohnt, wie damals in jener ersten Versammlung, und mit dieser Betrachtung wollen wir diese heiligen Tage feiern. Ich will euch loben, anpreisen unsere frommen Zusammenkünfte, euch hinführen zu allem großen und herrlichen, was darin liegt, und heute soll es mein Geschäft sein euch zu zeigen, **daß in unseren gottesdienstlichen Versammlungen der Geist des Herrn sich noch eben so kräftig erweiset, und daß wir alles wesentliche, was in jener**

Geschichte uns erzählt wird, auch jezt noch in unserer Mitte finden. Wenn wir auf jene wesentlichen Stükke hinsehn und fragen, Wodurch bewies sich der Geist Gottes so kräftig an jenem Tage? so ist es zuerst dieses, daß ein jeder in seiner Sprache hörte die großen Thaten Gottes verkündigen; zweitens, daß der Geist Gottes ein treffendes Zeugniß ablegte von Jesu Christo, und drittens, daß er auch mit heiliger Kraft eindrang in die Herzen der Menschen, daß sie fragten, Ihr Männer lieben Brüder, was sollen wir thun?

So laßt uns denn dieses betrachten und anwenden auch auf den Geist und das Leben unserer Versammlungen.

I.

Auch jezt noch kann ein jeder vernehmen die Verkündigung der Lehre in seiner Sprache. Dies wollen wir nicht darauf beschränken, wenn wir die ganze Gemeine der Christen ansehn als Eine, daß die Lehre verbreitet ist über so viele Völker, daß es wol nur wenige Zungen giebt, in welchen sie nicht verkündigt würde; auch nicht darauf, daß, wie mannigfaltig auch getheilt seien die Gaben des Geistes, wie verschieden die Denkungsarten und Gesinnungen, die sich aber alle vereinigen in der Liebe zu Christo, doch ein jeder vernehmen kann die Lehre in der Sprache, in der Bezeichnung und Darstellung, welche ihm die passendste, verständlichste, eigenthümlichste und eben darum heilsamste ist für sein Herz und sein Leben. Vielmehr möchte ich euch darauf führen, wie schon das eine unvollkommene Ansicht wäre, wenn wir unsere Versammlungen nur so vergleichen wollten jenem ersten wundervollen Zusammensein der Christen, als ob, wie dort Petrus, auch hier nur Einer und durch ihn allein der Geist spricht, und die anwesenden allein hören verkündigen die Thaten. M. Fr., keiner gewiß von denen maßt sich das an, die an dieser Stätte das Wort verkündigen;

sondern wie es damals geschah, wie Petrus sich erhob um deutlich zu machen, was alle im innern schon vernommen, und zu offenbaren, was der Geist Gottes redete durch ihn und alle, die einmüthig versammelt waren: so erhebt sich auch die Stimme des Lehrers nur aus der gemeinsamen Gesinnung und Andacht, aus der in allen daseienden Richtung des Herzens zu Gott und Christo, und wenn aus ihm der Geist reden soll, so müssen schon alle ihn vorher vernommen und empfangen haben und mitwirken. Denkt euch, um das zu sehn, einen Lehrer, auch den trefflichsten, denkt euch wenn ihr wollt auch den beredtesten Lehrer des Christenthums gegenüber irgend einem Einzelnen und lasset ihn reden mit derselben Liebe und Kraft, mit der er sonst pflegt zu reden: wird es dieselbe Wirkung thun, wird es euch nicht scheinen ein schales unkräftiges Unternehmen? Was ist es denn nun, was die Stimme so gewichtig so gewaltig und kräftig macht, wenn wir alle beisammen sind? Es ist das Leben, der Geist, der Sinn, der in allen versammelten wohnt und aus den Lehrern redet. Alle denken, empfinden, fühlen Eines; alle wirken mit zu dem guten, was geschieht; es wirkt jeder durch seine Theilnahme an dem gemeinsamen, durch das sichtbare Eindringen seines Herzens in die Reden und Verheißungen, welche hier gegeben werden, und doch wirkt dieselbige Rede und Kraft in jedem auf andere Weise und ergreift jeden auf seine Weise. Anders ist die sanfte stille Andacht des weiblichen Gemüths, als die von der Welt losgerissene innere Beschäftigung und Sammlung des thätigen nach außen gerichteten Mannes; anders die Frömmigkeit in der unschuldigen kindlichen Jugend; anders wird sie sich zeigen in dem gereiften Alter, welches gesättigt ist durch die Fülle der Erfahrungen; anders die Andacht derer, welche in der Gesellschaft niedrig da stehn, den Herrn preisend, daß er ihnen eine innere Herrlichkeit gegeben hat zur Entschädigung für die entbehrte äußere; und anders die Frömmigkeit derer, die auf die höchsten Stufen gestellt sind und hier das Zeugniß geben, daß doch alles eitel ist, was nicht beseelt ist durch Kraft von oben. So kann jeder noch jezt, wie ers bedarf, hören verkündigen die großen Thaten des Herrn.

II.

Der Geist Gottes beweist sich auch noch wie damals dadurch, daß er ablegt ein eben so lautes und ernstes Zeugniß von Jesu Christo. So geschah es damals. Als Petrus das Wort nahm, wußte er von nichts zu reden als von Jesu von Nazareth dem gekreuzigten, dessen Leben und Lehre und Ende im frischen Andenken war, und nichts verkündigte er als Verheißungen des Herrn; denn so hatte der Herr gesagt, Von dem meinen wird er es nehmen und euch geben, den Geist, den Tröster, in alle Wahrheit wird er euch leiten dadurch, daß er erinnert an alles, was ich gesagt habe *).

M. Fr., es hat wol eine Zeit gegeben in unsern christlichen Versammlungen, und sie findet vielleicht noch statt, wo das Zeugniß von Jesu Christo gewissermaßen zurükkgesezt, in den Hintergrund gedrängt, verdunkelt, übertüncht wurde in unsern Uebungen der Andacht. Von wohlweinenden ging das aus, welche meinten, die allgemeine Erhebung zu Gott müsse so eingerichtet sein, daß sie auch denen genießbar wäre, für welche Christus und sein Gesez nicht denselbigen Werth haben. Aber wir haben die traurigen Folgen bald genug gesehn, und tief haben sie eingegriffen in unser geistiges Leben; von da verschwand die fromme Gemeinschaft; von nun an entstanden klügelnde Fragen über den Nuzen, die Wichtigkeit und angemaßte Unentbehrlichkeit der Gottesverehrung, und die genuß- und geistlosen klügelnden Reden haben uns gezeigt, wie viel wir verloren.

Aber auch diese Zeit hat der Geist Gottes überwunden, und was auch die Menschen thun mögen, sie können es nicht dahin bringen, daß er nicht Zeugniß ablege von Christo. Alles

*) Joh. 14, 26. 15, 26. 16, 12—14.

ist ja bezeichnet mit seinem Namen, wo nur etwas großes und herrliches gezeigt wird. Wes ist das Bild? Christi! was die Ueberschrift? sein Name! und dies bei allem, was nur einigen Werth bei uns hat. So m. Fr. sind wir alle Zeugen von ihm, wie er sich beweiset in uns durch Wort und That; Zeugen, daß wir aus der innern Erfahrung des Herzens haben die Ueberzeugung, daß seine Lehre von Gott ist. Alles gute, wozu wir uns ermuntern, fließt zusammen und ist vereinigt in seinem himmlischen Bilde, und wir müssen, wie einst die Kraft der Sünde ihn ans Kreuz gebracht, und wie die Sünden und Schwachheiten derer, die doch zu ihm gerechnet werden wollen, ihn aufs neue kreuzigen, wir müssen zeugen, daß Gott ihn auferwekkt und zu einem Christus und Helfer in uns gemacht hat, zeugen von ihm durch jede Tugend und Kraft, die wir besizen und üben, denn das alles ist er, der nun in uns lebt und wirket. Darum alle die verschiedenen Empfindungen eines frommen Herzens, aller Friede in uns, welcher die wahre Liebe aus Gott ist, so wie die zur Seligkeit führende Trauer des Gemüths, alles bezieht sich auf ihn, ist vereinigt in seinem Bilde, in der Liebe unseres Herzens zu ihm. Das ist das Zeugniß, das der Geist Gottes immer noch in uns ablegt von Christo.

III.

Der Geist Gottes bezeigt sich auch noch eben so wirksam wie damals durch die Kraft, mit der er eindringt in unseren Versammlungen in die Gemüther der Menschen.

Wenn wir die Geschichte der heiligen Begebenheiten betrachten, so waren die, von denen darin geredet wird, von doppelter Art: die einen, in denen der Geist Gottes war und wirkte, die andern, die noch todt und erstorben waren fürs höhere Leben und hineingeführt werden sollten, daß auch sie empfingen die Gaben des heiligen Geistes. So ist es auch noch jezt, und in den Versammlungen der Christen finden dieselbigen Entgegensezungen statt. Es wird gewiß keine zahlreiche Versammlung und Gemeinde von Christen geben, worunter nicht auch solche wären, welche des Geistes, das ist aber des höhern geistigen Lebens, noch nicht theilhaftig geworden sind. Meine Brüder in Christo, laßt es uns mit Dankbarkeit anerkennen, unsere Versammlungen sind gewiß nicht unwirksam zu dem großen Zwekke, die Herzen der Menschen Gott und dem höhern Leben zuzuführen. Fühlt nicht jeder, der den Keim des Todes nicht im Herzen trägt, jeder, der des schönen Friedens noch nicht voll ist, bewußt der äußeren Gewalt, die ihn unstät umtreibt und führt, wohin er nicht will, fühlt nicht jeder sich getrieben in den Versammlungen der Christen zu fragen, Ihr Männer lieben Brüder was sollen wir thun? und so wollen und können wir es nicht läugnen, es muß in unsern Versammlungen, wenn das Herz noch nicht ganz erstorben ist, sie anwandeln eine Sehnsucht, ein Verlangen nach der Seligkeit. Denn was ist es, was wir bezeugen, als die Ruhe des Gott ergebenen Gemüths, den Frieden dessen, in dem es keinen Streit mehr giebt, in welchem der Zwiespalt zwischen dem Fleisch und Geiste wo nicht ganz ausgetilgt doch ausgesöhnt ist.

Und m. Fr. indem sich diese Gesinnung ausspricht, indem dieser Friede unter uns wohnt, giebt uns auch der Geist Zeugniß vor der Welt, daß wir nicht trunken sind, begeistert wol aber nüchtern und besonnen. Gar zu leicht, wo sie den frommen gehn sehn seinen eigenen Weg für sich, in sich verschlossen und geringschäzend so vieles, woran allein ihr Herz hängt, erscheint er ihnen als Thor, als ein Schwärmer; aber noch nie haben sie es dahin gebracht, daß der Sinn, der Geist, der sich in unsern Versammlungen kund giebt, ihnen erschiene als Wahn, Schwärmerei und Rausch; denn unsere gemeinschaftliche Ruhe und Eintracht erzeugt Besonnenheit des Gemüthes.

Aber wenn wir tief fühlen die göttliche Kraft des Geistes, die in unsern Versammlungen wohnt, daß wir alle dazu einladen möchten, wenn wir gleich wiedergeboren sind durch jene Kraft und als solche, die wohl wissen, woher der Geist kommt und wohin er fähret *), lasset uns doch auch mit Demuth in uns gehn und uns selbst fragen, wo es noch fehlt, oder ausspähen in unsern Herzen, was die Sünde sich vorbehalten möchte zu einem geheimen Wohnplaz. Aber wo werden wir wol kräftiger hingewiesen auf die verborgenen Falten des Herzens, dessen Tichten und Trachten von Jugend auf gerichtet ist auf das irdische, als eben hier; wo stellt sich der Zusammenhang des göttlichen Lebens so dar, wo fühlen wir es so, daß wer das Herz Gott weihen will, es ganz thun muß und nicht mehr hangen am irdischen? Ja einem jeden unter uns ist es begegnet, daß er in sich gegangen ist und sich gefragt hat, Was muß ich thun, daß ich ganz selig werde, und meine Seele ganz gekleidet sei in das Licht Gottes?

M. Fr. Laßt uns diesen unsern Schaz nicht gering achten. Was ich gesagt habe, ist so wahr, daß ich weissagen kann, das Herz eines jeden muß ihm beistimmen! Wohlan, ich wiederhole es, euer und eurer Kinder ist diese Verheißung, die der Herr an dem heutigen Tage gegeben hat. Laßt uns denn uns der Kraft, die in unseren Versammlungen liegt, recht bewußt werden. Wir wissen es gewiß, was er geordnet hat ist löblich und heilsam; er hat auch unter uns gestiftet ein Gedächtniß seiner Wunder: so laßt uns bedenken, daß jeder durch sein Dasein, seine Theilnahme, durch sein Zeugniß und seine Kraft gewiß wirket auf andere; und wie es damals hieß, Und sie kamen und ließen sich taufen und wurden hinzugethan zu der Schaar der gläubigen: so mag es auch unter uns gehn von Jahr zu Jahr, daß sich auch die Zahl derer mehre, die im Geiste getauft sind und wandeln als seine Kinder und Brüder und verkündigen durch ihre Tugend und Weisheit des Geistes Gaben, die Gott uns gegeben hat! Amen.

*) Joh. 3, 8.

VI.

Worin unser Zurükkbleiben gegen die erste Gemeine des Herrn gegründet ist, und wodurch ihm könne abgeholfen werden.

Ueber 1 Thess. 5, 19—21.

Am zweiten Pfingsttage (Nachmittag.)

Wir haben uns gestern damit beschäftigt, mit jenem ersten wundervollen Zusammensein der Christen unsere gottesdienstlichen Versammlungen zu vergleichen und gefunden, daß sie noch eben so bedeutend und wirksam sind wie jene, noch dieselben Wirkungen des heiligen Geistes aufzuweisen haben. Und das ist keine anmaßende Behauptung; denn die damals wirkende Kraft war dieselbige, und nicht höher als die, deren Einflüssen wir uns hingeben, und von der wir unsere Heiligung erlangen. Was giebt es aber größeres, als daß der Mensch ein Tempel werde des Allerhöchsten, und so kann es auch keine herrlichere Wirkung geben als die, welche der Geist auch unter uns hervorbringt, daß er also den Menschen umgestalte.

Und alles unbegreifliche, wovon jene Erzählung redet, keiner darf es für etwas größeres und höheres achten als das Werk der Wiedergeburt, der innern Umgestaltung des Menschen, welches die Schrift auch anderwärts als Wirkung des Geistes namhaft macht. Eben so wenig wird man sagen dürfen, es könne zwar zwischen dem, was jezt und was sonst in den Versammlungen gewirkt ward, eine Aehnlichkeit sein, wenn alles anders wäre, wenn wir uns losmachen könnten von vielen Einrichtungen, Gewöhnungen und Hindernissen aller Art; aber wie es jezt sei, lasse sich wenig in den gottesdienstlichen Versammlungen erwarten. Ich berufe mich auf die Erfahrung eines jeden Wohlgesinnten unter euch: was dem Grade nach verschieden ist, ist es doch nicht auch der Art nach, und jede Wirkung des Geistes, die uns dahin führt, daß wir uns dem Herrn hingeben, kräftiger angeregt werden zum guten, heller erleuchtet in der göttlichen Führung aller Dinge, ist ja dasselbe, was damals in den Aposteln geschah und durch sie.

Aber eben dieses leztere möchten mehrere behaupten: der Größe nach unterschieden sich die Wirkungen, und davon sei die Ursache nicht, daß die Sache des Christenthums damals etwas neues, daß die Geschichte des Erlösers noch frisch im Andenken war, und nicht alles könne geschoben werden auf den Reiz der Neuheit, auf den ersten warmen Eifer.

Wolan m. Fr., wenn wir dies Zurükkbleiben unserer Zeit gegen jene frühere inne geworden sind und es als Mangel fühlen: laßt uns sehen, worin es kann gegründet sein, und wodurch ihm mag abgeholfen werden.

Text. 1 Thess. 5, 19—21.

Den Geist dämpfet nicht. Die Weissagung verachtet nicht. Prüfet aber alles, und das gute behaltet.

Wir haben um so mehr Recht diese Worte des Apostels auf die Angelegenheiten unserer Gemeinde in Beziehung auf ihre gottesdienstlichen Versammlungen zu verstehn, als eben die Worte

Geist und Weissagung uns unmittelbar darauf hinführen. Denn unter dem Geiste wurden die göttlichen Gaben verstanden, die auf diese Art sich besonders erwiesen zum gemeinen Nuzen, und Weissagung war der Name für die Erwekkungen des Geistes, Belehrungen, Ermahnungen, die von einem ausgehend übers ganze sich verbreiteten. Wenn nun der Apostel von Befolgung dieser Rathschläge es erwartete, daß die christliche Gemeinschaft ihren Endzwekk erreichen würde, so können wir sie auch bei uns zum Maaßstab nehmen um daran zu sehn, was erreicht werde und was verfehlt; und wenn es wahr ist, daß die Wirkungen des Geistes unter uns nicht so lebendig sind und nicht von solchem Umfang und Erfolg: so werden wir finden — und das ist das, womit wir uns im ersten Theil unserer Betrachtung beschäftigen wollen, — daß die Ursache in nichts anderm liege als in der Vernachlässigung eben dieser Rathschläge des Apostels, und so werden wir dann zweitens sehen, wovon jede Verbesserung nothwendig ausgehn müsse.

I.

Den Geist dämpfet nicht. O m. Fr., wir müssen es beschämt gestehn, wir haben ihn gedämpft. Der Geist, wenn wir uns daran halten, was von seinen Ergießungen an jenem heiligen Tage erzählt wird, was ist er, als ein göttliches Feuer im Menschen, das aber hervorbringen will und andere beleben, was ist er, als eine gemeinsame Glut, die alles erwärmt und durchzieht? Aber wohin ist es mit den Versammlungen der Christen gekommen? Es hat die Ansicht die Oberhand genommen, die ich gestern als etwas trauriges bezeichnete. Man hat die Kirche verwechselt mit der Schule, die Anstalt zur Erbauung mit der Anstalt zur Belehrung, und man hat die Meinung angenommen, als ob die sich hier versammelten nur lernen sollten, und der Wortführer, eben nur das Ansehn und die Pflicht habe zu lehren. Aber wenn wir auch nur stehn bleiben bei dem verständlichen Worte, daß er erbauen soll, daß belebt werden soll und gestärkt die fromme göttliche Gesinnung in den Gemüthern, die Liebe und der innere Trieb zum guten: m. Fr. wer kann sagen, daß hier anders etwas zu erwarten sei als von dem gemeinsamen Bestreben aller? Was ist die Folge von jener Ansicht, als daß der größte Theil der Christen entweder wartet, bis ihm ein Bedürfniß aufgeht und das Gefühl, daß er mit seiner Ansicht von der Welt und der göttlichen Führung in Verwirrung gerathen, daß sie ihm nicht mehr aushelfe, kurz daß er der Belehrung bedarf, oder daß sie es mit lässigem trägem Geist darauf ankommen lassen, was sie empfangen werden? Daher denn aus dieser Ansicht und mit ihr zugleich entstanden sind jene Zweifel über den Werth und die Wichtigkeit unserer gottesdienstlichen Versammlungen; daher so viele gesagt haben, daß man an dem Orte selten etwas höre als das, was man schon wisse, daß jeder die Belehrung, die er gerade bedürfe, wohl besser anderswo suchen könne als da, wo der Lehrer nicht wisse, was ihm und was gerade jezt noth thut.

Die Weissagung verachtet nicht, und m. Fr. wir haben sie verachtet, sie ist gering geschäzt, so daß sie sich fast ganz unter uns verloren hat. Weissagung ist nicht Hindeutung auf das, was da kommen soll, sondern, wenn wir sie ansehn müssen als das, was in der Geschichte jenes alten Volks von den Männern, welche Propheten hießen, geleistet worden: so werden wir finden, daß die Verkündigung des Zukünftigen nur gelegentliche Ergießung und das wenigste war, was von ihnen ausging. Aber das wesentliche war, daß sie begeistert zum Volk sprachen in Tadel und Aufmunterung. Denn immer so fangen die Weissagungen an, Und es geschah der Ruf an den Propheten; Gott sprach, gehe hin! und nun folgen die Weissagungen, die nur Belehrungen sind über das, was dem Volke noth war, Erwekkungen, welche ihre Lage und Umstände erforderten, Ergießungen der höhern Kraft, welche in dem einen stärker waren als in den übrigen, und die von ihm den andern mitgetheilt werden mußten. Also die begeisterten Ergießungen des Herzens über das, was noth war, das Ueberströmen der Kraft, die sich auch der schwachen bemächtigen will durch die Gewalt der Rede, das ist der Begriff der Weissagung.

Aber m. Fr. wir haben schon so lange dahin gearbeitet, alles was den Namen der Begeisterung verdient zu verbannen, damit die Kinder dieser Welt uns nicht darstellen als Thoren und Schwärmer. Darum ist auch der christliche Gesang, dieses herrliche Mittel das Gemüth zu erheben und mit dem göttlichen zu erfüllen und zu allem guten zu erwekken, er ist, weil die Kraft der Dichtung daraus verschwunden ist, herabgesunken zu etwas so kaltem und leerem, daß man ihn kaum noch als einen wesentlichen Theil der Gottesverehrung will gelten lassen. Und so ist es gegangen bei dem Theile, der von der Rede ausgeht. Denn man hat es allmählig dem allgemeinen Endzwekk der gottesdienstlichen Versammlungen nicht recht angemessen gefunden auf das zu sehn was noth thut, um die Gemüther in Anspruch zu nehmen für das, was nun gerade in Beziehung auf das Reich Gottes aus den Umständen hervorgeht. Denn je mehr die Gemeinde aufgehört hat ein ganzes zu bilden, und je mehr das Band zwischen ihr und dem Lehrer gelöst ist, ist der leztere in die Verlegenheit gekommen, entweder nicht unterrichtet zu sein, oder den Schein zu haben, als sei er unterrichtet von ihren geistigen Bedürfnissen, und dies Uebel hat alle Völker ergriffen.

Und wenn das Gegentheil von dem herrscht, was man unter Weissagung versteht, gleich nüzlich für jeden zu reden, ob er auch unter ganz andern Verhältnissen und Umständen lebe, und nur das, was jeden anspricht vermittelst jener Beziehung, die er mit tausenden von fremden und fernen theilt: was ist die Folge gewesen, als m. Fr. dieses, daß auch bei unsern christlichen

Vorträgen nicht mehr gesehn ist auf das, was der Apostel sagt, Ich bin unter euch gewesen nicht mit Worten der Weisheit, sondern mit dem Geist und der Kraft *), und daß wir mehr gesehn haben auf menschliche Weisheit, oder, wie es richtiger heißen sollte, menschliche Kunst — eben weil der Inhalt selbst den größten Theil der Menschen so wenig anspricht, weil die Rede nicht vom Herzen kommt und zum Herzen geht; was konnte doch da die Menschen lokken sich als Zuhörer hinzustellen, als die Kunst, der rednerische Schmukk und äußere Vorzüge, die gar nicht in Anschlag kommen sollten.

Endlich prüfet alles und behaltet das gute. Wir aber, wir pflegen schon lange in Absicht der Angelegenheiten des christlichen Evangeliums nicht zu prüfen oder doch das gute nicht zu behalten. Denn daraus sind entstanden jene beiden Parteien, deren Zwiespalt es so schwierig macht dem Gottesdienste die erste Kraft zurükk zu führen, welche in den frühesten Zusammenkünften war. Es giebt einige, die gar keine Prüfung zulassen, bei allem, was entweder vorgeschrieben oder hergebracht und durch Verjährung geheiligt ist, stehn bleiben und sich nicht bekümmern, ob das alles auch jezt noch angemessen ist. Die andern sind die vor lauter Prüfung zu heilsamem Gebrauch, zu stärkendem Genuß niemals gelangen mögen, denen nie etwas recht ist und gut, die an allem zu tadeln und zu verwerfen haben und die, sobald irgend etwas im Widerstreit ist mit dem Zeitgeist, sobald sich ihnen ein verwöhntes Gefühl entgegensezt, sogleich behaupten, daß es auf sie keine geistige Kraft ausüben könne, eben weil sie unfähig sind geistig berührt und getroffen zu werden. In diesem Streite ist, man darf es sagen, der Segen aller unserer Gottesverehrung erstorben, indem sich jene streng halten an alte Formen, die als todter Buchstabe den Geist nicht mittheilen können, und diese alles verwerfen,

*) 1 Kor. 2, 4.

wofür sie erstorben sind, und so ist alles aus dem Kreise gemeinschaftlicher Erbauung verschwunden, was zur Erbauung dienen soll, und zurükkgezogen in das Gebiet der Häuser.

II.

Das m. Fr. sind die unläugbaren Mängel und die Ursachen derselben in Absicht auf die gemeinschaftlichen Angelegenheiten unserer gottesdienstlichen Zusammenkünfte und die Erwekkung des Geistes. Erkennen wir sie an und streben wir darnach uns los zu machen: so werden die meisten sagen, Wir können nichts thun; das wichtigste muß von oben herab kommen und geschehen von denen, welche die christlichen Gemeinden leiten.

Aber diese Meinung m. Fr. hat ihren Grund nur in jenem Irrthum von einem großen Unterschiede zwischen den lehrenden und den lernenden, einem Unterschiede, den wir in jenen segensreichen Zusammenkünften der Jünger Jesu vergeblich aufsuchen. Es zeigt die Geschichte der Kirche, daß von oben herab nicht alles und nur einiges so gethan werden kann, ja daß beim besten Willen der obern nichts geschehen wird, wenn nicht der lebendige Eifer aller zu Hülfe kommt.

Soll ich also sagen nach den Rathschlägen des Apostels, wovon allein Wiederbelebung des erstorbenen ausgehen muß, so ist es dieses, Es muß sich einstellen an der Sache des Gottesdienstes eine lebendige Theilnahme aller, und dann, es muß das Band der Christen als solcher enger geknüpft werden, wir müssen erst wieder das bilden, was im eigentlichen Sinn eine Gemeinde ist.

Nur von unserer engeren Verbindung kann alles ausgehen, und ich ermahne euch an diesem heiligen Tage zu einer lebendigen Theilnahme. Eben nicht bloß um etwas zu empfangen, um zu lernen sollen sich die Christen hier versammeln, sondern durch

Wechselwirkung der Geister auf einander sich erkennen, sich stärken, sich beleben zum guten. Sowol wenn der einzelne durch weltliche Sorgen und Geschäfte in sich geschwächt fühlt den Sinn für das höhere, das Bewußtsein seines geistigen Lebens — und wer befände sich nicht zu Zeiten in diesem Falle, — wohin könnte er dann besser eilen als hieher, um nicht nur zu empfangen, sondern sich in lebendige Gemeinschaft zu sezen mit allen, die sich versammelt haben? Aber auch wenn in andern das Gefühl des Gebens und Empfangens recht lebhaft heraustritt, und sich der Wunsch regt, O daß ich tausend Zungen hätte und einen tausendfachen Mund: wohin kann er sich dann besser retten als hieher, da wo seine Rede, sein Gesang, sein stilles Gebet sich tausendfach vermehrt durch die Gemeinschaft mit allen, auf die er wirkt?

Aber auch in weiterem Sinne, und das ist die erste Grundlage von allem, muß das Band der Christen erst enger geknüpft werden. Wir müssen uns ansehn als eine Gemeine des Herrn, wo alles, je größer und wichtiger es ist, auch desto gemeinsamer sein muß. Es muß jedem gleich wichtig werden, was alle betrifft, und der Wunsch allgemein, daß allem abgeholfen werde, was das ganze drükkt; die Mittel dazu müssen für jeden werden ein Gegenstand seines Nachdenkens und seiner Berathung; es muß sich bilden eine gemeinsame Neigung und ein gemeinsamer Wille. Denn nur hiervon ist auch in allen andern Angelegenheiten ausgegangen eine gründliche Besserung. Das ist aber das große Uebel, daß jeder das Geschäft der Erbauung ansieht als eine Sache des einzelnen; und so lange das noch statt findet, so lange dies wenigstens die herrschende Denkungsart ist, ist an keine wahre Besserung zu denken, sondern wir müssen nur noch mehr verfallen, und alle wohlgemeinte Bemühung wird sich nur auf Nebendinge wenden. Der einzelne kann keine große Angelegenheit leiten und fördern, denn wenn er sich einzeln denkt und fühlt, so fühlt er sich auch schwach. Die Hülfe kann nur ausgehn von der vereinigten Kraft aller; jeder muß sich ansehn als Mitglied einer großen gemeinschaftlichen Verbindung.

Von den ersten Jüngern heißt es, Sie waren einmüthig bei einander, sahen sich an als Ein ganzes; das gemeinsame Wohl und Werk war Gegenstand des Nachdenkens und der Betrachtung für alle und für jeden einzelnen; jedes Bedürfniß wurde von allen gefühlt, jede einzelne Einsicht kam zur Mittheilung, und diese Gemeinschaft allein hat die Kirche gestiftet. Wenn sich jeder von ihnen in sich verschlossen hätte und die Religion angesehen nur als eine Angelegenheit zwischen ihm selbst, Gott und Christo; wenn es dann auch einzelne gegeben hätte, die von einem andern Geist getrieben ausgingen und lehrten und tauften, aber die getauften wären auch in jenem Sinn sich vereinzelnder Frömmigkeit getauft worden: wie bald würde der erste Eifer erkaltet, wie wenig das Christenthum verbreitet, und wie bald vielleicht das Gedächtniß Christi verschwunden sein oder so herabgesunken, wie auch jezt in solchen Gemeinen des fernen Ostens, die in keiner Gemeinschaft mit den übrigen stehen. M. Fr., im Vergleich mit jener frühern Zeit ist es auch jezt im Herabsinken und Verschwinden. Wenn auch der Name Christi genannt wird, und die Menschen noch nach ihm heißen; wenn auch seine Denkmäler und Vermächtnisse unverloren und unverlezt unter uns sind: fragen wir, wie viel davon gebraucht und genossen wird, so müssen wir gestehen, wir bleiben weit hinter jener Zeit des gemeinsamen Eifers zurükk.

O, laßt uns nicht tiefer sinken! Laßt uns diese Zeit, die auf so vielerlei Weise warnend und ermahnend zu uns geredet, laßt sie uns nicht verloren gehn! Es flammt hie und da etwas auf, was ähnlich sieht der Flamme des Glaubens und der Liebe Christi. Möge es keine trügerische Erscheinung sein! mögen wir daran entzünden ein heiliges Feuer, welches alle erwärmt und erleuchtet! Ja wenn uns die heiligen Begebenheiten dieser Tage nur vereinten, uns hinzugeben dem Herrn und uns von seinem Geiste erfüllen zu lassen: o so laßt uns nicht vergessen, daß es seine größte Wirkung war die Gemeine des Heilands zu gründen; laßt sie uns von neuem preisen durch eine Theilnahme an den christlichen Versammlungen und die Segnungen erfahren eines vereinten christlichen Lebens. Dann kann die christliche Verheißung in Erfüllung gehen, Ich bin bei euch bis ans Ende der Tage, und wo ihr in meinem Namen versammelt seid, bin ich mitten unter euch *)! Amen.

*) Matth. 18, 20. 28, 20.

VII.

Ueber die Furcht, die der göttliche Geist durch seine Wirkungen in denen hervorbringt, welche der Vereinigung mit ihm noch unfähig sind.

Ueber Apostelgesch. 2, 43.

Am Sonntage Trinitatis (Nachmittag.)

M. a. Fr. Unsere neuliche Betrachtung über das Werk, das der Geist Gottes in den Menschen schafft, hat uns Gelegenheit gegeben, in dieser Beziehung uns selbst und den Zustand unserer gottesdienstlichen Versammlungen zu untersuchen, uns aufmerksam zu machen auf ihre Mängel und deren Ursachen. Es bietet uns aber die Geschichte jener heiligen Begebenheit noch eine andere Seite dar; sie zeigt uns zwar das, was der Geist in seinen ersten herrlichen Aeußerungen gewirkt habe in denen, über welche er sich so gewaltig ergossen; es wird nämlich zuvörderst gesagt, viele hätten das Wort Christi angenommen und wären hinzugethan zur Gemeinde der gläubigen an dem Tag bei dreitausend Seelen. Dies aber sind wir weniger im Stande für den Maaßstab dessen was der Geist wirkt anzusehn, weil das innere Wachsthum des Reiches Gottes in jedem Augenblikke sich unsern Augen entzieht und nur durch die Uebersicht eines bedeutenderen Zeitraums kann geschäzt werden. Es ist aber auch noch die Rede von einer andern Wirkung. Wir wissen es ja m. Fr., daß wir nicht umgeben sind von lauter solchen Menschen, die der Erbauung immer von selbst empfänglich sind, daß die Anzahl derer noch groß ist, welche entfernt sind vom Reiche Gottes. Nun läßt sich aber doch die Vermehrung desselben nicht denken ohne Wirkung auch auf diese. Und davon redet denn ebenfalls die Geschichte jenes Tages, und es wird uns geschildert, daß der Geist Gottes in solchen von ihm entfernten Seelen Furcht gewirkt habe, und so wollen wir denn sehn, wie auch diese Wirkung noch immer dieselbige sein muß.

Text. Apostelgesch. 2, 43.

Und es kam auch alle Seelen Furcht an, und geschahen viele Wunder und Zeichen durch die Apostel.

Das ist es, was die Schrift sagt von den Wirkungen des göttlichen Geistes auf diejenigen, die damals ihm ihre Herzen zu öffnen und seine Gaben zu theilen unfähig waren; es kam alle Seelen Furcht an; und das muß die Wirkung des göttlichen Geistes sein überall und auf alle, die sich so zu ihm verhalten. So laßt uns denn mit einander reden über die Furcht, die der göttliche Geist durch seine Wirkungen in denen hervorbringt, welche der Vereinigung mit ihm noch unfähig sind. Wir unterscheiden erstlich die Furcht der bösen, dann die Furcht der trägen, und endlich die Furcht der unentschlossenen.

I.

Wo der Geist Gottes sich in einer jenem Tage ähnlichen Kraft äußert, da kommt die bösen Furcht an.

Nicht immer nehmen wir Furcht der bösen wahr; aber es ist dann eben nur die Folge davon, daß der Geist Gottes nur schwach und zerstreut wirkt. Es können sich über die einzelnen Erweisungen des göttlichen Geistes die bösen bisweilen sogar freuen. Wenn nur das böse mit ihm im Streite liegt, so freuet sich wol der einzelne unter ihnen, wenn der andere, der ihm entgegen arbeitet, entlarvt oder niedergedrükkt wird durch die Kraft des Geistes, wenn das Laster entdekkt, Uebelthaten gebrandmarkt werden an denen, die mit ihm in keiner oder nur einer für ihn nachtheiligen Beziehung stehn; und wenn der Geist ihnen selbst näher rükkt mit seinen Wirkungen, so sind ihnen die Erweise desselben doch gleichgültig. Nach dem alten Sprichwort sind die Kinder der Finsterniß klüger in ihrer Art, denn die Kinder des Lichts; und dieser Klugheit sich bewußt verachten sie die Kraft des Geistes, wo sie sich nur einzeln und im kleinen erweist; denn da wissen sie, daß wo sie keine Mittel scheuen, es gefährlich ist ihnen zu widerstehn, daß wo sie sich vereinigen und unterstüzen es ihnen leicht wird die nachtheiligen Einflüsse des Geistes Gottes von sich zu entfernen.

Aber m. Fr. wenn der Geist Gottes sich erweist auf eine ungewöhnliche und außerordentliche Art; wenn er kräftiges Gemüth in dem Menschen erwekkt, gegen welches das Spiel ihrer Laster und Leidenschaften nicht aufkommen kann; wenn er Tugend erwekkt, wahre und kräftige, vor welcher der falsche Schein ihrer Vollkommenheiten erbleicht und verschwindet; wenn nicht in einzelnen der Geist Gottes sich wirksam beweist, sondern wenn er zu höheren Zwekken eine Anzahl kräftiger Menschen vereinigt; wenn diese die größere Menge der Menschen in Bewegung sezen, heilige, erloschen gewesene Eindrükke wieder lebendig machen, das Gefühl verabsäumter Glükkseligkeit oder auf sich geladener Schuld erregen und sie ermahnen, daß sie sich möchten befreien lassen von diesen unartigen Leuten: dann m. Fr., dann fühlen die bösen, wie sie sich auch gestärkt und gewaffnet haben, wie sie auch vertrauen auf List und Verschlagenheit, dann fühlen sie, daß ihre Kraft nichts ist als Ohnmacht, daß ihr Gelingen, ihr Glükk nur gegründet war in der Unthätigkeit einer größern Kraft, daß sie auf der Seite stehen, die nothwendiger Weise fallen wird.

II.

Es kommt auch, wo der Geist mächtig wirkt, Furcht an die Seelen der trägen.

Denn m. Fr., es ist nicht nur die Gewalt der sinnlichen Triebe und Leidenschaften, welche die natürliche Verwandtschaft des Menschen mit dem göttlichen Geiste, die Sehnsucht nach der Vereinigung mit ihm in vielen hindert sich zu äußern; sondern es ist eben so sehr dieses oft verkannte geistige Uebel der Trägheit. Es giebt viele Menschen, die nicht böse aber unempfänglich sind für die Einwirkungen des göttlichen Geistes, und die nicht einverstanden mit sich über die Bestimmung des Lebens, nicht angetrieben zu einer ernsten wohlgeordneten Thätigkeit durch das Bild eines höhern Ziels, aber auch nicht grade gestachelt von heftigen Begierden nichts suchen, als einen ruhigen stillen Genuß. Sie haben kein anderes Ziel als nur von dem sich frei zu halten, was den Menschen niederdrükkt und befehdigt, und begnügen sich dann und wann in dieser Ruhe von den Freuden des Lebens mitzugenießen. Auch diese erfreuen sich im einzelnen an den Wirkungen des göttlichen Geistes; denn die bösen stören sie oft auf in ihren stillen Freuden, und die gewaltsamen Ungerechtigkeiten sind es, wovor sie sich fürchten. Widersteht diesen der Geist, so erkennen sie darin eine befreundete Macht, welche gegen das ihnen furchtbare gerichtet ist. Und wo die Wirkungen des göttlichen Geistes nicht von dieser Art sind, sondern wo derselbe sich innerlich bezeigt in der Umgestaltung und Veredlung des menschlichen Lebens und der menschlichen Natur, das ist ihnen auch erfreulich, insofern sie fähig sind die Wirkung zu fühlen und zu erkennen, und außerdem berührt es sie gar nicht.

Aber auch die Seelen dieser trägen muß Furcht ankommen, wo der Geist Gottes sich gewaltig zu erkennen giebt; denn da erwacht das Gefühl der Unzufriedenheit mit dem ruhigen Bestehn der Dinge, da richtet sich diese Kraft nicht nur gegen die bösen, sondern sie will alles durchdringen und alles beleben; da wird auch das, was keinen Widerstand leistet, da wird auch das stille und friedliche als ein Gegenstand angesehen, worauf sie wirkt; auch das gebeugte soll da erhoben, das schwache stark gemacht werden, und daher entsteht in ihnen die Ahndung großer Veränderungen, und sie fühlen, daß nichts bestehen kann, worauf die Kraft des göttlichen Geistes zum besseren umgestaltend sich wendet; da kommt sie Furcht an, daß sie aufgestört werden aus ihrer Ruhe, Furcht, weil die ganze Art und Weise ihres Lebens nun hingegeben ist in jene Macht, von der sie nicht wissen, wie sie sie ergreifen wird, und die ihrem geliebten Zustande ein Ende zu machen droht.

III.

Wo der Geist Gottes gewaltig wirkt, da kommt auch Furcht in die Seelen der unentschlossenen.

Ich wollte damit diejenigen bezeichnen, welche gleichsam am Scheidewege stehen zwischen der Gottseligkeit und dem irdischen Sinne, welche vielleicht schon öfters die Anregungen des Geistes gefühlt haben, aber denen es mangelt an dem Entschluß sich ihm ganz hinzugeben, die nicht lassen können von ihrer alten Weise, die das gute wol erkennen, aber in denen der Wille und die Einsicht und Erkenntniß des bessern nicht übereinstimmen. Das ist ein Zustand der Uneinigkeit mit sich, des Widerspruchs und des Kampfes. Wenn auf eine allgemeine Weise sich verbreitet eine löbliche Gesinnung, wenn sie aufgefordert werden zu guten Werken, die ein bleibendes Denkmal zurükklassen, und wenn das ihnen auch Aufopferung kostet, so ist es ihnen doch eine Freude; denn es giebt ihnen für die Zeit, wo ihnen die Augen aufgehn über sich selbst, wo sie sich prüfen, wo sie wegen des Unterschiedes, den sie machen müssen zwischen sich und dem höhern, im Begriff sind sich zu verachten — es gewährt ihnen für diese Zeit eine Beruhigung; sie halten sich vor, wie sie nicht unempfänglich sind fürs gute und höhere, wie sie sich doch hie und da angeschlossen haben an die, welche vom Geiste Gottes getrieben wurden.

Aber m. Fr., wenn nicht mit solchen Forderungen und einzelnen Thaten, sondern mit der Forderung, daß fürs ganze Leben entschieden werden soll, der Geist Gottes ihnen entgegenrükkt, wo ihnen vorgehalten wird Segen oder Fluch, Seligkeit oder Verdammniß; wenn ein Zustand kommt, wo sie sich keinen Aufschub verschaffen können, sondern wo es gilt sich zu entscheiden; wenn die Kraft des Geistes in seiner Richtung auf die menschlichen Angelegenheiten sie auf die Spize gestellt hat: dann kommt sie Furcht an, Furcht vor dem Verlust dessen, was sie lieben, vor dem Kampfe, der ihnen so oft nahe war, und den sie feigherzig immer vermieden, und der nun endlich doch bestanden werden soll.

So ist es! m. Fr. Ueberall ist diese Furcht die erste Wirkung des göttlichen Geistes auf die, welche ihm noch ferne sind, die Wirkung, die er hervorbringt, wenn er sich mit gesammelter Kraft äußert. Wolan, wenn unter uns m. Fr. die Menschen ohne Furcht hingehen können in großer Menge, ohne sich zu entscheiden fürs ganze Leben, ohne daß sie scheuen die Schande und Dienstbarkeit, welche die trifft, die sich nicht jener göttlichen Kraft zugesellen wollen; wenn wir sehen, daß so viele Menschen noch dahingehen in jener schlaffen Ruhe, im Beschränken ihrer Wünsche auf einen ruhigen ungestörten Genuß; wenn die bösen ihr Haupt noch emporheben und troz der einzelnen Wirkungen des Geistes wir immer noch nicht sagen können, daß sie von Furcht ergriffen sind — was sollen wir für uns selbst, die wir der Tempel Gottes sein sollen, daraus schließen? O, daß wir noch nicht sind, was wir sein sollen, daß die göttliche Kraft, der wir uns ganz hingeben sollen, noch nicht so in uns wirkt, daß wir uns anschließen können an jene ersten Vorbilder des christlichen Glaubens; ja m. Fr., daß es eine Furcht in uns selbst ist, die uns erstarrt und zurükkhält von jener höhern Bewegung des Lebens! So möge denn dies, wie es eine demüthigende ist, eine gesegnete Betrachtung für uns sein, mögen wir uns immer mehr erheben zu dem Standpunkte des Christenthums, auf welchem die Helden des Glaubens standen, welche auf eine herrliche Weise sich haben regieren lassen vom Geiste Gottes; und das ist der, welcher Furcht erregt und alles unterthan macht seiner höheren Kraft, und vor dem sich das nichtige und böse beugt; es ist derselbe Geist, durch den die Vorfahren so mächtiges und herrliches wirkten; und wenn er uns nicht dazu macht, zu Helden des Glaubens und tüchtigen Vertretern des Christenthums, so beweist das eben unsere Schwäche und Untüchtigkeit. Aber wenn wir betrachten, was dem Geiste sich entgegensezt, vergleichen die göttliche Kraft und das vergängliche und nichtige des irdischen Lebens, ich weiß nicht, was mehr dem Menschen Muth einflößen müsse, ein Werkzeug des Geistes zu werden und mit Furcht alle zu erfüllen, die noch fern sind vom Reiche Gottes. Möge dies unsern Muth mehren, mögen wir uns der Kraft des Geistes immer mehr bewußt werden, dann werden unsere Versammlungen dieselbige Wirkung auf uns und durch uns auf die ungläubigen haben; und es sei nun ein erfreuliches Spiel oder ein harter Kampf, in welchem wir aber wissen, wo der Sieg stehen wird, es sei uns ein Zeichen von unserer Wirksamkeit, wenn die Seelen der Menschen Furcht ankommt. Früher oder später kommt dann die andere Zeit, wo die Liebe, die alles vereinigende Kraft Gottes, die Furcht wieder austreibt! Amen.

VIII.

Ueber die wahre Gemeinschaft der Güter unter den Christen.

Ueber Apostelgesch. 2, 44. 45.

Am 1. Sonntage nach Trinitatis.

M. a. Fr. Nachdem wir unsern Erlöser bis zu seiner lezten Entfernung von der Erde und dann seine Jünger bis zur Ergießung des göttlichen Geistes über sie begleitet haben mit unserer Betrachtung, so laßt uns nun auch die damals zuerst in der Kraft des Geistes gepflanzte christliche Kirche und ihre ersten Begebenheiten mit unserm Nachdenken begleiten. Wir haben es in den Tagen der Pfingsten gesehn, wie dieselbige Kraft, welche damals die Jünger antrieb die großen Thaten des Herrn zu verkündigen und die hörenden also erregte, daß sie fragten, Was sollen wir thun, daß auch wir zur Seligkeit gelangen? wie es dieselbige Kraft noch ist, die auch in uns sich regen muß, wo wir versammelt sind in des Herrn Namen. Eben so, wenn wir die ersten Christen betrachten, was sie gethan, unternommen, gelitten haben, — werden wir nicht sagen müssen, die nämliche Kraft solle auch uns treiben und müſſe ſich bewähren in unſerm ganzen Leben? Ich will nicht ſagen m. Fr., daß, wenn wir uns vergleichen in unſerm Thun und Treiben mit der erſten Gemeinde Chriſti, wir finden müßten, daß wir weit zurükkſtehn gegen ſie; denn es geziemt dem frommen und dem, der vom Geiſte Gottes durchdrungen iſt, nicht ſich der trübſinnigen Vorſtellung zu überlaſſen, als werde die Anzahl der wahrhaft gläubigen immer geringer, als werde es immer ſchlimmer auf Erden; vielmehr haben wir, ſeitdem das Reich Chriſti ſich mehr ausgebreitet hat, gewiß gewonnen in Vergleich mit jenen erſten Chriſten; manches ſchöne, was ihnen mangelte, manchen ächten Glanz für leeren Schimmer können wir aufzählen. Aber was uns ſo reizend macht jene frühere Zeit, was uns ſo gewaltig hinzieht zu ihr, das iſt die Kraft der erſten Liebe, der Geiſt der Treue und kindlichen Einfalt, von der die gläubigen beſeelt waren. Dies Bild laßt uns fleißig uns vorhalten in unſern Betrachtungen, ob auch daſſelbe Feuer ſich entzünden wolle und empor lodern zu gleicher geiſtiger Flamme. Darauf ſei unſer Sinn in Andacht gerichtet in dieſer Stunde.

Text. Apoſtelgeſch. 2, 44. 45.

Alle aber, die gläubig waren geworden, waren bei einander, und hielten alle Dinge gemein. Ihre Güter und Habe verkauften ſie, und theilten ſie aus unter alle, nach dem jedermann noth war.

Das leuchtet gewiß jedem ein m. Fr., daß das, was hier erzählt wird, nicht gerade ſo wie es da geſchah auch unter uns geſchehen könne, daß vielmehr in unſerer Verfaſſung ein ſolches Verfahren mehr Verwirrung hervorbringen würde als Nuzen, mehr Gewaltthätigkeit als Freude, mehr Mißtrauen als Liebe. Aber laßt uns, was dabei nur zufällige Geſtalt war, nicht verwechſeln mit dem Geiſt und der Geſinnung, die dabei thätig war.

Wir können es nicht läugnen, unser Leben in Christo ist ein gemeinsames Leben. Haben wir uns ihm ganz ergeben, so muß auch uns einander alles gemein sein; ja es giebt eine innere nothwendige und unter der jedesmal schikklichen Gestalt auch wirkliche Gemeinschaft der Güter überall, wo es nur Christen giebt, und wir werden sehen, erstlich wie diese Gemeinschaft aus dem Geiste des Christenthums selbst als ein inneres Bestreben, als eine Gesinnung hervorgeht, und zweitens wie sie auch äußerlich im Leben erscheint.

I.

Wenn man fragt, was das Wort, Die Christen sollen alles gemein haben, für einen Sinn haben kann und soll, was doch das allgemeine und bestehende sein könne von einer solchen Einrichtung, die doch, wie uns die Geschichte lehrt, so bald wieder vergangen ist: so haben wir nur zurükkzugehen auf das, was wir als das innere Wesen des Christenthums, die fromme göttliche Gesinnung anerkennen. Worauf anders kommt es an, als darauf, daß der Mensch sich mit allem, was er ist und hat, hingebe, weihe dem göttlichen Geiste, der sich einmal in ihm regt und Besiz von ihm genommen hat? Und was wollen wir denn von diesem Besiz, von dieser Herrschaft des Geistes ausschließen, wo soll noch ein von diesem göttlichen gesondertes Leben statt finden? Wenn wir sehn auf die Kräfte des Gemüthes, des Verstandes, alles dessen, was wir Seele nennen, — können diese noch regiert werden von irdischer Eitelkeit, wo in einem Menschen der Geist Gottes wohnt? Kann er noch Prunk treiben mit den Gaben, oder sie dazu anwenden um sich vergängliches zu erwerben? oder kann ein solches Gemüth sie gebrauchen nach Laune, Willkühr, oder herabwürdigen zu niedrigen irdischen Zwekken? Wolan, wenn dies edlere und bessere unterworfen sein muß der Herrschaft des göttlichen Geistes, wie viel mehr das geringere! Ist nicht der Leib mehr, denn die Speise, und die Seele mehr, denn der Leib? Und wenn dann so alles in uns dem göttlichen Geiste hingegeben ist, alles in uns nichts begehrt, als daß das Reich Gottes kommen möge, was wollen wir dann machen mit dem andern, was uns alsdann nach der Verheißung der Schrift zufallen wird? So lange uns die äußern Güter noch als etwas erscheinen, was wir auf eine besondere Weise ohne Beziehung auf das höhere besizen, so lange sind wir noch nicht erfüllt mit dem geistigen Leben, so lange hat dieses noch nicht durchdrungen das irdische, und wir müssen ringen und streben, bis aller Unterschied verschwunden ist. So gehören auch sie zum Reiche Gottes, so ist auch das geringste in eine schöne Einheit gebracht mit dem geistigen Leben, und es dient diesem zur Erhaltung und Fortpflanzung, zu Schmukk und Zierde.

Aber dann, was ich schon erinnerte, der Geist der uns treibt, ist ein gemeinsamer Geist; er lebt in allen Brüdern in Christo, wie in uns, und ein jeder empfängt davon sein bestimmtes Maaß, daß nun in unserm Herzen, bestimmt zum Tempel Gottes, wirken soll in Vereinigung mit allen übrigen. Ist nun das innere und die innerste Kraft des Lebens in allen dieselbige und eine gemeinsame: so muß es auch das äußere sein, und so zeigt es sich. Ist einer, der eines höheren Lebens theilhaftig geworden ist, im Stande, von den Gütern seiner Seele etwas für sich zu behalten? Drängt uns nicht jede Einsicht, zu der wir gekommen, jede Wahrheit, die wir gefunden, sie gemein zu machen unter den Brüdern? Kann wol eine reine schuldlose nur irgend bedeutende Freude des Lebens einer für sich allein behalten, wird sie nicht ein lebendiger Trieb in uns sie andere mitgenießen zu lassen, und wenn sie noch nicht empfänglich dafür sind, sie zu erheben zu dem geistigen Leben und hinwegzusezen über die kleinen Bekümmernisse des Lebens? Und die irdischen Dinge, und was das äußere ist, sollte die Kraft haben eine besondere Verbindung für sich zu bilden, abgesondert von der Richtung unsers inneren Lebens? Das ist nicht möglich! m. Fr. So wie das Gefühl, Nicht ich lebe, sondern Christus in mir *), den Menschen durchdringt: so aber auch das Gefühl, Daß wir Glieder sind an dem Leibe, dessen Haupt Christus ist, dem alles dienen muß **). Und so wie kein Theil an einem organischen Leben sagen kann, daß es die Kräfte des Lebens für sich hat, wie es nur durch die Gemeinschaft und Mitwirkung der übrigen zum ganzen besteht und selbst zur Erhaltung desselben beiträgt, und so wie auch nur in dieser Hinsicht Gesundheit statt finden kann, wenn das was empfängt auch giebt: eben so werden auch wir mit allem was wir sind und haben ein Leib, und alles muß uns gemein sein!

II.

Laßt uns nun zweitens sehen, wie sich diese nothwendige Gemeinschaft aller Dinge unter den Christen gestalten muß. Freilich müssen wir in dieser Beziehung an unser Thun einen größeren Maaßstab legen, als an das der ersten Jünger des Herrn. Denn es ist ein größeres, ein mannichfaltiger sich gestaltendes und sich verzweigendes Leben, dem wir in der Gemeinschaft des Geistes angehören. Also können wir auch mancherlei einzelnes mehr unterscheiden, was aber aus einer Kraft, aus einem Geiste hervorkommt. Wir sehn das Christenthum an als ein Mittel zur Erhebung, Erziehung des ganzen Menschen, und bemerken, daß Gott ihm darin jenen Beruf, den er ihm bei der Schöpfung schon gegeben, in neuer Kraft und einem höheren Maaße gesezt hat.

Als Gott nämlich den Menschen auf die Erde gesezt hatte, übergab er sie ihm, daß er ein Herr werde über alles, was lebt und webt. Diese Herrschaft verliert der Mensch, wenn er nur der Sinnlichkeit dient, und wiewohl er den Schein hat, vieles um sich anzuhäufen und zu beherrschen: so wird er

*) Gal. 2, 20. **) Kol. 1, 18.

doch selbst regiert und schmachtet in Dienstbarkeit. Diese Herrschaft des Menschen über die Dinge soll wieder erneuert werden durch den Geist des Christenthums. Daher sind, seitdem dieses Wurzel gefaßt hat in den Herzen der Mehrzahl der Menschen, größere, heller gedachte und richtiger ausgeführte Anstalten zu Stande gekommen; und jene Herrschaft auszuüben, das ist der Sinn aller unserer Rechte, Anordnungen, Geseze und unser Beruf, insofern wir einem gemeinsamen Vaterlande angehören.

Als Gott den Menschen gemacht hatte, erklärte er ihn selbst zu seinem Ebenbilde, zu einem Ebenbilde, welches sein Urbild erkennen könnte, und immer mehr sollte sich ihm aufschließen die Erkenntniß seiner Bestimmung und des Urhebers desselben. Aber diese Erkenntniß verliert der Mensch im Dienste der Sinnlichkeit. Weil er das alles nur sieht in Beziehung auf seine flüchtige Erscheinung, auf sein persönliches Dasein, so verkehrt sich ihm alles, und mit sehenden Augen ist er blind, und mit hörenden Ohren ist er taub. Diese Erkenntniß uns wieder zu verschaffen, bewundern zu lernen die Güte und Macht Gottes, und es dem Menschen möglich zu machen, daß er sie erkenne, das ist der Beruf, inwiefern eine Gemeinschaft der Einsichten, eine Mittheilung der Gedanken, ein geistiger Verkehr der lehrenden und lernenden unter uns statt findet; und wie wollen wir ihn anders erfüllen als durch Gemeinschaft?

Aber weder das eine noch das andere kann gedeihen, wenn nicht festgehalten wird die Kraft des Glaubens und der Liebe, wenn nicht gegen alles, was den Menschen verführen will von dem Wege, den er schon betreten, und ihm trüben das Licht, was ihm aufgegangen ist, ein Gegengewicht gesezt wird, eine Stüze, woran er sich halte. Das m. Fr., das ist die engere Gemeinschaft des Geistes, in der wir als Christen stehen. Hiezu muß uns alles gemein sein; alle Dinge geweiht zu diesem Dienste, der der einige vernünftige und bleibende Gottesdienst allein ist. Wolan, wir erkennen überall die=

jenigen an, welche in den Angelegenheiten des Vaterlandes die gemeinsame Einsicht und den gemeinsamen Willen vertreten, die, welche in der Sorge für unsere geistigen Bedürfnisse das Vertrauen haben und die Weisheit und Erkenntniß darstellen; und wir haben gebildet im großen und kleinen Ordnungen und Versammlungen und Vereinigungen zu diesem Zwekke. Wolan, wenn alle Dinge gemein sind, so wird jeder willig thun und leisten und geben, was die fordern, welche die Geseze anwenden. Aber wir wissen auch, daß immer neue Kräfte sich entwikkeln, immer neue Einsichten aufgehn, und daß immer deutlicher einleuchtet, was geschehen muß zur Erhaltung und Verbreitung der Kraft des Geistes. Wo uns die Stimme des Geistes entgegenkommt, da muß auch der Geist über uns gebieten, und unsere Gaben müssen gereicht werden, so bald er spricht, sei es in uns, sei es in andern; und jeder soll nicht warten, bis er aufgefordert wird zu geben; er soll selbst kommen und bringen, wo es nach seinem Gefühle fehlt und noth thut; er soll selbst auffordern, und was einem jeden aufgeht von guten Gedanken, es soll mitgetheilt werden, und jeder hat das Recht Anspruch zu machen auf diese Theilnahme an der gemeinsamen Angelegenheit. Das ist die wahre Gemeinschaft aller Güter, daß alle, wenn der Geist fordert, woher auch seine Stimme ertöne, Kräfte und Einsichten, äußere und innere Habe hingeben. Und wenn diese Gesinnung in uns lebt, dann wird, wie sich auch äußerlich die Angelegenheiten gestalten, diese Gesinnung erscheinen als das wahre Leben allen, in denen der Geist herrscht.

Sollen wir uns nun fragen, ob sie statt findet diese Gesinnung? O, m. Fr., es wäre wol besser zu schweigen. Könnte sonst wol dem Vaterlande so oft versagt sein, was es fordern konnte, die Klage so allgemein erhoben werden, daß viele, was sie erst der Gewalt geben, nicht auch und lieber der Vernunft geben wollen, der Gemeinschaft des, der allein alles erhalten und wiedergeben kann? und wenn die Rede ist zu verbessern die gemeinsamen Anstalten, könnte die Scheu so groß sein in Anspruch zu nehmen die Zeit, Kräfte, den Willen, das Vermögen der einzelnen, weil sie nicht geneigt sind ein Opfer zu bringen? Und wir dürfen nicht sagen, es sei Mangel Schuld daran. Es ist mit dieser Noth nicht größer, als wenn in der Zeit des Mangels die Güter der Erde in Speichern aufgehäuft werden, damit sie wuchern können für sich. So fehlt es nicht an Zeit, an Muße, Kräften; aber es fehlt an dem Geiste, der sie gern herausgiebt. Wenn früher die Menschen in eigennüzigem selbstsüchtigem Bestreben vieles für sich aufgehäuft hatten, so pflegte in den lezten Stunden über sie zu kommen Reue, und sich schämend legten sie alles oder einen Theil in die Hände derer, von denen sie glaubten, daß sie es im Dienste des Geistes verwenden würden. Auch diese Beispiele sind erstorben; auch dies erscheint nicht mehr, daß die, welche Abschied nehmen von der Erde, noch einen wohlthätigen Blikk werfen auf die Angelegenheiten des Vaterlandes. Aber wenn so der Geist das tiefe Verderben der Gemüther sieht, so pflegt er auszurufen in der Schrift, Kindlein, es ist die lezte Stunde gekommen. M. Fr., das können und müssen wir uns auch sagen, Es ist die lezte Stunde gekommen, wo wir nicht zurükkehren in jene geistige Gemeinschaft aller Kräfte und aller Dinge. M. Fr., es ist eine furchtbare Begebenheit, die wir im Verfolg dieser Geschichte in der Erzählung des Lukas lesen von einem, der dem Vorsaze sich hinzugeben dem Geiste ungetreu geworden, und als der Apostel ihm strafend sagte, Du hast nicht Menschen, sondern Gott gelogen, da fiel er nieder zu seinen Füßen und gab den Geist auf. Aber es ist eine Geschichte, die sich täglich wiederholt, wenn wir der Gemeinschaft des Geistes einiges entziehn; auch wir werden sterben, wenn wir dem Geiste lügen; er äußert sich laut genug, und keiner ist, der nicht anerkennt was noth thut, und wenn wir gleichwol nicht thun, was er gebietet, wenn mit der Einsicht die That, mit dem Sinn das Wort nicht übereinstimmt, so lügen wir und werden desselbigen

Todes sterben. Und alle die sind schon gestorben, die nicht darin leben. Wie viel sie auch zusammenhäufen und aufbauen von den Gütern dieser Welt: es ist damit, wie mit den alten wunderbaren Gebäuden, worin man vergebens einen Zwekk und eine nüzliche Bestimmung sucht, und wo man in der Tiefe endlich nichts findet als ein Grab. Und alle jene Speicher und Besizungen, wenn sie nicht der Gemeinschaft gehören, es ist nur ein Grab, und die Art wie es gebraucht wird zeigt, daß der Geist darunter begraben liegt. So laßt uns dem Tode entrinnen und der Stimme des Geistes folgen, laßt uns fleißig uns vorhalten das Bild des geistigen Lebens, damit es besiege die niedere Anhänglichkeit an die Dinge dieser Welt; laßt uns zurükkehren in jene Zeit der christlichen Liebe und Gemeinschaft, damit von uns gesagt werden könne, daß auch wir zu denen gehören, derer Wandel ist im Himmel! Amen.

IX.

Die Bekehrung des Apostels Paulus ist ungeachtet ihres wunderbaren ein Beispiel von der einzig richtigen Art, wie der wahre Glaube im Gemüth des Menschen entsteht.

Ueber Apostelgesch. 9, 3—22.

Am 9. Sonntage nach Trinitatis.

Text. Apostelgesch. 9, 3—22.

Und da er auf dem Wege war und nahe bei Damascus kam, umleuchtete ihn plözlich ein Licht vom Himmel. Und er fiel auf die Erde und hörete eine Stimme, die sprach zu ihm, Saul, Saul, was verfolgest du mich? Er aber sprach, Herr, wer bist du? Der Herr sprach, Ich bin Jesus, den du verfolgst; es wird dir schwer werden, wider den Stachel zu lökken! Und er sprach mit Zittern und Zagen, Herr, was willst du, daß ich thun soll? Der Herr sprach zu ihm, Stehe auf und gehe in die Stadt, da wird man dir sagen, was du thun sollst. Die Männer aber, die seine Gefährten waren, standen und waren erstarrt; denn sie höreten eine Stimme und sahen niemand. Saulus aber richtete sich auf von der Erde, und als er seine Augen aufthat, sahe er niemand. Sie nahmen ihn aber bei der Hand und führeten ihn gen Damascus, und war drei Tage nicht sehend und aß nicht und trank nicht.

Es war aber ein Jünger zu Damascus mit Namen Ananias, zu dem sprach der Herr im Gesicht, Anania! und er sprach, Hier bin ich Herr! Der Herr sprach zu ihm, Stehe auf und gehe hin in die Gasse, die da heißet die richtige, und frage in dem Hause Judä nach Saulo mit Namen von Tarsen, denn siehe, er betet. Und hat gesehen im Gesichte einen Mann mit Namen Ananias zu ihm hineinkommen und die Hände auf ihn legen, daß er wieder sehend werde. Ananias aber antwortete, Herr ich habe von vielen gehöret von diesem Manne, wie viel übels er deinen Heiligen gethan hat zu Jerusalem, und er hatte allhier Macht von den Hohenpriestern zu binden alle, die deinen Namen anrufen. Der Herr sprach zu ihm, Gehe hin, denn dieser ist mir ein auserwähltes Rüstzeug, daß er meinen Namen trage vor den Heiden und vor den Königen und vor den Kindern von Israel. Ich will ihm zeigen, wie er leiden muß um meines Namens willen. Und Ananias ging hin und kam in das Haus und legte die Hände auf ihn und sprach, Lieber Bruder Saul, der Herr hat mich gesandt (der dir erschienen ist auf dem Wege, da du herkamest), daß du wieder sehend und mit dem heiligen Geist erfüllt werdest. Und alsobald fiel es von seinen Augen wie Schuppen, und er ward wieder sehend, und stand auf und ließ sich taufen und nahm Speise zu sich und stärkte sich. Saulus aber war etliche Tage bei den Jüngern zu Damascus. Und alsbald predigte er Christum in den Schulen, daß derselbige Gottes Sohn sei. Sie entsezten sich aber alle, die es höreten, und sprachen, Ist das nicht, der zu Jerusalem verstörete alle, die diesen Namen anriefen, und darum herkommen, daß er sie gebunden führe zu den Hohenpriestern? Saulus aber ward je mehr kräftiger und trieb die Juden ein, die zu Damascus wohneten, und bewährete es, daß dieser sei der Christ.

M. a. Fr. Die Bekehrung des größesten der Apostel, deren Geschichte wir in dem eben verlesenen Abschnitt vernommen haben, sehen wir von so vielem äußerlich Wunderbaren begleitet, daß wir leicht in Gefahr sind unsere Aufmerksamkeit davon mehr festhalten zu lassen, als von dem, was das wesentliche in dieser wichtigen Begebenheit ist, nämlich der innern Entstehung jener Ueberzeugung, welcher von nun an der Apostel sein Lebelang bis in den Tod, den sie ihm brachte, getreu blieb. Damit wir aber auf solche Weise des großen Vortheils nicht verlustig gehn, diese wunderbare Umwandlung seines Sinnes auch für unser inneres Leben zum Vorbilde nehmen zu können, so laßt uns zusehn, wie jenes wunderbaren ungeachtet der Apostel uns ein Beispiel sein kann von der einzig richtigen Art, wie der wahre lebendige Glaube im Gemüth des Menschen entsteht. Um dies deutlicher zu machen, will ich an dreierlei erinnern: erstlich, daß es der Herr selbst war, der mit dem Apostel redete, zweitens, daß der Apostel ergriffen wurde von der lebendigen Kraft des Evangeliums, die er schon überall um sich her wirksam sah, und drittens, daß er in demselben Augenblikk auch schon im voraus erkannte und sich darein ergab, was er selbst um des Evangelii willen würde zu leiden haben.

I.

Zuerst, um durch das äußerlich wunderbare nicht irre geführt zu werden, laßt uns als das wesentliche fest halten, daß es der Erlöser selbst war, der mit dem Apostel redete. So nämlich stellt der Apostel auch anderwärts, wo er aus der Geschichte seines Lebens erzählt, so auch, wo er von der Auferstehung des Herrn spricht, diese Begebenheit vor. Unter denen, welchen der Herr als erstanden erschienen war, zählt er auch sich selbst auf. Darum müssen wir diese Begebenheit eben so betrachten, wie jene Unterredungen, die in den Tagen der Auferstehung der Herr mit den übrigen Jüngern hatte. Da wird uns aber nun so deutlich, daß nicht durch das wunderbare in seiner Wiedererscheinung er sie bewegt habe noch lebendiger die früher vorgetragenen Wahrheiten anzunehmen, sondern vielmehr, daß er selbst bemüht gewesen die Eindrükke des wunderbaren zu mindern, und sich ihnen als den alten darzustellen, daß er dagegen noch deutlicher als sonst ihnen die Schrift eröffnet und gezeigt, wie sich alles so habe begeben müssen. Durch Gewalt der Gründe, durch die Kraft der Wahrheit, durch die Darstellung des innern Zusammenhanges in den sich bestätigenden und immer erweiternden Weissagungen Gottes, dadurch sucht der erstandene sich fest zu sezen in den Gemüthern seiner Jünger und auf eben die Weise wird er nun auch innerlich wirksam gewesen sein bei der Umgestaltung und Bekehrung seines auserwählten Rüstzeuges. Nicht lange darnach verkündigte auch Paulus schon, daß Jesus sei der Sohn Gottes, aber nicht, weil er ihm auf eine wunderbare Weise erschienen sei, auf eine übernatürliche Art alle Zweifel in ihm ausgetilgt habe; sondern mit der Kraft der Schrift drang er ein und bewies, daß Jesus sei der Christ und Sohn Gottes. Drei Tage lang waren seine Augen verschlossen gewesen, hatte er nichts zu schaffen gehabt mit den Dingen der Erde, sondern in stillem Nachdenken überlegt, verglichen das alte und neue: — da fiels ihm von den Augen wie Schuppen, da verstand er jenes himmlische Licht, welches ihn umleuchtet hatte, und er ging hin in der Kraft des Glaubens den zu verkündigen, der sich auf diese Weise seiner großen Seele bemächtigt hatte. Daher können wir wol nicht anders als annehmen, daß jene Erscheinung zwar eine Veranlassung gewesen die göttliche Wahrheit dem Apostel recht nahe zu bringen, daß aber diese göttliche Wahrheit nur durch ihre eigene Kraft gesiegt habe in seinem Gemüthe.

Und sehn wir zurükk auf die Geschichte unseres eigenen Lebens, so werden wir gestehn müssen m. Fr., daß uns etwas ähnliches begegnet sei. Von Kindheit an werden uns die Wahrheiten verkündigt und vorgehalten, welche die heiligen Gegenstände unsers christlichen Glaubens sind. Warum üben sie nicht gleich die Kraft aus auf unser Herz? warum sind wir lange gleichgültig gegen sie, bis sie plözlich und wunderbar uns einleuchten? Die Wahrheit bedarf einer äußerlichen Veranlassung; so lange diese fehlt, ist ihre Kraft auf den Menschen todt, auch das sehende Auge blind gegen das göttliche Licht, und das hörende Ohr vernimmt nicht die Stimme des Herrn. Aber es findet sich überall in dem Leben eines jeden für das gute und ewige empfänglichen Menschen, es findet sich ein Augenblikk, wo das innere und äußere zusammentritt oft auf eine unmerkliche und doch wunderbar wirksame Weise; oft nichts anderes, als das, was schon früher uns entgegen getreten war, übt nun größere unerwartete Wirkungen auf uns aus; aber was diese Wirkungen im Grunde hervorbringt, ist die göttliche Wahrheit, und nicht um dieses und jenes Umstandes willen glauben wir, sondern wir glauben, weil wir im innersten ergriffen sind und durchdrungen von ihrer Kraft.

II.

Der Apostel wurde ergriffen von jener lebendigen Kraft des Evangelii, die er schon überall um sich her wirksam sah.

Dasselbige, was bei einer andern Gelegenheit sein großer und weiser Lehrer bedingungsweise aufstellte, wenn er sagte, Wenn das Werk aus Gott ist, werdet ihrs nicht zerstören *), dasselbige rief jezt der Erlöser nicht mehr bedingungsweise, sondern im Tone der Gewißheit ihm zu, denn das ist der Sinn der dunkeln Worte, Es wird dir schwer werden wider den Stachel lökken, schwer dich meiner Kraft zu widersezen, der allwaltenden und alles leitenden. Eben diese höhere Kraft, dieses sich regende Leben der neuen Lehre hielt ihm der Erlöser vor.

Was mußte sich dabei seinem Gemüthe nicht alles darstellen! Er hatte gelebt in der Hauptstadt des jüdischen Volks; auch zu seinen Ohren war gedrungen das Gerücht von den Fortschritten der Lehre Jesu, daß tausend und aber tausend Seelen gewonnen waren und hinzugethan zu der Gemeinde der Christen; er selbst war Zeuge und mehr als Zeuge gewesen bei dem Tode des Stephanus und also auch Zeuge von der himmlischen Kraft, die sich in seinem Tode verklärte, und seit langer Zeit hatte ihn sein Eifer für das alte Gesez umhergetrieben, und auch außerhalb des jüdischen Landes wollte er die Bekenner Christi aufsuchen, um sie den strafenden Händen zu überliefern. Die Kraft konnte ihm nicht entgehen, womit das Evangelium sich verbreitete; er mußte es fühlen, wie er selbst in seinen Bestrebungen für das alte Gesez unwirksam und ohnmächtig erschien, und aus so manchen Erfahrungen, die ihn schon früher erschüttert hatten, aus dem Verklagen und Entschuldigen der Gedanken unter einander **), aus dem Schwanken, wovon sich gewiß schon früher Spuren in seiner Seele gezeigt hatten, daraus bildete sich dann die richtige Ansicht der Sache, daraus entstand der feste Glaube, der nun auf immer in ihm wohnte.

Und eben so m. Fr., nicht anders, als auf diese natürliche Weise geschieht es, wenn auch wir überzeugt werden von der Kraft des göttlichen Geistes. Zwar giebt es von Zeit zu Zeit Menschen, welche wie der Apostel durch wunderbare Erscheinun-

*) Apostelgesch. 5, 34 — 39. **) Röm. 2, 15.

gen gewonnen werden für eine Meinung — es bleibe unentschieden, wie oft es Wahrheit sei, wie oft Täuschung! — allein genauer betrachtet werden wir finden, daß solche Menschen mehr gefangen werden, als erleuchtet. Selbst wenn es Wahrheit ist, was sie ergriffen, so meinen sie leicht ein ausschließliches Recht darauf erworben zu haben, und indem sie davon ausgehn, daß die übrige Menschenwelt unfähig sei jener höheren Erkenntniß, wähnen sie auf sich und wenige ihresgleichen beschränkt das Leben des Herrn.

Aber m. Fr., was sich des für das wahre und gute empfänglichen Gemüths lebendig bemächtigt, wodurch wir gekräftigt werden zur Erfüllung des göttlichen Willens, was uns den rechten Verstand giebt für das eigenthümliche der Gesinnung, welcher die Menschen ihr Gemüth öffnen müssen, wenn sie Theil haben wollen an den Wegen Gottes, auf denen sie zu ihrer Bestimmung geführt werden sollen, das ist die Kraft des Geistes, der die Gemeinschaft beseelt, welcher auch wir angehören mit unserer Frömmigkeit, das ist die Macht der Wahrheit, die auch uns ergreift aus denen, welche schon ergriffen sind. Ja, welche Wahrheit uns so theuer ist, daß wir auch unser Leben dafür lassen würden, welche Tugend und Liebe so festgewurzelt im Bewußtsein, daß es nur die Einstimmung damit ist, wonach unser Verlangen sich richtet, daß es nur der Widerstreit dagegen ist, was uns zum Kampf auffordert, das müssen wir fühlen als den waltenden Geist der Gottheit, als die regsame Kraft, die in dem bessern Theil der Zeitgenossen lebt, und dies Gefühl ist lebendiger Glaube, ist unumstößliche Ueberzeugung, und jeder gewinnt sie so und nicht anders, wie der Apostel. Endlich

III.

Mit der Ueberzeugung, mit dem Glauben zugleich gewann er auch die Einsicht in alles, was er würde um derselben willen zu leiden haben. Denn als der

Herr dem Jünger Ananias erschien, um durch ihn des Apostels Bekehrung zu vollenden, und jener sich weigerte, sprach der Herr, Gehe hin, denn dieser ist mir ein auserwähltes Rüstzeug, meinen Namen zu verkünden, und ich will ihm zeigen, wie viel er leiden wird um meines Namens willen. Freilich sehn wir das nicht selten, daß schwärmerische Menschen sich fast dazu drängen, für die Meinung, die sie auf eine wunderbare Art gewonnen zu haben glauben, auf eine kürzere Zeit und eine in die Augen fallende Art alles mögliche zu leiden und zu dulden; die ganze Welt scheint ihnen im Widerstreit gegen dieselbe, und nicht selten suchen sie den Kampf mit ihr. Aber das war es nicht, was der Herr dem Apostel zeigen wollte; sondern es waren lange vielfältige Beschwerden, Entbehrungen und Schmerzen, die ihm bevorstanden auf seinem glorreichen Glaubensgange.

Je mehr er geeifert hatte für das Gesez, um desto deutlicher mußte ihm von diesem Augenblikke sein, wie viel herrlicher das Evangelium wäre, als das Gesez, und so bildete sich denn eine Ansicht von der allgemeinen Gültigkeit desselben für alle Menschen, auf die seine Mitapostel erst durch ihn und seine Thaten hingeleitet wurden. Je mehr er vergleichen konnte zwischen der Gewalt des Geistes und zwischen jener Gewalt, die über ihn der Buchstabe des Gesezes ausgeübt hatte, um so deutlicher mußte ihm sein, welchen Kampf er würde zu bestehen haben zwischen beiden, wie noch Rükkfälle vorkommen würden in die alte Sinnesart, um so mehr mußte er sich bereit fühlen zum Streit mit allem, was ihm feindlich in den Weg treten würde, und alles das selbst zu leiden, was er nach seinem früheren Sinn andere hatte leiden machen wollen, bereit auch zum Streite mit den schwachen, mit denen, welche die Wahrheit noch nicht festhielten. Und diesen Streit, wie treu hat er ihn geführt, wie ist er nie gewichen von dem Wege, auf welchen ihn der Herr geleitet! Und welche Lebendigkeit der Ueberzeugung gehört dazu, schon am Anfang der Laufbahn sich das alles so deutlich vor Augen stellen zu können? Aber eben dadurch unterscheidet sich der Held des Glaubens, dies war das eigenthümliche des Apostels, der mehr that zur Ausbreitung des Evangelii als alle übrigen zusammengenommen.

Aber ist das nicht auch für einen jeden unter uns das richtige Kennzeichen der reifen in sich selbst gegründeten Ueberzeugung? Auf der einen Seite müssen wir die Kraft der Wahrheit fühlen in ihrer begeisternden Fülle, aber auf der andern kann dem wahrhaft gläubigen nicht entgehen, wie vieles sich dieser Kraft widersezt. So wie der, welcher sich wendet vom bösen zum guten, je tiefer er siehet in das innere des Herzens um desto gewisser auch sich voraussagt, daß er noch manchen Kampf werde zu bestehen haben, noch oft zurükksinken in die gewohnten sündlichen Neigungen, bis allmählig aus diesen Kämpfen die feste Tugend hervorgeht: eben so muß auch der, der die Wahrheit in sich fühlt und sich als Werkzeug sie auszubreiten, um so deutlicher einsehn, welchen Streit er zu führen haben werde mit dem Irrthum, wie schwer es ihm sein werde zu siegen über die Vorurtheile, wie oft er werde verkannt werden mit seiner treusten Meinung, wie oft Hohn und Spott ernten für Wohlwollen und Liebe! Das sind die wahren Kennzeichen der auf dem richtigen Wege entstandenen Ueberzeugung, und die äußere Veranlassung schon, die uns öffnen soll für dieselbe, muß die Gestalt des Erlösers tragen; denn ihm allein ist Gewalt gegeben über alle Menschen, und auf ihn muß daher auch alles was in ihm und durch ihn geschiehet zurükgeführet werden. Weil er der allgemeine König und Herr ist, so muß der Mensch, der zum lebendigen Glauben an ihn gelangt, auch seine Kraft und seine Herrlichkeit erkennen und fühlen; seine Kraft, wie sie sich regt in ihm, und sein Reich, wie es begriffen ist im Kommen. Aber auch das muß die wahre Ueberzeugung zugleich mit sich führen, daß sie sieht den Streit, welchen die Wahrheit zu bestehn hat mit den weltlichen Irrthümern, und der Mensch muß inne werden, daß es keinen andern Eingang giebt ins Reich Gottes, als durch Trübsal, und daß der, welcher dem Herrn angehören und ihm folgen will, auch sein Kreuz auf sich nehmen muß. Wer so zur Einsicht gekommen ist, der ist innerlich durchdrungen von der göttlichen Wahrheit, in dem hat sich der Geist verherrlicht, und ein solcher Anfang ist der Anfang eines dem Herrn geweihten Lebens; treu wird der sein mit dem ihm anvertrauten Pfunde; aber auch eben so wenig wie der Apostel einen großen Werth legen auf die Veranlassung, welche der Umgestaltung seines Sinnes vorangegangen ist; sondern überall dieselbige Kraft anerkennen, die bald unter dieser bald unter jener Gestalt sich an den Herzen der Menschen bewährt als die, die über alles siegend und herrschend in ihnen wohnen soll; und so wird er mit seinen Gaben und Kräften nicht dem irdischen dienen, sondern nur dem ewigen, und zeitlebens den Herrn preisen mit Worten und mit der That eines ihm allein geweihten Lebens. Amen.

X.

Ueber den Werth und Lohn solcher guten Werke, die noch nicht aus dem vollkommenen Glauben entspringen.

Ueber Apostelgesch. 10, 4—6.

Am 10. Sonntage nach Trinitatis.

Text. Apostelgesch. 10, 4—6.

Er aber sahe ihn an, erschrak und sprach, Herr, was ists? Er aber sprach zu ihm, Dein Gebet und deine Almosen sind hinaufgekommen in das Gedächtniß vor Gott. Und nun sende Männer gen Joppen und laß fordern Simon mit dem Zunamen Petrus, welcher ist zur Herberge bei einem Gerber Simon, deß Haus am Meer liegt, der wird dir sagen, was du thun sollst.

So m. Fr. begrüßte ein göttlicher Bote jenen römischen Hauptmann, welcher der erste unter den Heiden gewürdigt wurde das Evangelium Jesu anzunehmen. Vielfältig ist unter den Christen darüber gestritten worden, welches wol sein könne der Werth und das Verdienst guter Werke vor Gott, und zwar um so mehr, je mehr auch vieles, was nur äußerlich gut genannt werden kann, unter diesen Namen begriffen wurde. Das natürliche fromme Gefühl des Herzens findet die Entscheidung leicht in jenen Worten der Schrift, Die Werke ohne Glauben sind todt *). Wenn dasjenige, was der Mensch äußerlich in der Welt thut, nichts ist als der Ausdrukk einer frommen Gesinnung, und das ist es, was wir unter Glauben verstehn, dann hat es einen Werth vor Gott; denn dieser beruht auf der Gesinnung als der Quelle der Thaten; geben Veranlassungen und Gelegenheiten, welche sie hervorrufen, geben die Kräfte und Gaben, welche sonst der Herr verliehen hat, diesen Thaten ihre Gestalt, den Werth erhalten sie nur durch die Treue, den Eifer, womit wir sie vollbringen. Wie glänzend es sei, was wir thun können, wie viel Ruhm und Ehre es bringe, es hat keinen Werth vor Gott, wenn es nicht herrührt aus dieser Quelle eines reinen Herzens; jede andere Quelle, sei es Eigennuz, Eitelkeit, sei es die leichte Beweglichkeit eines unstäten Gemüthes, jede andere Quelle der menschlichen Handlungen macht, daß ihr Werth vor Gott verschwindet. Aber jenen Glauben, jene fromme Gesinnung und Treue des Herzens heften wir an den Namen des Erlösers. Darum scheint es, als würde uns hier noch ein anderer Maaßstab vorgehalten; denn der fromme Römer, von welchem unser Text spricht, war noch nicht aufgenommen in die Zahl der gläubigen, und sein Herz noch nicht theilhaftig der heiligen Wahrheit. Dennoch wird von ihm gesagt, Dein Gebet und deine Almosen sind hinaufgestiegen in das Andenken vor Gott, und ein Werth wird ihnen zugeschrieben, welchem die göttliche Belohnung nachfolgt. Laßt uns auf Veranlassung dieser Erzählung nachdenken **über den Werth und Lohn der guten Werke vor Gott und zwar auch solcher, in denen, weil sie noch nicht aus dem Glauben**

---

*) Jak. 2, 17. 20, 26.

hervorgehen, noch manches unvollkommene und irrige statt finden muß. Lasset uns aber zuerst fragen, worin dieser Werth bestehe, und dann zweitens, welches ihr wahrer Lohn sei.

I.

Was erstlich den Werth der wenn auch noch unvollkommenen guten Werke vor Gott betrifft, m. Fr., so besteht er darin, daß sie hervorgehn aus einem nach göttlicher Erleuchtung sich sehnenden Herzen. So müssen wir uns denjenigen denken, den unser Text uns aufstellt. Geboren in der Finsterniß und Sorglosigkeit des Heidenthums, hatte doch die Nähe eines Volkes, welches sich besonderer Offenbarungen rühmte, die Nähe jenes Heiligthumes, zu dem die gläubigen aus weiter Ferne in Andacht und Frömmigkeit gewandelt kamen, der Ernst der gottesdienstlichen Gebräuche, die Strenge der Sitten und Forderungen an den Menschen, dies alles hatte in ihm hervorgebracht ein inniges Verlangen, eine Sehnsucht nach einem bessern Zustande, als in welchem er sich befand, wenn gleich noch nicht nach einem bessern, als welchen er um sich her sah. Aber weil sie aus dieser Quelle kamen, hatten seine guten Werke, wie unvollkommen sie auch waren, dennoch Werth vor Gott.

Wenn wir uns zuerst fragen, wie hangen mit dieser Sehnsucht des Herzens die guten Werke zusammen, welche an diesem frommen Manne gerühmt werden, so wird uns, da zweierlei genannt wird, Gebet und Almosen, die Antwort nicht schwer werden. Sobald in dem Menschen ein Gedanke aufsteigt und ein Verlangen nach einem bessern Zustande; sobald ihm das Streben nach den Gütern dieser Welt und die Art der Befriedigung durch dieselben nicht mehr genügt: so entstehen zugleich dunkele Vorstellungen von höheren Mächten, denen alles unterthan sein soll, was unter den früheren nicht mehr stehen will, und es sehnt sich das Herz, zu der geahndeten Macht sich zu erheben, und erbaut in dem Herzen selbst einen Altar dem unbekannten Gotte, auf welchem geopfert werden Gebete, Thränen und Seufzer. O, m. Fr., wenn in diesen Vorstellungen von Gott noch nicht jene Liebe ist, die alle Furcht austreibt, wenn er noch nicht da ist jener kindliche Geist, der alles in dem einen Ausdrukk umfaßt, Lieber Vater: so sind diese Gaben, Gebete und Opfer doch wohlgefällig vor Gott, denn sie drükken die Neigung aus sich über das irdische zu erheben; sie sind Ergüsse der Sehnsucht nach höherer Erleuchtung, Zeichen, daß die Seele in sich sucht den Gott, den sie so gern finden möchte.

Und eben so, wenn dem Menschen nicht mehr genügt, was er zu thun pflegt für sein irdisches Wohlergehen, und wenn er sich nicht mehr dessen zu rühmen weiß, was er zu diesem Zwekke gethan um sich erblikkt, noch seine Vortrefflichkeit darnach abzumessen, weil nicht alle seine Kraft darin aufgeht: so sehnt er sich nach einem Felde der Wirksamkeit für die noch übrige Kraft, die in ihm wohnt. Und wenn er dann noch nicht das Eine fand, was noth thut, wenn er seine Kräfte noch nicht dazu gebrauchen kann die Menschen dahin zu führen, wo er selbst noch nicht ist, wenn es ihm weniger fehlt an Lust, als an Kraft und Einsicht: so regt sich doch mit diesem Bedürfniß zugleich die Liebe gegen die Brüder, welche die Selbstsucht unterdrükkt; und wenn er das höhere gute ihnen nicht geben kann, was er noch sucht, so ist es doch löblich, wenn er das gute, was er schon gefunden, auch unter sie vertheilen will. Dann entbehrt er, entzieht sich von seinem Vergnügen, entsagt der Ehre, den Lokkungen der Welt und wendet einen Theil seiner Zeit, seiner Güter und Kräfte an, Wohlthätigkeit zu üben unter seinen Brüdern. Wenn diese dann auch noch nicht ist die erleuchtete der Christen, die im göttlichen Sinn geübt wird, und welche auf die Sicherheit des Bewegungsgrundes sich stüzend auch Strenge üben kann gegen den Bruder wie gegen sich selbst; wenn es auch das Ansehn hat, als wenn das, was sie giebt, und wie sie es giebt, vor dem, der nur im

Geist und in der Wahrheit verehrt sein will, keinen großen Werth haben könne: — o, m. Fr. auch diese Almosen, auch diese Erweise der Liebe kommen doch ins Andenken vor Gott, weil sie Ausflüsse sind eines Herzens, in welchem sich, wenn es gebessert ist, die Liebe regen kann, welche in der Folge das Band aller Vollkommenheit werden muß. So kommen Gaben und Almosen ins Andenken vor Gott, und der Herr, indem er ihren Werth kennt, läßt sie nicht unbelohnt.

II.

Denn m. Fr., eben dadurch unterscheiden sich die bloß äußerlich guten Werke von denen, welche im äußern ihnen zwar ähnlich sind aber das voraus haben vor denselben, daß der Sinn des Menschen dabei nicht gerichtet ist auf eine Belohnung der Welt, die in zurükkgezogener Demuth nicht beachtet sein wollen, sondern bei denen nach jenem Sinnspruch des Erlösers die linke Hand nicht weiß, was die rechte thut; dadurch unterscheiden sich jene von diesen, daß jene leer und fruchtlos bleiben, diesen aber lohnt der Herr, und wie es ihnen gebührt, auf eine nicht irdische Weise.

Denn nachdem der himmlische Bote seinen Gruß vollendet hatte, so fügte er hinzu, Schikke hin gen Joppen und laß zu dir rufen Simon Petrum, der wird dir sagen, was du thun sollst. Für das Herz, das sich sehnt nach einem festen Grund des Glaubens und Lebens und in dieser Sehnsucht dargebracht hat Gebete und Almosen, für dieses giebt es keine schönere Belohnung, als wenn einer ihm sagt, was es thun soll. Aus dieser heiligen Sehnsucht muß sich früher oder später das heilige Licht der Wahrheit und des Glaubens in dem Menschen entzünden, bei manchem mehr von innen heraus, bei manchem mehr durch Berührung mit solchen, denen es schon aufgegangen ist; aber auch unter den ungünstigsten Umständen, und wenn auch viele solche Gaben ohne Frucht dahingegeben sind, endlich gelangt das Herz doch zum Ziele, und der göttliche Lohn des Glaubens und der Offenbarung bleibt nicht aus.

Wenn nun das Urtheil der Menschen oft kurzsichtig ist und unsicher über den Werth der guten Werke, so laßt uns sehn auf den Erfolg. Wenn die guten Werke in der That dazu beitragen und dahin ausschlagen, die, welche sie darbrachten in der Treue und Sehnsucht des Herzens, zu erleuchten, zu reinigen und aufzuschließen für die Heiligung: dann sind sie solche gewesen, die Werth haben vor dem Herrn. Aber wenn ein Jahr nach dem andern dahingeht bei vergeblichen Gebeten und Almosen; wenn das Herz auf diesem Wege um keinen Schritt weiter kommt; wenn Ahndung nicht übergeht in Glauben, Furcht in Liebe: dann ist alles Schein gewesen und Täuschung, nur Nachahmung eines unverstandenen oder verstekkte Eitelkeit; denn die Gebete und Almosen, wenn sie wahren Werth haben sollen, müssen die Frucht des Glaubens tragen.

Aber, m. Fr., laßt uns nicht über diesen Zustand nur reden als über etwas, was nun hinter uns liegt; denn wenn wir auch nicht mehr suchen, sondern auf der einen Seite schon gefunden haben; wenn es uns gesagt ist, was wir thun sollen: auf der andern Seite sind wir doch noch im Suchen begriffen; denn die Unreinigkeit und das Verderben, die uns früher vom Glauben zurükkhielten, kleben auch uns immer noch an, und niemals wird unser Leben ganz frei davon. Darum verliert auch der Glaube und die Liebe niemals ganz jenes Gepräge der Sehnsucht nach dem, was noch fehlt; darum kehren Augenblikke zurükk, wo wir uns noch in der Aehnlichkeit mit jenem frühern Zustande befinden; darum sind auch in unserm Leben nicht alle Werke reine Aeußerung der christlichen Gesinnung, sondern manches, wenn wir auch wissen, was recht und gut ist, rührt her von einem unvollkommenen Glauben, wie die Gaben und Almosen in dem Menschen, der noch nicht ganz erleuchtet ist. Also wird auch dies ein Maaßstab sein, uns darnach, so lange wir leben, zu schäzen. Für uns alle giebt es gute Werke, welche herrühren aus der Sehnsucht des Herzens, welches die Wahrheit und das Gesez des Lebens noch nicht fest ergriffen hat. Laßt uns in ihnen eben so treu sein wie Cornelius, bis der Herr auch uns über das noch dunkle aufklärt; aber laßt uns auch ihren Werth nicht anders schäzen als die Schrift. Was Uebung ist in der Selbstverläugnung, Ertödtung des irdischen Sinnes, was wahrhafte Reinigung des Gemüths sein kann, das wird uns auch ausschlagen zur Erleuchtung, und unsere Gebete und Almosen werden kommen ins Andenken vor Gott. Diese Opfer der Liebe, des Glaubens, der Entsagung werden wohlgefällig sein, und auch uns wird der göttliche Bote erscheinen, welcher uns sagt, was wir thun sollen. Bald wird es der Engel sein, der uns eine Erscheinung vom Himmel zu sein scheint, bald der Mann im lichten Gewande, die Vorstellung der menschlichen Natur, die immer mehr die göttliche Gestalt annimmt; und wer dann gesehen hat und gehört — der folge treu wie Cornelius und zeichne sich ein in die Liste derer, denen aufgegangen ist die Fülle der Wahrheit, und die darum aufgezeichnet sind in das Buch des Lebens. Keiner werde ungeduldig die Fortschritte in der Heiligung zu suchen auf dem schlichten Wege des Glaubens, der treuen Uebung alles dessen, wodurch wir uns aufschließen den Himmel. So werden wir uns immer mehr nahen dem Glauben, der nicht mehr zu kämpfen hat mit ängstlichen Gebeten und Seufzern, der Sehnsucht, der nicht Dunkel und Unvollkommenheit zurükbleibt, der Liebe, der alles leicht wird; das ist das Bild des christlichen Sinnes und der christlichen Vollkommenheit, welches unter Gottes Leitung und Hülfe sich entwikkelt aus jedem Herzen, das Verlangen fühlt nach dem höhern und bessern. In dem bleibt die göttliche Erfüllung nicht aus, und der Herr erhört die Gebete, die so vor ihn gebracht werden! Amen

XI.

Wie wir in der Mittheilung geistiger Gaben zu Werke gehen müssen.

Ueber Apostelgesch. 11, 15 — 17.

Am 11. Sonntage nach Trinitatis.

Es war ein weit verbreiteter Glaube unter den alten rohen Völkern, daß die höheren Mächte, unter denen alles stände, neidischer Natur wären, und daß um so mehr von ihnen zu besorgen sei, je mehr sie die Menschen zu begünstigen schienen. Daher führten die von dem Glükke am meisten erhobenen ihr Leben in der größten Furcht; sie fürchteten eben so bald zu stürzen, als sie gestiegen waren. Reifere Einsicht, welche mit dem Christenthume kam, zerstörte diesen Irrthum und lehrte in dem ewigen Wesen die ewige Güte und Liebe erkennen; aber, m. Fr., wie wir auf der einen Seite auch noch so erleuchtet niemals die göttliche Natur ganz erkennen: so giebt es auf der andern Seite auch nichts, was sich auch der Mensch über sein Wesen und ihr Verhältniß zu demselben ausgedacht habe, worin nicht ein Grund der Wahrheit enthalten wäre, weil eben das allen mitgetheilte Bewußtsein von Gott es ist, welches alle ihre Meinungen und

Ansichten in dieser Hinsicht hervorruft. So können wir nicht läugnen, daß es manches giebt in den Ordnungen und der Regierung der Welt, was jene Vorstellung veranlassen und einem minder erleuchteten Sinne wol bestätigen konnte. Denn wir sehen und erkennen es mit Gewißheit: es giebt für jedes Volk, für jedes Geschlecht, ja, und wir können noch tiefer hinabsteigen, für die einzelnen selbst nur ein gewisses Maaß des guten, dessen sie scheinen empfänglich zu sein; und wie Gott allen Menschen das Gefühl der Liebe eingegossen hat, welches sie antreibt mit allen eins zu werden: so sonderte und entfernte er auch die Menschen von einander durch Gefühle der Abneigung, die uns eben so tief wie jene in der Natur gegründet zu sein scheinen. Daher die nicht seltene Erscheinung, daß oft in den liebevollsten Bestrebungen die Menschen irre werden, daß sie zweifeln, ob sie sich auch nicht vergehen gegen das, was der Herr beschlossen; und jenes Verbot, die Edelsteine des göttlichen Worts nicht denen vorzuwerfen, die nichts damit zu beginnen wissen, als sie in den Koth der Erde zu treten, stellt sich oft als ein inneres Hinderniß der edelsten Bemühungen entgegen. Aber weil die Mittheilung des wahren guten der höchste Beruf des Menschen ist, so müssen wir von allen Seiten eine feste und sichere Ueberzeugung darüber gewinnen, ob und wie wir etwa diesen Beruf einzuschränken oder zu gestalten haben nach jenen natürlichen Ordnungen. Wo könnten wir dieselbe aber triftiger suchen, als in dem Buche, welches die Geschichte enthält von der ersten Verbreitung des Christenthums durch die Apostel? Da können wir sehen, nach welchen Gesezen die vom Geiste getriebenen gehandelt haben, und daraus auch für unser Thun uns einen Maaßstab nehmen.

Text. Apostelgesch. 11, 15 — 17.

Indem aber ich anfing zu reden, fiel der heilige Geist auf sie, gleichwie auf uns am ersten Anfang.

Da gedachte ich an das Wort des Herrn, als er sagte, Johannes hat mit Wasser getauft, ihr aber sollt mit dem heiligen Geist getaufet werden. So nun Gott ihnen gleiche Gaben gegeben hat, wie auch uns, die da glauben an den Herrn Jesum Christ, — wer war ich, daß ich konnte Gott wehren?

Der Apostel Petrus war genöthigt vor seinen Mitaposteln und Mitchristen sich darüber zu vertheidigen, daß er die Lehre von Christo auch zu den Heiden gebracht hatte, von welchen jene glaubten, daß sie zur Theilnahme an diesem Heil nicht berufen wären. Mit den verlesenen Worten schloß er seine Vertheidigung, und diese war so überzeugend und bündig gewesen, daß jene schwiegen, Gott lobten und sprachen, Also hat er auch den Heiden Buße gegeben zum Leben und das Heil durch Christum. Wir finden also hier gegen einander gestellt auf der einen Seite den allen liebenden und wohldenkenden Menschen tief ins Herz gegebenen Trieb, das wahre gute so weit zu verbreiten, als möglich; und auf der andern Seite jene Bedenklichkeiten, welche hervorgehen aus einem andern uns einwohnenden Gefühle, wie Gott die Menschen von einander gesondert hat. Beide müssen berükksichtigt werden und den Menschen leiten, wenn er in seinem Streben gottgefällig handeln soll. Laßt uns, wie wir beides zu vereinigen haben, und auf welche Weise wir besonders in der Mittheilung geistiger Gaben zu Werke gehen müssen, aus dieser Geschichte lernen. Wir werden aber in derselben darauf geführt, Anfang nnd Vollendung jener Mittheilung zu unterscheiden, und auf beides wollen wir jezt unsere Aufmerksamkeit richten.

I.

Womit alle Mittheilung geistiger Gaben beginnen muß, das ist jene wohlthätige liebevolle Sehnsucht des besseren Menschen, dasjenige, was ihm der Schaz seines Lebens ist, so weit er kann mit milder Hand und lebendiger Kraft zu verbreiten. Diese Sehnsucht wird uns dargestellt auf eine bildliche Weise in dem wunderbaren Gesichte des Apostels, welches dem entscheidenden Schritte, den er auf seiner Laufbahn nun thun sollte, unmittelbar voranging. Er erzählt, es habe ihn gehungert, während er um die sechste Stunde sich auf dem Söller im Gebet befunden; da habe sich der Himmel geöffnet, und ein Tuch sei herabgelassen angefüllt mit allerlei reinen und unreinen Lebensmitteln, und eine Stimme habe ihn aufgefordert zu essen; er aber habe sich dessen geweigert, weil noch nie etwas unreines in seinen Mund gegangen sei; da habe ihm die Stimme geantwortet, er solle nicht gemein halten, was Gott gereinigt, und dieser Stimme habe er den Sieg zuerkannt. So ist es überall. Wenn der Mensch erfüllt ist mit dieser Sehnsucht das gute zu verbreiten, dann macht er keinen Unterschied zwischen verwandtem und fremdem, zwischen Nähe und Ferne, zwischen dem, was ihm hochgeachtet ist, und dem, was er gering schäzt; da scheint ihm auch das gemeine und geringe vom Himmel herabgelassen, daß er daran diesen heiligen Hunger sättige. Dann entstehen wol jene aus den einander entgegengesezten Trieben und Gefühlen des Herzens entspringenden Bedenklichkeiten; aber die Stimme des Geistes muß darüber siegen in jedem, der ein lebendiges Werkzeug sein will zur Verbreitung alles guten und schönen unter den Menschen. Darum, in wem nicht dies Verlangen alle anderen Rükksichten überwältigt, in wem nicht das Gefühl, daß alle Menschen auf gleiche Weise bedürftig und empfänglich sind der Gnade des Herrn, alles überwiegt: der wird nicht viel ausrichten im Weinberge des Herrn; der wird ein schlechter und tadelnswerther Haushalter sein mit den Gaben, die ihm der Herr anvertraute; aber dennoch soll diesen natürlichen Streit jeder in sich fühlen, denn wahres ist auch darin.

Aber es lehrt uns diese Erzählung ferner, w o h i n w i r u n s

mit der Sehnsucht zur Verbreitung und Mittheilung geistiger Güter zu wenden haben. Denn als nun zum dritten Male dem Apostel die Stimme zugerufen hatte, Was Gott gereinigt hat, das halte du nicht gemein: siehe, da standen vor der Thür die Männer von Cäsarea, die nach ihm fragten und ihn einluden dorthin zu kommen und das Geschäft der Mittheilung an offene Gemüther zu treiben, und der Geist sprach zu ihm, er solle sich nicht weigern. Wolan m. Fr., jeder der sich darstellt als ein bedürftiger nnd empfänglicher, jeder der da klopft an die Thür unsers Herzens und von uns zu bekommen trachtet, sei es nun Rath, Trost, Befestigung oder Erleuchtung, der ist uns zugeschikkt von dem Herrn; und immer die Stimme des Herrn wird es sein, die uns zuruft ihm das Herz nicht zu verschließen, und es wäre ein irdisches sündliches Wesen, welches gegen diese Regung etwas anderes wollte geltend machen.

So knüpfen sich an alle heilbringenden Verhältnisse der Freundschaft und Liebe in diesem irdischen Leben; es erfüllt das Gemüth des Menschen eine Sehnsucht zu wirken und einen Gegenstand aufzusuchen, dem er es entweder einpflanzen könne, das gute und herrliche, oder, wenn es schon in ihm ist, es neu zu beleben und weiter zu verbreiten; und in dem andern giebt sich zu erkennen ein Bedürfniß, oft nicht auf das allgemeine gerichtet, sondern durch eine besondere Fügung hingeleitet auf einen bestimmten Gegenstand. So zieht Gott oft auf wunderbaren Wegen die weit von einander entfernt sind zu einander hin; so stiftet er die Vereinigung der Herzen, aus der nicht selten die herrlichsten Früchte hervorgehn, und wehe dem, der einer anderen Stimme Gehör giebt und geneigt ist dem zu gehorchen, was nur geeignet ist die Menschen von einander zu entfernen. Der Geist Gottes ist es, der den Menschen willig und bereit macht, ohne Rükksiche auf Urtheile und Vorurtheile der Welt und ohne etwas von ihr zu erwarten, im Vertrauen auf diesen Trieb des Herzens, im Vertrauen darauf, daß Gott selbst es ist, der diese

Gegenstände ihm zuführt, dahin zu gehen, wohin er gerufen wird.

Aber eine solche Vereinigung ist immer nur der Anfang zur Verbreitung des guten; vieles liegt noch dazwischen, bis etwas gedeihliches und bleibendes fürs Leben gestiftet wird. Laßt uns nun

II.

zweitens sehen, was wir zu thun haben in Beziehung auf die Vollendung dieses Geschäftes. Hier in der Beschreibung des Textes war es vollendet. Als Petrus gekommen war nach Cäsarea und nun redete von der Erlösung, die dem Menschengeschlechte bereitet durch Christum: da ergriff der Geist Gottes, der durch das Wort Gottes wirkte, die Gemüther, und es ließen sich vernehmen dieselbigen Regungen, durch welche auch den Aposteln die erste belebende Kraft zur Festhaltung des Evangeliums und zur Verbreitung desselben geworden war. Anderwärts ging es oft ganz anders. Mit derselben Bereitwilligkeit, oft unter allen Anzeichen desselben Gelingens, gingen die Apostel auch anderwärts hin; es schlossen sich wol die Gemüther auf, sie verlangten mehr zu hören von den heilsamen Lehren; aber nach wenigen Versuchen offenbarte sich die innerste Unempfänglichkeit der Gemüther, und nicht selten waren die göttlichen Boten genöthigt den Staub von den Füßen zu schütteln und sie wieder zu verlassen. So ist es auch jezt noch, und so überall! Manches beginnt der Mensch in treuem Sinn für die Verbreitung des guten, aber das Gedeihen von oben fehlt, und soll er ein wirksames Werkzeug des Herrn sein, soll er nicht die ihm verliehenen himmlischen Kräfte in vergeblichen Versuchen erschöpfen, so muß er wissen, wie er freiwillig und nur durch einen innern Entschluß getrieben begonnen hat, auch aufzuhören zur rechten Zeit, und sich hinweg zu wenden von den unempfänglichen zu anderen. Die Vollendung aber, die einem jeden solchen

Unternehmen werden muß, durch die allein das begonnene ein bleibendes werden kann, ist nur da, wenn es nicht bei einzelnen Ausströmungen der Empfänglichkeit bleibt, sondern ein fester Bund der gegenseitigen Mittheilung begründet wird; wenn sich beide Theile zu sichern Rechten und Pflichten vereinigen, wie es damals geschah, daß die, welche durch das Wasserbad aufgenommen waren in die Gemeinde des Herrn, nun auch ein Recht auf alle die zur Mittheilung und Verbreitung des Christenthums erforderlichen Gaben erhielten. Nur dadurch, daß der innere Zug im Gemüthe sich zu einer äußern festgegründeten Gemeinschaft gestaltet, wird etwas vollendetes, und alles was vorher ohne diese geschah ist noch nichts bleibendes und gedeihliches.

Aber darnach laßt uns fragen, Was war es denn für ein Zeichen, woraus die Vollendung hervorleuchtete? Darüber belehrt uns der Apostel in dem, womit er seine Rede schließt, Als ich anfing zu reden, empfingen sie den heiligen Geist, gleich wie wir am ersten Tage; da dachte ich, wer bin ich, daß ich könnte Gott wehren. Der innere heilige Trieb in dem Menschen, alles was ihm das herrlichste ist weiter zu verbreiten, führt ihn nicht selten auch zu solchen, welche der hohen Gaben unwürdig sind, unwürdig, weil noch unempfänglich für dieselben. Wehe dann dem wohlmeinenden Gemüthe, wenn es zu früh Liebe gewonnen hat, welche sie nicht mehr aufgeben läßt, wenn es sich übereilt Bande zu knüpfen, die sich dann nicht mehr lösen lassen. Wir wissen nicht und können es nicht wissen, wenn wir treu arbeiten, wohin uns der Herr führen wird, und ob er beschlossen hat unsern Bemühungen Gedeihen zu geben. Wir dürfen nie das Werk, daran wir arbeiten, für unser Werk halten und trozen gegen die verborgene Weisheit des Herrn; denn für den falschen Gebrauch werden wir eben so verantwortlich sein, als für den Nichtgebrauch der uns verliehenen Gaben. Darum m. Fr., jedes treue und fromme Gemüth wartet auf ein Zeichen von oben, und ehe sich nicht der Geist offenbart, wird es keinen Bund knüpfen, welcher seine Thätigkeit an einen Umkreis fesselte, in welchen es nicht gebannt sein möchte. Es offenbart sich der Wille des Höchsten auch in der Unempfänglichkeit der Menschen, auf die wir wirken möchten, und es giebt Abstufungen, die man vergebens zu überschreiten sucht; und darum waren die Apostel der Meinung, es gäbe keinen unmittelbaren Uebergang aus dem Heidenthume ins Christenthum, sondern die Menschen müßten erst hindurchgeführt werden durch die unvollkommene Religion, der sie selbst angehört hatten. Aber ihnen offenbarte in diesem erzählten Falle der Geist Gottes, daß ihre Besorgniß irdisch und unnöthig gewesen; denn wo der Geist sich also offenbarte und das Gemüth aufregte, da mußte Empfänglichkeit sein. Freilich geht oft die gute Meinung irrige Wege; nicht selten werden die Menschen, je mehr sie mit dem guten und herrlichen überfüllt werden, nur um desto verstokkter und unbereitwilliger überzugehn in einen besseren Zustand. Darum laßt uns überall bei unserm Bestreben, die Menschen zu befreien von äußern Beschränkungen, von Irrthümern, Vorurtheilen, von sinnlichen Gewöhnungen und Neigungen, welche verhindern, daß das Leben aus Gott hindurchdringen kann zu ihrem Leben, laßt uns bei allen diesen Bemühungen, ehe wir etwas stiften als bleibend, sehen auf die Offenbarungen des Geistes. Zeigt es sich nicht, daß die Menschen das dargebotene gute lebendig in sich aufnehmen; zeigen sich nicht die Regungen jener heiligen Gefühle, die uns früher geleitet haben: dann laßt uns bei uns fest sezen, daß sie es nicht sind, denen Gott bestimmt hat durch uns das gute zuzuführen, und laßt uns für unsere Wirksamkeit einen andern Kreis aufsuchen; dann laßt uns, weil die Zeichen von Gott ausbleiben, ehren die Absonderungen der Menschen, die der Herr zwischen sie gesezt hat, und die wir vergebens streben würden zu zerreißen. Das ist die bescheidene Treue, welche der lebendigen regsamen Liebe zur Seite gehen muß; das ist die weise Vorsicht, welche dem kindlichen Triebe beistehen muß, wenn gutes gedeihen soll;

das sind die Winke der Vorsehung, die wir ohne zu freveln nicht übersehen dürfen, und die wir anwenden müssen, wenn wir nicht vergebens unsere Kräfte erschöpfen wollen. Aber wer so zu Werke geht mit reger warmer Liebe und weiser Besonnenheit, dem wird es nicht fehlen, daß er nicht, sei es auch nach mehreren vergeblichen Versuchen, nach Maaßgabe seiner Stellung im großen oder kleinen irgend etwas gutes stiften sollte, was fest und beharrlich dasteht, und welches sich anschließt an das allgemeine Band, aus welchem alles vortreffliche hervorgeht, und in welches sich hineinfügen muß alles, was wir stiften mögen. Und keinem wird dazu die Aufforderung fehlen, noch die Leitung für seine Thätigkeit, wenn er nur hört auf die Stimme von oben, auf welche er allein sein festes Vertrauen begründen kann.

Dies also, dies ist die heilige Rede den Christen von Anfang gewesen, Die Liebe sei gepaart mit Weisheit, und die frommen Bestrebungen mit Vorsicht, und die Hoffnung, die so leicht in Ungeduld und Begierde ausartet, werde gezügelt durch das Gefühl, daß kein Gedeihen sein kann, als nur da, wo der Herr seinen Segen giebt, und daß wir uns nicht frevelnd erheben dürfen über die Absichten des Herrn, sondern zusehn müssen, wo wir seine Hand erblikken, und dahin gehen, wohin er uns führt! Amen.

XII.

Ueber die Verschiedenheit der Art, wie die Arbeit des Menschen an der Erde von ihm verrichtet wird.

Ueber Gal. 6, 7 — 8.

Erntedankfest am 15. nach Trinitatis.

Text. Gal. 6, 7—8.

Irret euch nicht, Gott läßt sich nicht spotten; denn was der Mensch säet, das wird er ernten. Wer auf sein Fleisch säet, der wird von dem Fleisch das Verderben ernten; wer aber auf den Geist säet, der wird von dem Geiste das ewige Leben ernten.

M. a. Fr. Wer unter uns nicht ganz unbekannt ist mit dem Sprachgebrauch der heiligen Schrift, dem leuchtet es ein, wie in diesen Textesworten die Rede ist von jenem großen Gegensaze in dem Sinne und Thun der Menschen, von dem, was auf der einen Seite mißbilligend und erniedrigend die Schrift Fleisch nennt, auf der andern lobend und erhebend Geist. Dieser Gegensaz offenbart sich im Leben der Menschen überall, so daß wir bei denen, die dem Fleische leben, vieles gewahr werden, was in dem Leben der geistigen nicht vorkommt, und daß auch diese vieles offenbaren in ihrem Thun, wozu jene fleischlich gesinnten unfähig sind.

Aber es giebt ein gemeinschaftliches Gebiet von Beschäftigungen und Handlungen, deren die einen so wenig wie die andern ganz entrathen können, und da nun offenbart sich der Gegensaz ihres innern in der Art, wie sie, was ihnen obliegt, verrichten, in den innern Bewegungen und Trieben, welche ihr äußeres Thun leiten. Dahin gehört jenes segensvolle Geschäft des Menschen in der Bearbeitung der Erde, über dessen ungestörten Fortgang, über dessen heilsame Früchte, mit deren Gewinnung und Einsammlung eine große ehrwürdige Klasse unserer Vaterlandsgenossen sich beschäftigt, wir uns freuen sollen vor dem Herrn an diesem Tage mit allen unsern Mitbrüdern.

Ja m. Fr., die Verschiedenheit, mit welcher dieses Geschäft behandelt und betrachtet wird, ist so groß, daß sie sich auch in der Art, wie wir Gott dafür danken, zu erkennen giebt. Denn wenn dies an diesem Tage des allgemeinen feierlichen Dankfestes auf solche Weise geschieht, daß den Menschen dabei Zahlen und Berechnungen von größerm oder geringerm Gewinn und Verlust vor der Seele schweben; daß das, was ihr Gemüth beschäftigt, die Aussicht ist auf reichen Gewinn und Genuß, oder die Bemühung alle störenden Sorgen zu entfernen — wer erkennt nicht darin den fleischlichen Sinn? Wo es aber so geschieht, daß wir anbeten die weisen Ordnungen des Höchsten; daß wir uns nicht irren lassen weder durch verheerenden Krieg oder durch verzehrendes Feuer, noch durch alle unzählbaren immer drohenden Unfälle, auch wenn sie uns näher betroffen haben: wer erkennt da nicht Geist?

Wolan m. Fr., wollen wir Gatt danken: daß es geschehe mit reinem Herzen, daß wir uns bewußt sein mögen, würdig zu sein dessen, wofür wir danken, daß wir uns fragen, ob in unserm Antheil an diesem Geschäfte — und mittelbar oder unmittelbar nehmen alle Theil daran — sich offenbart jener wohlgefällige göttliche Geist, welcher siegen muß über alles, was fleischlich ist. Und dieser Gegensaz zwischen Fleisch und Geist wird uns deutlich gemacht an einem Bilde, welches aus dem Gebiete, von dem wir handeln, ganz eigenthümlich hergenommen ist. Was der Mensch säet, das wird er ernten. Diese ewige Ordnung Gottes, daß gleiches nur gleiches erzeugt, das stille Insichzurükkgehn der Kraft, welche, wenn sie heraustritt, auch nichts offenbaren kann, als ihr inneres Wesen, ihre ewige Natur, dieses Gesez, es gilt auch von den Handlungen und dem Thun der Menschen. Wer in seinem Gemüthe nichts aufnehmen kann, als was dem Fleische angehört, der kann auch nur ernten das verwesliche, und ewiges Leben kann nur dem hervorgehn, der auf den Geist gesäet hat, der die innere Kraft, den göttlichen Funken des guten und wahren in sich gepflegt und in diesem gehandelt hat. So laßt uns nachdenken über die Verschiedenheit der Art, wie die Arbeit des Menschen an der Erde von ihm verrichtet wird. Laßt uns sehn erstlich auf die Verschiedenheit des Sinnes, und zweitens auf die Verschiedenheit des Erfolgs.

I.

Wenn wir Acht geben auf den Sinn, in welchem dieser so wichtige Theil der menschlichen Bestimmung verrichtet wird, so werden wir leicht wieder finden diesen Gegensaz zwischen Geist und Fleisch. Wer den Boden der Erde baut und sich in seinem Rechte an demselbigen zu behaupten weiß, sei es durch die Heiligkeit der Ordnungen und Geseze und durch die freie Kraft der sie schüzenden Menschen, oder sei es durch die Stärke seines Armes, der fühlt sich als Herr und wird es inne, daß alles abhängt von ihm. Wenn nun der Mensch sein Geschäft an der

Erde nur in dieser Beziehung verrichtet, wenn er alle seine Kräfte aufbietet, um sich immer mehr in seinem Rechte und Besiz zu erhalten und zu befestigen, seine Kräfte nach allen Seiten hin zu vermehren, das Gebiet seiner Macht weiter auszubreiten, um in allen Verhältnissen des Lebens nur seine wohlbegründete Obergewalt zu erblikken, das ist der fleischliche Sinn.

Die Arbeit des Menschen an der Erde ist die erste Quelle aller Ruhe, Ordnung, Sicherheit und des ungestörten Genusses. Ehe der Mensch auf diese Stufe gestiegen ist, ist er eine Beute des Augenblikkes, er hat für die Befriedigung seiner Bedürfnisse keine Ruhe und Sicherheit und wird umhergeworfen zwischen einem leichten ohne Arbeit und Mühe ihm zuströmenden Ueberfluß und zwischen einem noch öfter wiederkehrenden Mangel; und Stillung der Noth auf der einen Seite und der Genuß, die Lust auf der andern sind so innig verbunden, daß wir oft nicht unterscheiden können, wo eines aus dem andern entspringt. Wenn der Mensch nun in diesem Sinne sein Geschäft an der Erde verrichtet, daß er nur sucht die nähere oder entferntere Noth aus dem Gebiete seines äußern Daseins zu verbannen, nur dahin trachtet, den Genuß zu vermehren, zu vervielfältigen und oft zu wiederholen, und darauf alle seine Kräfte und Fähigkeiten wendet, das ist der fleischliche Sinn. Wenn auf der andern Seite der Mensch aber in diesem Bewußtsein, das gefunden zu haben, woraus die Ruhe und Sicherheit seines Daseins entspringen kann, sich nun auch zur Ruhe begiebt und alles Gewonnene nur verwendet zur Stillung seiner Begierden, das ist ebenfalls der fleischliche Sinn.

Aber wenn der Mensch in eben dem Maaße, wie er erkennt, was er durch die innere Kraft auszurichten vermöge, in demselbigen Maaße auch dies erkennt, daß er vom Herrn gesezt ist zum Herrn der Erde, daß seine thätige Kraft gleichsam die Fortsezung sein soll von dem schaffenden und lebendigmachenden Worte Gottes, wenn er in diesem Sinn sein Geschäft verrichtet, daß aus allem was er thut hervorleuchte die Gottähnlichkeit seines Geistes: das ist jener geistliche Sinn.

Wenn der Mensch in seinem Geschäfte an der Erde nicht allein sein irdisches und geistiges Wohlergehn im Auge hat und alles nur als Mittel dazu betrachtet, sondern wenn er fühlt, daß er wandelt und wirkt unter dem Herrn; wenn vermittelst seiner Beschäftigung mit der Natur entsteht eine innige Liebe zur Natur; wenn er, was ihm nur anvertrauet ist, auch verschönern will: das ist Geist.

Wenn endlich der Mensch, dem dieses Geschäft aufgegeben ist, fühlt, daß er damit nicht alles schaffe, daß diese Herrschaft über die Erde weit mehr in sich begreife, daß er damit nur an die Quelle gesezt sei dessen, was die entferntern Beschäftigungen der Menschen mehr oder weniger erzeugen und erhalten kann, dessen was viele und mannigfaltige Kräfte erhält und in Bewegung sezt, und er sich also nur ansieht als den ersten Vertheiler der göttlichen Gaben, als Bewahrer des Gutes, auf welches alle Bande des Rechtes, der Ordnung und Geseze sich gründen, und eben dadurch seinem Berufe Ehre macht vor Gott und den Menschen: das ist der Geist.

Diese Verschiedenheit des Sinnes wird keinem unter uns entgehn, und jeder der sie erkennt, muß es auch fühlen, daß eben sie der Maaßstab ist für die Achtung und Liebe gegen die einzelnen oder die größeren Verbindungen der Menschen in Beziehung auf diesen Beruf. Aber wenn wir darauf anwenden wollen jene Worte des Textes, Was der Mensch säet, das wird er ernten, was doch auf keine andere Weise geschehen könnte, als wenn es deutlich würde, daß von dieser Verschiedenheit des Sinnes auch abhange die des Erfolges, daß eben die Ernte, das Gedeihen dieses Theils des menschlichen Berufs, abhange von dem Geiste, wie er getrieben und erfüllt wird: so werden sich mancherlei Zweifel und Bedenklichkeiten erheben. Man wird sagen, Wie weit auch der Mensch vorrückt in der Herrschaft und

Bildung der Erde: so hängt doch der größere und bessere Gewinn ihrer Erzeugnisse nicht ab von der Gesinnung und dem Geiste, sondern von dem Verstande und seiner Thätigkeit. Beide, sagt man, die geistige und fleischliche Gesinnung scheinen auf der einen Seite das Gedeihen zu fördern, auf der andern zu hindern; denn der Eigennuz und die Herrschsucht sind ein mächtiger Sporn und werden den Menschen wol weiter bringen, Trägheit dagegen hält ihn zurükk. Und die Begeisterung des Menschen auf der andern Seite, dieser Gesichtspunkt, vermöge dessen er sich ansieht als Ebenbild Gottes, wird ihn auch anfeuern zur Thätigkeit; dagegen wird eben die ruhige Beschaulichkeit, wozu sie so leicht hinführt, die Menschen nicht weniger zurükkhalten als Trägheit und stumpfer Müßiggang.

II.

Aber so ist es nicht m. Fr., sondern leicht wird ein ruhiges Nachdenken uns lehren, daß die Verschiedenheit des Erfolgs gerade dieselbige ist, wie die Verschiedenheit des Sinnes. Es kommt dabei vorzüglich auf zweierlei an, worin jener wichtige und große Erfolg begründet ist, nämlich auf die Ausbildung menschlicher Kräfte und auf die geselligen Verhältnisse der Menschen, worin allein alles und auch dieses Geschäft an der Erde nur gedeihen kann. Hier laßt uns sehn, wie die Verschiedenheit des Sinnes auch in dieser zwiefachen Hinsicht nothwendig mit verschiedenem Erfolge wirkt.

Zuerst also, wie wirkt der fleischliche Sinn, und wie der geistige auf die Ausbildung der menschlichen Kräfte?

Es ist eine allgemeine Rede, daß die Noth und Begierde alles erfunden habe, daß diese die Quellen wären aller Geschikklichkeiten, aller Erkenntniß und Kunst, daß nur der Mensch durch sie aus seinem Schlummer gewekkt werde, und ohne diese Antriebe alles andere würde vergeblich gewesen sein. Es mag die Erfahrung auf der einen Seite dieser Rede Beifall geben. Laßt uns aber fragen, wie es doch weiter ergeht mit der Ausbildung der durch Noth und Begierde erwekkten Kräfte und der dadurch hervorgebrachten Thätigkeit, an welcher kein höherer Sinn Antheil hatte. Zuerst kann es uns nicht entgehen, daß das, was der fleischlich gesinnte Mensch auf jene Weise erlangt, er sich doch nicht anzueignen weiß. Er liebt es nicht, hat es nicht um sein selbst willen; sondern es ist ihm nur Mittel sich das zu verschaffen und zu sichern, was seiner sinnlichen Natur so nothwendig ist. Daher, wenn es auch wahr ist, was der Erlöser freilich in einem andern aber doch verwandten Sinn sagt, daß die Kinder der Finsterniß in ihrer Art klüger sind, als die Kinder des Lichts: laßt uns sehn, was es ist mit aller dieser Klugheit, mit allem Verstande, — und wir werden finden, daß die gewöhnlichen gemeinen Seelen nichts haben als den äußern Buchstaben, das was am unmittelbarsten mit dem Geschäft der Stillung der Noth und Begierde zu thun hat; aber das innere Wesen, die allgemeine Natur der Dinge, das ist es, was ihnen entgeht; und kann man sagen, daß dann der Geist wahrhaft gebildet werde, und die sich am meisten auszeichnen, die es am weitesten bringen in dieser irdischen Klugheit? Wohin gelangen sie am Ende? Fragt die Geschichte, und ihr werdet nichts vernehmen, als daß die klügsten und weisesten am Ende mit Ueberdruß und Geringschäzung aller ihrer Weisheit gezweifelt haben, ob wol überhaupt etwas an dieser Klugheit und Weisheit sei, ob der Mensch nicht besser thäte sich ihrer zu enthalten und aus diesem Zustande einer quälenden und mühseligen Bildung und Aufklärung zurükkzukehren in den Zustand der Rohheit. Denn die Rechnung der Noth und Begierde wird verwikkelt, die äußern Folgen der irdischen Weisheit im Gebrauch der menschlichen Kräfte werden zweideutiger, weil sie wirken sollen, wie der Mensch gebietet, und nicht wie ihre innere Natur. Daher hat diese Bildung den Keim des Verderbens gleich in sich, und wo sie uns am herrlichsten entgegenstrahlt, in der Vergangenheit der Geschichte, oder in der

Gegenwart, was wissen wir von jener, was ahnen wir von dieser, als daß alles, was herrlich schien und groß, untergeht entweder in üppiger Weichlichkeit, oder in trägem Stumpfsinn. Und so vergeht alle Herrlichkeit der Welt, so kann der, wer aufs Fleisch säet, aufs vergängliche und irdische, nichts ernten als vergängliches.

Aber m. Fr. der Geist, wie wirkt er auf die Bildung der menschlichen Kräfte in diesem Geschäfte? Aus jener ruhigen stillen Liebe zur Natur, zu den Werken Gottes, da entstehn jene herrlichen Ahnungen von der göttlichen Weisheit, von dem Zusammenwirken aller Dinge, jenes Bestreben vor allem — das Wesen des göttlichen Geistes und in allem dessen Wiederschein zu erkennen, und das ist die Quelle, woraus jede wahre Weisheit und jeder tiefe Verstand hervorgegangen ist. Daraus haben sich entwikkelt alle tieferen Erkenntnisse und Einsichten und eben das Bestreben da zu stehn als ein Aushauch Gottes, als der, der seine Werke fortsezen soll; daraus entsteht ein Sinn für das rechte und gute, nüzliche und schöne, welcher nie zerstört werden kann, und daraus hat sich denn jede Kunst entwikkelt und jede Geschikklichkeit, welche dem menschlichen Geist Ehre macht und seine Macht begründet.

Zweitens, wie wirkt der fleischliche Sinn, wie der geistige auf die geselligen Verhältnisse des Menschen? denn auch darauf führt uns sein Geschäft an der Erde.

Niemand kann es läugnen, daß erst aus ihm alle kleinern und größern Verbindungen hervorgegangen sind; und ehe der Mensch dazu gelangt, lebt er in dem Zustande der Rohheit und Zerstreuung; auch die natürlichen heiligen Bande sind loser geknüpft und leichter getrennt; erst hieraus entwikkelt sich die Verschiedenheit der Stände, dadurch geht hervor jede Vereinigung der Kräfte, um Sicherheit und Ruhe, durch die alles nur gedeihen kann, zu erhalten; es ist der Ursprung aller Bande des

Rechts und der Ordnung, der Verhältnisse zwischen Obrigkeit und Unterthanen.

Ja, auch die Noth und Begierde führt den Menschen allmählig auf diese Stufe des bürgerlichen Vereins. Aber, wie denkt er dann? Eben wo Eigennuz, Genußliebe, Herrschsucht die ersten Quellen sind und die ersten Triebfedern von allen seinen Handlungen, da erscheinen ihm auch jene Bande nur als ein nothwendiges Uebel, und all sein Bestreben ist dahin gerichtet ihnen zu entgehen, wo sie seine Herrschsucht mäßigen, wo sie Genuß und Vortheil von ihm ab auf seine Brüder leiten; daher denn unter allen Anordnungen der Menschen mittelbar oder unmittelbar ein beständiger innerer Krieg, eine Zwietracht, die, nur durch einen Schein der Liebe, des Wohlwollens übertüncht, bei jeder Gelegenheit auszubrechen drohet. Ja, wenn auch Noth und Begierde den Menschen antreiben sich ein Vaterland zu bilden, ein höchstes Ansehn anzuerkennen und Gesezen zu huldigen; wenn er auch einsieht, wie nothwendig das ist, und wie wenig jede Entbehrung und Aufopferung in Anschlag kommen darf gegen den großen Nuzen, der aus diesem Bande hervorgeht; wenn aber dann das Vaterland in Noth und Gefahr kommt, wenn Eigennuz, Herrschsucht und was damit zusammenhängt ihm vorspiegeln, daß es besser gethan ist sich selbst zu retten als an dem ganzen zu halten; wenn ihm das Gefühl vergeht, daß er nur durch dieses Halten an dem ganzen seine Hülfe und eigene Rettung findet: was anders ist die Frucht davon als feiger Verrath, als jene Frechheit, womit das allgemeine Wohl Preis gegeben wird, und die in den Tagen des Unglükks so kühn ihr Haupt erhebt?

Aber wie anders der Geist, jener höhere himmlische Sinn, der das Geschäft des Menschen an der Erde ansieht als das Werk Gottes! Eben weil es so klar ist, daß der Mensch in diesem Geschäfte den Herrn der Erde fühlen muß und das Ebenbild Gottes, welches allen verliehen ist: was kann anders hieraus entstehn, als das Bestreben jede lieblose Härte des Gegensazes zwischen Befehlen und Gehorchen zu mildern, alle Theil nehmen zu lassen an jenem erhebenden Gefühle und an dessen segensreichen Folgen? und das ist der Friede, das die Liebe, worauf die hülfreiche Unterstüzung aller Stände beruht; und wenn dann in diesem Bestreben und in diesem Gefühle ein Vertheiler der göttlichen Gaben zu sein, sich immer mehr entwikkelt hat das allgemeine Band, welches uns alle umschlingt; ja wenn auf diesem Wege der Mensch dahin gekommen ist: ein Vaterland zu haben, einem heiligen Obern zu gehorchen; dann ist ihm dies ein Gut, von welchem er nicht läßt, ein Kleinod, das er nicht verlassen wird, nicht in der Noth noch aus Begierde nach Genuß, die ihn ja nicht beherrschen. Daraus entsteht dann jene Treue, welche sich selbst gern als Mittel betrachten läßt, das ewige aber und ganze als Zwekk. Das ist die Treue, die den Menschen festkettet an Ordnung, an Vaterland und Gesez; sie ist, die wieder erbauet, wenn zerstört war; sie, die nicht abläßt zu geben wo es noth thut, die auffordert zum Muth und zur Tapferkeit. So nur hängt der Mensch mit unerschütterlicher Liebe an dem väterlichen Boden; so erblikkt er nicht in diesen wohlthätigen Banden die Wirkung der Begierde und Noth, sondern die Quelle alles guten und heiligen.

M. Fr., die Früchte sind eingebracht, und der Herr hat uns gesegnet. Laßt uns einen Blikk werfen auf die zusammengesezte Thätigkeit des Menschen und betrachten, welche Begriffe ihn leiten in dem, was er beginnt. Das bildet den wichtigen Unterschied, ob er es treibt, wie die wilden Raubthiere, die nur da zu sein scheinen, um die überflüssigen Kräfte der Natur zu verzehren; ob ers treibt wie jene faulen Thiere, welche die Natur mit einem kräftigen Schlaf begabt hat, um was sie im Sommer gesammelt im Winter in dumpfer Trägheit zu verzehren; oder ob er dasteht als Herr der sichtbaren Schöpfung, und wenn dieses leztere, ob er dann auf sein Fleisch säet, oder auf den Geist. —

Laßt uns nicht glauben, als zieme sich diese Betrachtung nicht für uns, die wir fern von dem unmittelbaren Geschäft an der Erde eingeschlossen wohnen in Mauern der Städte und, wenn auch entfernt damit zusammenhangend, doch etwas ganz anderes zu treiben scheinen. Denn m. Fr. das eine wäre so wenig wie das andere gegründet. Alle unsere Gewerbe und Geschäfte und Verrichtungen beschäftigen sich mehr oder weniger mit den Erzeugnissen der Erde, ruhen mittelbarer oder unmittelbarer auf dem großen Geschäft, das einer großen und zahlreichen Klasse der Menschen ausschließlich angehört. Leicht wuchert auch mit dieser Bearbeitung des Bodens das böse auf, und alle Leidenschaften und Begierden, welche die Ruhe stören und zuerst in denen entstanden, welche die Erde bauen, sie verbreiten sich leicht und durchdringen dann auch bald alle übrigen Stände, und die verderbliche Ernte des Fleisches wird nicht fern sein. Wenn nun der fleischliche Sinn es ist, der dies Verderben bringt, so ist es allein die Richtung des Gemüthes auf das ewige, welches die Grundlage alles bürgerlichen Heils begründen kann; und wo entwikkeln sich die Anstalten, die unmittelbar auf den Menschen wirken, wo haben sie ihren Siz als in dem Mittelpunkt des Landes, da wo die Menschen sich in großen Massen versammelt haben, um durch die Gemeinschaft der Kräfte die Zwekke des Lebens zu erreichen. Daher müssen wir fühlen, daß es noth thut den fleischlichen Sinn von uns zu verbannen, und auf den Geist säen. Wir sind es, von denen das gute und beste ausgehen muß. Laßt uns jeder das seine thun, Leben erwekken, den Geist erleuchten und damit die große Masse durchdringen! Laßt uns anerkennen die weisen Ordnungen der Vorsehung, welche wollte, daß in allen Menschen auch in dieser großen Klasse der Geist belebt, der Sinn fürs gute und wahre und schöne gewekkt werde, und eben dadurch unsere Brüder dem Elende entreißen. Dadurch sichern wir uns, durch diese Saat auf den Geist, eine herrliche Ernte, ein geistiges ewiges Leben!

Wolan, wollen wir dem Herrn danken, so geschehe es so, daß innige Liebe uns vereinige mit allen unsern Brüdern. Laßt uns denen, aus deren Hand wir zunächst nur irdische Gaben empfangen, mittheilen geistige Gaben, Freiheit, Wahrheit, Bruderliebe und Erleuchtung und Erwekkung des Geistes. Sonst, was wären wir anders als die unnüzeste Last der Erde, was gegründeter als die Klage, daß die Städte nur da wären das Mark des Landes auszusaugen und in üppiger Schwelgerei zu verprassen, was der Schweiß der ländlichen Bewohner der Erde abgewonnen hat! O m. Fr., es muß noch in frischem Andenken schweben, zu welcher fürchterlichen Zerrüttung diese Klage Ursache geworden ist. Es ist unmöglich an diesem Tage andere als solche Aufforderungen ergehen zu lassen an alle, welche Theil nehmen wollen an diesem Feste, das ein Fest sein soll allgemeiner Freude und Vereinigung der Gemüther. Vergelten wir denen, welche die zeitlichen Gaben uns darbieten, daß wir ihnen die geistigen zurükkgeben, und offenbaren wir unsern Dank gegen den Höchsten dadurch, daß wir jene Brüder zu ihm erheben, damit wir alle immer mehr theilhaftig werden derselben gemeinsamen Seligkeit durch seine Gnade! Amen.

XIII.

Von dem christlichen Strafrecht.

Ueber Apostelgesch. 13, 6—11.

Nachmittagspredigt am 16. nach Trinitatis.

Nicht leicht, m. a. F. ist unter allen Lehren des Christenthums eine mehr mannigfaltigen Mißverständnissen und Mißdeutungen ausgesezt gewesen als die, welche Sanftmuth und Friedfertigkeit empfiehlt, welche uns ermahnt, alles was unser Mißvergnügen erwekkt Gott anheim zu stellen. Nicht nur haben von je her die feigherzigen und trägen Gemüther dieselbe zum Vorwande gebraucht, um ihren Mangel an Eifer und Kraft zu beschönigen, sondern auch die gutgesinnten und redlich meinenden haben nicht selten darin eine Beschränkung gefunden für das, wozu sonst ihr Eifer fürs gute sie antreibt. Dies ist gewiß von einer Seite angesehen sehr richtig; aber um so nothwendiger muß es auch erscheinen, unter den Vorschriften und Beispielen, die wir in der heiligen Schrift finden, dasjenige nicht nur nicht zu übersehen, sondern auf das bestimmteste herauszuheben, was ein entgegengeseztes Bestreben an den Tag legt, damit, wenn wir des Zügels bedürfen für alles leidenschaftliche, das in uns aufwallen möchte, wir auf der andern Seite auch des Spornes nicht entbehren mögen, der uns dem guten entgegentreibt, von welchem Schwäche und Trägheit so leicht zurükkhält. Einer solchen Betrachtung sei diese Stunde der Andacht gewidmet.

Text. Apostelgesch. 13, 6—11.

Und da sie die Insel durchzogen bis zu der Stadt Paphos, fanden sie einen Zauberer und falschen Propheten, einen Juden, der hieß Bar-Jehu. Der war bei Sergio Paulo, dem Landvogt, einem verständigen Manne. Derselbige rief zu sich Barnabam und Saulum und begehrete das Wort Gottes zu hören. Da stund ihnen wider der Zauberer Elymas (denn also wird sein Name gedeutet) und trachtete, daß er den Landvogt vom Glauben wendete. Saulus aber, der auch Paulus heißet, voll heiligen Geistes, sahe ihn an und sprach, O, du Kind des Teufels, voll aller List und aller Schalkheit und Feind aller Gerechtigkeit, du hörest nicht auf abzuwenden die rechten Wege des Herrn. Und nun siehe, die Hand des Herrn kommt über dich und sollst blind sein und die Sonne eine Zeit lang nicht sehen. Und von Stund an fiel auf ihn Dunkelheit und Finsterniß, und ging umher und suchte Handleiter.

Was hier der Apostel gethan hat m. Fr., das ist gewiß ein Beispiel uns allen gegeben, wie überall die Männer vom Geiste Gottes getrieben uns nicht nur Worte der Wahrheit lehren, sondern auch vorleuchten durch ihr Leben, und es ist nur eine niedrigere weniger zum guten aufstrebende Gesinnung, welche die Menschen hat veranlassen können zu glauben, daß es einen andern Maaßstab des guten für jene gegeben habe, als für uns. Denn dessen dürfen wir wol alle als Christen uns rühmen, daß wir ihre Nachfolger sind, nur vielleicht auf eine andere, vielleicht auf eine beschränktere Weise, aber gesezt mit ihnen zu demselbigen Werke, verpflichtet auf denselbigen Glauben und so auch berechtigt zu allem, von dem wir sehn, daß sie es kraft ihres Amtes durften. Lasset uns demnach reden mit einander von dem christlichen Strafrecht, welches der Apostel in den vorgelesenen Worten auf eine so ausgezeichnete Weise übte. Wir wollen erstlich lernen, in welchen Fällen wir es üben sollen und dürfen, und zweitens, auf welche Weise.

I.

In welchen Fällen dürfen wir es uns herausnehmen nach dem Vorgange unsers Apostels übles zu verhängen über unsere Brüder?

Zuerst, denn das liegt deutlich in diesem Falle da, wo zu eigennüzigen und verderbten Absichten dem wahren und guten widerstanden wird. Vielfältig hatten der Apostel und seine ersten Nachfolger in der Ausbreitung des Christenthums es mit solchen zu thun, welche der Wahrheit entgegen strebten, in welchen das Evangelium keinen Eingang fand, oder die lange alles das entgegensezten, was ihre verderbte Denkungsart, ihre falschen Ansichten und die schiefe Richtung ihres Herzens ihnen eingaben. Da wurde denn gestritten mit Liebe, mit Geduld, mit Ernst und Nachdrukk, je nachdem es die Menschen und Umstände erforderten; aber das äußerste, was die Apostel thaten, das war, daß sie den Staub von ihren Füßen schüttelten und ihr Blut über die verstokkten riefen, und nun zu denen sich wendeten, welche ursprünglich die geringeren Ansprüche an das Wort des Heils zu haben schienen. Eben so verhielten sie sich bei dem Widerstande, der nicht in reinen bessern Einsichten, als jene ersten besaßen, sondern im Herzen seinen Grund hatte, aber bei dem sich die widerstehenden nichts böses bewußt sein konnten. Hier aber sehn wir den Apostel auf eine entgegengesezte Weise handeln, aber freilich auch in einem andern Falle.

Der hier sich widersezte, war der Liebling eines angesehenen gewalthabenden Mannes, und aus allem müssen wir schließen, daß er durch geheime Künste eben diesen Einfluß ursprünglich erlangt hatte und, wie die zu thun pflegen, die so etwas treiben, ihn auch auf eine unwürdige Weise gebrauchte. Darum nun suchte er den Landvogt abwendig zu machen vom Glauben, weil er befürchtete seine Gewalt zu verlieren und den Schein von höherer Weisheit und Kraft einzubüßen und so um die Früchte seines verderbten Strebens zu kommen. Darüber nun gerieth der Apostel in erbitterten Eifer; da begnügte er sich nicht mit einer Widerlegung, sondern da sezte er es sich zum Ziel einen boshaften Gegner zu entkräften.

Und so m. Fr. sind auch wir berufen zu handeln in gleichen Fällen. Wo Eigennuz, niedrige Denkart uns entgegen treten, da ist Sanftmuth an unrechter Stelle. Worauf es ankommt, ist lediglich der Streit der Kräfte. Hier gilt es nun zu erfahren, was siegen werde, der Eifer, die gute Sache derer, die das gute lieben, oder die bösen Anschläge derer, welche es hintertreiben möchten um irgend eines schlechten Gewinns willen. Wie könnten wir jenen großen Titel uns anmaßen, welchen der Erlöser seinen Bekennern giebt, Streiter des Herrn zu sein, wenn wir nicht auf jede Weise die Sache des guten und wahren fördern und schüzen wollten, wenn wir denen freien Raum ließen, welche lediglich um des irdischen willen das höhere und wichtige in Schatten stellen?

Zweitens aber sollen wir zwar überall dem guten förderlich sein und uns allem widersezen, was diesem hinderlich werden könnte; aber vorzüglich ist jeder dazu berechtigt, wo ihm ein solcher Widerstand vorkommt im Kreise seines Berufes. So der Apostel! Dazu war er ausgegangen, um das Evangelium zu verkündigen, und er und alle seine Mitapostel wandten darauf alle Kräfte des Geistes, überall zu sehn, wo sich ihnen eine Thür im Gemüthe öffnen möchte, und treu zu sein in dem Dienste des Herrn. Wenn Paulus gestanden hätte vor einer Versammlung noch unbewegter im Evangelium noch ununterrichteter und in ein irdisches Bestreben versunkener Menschen, und es hätte dann einer aus ihrer Mitte einen solchen Widerstand erhoben: er würde schwerlich so gehandelt haben. Aber er stand vor einem verständigen Manne, der begehrt hatte unterwiesen zu werden in der Lehre des Evangeliums. Ein Kreis der Thätigkeit war geöffnet; diese Seele zu bearbeiten gehörte zum Berufe des Apostels, und da konnte er sich nicht den schönen Erfolg aus den Händen reißen lassen durch ein verderbtes treuloses Gemüth.

So auch wir in der Welt. Wir werden immer einen Unterschied machen zwischen dem guten, was schon angefangen hat zu werden vor unsern Augen, und zwischen dem, was wir wünschen, was aber noch fern ist. Wenn wir sehn, daß die Menschen, auf die wir wirken wollen, im voraus von uns abweichen und das gute und wahre von sich weisen, wir werden ihnen treu entgegen arbeiten, allein dies ist nicht ein Gegenstand, der unsern Eifer aufregen kann; aber wenn auch nur erst etwas gutes schon gekommen ist, wenn wir vielleicht selbst es waren, durch welche der Herr den Grund dazu legen wollte, und es erhebt sich dann ein aus dem innern Verderben der Gemüther entsprungener Widerstand, dann ist es Recht nicht nur sondern auch Pflicht, daß wir unser Strafrecht üben, daß wir die zeichnen, die sich uns als Feinde des guten und wahren zu erkennen geben, daß wir ihre Kräfte lähmen und dabei nicht Rükksicht nehmen auf das, was ihnen wol gefallen mag, oder nicht; sondern daß uns die Sache, die wir vertheidigen, mehr gilt als die, welche sie unterdrükken möchten und eben darum sich nicht würdig machen, ein Gegenstand zu sein unsers Wohlwollens und unserer Liebe!

II.

Aber wie übte denn der Apostel dieses Recht der Strafe?

Die Erzählung in unserm Texte berichtet uns einen Erfolg, von dem wir uns keine deutliche Vorstellung machen können, und den wir eben daher mit dem Namen des wunderbaren bezeichnen, und so scheint wenig belehrendes darin für uns zu liegen. Aber mit dieser Kraft, solche unerwarteten und unerklärlichen Erfolge hervorzubringen, hatte der Erlöser seine Jünger ausgestattet; sie waren die lezte Mitgift gewesen, womit er sie gesegnet hatte, ehe er von ihnen schied; und bei allen den Schwierigkeiten und Hindernissen, die ihrer warteten, bei der eigenthümlichen Lage, wornach sie gleichsam hingestellt waren gegen die ganze Welt, mußten sie so ausgestattet sein. Wir können also in diesen Wundergaben zunächst nichts anders sehen als das, wozu ihnen in ihrem Berufe Kraft gegeben ward. Und das sei also auch die nächste Antwort auf die Frage, wie haben wir das Recht die Strafe zu üben? Jeden wird das lehren die Beschaffenheit seines Berufs. Keiner sage, er sei zu schwach Strafen ergehen zu lassen über die Feinde des guten und wahren; denn eben wie hier in diesem Falle werden wir überall finden ein billiges Verhältniß zwischen dem Widerstande, den der Mensch finden kann, zwischen dem bösen, das er zu bestrafen sich kann gesezt glauben, und zwischen der Kraft, die ihm dazu gegeben ist. Wer auf einer solchen Stelle steht, daß sich ihm vieles widersezen kann, der wird auch in seinen Verhältnissen viel Kraft finden dagegen zu wirken; wer sich mit Recht ansehn kann als gering ausgestattet, der wird auch sehen, daß ihm nur weniges in dieser Art vorkommen kann. Ueberall in den besondern Geschäften und Verhältnissen der Menschen werden wir finden diese billige Austheilung von Aufforderung und Kraft, und eben so auch in dem allgemeinen Beruf, den wir alle treiben.

Wer so gestellt ist, daß er viel böses sieht, daß ihm vieles deutlich wird, wodurch die Sache des guten beeinträchtigt werden kann, der wird auch einen Arm haben, oder wenigstens eine Stimme, die dagegen zureicht, und jeder wird durch die Kraft des Geistes und Willens seinen Kreis ganz ausfüllen können. Und wenn wir dem Apostel nicht nachahmen können in dem, was wir in dieser ausgezeichneten Handlung als den lezten Erfolg ansehn, so sollen und können wirs doch in dem strengen Urtheile, welches er ergehen läßt über den Widersacher des Evangeliums. O m. Fr., könnten wir uns nur erst gänzlich von der Schwäche losmachen das böse und verkehrte durch freundliche Namen zu bezeichnen und zu beschönigen, hätten wir nur Stärke genug unsern Tadel und Abscheu in Ausdrükken zu erkennen zu geben, die der Eifer einem jeden schon eingeben wird; schon dadurch würde vielem Uebel abgeholfen, und mancher, der nicht gefühllos ist gegen das Urtheil, gegen die Stimme seiner Mitbrüder, gewonnen werden fürs gute!

Aber wir können mehr. Denn was geschah in diesem Vorfalle anderes, als d a ß d e r A p o s t e l a u f e i n e ä u ß e r e W e i s e d a r s t e l l t e, w a s i n d e m i n n e r n d e s M e n s c h e n w a r, d a ß e r d a s ü b e r i h n b r a c h t e, w a s j e n e r b e f ö r d e r n w o l l t e durch seine verkehrte Denkart und sein böses Bestreben. Denn was ist es, worauf geht der Feind des guten aus, als die Menschen in den Zustand der Hülflosigkeit zu versezen, in welchen sie immer gerathen, wenn ihnen ein gutes entrissen wird, das vom Herrn ihnen verliehen war; und was ist es anders, als Finsterniß im innern des Menschen, vermöge dessen Eingebungen er mehr wirken zu können glaubt, als die Kraft der Wahrheit? Das Zeichen war es von seinem eignen innern, was der Apostel über jenen böswilligen brachte. Beides werden auch wir vermögen. Für jedes böse giebt es eine natürliche Strafe, welche die guten verhängen können, und in dem Urtheile, in der Art, wie wir die absichtsvollen Gegner des rechten behandeln, steht es immer in unserer Gewalt ein Zeichen zu geben von dem, was wir von ihnen halten.

Aber endlich, wenn wir dies Strafrecht üben an unsern Brüdern, so geschehe es auf eine offene und muthige Weise. Der Apostel war, als ihn sein Eifer hinriß, des Erfolges seiner Verkündigung des Evangeliums bei dem römischen Landvogt noch nicht sicher. Ob die Kraft der Wahrheit, ob die heidnischen Ränke siegen würden, stand noch auf der Wage, und es war ein gewalthabender Mann, an dessen Liebling er diese harte Strafe übte. Aber nicht auf eine verstekkte heimliche Weise ließ er sie auf ihn kommen, sondern je wunderbarer es war, was er an ihm gethan, desto deutlicher sagte er, daß dies von ihm käme. Und freilich, verstekktes Wesen ist nicht, was den Christen ziemen kann; das ist freilich, was die Kinder der Welt Klugheit nennen, aber auch da zu richten und zu strafen, wo es Gefahr bringt, ist Pflicht für die Kinder des Lichts. Nur durch offnes Verfahren können wir unser Recht dazu an den Tag legen, und so wie in dem, was der Apostel that, so finden wir auch darin, wie ers that, ein Gesez, welches wir alle zu befolgen haben. Es liegt auch in der Natur der Sache; denn der Endzwekk wird verfehlt dadurch, daß keinem etwas übeles geschehen soll; sondern nur dadurch, daß der Erfolg zeigt, es sei dieser Eifer fürs gute uns die innere Berechtigung, dadurch, daß Beispiele gegeben werden, daß es nicht ungestraft hingeht, wenn dem guten und wahren Widerstand geleistet wird, gelangen wir zum Zwekke; und diese Urtheile diese Strafbeispiele können nur aufgestellt werden, wenn wir mit großer Redlichkeit und Offenheit zu Werke gehn. Auch wird das Herz des redlichen fürs gute entbrannt nichts anderes treiben; denn der Eifer will ans Licht und kann nicht auf dunkeln Wegen gehen.

M. Fr., wie damals das Christenthum begründet wurde durch diesen zweifachen Grund, durch Wohlthaten und Strafen, welche die Menschen fürchten und bewundern mußten: so auch kann jezt nur jedes gute festgehalten werden auf eine zweifache Weise. Laßt uns Wunder thun in liebreichen Unterstüzungen, in Wohlthaten, in allem, was wir zu thun vermögen um das geistige und irdische Wohl der Brüder zu fördern; aber auch Wunder thun darin, daß wir das Strafschwert ziehn zu fechten für das höchste, damit die Feinde des guten sich fürchten und bewundern lernen die Kraft, welche sich offenbart im Worte des Herrn. Wenn wir jener Schwachheit das Laster nicht entlarven zu wollen nicht entsagen und in die Fußstapfen derer treten, die so durch liebes und leides das Reich Christi begründet haben, so werden wir es auch nicht erhalten. Aber bei treuem Eifer wird der Herr auch die schwache Hand stärken, und wir werden sehn, daß er auch uns gesegnet hat mit Kräften, die wol zur rechten Zeit Erfolge offenbaren können, vor denen die Welt erstaunt, um Bahn zu machen unserm Erlöser durch die Kraft seines Wortes! Amen.

XIV.

Ueber die fortwährenden Geistesbedürfnisse derer, welche schon dem Evangelio Gehör gegeben haben.

Ueber Apostelgesch. 14, 20—22.

Am 17. Sonntage nach Trinitatis.

Text. Apostelgesch. 14, 20—22.

Und auf den andern Tag ging er aus mit Barnabas gen Derben, und predigten derselbigen Stadt das Evangelium und unterwiesen ihrer viele, und zogen wieder gen Lystra und Ikonien und Antiochien, stärkten die Seelen der Jünger und ermahnten sie, daß sie im Glauben blieben, und daß wir durch viele Trübsal müssen in das Reich Gottes gehen.

M. Fr. Wohin der Apostel Paulus auch kam, da war die Gnade und der Segen Gottes mit ihm; das Wort seiner Verkündigung des Evangelii faßte Wurzel, und viele Seelen wurden gewonnen und hinzugethan zu der Gemeinde der gläubigen. Und wenn er zurükkam zu seinen Brüdern, so konnte er rühmen, wie der Geist Gottes mit ihm gewesen war; wie dieser Geist sich durch seine göttliche Kraft der Gemüther bemächtigt hatte, also daß er keinen Unterschied machen durfte zwischen den Neubekehrten und den ältern Bekennern des Glaubens und denen selbst, welche das Evangelium verkündigten. So war es damals, und so ist es noch jezt. Es ist ein wunderbarer allem Verstande zu hoher Erfolg, wenn die Lehren des Evangeliums zuerst ein menschliches Gemüth mit ihrer ganzen Kraft ergreifen; jezt wie damals zeigt sich der Geist Gottes als das ewige, unbegreifliche und über alle menschliche Kraft erhabene.

Aber dennoch, wenn der Apostel sich eine Weile gestärkt hatte bei den ältern Genossen des Glaubens, so zog ihn sein Herz wieder zu besuchen die Städte, wo er geweilt und gewirkt hatte, um die Brüder daselbst zu stärken. Auch nachdem der Geist Gottes sich ihres Gemüths bemächtigt hatte, fand er noch eine zweite wiederholte Arbeit an ihnen nöthig. Das m. Fr., das ist gewiß auch die Erfahrung, die jeder an sich selbst und andern, für die und an denen er gearbeitet, zu machen Gelegenheit hat. Lasset uns denn zufolge unseres Textes, indem wir unsern Blikk eben so auf jene Zeit wie auf unser eigenes innere gerichtet halten, mit einander nachdenken über die fortwährenden Geistesbedürfnisse derer, welche schon dem Evangelium Gehör gegeben haben. Welches sind diese Bedürfnisse, und wie werden sie befriedigt?

Die Erzählung von dem, was der Endzwekk des Apostels war bei seinen neuen Reisen, faßt uns beides in zwei Stükken zusammen. Erstlich, er ging zu ihnen ihre Seelen zu stärken, daß sie beharreten im Glauben, und zweitens, er ging zu ihnen um sie zu belehren über die nächste Zukunft, und daß wir nur durch Trübsale in das Reich Gottes können eingehen. Dieses beides lasset uns näher mit einander erwägen.

I.

Wenn der Mensch zuerst von der Gnade Gottes auf solche Weise ergriffen wird, daß man sagen kann, der Geist des Herrn nehme Besiz von seinem Gemüthe, so fühlt er sich gleichsam umgestaltet, und eine neue Art des Lebens geht ihm auf. Er ist nicht mehr der vorige; seine Ansicht von sich, von der Welt und von seinem Zwekke in derselben, die ganze Richtung seiner Kräfte ist eine andere; er fühlt sich umstrahlt und durchdrungen von einem herrlichen Lichte, das er vorher nicht geahndet. Wie fest ist der Mensch in diesem Augenblikk der ersten Bekehrung! Auffordern könnte er alle menschliche Weisheit, ihn irre zu machen, und alle Versuchungen und Lokkungen, ihn zum Abfall zu bewegen! Er fühlt sich nur beseelt von dieser göttlichen Kraft und zu nichts im Stande, als ihr zu gehorchen!

Aber m. Fr., wie es bei jedem plözlichen Wechsel ist, so auch hier. Wie es ein allgemeines Gesez ist, daß es keinen plözlichen Uebergang giebt, sondern alles nur durch allmähligen Fortschritt gedeiht, so stellen sich auch Erfahrungen in diesem bekehrten ein, welche die Wahrheit dieses ewigen Gesezes beweisen. Es kommen Augenblikke, wo der Mensch in Betrachtung der Veränderung, die mit ihm vorgegangen, sich selbst fremd erscheint; die innige Glut des Gefühls, die sich im Anfang im Menschen entzündet, macht Raum einem Zustande von Erschlaffung, von Unklarheit des innern, und dies Gefühl gründet sich darin, daß die höhere Kraft noch nicht vollständig das Gemüth durchdrungen hat, daß sie noch nicht aller seiner Kräfte Herr geworden ist. Da kann es denn kommen, daß auch seine Ueberzeugung wankt, daß er zweifelt, ob er zu jenem höhern Zustand auch wirklich erhoben sei, oder ob es nicht bloß ein Rausch des erhöheten Gefühls gewesen sei; bald wieder, ob es überhaupt einen höhern Zustand gebe, ob nicht, was göttliche Kraft zu sein und in ihm zu wirken schien, vorübergehe ohne eine Spur in ihm zurükk zu lassen. Es kommen Augenblikke, wo er sich abgezogen fühlt von der stillen Betrachtung, von dem lebendigen Bewußtsein dessen, was sich in ihm gebildet hatte, hingegeben der Sorge, den Geschäften und also auch den Versuchungen der Welt; die Sinnlichkeit, der irdische Sinn regt sich wieder in ihm, er fühlt es, daß alte Gewöhnungen ihre Rechte nicht plözlich fahren lassen, daß die alten Mächte, die ihn sonst beherrschten, wieder Hand an ihn legen, um ihn, sei es auch nur für einzelne Fälle, sich wieder zu unterwerfen.

Was m. Fr., wenn der Mensch sich so überlassen bliebe, was könnte entstehen, als was auch die Erfahrung uns zeigt, daß er entweder den Glauben an die Göttlichkeit dessen, was in ihm und mit ihm vorgegangen war, allmählig verlöre; daß die Gedanken, welche in der Verworrenheit des Gemüthes streiten und nur streiten, um dem irdischen den Sieg wieder zu gewinnen, auch wirklich die Oberhand behielten; oder daß er, festhaltend den Werth und das Ansehn der höhern Macht, nur sich selbst verachtete als unwerth, weil unfähig ihrer herrlichen Wirkungen? Darum ist es ein sich so oft wiederholendes Bedürfniß, daß der Glaube gestärkt, die Seele befestigt werde zur Beharrlichkeit im guten; und m. Fr. was gehört dazu anders, als daß dem Menschen die göttliche Gnade dargestellt werde nicht nur als eine ihn auf einmal durchdringende plözlich wirkende Kraft, sondern auch in der andern Gestalt als die nachsichtige, langmüthige, erziehende göttliche Milde, als die ewige Kraft, die nicht müde wird immer aufs neue sich zu vereinigen und inniger zu vereinigen mit dem Gemüthe, als die, welche, wenn traurige niederschlagende Erfahrungen, die der Mensch in sich selbst macht, ihn zurükkführen auf die Stelle, wo er früher stand, sich dann offenbart in der Traurigkeit, die den Menschen bei dieser Selbsterkenntniß erfüllt? Dadurch muß der Glaube gestärkt werden, daß die Wahrheit des Evangeliums dem Menschen dargestellt wird als die allmählig ihn erleuchtende, und die Kraft desselben als die allmählig ihn durchdringende. Hat er sie vorher gefühlt als eine siegreiche Gewalt; hat er die Wahrheit des Evangeliums erkannt in der Gestalt des göttlichen Sohnes, in der Ueberzeugung, wie alle Verheißungen der göttlichen Liebe in ihm zusammentreffen: so muß er inne werden, wie die Kraft des Evanliums durch alle Zeiten des Lebens hindurchgeht; wie sie sich in allen einzelnen Verhältnissen gestalten kann als die gleiche aber unter verschiedenen Gestalten hervortretende, und lernen, wie sie so ins Leben hineingehe und das allmählig besiegen kann und muß, was ihn verführen will. Das thut ihm noth, und allmählig nur kann er es erwerben, daß er einsehe klar und deutlich, wie alles, wodurch der Mensch sich beruhigen will, nichtig ist in sich selbst, und wie es nichts giebt als das Hinsehn auf die Gnade Gottes, das sich Hingeben dem Geiste und der Zuversicht, daß nur durch beständige Treue vergeben werden die einzelnen Vergehungen. Aber eben so muß er allmählig einsehen lernen, wie auch derjenige, der am tiefsten durchdrungen ist vom Geiste Gottes, der am klarsten die Wahrheiten des Evangeliums einsieht, nichts fördern kann als das, was uns aus dem Evangelium des Erlösers vor Augen steht, und daß es nur solche Tugend giebt und solche Frömmigkeit, die sich natürlich erzeugt und besteht in der Erfüllung aller der Pflichten, welche einem jeden der Kreis, in welchen seine Thätigkeit eingeschlossen, auferlegt.

II.

Zweitens ist es ein allgemeines Bedürfniß derer, die gläubig geworden sind, daß sie belehrt werden über die Zukunft, die ihnen bevorsteht. Es war damals etwas allgemeines, daß wenn die Menschen hatten glauben gelernt, daß die ihren Vätern geschehenen Verheißungen in Jesu Christo erfüllt wären, wenn es ihnen klar geworden, daß die Zeiten der Unwissenheit und Finsterniß, welche Gott übersehn habe, nun auch vorbei sein müßten, und daß das Licht von oben bestimmt wäre den ganzen Kreis der Erde und alle Menschengeschlechter zu erleuchten, wenn sie dies glauben gelernt hatten, sie nun auch mit Ungeduld warteten auf die vollkommene Offenbarung der Herrlichkeit des Herrn und seines Wortes, und es drängte sie zu sehn, wie alle, die weit umher gläubig geworden waren, nun vollkommen erleuchtet und beseligt würden, aber auch geschieden die verstokkten, damit der Tag erschiene, wo die guten von den bösen abgesondert würden, und es nur ein Reich Gottes gäbe und eine Gemeinde der gläubigen.

Nicht viel anders m. Fr. sind auch jezt noch die Erwartungen der zuerst im Evangelium erleuchteten. O, eben in jener Zeit der ersten Liebe, des ersten warmen Eifers erscheint jedem, der von ihm sich durchdrungen fühlt, das Christenthum als die erhabene Macht, daß er meint, es könne nicht fehlen, daß wie er auch alle andern von ihm ergriffen würden, daß, wie er sich anklagen muß, daß ihm so lange die Gnade des Herrn vergebens nahe gewesen sei, er eben auch ein strenges Urtheil fällen und von Gott erwarten dürfe über die, die das ihnen dargebotene Geschenk nicht annehmen. So bildet sich dann jener Eifer, welcher aufs strengste die wahren Genossen des Glaubens trennt von den Kindern dieser Welt, so die Ueberzeugung, daß eben dieser Geist Gottes in uns eine Kraft sei, um unserm Gemüthe Freude zu bereiten, und daß hinfort keine Trauer treffen kann den, der sich fühlt in Gemeinschaft mit Gott und Christo. Aber m. Fr. es kommen dann spätere Erfahrungen, es verzögert sich die strenge Scheidung der guten und bösen, das Gemüth fühlt sich wankend in seinem Urtheile, und es wagt nicht mehr zu unterscheiden, welches das ihm gleiche verbrüderte Gemüth sei, und welches nicht; es kommen Erfahrungen, daß, wie das Gemüth den Versuchungen nicht verschlossen ist, so auch Leiden in dasselbe eindringen. Bald artet das aus in Verzagtheit, bald wird der Mensch jenen Vorstellungen zum Raube hingegeben, daß Trübsale und Leiden nichts seien als die Strafen der Sünde. Darum müssen wir uns von Zeit zu Zeit belehren lassen über die Zukunft, und wie das der Apostel gethan hat, sehn wir aus seinen begeisterten Reden und Briefen an seine Brüder. Wie Jesus seine Apostel belehrte, indem er sie zu sich rief und zu ihnen sprach, Die Ernte ist groß und der Arbeiter wenig, bittet, daß der Herr Arbeiter sende *): so belehrte auch oft der Apostel die Christen, daß der Herr aus Liebe verzögere ihre Erwartungen; lehrte sie, wie nur allmählig die Früchte des Geistes reifen und die Herzen gereinigt würden, so auch nur allmählig hindurchdringe das Licht und die Kraft und die Gnade des Evangeliums; wie das, was sie erwarteten, zufolge der Rathschlüsse des Höchsten nichts anderes sein könne, als ihr und ihrer Nachkommen Werk, die Frucht ihrer Treue und Arbeit. Wie er selbst gelehrt worden war, als er klagte über alle Trübsale, durch jene himmlische Stimme, Laß dir genügen an meiner Gnade **), dies rief er auch allen zu, daß sie sich genügen ließen, aber auch fest und immer fester sich überzeugen, daß alles gutes und leides nur herkomme von dieser Gnade, daß sie durch Wohlthaten und Trübsale sich verherrlichen wolle, daß denen, welche den Herrn lieben und seiner Gnade theilhaftig worden sind, alle Dinge zum besten dienen müßten ***).

Meine christlichen Freunde, unser ganzes irdisches Leben ist nichts anderes als ein beständiger Wechsel zwischen solchen seligen Augenblikken, wo mit neuer Kraft der Geist des Herrn und alles herrliche unsere ganze Seele durchdringt, gleich jenen Augenblikken, wo wir zuerst die Wahrheiten unsers Glaubens in göttlichem Lichte erblikkten, und zwischen solchen, wo wir die menschliche Schwäche erkennen, wo wir zum bösen versucht werden, wo unser Glaube die Gestalt des irdischen annimmt, wo wir neuer Stärkung und Erleuchtung bedürfen. Wolan, zu uns kommen nicht mehr leiblich und persönlich die Lehrer, welche der Herr ausgesandt hatte; aber ihr Wort wohnt unter uns, aber ihre be-

*) Matth. 9, 38. **) 2 Kor. 12, 9. ***) Röm. 8, 28.

geisternden Reden haben wir, und was der Apostel in der Ueberzeugung, daß er sie nicht oft mehr wiedersehn würde, that und im folgenden erzählt wird, Und er ordnete an älteste und Lehrer der Gemeinde und betete mit ihnen und empfahl sie dem Herrn, das ist auch unter uns geschehen, und belehren und stärken im Glauben sollen wir jeder den andern, worin er selbst stärker ist. Dazu ist die Gemeinschaft der Kirche gestiftet; vorzüglich aber auch, was jedesmal geschah, wenn der Apostel lehrte, daß er das gesegnete Brot brach mit ihnen, diese unmittelbare Gemeinschaft, die wir erneuern können mit dem Herrn, diese Wirkung unsers Geistes aus dem seinigen, das beruhigende, das über alles irdische uns zu ihm erhebende Gefühl, daß wir eins sind mit und durch ihn, das ist die Wirkung des Glaubens, das gewährt Befestigung der wankenden Seele, und da kommt uns Licht, wenn wir irren. So sei diese Gemeinschaft uns allen und auch denen gesegnet, die sie jezt bekennen wollen vor dem Tische des Herrn! Amen.

XV.

Ueber die Natur der Versuchung, die christliche Wahrheit durch menschliche Zusäze zu ergänzen.

Ueber Apostelgesch. 15, 1—12.

Am 19. Sonntage nach Trinitatis.

Wie uns in der ältesten Urkunde auf eine mit unserm Gefühl so sehr übereinstimmende Weise erzählt wird, daß der erste Mensch, in den vollkommensten Besiz der göttlichen Wohlthaten gesezt, bald versucht worden nicht nur durch die sinnliche Lust, sondern durch das Bestreben, die Erkenntniß des guten auf einem andern Wege als dem des Gehorsams zu finden, und in dieser Versuchung unterlegen sei; wie in einer deutungsreichen Geschichte der Erlöser seinen Jüngern erzählt, daß auch er beim Antritte seines Lehramtes versucht worden sei, auf einem andern Wege als dem der treuen Erfüllung des an ihn ergangenen göttlichen Berufs sein Reich und seine Macht auszubreiten, daß er aber durch die Kraft von oben gesiegt habe: so lesen wir auch in der Geschichte des Christenthums, daß der noch nicht lange geschlossene Bund der gläubigen, gegründet auf das göttliche Gebot Christi, ihn zu lieben und seine Brüder, und auf die Verheißung, dadurch eins zu sein mit ihm und dem Vater, daß auch dieser ist versucht worden, auf einem andern Wege als dem des treuen Gehorsams und Glaubens sich der Gnade Gottes gewisser zu machen. Und eben diese Versuchung, durch fremde Zusäze die einfache Weisheit des Evangelii zu verunreinigen, in der Meinung, sie zu fördern, ist oft wiedergekehrt, und nur durch vielfältige Kämpfe hat sich die christliche Wahrheit geläutert und herrlich bewiesen an denen, die ihr anhingen. Aber immer gab es auch in dieser Versuchung einige, welche unterlagen, welche ihr Gewissen beschwerten und sich brachten um den Genuß der göttlichen Gnade, und nicht anders als durch Kämpfe kann auch in Zukunft die christliche Wahrheit bestehn, und keiner erfreut sich derselben, der nicht einen solchen Streit in seinem innern bestanden hat. So laßt uns an dem göttlichen Worte zu erkennen suchen, wie diese Versuchung komme und besiegt werde, damit wir Festigkeit gewinnen für alles, was als Zweifel in uns aufgehen könnte!

Text. Apostelgesch. 15, 1—12.

Und etliche kamen herab von Judäa und lehreten die Brüder, Wo ihr euch nicht beschneiden lasset nach der Weise Mosis, so könnet ihr nicht selig werden. Da sich nun ein Aufruhr erhob, und Paulus und Barnabas nicht einen geringen Zank mit ihnen hatten, ordneten sie, daß Paulus und Barnabas und etliche andere aus ihnen hinaufzögen gen Jerusalem zu den Aposteln und ältesten um dieser Frage willen. Und sie wurden von der Gemeine geleitet und zogen durch Phönizien und Samarien und erzählten den Wandel der Heiden und machten große Freude allen Brüdern. Da sie aber ankamen gen Jerusalem, wurden sie empfangen von der Gemeinde und von den Aposteln und von den ältesten; und sie verkündigten, wie viel Gott mit ihnen gethan hatte. Da traten auf etliche von der Pharisäer Secte, die gläubig waren geworden und sprachen, Man muß sie beschneiden und gebieten zu halten das Gesez Mosis. Aber die Apostel und die ältesten kamen zusammen, diese Rede zu besehen. Da man sich aber lange gezanket hatte, stand Petrus auf und sprach zu ihnen, Ihr Männer, liebe Brüder, ihr wisset, daß Gott lange vor dieser Zeit unter uns erwählet hat, daß durch meinen Mund die Heiden das Wort des Evangelii hörten und glaubten. Und Gott, der Herzenskündiger, zeugte über sie und gab ihnen den heiligen Geist, gleich wie auch uns, und machte keinen Unterschied zwischen uns und ihnen und reinigte ihre Herzen durch den Glauben. Was versucht ihr denn nun Gott mit Auflegen des Jochs auf der Jünger Hälse, welches weder unsere Väter noch wir haben mögen tragen? Sondern wir glauben, durch die Gnade des Herrn Jesu Christi selig zu werden, gleicherweise wie auch sie. Da schwieg die ganze Menge stille und hörten zu Paulo und Barnaba, die da erzählten, wie große Zeichen und Wunder Gott durch sie gethan hatte unter den Heiden.

Das war der erste Streit, den die lautere und einfältige christliche Wahrheit zu kämpfen hatte, daß sie sollte vereinigt werden mit dem, was früher unter den Juden gegolten hatte, daß die Hoffnung des Glaubens noch auf etwas anderes sollte gegründet werden, denn allein auf Christum und auf den Bund mit ihm, und wir sehn, wie selbst damals schon in jenen ersten Zeiten der Liebe und, wie man glauben sollte, auch der Klarheit die Versuchung nicht gering war und viel gestritten werden mußte, bis die Wahrheit Christi in das rechte Licht gesezt, und auch die irrigen Gemüther erleuchtet wurden. Unter vielfachen andern Gestalten ist in der Geschichte der christlichen Kirche oft wiedergekehrt eine ähnliche Versuchung, zu dem was Jesus gelehrt und verordnet hatte, um dadurch der Gnade Gottes gewiß und theilhaftig zu werden, noch etwas anderes hinzuzufügen, als ob der Mensch zu dem von Gott geordneten noch etwas hinzuthun könnte. So laßt uns, weil dieser Kampf noch nicht geendigt, sondern in eigenthümlichen Gestalten sich immer erneuert, nachdenken über die Natur dieser Versuchung, die christliche Wahrheit durch menschliche Zusäze zu ergänzen. Laßt uns erstlich betrachten, wie sie entstehe, und zweitens zusehn, wie sie überwunden werde.

I.

Wenn wir uns fragen, wie doch unter denen, welche der Stimme des Evangelii Gehör gegeben, die Forderung entstehn konnte, die bekehrten Christen dem jüdischen Gesez und allem damit verbundenen Unwesen zu unterwerfen: so müssen wir antworten, es ging dies aus von einer alten Gewöhnung. Die Apostel und die ältesten der christlichen Gemeinde zu Jerusalem waren gesammelt aus den Juden, die an das Gesez gebunden waren und sich verpflichtet hielten demselben getreu zu bleiben, weil es nicht bloß eine Sache des Glaubens war, sondern auch vielfältig verflochten ins Leben, und zwar zugleich in der Absicht, daß alle in näherer Verbindung zusammengehalten würden, welche sich an dieses Gesez anschlossen. Indem sie nun erzählen hörten, welche große Thaten der Geist Gottes durch den Apostel gethan hatte unter den Heiden, und sie sich aufgefordert fühlten mit diesen neubekehrten den Bund der Liebe und Freundschaft zu schließen: so erhoben sich auch die alten Forderungen das gewohnte Gesez mit ihnen zu theilen.

So entfernt dies von unserm eigenen Zustande zu sein scheint, so finden wir in demselben doch Annäherungen genug dazu. Einmal ist es wie überall so auch besonders bei uns, daß sich ein vielfältiges Gewebe von äußern Handlungen, Sitten, Gebräuchen anschließt an die Verhältnisse, in welchen wir stehn, und an das, was aus dem innern des gläubigen Gemüthes als wahre Aeußerung des göttlichen Geistes hervorgeht; und auch wir machen da leicht die Forderung, daß die, mit denen wir in nähere Verbindung der Frömmigkeit treten, uns auch in allem andern Leben ähnlich werden sollen, beschränken dadurch den Bund, in welchem alle Christen stehn sollen, und sezen zwischen dem unähnlichen eine Entfernung, die uns nicht geziemt.

Aber m. Fr., wenn wir noch tiefer in die Natur dieser Forderung eindringen, so finden wir, daß nach dem jüdischen Glauben diejenigen, welche das Gesez nicht halten wollten, nicht sollten selig werden können; und viele, die Christen geworden waren, mochten auf die Treue und den Gehorsam gegen den alten Bund, der durch den neuen nicht aufgehoben sondern veredelt sei, einen solchen Werth sezen, daß sie auch die Erfüllung dieser Vorschriften noch für nöthig hielten.

Und auch das m. Fr. ist unter uns nicht anders, sondern ebenso. Von dem Bestreben sich der göttlichen Gnade gewiß halten zu können ist kein Mensch ganz fern als der verderbte; aber nicht allen, die dies Bestreben fühlen, ist schon jene Erleuchtung zu Theil geworden, welche die Gnade an die gläubigen austheilt; sondern die noch nicht von ihr ergriffen und durchdrungen sind zeichnen sich selbst einen Weg, um zu diesem Ziele zu gelangen, und es werden wol wenige sein, die nicht aus einer frühern Zeit ihres Lebens sich etwas der Art sollten zu erinnern haben. So lange es dem Menschen an der innern Verwandlung fehlt; so lange er die göttliche Kraft und Gesinnung nicht fühlt, deren Besiz die Entfernung zwischen Gott und ihm verschwinden macht: so bleibt nichts übrig als einen äußern Maaßstab anzunehmen, um diese Entfernung danach abzumessen; daher zerfällt ihm das Leben in die unendliche Anzahl äußerer Thaten; der Mensch rechnet ab gegeneinander dasjenige, was ihn entfernt vom höchsten Wesen, und das, wodurch er den Schein gewinnt den göttlichen Absichten nachgelebt zu haben. Was ihm so gewinnreich erscheint, das faßt er zusammen in ein Bild, dessen Züge er sich einzuprägen sucht, und stellt allmählig mit festem Glauben die Regel auf, daß Thaten dieser Art das Mittel sind, um die Fehler und Vergehungen abzubüßen.

Zu diesem Wahne, bei welchem eine wohlbegründete Ruhe des Gemüths nicht bestehen kann, wobei der Mensch nur im Vorhofe stehend nicht ins innere Heiligthum der Gemeinschaft mit Gott eindringt, gesellen sich noch mehrere äußerliche Vorstellungen, und er findet oft Beruhigung für das Gemüth in der Anrechnung solcher Dinge, die an und für sich selbst keinen Werth haben, und die nur ein äußerer Anhang sind zu etwas größerem. Wie es Gewöhnungen giebt in den gesellschaftlichen Verhältnissen, in den Anstalten zur Bildung des Geistes: so auch eben solche in diesem Gebiete des Glaubens, und diese alten Gewohnheiten, welche herrühren aus der Zeit, ehe die Menschen erleuchtet waren, sind nicht gleich ausgerottet, sie mischen sich auch ins folgende Leben und stören oft die reine Einfalt und die Ruhe des Gewissens.

Und die Kraft dieser Gewöhnungen wird erhöht durch den Unglauben, welcher im Gemüth sich neben dem noch nicht befestigten Glauben befindet. Wenn dem Menschen die Ueberzeugung von dem aufgegangen ist, was noth thut, wenn er erkannt hat, daß nur göttliche Gesinnung den Menschen mit Gott vereinigen und versöhnen kann: so ist diese Ueberzeugung in dem Maaße, als er sie erfaßt hat, die Regel seines Erkennens geworden; aber er wird ihr in seinem Thun noch nicht immer folgen können; noch oft wird das alte herrschen, und wenn er dann sieht, daß die Ueberzeugung doch nicht stark genug ist, um ihn immer sicher zu leiten, dann entsteht jener unbegreifliche Zustand, wo der Mensch glaubt und wieder nicht, und wo ihm dann nichts übrig bleibt als auszurufen, Herr, ich glaube, hilf meinem Unglauben *)! Denn statt sich fester einzuwurzeln in der gläubigen Ueberzeugung, statt zu vertrauen, daß aller Fehler und Vergehungen ungeachtet dennoch die Gnade und Liebe Gottes gilt, statt dessen nimmt er seine Zuflucht zu dem alten, und je öfter er das gethan, um desto leichter möchte er denn auch andern diese Last auferlegen. Laßt uns

II.

zweitens aus der Geschichte lernen, was der Apostel that, um diese Versuchungen zu besiegen.

Das erste war, daß er die Versammlung erinnerte, wie alle jene Vorschriften nur eine Last wären und ein Joch, welches weder sie noch ihre Väter hätten mögen tragen; und das sei es, woran auch wir uns erinnern, daß alles außer dem Glauben nur eine Last ist und ein unerträgliches Joch.

Wie wahr dies gewesen ist von dem, was damals noch hinzugefügt werden sollte, von dieser Menge äußerer Gebräuche, die sich durchs Leben hindurchzogen und die Aufmerksamkeit des Menschen in jedem Augenblikk vom Höchsten abwandten, die Richtung auf den einen großen Gegenstand verhinderten, darüber kann kein Zweifel sein. Aber es ist so mit allem, was die Menschen an die Lehre von der Gnade und Liebe Gottes noch von außen anheften wollten. Wenn wir an die Stelle jener äußern Gebräuche auch sezen wollten die einfachen und heiligen Gebräuche des Christenthums, und den Befolgungen derselben, insofern sie äußere sind, einen Werth zuschreiben: so werden wir auch von ihnen gestehen müssen, daß sie nichts seien als eine Last und ein Joch. Denn was kann es beschwerlicheres und lästigeres geben, als sich hinaufstimmen zu wollen zur Andacht in einer Lage und zu einer Zeit, wo kein Bedürfniß dazu treibt. Ja wenn dasjenige,

*) Mark. 9, 24.

was der Natur nach rein geistig ist, auch nur aus freier Neigung hervorgehen kann; wenn es dadurch, daß es zur Pflicht und Schuldigkeit gemacht wird, herausgerissen ist aus dem Zusammenhang mit dem innern: so wird es das geistloseste und leerste aber auch das unerträglichste, und nichts ist, was so die Kräfte des Geistes stört und schwächt.

Und eben so, m. Fr., sind es irgend andere äußere Uebungen, wodurch der Mensch seine Sinnlichkeit ertödtet, seinem Fleische Abbruch thun, oder durch Entsagung, durch Anstrengung irgend etwas gutes hervorbringen will, aber so, daß dies nicht hervorgeht aus seinem Bestreben besser zu werden, und ohne daß diese Bestrebungen liegen auf dem Wege seines Berufs: so sind auch sie nichts anderes als ein hartes Joch. Wol ist es etwas edles, wenn der Mensch herstellt das Verhältniß zwischen der Vernunft und Sinnlichkeit, daß jene allein herrsche, diese allein diene, und wol kann der Mensch durch Uebung dahin gelangen; aber sie muß auf dem natürlichen Wege liegen, jede andere Ertödtung seiner Sinnlichkeit kann ihm nur eine Last sein und ein drükkendes Joch.

Das zweite, was der Apostel that, war, daß er die, welche Aergerniß nahmen an seinem Verfahren, daran erinnert, wie der Geist Gottes über sie gekommen wäre ohne Unterschied zu machen, und dies ist das zweite Mittel jener Versuchung zu entgehn.

Es ist eine Erfahrung, die wir nicht bloß in einem bestimmten Falle gemacht haben und die so fern liegt, sondern sie ist das tägliche Leben unter den wahren Christen, keiner kann den Gegensaz verkennen zwischen dem bedrükkten nur aufs äußere gerichteten Zustande derer, die außer dem Glauben und der Liebe noch etwas nöthig haben, und zwischen der heitern Ruhe derer, welche ungestört den einfachen Weg des Glaubens halten. Nicht als ob sie nicht auch die Schwäche der menschlichen Natur fühlten und es inne würden, daß der Mensch nur langsam genese zur Heiligung; aber wer durch nichts anderes siegen will, als durch die Kraft Christi, und wer sich auf das Zeugniß seines Gewissens dabei berufen kann, was soll dem fehlen? Warum soll der Mensch da bezeugen, daß er schwach ist? denn er ist stark durch die Gnade Gottes! und wenn er fühlt, daß sein ganzes Leben darauf gerichtet ist, Ehre zu machen der Gnade Gottes, wenn er nur Werth legt auf das, was ihm diese verschafft, so muß er sich auch würdig fühlen derselben! So war über jene der Geist Gottes gekommen; so lebten viele unter denen, die erst jüngst zum Evangelium bekehrt waren, in ruhiger Heiterkeit des Glaubens und der Liebe.

Auf diese ruhige Ueberzeugung, auf diese gleichmäßige Gemüthsstimmung weist der Apostel hin um den streitenden Judenchristen zu zeigen, wie weit besser die daran wären, welche nicht zweifelten an der schlichten Wahrheit des Evangeliums, und dazu erinnerte er sie dann noch drittens an den alten Bund, und, weil sie selbst jenes Joch nicht hätten tragen können, daß auch sie nur durch die Gnade Gottes selig zu werden hofften.

Was könnte anderes uns hiebei entstehn, als die lebendige Erinnerung an die Zeit, wo jeder einst den Bund mit seinem Erlöser geschlossen hat? und dies ist das beste Mittel, die aufsteigenden Gedanken und Zweifel zum Schweigen zu bringen; ja an dieser Erinnerung hat jeder Christ in sich ein Pfand und Siegel des Glaubens, ein Mittel sich zurecht zu finden über alle Irrungen. Ja m. Fr., indem das Christenthum in alle andere Schikkungen und Entwikkelungen der menschlichen Angelegenheiten mit verwikkelt ist; indem es äußerlich eine andere Gestalt annimmt, je nachdem es anders mit Worten und Formen ausgedrükkt wird: so kommt es in Gefahr entstellt zu werden durch etwas fremdes. Aber es giebt darin ein bleibendes, gleiches, einfaches, welches nichts annehmen will von allem was außer ihm liegt, und dies ist die Ueberzeugung von dem göttlichen in uns, von der Aehnlichkeit unsers Wesens mit Gott, unsere Gemeinschaft mit ihm, die uns nicht deutlicher kann gemacht werden als durch das Bild des Erlösers. Daran halten wir uns, wenn unser Glauben Gefahr läuft, an den Klippen falscher menschlicher Gedanken und Sazungen zu scheitern: so werden auch wir wie jene zum Schweigen gebracht werden, und dann erst kann uns aufgehen der gläubige besonnene Blikk, vermöge dessen sich in uns alle Lehren des Evangeliums immer klarer und reiner gestalten, nur fester uns gründen im Glauben an ihn; so wird es wahr werden, daß wir außer ihm nichts bedürfen; wir werden es einsehen, daß seine Liebe die Kraft ist, aus deren Fülle uns Vollkommenheit und alles zu Theil wird, was Gott uns verheißen! Amen.

XVI.

Wie es Pflicht sei, das Recht aufrecht zu erhalten und sich Genugthuung zu verschaffen.

Ueber Apostelgesch. 10, 35 -- 37.

Am 21. Sonntage nach Trinitatis.

M. a. Fr. Wenn wir die Geschichte des Christenthums und vorzüglich die frühere betrachten, so sehn wir, wie es mit großen Anstrengungen, mit seltener und bewundernswürdiger Aufopferung ist begründet und ausgebreitet worden in der Welt; wie denen, die sich dieses göttlichen Geschäfts annahmen, nichts zu groß war und zu schwer, dem sie sich nicht unterzogen hätten, wie sie sich alles irdischen entäußerten, damit andern das himmlische gewonnen werde, was sie selbst schon in sich trugen; wie sie, von diesem Bestreben ergriffen, irdischer Gewalt und dem verkehrten Sinn der Menschen oft weichen, ja oft auch die natürlichen Gefühle überwinden mußten, die jedem das Leben lieb machen, aber andererseits nie aufhörten sich allem Unrecht, gleich viel ob es ihnen, ob es andern geschah, zu widersezen und auch auf das keinen Werth zu legen, was ihr Eigenthum war, wenn sie nur etwas gewinnen konnten fürs Reich Gottes. Aus diesen herrlichen Beispielen heldenmüthiger Tugend, indem sie betrachtet wurden von einem falschen Sinn, der nicht dasselbige Verlangen in sich fühlte, ist nachher der Wahn entstanden, als ob das Christenthum seinen Bekennern allein den Sinn des Leidens und Duldens einflößte, als ob es sie unfähig mache zu der Stärke, wodurch der Mensch allein das anvertraute bewahren kann, als ob zu aller tapfern Gegenwehr gegen das böse und Uebel in der Welt durch die Frömmigkeit der Mensch ungeschikkt werde. Daher ist es dankenswerth, daß die heilige Geschichte uns auch Beispiele aufbewahrt, die jener Meinung entgegengesezt sind, und welche beweisen, daß zur Behauptung dessen, was einem jeden gebührt, das Christenthum selbst verpflichte. Eine solche Erzählung finden wir auf dem Wege unserer Betrachtung über die Geschichte der Apostel. Sie sei es, die wir zum Gegenstande unserer Betrachtung machen, um auch hierüber den Sinn der ersten Helden der Religion zu erkennen.

Text. Apostelgesch. 16, 35 — 37.

Und da es Tag ward, sandten die Hauptleute Stadtdiener und sprachen, Laß die Menschen gehen. Und der Kerkermeister verkündete diese Rede Paulo, Die Hauptleute haben hergesandt, daß ihr los sein sollet. Nun ziehet aus und gehet hin mit Frieden. Paulus aber sprach zu ihnen, Sie haben uns ohne Recht und Urtheil öffentlich gestäupet, die wir doch Römer sind, und in das Gefängniß geworfen, und sollten uns nun heimlich ausstoßen? Nicht also, sondern laßt sie selbst kommen und uns hinausführen.

Der Apostel Paulus hatte ein auffallendes Unrecht erlitten. Mitten in der Erfüllung seines Berufs, ohne die bürgerliche

Ordnung zu stören, war er von einigen übelgesinnten angeklagt worden; dadurch war eine Verfolgung entstanden, welche ihn, da nicht nach Recht und Gesez und gleichsam im Tumult verfahren wurde, in das Gefängniß gebracht hatte. Der verlesene Theil dieser Erzählung zeigt uns nun, wie streng der Apostel darauf bestand, sich Genugthuung zu verschaffen wegen des Unrechts, welches ihm geschehen war. Denselbigen, den wir sonst bereit sehen, sich alles widerfahren zu lassen um seines Herrn willen, gleichgültig gegen alles Leiden und Uebel, dem er nicht entgehen konnte, wenn er sein großes Ziel erreichen wollte, denselbigen sehn wir hier mit Festigkeit auf sein Recht bestehn und zwar auf eine auffallende und für die, welche ihm Unrecht gethan, kränkende und demüthigende Weise. So laßt uns eben dies, wie es recht sei und also auch Pflicht das Recht aufrecht zu erhalten und uns Genugthuung zu verschaffen, laßt es uns aus diesem Beispiele lernen. Wir wollen erstens auf die Gründe achten, welche den Apostel wol hätten abhalten können so zu verfahren, und zweitens sehen, welches die überwiegenden müssen gewesen sein, die ihn zu einem solchen Verfahren veranlassen konnten.

I.

Zuerst sollten wir denken, was ihn wol hätte bewegen sollen Nachsicht gegen die fehlenden zu haben und sich mit der ihm dargebotenen Freiheit zu begnügen, das sei der Umstand, daß er es zu thun hatte mit obrigkeitlichen Personen. Denn daß es nur unbedeutende mit geringer Macht begabte Diener in einem kleinen Städtchen waren, wird ihm wol niemand zur Entschuldigung anrechnen wollen; denn niemand wol wird den Saz aufstellen, daß man, je höher die Handhaber des Rechts gestellt sind, um desto mehr sie scheuen müßte. Das wäre eine unwürdige und ungeziemende Denkart. Recht, Ordnung und Gesez haben eine immer und überall gleiche Heiligkeit, und sie ruht auf allen, denen die Erhaltung derselben aufgetragen ist, wie eng auch ihr Wirkungskreis, wie beschränkt ihre Macht sei. Wovor wir uns also scheuen bei den mächtigen und angesehenen Dienern des Rechts, davor müssen wir uns auch scheuen bei den geringern, und das Maaß unserer Ehrfurcht und Achtung und Schonung gegen sie muß nicht das Maaß ihrer äußern Ehre und Macht und ihres Ansehns sein. Wir wissen alle, wie wichtig es ist für das gemeinsame bürgerliche Leben der Menschen, daß die Achtung gegen die Obrigkeit erhalten werde, wie mißlich, wenn auf den Personen dieser Art eine Geringschäzung ruht oder ein Flekken, welchen das Auge nicht übersehn und die Hand der Zeit nicht verwischen kann. Diese Ansicht, sollte man denken, müßte den Apostel veranlaßt haben, gegen die, die ihn beleidigt hatten, schonender zu sein und sie nicht zu einer Handlung zu nöthigen, die ihnen in den Augen aller, die unter ihnen standen, zur Verringerung ihres Ansehns gereichen mußte. Aber diese Betrachtung hielt den Apostel nicht ab auf sein Recht zu bestehn.

Es konnte noch eine zweite sein. Die Hauptleute nämlich, welche ihn hatten stäupen lassen ohne ihn zu hören und seine Schuld eingesehen zu haben, man kann doch nicht sagen, daß sie gegen das Christenthum und gegen ihn wären feindlich gesinnt gewesen, oder daß sie das ihnen anvertraute Recht wegen eines eigenen Vortheils und Interesses gemißbraucht hätten. Sie waren nur verleitet worden durch andere, welche durch den Apostel sich getrennt fühlten von irdischen Vortheilen. Wie wir nun überall in Absicht auf die Leichtigkeit zum Uebersehen und Verzeihen des geschehenen Unrechts einen Unterschied machen, je nachdem die Bewegungsgründe verschieden sind, aus welchen eine solche unrechte Handlung entsprungen ist: so, sollte man meinen, hätte der Apostel dieses strenge Verfahren sich vorbehalten sollen auf einen bedeutenderen Fall, und den Irrthum oder die Leichtigkeit des Nachgebens gegen andere Menschen eher übersehn sollen. Aber auch diese Betrachtung hielt ihn nicht ab auf seine Genugthuung zu bestehen.

Endlich könnte man noch sagen: es kam für die gute Sache, der der Apostel diente, gar nichts darauf an, ob er so mit der erhaltenen Freiheit, die seine Unschuld beweisen konnte, oder mit lauter Anerkennung seiner Unschuld sich entfernte, oder ob er still nnd heimlich diesen Ort verließ und scheinbar den Dienern des Rechts das Recht ließ. Ganz etwas anderes freilich wäre es gewesen, wenn er hier hätte länger bleiben wollen, um eine Gemeinde des Herrn zu gründen. Aber was sich bekehren wollte, hatte ihn gehört, war schon von dem Geiste Gottes, welcher aus seinen Reden hervorleuchtete, ergriffen, und jezt stand er im Begriff nach Beendigung seines Geschäfts sich zu entfernen, und ein Erfolg für seine Bemühungen an diesem Orte ließ sich doch von dieser öffentlichen Rechtfertigung nicht erwarten. Aber auch dies hielt den Apostel nicht ab von seinem Verfahren.

II.

Laßt uns daher sehen, welches die überwiegenden Gründe gewesen sein mögen, die ihm dieses Verfahren zur Pflicht machen konnten. Wir können nicht glauben, daß der Apostel gehandelt haben werde von einem sündlichen Stachel der Leidenschaft getrieben, als hätte er etwas gethan, was ihm wol erlaubt gewesen, was er aber aus andern Gründen doch nicht hätte thun sollen. Denn das ist eben das ausgezeichnete in dem Geiste des von Gott erfüllten, daß er nichts thut, weil ers etwa dürfte, sondern daß er keinen andern Bewegungsgrund zu seinen Handlungen hat als das Gebot Gottes, welches ihm immer sagt, was er solle. Er thut nicht, was ihn gelüstet, sondern es treibt ihn nur zu thun, was er soll und muß. Also zur Pflicht hatte es sich der Apostel gerechnet so zu handeln, und eben die Gründe, die ihn dazu bestimmten, haben wir aufzusuchen, und sie liegen jedem, der unbefangen nachdenken will, bald und klar vor Augen.

Ohne alle Rükksicht auf irgend einen Erfolg und ohne, wie die Gerechtigkeit selbst, ein Auge zu haben für äußere Verhältnisse, ist die Pflicht jedes Menschen dahin zu sehen und zu wirken, daß das Recht geschehe, und wo Unrecht geschehen ist, daß es gut gemacht werde, und zu bewirken und an den Tag zu legen, daß es das Unrecht wenigstens nicht ist, welches gilt und bestehen kann. Das ist eine heilige, das ist, ich wage es kühn zu behaupten, unter allen menschlichen Pflichten die heiligste, daß wir der Gerechtigkeit dienen. Denn wodurch anders als durch den festen Entschluß das Recht zu vertheidigen kann es bestehen! Freilich es ist eine äußere Macht gegründet, es aufrecht zu halten und zu schirmen. Sie soll sich überall hin verbreiten, und in dieser Macht soll jeder seinen Schuz suchen und ihr vertrauen. Aber worauf ruht diese Macht selbst, als auf der Liebe der Menschen zum Recht? woraus besteht sie anders, als aus der zusammengeleiteten Wirksamkeit einzelner Kräfte derer, welche das fürs höchste Gut achten, daß das Recht geschehe, und die sich alles gefallen lassen, alle Kämpfe und Aufopferungen und Anstrengungen, welche die Bedingungen sind zur Aufrechthaltung des Rechts? Darum ist es die heilige Liebe eines jeden einzelnen zum Recht, worauf alle Gewalt am sichersten begründet ist. Wo die öffentliche aufgestellte Macht nicht hinreicht, da vertrauen diejenigen, denen die Bewachung der Geseze obliegt, daß die angeborne Liebe zum Recht in allen Menschen bewirken werde, was zu bewirken der einzelne nicht stark genug ist, und es giebt keine sichere Stüze für alles gute und schöne, für das herrlichste, was wir besizen, als die Heiligkeit und Unverlezlichkeit des Rechts! Eben darum darf niemand auf den Erfolg, auf die äußeren Verhältnisse sehen, und niemand darf fragen, wenn jemand, sei er es selbst, sei es ein anderer, Unrecht erlitten hat, was wird der Erfolg sein, wenn das Recht an ihm gerächt wird? Das ist der Sinn jenes alten Spruchs, Es bestehe das Recht, und die Welt gehe unter, welcher aber nichts sagen will, als wir sollen alles daran wenden, unbekümmert, was uns, was andern für Unheil daraus entspringt; und dann eben wird die Welt nicht untergehn, nur fester gegründet werden durch Ordnung und Gesez.

Hierzu kommt ein anderer Grund, der nämlich, daß, wenn diejenigen, welchen die Aufrechthaltung des Rechts besonders anvertraut ist, Unrecht gethan haben, sie beschämt werden. Denn m. Fr. jene Achtung und Ehrfurcht für diejenigen, welche Ordnung und Recht in der menschlichen Gesellschaft aufrecht zu erhalten bestellt sind, sie ist keine persönliche Achtung, sondern bezieht sich auf das Geschäft; es ist nicht der Mann selbst, dem sie erwiesen wird, sondern das, was ihm anvertraut ist, und das Gefühl, daß er zu dieser Stelle nicht gelangt sein würde, wenn nicht eine edle Ueberzeugung und ein heiliges Gefühl für Recht ihn dahin gesezt hätte. Soll dieses aufrecht erhalten werden, soll das demselben erwiesene Ansehn nicht in eine sklavenähnliche Unterwerfung ausarten: so muß alles persönliche von dieser heiligen Sache geschieden, und alles Unrecht weit stärker gefühlt und geahnet werden in denen, welche diesem wichtigen Geschäfte ihr Leben und ihre Kräfte widmen sollen, als in anderen. Nur daß es auf die rechtmäßige Art geschehe, daß nicht in der Vertheidigung desselben das Recht selbst Gefahr laufe, sonst wäre was wir treiben ein leerer Spott. Eben darum giebt es kein anderes Mittel gegen die, welchen die Gewalt gegeben ist, wenn sie dies ihnen anvertraute Gut gemißbraucht und verlezt haben, als sie zu beschämen. So wie die öffentliche Meinung, der allgemeine Sinn der Menschen für Recht und Gesez und Ordnung der Grund ist, worauf alle menschliche Macht und Gewalt beruhet, denn sie wäre ja ohne Nachdrukk und Kraft, wenn nicht dieser Sinn ihr Schirm und Schild wäre; so wie dieser Sinn die Bürgschaft ist und die Bedingung alles Rechts: so ist auch die öffentliche Stimme für Ordnung das einzige Mittel, die welche gefehlt haben zu beschämen. Und dieses Mittel, wie es sei, richtig anzuwenden, muß dem Gewissen überlassen bleiben, denn dazu gehört Erleuchtung und Weisheit vom Herrn. Aber das sehn wir an dem Beispiel des Apostels, daß eben in Absicht auf das Betragen derer, die als Diener und Stellvertreter des Rechts da stehn, weniger als sonst wol auf die Bewegungsgründe gesehen werden müsse, welche sie leiteten. Denn sie werden nur nach dem Geschäfte und nach der Art, wie sie es verwalten, beurtheilt. Die obrigkeitlichen Personen sollen die allgemeine Wohlfahrt fördern und jeden in seinem Rechte schüzen und ihn erhalten in der Wirksamkeit, durch die er eben zum allgemeinen Wohl wirken soll. Gehen sie davon ab, so ist ihr Geschäft gleich sehr verlezt, die allgemeine Wohlfahrt gleich sehr gefährdet, sei es nun Bosheit, welche sie bewog, oder Irrthum, oder Eigennuz, oder Schwachheit und Nachgiebigkeit gegen diejenigen, die sich ihrer zum Unrechte als Werkzeuge bedienten. Daher ist es auch Recht hier alle diejenigen Betrachtungen bei Seite zu stellen, die dem einzelnen, wenn er in dieser Art gefehlt hat, zu Statten kommen; darum ist es erlaubt, daß jeder die Stimme des Rechts erschallen lasse, so laut er nur kann, gegen das Unrecht, was sie thun; daß jeder, so viel er nur vermag, beitrage zu ihrer Beschämung, damit die heilige von aller Person unabhängige Sache aufrecht erhalten werde, damit nicht ihre Achtung und Ehre mit der persönlichen zugleich untergehe. Das war es, was den Apostel bewog und nöthigte gegen obrigkeitliche Personen ein Verfahren zu beobachten, welches ihnen so empfindlich und kränkend sein mußte.

Endlich war es nicht nur das Recht im allgemeinen, sondern noch ein besonderes Besizthum hatte er zu beschirmen, das

Recht des römischen Bürgers, wodurch in jener Zeit der äußere Unterschied unter den Menschen festgestellt wurde, so daß alle, die es besaßen, mehr unter dem Schuze der Geseze standen und weniger von der Willkühr zu leiden hatten als die, welchen dieses bürgerliche Kleinod fehlte. Der Apostel lebte zwar nur in der Kirche und für sie; aber öfters sehn wir ihn dieses Recht vertheidigen, und so m. Fr. soll keiner einen wohlerworbenen Vorzug verschmähen oder ihn sich entreißen lassen, denn es giebt keine Auszeichnung, kein Recht, keinen Vorzug, wenn wir ihn rechtmäßig besizen, den wir nicht sollten anwenden können zur Förderung dessen, was wir zu leisten und zu wirken haben, und nicht nur in der Thätigkeit, welche mit dem bürgerlichen Leben zusammenhängt, sondern auch in der, welche dem Reich Gottes gewidmet ist. Dieses sollen wir so fest zu gründen suchen als möglich; darum soll alles ihm dienen; jede Kraft, jedes Recht, welches uns gehört, werde zu diesem Dienste verwandt. Durch einen solchen Sinn wird dann alles geheiliget; alles ist ein Geräth und Gefäß im Dienste des Tempels, und keine Hand soll es ungestraft berühren und verlezen. Von diesem Gesichtspunkte aus vereinigt sich für den Christen, was sich ganz entgegen gesezt zu sein scheint, und in diesem Sinn ist er bereit alles Gott hinzugeben und eben deshalb zu heiligen und zu beschüzen gegen jeden Angriff, und die Verfassung des Herzens, welche entspringt aus diesem Sinn, das ist die Tapferkeit, der Muth und die Unerschrokkenheit, mit der der Christ in jedem Augenblikk für die Vertheidigung des höchsten in den Kampf zu ziehen bereit ist. Darum m. Fr., es giebt in dem Christen keine einander widerstrebende Gesinnung; alles, was dem sinnlichen Menschen ganz entgegengesezt zu sein scheint, ist doch nur eins und eben dasselbe für den, der im Geiste lebt und nach dem Geiste handelt, und weil es unter den Christen nichts giebt, was blos äußerlich wäre und weltlich, weil ja alles in Berührung steht mit dem Reich

Gottes, so kann er auch mit gutem Gewissen zur Erhaltung dessen, was blos irdisch scheint, eben so viel thun als für das, was ewig ist. Laßt uns nur das festhalten, daß wir im Dienste des Herrn stehn, so werden wir nie etwas irdisches erwählen, weil es als irdisches für uns einen Werth hätte, und nichts aus dem Auge lassen, was wir Gott schuldig sind, weil wir verblendet etwas nur für irdisch hielten, was doch auch wichtig ist für seinen Dienst. So werden sich dann alle Tugenden in unserm Leben vereinigen, so werden wir thun, was Recht ist vor Gott und den Menschen, und das Wort verstehen lernen, daß wir überall Gott mehr gehorchen sollen, als den Menschen! Amen.

XVII.

Ueber das Verhältniß dessen, was alle fromme Menschen mit einander gemein haben, zum eigenthümlich christlichen.

Ueber Apostelgesch. 17, 22—31.

Am 22. Sonntage nach Trinitatis.

Von je her fast, möchte man sagen, wenigstens seitdem das Christenthum angefangen hat sich über einen größeren Theil des Menschengeschlechts zu verbreiten, ist es ein Gegenstand nicht nur der Untersuchung sondern auch des Streites gewesen, was denn der eigentliche Mittelpunkt desselben und die Hauptsache sei von allem, was dagegen außerwesentlich und zufällig, und worauf vor allen Lehren und Vorschriften der Mensch sein Vertrauen sezen, woran er sein Herz hängen solle, woran nicht; darüber sind von je her die Meinungen getheilt gewesen. Von je her und besonders in dieser lezten Zeit hat es viele gegeben, die in dem Christenthum nie sein eigenthümliches und besonderes suchten, sondern nur die allgemeine Regung der Frömmigkeit und Gottseligkeit darin fanden, und daher fragten, was dem Christen mehr werth sein müsse, das was der Gegenstand des Glaubens für einige, oder was von Natur in eines jeden Herz geschrieben wäre, und was daher auch jeder in jeder menschlichen Brust wieder finden müsse. Und freilich hat sich von jeher mancherlei liebloses und engherziges auf der einen Seite und viel leichtsinniges und unchristliches auf der andern in diesem Streite verstekkt. Es giebt uns ein Abschnitt aus dem Theile der heiligen Schrift, der uns bisher immer den Stoff zu unseren christlichen Betrachtungen dargeboten hat, eine besondere Veranlassung, aus dem Munde des Apostels selbst zu lernen, wie sich in seinem Gemüthe jenes allgemeine zu dem eigenthümlich christlichen verhalten, welches ein jedes sei und wie es mit einander verbunden ist, oder von einander getrennt. Das soll der Gegenstand unserer heutigen Betrachtung sein.

Text. Apostelgesch. 17, 22—31.

Paulus aber stand mitten auf dem Richtplaz und sprach, Ihr Männer von Athen, ich sehe euch, daß ihr in allen Stükken allzu abergläubig seid. Ich bin herdurchgegangen und habe gesehen eure Gottesdienste und fand einen Altar, darauf war geschrieben, Dem unbekannten Gott. Nun verkündige ich euch denselbigen, dem ihr unwissend Gottesdienst thut. Gott, der die Welt gemacht hat und alles, was darinnen ist, sintemal er ein Herr ist Himmels und der Erde, wohnet nicht in Tempeln mit Händen gemacht. Seiner wird auch nicht von Menschenhänden gepfleget, als der jemandes bedürfte, so er selbst jedermann Leben und Odem allenthalben giebt. Und hat gemacht, daß von einem Blut aller Menschen Geschlechter auf dem ganzen Erdboden wohnen, und hat Ziel gesezt und zuvor versehen, wie lange und weit sie wohnen sollen, daß sie den Herrn suchen sollten, ob sie doch ihn fühlen und finden möchten. Und zwar er ist nicht ferne von einem jeglichen unter uns, denn in ihm leben, weben und sind wir, als auch etliche Poeten bei euch gesagt haben, Wir sind seines Geschlechts. So wir denn göttlichen Geschlechts sind, sollen wir nicht meinen, die Gottheit sei gleich den goldenen, silbernen und steinernen Bildern, durch menschliche Gedanken gemacht. Und zwar hat Gott die Zeit der Unwissenheit übersehn; nun aber gebietet er allen Menschen an allen Enden Buße zu thun; darum daß er einen Tag gesezt hat, auf welchen er richten will den Kreis des Erdbodens mit Gerechtigkeit durch einen Mann, in welchem er's beschlossen hat und jedermann vorhält den Glauben, nachdem er ihn hat von den Todten auferwekket.

Wir dürfen weder voraussezen, daß wir in diesen Worten die ganze Rede haben, wodurch damals der Apostel Paulus in der Stadt Athen zuerst unter den Heiden das Evangelium verkündigt hat, noch auch, daß uns der Theil derselben, der hier aufgezeichnet ist, in der ursprünglichen Vollständigkeit erhalten wäre. Denn der Erfolg der Geschichte zeigt, daß er unterbrochen wurde, und es ist außerdem leicht zu sehn, daß der Erzähler uns hier nicht des Apostels Worte in ihrer ganzen Ausdehnung, sondern nur nach ihrem wesentlichen Inhalt aufgezeichnet hat. Wir sehn aber den Apostel hier anfangend von demjenigen, was sich als Bewegung und Regung der Frömmigkeit in den Gemüthern aller Menschen findet, auch derer, die in den finstersten Irrthümern des Aberglaubens verstrikkt waren, zu dem übergehen, was er kraft seiner Sendung als das Evangelium Christi predigen mußte. Laßt uns davon Gelegenheit nehmen, nachzudenken über das, was dem Christenthum eigenthümlich ist, und was alle fromme Menschen mit einander gemein haben. Laßt uns zuerst jenes Allgemeine uns vor

Augen halten und sodann sehen, wie es sich im Gemüthe des Christen zu dem eigenthümlich christlichen verhalte.

I.

Der Apostel war, wie er erzählt, hindurch gegangen durch die Stadt und hatte gesehen ihre Gottesdienste, und war, wie eine andere Stelle uns sagt, ergrimmt im Geiste, daß die Stadt so abergläubisch wäre, ergrimmt darüber, daß bei aller Erleuchtung des Verstandes in menschlichen Dingen, in Kunst und Wissenschaft, doch eben so groß die Verfinsterung war in göttlichen Dingen, indem Altäre geheiligt waren einer Menge von erträumten eingebildeten Wesen, in welchen zwar, als den Sinnbildern weltlicher Kräfte, eine Spur zu finden war von der höchsten lebendigen Kraft, die aber das Wesen der Gottheit nicht befriedigend und erschöpfend darstellen konnten. Da fand er denn auch einen Altar dem unbekannten Gotte geweihet, und dieser war es, woran er seine Predigt des Evangelii anknüpfen konnte. In allen jenen Gottesdiensten war das Wesen der Gottheit herabgewürdigt zu der sinnlichen beschränkten Natur; aber in dieser Inschrift drückte sich wenigstens, nach der Ansicht des Apostels und seines frommen liebenden Gemüths die Anerkennung aus, daß alles zusammen das menschliche Gemüth nicht befriedigte, daß ihm eine Sehnsucht übrig bleibe nach einem höheren, welches aber zu erfassen die Athener nicht Gelegenheit gehabt hatten, und dies war die erste Spur von Frömmigkeit, die sich unter allen Irrthümern erhalten hatte, von dem Gefühl in jedes einzelnen Brust, daß es noch einen höhern Gegenstand seiner Anbetung gebe, und von der Sehnsucht, seinen Verstand und sein Herz an etwas größeres und erhabeneres hängen zu können.

Und so m. Fr. finden wir überall, wie auf der Seite des verderbten Herzens, dasselbe auch auf der Seite des verderbten Verstandes. Ganz ist nicht leicht ausgestorben die Fähigkeit und Empfänglichkeit fürs ewige; wenn auch nur als das unbekannte schwebt es den Menschen doch vor und erregt eine unbestimmte Sehnsucht, die sie treibt und nie ruhen läßt. Und auch diejenigen, welche ihr Herz verstrikkt haben in den Banden der Sinnlichkeit, und welche nach dem Gelüste ihres Fleisches einer entgegengesezten Meinung folgen und so aufstellen eine Menge eingebildeter irriger Gözenbilder, auch diesen bleibt eine unbefriedigte Sehnsucht zurükk, und wenn sie auch die Stimme des Gesezes nicht deutlich vernehmen, es giebt doch Augenblikke, wo sie fühlen, daß die Seligkeit nicht darin liegt, worein sie dieselbe sezen, und einem unbekannten Gotte erbauen sie in ihrem Herzen einen Altar, bereit ihm, hätten sie ihn nur gefunden, alles übrige zu opfern.

Der Apostel verkündigt ihnen diese unbekannte Gottheit statt der Bilder, welche darstellen sollten die eine ewige schöpferische Kraft, welche die Quelle ist der sichtbaren Welt und aller darin waltenden Geseze und Ordnungen. Indem er ihnen aber darstellt den ewigen Gott, befindet er sich noch nicht auf dem Gebiete des eigenthümlichen im Christenthum. Denn er beruft sich auf das, was auch denen die fern waren geoffenbart ist, was ihre eigenen Dichter und begeisterten Männer geschrieben haben, und auch er sagt, das ewige wäre allen offenbart, nur Thorheit und Verderbtheit des Herzens hätten dies Gefühl des ewigen zerfällt in eine Menge von kleinlichen Vorstellungen sinnlicher Gewalten. Aber von dieser ewigen Wahrheit sehen wir ihn selbst ergriffen, und auf eine ergreifende Weise stellt er das wohlverstandene dar. Und nicht nur an dem Dasein der äußerlichen Welt und an den darin waltenden Gesezen stellt er seinen Zuhörern dar das Wesen Gottes, sondern in ihrem eigenen Leben und Dasein; Gott habe es so geordnet, daß sie ihn fühlen und finden möchten, und er sei nicht fern von einem jeden, denn in ihm lebten, webten und hätten alle ihr Dasein. Und eben dies, daß dem Menschen nicht nur in der äußern Welt, sondern auch in seinem Leben Gott sich offenbart, dies ist jene allgemeine

Frömmigkeit, von der alle bessern in allen Geschlechtern und Völkern ergriffen sind. In sich selbst soll jeder die Offenbarung des göttlichen Wesens finden, Spuren von einer höhern Liebe und einem Dasein in sich wahrnehmen, welches eben nicht wäre, wenn es nicht gäbe jenes einige und ewige Wesen, welches wir Gott nennen; Geseze eines Lebens in sich finden, welches über alles sinnliche und irdische eben so erhaben ist wie das höchste Wesen selbst, weil wir nur in solcher Erhebung unsers Gemüths das höchste selbst, Gott denken können; und daraus m. Fr. folgt jenes erhebende Gefühl, daß wir mit Gott eines Geschlechts sind, er der Vater, wir die Kinder, in welchen sich verjüngt und klar sein Wesen und Ebenbild darstellt. Das hätten sie selbst schon wissen können, das hatten ihnen mehrere verkündigt, und dies Gefühl des Menschen, daß er sich zu Gott verhalte wie das Kind zum Vater ist nicht in den Grenzen des Christenthums eingeschlossen, sondern soll das Eigenthum aller Menschen sein. Wie wenig dies benuzt, wie leichtsinnig es verschleudert worden sei in sinnlicher Ueppigkeit, darüber gleitet der Apostel hinweg, wenigstens ist uns davon in dieser Erzählung nichts mitgetheilt, und er fährt fort mit der Versicherung, Gott habe die Zeit der Unwissenheit übersehn, nun aber gebiete er allen Buße zu thun, ihren Sinn zu ändern, von dem irdischen sich zu wenden zu dem himmlischen und zu einem Leben, welches jenes Bewußtseins, daß wir göttlichen Geschlechts sind, würdig wäre.

Von hier an sehn wir den Apostel auch auf das kommen, was allein der Gegenstand war seiner Sendung. Nun redet er von dem Mann, durch welchen Gott beschlossen hat Himmel und Erde zu richten, durch den er den Menschen vorhält den Glauben, und den er dargestellt hat als seinen Sohn und Bevollmächtigten durch die Auferwekkung von den todten. Wie nun der Apostel fortgefahren hätte und was erfolgt sein möchte, wenn er nicht durch diese Erwähnung von der Todtenauferstehung schon jezt eine

Unterbrechung herbeigeführt hätte: wir können es uns leicht ergänzen. Von dem Augenblikke, wo er von Christo redet, befindet er sich im Gebiete dessen, was dem Christenthum eigenthümlich ist, und wie er sie vorher geführt hatte von den das Gemüth nicht erfüllenden und befriedigenden Göttern zu dem einen und ewigen: so führt er sie von der Vorstellung mehrerer Göttersöhne, die sie sich auch geträumt, und von der sie ihr Geschlecht abgeleitet hatten, zu dem heiligen ewigen Sohn Gottes, zu dem, durch welchen der Herr beschlossen hatte die Welt zu richten mit Gerechtigkeit. Hier also finden wir das eigenthümliche des Christenthums, den innersten Kern, von welchem alles ausgehet, und an welchen sich alles anschließt. Daß wir göttlichen Geschlechts sind, das ist das allgemeine Gefühl aller Menschen. Aber wo wir auch umherschauen unter allen Kindern des ewigen Vaters, finden wir einen, der es besser verdient ein Sohn Gottes zu heißen, als der heilige Mann, durch welchen Gott die Welt zu richten beschlossen hat? Finden wir nicht in dem beständigen Streit des himmlischen und irdischen überall ein Uebergewicht des irdischen? Da thut es noth, daß uns offenbart wurde der wahrhafte Sohn, und durch ihn vorgehalten der Glaube, der über das Gefühl unserer Unwürdigkeit uns erhebe, daß er uns dargestellt ist, und daß durch ihn der Herr die Welt richte, daß durch die Beziehung auf ihn die, welche sich von ihm leiten lassen, scheiden von denen, welchen am Ende das irdische doch lieber ist als das ewige, das sie nicht erkaufen wollen durch Aufopferung des irdischen, daß diese Scheidung des guten und bösen für uns hängt an dem Bilde des Sohnes Gottes und daran, ob wir ihn annehmen oder verläugnen, ihm unser ganzes Leben widmen oder ihn verachten. Das ist das wesentliche, was der Glaube des Christenthums enthält. Darum m. Fr. will ich auch nicht ins einzelne gehn und ergänzen die Rede des Apostels, die jeder sich selbst ergänzen kann, sondern

II.

zweitens aufmerksam machen, wie sich im Gemüthe des Apostels dies allgemeine der Frömmigkeit zu dem besondern des Christenthums verhielt. Auf der einen Seite sehen wir, daß er jenes nicht übersah, sondern daß es eben so sein Herz erwärmte, und daß ers zum Grunde legte von diesem. Wenn er über dies allgemein ehandelt, in welchem nur der allgemeine Glaube an das höchste Wesen, an Gott erscheint: mit welcher Ueberzeugung spricht er davon, daß in unserm Leben und Weben wir ihn erkennen, und daß er sich uns offenbart, — wie fest mag er das gehalten haben, und daß wir seines Geschlechtes sind; und es ist auch nicht möglich, daß der an dem Wesen des Christenthums hängen kann, der das Gefühl, wodurch der Mensch an Gott gebunden ist, übersehn und verwerfen wollte. Der Sohn läßt sich nicht trennen vom Vater, und wenn wir nur durch den Sohn den Vater kennen lernen können, so kommt auch der nur zum Sohn, der den Vater sucht.

Aber wir sehn auch auf der andern Seite, daß es dem Apostel nicht möglich war dabei stehen zu bleiben. Es wäre vielleicht klüger gewesen, wenn er wenigstens etwa hier in seiner ersten Rede sich mit dem begnügt hätte, was seinen Zuhörern näher lag, daß sie sich aus allen den vereinzelten Vorstellungen der Gottheit, welche ihren sinnlichen Abbildungen zum Grunde lagen, aus den zerrissenen Gliedern des lebendigen Wesens ein wahres Bild zusammensezten. Dazu hätte er sie bringen können und den innern Keim aufregen zur richtigen Erkenntniß des ewigen Gottes. Aber es riß ihn wider seinen Willen fort, weil ihm Gott, der ewige Vater und der, durch welchen wir zu ihm gelangen und mit ihm versöhnt werden sollen, so ganz eins waren. Sobald er sagt, Gott habe die Zeit der Unwissenheit übersehen, und daß nun eine neue Zeit anhebe für alle ihm zu leben: so konnte er nun auch nicht mehr verschweigen den Sohn, daß er es sei, dem wir folgen sollen, daß jezt die Fahne Christi erhoben sei, und daß durch ihn geschehen solle die große Theilung unter den Geschlechtern der Erde zwischen denen, welche eines höhern geistigen Lebens fähig, und denen, welche auf einer niederern Stufe zu bleiben bestimmt wären. Und das ist es eben, was den eigenthümlichen Sinn und Geist des Christen bildet, daß er nicht gedenken kann des Gottes, der uns erschaffen hat und die Welt hervorgebracht, ohne zu gedenken dessen, der uns, da wir in der Irre gingen, zu ihm geführt hat, daß, sobald er sich oder andern die Gründe entwikkelt, welche den Menschen das Bewußtsein von dem höchsten Wesen lebendig machen können, er nicht umhin kann zu zeigen, daß Christus es ist, durch den uns der Glaube, zur Versöhnung mit ihm, ist vorgehalten worden.

Darum m. Fr. glaube ich auch, daß es für den, welcher den Sinn des Christenthums wahrhaft erfaßt hat, keinen Streit mehr giebt, was ihm das wichtigste wäre, dasjenige im Christenthum, was er als Frömmigkeit mit allen zu theilen hat, oder das, was demselben eigenthümlich ist. Es ist ihm das eine nicht vor dem andern, durch das eine ist ihm das andere geworden, und beides so ihm vereinigt, wie in seinem Leben, das dem irdischen und ewigen angehört, nur ein Wille ist, der sich in allem ausdrükkt, so daß sich sein aus beiden religiösen Elementen bestehendes Leben auch in allem seinen Thun abspiegelt. Sondern, wo ein solcher Streit entsteht, da muß schon eine Theilung des Gemüths sein, da muß schon nicht mehr mit gradem Blikke, sondern mit schielendem Auge gesehn werden, wo dann auch der eine Gegenstand zwiefach erscheint, und jeder, der in diesen Fall kommt, gehe in sich selbst und suche die Quelle des Streites in sich selbst auf, in der Verkehrtheit seines Sinnes und Denkens, ehe sie ihm eine Quelle wird des Irrthums und des Zweifels.

Nein, laßt uns das festhalten als heilig, was uns als Eins geworden ist, und wenn wir fragen, woher wir früher Gott erkannt haben, laßt uns gestehn, daß er sich uns auf gleiche Weise, wie durch Christum, auch vorher geoffenbart hat, und wenn wir fragen, Was ist Christus, und warum verehren wir ihn? laßt uns sagen, weil er das ewige Ebenbild des Vaters ist von Anbeginn, weil wir in ihm befriedigend erkennen, daß wir göttlichen Geschlechtes sind, weil der Bund der Liebe, des Gehorsams, der Versöhnung durch ihn zwischen uns gegründet ist Dem sei die Ehre, dem sie gebührt, und dem gehöre das Herz, welcher sich desselben bemächtigt hat; und mag nun was uns in der Betrachtung darüber aufgeht der Vater sein oder der Sohn, immer wird es doch der Geist Gottes gewirkt haben! Amen.

XVIII.

Ueber den Mißbrauch des Namens Jesu.

Ueber Apostelgesch. 19, 13 — 17.

Am 23. Sonntage nach Trinitatis.

M. Fr. In der Geschichte der christlichen Religion von der ersten Ausbreitung an bis dahin, daß ihr Licht so vielen Geschlechtern der Menschen zu scheinen begonnen hat, sehn wir überall diejenigen Segnungen sich vervielfältigen, die schon ihre erste Erscheinung verbreitete, überall die hohen Tugenden der Liebe, der Standhaftigkeit sich entfalten wie bei denen, die den Beruf hatten, ihre Brüder desselbigen Glükkes theilhaftig zu machen, dessen sie selbst bereits genossen. Aber auf der andern Seite können wir auch nicht läugnen, daß es vieles giebt in dieser Geschichte, worüber die Geschlechter der Menschen Ursache haben sich zu demüthigen und zu schämen, viele Unvollkommenheiten und viele Uebel, die sich ihrer bemächtiget, welche von nicht wenigen auf die Rechnung desselbigen Glaubens und desselben Sinnes geschrieben werden. Wenn wir dies näher überlegen, so werden wir leicht dasjenige auffinden, worin dieser Vorwurf gegründet erscheinen kann; aber auf der andern Seite werden wir nie zugestehn können, daß gerade, was die Quelle alles Heils und Wohlergehens ist, mit Recht den Vorwurf verdienen sollte, nur mehr Uebel über das Menschengeschlecht gebracht zu haben. Wenn nun die spätere Entwikkelung des Christenthums nur eine Fortsezung dessen ist, was früher da war: so werden wir auch zu allem, was sich später erzeugte, wenigstens die ersten Keime in den frühern Zeiten wiederfinden, deren Betrachtung uns bisher beschäftigt hat.

Es sei also eine Begebenheit aus jenen ersten Zeiten, die unser Nachdenken hiebei leiten kann, welche wir unserer heutigen religiösen Beschäftigung zum Grunde legen.

Text. Apostelgesch. 19, 13 — 17.

Es unterwanden sich aber etliche der umlaufenden Juden, die da Beschwörer waren, den Namen des Herrn Jesu zu nennen über die da böse Geister hatten, und sprachen, Wir beschwören euch bei Jesu, den Paulus predigt. Es warer ihrer aber sieben Söhne eines Juden, Skeva, des Hohenpriesters, die solches thaten. Aber der böse Geist antwortete und sprach, Jesum kenne ich wol und Paulum weiß ich wol, wer seid ihr aber? Und der Mensch, in dem der böse Geist war, sprang auf sie und ward ihrer mächtig und warf sie unter sich, also daß sie nakkend und verwundet aus demselbigen Hause entflohen. Dasselbige aber ward kund allen, die zu Ephesus wohneten, beide Juden und Griechen, und fiel eine Furcht über sie alle, und der Name des Herrn Jesu ward hochgelobet.

M. Fr. Die Zeiten, wo sich dieselbigen Begebenheiten, welche uns in der Schrift erzählt werden, im buchstäblichen Sinn wiederholen könnten, sind vorüber, indem auf der einen Seite die Wirkungen des Namens Jesu und derer, die ihn verkündigen, sich mehr aufs innere des Menschen beschränken, und auf der andern wir alles, was äußerlich ist an denselben, aus einem andern Gesichtspunkt ansehn, als es der damalige Zustand erlaubte. Wenn wir in den Sinn und Geist dieser Erzählung eindringen, was finden wir anders als einen freventlichen Mißbrauch, den diejenigen machten vom Namen Jesu, welche ihn zu nennen nicht verdienten, was anders als jenes freche Unternehmen, daß diejenigen durch die Kraft Jesu wirken wollten, denen sie im innern nicht einwohnte, sondern die sich derselben nur als eines äußeren Mittels bedienten. Es geschieht in Beziehung auf das vorher gesagte, daß ich auf diese Begebenheit eure Aufmerksamkeit lenke; denn was man der Lehre Jesu zum Vorwurf gemacht hat, es hat seinen Grund nur in denjenigen, die auf eine ähnliche Weise wie jene Beschwörer den Namen Jesu mißbrauchen wollen. Laßt uns also in dieser Stimmung nachdenken über den Mißbrauch des Namens Jesu, laßt uns einsehen, was auch noch in unsern Zeiten diesen Namen verdient, und zweitens, wie dieser Frevel sich auch jezt noch eben so wie damals bestraft.

I.

Was das im allgemeinen heißt, den Namen Jesu mißbrauchen, kann niemandem ganz fremd sein, und die Ueberzeugung eines jeden von dem, was darunter begriffen wird, wird zusammenstimmen mit dem wenigen, was ich nur hinzuzusezen habe. Der Name Jesu ist uns der Inbegriff alles dessen, was er gethan, gelehrt, gewirkt hat; wenn wir ihn nennen, entfaltet sich dem innern Auge das höchste, das trefflichste, das Ebenbild des ewigen Vaters; wenn wir ihn nennen, sehn wir ihn seinen Mund öffnen, um die Worte der Wahrheit und Verheißung uns mitzutheilen, die er als die gute Bothschaft von dem ewigen Vater den Menschen verkündigte; diese ewige sich gleichbleibende mit göttlicher Gewalt die Herzen der Menschen fesselnde Kraft der Wahrheit, dieser Geist der Liebe, aus welchem alles gute und schöne immer neu entquillt, dies beglükkende Hinaufschauen zum Vater, das ist es, was wir im Namen Jesu zusammenfassen.

Mißbrauchen kann ihn derjenige nie, der ihn, den Inbegriff alles dieses herrlichen, in sich trägt als die Quelle seines Heils, derjenige nicht, der in Gemeinschaft mit ihm lebt, und den der Erlöser zu sich hinaufziehn wird, weil er ihm treu nachfolgt auf dem irdischen Wege. Aber mißbrauchen wird ihn derjenige, der nicht abläugnen kann die herrlichen Folgen, welche die göttliche Gnade auch im äußerlichen Leben der Menschen hervorruft, der aber, vielleicht zu überrascht von der Gewalt, deren sich die zu erfreuen haben, aus denen die hohe Liebe hervorstrahlt, ohne die Kraft dazu in sich zu haben, doch mit dem Scheine das ausrichten möchte und zu können wähnt, was jene wirklich dadurch vermögen.

Darum zuerst mißbraucht den Namen Jesu jene gemeine und unwürdige Heuchelei, welche wir bald mächtiger bald seltener herrschen sehn, die aber, seitdem die Religion auch äußerlich geworden ist, gewiß niemals ganz gefehlt hat. Selbst im Rufe eines frommen zu stehn, ist etwas, was von jeher auch bei den bessern Ehre brachte; es ist etwas, dessen Schein anzunehmen überall lohnt, und in gewissen Zeiten und Umständen auch wichtig werden kann für diejenigen, denen es nur um das äußere zu thun ist. Indem man für sich selber den Schein der Frömmigkeit sucht, Vorwürfe zu häufen auf die Fehler und Verderbtheit der Menschen und unter diesem Schein verderbte und verkehrte Absichten durchsezen zu wollen, das ist etwas, was unter Umständen oft und leicht gelingen kann. Aber eben so, wie jene Beschwörer in unserer Erzählung, verstehn solche auch den Namen Jesu nur zu mißbrauchen. Es ist nicht die Ueberzeugung von der Kraft, worauf sie sich berufen; aber die heiligen Sprüche der Schrift, jene körnigen Worte, in denen sich die göttliche Lehre ausgesprochen hat, jene leuchtenden Beispiele der heldenmüthigen Tugend, welche die bewiesen, die von der wahren Kraft geleitet waren, das führen sie an, wovon sie einen Vorrath im Gedächtnisse haben, und womit sie die beabsichtigten Wirkungen ausrichten möchten. Aber alles wird in ihrem Munde nur ein Schein.

Noch sträflicher mißbrauchen den Namen Jesu diejenigen, die nicht nur im allgemeinen äußerlich sich darstellen als zu seiner Schaar gehörig, sondern als Führer und Hirten derselben da stehn, von denen aber der Erlöser sagen würde, daß sie Miethlinge wären und Wölfe in Schaafskleidern. Immer haben sich unter die Boten des Herrn solche eingeschlichen, denen es um nichts zu thun war, als um etwas äußerliches, und denen alles so fremd war, was sie verkündigten, als denen es verkündigt werden sollte; die sich eben so nur auf den Namen und die Kraft Jesu berufen, um sich zu schmükken mit fremdem Schmukk, wenn sie wirken wollten auf die Gemüther der Menschen. Ja diese verhalten sich zu den wahrhaft begeisterten wie die Beschwörer zu den wahren Wunderthätern. Gewiß nichts empört uns mehr, nichts kann denjenigen, dem es Ernst ist um die gute Sache Christi, heftiger aufregen als dieses Verfahren, nur dem Scheine nach Jesu anzugehören, um in seiner Kraft wirksam zu sein auf eine sichtbare Weise. Es erscheint gewiß allen als das verächtlichste und unwürdigste auf diesem Gebiete.

Endlich, den Namen Jesu mißbrauchen alle diejenigen welche Gewalt haben auf Erden, vom höchsten bis zum niedrigsten, wenn sie die Kraft des Glaubens, an welchen die Christen sich halten, ansehn als Mittel, um die äußern Güter, zu deren Wächtern sie gesezt sind, hervorzubringen und zu erhalten, um unter dem Schein von Erhaltung der Religion Gehorsam und Unterwürfigkeit zu gründen, die ihnen kraft ihres Geschäfts freilich gebührt, die aber, wenn sie's selbst ernstlich meinen, nichts fremdes zu ihrer Erhaltung bedarf. O, es giebt gewiß nichts verkehrteres, als diese Umkehrung der Verhältnisse und Zwekke. Was ist alle irdische Macht, wozu ihr Ansehn, und welche Zwekke kann sie haben, als den bösen zu schrekken und den Uebeln zu wehren, welche die Sünde und das ungöttliche Wesen verbreitet von denjenigen aus, die sich nicht wollen regieren lassen durch den Geist Gottes, damit in der irdischen Gemeinschaft der Menschen der Boden urbarer werde für die Segungen der Religion. Wenn aber die Wahrheiten und Vorschriften der Religion und ihre großen Verheißungen selber als ein Schrekken aufgestellt werden, und sie, die den Geist von aller Knechtschaft und Furcht befreien sollen, nur gebraucht werden, um äußern Zwekken zu dienen und eine irdische Glükkseligkeit der Menschen zu begründen, so ist das doch nichts anderes, als das Verhältniß umkehren zwischen dem was herrschen und dem was nur dienen, zwischen dem was nur als Zwekk und dem was nur als Mittel betrachtet werden soll.

Das m. Fr. ist der Mißbrauch des Namens Jesu, den wir in der Geschichte der Völker immer wiederfinden. Er ist es allein, welcher, indem man das, was aus fremdem Geiste herrührt, mit dem des Christenthums verwechselte, demselben alle die Vorwürfe zugezogen hat. Wolan laßt uns ebenfalls die Erfahrung der Geschichte der Menschen fragen und sehn, ob sich derselbige Frevel nicht noch jezt eben so bestraft wie damals.

II.

Und der Mensch, in dem der böse Geist war, sprach, Jesum kenne ich wol und Paulum weiß ich wol, wer seid ihr aber? Und das m. Fr., das ist die Stimme, die sich von allen gegen den Mißbrauch erhebt früher oder später. Auch jene Beschwörer mögen viele betrogen und den Schein, die Hoffnung der Genesung erregt haben durch das, was sie über den kranken aussprachen, aber es kam einer, der sie alle bestrafte. Und so gehts allen, welche es wagen den Namen Jesu, der ihnen so fremd ist, zu irdischen und verkehrten Absichten zu mißbrauchen. Wie auch die Menschen vom bösen Geiste geplagt sein mögen, ganz geht ihnen die höhere Kraft nicht so verloren, daß ihnen nicht die Fähigkeit bleiben sollte, das wahre vom falschen zu unterscheiden, daß sie nicht angeregt werden sollten zur richtigen Einsicht. Wer seid ihr aber? so ruft diese Stimme aus allen Menschen denen zu, die sich mit dem Namen Jesu schmükken und durch ihn nur um ihretwillen etwas bewirken wollen. Es offenbart sich ihre irdische Absicht in dem geselligen Leben. Worauf sie abzwekkten mit ihrem strengen Tadel, was sie bewirken wollten durch den heiligen Schein — es wird entlarvt, und je mehr Beispiele man davon gesehen hat, um so leichter wird es denen, in denen freilich der Geist auch nicht ist, aber die ihn auch nicht läugnen, zu unterscheiden den leeren Schein von der Wahrheit, und nichts ist verächtlicher, und keiner ist mehr gebrandmarkt in der Gesellschaft, als der entlarvte Heuchler.

Und innerhalb der Gemeine in dem Stande derer, welche berufen sind den Namen des Herrn zu verkündigen, o gewiß leicht unterscheiden sich diejenigen, die ihn wirklich verkündigen, von denen, welche ihn nur beschwören möchten; leicht ist es zu erkennen, ob das, was in seinem Namen gesprochen wird, ausgeht von dem, was im innern die Liebe bewirkt hat, oder ob ihnen die heilige Geschichte, die göttliche Lehre nur ein fremdes Gut ist und ein todter Buchstabe, den sie äußerlich wol behandeln können, dessen Geist ihnen aber fremd ist; und früher oder später entdekkt sich der geistige Stolz, der den Geist beschwören will, um nur Lob und Ruhm einzuernten, oder denen, die es ehrlich meinen, den Glauben zu entreißen; es unterscheidet sich ihr Bestreben von dem einfältigen demüthigen Sinn derer, die sich der Gnade Gottes erfreuen und an die Herzen sich wenden, um sie zu erwärmen mit gleicher Liebe. Und wahrlich es kann nichts verächtlicheres geben, als diesen herrlichen Beruf so zu entstellen. Denn wie es überall etwas höchst trauriges und bejammernswerthes ist, wie der uns als der elendeste Sklav erscheint, der das, was er ergriffen hat, gegen seine Neigung treibt, so nimmt dies um so mehr zu, je mehr das Geschäft das innere Wesen des Menschen in Anspruch nimmt, und es erscheint am elendesten, wenn derjenige Lehrer des Glaubens und Lebens sein will, dem beides selbst mangelt und in dem nichts herrscht als Eigenliebe, irdischer Sinn und Stolz.

Wenn aber auch auf diese Weise früher oder später diejenigen in ihrer wahren Gestalt erscheinen, welche den Namen Jesu mißbrauchen; wenn diejenigen Kräfte, die sie zu ihren unredlichen Absichten gebrauchen wollen, erwachen und sich gegen sie kehren, wenn wir diesen Erfolg aus ungewöhnlichen Beispielen sehn, und wo Frevel dieser Art herrscht erwarten müssen, daß er eben so seine Rache finden werde: so beunruhigt uns doch, was wir in dieser Zwischenzeit wahrnehmen, die Entwürdigung des größten und heiligsten, der verderbliche Schein von Frömmigkeit, der sich um die Menschen verbreitet; und eben daher sind die Vorwürfe entstanden, daß viele das wahre nicht von dem falschen zu unterscheiden vermögen. Ja, hat es nicht eine Zeit gegeben, eben weil es viele gab, welche Frömmigkeit heuchelten, wo man sagte, der Glaube sei nichts als Heuchelei, der Mensch könne durch nichts als durch die Sinnlichkeit in Bewegung gesezt werden? Gab es nicht eine Zeit, die diesen Verdacht, den der geistliche Stolz der einzelnen erwekkte, auf den ganzen Stand richtete, welcher dasteht als der Verkündiger der Erlösung und der Nachfolge Christi? Gab es nicht eine Zeit, wo auch diejenigen unter den mächtigen und Herrschern der Erde, die den rechten Zwekk ihrer Bestimmung erkannten, die es fühlten, daß alles Glükk, alle Sicherheit, aller Wohlstand doch nichts wäre, und alle Kraft des Gesezes doch nichts ausrichten würde, wenn nicht der Mensch die Seligkeit in sich fühlte und die Liebe zum Rechte, die nur aus einem über das irdische erhabenen Gemüthe entspringen kann, wo auch diese nur angesehn wurden als abergläubige oder als Heuchler, denen es am Ende doch nur um das irdische zu thun wäre? Das sind die Zeiten der Prüfung, die länger oder kürzer anhalten, nachdem die Menschen ihre Augen öffnen der Wahrheit, oder vom Schein geblendet sie ihr verschließen. Aber müßten auch viele vorüber gehn, in der menschlichen Natur liegt doch das Kennzeichen der Wahrheit, das früher oder später seine Wirkungen nicht verfehlt. Jesum kenne ich wohl und Paulum weiß ich wohl, so sagte der kranke, welcher durch jene Betrüger hintergangen werden sollte. Und eben diese Fähigkeit das wahre zu erkennen ruht in allen Menschen, selbst in denen, die am meisten von dem bösen Geiste geplagt und besessen sind. Der Name Jesu mit Recht ausgesprochen und mit inniger Anhänglichkeit verkündiget regt immer einige Züge des heiligen göttlichen Ebenbildes in dem Menschen auf und bringt in ihm hervor eine Rührung, Erhebung und Ehrfurcht. Und eben diese innere Fähigkeit die Wahrheit zu erkennen und von dem Schein zu unterscheiden, wie wirksam sie sei, ob früher oder später sie zu ihrem Recht gelange, es läßt sich nicht verbergen, daß das großentheils abhange von uns selber.

Wie damals streng geschieden gegen einander traten Paulus und diejenigen, welche ihn nicht weiter kannten als durch die bloße Verkündigung: o möchten so scharf getrennt immer die Christen stehen von denen, die jene Liebe der wahrhaft erleuchteten und erwärmten nur heucheln; dann würde sich die Wahrheit vom Schein schneller sondern, dann würden wenige Menschen mehr durch den Schein getäuscht werden. Laßt uns nur sein Bild treu bewahren, laßt uns nur sein Wort treu verkündigen durch Wort und That, laßt nur aus unserm Leben den Geist der Liebe und Wahrheit, dem nichts unmöglich ist, und der uns ihm ähnlich macht, in Kraft und Glanz hervorstrahlen, dann wird auch die Wahrheit selbst in ihrer Reinheit, so wie die Heuchelei in ihrer Blöße dastehn wie damals.

Der Herr heilige uns in seiner Wahrheit, sein Wort ist die Wahrheit! Er reinige uns alle von dem, was des Namens Jesu unwürdig ist, damit wir würdiger werden ihn auszusprechen vor der Welt; dann wird, je mehr wir Jesu Bekenner und Nachfolger werden, um so weniger Vorwurf auf seine Lehre und Gemeinschaft zurükkfallen. Darauf also m. Fr. können wir unser Vertrauen gründen, das Gericht des Herrn wird um so früher herein brechen, je reiner wir uns halten an sein Gebot, und die Kinder der Welt werden um so mehr in die schwarzen Schatten gestellt werden, je mehr von uns das himmlische Licht ausstrahlt. Laßt uns nicht besorgen, daß dies von etwas äußerlichem abhange; es ist allein in der Gewalt derer, welche Christi Namen bekennen. Laßt uns treu haushalten mit seinen Gaben, so wird er uns, die wir treu waren, über mehr sezen; er wird sein Reich ausbreiten und jede Herrschaft, die nur durch den Mißbrauch seines Namens bestehn kann, erscheinen machen in ihrer Nichtigkeit und dastehn als das leere und nichtige und unhaltbare vor der Kraft Gottes. So laßt uns hoffen und glauben mit dem Recht und der Zuversicht derer, welche sich selbst heiligen; laßt uns nicht verzagen an den Verheißungen mit der Bedingung, daß wir uns ihm ganz hingeben; laßt uns glauben, daß sich täglich sein Reich und seine Macht erweitere, aber nur unter der Voraussezung daß wir sein sind! Amen.

XIX.

Vom Geist und Zwekk unserer christlichen Zusammenkünfte und Belehrungen.

Ueber Offenb. Joh. 22, 10 — 13.

Am 1. Advent.

M. christl. Fr. Wir fangen mit dem heutigen Sonntage ein neues Kirchenjahr an. Freilich mag es vielen wunderbar vorkommen, daß man davon etwas erwähne. Es scheint dies zu den längst veralteten kirchlichen Gegenständen zu gehören, und es ist schwer alle Beziehungen geltend zu machen, welche sonst davon gemacht wurden. Allein wenn, was wir alle hoffen, und worauf wir mit allen unsern Kräften hinarbeiten sollen, das kirchliche Band enger um die Christen zusammengezogen sein wird: dann wird uns auch die alte gute Bedeutung verständlich werden.

Bis dahin und für jezt giebt es doch eine Beziehung, die wir nicht ganz übersehen können. Wenn wir in einigen Wochen ein neues bürgerliches Jahr anfangen, so zieht eine Menge von Gegenständen unsere Aufmerksamkeit auf sich, und nach allen

Seiten halten wir uns vor unsere Hoffnungen, Wünsche und Ansichten; aber leicht entgeht uns dann eben das, was sich auf dieses kirchliche Band bezieht, und es muß uns gut und dankenswerth erscheinen, daß ein bestimmter Tag angesezt sei, wo wir grade in dieser Hinsicht eine Scheidung machen zwischen Vergangenheit und Zukunft und uns die Frage vorlegen, was wir mit unsern gottesdienstlichen Zusammenkünften gewollt haben, ob der dabei vorgesezte Zwekk erreicht sei, und was wir uns für die Zukunft vorzusezen haben. Das sei es, worauf ich in unserer gemeinschaftlichen Andacht unsere Aufmerksamkeit hinleiten will.

Text. Offenb. Joh. 22, 10—13.

Versiegle nicht die Worte der Weissagung in diesem Buch, denn die Zeit ist nahe. Wer böse ist, der sei immerhin böse; und wer unrein ist, der sei immerhin unrein; aber wer fromm ist, der sei immerhin fromm; und wer heilig ist, der sei immerhin heilig. Und siehe, ich komme bald, und mein Lohn mit mir, zu geben einem jeglichen, wie seine Werke sein werden. Ich bin das A und das O, der Anfang und das Ende, der erste und der lezte.

Es kann wol scheinen, als ob die hier vorgelesenen Worte wenig Zusammenhang hätten mit dem oben angekündigten Zwekke unserer heutigen Betrachtung, und es mag leicht sein, daß ihr nächster Sinn uns auf ganz andere Vorstellungen, als diese sind, hinführe. Aber es ist das eigenthümliche der tiefsinnigen begeisterten prophetischen Worte, daß sie eine Menge von Bedeutungen und Auslegungen zulassen, die ihnen alle nicht fremd sind, sondern aus ihrer innern Absicht genommen denselben entsprechen, und so laßt uns denn diese Worte auf unsern Gegenstand anwenden und uns nach Anleitung derselben Rechenschaft geben von dem Geiste und Zwekke unserer christlichen Zusammenkünfte und Belehrungen.

I.

Ich fange zuerst mit dem an, was auch in dieser Stelle zuerst stand, Versiegle nicht die Worte der Weissagung in diesem Buch. Es mag dies ursprünglich gesagt und gedacht gewesen sein, m. Fr., von diesem Buch der Offenbarung, aber es ist gewiß nicht ohne Grund gewesen, daß die alte christliche Kirche eben dies Buch zum lezten in der Sammlung der biblischen Schriften gemacht hat, und indem diese Worte der Schluß sind in demselbigen, so lassen sie sich rükkwärts deuten auf die ganze Sammlung der Bücher des neuen Bundes. Und da ist es denn die göttliche Ermahnung, der wir sollen nachzukommen suchen, Versiegle nicht das Buch der Weissagung. Es ist m. Fr. das göttliche Wort in der heiligen Schrift auf der einen Seite allerdings allen zugänglich und offen; von der andern aber ist es ein verborgenes geheimes versiegeltes Buch, welches nur wenige zu lesen verstehn. Offen und zugänglich einem jeden in Absicht auf die wenigen wichtigsten leuchtenden Punkte der christlichen Lehre, in Absicht auf das, was darin übereinstimmt mit dem Gefühl und Herzen eines jeden, und wovon das Gewissen eben so deutlich redet, wie das Buch selbst; allein verborgen muß es vielen sein in Beziehung auf alles einzelne, welches aber doch dient zur Erläuterung der wenigen heiligen und allgemein verständlichen Lehren. Aber auch dies einzelne soll für alle immer verständlicher werden, und das kann wegen der großen Entfernung des Ortes und der Zeit, wegen Fremdheit der Sitte und Sprache nicht die Sache eines jeden sein; es gehört die Belehrung solcher dazu, welche die nöthigen Kenntnisse besizen, um den übrigen dieses sonst verschlossene Buch aufzuschließen. Und daß so, hineingeführt in die nähere Kenntniß der nicht so deutlichen Stellen der Schrift, in eine genauere

Bekanntschaft mit allem einzelnen, jeder auf eine richtigere und sicherere Weise, als er es für sich selbst vermöchte, dies Buch lesen könne, dazu sind diese gemeinschaftlichen Zusammenkünfte zum Theil mit eingerichtet, wo ein Wort aus demselben zum Grunde der gemeinschaftlichen Betrachtung und Erbauung gelegt, das verborgene und dunkele erläutert, und der Zusammenhang des einzelnen mit den wenigen Grundsäzen gezeigt wird, damit auch daraus dasselbige Licht der göttlichen Wahrheit allen leuchten könne. Und so soll kein Wort versiegelt sein; es soll der Faden des gemeinsamen Nachdenkens durch das ganze hindurchführen, damit jeder darin einheimisch werde und durch diese Betrachtung und Erbauung zunehme an Erkenntniß der Schrift, so wie an Lust zu dem, was uns darin vorgeschrieben wird.

II.

Aber was das gemeinsame Ziel aller Schrifterklärung ist, das sagt uns unser Text in den folgenden Worten, Ich bin das A und das O, der Anfang und das Ende, der erste und der lezte. Ja m. Fr., in unsern christlichen Betrachtungen muß auch Christus sein der Anfang und das Ende, auf ihn muß sich alles beziehn, alles den Zwekk haben, ihn, seine Lehre und sein Leben, sein Wesen, sein Walten und Herrschen noch jezt immer deutlicher kennen zu lernen.

Es haben viele geglaubt zu allen Zeiten, und auch jezt fehlt es nicht an solchen, die es glauben, daß es nüzlich sei, den Kreis unserer frommen Betrachtungen zu erweitern und sich zu verbreiten über die Offenbarung der Gottheit in der Natur, über ihre Werke und die darin sichtbare Weisheit, Allmacht und Güte, wie über die Verhältnisse im geselligen und sittlichen Leben der Menschen. Aber m. Fr., so schön und nüzlich das von vielen Seiten angesehn auch war, wenn wir uns in eine größere Mannigfaltigkeit ausbreiteten mit unsern Gedanken, so würden wir doch zu leicht in die Gefahr kommen, den eigentlichen Gegenstand und Mittelpunkt unseres gemeinsamen christlichen Nachdenkens aus den Augen zu verlieren; da geht aber auch sogleich der Geist der Andacht und der Segen der Erbauung aus unsern kirchlichen Zusammenkünften verloren. Christus muß immer der erste und lezte sein, der alleinige Zwekk, und alles andere nur Mittel, um ihn darzustellen, nur die Art und Weise das Licht, womit er leuchtet, in das Leben überzutragen. Alles, was aufgenommen wird ins Gemüth zum bleibenden Eigenthum, sei nur er; halten wir uns allein an ihn, der die unversiegbare Quelle des Lebens ist, so wird auch durch alles einzelne in uns sein Leben begründet werden, daß, wie er es will, nicht wir leben, sondern er in uns und wir in ihm und durch ihn und mit ihm im Vater.

III.

Wer böse ist, sei fernerhin böse, und wer unrein ist, sei fernerhin unrein; aber wer fromm ist, der sei fernerhin fromm, und wer heilig ist, der sei fernerhin heilig. Angewendet auf den Geist dieser unserer Betrachtungen wird einem jeden einleuchten aus diesen Worten, was sich von selbst versteht, daß diese unsere Versammlungen nicht den Zwekk haben können, den bösen erst gut zu machen und den unreinen erst zu heiligen. Sind es doch heilige Mauern, zu denen der böse keinen Zutritt kann suchen wollen, und vor denen der unreine mit Grauen zurükkschaudern sollte. Dies ist der Ort, wo wir uns versammeln und uns betrachten als Christen, die schon dem Herrn geheiligt sind, die sich schon ihm und dem guten ergeben haben. Darum m. Fr., wie es immer gewesen ist, daß das Wort des Herrn dem einen ein Aergerniß war und dem andern eine Thorheit: so mag es bleiben, und es soll uns ein Zeichen sein, daß wir auf dem rechten Wege sind, wenn wir fern bleiben von jenen.

Wer böse ist, sei es weiter; er finde nichts in dem, was hier zur gemeinschaftlichen Erleuchtung und Erbauung geschieht, was seiner verblendeten Sinnesart zusagen könnte, er finde hier kein Wasser, um sich in einer eingebildeten Unschuld zu waschen. Wer böse ist, dem kann hier nichts dargeboten werden zu seiner Besserung, denn er ist für die aus einem höhern Leben genommenen Bewegungsgründe noch unempfänglich, und irgend ein sinnlicher Reiz, sei es Furcht oder Hoffnung, der ihn antreiben könnte zum guten, der werde hier nicht gefunden.

Wer unrein ist, der sei weiter unrein. Denn wenn sich die unreinen reinigen, was wollen sie anders, als vor der Welt angenehm und schön erscheinen, und nur den Schein vermeiden von dem, was sie wirklich sind. Aber das erste, wovon wir hier ausgehen mit einander, was ist es, als die einfachste Wahrheit vor Gott, was ist es, wovon wir uns reinigen, als das Kleben am Schein und an allem weltlichen Wesen?

Aber wer fromm ist, sei weiter fromm, und wer heilig ist, der sei weiter heilig. Das m. Fr., das ist allein der Zwekk unserer Versammlung. Dazu lesen und erläutern wir uns die heiligen Bücher, dazu ist uns Christus vor Augen gestellt, der gekreuzigte und erstandene, der erniedrigte und erhöhte, der gelitten hat und uns eingepflanzt in dieses sein Reich! Darum, daß wir uns befestigen mögen in der Liebe zu ihm, daß wir uns heiligen in seinem Geist, darum scheuen wir uns nicht uns vorzustellen, was uns noch fehlt an der Aehnlichkeit mit ihm, uns zu erinnern an alle unsere Fehler und Schwächen, die immer noch dem Menschen ankleben und besonders aufliegen im Geiste der Zeit; darum scheuen wir uns nicht, einer den andern sehen zu lassen, wo die heiligen Gesänge und Gebräuche das innerste Gemüth treffen und bewegen; darum verbergen wir nicht die Thränen und Seufzer unserer Rührung und Schaam, und offenbaren es, daß der Geist Gottes in uns wirksam ist, und wir zunehmen an Frömmigkeit.

IV.

Endlich viertens, Und siehe ich komme bald, und mein Lohn mit mir zu geben einem jeglichen, wie seine Werke sein werden. M. Fr. Zu der Zeit, da Jesus in der Welt erschien, war alles in einer halb fröhlichen, halb bangen Erwartung der Dinge, die da kommen sollten; denn man sah einer großen Veränderung in dem Schikksale eines merkwürdigen Volkes entgegen und eben dadurch in den Führungen und Schikksalen des Menschengeschlechts. Alles erwartete, der Herr werde erscheinen und mit ihm sein Gericht, um die guten zu sondern von den bösen und ihnen zu geben nach ihren Werken. Indem unser kirchliches Jahr die Reihe seiner herrlichen Feste anfängt mit der Geburt unsers Erlösers, und bis zu diesem seinem Erscheinungsfeste auf Erden Zeit übrig läßt, um uns vorzubereiten, daß wir ihn ganz im Geiste derer empfangen, die ihn damals erwarteten, müssen wir auch hinweisen auf die Vorstellungen und Erwartungen, welche sich daran knüpften. Und pflanzten sich dieselben denn nicht auch fort, nachdem er nun erschienen war? Es erwarteten ja, wie wir wissen, nach seinem Verschwinden von der Erde die Apostel, daß er wiederkommen werde, um zu richten die lebendigen und die todten. So erwarten auch wir eine neue herrliche Offenbarung dieses unsers Herrn zum Gericht, und daß er geben werde einem jeglichen nach seinen Werken. Was so im innersten des Christenthums begründet ist, was sich überall und zu allen Zeiten offenbart hat, es kann nicht falsch sein. Aber freilich, wenn er kommt, und sein Lohn mit ihm, so ist es auch nur sein Lohn. Nicht gebe ich euch, wie die Welt giebt *), spricht er. Worauf wir unsere Erwartung richten, ist nicht die Welt und was ihr gefällt und was sie giebt, nicht sinnliches Glükk und äußere Güter.

*) Joh. 14, 27.

Meinen Frieden gebe ich euch, meinen Frieden lasse ich euch, diese innere Seligkeit, die aus seinem Leben hervorgeht, die, zu der der Mensch nichts braucht als Gott, den Erlöser und sich selbst.

Und wenn wir erwarten, daß er kommen werde, so erwarten wir nicht, daß er auf eine sinnliche Weise in dieser Welt erscheinen werde, sondern das meinen wir, daß wir jede Abweichung von dem Gesez, wonach jeder durch ihn seinen Lohn findet, ansehen als Zeichen davon, daß er noch nicht völlig so nahe ist, wie seine Liebe begehrt, noch nicht so vollkommen gegründet seine Herrschaft; aber daß er kommen werde und richten, und daß jeder finden soll durch ihn den Lohn und die Vergeltung seiner Werke. Und dazu sollen wir selbst mitwirken, daß wir in reinem Geiste und Sinne vor ihm wandeln, und uns kennen und fühlen lernen als Bürger des Reiches Gottes, das er uns bereitet hat, und daß die, welche ihn verläugnet haben und nicht gefolgt sind seinen Lehren, je länger je mehr in dem sinnlichen und irdischen Treiben ihres Gemüthes nichts finden, als das Verderben vom Allmächtigen *), das Feuer, welches nimmer lischt, und den Wurm, der nimmer stirbt **). In dieser Erwartung uns zu stärken, in diesem Glauben daß er erscheinen werde uns zu kräftigen, in diesem Eifer uns zu befestigen, das was wir erwarten selbst immer näher herbei führen zu helfen, das ist ein vorzüglicher und besonders dieser Zeit angemessener Zwekk unserer kirchlichen Zusammenkünfte, daß wir recht erkennen mögen das Gericht des Herrn, das ist den richtenden Erlöser und das Gesez, wonach er jedem giebt, und die Art und Weise, wie er näher kommt und sein Lohn mit ihm.

Das ist es, was ich euch habe vorhalten wollen. Ich gebe es euch allen mit zum weitern Nachdenken und zur Beherzigung. Laßt uns uns selber prüfen, wie wir im vorigen Jahre

---

*) Joel 1, 15. **) Mark. 9, 44.

zugenommen haben durch den Besuch dieses Hauses, und so sei es auch das, worauf ich uns aufs neue verbinde für das beginnende neue Jahr. Nichts anderes wollen wir suchen als Christum, der uns Eins ist und alles, und keine andere Hoffnung erregen als die, daß er kommt und sein Lohn mit ihm. Unter uns wollen wir sein, daß kein unheiliger hier etwas finden kann, wo ihm alles fremd sein muß, und zunehmen wollen wir in fruchtbarer Erkenntniß aller Worte der Weisheit und Wahrheit in diesem Buche des Lebens. So wird es uns gewiß nicht fehlen für die Zukunft an irgend einem Stükk der heilsamen Lehre, und mit Befriedigung werden wir zurükkschauen können auf jedes zurükkgelegte Jahr. Dazu helfe uns allen Gott der Herr durch Jesum Christum! Amen.

XX.

Wie die Erwartung derer beschaffen sein müsse, welche auf eine herrlichere Verklärung des Herrn hoffen.

Ueber Luk. 1, 44 — 55 und 67.

Am 2. Advent.

M. Fr. Zu der Zeit, welche unmittelbar der Erscheinung des Erlösers voranging, war alles in seinem Volke voller Erwartung eines Heilandes, der da kommen sollte. Diese war gegründet durch die begeisterten Stimmen der Propheten; es war früher auf sie hingedeutet in der Anordnung der Geseze, ja bis in die ersten Erzählungen von dem Ursprung des Menschengeschlechts verliert sich diese Hoffnung einer später zu erwartenden innigern Verbindung Gottes mit den Menschen durch seinen Sohn. Und als er erschienen war, ging vor ihm her Johannes und erregte Erwartung auf das Reich Gottes, welches Christus stiften würde, und er selbst und seine Jünger verkündigten, daß es nahe sei.

Aber auch in den Zeiten der Erfüllung selbst begleitet uns diese heilige ein immer höheres Ziel ins Auge fassende Erwartung. Auch als der Erlöser von der Erde verschwunden war, verkündigten seine Jünger, daß er wiederkommen werde und ein Reich des Herrn, das noch nicht da wäre; und wie der Erlöser die seinigen beten gelehrt hatte, Dein Reich komme: so m. Fr. beten wir noch und wissen, daß alle Geschlechter nach uns eben so beten werden. Darum soll auch in uns rege sein eine fromme Erwartung eines vollkommnen Heils der Menschen, eines solchen, welches nur durch ihn gegründet ist, so daß wir wissen, es giebt keinen Namen, in welchem die Menschen beseligt werden sollen, als nur den Namen Jesu Christi.

Und diese erwartungsvolle auf eine herrlichere Zukunft gerichtete Stimmung sezen wir ganz vorzüglich in diese Zeit. So sei denn die Erwartung derer, die damals dem Erlöser am ähnlichsten und nächsten waren, das Vorbild, das wir uns vorhalten, damit sich in unsere Hoffnung nichts fremdes und seiner unwürdiges einschleichen möge.

Text. Lukas 1, 41 — 55 und 67.

Und es begab sich, als Elisabeth den Gruß hörete, hüpfte das Kind in ihrem Leibe. Und Elisabeth ward des heiligen Geistes voll, und rief laut und sprach, Gebenedeiet bist du unter den Weibern, und gebenedeiet ist die Frucht deines Leibes. Und woher kommt mir das, daß die Mutter meines Herrn zu mir kommt? Siehe, da ich die Stimme deines Grußes hörte, hüpfte mit Freuden das Kind in meinem Leibe. Und o selig bist du, die du geglaubet hast; denn es wird vollendet werden, was dir gesagt ist von dem Herrn. Und Maria sprach, Meine Seele erhebet den Herrn und mein Geist freuet sich Gottes, meines Heilandes. Denn er hat die Niedrigkeit seiner Magd angesehen. Siehe, von nun an werden mich selig preisen alle Kindeskinder. Denn er hat große Dinge an mir gethan, der da mächtig ist und deß Name heilig ist. Und seine Barmherzigkeit währet immer für und für bei denen, die ihn fürchten. Er übet Gewalt mit seinem Arm und zerstreuet, die hoffärtig sind in ihres Herzens Sinn. Er stößet die gewaltigen vom Stuhl und erhebet die niedrigen. Die hungrigen füllet er mit Gütern und lässet die reichen leer. Er denket der Barmherzigkeit und hilft seinem Diener Israel auf. Wie er geredet hat unsern Vätern, Abraham und seinem Saamen ewiglich. (Vers 67.) Und sein Vater ward des heiligen Geistes voll und weissagte.

Ich habe nur einzelne Stellen aus diesen mit einander in Verbindung stehenden dankbaren und erwartungsvollen Reden zusammengenommen, um an das ganze zu erinnern. Es sind die Reden der Mutter unsers Herrn und der Eltern des Johannes, welche aussprechen die Empfindungen, die damals in ihnen erregt waren und sich im ganzen Volke verbreitet hatten. Wir wollen sie betrachten, um daraus zu lernen, wie die Erwartung derer beschaffen sein müsse, welche auf eine herrlichere Verklärung des Herrn hoffen. Es sei unsere Erwartung erstens eine gläubige, zweitens eine gerechte und drittens eine auf das geistliche gerichtete.

I.

Selig, so sprach Elisabeth zur Maria, selig, die du geglaubet hast, denn es wird alles vollendet werden, was dir geredet ist von dem Herrn.

Ja m. Fr., wie uns überhaupt die Schrift den Glauben vorhält, so ist auch der Glaube die erste Bedingung einer jeden Erwartung der besseren Zukunft. Der Glaube ist die feste Zuversicht dessen, was man nicht sieht*), sagt ein Schriftsteller des neuen Bundes, gerichtet auf das, was sich

*) Ebr. 11, 1.

äußerlich noch nicht zu erkennen giebt, was aber den Geist ergreift und festhält. Aber nicht das allein; sondern was ist der Glaube anders, als eine Erkenntniß, die zugleich das Herz bewegt und den Menschen antreibt zu handeln unter der Voraussezung, das sei da, das werde geschehen, was er nicht sieht; und der Glaube der Maria zeigte sich nicht bloß in den Worten, Ich bin des Herrn Magd, mir geschehe, wie du gesaget hast, sondern auch darin, daß sie trauend auf die Verheißung nun auch alles in ihrem Herzen bewahrte und bewegte, daß sie den, dessen erste Bildung ihr anvertraut war, ansah als den, von dem das Wohl des Menschengeschlechts abhange, und in dieser Zuversicht würdig war die Mutter dessen zu sein, in welchem der Herr das Heil der Menschheit aufrichten wollte.

Und eben in diesem Sinne sei unsere Erwartung eine gläubige Erwartung. Wem es ernstlich zu thun ist um das Heil, welches dem Menschen durch Christum kommen soll, der fühlt auch, daß noch wenig von dem da ist, was er wünscht, und worauf die Sehnsucht seines Herzens gerichtet ist. Aber er fühlt das Dasein und Walten der göttlichen Kraft, durch die es kommen soll, ist voll der hohen Bestimmung, für die Christus gelebt hat und gestorben ist, für welche diejenigen gewirkt haben, denen sein Bild, das Bild des gekreuzigten und erstandenen vor das Auge gemalt ist, und die niemals ganz die Treue und Anhänglichkeit gegen ihn verlassen haben.

Aber nicht eine unthätige Erwartung darf diese Erwartung sein, in der Hoffnung, daß geschehen werde, was der Herr durch tausend Stimmen in und außer uns geredet hat, sondern eine Erwartung, die unser Herz erhebt; sie treibe uns an, mit unserm Sinn und Thun der Zukunft uns hinzugeben, vertreibe jede andere nur auf das irdische gerichtete Erwartung, vertreibe jede Freude an dem Genuß der Gegenwart, welche dessen, was wir erwarten, unwürdig wäre, und nicht die Keime davon in sich trägt.

Aber m. Fr. diese Freude der Maria ruhte auf dem Sohne. Wie ihre Freude weniger auf sich selbst gerichtet ist, als auf die künftigen Geschlechter, denn selig, spricht sie, werden mich preisen alle Geschlechter und Völker: so sei auch unsere gläubige Erwartung mehr auf die künftigen Geschlechter gerichtet, als auf uns selbst. Das ist uns genug, entsagend dem eignen Besize und Genusse, daß wir vorbereiten, wodurch das Reich Gottes herrlicher erscheinen kann; das ist unser Beruf, die vielen und herrlichen Kräfte, den reichen Willen, wenn er nicht immer seinen Gegenstand finden kann, und der Mensch zu einer stillen und unbedeutenden Thätigkeit verwiesen wird, ganz auf das Heil des neuen Geschlechts zu wenden, diesem einzuhauchen den Geist, der uns belebt, und die jugendlichen Seelen geschikkt zu machen einst das herbeizuführen, was wir nur erwarteten, und dazu jeden Sprößling mit gleicher Hoffnung zu empfangen, ihn anzusehn als einen Theil eben der Kräfte, wodurch das wirklich werden soll, wonach wir uns sehnen. Aber zweitens

II.

unsere Erwartung sei gerecht, nur auf das gerichtet und gebaut, was recht ist vor dem Herrn.

Er stößet die gewaltigen vom Stuhl und erhebet die niedrigen; er stellt seinen Sinn gegen die Hoffahrt und ruft die demüthigen herbei zu seinen Dienern, so redet Maria. Um diesen Sinn ihrer Worte zu verstehn, müssen wir uns die Lage ihres Volkes zurükkrufen. Dieses war gewohnt gewesen, daß alle äußern Rechte und Ordnungen angesehen wurden als hervorquellend aus dem frommen Bunde der Väter mit Gott. Aber die Zeit, wo dieses sich auch in dem äußerlichen Leben darstellte, war vorüber; die Gewalt und Macht war theils in den Händen derer, die sich nur zum Schein zur Religion dieses Volkes bekannten und nur als Fremdlinge aufgenommen waren, theils in den Händen derer, die jenen Glauben verachtend ihrem Aberglauben lebten, und hoffährtig diejenigen, die sie besiegt hatten, in Unterwürfigkeit und unter der Gewalt hielten. Da war es eine sehr natürliche Erwartung, daß ein Zustand des höhern Rechtes, der ewigen Ordnung wiederkehren müsse, daß Recht und Ordnung nicht erscheinen müsse als Gewalt, sondern als das Reich Gottes und als reiner Ausfluß der Gesinnung und Frömmigkeit der Menschen. Eine Erwartung, die sich darauf gründet, daß Alles verschwinden muß, was den Verheißungen Gottes zuwider läuft, was mit seiner ewigen Wahrheit streitet, gegen seine ewigen Geseze angeht, das gewiß ist eine gerechte Erwartung.

Wolan, auch uns laßt nie etwas erwarten, als was in diesem Sinne recht ist vor Gott. Wie sich Maria beruft auf die Verheißungen, die Gott ihrem Volke gegeben hatte; wie Zacharias sagt, Er hat uns aufgerichtet ein Horn des Heils und geredet durch seine Propheten, daß er uns errettete aus der Hand unsrer Feinde: so haben wir freilich ähnliche buchstäbliche Verheißungen nicht aufzuweisen. Aber die wahren Verheißungen stehen nicht hie oder da, sondern sind geschrieben in der ewigen Ordnung der Dinge, sie sind ausgesprochen durch die ewig gültigen Aussprüche der Vernunft und dargestellt in denjenigen Gesezen, nach welchen allein eine richtige Leitung der menschlichen Angelegenheiten möglich ist. Und so ist es gewiß ein ewiges Recht, nicht daß alle gewaltigen ohne Unterschied vom Stuhl gestoßen werden, aber daß diejenigen zurükktreten müssen von ihrer Stelle, welche das, wodurch sich die göttliche Kraft offenbart, mißbrauchen, und daß diejenigen erhoben werden, auch wenn sie niedrig stehn, deren Sinn am meisten dem göttlichen Sinn gleich kommt, und die in ihrem äußerlichen Elend, in ihrer demüthigen Gestalt doch erfüllt sind von dem Sinn und der Kraft, durch die allein das gute geschafft werden kann.

Aber m. Fr. wenn unsre Erwartung eine gerechte sein soll, so müssen wir uns selbst prüfen, ob auch unsre Sache so gut sei wie damals, ob unsre Erwartung eben so gegründet und rein ist, als sie es war in den Herzen derer, welche sie hier in unsern verlesenen Worten zu erkennen geben. Wenn nur ein äußeres Bestreben gegen das andere, nur eine sinnliche Kraft gegen die andere, nur eine Richtung der Herrschaft und Gewalt gegen die andere gewendet ist, wer mag da entscheiden, wo das Recht sei, wo gäbe es eine göttliche Verheißung, auf die sich der Mensch berufen könnte? Aber wenn es Menschen giebt, die sich das Zeugniß geben können, daß sie nichts anderes wollen, nichts anderes meinen, als dieses, daß ein Gottes würdiger Zustand unter den Menschen aufgerichtet werde, daß das, was das Ebenbild Gottes darstellt, zu seinem gebührenden Ansehn und Herrschaft gelange, Menschen, denen es Ernst ist, alle Güter und Vorzüge nur zu gebrauchen als Mittel und Werkzeuge des göttlichen Sinnes und nach den Vorschriften des Rechts und der Vernunft, diese, wie sehr sie zu den elenden gehören, wie dürftig ihr Leben und ihre Gestalt sei, diese dürfen hoffen, daß, wenn sie auch nicht selbst, doch ihr Wille, ihre Absicht, ihr großes Ziel gewiß werden siegen, und daß sie Theil haben an dem Siege des guten über das böse. Und deswegen sei

III.

drittens unsre Erwartung eine geistige.

Und du Kindlein wirst ein Prophet des Höchsten heißen. So m. Fr. nicht auf etwas irdisches, nicht auf die Bedürfnisse und Wünsche der Sinnlichkeit und Begier, sondern auf die Bedürfnisse des Herzens, die Erkenntniß des Heils und die Vergebung der Sünden sei unsere Erwartung gerichtet. Nicht auf etwas sinnliches, irdisches, sondern auf das geistige und eben deswegen auf das bleibende und ewige sei sie gewendet. Was ist alles irdische Heil gegen das, was aus der Erkenntniß Gottes hervorgeht; was ist irdischer Besiz und Genuß, und alles, was die Sinnlichkeit erfreut, gegen den Frieden des Geistes, welcher ist in der Vergebung der Sünden? Denn wir wissen deutlicher, als damals, das Wort Jesu, Mein Reich ist nicht von dieser Welt. Nicht mit dem Schwerte soll es erstritten werden, sondern durch geistige Kräfte gewonnen, gegründet auf den Namen Christi, geheiligt durch das ewige Recht und zusammengehalten durch den Geist der ewigen Liebe, der Liebe zu Gott und den Menschen.

Und m. Fr. daß uns niemand vorwerfe, wir wollen unter diesem Schein nur verbergen die Unlust und unsre Unfähigkeit dasjenige, was sich auch äußerlich darstellen soll, zu gewinnen und zu schaffen. Denn so wahr es ist, daß das Reich Christi nicht von dieser Welt ist, eben so wahr ist, daß es für diese Welt gestiftet ist.

Und was ist es, wodurch es sich immer erhalten hat, als durch sein Wort, seine Lehre, durch die Gemeinschaft unter den Menschen? welche irdische Kraft oder welche Gewalt des Schwertes ist es, die die Herzen gebändigt hat und ihre Richtung erhoben vom sinnlichen zum höheren, heiligen? die Milde war es, die langsame aber sicher wirkende Kraft seines Wortes und seiner Liebe. Was ist es, was jedem Mißbrauch der irdischen Macht vorbeugt, die Menschen fest hält am Recht, als die Anhänglichkeit und Treue gegen den, der alles hingegeben hat, daß er die Welt erlöse, der nicht nur uns dargestellt ist als ein Bild der leidenden Geduld, sondern auch ein Bild der aufopfernden Thätigkeit gewesen ist? Trachten wir seinem Reiche nach und seiner Gerechtigkeit, so wird uns das andere alles von selbst zufallen, so wird sich fest und bleibender gestalten die Gesellschaft der Menschen, so wird sich aus der Uebung der geistigen Kräfte eine innere stärkere Wirkung der geistigen Kraft auf das irdische entwickeln. Und es giebt für jede Gewalt, die zu der gehört, welche nicht vom Stuhle soll gestoßen werden, für jedes Ansehn und Recht, welches nicht auf die leere und nichtige Hoffahrt gegründet ist, keinen festern Grund, keine sicherere Stüze, als die gemeinschaftliche Treue derer, welche Christo angehören, gegen den, welchem sie angehören, und auch vor der Welt wird er nur so dargestellt werden als der, vor dem sich alle Knie beugen müssen, daß er allein herrsche, allein die Kraft gebe, die das gute sicher erhält, daß durch ihn die Erde zu einem Garten Gottes umgestaltet werde, in welchem die Menschen wohnen in Frieden und Unschuld wie ehedem.

Ja m. Fr., so sollen wir die Erscheinung des Herrn erwarten, wohl dankbar gegen das, was wir schon haben, aber auch voll heiliger frommer Erwartung einer noch bessern Zukunft, immer in uns tragen ein noch herrlicheres himmliches Reich, und immer mit Sehnsucht und treuer Liebe hinblikken auf das, was noch gewonnen werden muß, was noch zu thun ist und zu leiden zu seiner Verherrlichung, damit der Tag seines Triumphes komme. So bereitet eure Herzen, laßt verschwinden daraus alle irdischen Wünsche und Regungen, seht euch an als diejenigen, die da sind, um dem Herrn den Weg zu bereiten: so werden wir würdig feiern die denkwürdige Zeit seiner Geburt; so wird er ein neues Leben beginnen in unsern Herzen, und sein Reich wachsen und zunehmen durch die Gnade vor Gott und den Menschen! Amen.

XXI.

Ueber die Vereinigung des menschlichen und göttlichen in dem Erlöser, wie sie uns seine erste Ankunft auf der Erde zur deutlichsten Anschauung bringt.

Ueber Phil. 2, 6. 7.

Am ersten Weihnachtstage.

So verschieden auch die Verhältnisse und Beziehungen unserer Feste auf Christum sind, m. Fr., so haben sie doch alle diesen Mittelpunkt. Denn das eine schließt den Himmel auf, das andere erleuchtet die Erde; das eine stellt dar das innige Band, welches alle zu einer Gemeinschaft vereinigen soll, wenn das andere auf das einzelne des menschlichen Lebens, auf das Bedürfniß des Herzens eines jeden sich bezieht, immer aber ist der Erlöser der eigentliche Gegenstand unsrer festlichen Gefühle; und so erscheint auch die Bedeutung des Festes, welches wir in diesen Tagen begehen.

Wenn uns die große Begebenheit erzählt wird, daß von dem in der Nacht gebornen göttlichen Kinde ein himmlisches Licht ausstrahlt, so findet sich ein jeder in einer Gemüthsfassung, die schwer ist zu beschreiben und schwer zu verstehen. Denn es ist nicht nur das künftige Heil, das wir hier im Kinde erblikken, es ist nicht allein der später so vollendet vor uns stehende, dessen Züge wir im Kinde ausspähen; sondern zum Kinde selbst fühlen wir uns hingezogen in einer eigenthümlichen Andacht, und wir sind uns bewußt, daß ihr keine äußere Darstellung genügt, daß wir immer noch etwas tieferes finden in unsern Herzen, was wir aussprechen möchten, daß etwas unbegriffenes und unbegreifliches liegt in diesem Anblikk, in welchem sich alle unsere Gedanken vereinigen. Indem ich voraussete, daß dies unser aller gemeinschaftliches Gefühl ist, will ich unser Nachdenken hinlenken auf den Grund dieses eigenthümlichen Gefühls der Frömmigkeit und Andacht, von der wir uns ergriffen finden dem Kinde Jesu gegenüber.

Text. Phil. 2, 6. 7.

Welcher, ob er wol in göttlicher Gestalt war, hielt er es nicht für einen Raub, Gott gleich sein, sondern entäußerte sich selbst und nahm Knechtsgestalt an, ward gleich wie ein andrer Mensch und an Geberden als ein Mensch erfunden.

Eben das, worauf uns der Apostel in diesen Worten aufmerksam macht, als in Jesu Christo vereinigt auf eine eigenthümliche höhere Weise, die göttliche Gestalt und die menschliche Geberde, eben das enthält auch den Grund des besondern frommen Gefühls, das uns in diesen Tagen erfüllt. Zu welcher andern Zeit, in welcher andern Gestalt wir den Erlöser betrachten mögen, in dem Laufe seines Berufs auf Erden oder im Augenblikk seiner Vollendung, nirgends sehn wir das rein menschliche und rein göttliche so einfach neben einander, und niemals für sich so deutlich, als eben wenn wir ihn uns vorstellen bei seiner Ankunft auf der Erde.

Das sei es, womit wir uns in Andacht beschäftigen wollen.

I.

Was ist das rein menschliche? Jesus Christus, ob er wo in göttlicher Gestalt war, hielt es nicht für einen Raub Gott gleich sein, sondern nahm Knechtsgestalt an und ward an Geberden als ein Mensch erfunden. Und dessen sind wir uns bewußt m. Fr., wie könnten wir auch sonst das Heil Christi verstehen. Im Menschen selbst ist zwar etwas göttliches, aber was ist das irdische Loos, in welchem dieses göttliche erscheint, was ist die menschliche Geberde, um derentwillen der Erlöser sich so entäußerte? Es ist dieses, einmal, daß das menschliche, ohngeachtet des göttlichen in ihm sich doch nirgends selbst genügt, und daß es von allen Seiten bedürftig erscheint, und zweitens, daß auch das göttliche in ihm unter dem Geseze der Zeit stehend sich nur allmählig und in bestimmten Graden entwikkelt. Und eben dieses irdische Loos, das er mit uns gemein hat, werden wir so deutlich inne, wenn wir uns zu ihm, dem neugebornen Kinde, versezen.

Nur weniges ist uns aufbehalten von der früheren Zeit der Geschichte seines Lebens, nur wenige Züge von seiner Kindheit, und dann folgt gänzliches Schweigen, bis er auftritt als vollkommener göttlicher Lehrer. Wo wir ihn in diesem Berufe finden, da können wir das irdische und menschliche Loos nie so deutlich wahrnehmen. Derjenige, der die göttlichen Lehren verkündet, die blinden sehend macht und die tauben hörend, der die kranken heilt und die todten auferwekkt, wer könnte ihn sehn in äußerlich niederer Gestalt einhergehn? Wenn er auch nicht verschmähte ein geselliges Leben mit einigen wenigen; wenn er auch von ihnen sich bedienen ließ, er erscheint doch in dem Maaße als er Hülfe spendet selbst keiner Hülfe bedürftig. Derjenige, der eine neue Ordnung der Dinge stiftete, unter dessen Handeln und Wirken das alte vergeht, damit ein neuer Himmel und eine neue Erde hervorgehe, der zugleich in sich trägt das Bild einer neuen

Welt und Gestalt des menschlichen Daseins, der scheint jene frühere Hülfe nicht empfangen zu haben, durch die wir fortschreiten im guten, und von der wir, was wir nur gutes haben, ableiten. Ja sogar um diejenigen, die mehr in Absicht ihrer Wirkungen als ihrer Gesinnung ähnlich sind dem Erlöser, die nur in einzelnen Dingen als große Wohlthäter des Menschengeschlechts erscheinen, um solche, die freilich auch durch ihr Thun und Wirken beitragen zur neuen göttlichen Ordnung, aber weniger von einem höhern Bilde geleitet als nur als Diener und Werkzeuge des göttlichen Schikksals, gehalten und getragen von göttlicher Absicht und Nothwendigkeit, selbst um diese lagert sich ein Schein von göttlicher Heiligkeit; um wie viel mehr umfließt dieser den Erlöser! Und dergestalt mischt sich in ihm das göttliche und menschliche, daß wir es schwer zu sondern vermögen. Aber laßt uns hintreten zu seiner ersten Erscheinung, so sehen wir ihn wie andere Menschen, gerade so wie auch die Kinder Fleisch und Blut haben, in eben der hülfsbedürftigen Gestalt, eben der irdischen Liebe und Pflege bedürftig! Da fühlen wir, daß er wahrhaft unser Bruder, daß er ein Mensch geworden ist.

Eben so von dem Augenblikk an wo unser Erlöser auftritt als solcher, wo er das Amt des Lehrers übernimmt, wo er die große Botschaft, daß das Reich Gottes kommen solle, ausspricht, wo er durch wenige begeisterte Männer einen engeren Bund gründet zur Aufrichtung desselben, von diesem Augenblikk an erscheint er ganz vollendet. Wir sind nicht im Stande einen Zuwachs in seiner Erkenntniß wahrzunehmen, es ist immer dasselbige Bild, was ihm vor der Seele schwebt, und wo er es mit deutlichen Worten nicht enthüllt, so sagt er, es deshalb zu verschweigen, weil sie es noch nicht tragen könnten. In ihm ist die göttliche Weisheit und der göttliche Verstand eben so vollendet wie die göttliche Erbarmung und Liebe. Aber laßt uns hintreten zu seinem ersten Lager, anschauen seine irdische Geburt.

Wenn wir nicht irre werden wollen an ihm, sein Dasein nicht ansehn als einen leeren Schein, so müssen wir da gestehn und fühlen, er habe sich eben so allmählig entwikkelt wie wir, das Auge des Geistes sei ihm nur allmählig aufgegangen, und allmählig sei er gelangt zum Bewußtsein der göttlichen Kräfte, die in ihm wirkten, eben wie wir es auch müssen. Darum freuen wir uns auf eine so eigenthümliche sichere Art darüber, daß er Mensch geboren ist, darum fühlen wir seine Gleichheit mit uns als eine Wahrheit, als eine Beglaubigung, daß er unser Bruder geworden ist, ein Mensch wie wir, mit denselben Geberden und unter denselben Verhältnissen erfunden.

II.

Aber zweitens sei es auch unser Bestreben in dem Bilde seiner Kindheit das eigenthümlich göttliche, welches ihm einwohnt, in seiner ganzen Reinheit anzuschauen. Wenn wir uns fragen, was ist denn das eigenthümlich göttliche, wodurch er sich von uns immer unterscheidet, so können wir es nicht in dem suchen, was wir auch für uns als Gewährleistung ansehn, daß wir göttlichen Geschlechtes sind: sondern wir müssen gegentheils vielmehr fragen, was ist das ungöttliche, das uns allen anklebt, und von dem wir uns nie ganz ablösen können?

Es ist dieses einmal, daß in unserer Hülfsbedürftigkeit, in der Nothwendigkeit fremder Leitung und Liebe für uns die Möglichkeit liegt, daß das was andere für uns thun müssen auch aus unrichtigen Bewegungsgründen und in verderbtem Sinne geschehen könne, und daß schon so eine solche Mischung des höhern geistigen mit sinnlichen und eigensüchtigen Bewegungsgründen statt findet, welche sich mit einem rein göttlichen Dasein nicht verträgt. Wenn in der Zeit der ersten Kindheit und von da durch die ganze Zeit des bildsamen Lebens, wo die Sinnlichkeit das Uebergewicht hat über das geistige, wenn in dieser Zeit auf den Menschen gewirkt wird aus persönlichen eiteln und eigensüchtigen Bewegungsgründen, wenn etwas äußerliches in ihm gebildet wird und gepflanzt, so streut dies schon den Saamen des irdischen in seine Seele, welcher nicht unterlassen wird aufzugehn und Früchte des Verderbens zu tragen.

Ferner ist es auch dieses, daß in unserer allmähligen Entwikkelung der in uns liegenden Kräfte wir eigentlich niemals das rechte Maaß halten oder den rechten Schritt, sondern die meisten unserer Fortschritte im guten und bösen entstehen durch das Schwanken von der einen Seite zur andern, und so daß immer zugleich die Sinnlichkeit ein Uebergewicht erhält, daher denn unvermeidlich zugleich mit dem guten auch das böse sich entwikkelt, und mit der Ausbildung der Vernunft und der Sinnlichkeit jener Streit zwischen beiden entsteht, von dem wir nie ganz das Ende finden.

Es ist dieses endlich, daß die Sinnlichkeit, wenn sie durch ihr Uebergewicht die göttliche Kraft zurükkdrängt, einzelne Handlungen hervorbringt, in denen wir das Gepräge des göttlichen Ebenbildes vermissen, ja eine Gewöhnung erzeugt nur solche zu begehen, worin die Züge desselben entstellt sind; ja daß auch das göttliche selbst gewissermaßen Theil hat an diesem Verderben, indem nicht nur Sinnlichkeit und Vernunft feindlich gegen einander streben, sondern daß auch die Gedanken unter einander sich verklagen, daß in den Verstand selbst des Menschen der Keim des Verderbens fällt, daß er eine Beute wird jener betrügerischen Kunst sich das Recht als Unrecht und umgekehrt vorzustellen, und dasselbe unter der Gestalt der Ueberlegung und der Besonnenheit selbst zu verfälschen.

Dies m. Fr. ist das ungöttliche Wesen, von dem keiner ganz frei ist. Aber eben dies ist es, wovon wir den Erlöser überall rein finden, und dieser Unterschied von uns macht, daß er nicht nur in den Tagen der Vollendung, sondern daß er uns schon vom Anfang seines Daseins dieses Verderbens unfähig erscheint.

Denken wir uns den Erlöser unter der Pflege und Sorge der seinigen, können wir uns vorstellen, daß eine ungöttliche Liebe über ihn gewacht habe? daß etwas unreines und verderbliches gewesen sei in der Liebe seiner Mutter? erscheint sie uns nicht in einem höhern Lichte als eine ausgezeichnet reine Seele und aller Eitelkeit abgethan, wie sie sich ganz hingiebt als die Magd des Herrn? Dann ward er unter heiligen Ahndungen und Prophezeiungen göttlicher Boten, welche den Gemüthern reine Andacht, fromme Erwartungen einflößen mußten, ins Leben eingeführt. So erschien er den seinigen von Anfang als der gesalbte, als der göttliche Diener und Gesandte des Herrn, und nur eine solche andächtige auf das höhere gerichtete Liebe war es, die ihn auferzog.

Denken wir uns den Erlöser, wie wir ihn vorher in seinen rein menschlichen Verhältnissen dachten, eben so seiner Kräfte sich allmählig bewußt werden, wird einer glauben können, daß er jemals von dem rechten Maaß gewichen sei, daß das ursprüngliche Verhältniß, das in dem innern Grunde der menschlichen Persönlichkeit liegt, zwischen dem Licht und dem göttlichen Frieden in uns und zwischen der sinnlichen Kraft, daß dieses jemals auf einen Augenblikk in ihm getrübt sei, daß je das irdische sei vorangestellt worden dem geistigen und himmlischen? In seiner ersten Erscheinung auf Erden ist er der reine Mensch, ihm klebt nichts an von fremdem Verderben, ihm ist nichts verderbliches eingepflanzt worden, und eben so erscheint er uns als das himmlische Kind, als der heilige Jüngling, als der ganz göttliche Mann, ähnlich immer als der Sohn dem Vater. Und wo erblikken wir diese göttliche Reinheit des menschlichen Wesens bestimmter und genügender als darin, daß das göttliche in ihm rein war und sich erhielt, daß in ihm das menschliche Herz unverderbt gewesen ist und nie jenes trozige und verzagte Ding, daß in ihm nicht statt fand ein Kampf zwischen der Vernunft und Sinnlichkeit, kein Wettstreit der Gedanken. Und diese Unmöglichkeit, daß in ihm das höhere verrükkt werde, eben diese ist es, weshalb uns keine Beschreibung genügt und keine Abbildung, wir finden, daß noch etwas ist, ein Glanz, eine Reinheit, die noch zur Vollkommenheit des Abbildes fehlt, und die wir nur im Gefühl tragen.

Wolan m. Fr., da er so ein Mensch geworden, bis zur Gemeinschaft alles menschlichen im höchsten Sinne sich selbst herabgelassen und dabei doch das göttliche rein erhalten, so sei nun jeder gesinnt wie Jesus Christus auch war. Seine Erniedrigung werde unsere Erhebung, seine Entäußerung unser Heil. Laßt uns uns selbst sättigen mit der Vorstellung des heiligen reinen wunderbaren und unverderblichen Kindes Jesu. Dieses göttliche Bild reinige die Liebe und Arbeit, die wir dem künftigen Geschlechte widmen, sie durchdringe uns, damit wir in denen, die uns gegeben sind, die menschliche Natur rein zu erhalten suchen von allem Unwesen der Welt.

Die Vorstellung von der Art, wie er sich entwikkelt und zugenommen hat an Gnade bei Gott und den Menschen, sie schwebe uns überall vor, wo wir auf uns selbst zu wirken haben; sie halte uns vor ein heiliges Bild, welches wir zwar nie erreichen, das aber in jedem Augenblikk beiträgt den falschen Schein zu vernichten und das Gemüth zu reinigen, daß es des himmlischen Lichtes theilhaftig werde, welches von ihm ausstrahlt.

Aber vor allem die Vorstellung seiner unbeflekkten Heiligkeit treibe uns an alle uns anklebende Sünde abzuthun, daß wir das göttliche rein erhalten in uns, daß das heilige, was uns schon aus den Augen des neugebornen Christus entgegenstrahlt, unser Antheil werde, daß auch in uns geboren werde der göttliche Erlöser, damit auch wir Menschen werden wie er, und immer fähiger werden, zu erscheinen in göttlicher Gestalt. Dazu laßt uns anbeten das göttliche Kind, den Heiland der Welt, festhaltend von dem Augenblikk an, wo er uns erschien, sein heiliges Bild, daß es in uns wachse und zunehme, und sich unser ganzes Wesen gestalte in die Aehnlichkeit mit ihm, um derentwillen wir nach seinem Namen heißen, einem Namen, der über alle Namen ist, und vor dem sich beugen sollen alle Knie im Himmel und auf Erden! Amen.

Anhang.

Gedrängter Auszug aus zwei im Jahre 1810 gehaltenen Vorträgen.

I.

Wenn der Erlöser selbst das Evangelium nur erst seinen Grundzügen nach in die Seelen der Jünger legen konnte, so mußte die Wahl dieser Jünger, durch welche die Kraft seiner Lehre hinauswirken sollte in die Welt, eines der wichtigsten Ereignisse in seinem Leben sein, und wenn dies, dann muß jene Wahl auch einer der wichtigsten Gegenstände unserer frommen Betrachtung sein.

Text. Joh. 1, 35—44.

Es ist zuvor zu bemerken, daß der ungenannte jener beiden Jünger, die Christo nachfolgten, kein anderer gewesen ist, als der Apostel Johannes selbst, der diese Worte geschrieben hat. Dies erhellt aus der Art, wie er sich durchgängig in seinem Evangelio bezeichnet, und daß kein anderer, als der Augenzeuge selbst, die unbedeutenden Umstände bei jener ersten Bekanntschaft mit Christo, die Worte, die Stunde u. s. w. so genau wissen und bemerken konnte. —

Dies voraussezend lasset uns zusehn,

Welche wichtige Bemerkungen und Wahrheiten wir uns aus dieser Wahl des Erlösers, durch welche er sich den ersten Jüngerkreis bildete, ableiten können.

I.

Erstlich. Der Erlöser sezte die Schaar seiner Jünger zusammen aus Männern von ganz entgegengesezter Geistesbildung und Gemüthsverfassung.

In Johannes wohnt überwiegend das sanfte, ruhige, selige; er erscheint als näherer persönlicher Freund und Liebling des Erlösers; er ruht an der Brust desselben; ihm eignet die Hindeutung des Täufers, Siehe das ist Gottes Lamm, in welcher jener den sanften gelassenen Sinn Christi bezeichnet.

Ganz anders erscheint Simon, zu dem Jesus sagt, Du sollst Kephas oder Petrus heißen; ein Felsenmann, ein Gemüth, worin das strenge, herbe die Oberhand hat, das Hindurchdringen durch alle Hindernisse, das Abprallenlassen dessen, was in den Weg tritt.

In dieser Verschiedenheit der ersten Glieder der christlichen Gemeine spiegeln sich die Gegensäze menschlicher Gemüthsart, welche also für das Bestehen und die Förderung des göttlichen Reiches nothwendig sein müssen.

Auf die Frage, welche Naturweise des Gemüths (Temperament) die beste sei, ist demnach die Antwort: jede ist gut, wenn sie vom Geiste Gottes beseelt ist, nur Uebermaaß und Einseitigkeit erzeugt hier das unvollkommene.

Es sind viele Gaben, aber es ist ein Geist, dies große Wort geht eben so gut auch auf die Mannigfaltigkeit der natürlichen Ausstattung. Strenge und Milde, feurige Kraft und geduldige Sanftmuth, Handeln und Beschaulichkeit können und sollen gleichermaßen den Herrn preisen, haben jede ihre eigene

Bestimmung, Stelle, Wirkung, die im ganzen des göttlichen Reiches nicht zu entbehren.

Wir finden nicht, daß etwa in spätern Zeiten die Eigenthümlichkeiten der Jünger sich zu annähernder Gleichheit abgestumpft und abgeschliffen; sie bleiben verschieden, wie von Anfang.

So sei jeder zufrieden mit seiner Gabe; er wirke damit, was er vermag, und schäze das, was ein anderer anderes oder mehr vermag. Keiner beneide eines andern Gabe und Kraft; durch den gemeinsamen Eifer für dasselbe Reich Gottes in derselben Liebe werden alle zusammengehalten, und jeder freue sich der ihm allseitig kommenden Ergänzung.

Aber auch jeder dulde und trage den andern, da keiner ein vollkommener Tempel des Geistes Gottes ist.

Die Beharrlichkeit Petri klingt durch in der Hartnäkkigkeit seines Verläugnens; auch Johannes wird dem allgemein menschlichen Loose nicht entgangen, seine Fehler zu haben, wie sie grade mit seiner Gemüthsart näher zusammenhingen. Gleichwol sind beide Jünger Freunde, und wir finden sie im lezten Abschnitt der evangelischen Geschichte immer besonders nahe beisammen.

Lasset uns in Christo zusammenhalten, daß jeder dem andern hülfreich nahe sein könne in der Lage, die gerade ihm gefahrloser, dem andern gefährlich ist.

II.

Zweitens sehn wir, daß unser Erlöser in der Zahl seiner ersten Jünger solche hatte, welche durch Worte und Thaten sich ausgezeichneten Ruf erworben haben, aber auch solche, von denen kaum mehr als der bloße Name auf uns gekommen ist.

Des Johannes und Petrus Ruhm in der christlichen Kirche könnte nur mit dieser selbst vergehn; Andreas und Philippus sind auch berufen, erwählt, ausgesendet, aber es ist kaum mehr als ihr Name auf uns gekommen. —

Da der Herr weder unwerthe noch entbehrliche zu seinen Jüngern aufgenommen haben kann, so sollen wir lernen, daß auch die stillen und unbekannten Arbeiter in der Kirche nicht zu übersehn und gering zu achten sind, und also unter den Christen als solchen überhaupt solcher Unterschied von berühmt und unberühmt nichts gelten soll. —

Der Unterschied von äußerm Glanz des einen und Dunkelheit des andern liegt nicht in dem Unterschied ihres inneren Werthes; diesem fügt jener Glanz nichts hinzu, und diese Dunkelheit kann ihm nichts rauben.

Jener Unterschied liegt in äußeren Umständen, die im Verhältniß zur innern Tüchtigkeit unwesentlich und zufällig sind.

Jener Unterschied liegt auch schon in der Neigung des einzelnen; ein Gemüth ist berufen hervorzutreten, das andere verbirgt sich lieber; das eine wirkt in rascher kräftiger Entscheidung, das andere langsamer, stiller, aber sicher; das eine auf dem größern Schauplaz, das andere im Kreise des häuslichen Lebens. Beides ist nothwendig; der Glanz des hochgestellten ist immer nur der Widerschein des Lichtes, das tausende auf ihn werfen. Alles aber kommt vom Herrn.

Lasset uns nicht eitler Ehre geizig sein!

III.

Drittens können wir aus dieser Wahl lernen, wie die wichtigsten Ereignisse des Lebens so oft auf eine unscheinbare Weise anfangen.

Das menschliche Herz hat das fehlerhafte Begehren, das wichtige und bedeutende sich auch im Anfange gleich als solches ankündigen zu sehn, und wenn dies nicht der Fall ist, tritt Niedergeschlagenheit, Kleinmuth und Erschlaffung ein.

Zusammenhang dieser Erscheinung mit der Neigung zum wunderbaren; Gegensaz derselben gegen den verständigen gleichmüthigen und erfahrungliebenden Sinn.

Wie wichtig ist es für das Wirken in der Gegenwart, von der Zukunft unbestochen zu denken und jedes zu nehmen wie es ist!

Wie wichtig, weniger auf das äußere zu sehn (die ersten unbedeutenden Reden, die hier gewechselt werden), als auf das innere!

Wir haben wahrhaft das innere im äußern, wenn wir darin den Erlöser finden.

Es bedarf nicht des großen im äußerlichen, wie es doch nur immer wenigen gegeben wird, um das beste zu haben, den Erlöser.

Nur die Treue und Liebe gegen ihn gebe uns den Maaßstab aller Würdigkeit des Lebens; auch aus unserm bescheidenen Theil am Werke des Herrn kann und wird herrliches sich entwikkeln; die Freude daran, die Gewißheit davon gebe uns Beständigkeit im Kampf, Bürgschaft des Sieges! Amen.

II.

Wenn Christus auch nur als Lehrer aufgetreten wäre, so wäre auch dies schon eine große Wohlthat gewesen, und einmal ausgestreut in die Herzen der Menschen würde die Wahrheit nicht wieder untergegangen sein; aber schwerlich wäre sie doch auf diese Weise eine Angelegenheit des ganzen Menschengeschlechts geworden und hätte diesen ausgebreiteten Einfluß auf dasselbe gewonnen. —

Wo etwas großes gewirkt werden soll, muß Wort und That, Lehre und Werk zusammentreffen, und so ist auch bei Christo das

Lehren nur die eine Hälfte seines Geschäfts, die andere ist die Stiftung einer Gemeinschaft der Liebe und Ehrfurcht gegen Gott, eines neuen Sinnes, eines heiligen Geistes. —

Darum mußte er gegen die vorhandenen Anstalten der Religion und gegen das wesentliche der alten vorhandenen Verfassung reformatorisch auftreten, und es ist wichtig für uns aus einem Beispiel zu erkennen, welche Grundsäze ihn hiebei leiteten.

Text. Joh. 2, 13—17.

Es war das erste Mal, seitdem unser Erlöser als Lehrer öffentlich aufgetreten war, daß er die heilige Stätte des Tempels betrat. —

Der Tempel war der äußere Mittelpunkt alles religiösen Lebens, an ihm hafteten alle frommen Hoffnungen und Begriffe, von ihm gingen die Einrichtungen aus, die das Volk unter sich zusammenhielten und von der übrigen Welt aussonderten. Hier mußte das Werk der Verbesserung anfangen, der Grund gelegt werden zu dem neuen geistigen Gebäude, welches Christus aufzuführen gekommen war. —

Lasset uns aus jener Erzählung die Grundsäze kennen lernen, nach denen unser Erlöser bei Verbesserung alles dessen, was auf die religiöse Verbindung der Menschen Bezug hat, zu Werke ging.

I.

Erstlich erkennen wir, daß er auch hier beweist, er sei nicht gekommen aufzulösen und zu zerstören, sondern an das gegebene sich anschließend zu verbessern und zu vollenden. —

Nach dem entgegengesezten auch zu unserer Zeit in manchem sonst wohldenkenden sich offenbarenden Sinn könnte man fragen, Warum sezte sich der Erlöser solchen Mühen und Gefahren aus zur Verbesserung einer Anstalt, der er selbst so richtig den Untergang prophezeite? (Joh. 4, 21.) —

Aber dennoch sehen wir überall, daß er nicht auf den Trümmern des alten das neue aufführen wollte, sondern, so viel von ihm abhing, sollte dies auf eine milde und sanfte Weise sich verbessernd an jenes anschließen. —

Diesen Sinn wahrer gottähnlicher Weisheit, diese eben so friedsame als siegreiche Kraft Christi sollen auch wir uns zu eigen machen.. Nie kann das Zerstören die eigentliche Absicht, die bewußte und gewollte That des geistdurchdrungenen Menschen sein, sondern nur das Erhalten und Umbilden zum vollkommeneren. —

Was unfähig ist der Verbesserung wird fallen, aber es geschehe dies nicht durch die That des Frevels und Unrechts: es sei die Wirkung seines innern unvermeidlichen Schikksals. —

II.

Der Eifer des Erlösers in der Säuberung des Tempels war darauf gerichtet, daß aus dem Bezirk, welcher der frommen Sammlung des Gemüths gewidmet war, aus dieser stillen Bildungsstätte des innern Lebens mitten in der geschäftigen Welt, alles entfernt werde, was die Menschen wiederum in die Sorgen und Gedanken des gemeinen Lebens verstrikkend herabziehen könnte. —

Nicht leichtsinnige, nein, auch wahrhaft redliche könnten meinen, daß dergleichen äußerliche Dinge nichts böses seien und die wahre Richtung auf Gott nicht hindern könnten. Der Tempel sei ja groß genug gewesen; alle jene Geschäfttreibende dienten ja dem Verkehr des religiösen Lebens. War es nicht gleichgültig, ob sie innerhalb oder in der Nähe des Tempels waren? Die sich durch sie stören ließen in ihren frommen Gesinnungen, könnten immer nur solche gewesen sein, von welchen doch nie aller Anlaß hiezu möchte entfernt werden konnen u. s. w. —

Aber ein anderes ist menschliche Klugheit, ein anderes Christi Einsicht, der sich hier das richtige muß gezeigt haben. —

Was die Bestimmung hat, den Menschen zum Höchsten zu sammeln, im Umgang mit Gott zu unterstüzen und zu befestigen, werde rein und unentweiht gehalten. —

Die Schwäche des menschlichen Herzens verbietet äußeres und inneres, weltliches und göttliches so durch einander gehen zu lassen, und macht auch die äußere Sonderung beider Gebiete nothwendig. —

Der Keim des Verderbens im jüdischen Volke war eben jene Vermischung des heiligen und irdischen, des kirchlichen und des bürgerlichen; daher jene Fertigkeit, sich in Religion und Sittlichkeit mit dem leeren Wort und äußerm Gebrauch zu begnügen. —

Weil Christus dies einsah, hielt er das, was er hier that, für so nothwendig, daß er es später wiederholte. —

Lasset denn auch uns unsere kirchliche Gemeinschaft, welche eben der tempelsäubernde Herr gestiftet hat, frei halten von aller Vermischung mit fremdartigem.

III.

Drittens wäre zu fragen, mit welchem Rechte der Erlöser hier so zu Werke ging. Ueberschritt er nicht seine Befugniß und mischte sich in das, was der Obrigkeit und den Priestern oblag? —

Nein. Es lag in der freien Sitte jenes Volkes und Zeitalters, daß jeder etwas, was dem öffentlichen Rechte zuwider lief, angreifen und wegrükken konnte. Damals hatte redlicher Eifer Recht und Raum. —

Wo es kein öffentliches Handeln giebt, als was an äußerliche Aemter vertheilt ist, da wuchert jene allzu enge Gesinnung, welche feiert und nachlässig ist im guten, wenn nicht der äußere

Beruf geradezu gebietet, oder bei der sich immer jeder auf den andern verläßt. —

Der Geist des Erlösers, in welchem er fern war jeder Trägheit zum guten und jedem feigherzigen Sinne, soll übergehn in die Denkart und Sitte aller Christen.

Seine eifernde Rede begleitete die anhebende That und wekkte die umstehenden, daß das angefangene Werk der Säuberung vollendet ward. So sollen auch wir für das rechte und gute unsre Stimmen erheben, die öffentliche Meinung dafür gewinnen; die Geißeln, die noch heute schrekken, sind Furcht und Schaam.

Wir Christen sind das priesterliche Volk, berufen, den großen geistigen Tempel der Gottheit auf Erden rein zu halten. —

Verbesserungen

für das auf die ersten vier Bände der Schleiermacherschen Predigten sich beziehende Textregister.

Den Texten aus dem Alten Testament Seite XIII. Columna I. ist noch hinzuzufügen: Jeremias 17, 5—8 und 18, 7—10. . . . IV. 37.

S. XIII. Col. II. Z. 11 v. u. lies: Ev. Matth. 14, 28—31. IV. 522.

S. XIV. Col. I. Z. 10 v. o. l. Ev. Marc. 15, 34—41. . . I. 41.

— — — nach Z. 15 v. o. einzufügen: Ev. Lucae 2, 41—49. IV. 265.

— — — Z. 14 v. u. l. Ev. Lucae 14, 18 fgd. . . . III. 92.

— — — Z. 13 v. u. l. Ev. Lucae 14, 25—33. . . I. 560.

— — — Z. 10 und 11 v. u. gehören in den Johannes.

— — — Z. 7. v. u. l. Ev. Lucae 17, 3. . . . . . IV. 495.

— — Col. II. Z. 20 v. o. l. Ev. Joh. —, 40—53. . . . I. 425.

— — — Z. 21. v. o. l. Ev. Joh. 8, 9. . . . . . . II. 271.

— — — Z. 14 v. u. l. Ev. Joh. 14, 9. . . . . III. 265.

— — — nach Z. 11 und 9 v. u. sind die sub Nr. 7 bezeichneten Johanneischen Texte einzuschieben.

— — — Z. 7 v. u. l. Ev. Joh. —, 33. . . . . III. 229.

— XV. Col. I. Z. 10 v. o. l. Ev. Joh. 3, 13. 15. . . . II. 466.

— — — Z. 10 v. u. l. Ev. Joh. 5, 7. 8. . . . . III. 242.

— — — Z. 5 v. u. l. Ev. Joh. 13, 1—5. . . . . IV. 1.

— XVI. — zwischen 3 und 2 v. u. ist einzuschieben: 1 Joh. 3, 14. . . . . IV. 282.

— — Col. II. Z. 2 v. o. ist wegzustreichen.

FSC
www.fsc.org
MIX
Papier | Fördert gute Waldnutzung
FSC® C083411

Kolibri 360 GmbH
Ferdinand-Jühlke-Straße 7
99095 Erfurt, Deutschland
produktsicherheit@kolibri360.de